METHODS OF META-ANALYSIS

CORRECTING ERROR AND BIAS IN RESEARCH FINDINGS

3rd Edition

元分析方法

校正研究结果中的误差和偏差

（原书第3版）

[美] **弗兰克·L. 施密特**（Frank L. Schmidt） 艾奥瓦大学 **约翰·E. 亨特**（John E. Hunter） 密歇根州立大学 ◎著

韩翼 ◎译

机械工业出版社
China Machine Press

图书在版编目（CIP）数据

元分析方法：校正研究结果中的误差和偏差：原书第 3 版 /（美）弗兰克·L. 施密特（Frank L. Schmidt），（美）约翰·E. 亨特（John E. Hunter）著；韩翼译 . -- 北京：机械工业出版社，2022.5

（华章教材经典译丛）

书名原文：Methods of Meta-Analysis：Correcting Error and Bias in Research Findings, 3rd Edition

ISBN 978-7-111-70687-8

I. ① 元… II. ① 弗… ② 约… ③ 韩… III. ① 主元分析 IV. ① TB114

中国版本图书馆 CIP 数据核字（2022）第 075308 号

北京市版权局著作权合同登记 图字：01-2021-3904 号。

Frank L. Schmidt, John E. Hunter. Methods of Meta-Analysis：Correcting Error and Bias in Research Findings, 3rd Edition.

出版发行：机械工业出版社（北京市西城区百万庄大街 22 号 邮政编码：100037）

责任编辑：吴亚军　　责任校对：殷 虹

印 刷：涿州市京南印刷厂　　版 次：2022 年 6 月第 1 版第 1 次印刷

开 本：185mm×260mm 1/16　　印 张：25.5

书 号：ISBN 978-7-111-70687-8　　定 价：99.00 元

客服电话：（010）88361066 88379833 68326294　　投稿热线：（010）88379007

华章网站：www.hzbook.com　　读者信箱：hzjg@hzbook.com

前　言
PREFACE

第3版概述

对研究事业来说，今天元分析比2004年上一版出版时更加重要（第1章完全体现了这种情况）。原因之一是，元分析正日益为从人力资源管理到医学等广泛领域的循证专业实践提供基础。最近几年，元分析领域有许多新方法得以拓展，这些在本书中都有提及。这本书比以前的版本更加人性化。许多公式的详细推导已被删减，不再出现（感兴趣的读者可以在参考文献中找到来源）。此外，无论读者的统计学和心理测量背景如何，都能够轻松上手学习本书内容，为此我们付出了巨大的努力。

某些新主题横跨整本书的多个章节。举例来说，在第5章（以相关性）、第8章（以 d 值）中扩大了元分析置信区间（CI）的处理，并且一同讨论了由置信区间与可信区间（CrI）提供的信息的差异。在第3、4、7和9章给出的元分析中，以平均值计算的置信区间，与可信区间一起观察并校正了效应量。这些章节讨论了如何正确解释元分析中方差的百分比或比例。关键是方差百分比的平方根，即统计和测量的人为误差和观察的相关性或者 d 值之间的关系，这一统计信息比方差百分比有更大的信息量。

在应用本书中介绍的方法时，元分析程序包已经做了许多改进。以下是一些例子：现在可以从Excel导入数据文件。现在所有程序都提供观察和校正后的平均效应量的置信区间以及可信区间。新特征使得在没有范围限制的情况下更容易进行元分析。元分析研究的数量上限已经上升到1 000个。本书还增加了一种检测和校正发表偏差[⊖]（publication bias）的方法（累积元分析）。完整的程序改进列表可以在本书附录中找到。本书中使用的元分析例子是由这个程序包中的程序计算出来的。

必须指出的是，书中的陈述没有严格遵循统计惯例。举例来说，σ^2 可能会以没有扬抑符的形式表示它不是实际的总体值，而是该值的估计值（即 $\hat{\sigma}^2$）。为了方便，我们以这种方式使用统计符号。在所有情况下，上下文和文中都清楚地表明哪些符号表示估计值，哪些符号表示实际总体参数。我们意识到，我们对符号的使用会导致一些统计学家极度抓狂。

个别章节中有重要的改进和补充。这里我们只总结主要的改进。元分析测量误差的校正

⊖ 尽管许多学者将publication bias翻译为“发布偏倚”，但我们认为，将其翻译为“发表偏差”可能更合适。——译者注

是关键，但是对于使用哪种类型的信度系数通常非常混乱。为了解决这个问题，本书第3章包含了扩展的和更完善的处理方式，以指导使用者。

第4章已经被大大简化，只集中于最准确的单个人为误差分布元分析方法，即交互式非线性方法。第4章所有关于元分析的例子现在都是用该方法的程序计算出来的。冗长的乘法技术推导，已经被证明是不太准确的，并且已经被放弃。此外，现在对进行混合元分析的方法有了更清晰的介绍，其中一种方法是在每个研究中分别校正人为误差，而其他人为误差则根据其误差分布进行校正。本章还附有一个详细的数值算例。

在第5章，校正间接范围限制的冗长技术推导公式也已被放弃，因为有关这方面的内容已经在主要期刊发表（Hunter，Schmidt，Le，2006）。第5章对基于元分析相关性矩阵的路径分析所涉及的问题进行了扩展性讨论，这一应用现在已在文献中很普遍。此外，还对相关性元分析中使用 Fisher z 产生的问题进行了更新和扩展讨论。在第6章中，只进行了很小的改动。

第7章现在包含一种改进的方法，用于在校正因变量测量中超出抽样误差和测量误差的人为误差影响时，对 d 值进行元分析。本章对如何将 d 值转换为点双列相关性，在 r 统计度量中进行元分析，然后将元分析结果转化为 d 统计量，有明确的说明。这种 d 值元分析方法在文献中已经变得越来越普遍。

第8章已经做了重要的修改。最常见的实验设计，即独立小组设计，在第7章中已经详细描述。但在文献中出现许多其他实验设计。现在第8章给出了从这些设计中计算适当的 d 值所需的公式，以及所得 d 值的抽样误差方差公式。这些方法允许来自这些实验设计的 d 值与来自独立小组设计的 d 值一起纳入元分析中。第8章还提出了一个调整不同设计样本量的公式，以便将 d 值和调整后的 N 值输入为独立小组设计研究编写的元分析程序中。该步骤确保由程序计算的抽样误差方差是正确的。

第9章（“元分析中普遍存在的技术问题”）包含许多新内容。本章详细探讨了在元分析中检测和校准调节变量的相关问题。这包括对亚组研究的讨论，通过亚组进行的分层元分析，用于元分析的多层次和分层线性模型（HLM），混合的元分析模型和元回归。本章也详细讨论了使用元回归时经常被忽略的统计问题，对元分析中关于最佳研究权重的争论进行了深入讨论。本章还提出了一个对元分析中二阶采样误差的详细讨论和一种进行二阶元分析的新方法，并给出了两个应用这种新方法的练习（第3、4、7章末尾提供了其他元分析练习）。关于置信区间，在 Hunter-Schmidt 和 Hedges-Vevea 元分析方法中，对如何计算置信区间的差异有一个解释。最后，讨论了心理学和社会科学研究中比值比（odds ratio）统计的应用。

第11章介绍了不同元分析方法的最新讨论，包括最近发展起来的一种新方法（基于结构方程模型的元分析），也有关于使用不同方法进行元分析的软件的最新信息。

第12章包括一个新的讨论，即如何在研究报告和发表的文章中呈现元分析结果。元分析报告标准很重要，有证据表明它们需要改进。

第13章提出了一种大大扩展的处理来源偏差和发表偏差的方法，这是一个最近在文献中备受关注的领域。由于对文献中元分析准确性的潜在影响，本章还探讨了最近关于研究欺诈和可疑研究实践（QRPs）的研究和发现，这些研究和发现导致了初始研究的偏差结果。接下来，我们将讨论和评估9种不同的检测（有时校正）发表偏差和来源偏差的方法。最后，讨论了用于检测发表偏差的软件。

本书介绍的方法在许多技术方面不同于其他元分析方法。然而，所有这些不同源于一个关键差异：如何定义元分析的目的。其他元分析方法的公开目的是描述和总结给定研究文献中的研究报告的结果（Rubin，1990）。我们的元分析方法的目的很不一样。我们认为，元分析的目的是评估如果所有的研究都在没有方法限制或缺陷的情况下进行，其结果会是什么。完美的研究结果将揭示出潜在的构念层次的关系，即真正的“自然状态”。正如 Rubin（1990）和其他人所指出的那样，科学家们对这些关系非常感兴趣。我们的方法评估这些关系。我们对获得必然有缺陷的初始研究报告结果的准确描述和总结不太感兴趣。这一重要区别在第 1 章末尾和第 14 章中有更为详尽的阐述。

本书简史

本书被标为第 3 版。实际上，它应该算是第 4 版。第 1 版由 Hunter、Schmidt 和 Jackson（1982）写作。然后是 Hunter 和 Schmidt（1990b）版、Hunter 和 Schmidt（2004）版，当前版是由 Schmidt 和 Hunter（2014）写作的。Gene V. Glass 于 1976 年在《教育研究者》（*The Educational Researcher*）上发表了第一篇关于元分析的期刊文章。在那篇文章中，他列出了元分析的基本原理，并定义了今天众所周知的元分析的许多基本特征。他还创造了元分析这个概念。我们的研究不是在教育心理学领域，而是立足于工业和组织心理学领域。由于不知道 Glass 的文章，我们在 1975 年开发了我们的元分析方法，并将其应用于人员甄选研究的实证数据集。但是，我们没有立即提交我们的报告以供发表，而是把它提交给了由美国心理学会第 14 分部（工业和组织心理学学会）举办的 James McKeen Cattell 研究设计竞赛。要想有资格获得此奖项，参赛作品必须尚未发表或接受发表（即在出版过程中）。我们对元分析的开发和初步应用（当时称为“效度概化”）赢得了 1976 年的 Cattell 奖，但发表延迟了 1 年（Schmidt，Hunter，1977）。这意味着我们的第一篇元分析文章是在 Glass 发表 1 年后发表的。Glass（1976）的文章不仅是第一篇发表的有关元分析的文章，而且首次将元分析作为一套完整的方法，应用于所有领域的文献整合研究。那时，我们主要强调的是解决人员甄选文献中测试效度波动的问题（见第 4 章）。但我们注意到我们的方法在其他研究文献中的应用潜力。因此，当 Lee J. Cronbach 在 1978 年初的来信中向我们建议，说我们的方法可以应用于行为科学和社会科学许多领域的文献研究时，我们已经开始考虑写作一本（元分析）图书，来介绍我们的方法。该书于 1982 年出版（Hunter，et al.，1982）。[但 Glass 抢先一步，他和他的共同作者在 1981 年出版了他们的元分析图书（Glass, McGaw，Smith，1981）。] 从那时起，我们于 1982 年出版的书中初步提出的方法得到了广泛应用。如前所述，该书之后又有后续三个版本，包括本书。

一本完全致力于我们的元分析方法的历史和影响的书是值得推荐的（Murphy，2003）。这本书是一个很好的信息来源，不仅仅限于本书所包含的内容。特别是，该书作者在第 2 章中介绍了这些方法的发展史。这些方法的发展史在 2014 年也发表在《研究整合方法》（*Research Synthesis Methods*）期刊上（Schmidt）。DeGeest 和 Schmidt（2011）详细阐述了这些方法对工业和组织心理学、人力资源管理和组织行为领域累积知识产生的影响。

本书结构

在科学报告中，通常首先对早期的发展进行回顾。就本书而言，这将是对以前整合研究文献的方法（前元分析方法）的综述。但就该专题而言，读者若不首先了解元分析的原理和方法，就很难完全理解这一综述。因此，我们首先详细介绍心理测量元分析的方法。随后在本书（第 11 章）中，我们对其他研究整合方法进行了回顾和评论。

对特定关系进行元分析的时间顺序如下：①搜索和收集研究；②从研究中提取和编码信息；③应用元分析提取信息的方法；④将结果呈现在报告或文章中。本书讨论了所有四个步骤，但没有按照其自然时间顺序进行讨论。这样做是为了知道前两步需要做什么，必须详细地了解第三步要做什么。因此，本书首先讨论元分析方法，然后回到定义研究、定位研究领域，决定编码内容以及编写元分析报告等。最后，本书进一步提出改进初始研究报告实践的建议，这对将元分析方法应用于这些研究是必要的。

我的合作者 John（Jack）E.Hunter 于 2002 年 6 月 26 日去世。他对本书所提方法的发展做出的贡献是无与伦比的。Schmidt（2003）概述了他的生平事迹。对我来说，他不仅是一个 30 年来卓越的合作者，也是最好的朋友。他的去世不仅是心理学和其他社会科学的巨大损失，也是我个人的损失。这本书是为纪念他而写的。当然，本版（以及 2004 年第 2 版）中的所有错误和遗漏责任在我。我坚定地相信他会允许我们出版第 3 版。

致谢

首先，我想感谢 John E.Hunter，虽然他已经离世 12 年之久，但是他对心理测量元分析方法的贡献永留本书。我也要感谢我所有的同事和博士研究生，他们对元分析的持续好奇心和质疑激发了本书中许多思想的发展。同时，我还要感谢他们自始至终地敦促我修订和更新本书的 2004 版（第 2 版），并在一开始就鼓励我完成它。等待是漫长的，但我希望他们对终稿满意。特别感谢 In-Sue Oh、Huy Le、Michael McDaniel、Deniz Ones、Hannah Rothstein、Vish Viswesvarn 和 Kenneth S. Law 对本书初稿的深切洞见。我也要感谢 Vicki Knight，她安排了这次修订的合同，并在此过程中给予了帮助，同时也感谢我们的产品编辑（Laura Barrett）和版权编辑（Gillian Dickens），感谢他们的耐心、专业和支持。

接着，我要感谢所有评审人的辛勤付出，包括得克萨斯农工大学（Texas A&M University）的 Christopher M. Berry，芝加哥洛约拉大学（Loyola University Chicago）的 Terri D. Pigott，范德堡大学（Vanderbilt University）的 Emily E. Tanner-Smith 以及俄亥俄大学（Ohio University）的 Jeffrey B. Vancouver。

最后，我要特别感谢我的妻子 Cindy，感谢她在我编写新版的漫长过程中给予的支持和鼓励。最后，我和妻子要感谢 Linda Bostin 在准备本书草稿中的奉献精神、娴熟技能和专业精神，她甚至要在周末和下班时间继续工作。

弗兰克·L. 施密特

目 录
CONTENTS

第四篇 元分析中普遍存在的问题

第一篇

元分析基础

第 1 章

CHAPTER 1

整合不同研究的结果

在深入讨论方法之前，我们想考虑一个具体的例子。接下来将介绍一组需要评论的研究，然后进行描述性综述，最后是对这篇综述的批评。根据我们的经验，这种问题的综述对学习大有裨益。

1.1 普遍的问题和例子

科学领域的一个主要任务是理论的发展。在许多情况下，理论家已经获得了许多以前关于感兴趣主题的研究结果。他们的首要任务是找出在这些研究中所揭示的实证关系，以便在理论建构中加以考虑。在了解这些关系时，形成一个总结这些研究结果的表格，通常有助于对研究进行综述。表 1-1 作为一个汇总表展示了心理学家在试图建立工作满意度和组织承诺之间的关系理论。除观察的相关性和样本量之外，心理学家还记录了：①性别，②组织规模，③工作水平，④种族，⑤年龄和⑥地理位置的数据。研究者认为，变量 1、2、3、4 可能会影响工作满意度转化为组织承诺的程度。研究者没有关于变量 5 和变量 6 的假设，但是记录了它们，因为它们通常是可用的。

作为整合研究结果和构建理论的练习，我们希望你花几分钟时间检查和解释表 1-1 中的数据。我们希望你记住以下内容：

1. 你得出的关于工作满意度和组织承诺之间关系的初步结论，以及那些对这种关系进行调节和不调节的变量。

2. 你对这种关系的理论概述。

例子数据的经典解释

关于表 1-1 中所示结果的经典报告如下：职业承诺和工作满意度之间的相关性因研究而

异，相关性在 −0.10 ～ 0.56 之间变化。虽然 30 项研究中有 19 项发现了显著的相关性，但是 30 项研究中有 11 项发现承诺和满意度之间没有任何关系。

对男性工作群体而言，承诺和满意度在 8 项研究中相关，在 7 项研究中不相关（即在 53% 的研究中相关），而对女性工作群体来说，在 15 项研究中有 11 项（或 73% 的研究）相关。在 83% 的大型组织中发现了相关性，只在 50% 的小型组织中有相关性。在蓝领群体中发现了 79% 的相关性，而在白领群体中只有 50% 的相关性。在 67% 的白人或混血群体中发现了相关性，而只在 50% 的黑人工作群体中存在相关性。在年龄小于 30 岁，或年轻和年长工作者混合的情况中发现了 83% 的相关性，而在只有年长工作者的研究中没有发现一项是相关的。最后，在北方进行的研究中发现 65% 的相关性，而在南方进行的研究中只发现了 58% 的相关性。工作群体之间的每个差异都可以作为假设的基础，即在决定工作满意度时，该特征与组织承诺之间存在交互作用。

表 1-1　组织承诺与工作满意度之间的相关性

研究	样本量	相关性	性别	组织规模	白领 / 蓝领	种族	低于 / 高于 30 岁	北方 / 南方
1	20	0.46*	女性	小	白领	黑人	30 岁以下	北方
2	72	0.32**	男性	大	蓝领	混合	混合	北方
3	29	0.10	男性	大	白领	白人	30 岁以上	北方
4	30	0.45**	男性	大	白领	白人	混合	北方
5	71	0.18	女性	大	蓝领	白人	30 岁以上	北方
6	62	0.45**	女性	小	蓝领	白人	30 岁以下	北方
7	25	0.56**	男性	小	蓝领	混合	30 岁以下	南方
8	46	0.41**	女性	大	白领	白人	混合	南方
9	22	0.55**	女性	小	白领	黑人	30 岁以下	北方
10	69	0.44**	女性	小	蓝领	白人	30 岁以下	北方
11	67	0.34**	男性	大	蓝领	白人	混合	北方
12	58	0.33**	男性	小	蓝领	白人	30 岁以下	北方
13	23	0.14	男性	小	白领	黑人	30 岁以上	南方
14	20	0.36	男性	小	白领	白人	混合	北方
15	28	0.54**	女性	大	白领	白人	混合	南方
16	30	0.22	男性	小	蓝领	白人	混合	南方
17	69	0.31**	女性	大	蓝领	白人	混合	北方
18	59	0.43**	女性	大	蓝领	白人	混合	北方
19	19	0.52*	男性	小	蓝领	白人	混合	南方
20	44	−0.10	男性	小	白领	白人	30 岁以上	北方
21	60	0.44**	女性	大	蓝领	混合	混合	北方
22	23	0.50**	女性	小	白领	白人	混合	南方
23	19	−0.02	男性	小	白领	黑人	30 岁以上	南方
24	55	0.32**	男性	大	白领	白人	混合	未知
25	19	0.19	女性	小	白领	黑人	30 岁以上	北方
26	26	0.53**	女性	小	蓝领	黑人	30 岁以下	南方
27	58	0.30*	男性	大	白领	白人	混合	南方
28	25	0.26	男性	小	白领	白人	30 岁以下	南方
29	28	0.09	女性	小	蓝领	白人	30 岁以上	北方
30	26	0.31	女性	小	白领	混合	30 岁以下	南方

* 表示 $p<0.05$，** 表示 $p<0.01$。

如果去掉对年长工作者的研究，那么剩下的23项研究中有19项发现了显著相关性。在这23项针对年轻或混合年龄工作群体的研究中，关于大型组织的所有10项相关性都是显著的。有13项研究是针对小型组织中较年轻或混合年龄的工作群体进行的。在这组研究中，组织承诺和工作满意度之间的相关性更可能出现在女性、蓝领工作者、所有黑人工作群体以及北方。

综述的结论

组织承诺和工作满意度在某些组织环境中相关，但在其他组织环境中则不相关。在所有工作者年龄超过30岁的工作群体中，组织承诺与满意度之间的相关性均不显著。在大型组织的年轻或混合年龄的工作群体中，组织承诺和满意度始终相关。在小型组织的年轻或混合年龄的工作群体中，13项研究中的9项具有相关性，这些研究没有能够完美解释未发现相关性的组织特征。

这些发现与下列模型是一致的，该模型假设组织承诺在大约10年时间内，逐渐增加到最大值。在年长的工作者中，组织承诺如此之高，几乎没有什么变化。因此，在年长的工作者中，组织承诺与工作满意度之间不存在相关性。对大型组织的调查结果表明，承诺增长速度较慢，因此在年轻群体中，不同年龄的工作者之间产生更大的差异。

抽样综述的评论

前面的综述是使用综述实践进行的，这些综述实践不仅在心理学上，而且在社会学、教育学和其他社会科学领域都有。然而，综述中的每个结论都是错误的。数据由蒙特卡洛方法构建，其中总体相关性始终为0.33。在从以约40为中心的分布中随机选择样本量后，使用均值ρ= 0.33和r的标准分布选择观察的相关性方差是：

$$\frac{(1-\rho^2)^2}{N-1}$$

也就是说，表1-1中结果的变异完全是抽样误差导致的。每个研究都是在小样本上进行的，因此会产生观察的相关性，它与0.33的总体值有一定的随机偏离。偏离的大小取决于样本量。请注意，表1-1中的最大值和最小值均来自非常小的样本研究。较大样本量的研究显示随机偏离0.33的可能性较小。

用调节效应（来解释）看起来似乎更有道理，但它们纯粹是偶然的结果（即抽样误差）。组织特征的值是随机分配给这些研究的。

从这个练习中得到的重要教训是："文献中相互矛盾的结果"可能完全是虚构的。表1-1中的数据是由于人为误差产生的，该人为误差在研究中产生错误的变异，即抽样误差。大多数研究中都存在其他人为误差：研究量表的测量质量（信度）方面各不相同；研究者计算错误或操纵计算机错误；人们在从计算机输出中复制数字或从手写表格复制数字到手稿时，或在将设置的表格打印出来的过程中，出现排版错误；研究者在个体差异范围较大或较小的环境中研究变量（范围变化）等。根据我们的经验（稍后描述），许多假设解释不同研究中发现差异的交互作用是不存在的；也就是说，它们是由抽样误差和其他人为误差导致的。

1.2 统计显著性检验中存在的问题

在表 1-1 给出的数据集中，所有研究群体的相关性实际上等于 0.33。在 30 个相关性研究中，19 个被发现具有统计显著性。然而，30 个相关性中的 11 个并不显著。也就是说，在 30 次显著性检验中出现了 11 次错误，误差率为 37%。许多人对于误差率可能大大超过 5% 表示震惊。显著性检验是针对抽样误差问题而提出的，许多人认为使用显著性检验可以保证 5% 或更小的误差率。这种观念是错误的。多年来，统计学家一直指出这一点，高误差率的可能性是在讨论统计检验的“功效”时提出来的。然而，统计教师很清楚，这一点大多数学生并不理解。仅当零假设为真时才能保证 5% 的误差率。若零假设为假，则误差率可高达 95%。

让我们用更正式的文字来解释这一点。如果零假设对群体而言是真的，并且样本数据导致我们拒绝它，那么就产生了第Ⅰ类误差。如果群体的零假设是假的，并且样本数据导致我们接受它，那就产生了第Ⅱ类误差。统计显著性检验是以第Ⅰ类误差率最多为 5% 的方式进行定义。但是，第Ⅱ类误差率通常高达 95%。问题是哪个误差率适用于给定的研究。答案是，只有当我们知道该假设的零假设是真还是假时，才能知道相关的误差率。如果知道零假设为真，那么我们就知道显著性检验的误差率为 5%。当然，如果知道零假设是真的，并且我们仍进行显著性检验，那么我们真的就是傻瓜，因为若我们知道零假设是真的，我们就可以通过忽略这些数据来获得 0% 的误差率。也就是说，显著性检验存在根本的循环性。如果你不知道零假设是真还是假，那么你就不知道相关的误差率是第Ⅰ类还是第Ⅱ类；也就是说，你不知道误差率是 5% 还是高达 95% 的某个值。在所有情况下，只有一种方法可以保证 5% 的误差率：放弃显著性检验并使用置信区间。

考虑表 1-1 中的假设例子。让我们进一步简化这个例子，假设所有研究的样本量都相同，比如 $N = 40$。在我们的例子中，相关系数的单尾显著性检验为 $\sqrt{N-1}r \geqslant 1.64$；在我们的例子中是 $\sqrt{39}r \geqslant 1.64$ 或 $r \geqslant 0.26$。如果群体相关性为 0.33，且样本量为 40，那么样本相关性的均值为 0.33，而标准差为 $(1-\rho^2)/\sqrt{N-1}=(1-0.33^2)/\sqrt{39}=0.14$。因此，观察的相关性显著的概率是：当总体相关性值为 0.33，且标准差为 0.14 时，样本相关性大于 0.26 的概率为：

$$P\{r \geqslant 0.26\}=P\left\{\frac{r-0.33}{0.14} \geqslant \frac{0.26-0.33}{0.14}\right\}=P\{z \geqslant -0.50\}=0.69$$

也就是说，如果所有研究都是在样本量为 40 的情况下进行的，总体相关性为 0.33 意味着误差率为 31%（即 1−0.69 =0.31）。

如果我们将假设例子中的群体相关性从 0.33 改为 0.20，那么观察的相关性概率将显著地从 0.69 下降到：

$$P\{r \geqslant 0.26\}=P\left\{z \geqslant \frac{0.26-0.20}{0.15}=0.40\right\}=0.35$$

也就是说，误差率从 31% 上升到 65%。在这个实际的例子中，我们看到误差率可能超过 50%。尽管总体相关性始终为 0.20，但大多数研究都发现相关性并不显著。

在许多研究文献中，50% 或更高的误差率已被证明是常见的情况。因此，对显著性结果的数量进行统计的评论者很容易错误地得出结论，认为这种关系并不存在。此外，正如 Hedges 和 Olkin（1980）指出的那样，随着研究的深入，这种情况只会变得更糟糕。评论者将越来越确信，大多数研究没有显示出任何影响，因此这种效应并不存在。从 Cohen（1962）开始，一直到现在，心理学的许多研究文献都对统计功效进行了研究。在大多数文献中，平均值统计功效在 0.40 ～ 0.60 之间，在某些领域低至 0.20（Hunter，1997；Schmidt，1996；Schmidt，Hunter，2003；Sedlmeier，Gigerenzer，1989）。而且，令人吃惊的是，随着时间的推移，在已发表的研究中，统计功效几乎没有增加（Sedlmeier，Gigerenzer，1989）。Maxwell（2004）探讨了出现这种情况的原因。其他可能的原因在第 13 章中给出。

如果在一组研究中零假设为真，那么显著性的基准比率不是 50%，而是 5%。如果 20 个研究中有一个以上的研究发现具有显著性，那么在某些研究中，零假设必定是假的。然后，我们必须避免一些知道 5% 基准比率的评论者所犯的错误。例如，如果 35% 的研究结果是显著的，许多人会得出结论："因为 5% 显著性将是偶然的，这意味着零假设为真的研究数量是 35%−5% = 30%。"我们假设的例子表明，这种推理是错误的。如果在每个研究中总体相关性为 0.20，且样本量始终为 40，那么只有 35% 的研究会有显著性的结果，即使在所有情况下，零假设都是错误的。

在传统的综述研究中，显著性检验结果的典型使用会导致严重的错误。大多数此类综述得出错误的结论：需要进一步研究，即主要关注调节变量，以解决文献中的"相互矛盾的结果"。只有在显著性检验的解释中的错误能够被剔除的情况下，综述研究中的这些错误才能被排除。然而，我们这些为一代又一代的研究生一直教授功效的人却无法改变推理过程和 5% 误差率的错误观念（Sedlmeier，Gigerenzer，1989）。

这个例子说明了一个关键点。在解释研究时，传统的依赖统计显著性检验会导致有关研究结果含义的错误结论；事实上，传统的数据分析方法使得在大多数研究领域几乎不可能得出正确的结论（Hunter，1997；Schmidt，1996，2010）。

对上面传统上依赖于显著性检验的批评的常见反应是这样的："你的解释很清楚，但我不明白为什么这么多的研究者（甚至一些方法论者）在如此长的时间内犯这样的错误，难道它们不是和正确的数据分析方法一样重要吗？心理学家和其他研究者怎么没有看到显著性检验的缺陷呢？"多年来，一些方法论者已经解决了这个问题（Carver，1978；Cohen，1994；Guttman，1985；Meehl，1978；Oakes，1986；Rozeboom，1960；Schmidt，Hunter，1997）。在他们的统计课上，年轻的研究者通常被教授了很多第Ⅰ类误差的知识，而很少被教授第Ⅱ类误差和统计功效的知识。因此，他们没有意识到典型的研究中误差率非常大；他们倾向于认为误差率是使用 α 水平（通常为 0.05 或 0.01）导致的。此外，实证研究表明，大多数研究者认为，显著性检验的运用为他们提供了许多在理解数据时不存在的好处。例如，大多数研究者认为，如果进行一项新的研究，从某种意义上讲，具有统计显著性的结果是一个"可靠的"发现（Carver，1978；Oakes，1986；Schmidt，1996；Schmidt，Hunter，1997）。例如，如果结果在 0.05 水平上显著，那么后续研究中（如果进行）可以复现的概率为 1.00−0.05 = 0.95。这种观念完全是错误的。复现的概率是指研究的统计功效，并且总是远低于 0.95（通常为 0.50 或更低）。Killeen（2005a，2005b）提出了一项名为 P-rep 的统计量，他声称这项统计量可以在一项新研究中复现研究结果。多年来，这一统计量被广泛使用。然而，Trafimow、MacDonald、Rice 和 Carlson（2010）从数学上证明了 P-rep 统计实际上并没有提供这种概率。今天很少有人再使用 P-rep。

大多数研究者还认为，如果结果不显著，可以得出结论：这可能仅仅是偶然的，正如我们的例子所示。另一种错误观点认为，所有不显著的结果都是第Ⅱ类误差导致的。关于显著性检验提供的信息的有用性还存在于其他普遍但错误的观点（Carver，1978；Oakes，1986）。关于这些观点的讨论来自 Schmidt（1996）和 Schmidt、Hunter（1997）。

另一个事实与此相关：自然科学，如物理学和化学，在解释它们的数据时不使用统计显著性检验（Cohen，1990）。相反，它们使用置信区间。因此，这些科学没有经历过这里所描述的令人头疼的问题，即当研究者依赖显著性检验时不可避免的问题，这并非偶然。鉴于物理学家认为依赖显著性检验是不科学的，具有讽刺意味的是，许多心理学家为使用显著性检验而进行辩护，理由是这些检验是使用客观的、科学的、正确的数据分析和解释方法。事实上，我们的经验是，心理学家和其他试图捍卫显著性检验的行为科学家通常将零假设统计显著性检验与科学假设检验等同起来。他们认为假设检验是科学的核心，放弃显著性检验相当于试图建立一个没有假设检验的科学。他们错误地认为，科学中的显著性检验和假设检验是同一件事。这种观点等于说物理学、化学和其他自然科学不是合法的科学，因为它们没有使用统计显著性来检验它们的假设。这种观点的另一个逻辑含义是，在 20 世纪 30 年代 Fisher（1932）引入零假设显著性检验之前，可能没有合法的科学研究。当然，事实上是，有很多方法可以检验科学假设，而显著性检验是这些方法中效率最低的（Schmidt，Hunter，1997）。

1.3　统计功效是答案吗

研究者们认为，显著性检验的唯一问题是低功效，如果这个问题可以解决，那么依赖于显著性检验就不存在问题。这些人将更大的样本量作为解决方案。他们相信，如果每个研究者在进行每个研究之前，会计算出“足够”的功效（通常取 0.80 的功效）所需的被试人数，然后使用该样本量，那么问题就会得到解决。该观点忽略的问题是，这一要求将使大多数研究无法进行。在特定领域的研究开始时，问题通常是“处理方案 A 是否有效？”（例如，人际关系技能培训有效吗？认知行为处理有效吗）。若处理方案 A 确实具有实质性的效果，则足够的统计功效所需样本量可能不会非常大。但是随着研究的进行，随后的问题倾向于“处理方案 A 的效果比处理方案 B 的效果好吗？”（例如，新的培训方法的效果是否比旧方法的更好？预测值 A 是否比预测值 B 更有效）。然后，效应量成为两种效果之间的差异。这种效应量通常很小，因此所需的样本量非常大：1 000 或 2 000 甚至更多（Schmidt，Hunter，1978）。这只是为了达到 0.80 的功效，当零假设为假时，仍允许 20% 的第Ⅱ类误差率，这会被大多数人认为是高误差率。无论他们多么努力，许多研究者都无法获得那么多的研究对象：要么超出他们的资源，要么这些研究对象不可获得。因此，这一观点的结果将是，许多或者大多数研究根本无法进行。

主张统计功效立场的人会说，这不会是损失。他们认为，功效不足的研究不能支持研究结论，因此不应进行。然而，当与其他类似的研究结合在一起进行元分析时，这些研究包含了有价值的信息。事实上，准确的元分析结果可以基于个别统计功效不足的研究获得，因为元分析可以提供平均效应量的准确估计。如果不进行这些研究，这些研究中的信息就会丢失。

认为这类研究毫无价值的观点是建立在两个错误的假设之上：（1）假设单个研究都必须能够独立证明一个结论，而不需要参考其他研究；（2）假设每个研究都应该使用显著性检验进行分析。元分析的贡献之一是表明没有一项研究本身就足以回答一个科学问题。因此，每项研究都应被视为一个数据点，以便为以后的元分析做出贡献。此外，单个研究的分析不应使用显著性检验，而应使用效应量和置信区间的点估计。

那么，我们如何才能解决单个研究中的统计功效问题呢？实际上，这个问题是一个假问题。它可以通过停止显著性检验来“解决”。正如 Oakes（1986: 68）所指出的那样，统计功效只有在统计显著性检验的背景下才是合法概念。如果不使用显著性检验，那么统计功效便无从谈起。特别是，当使用点估计和置信区间来分析研究中的数据或把元分析用于整合研究结果时，不需要关注统计功效。

我们对依赖显著性检验来分析单个研究中的数据和解释研究文献的传统实践的批评可能会暗示一个错误的结论，即如果从未使用过显著性检验，那么在不同的研究中，检验给定关系的研究结果将保持一致。考虑表 1-1 中工作满意度和工作绩效之间的相关性。如果研究者不依赖显著性检验，这些研究是否会有相同的结果？绝对不是：相关性会有很大差异（事实上确实如此）。相关性如此易变的主要原因是简单的抽样误差，因为使用随机小样本的单个研究不能代替使用群体样本研究而得出的结论。大多数研究者严重低估了由抽样误差引起的研究结果的差异性。

大多数定律正确地指出，大随机样本是其群体的代表，其参数估计值接近实际群体值。许多研究者似乎相信，同样的规律也适用于小样本。结果，他们错误地期望以小样本（如 50 ～ 300）计算的统计数据与实际（群体）值非常接近。在我们进行的一项研究中（Schmidt，Ocasio，Hillery，Hunter，1985），我们从更大的单一数据集（$N = 1\ 455$；$r = 0.22$）中抽取 $N = 30$ 的随机样本（小型研究），并计算每个 $N = 30$ 样本的结果。由此得出的效度估计值在不同研究间有很大不同，范围为 −0.21 ～ 0.61，所有这些差异仅仅是抽样误差造成的（Schmidt，Ocasio，et al.，1985）。然而，当我们向研究者展示这些数据时，他们很难相信每个“研究”都是从同一个更大的研究中随机抽取的。他们不相信简单的抽样误差会产生那么大的差异。他们感到震惊，因为他们没有意识到简单抽样误差在研究中产生了多少差异。

显著性检验有两种选择：在综述研究层面，可以选择元分析；在单个研究层面，使用置信区间。

1.4　置信区间

考虑表 1-1 中假设例子中的研究 17 和 30。研究 17，$r = 0.31$ 和 $N = 69$，发现在 0.01 水平上是显著相关的。研究 30，$r = 0.31$ 和 $N = 26$，发现相关性不显著。也就是说，两位具有相同发现（$r = 0.31$）的作者得出了相反的结论。作者 17 得出的结论是，组织承诺与工作满意度高度相关，而作者 30 认为它们是不相关的。因此，两项相同的研究结果，可能会导致综述作者声称“文献中的结果是相互矛盾的。”

如果用置信区间来解释这两项研究结果，结论就大不相同。作者 17 报告了 $r = 0.31$ 的结果，95% 置信区间为 $0.10 \leqslant \rho \leqslant 0.52$。作者 30 报告了 $r = 0.31$ 的结果，95% 置信区间为 $-0.04 \leqslant \rho \leqslant 0.66$。研究结果之间没有冲突；两个置信区间基本上重叠。

现在考虑表 1-1 中的研究 26 和 30。研究 26 发现 $r = 0.53$，$N = 26$，在 0.01 水平上是显著的。研究 30 发现 $r = 0.31$，$N = 26$，是不显著的。也就是说，这两项研究具有相同的样本量，但结果明显不同。使用显著性检验，可以得出的结论是，一定有某种调节变量可以解释这种差异。这个结论是错误的。

如果使用置信区间考察这两项研究，则结论会有所不同。研究 26 的置信区间为 $0.25 \leqslant \rho \leqslant 0.81$，研究 30 的置信区间为 $-0.04 \leqslant \rho \leqslant 0.66$。确实，研究 30 的置信区间包括 $\rho= 0$，而研究 26 的置信区间不包括 $\rho = 0$；这是显著性检验所记录的事实。然而，关键的是，这两个置信区间的重叠区间为 $0.25 \leqslant \rho \leqslant 0.66$。因此，一起考虑这两项研究就可以得出正确的结论，即两项研究可能意味着具有相同群体相关性 ρ 值。实际上，重叠区间包括真值，$\rho=0.33$。

具有相同群体值的两项研究可以具有不重叠的置信区间，这是一个低概率事件（约 5%）。但是，置信区间并不是区分研究结果的最佳方法；这种区分属于元分析。

由于两个原因，置信区间比显著性检验提供更多的信息。第一，区间适当地以观察值为中心，而不是以零假设的零值为中心。第二，置信区间为研究者提供了小样本研究中不确定性的正确图像。看到置信区间宽至 $-0.04 \leqslant \rho \leqslant 0.66$，可能令人不安，但是这远远超过多年来因“相互矛盾的结果”的错误观念而产生的挫败感。

置信区间通常被定义为“小样本量”的研究。假设我们希望将相关系数的置信区间定义为与第一个数字相关，即宽度为 ± 0.05。然后，对于小的群体相关性，最小样本量约为 1 538。如果样本量为 1 000 就足够了，总体相关性必须至少为 0.44。因此，在这一准确性标准下，对于相关性研究，“小样本量”包括所有少于 1 000 人的研究，并且通常延伸到 1 000 人以上。

实验研究有类似的计算方法。如果使用 d 统计量（到目前为止最常用的选择），那么只有当样本量为 3 076 时，才会将小效应量指定为第一个数字。若效应量更大，则样本必须大于 3 076。例如，若群体平均数之间的差异为 0.30 标准差，则使精确度在 0.30 ± 0.05 范围内的最小样本量为 6 216 个。因此，考虑这种准确性标准，在实验研究中，“小样本量”从 3 000 开始，并且通常远远超出这个标准。实际上，在大多数行为实验室中，实验研究的总 Ns 在 20 ～ 50 之间。

自 1990 年出版本书第 1 版以来，人们对置信区间和效应量的点估计优于显著性检验的认识呈指数级增长。美国心理学会（APA）显著性检验工作组的报告（Wilkinson & APA 统计推断工作组，1999）指出，研究者应报告效应量估计值和置信区间。APA 发表手册的第 5 版和第 6 版指出，初始研究几乎总是需要报告效应量估计值和置信区间（APA，2001，2009）。现在，21 种心理学和教育方面的研究期刊都要求报告这些统计数据（Thompson，2002）。有些人认为，计算置信区间所需方法的信息并不足够可用。然而，现在一些有用且信息丰富的统计学教科书是围绕效应量和置信区间的点估计而不是显著性检验设计的（Cumming，2012；Kline，2004；Lockhart，1998；Smithson，2000）。Cumming（2012）一书包括很好的在线计算机程序，使计算变得更容易，并且说明了关键的统计事实和原则。Thompson（2002）提供了许多关于置信区间计算的信息，并引用了许多有用的参考文献（例如：Kirk，2001；Smithson，2001）。2001 年 8 月出版的《教育与心理测量》杂志专刊，完全致力于计算和解释置信区间的方法。还有许多其他类似的出版物（例如，Borenstein，1994）。

尽管有这些进展，但大多数发表的文章仍使用显著性检验。鉴于这种实践已完全不可信，这该是一个什么样的迷局？Orlitzky（2011）认为，问题在于反对显著性检验的证据尚未制度化。那些诋毁显著性检验的文章旨在诱导单个研究者改变他们的统计实践，而不是为了更广泛、更系统或更制度化的改变。但是，对单个研究人员来说，很难反对大多数期刊中已经制度化的实践。他认为，需要的是研究文化中自上而下学科范式的转变。这是一个宽泛的建议。例如，他说，敦促个别期刊编辑要求效应量和置信区间，将产生很小的变革。在整个学科层面必须有一个可执行的协议，必须在初始研究中使用适当的数据分析程序，同时在研究生课程中教授研究方法的方式也必须发生重大变化。这是文化变革的一个长期命题。幸运的是，正如我们接下来将看到的那样，即使显著性检验继续用于单个初始研究，元分析也有可能在发展累积知识方面取得进展。

1.5　元分析

是否有定量分析表明表 1-1 中的所有差异都可能源于抽样误差？假定我们按样本量对每个相关性进行加权平均以计算其方差，得到的值是 0.022 58（SD = 0.150）。我们也可以仅仅根据抽样误差计算期望方差。每个独立相关性 r_i 的抽样误差方差公式为：

$$(1-0.331^2)^2/(N_i-1)$$

其中，0.331 是表 1-1 中相关性的样本加权均值。如果我们按照样本量对每个估计值进行加权（就像我们在计算观察方差时所做的那样），那么抽样误差期望方差公式是：

$$S_e^2=\frac{\sum_{i=1}^{i=30}\left[\dfrac{N_i(1-0.331^2)^2}{N_i-1}\right]}{\sum N_i}$$

该值为 0.020 58（SD = 0.144）。抽样误差期望方差与实际（观察）方差之比为 0.020 58 / 0.022 58 = 0.91。因此，仅抽样误差就占了相关关系中观察方差的 91%。0.91 的平方根是抽样误差和观察的相关性之间的相关性。该相关性为 0.95，是一个比方差百分比更具信息量的指标（Schmidt，2010）。最好的结论是，工作满意度和组织承诺之间的关系在性别、种族、工作层次、年龄、地理位置和组织规模上是恒定的（相关性 1.00 和我们的 0.95 之间的差异是由二阶抽样误差引起的，这在第 9 章有讨论）。这个常数值的最佳估计是 0.331，即 30 个相关性样本量加权的均值。在我们的口头报告中，研究者对这 30 项研究的数据进行了定性分析，不同的人得出了不同的结论。相比之下，所有使用这个定量方法的研究者都会（剔除计算误差）得出完全相同的结论。

从理论上讲，0.331 不是我们想要的值，因为这两个量表的不可靠性都会使它向下偏差。测量误差的影响减少所有观察的相关性，从而使平均相关性低于两个构念之间的实际相关性。我们感兴趣的是构念层面的相关性，因为这种相关性反映了潜在的科学性。假设根据 30 项研究的资料，我们估计工作满意度的平均信度为 0.70，组织承诺的平均信度为 0.60。进一步，这些被估计的量表真实分数的相关性是 $0.331/\sqrt{0.70(0.60)}=0.51$。这个值是构念层面相关性的最佳估计。Schmidt、Le、Oh（在版中）已经表明，真实分数和构念分数之间的相关性通常达到 0.98。因此真实分数相关性是对构念相关性的良好估计。Hedges 讨论了校正测量误差的必要性（2009b，第 3 章）。

除抽样误差之外，大多数扭曲研究结果的人为误差都是系统的，而不是随机的。它们通常使 r 值或 d 值产生向下偏差。例如，研究中的所有变量必须测量，并且所有变量测量值都包含测量误差。这条规则是毫无例外的。测量误差影响每个相关值或 d 值向下偏差。测量误差也可能导致研究间的差异：如果一项研究中测量的误差比另一项研究中测量的误差更大，则在第一项研究中观察的 rs 或 ds 将更小。因此，元分析必须校正向下偏差以及不同研究间人为误差的差异。这种校正在第 2 章到第 7 章中进行讨论。

传统的文献综述方法不足以整合大量研究中相互矛盾的结果。正如 Glass（1976）指出的那样，数百项研究的结果："在传统的描述性文献综述中，如果没有在组织、描绘和解释数据的技巧帮助下，就无法理解 500 个考试成绩的意义"(p.4)。在班级规模对学生学习的影响，智商与创造力的关系以及心理治疗对患者的影响等领域，短期内几乎可以积累成百上千的研究。Glass（1976）指出，这些研究总体上包含的信息比用描述性综述方法所提取的信息要多得多。他指出，因为我们没有开发这些信息"金矿"，所以"我们知道的比我们已经证实的要少得多"。我们需要的是综合现有研究结果的方法，以揭示相对不变的潜在关系和因果关系模式，它的建立将构成一般原则和累积的知识。

在心理学和社会科学史上，迫切需要更多的实证研究来检验这个问题。在许多研究领域，今天的需求不是额外的实证数据，而是了解一些已累积大量数据的方法。由于心理学和其他社会科学领域的数量越来越多，可用的研究的数量巨大，因此为了将相互矛盾的研究结果整合起来以建立普适的知识，促进理论开发和实际问题的解决显得尤为重要，这使得元分析在研究中发挥着越来越重要的作用。这些方法可以建立在我们已经熟悉的统计和心理测量方法的基础上。正如 Glass（1976）所说：

> 在对研究数据进行初步分析时，我们大多数人都受过分析变量之间复杂关系的训练。但在更高层次上，方差、非同质性和不确定性同样明显，我们常常用文字描述取代量化的严谨性。正确的整合研究需要采用与原始数据分析相同的统计方法。(p.6)

1.6　元分析在行为科学与社会科学中的作用

心理学研究中经典的小样本研究产生了看似矛盾的结果，而对统计显著性检验的依赖使研究结果显得更加矛盾。元分析整合了这些研究结果，揭示了作为研究文献基础更简单的关系模式，从而为理论开发奠定了基础。元分析可以校正抽样误差、测量误差和其他人为误差的失真效应，而这些人为误差会产生相互矛盾的错觉。

任何科学的目标都是累积知识。最终，这意味着解释作为科学领域焦点现象的理论开发。一个例子是解释儿童和成人的人格特征如何随着时间的推移而发展，以及这些特征如何影响他们生活的理论。另一种理论是什么因素导致工作和职业的满意度，以及工作满意度反过来又对生活的其他方面产生怎样的影响。然而，在开发理论之前，我们需要准确地识别变量之间的关系。例如，同事社会化与外向性之间的关系是什么？工作满意度与工作绩效之间的关系是什么？

除非我们能准确地识别变量之间的这种关系，否则，我们没有构建理论的原材料。理论没有什么可解释的。例如，如果在不同的研究中，儿童的外向性和受欢迎程度之间的关系是随机变化的，从强正相关性到强负相关性，以及介于两者之间的所有关系，我们就不能构建一个关于外向性如何影响受欢迎程度的理论。这同样适用于工作满意度与工作绩效之间的关系。

不幸的是，大多数研究文献确实显示出这种相互矛盾的研究结果。一些研究发现有统计上显著的关系，有些则没有。在许多研究文献中，这一比例大约为 50% ：50%（Cohen，1962，1988 ；Schmidt，2010 ；Schmidt，Hunter，1997 ；Schmidt，Hunter，Urry，1976 ；Sedlmeier，Gigerenzer，1989）。这是大多数行为科学和社会科学领域的陈规陋习。因此，很难促进理解、开发理论和累积知识。

今天，元分析正被广泛应用于解决这个问题。元分析的使用程度反映在这样的事实上：Google 使用此术语所进行的搜索产生超过 5 000 万次点击量。

完美研究的神话

在元分析之前，科学家了解研究文献的方式通常是主观的描述性综述。然而，在许多研究文献中，不仅有大量的研究，而且存在相互矛盾的结果。这种合并使标准的主观描述性综述成为一项几乎不可能完成的任务：人类信息加工的研究表明，这项任务远远超出了人类能力。比如，如何静下心来理解相互矛盾的 210 项研究？

在许多描述性综述中，这个答案更是得到了极大的发展，常常被称为完美研究的神话。评论者确信，许多情况下，现有的绝大多数研究具有"方法上的缺陷"，甚至不应在综述中加以考虑。这些对方法论缺陷的判断通常是基于特殊的观点：一个评论者可能会认为皮博迪人格问卷（Peabody Personality Inventory）存在"构念效度缺陷"，进而放弃使用该问卷的所有研究。另一个评论者可能认为，使用同一份问卷是方法健全的先决条件，并排除没有使用该问卷的所有研究。因此，任何特定的评论者都可以剔除除少数研究之外的所有研究，并可能将研究的数量从 210 项缩小到 7 项，然后根据这 7 项研究得出结论。

长期以来，最广泛阅读的文献综述出现在教科书中。教科书，尤其是高级教科书的作用是总结某一领域已知的内容。然而，没有教科书能够引用或讨论 210 项研究以用于分析单一关系。教科书作者经常会挑选一两个他们认为是"最佳"的研究，然后仅仅根据这些研究得出教科书式的结论，忽略研究文献中的大量信息。因此，完美研究只是一个神话。

事实上，没有完美的研究。如后文所述，所有研究都包含测量误差。所有研究都与测量误差相关，没有研究的测量具有完美的构念效度。此外，通常还有其他人为误差会扭曲研究结果。即使假设的（并且必须是假设的）研究没有产生这些失真，它仍会包含抽样误差，通常是大量的抽样误差，因为样本量很大的情况非常罕见。因此，所有单个研究或小型亚组研究都不能为累积的科学知识提供最佳依据。结果，对"最佳研究"的依赖并不能解决研究结果之间相互矛盾的问题。这种方法甚至没有成功地欺骗研究者，使他们相信这是一种解决办法，不同的描述性评论者因为选择"最佳"研究的不同亚组而得出不同的结论。于是，"文献之间的冲突"成为"综述之间的冲突。"

一些相关史实

到 20 世纪 70 年代中叶，行为科学和社会科学陷入了严重困境。大量研究积累了许多对理论开发和 / 或社会政策决策很重要的问题。对同一问题的不同研究结果通常是相互矛盾的。例如，当工作者对自己的工作满意时，他们的工作效率会更高吗？研究结果并不一致。当班级规模较小时，学生会学到更多吗？研究结果也相互矛盾。参与式的管理决策能提高生产率吗？工作扩大化是否会提高工作满意度和产出？心理治疗真的对人有帮助吗？这些研究的结果都是矛盾的。结果，公众和政府官员对行为科学和社会科学越来越失望，获得研究经费变得越来越困难。沃尔特·蒙代尔（Walter Mondale）参议员 1970 年在美国心理学会的一次演讲中，表达了他对这种情况的失望：

> 我没有学到的是，我们应该对这些问题做些什么。我曾希望通过研究来支持或最终反对我的观点，即高质量综合教育是最有前途的方法。但我几乎没有找到确凿的证据。对于每个研究，无论是统计研究还是理论研究，只要包含一个拟议的解决方案或建议，总会有另一个同样有据可查的方案，挑战第一个研究的假设或结论。似乎没有人同意其他人的方法。更令人痛苦的是，我必须承认，我与我的同事一样困惑，甚至常常感到心灰意冷。

然后，在 1981 年，联邦管理和预算办公室主任 David Stockman 提议减少 80% 的行为科学和社会科学研究经费。这一提议在某种程度上是出于政治动机，但是行为科学和社会科学研究的失败累积起来，就容易受到政治攻击。这项削减提议是试探性的，引发了无数的政治对抗。即使提议的削减幅度远小于严格意义上的 80%，我们也会确信选民将会提出抗议。这种情况经常发生，许多行为科学家和社会科学家都预料到了。但是，事实并非经常如此。事实证明，行为科学和社会科学在公众中没有支持者；公众并不关心（见《削减引发新的社会科学的质疑》，1981）。最后，绝望之余，美国心理学会率先成立了社会科学协会联盟，游说反对削减计划。虽然这个超级协会在减少这些削减方面取得了一定的成功（甚至在某些领域，随后几年的研究经费有所增加），但是这些发展应该使我们仔细审视这种事情是如何发生的。

导致这种状况的事件顺序，在一个又一个研究领域中大同小异。首先，人们最初对利用社会科学研究来回答社会重要问题持乐观态度。政府资助的职业培训计划有效吗？我们会做研究以找出答案。早教真的能帮助弱势儿童吗？研究将告诉我们（这个结果）。融合提高了黑人儿童的学习成绩吗？研究将提供答案。接下来，对该问题进行了一些研究，但是结果相互矛盾。这个问题没有得到回答，这让人有些失望，但是决策制定者和普通民众仍持乐观态度。与研究者一样，他们得出结论：需要更多的研究来确定导致矛盾结果的假设的交互效应（调节变量）。例如，也许职业培训工作是否有效取决于受训者的年龄和教育程度。也许学校里的小班只对低智商的孩子有益。据此假设，心理治疗对中产阶级患者有效，而对工薪阶层患者无效。也就是说，目前的结论是需要寻找调节变量。

在第三阶段，大量的研究被资助和进行，以检验这些调节变量的假设。当它们完成后，现在有了大量的研究，但冲突的数量非但没有得到解决，反而增加了。初始研究中的调节变量假设并没有得到证实，也没人能理解相互矛盾的结果。研究者得出的结论是，在这种特殊情况下，在这个特殊的案例中被选中研究的问题已经变得非常复杂。然后，他们转向对另一个问题的研究，希望这次的问题会变得更容易处理。研究资助者、政府官员和公众不再抱有幻想，并施以冷嘲热讽。研究资助机构削减了在这一领域和相关领域的研究经费。在这个循环被重复了足够多次数后，社会科学家和行为科学家也开始对自己的工作价值感到悲观，他们发表文章支持这样一种观点，即行为科学和社会科学研究在原则上不可能发展累积的知识，也不能为社会重要问题提供普遍的答案。这方面的例子包括 Cronbach（1975）、Gergen（1982）和 Meehl（1978）。

显然，在这一点上，迫切需要有一些方法来理解大量累积的研究结果。从 20 世纪 70 年代末开始，人们开发了新的方法，将同一主题的研究结果整合起来。这些方法被统称为元分析，术语是由 Glass（1976）创造的。元分析在累积的研究文献（例如，Schmidt，Hunter，1977）中的应用表明，研究结果并不像人们想象的那样具有矛盾性，而且实际上可以从现有研究中得出有用的和可靠的普遍性结论。结论就是，在行为科学和社会科学中，累积理论和知识是可能的，社会重要问题可以用确定的、合理的方式回答。结果，笼罩在行为科学和社会科学中许多人头上的悲观情绪得到了缓解。

事实上，元分析甚至已经产生了证据，证明行为科学中研究结果的累积性可能与物理科学中的一样。长期以来，我们认为我们的研究不如物理科学中的研究具有一致性。Hedges（1987）使用元分析方法来检验粒子物理学中 13 个领域和心理学中 13 个领域研究结果的差异性。与普遍的看法相反，他的发现表明，物理学研究中的差异性与心理学研究中的差异性一样多。此外，他还发现，物理科学使用的合并研究结果的方法与元分析“基本相同”。当恰当地应用元分析时，心理学和物理学两个领域的研究文献都产生了累积的知识。Hedges 的主要发现是，与物理科学相比，在行为科学和社会科学中，研究结果相互矛盾的频率并不高。事实上，这一发现令许多社会科学家感到惊讶。这一事实表明，我们长期以来高估了物理科学研究结果的一致性。此外，在物理科学中，单个研究不能回答研究问题，物理学家必须使用元分析来理解他们的文献研究，正如我们所做的那样（如前所述，在分析单个研究数据时，物理科学不使用显著性检验；它们使用点估计和置信区间）。

元分析也产生了其他变化。文献综述的相对地位发生了巨大改变。传统上只发表初始研究并拒绝发表文献综述的期刊现在已经发表大量元分析综述。过去，研究综述是基于描述性主观方法，它们的地位有限，并且在学术提升或职称方面获得的信誉很少。往往对那些进行初始研究者给予奖励。现在不仅不再存在这种情况，而且有了更重要的发展。如今，在积累知识方面的许多发现和进展不是由那些做初步研究的人，而是由那些使用元分析来发现现有研究文献的潜在意义的人取得的。今天，具有所需训练和技能的行为科学家或社会科学家，正在通过挖掘累积的研究文献中尚未开发的信息脉络，做出重大的原创发现和贡献。

梳理和理解研究文献的元分析过程不仅揭示了累积的知识，还提供了剩余研究需求的更清晰的方向。也就是说，我们也懂得下一步需要什么样的初始研究。一些人提出了这样的担忧：元分析可能会扼杀进行初始研究的动机和动力。元分析清楚地表明，没有一个单个的初始研究能够解决一个问题或回答一个问题。研究结果具有内生的概率性（Taveggia，1974），因此，任何一项研究的结果都可能是偶然发生的。只有跨研究发现的元分析整合才能控制抽样误差和其他人为误差，并为结论提供基础。然而，除非进行必要的初始研究，否则不可能进行元分析。在新的研究领域，这个潜在的问题并不是很值得关注。第一次进行的研究包含了 100% 的可用研究信息。第二次研究包含大约 50% 的可用信息，依此类推。因此，任何领域的早期研究都具有一定的优势。然而，第 50 项研究仅包含约 2% 的可用信息，而第 100 项研究仅包含约 1% 的可用信息。我们会很难激励研究者进行第 50 或第 100 项研究吗？如果这样做了，我们不认为这是元分析导致的。当描述性综述是研究整合的主要方法时，评论者并没有将他们的结论建立在单个研究上，而是建立在多项研究上。因此，就像现在一样，没有研究者能像现在这样合理地希望自己的单个研究能够决定一切问题。事实上，元分析在某方面代表了初始研究者的进步：所有可用的相关研究都包含在元分析中，所以每个研究都有效果。正如我们之前看到的，描述性评论者经常抛弃大部分相关研究，并将他们的研究结论建立在少数他们最喜欢的研究上。

此外，应该指出的是，那些提出这个问题的人忽视了元分析所带来的有益影响：它防止了宝贵的研究资源被转移到真正不需要的研究中。元分析应用已经表明，在某些问题上，额外的研究会浪费科学和社会上有价值的资源。例如，自 1980 年以来，已经进行了 882 项基于 70 935 总体样本的研究，其中涉及知觉速度与文书工作者的工作绩效之间的关系。基于这些研究，我们对这种元分析的平均相关性的估计值是 0.47，其中 SD_ρ=0.22（Pearlman，Schmidt，Hunter，1980）。对于其他能力，通常有 200 ～ 300 个累积的研究。显然，对这些关系的进一步研究并不是对现有资源的最佳利用。

如果一项元分析完成后出现一项或多项新的研究，那么如何更新元分析以纳入这些新研究？Schmidt 与 Raju（2007）指出，最好的方法是重新计算包括那些研究的元分析（即使用更新元分析的“医学方法”，而不是贝叶斯方法）。

1.7 元分析在开发理论中的作用

如前所述，行为科学和社会科学的主要任务和其他科学一样，是开发理论。一个好的理论只是对现象中实际发生过程的一个好的解释。例如，当员工发展出高水平的组织承诺时，实际上会发生什么？工作满意度是先产生，然后才导致承诺的发生吗？如果是这样的话，是什么导致了工作满意度的提高，以及它如何影响承诺？智力水平越高，工作绩效就越高吗？只有通过增加工作知识？还是直接提高工作中解决问题的能力？社会科学家本质上是一名侦探：他或她的工作是找出事情为什么和如何以这种方式发生。然而，要建构理论，我们首先必须了解一些基本事实，如变量之间的实证关系。这些关系是理论的基石。例如，如果我们知道工作满意度和组织承诺之间存在高度一致的正相关关系，那么这将为我们开发理论指明方向。如果这些变量之间的相关性非常低且持续，那么理论开发将朝着不同的方向发展。如果这种关系在不同的组织和环境中差异很大，将鼓励我们推进基于交互或调节变量的理论。元分析为理论建构提供了这些实证基础。元分析的结果告诉我们什么是需要用理论来解释的。元分析之所以一直受到批评，是因为它不直接产生或开发理论（Guzzo，Jackson，Katzell，1986）。这类似于批评文字处理器，因为它们不会自己撰写书籍。元分析的结果对于理论建构是不可或缺的，但是理论建构本身是一个与元分析不同的创造性过程。

正如我们在讨论中使用的语言所暗示的那样，理论是因果关系的解释。每门科学的目标都是解释，而解释总是因果的。在行为科学和社会科学中，当数据满足方法的假设时，路径分析方法（Hunter，Gerbing，1982）和结构方程模型（SEM）可用于检验因果理论。元分析揭示的关系－理论的实证建构模型，可用于检验路径分析和 SEM 的因果理论。实验确定的关系也可以与基于观察的关系一起进入路径分析中。只需要将 d 值转换为相关性（见第 7 章）。因此，路径分析可能是“混合性的”。路径分析和 SEM 不能证明理论是正确的，但可以证伪一个理论，即表明它是不正确的。因此，路径分析可以成为一个强有力的工具，用于减少可能与数据一致的理论数量，有时是非常少的理论，有时甚至只有一种理论（Hunter，1988）。例如，见 Hunter（1983a）。可能的理论每减少一个都是在理解上的进步。

理论上，路径分析或 SEM 的应用需要相关变量（相关性矩阵）或协方差（方差－协方差矩阵）之间的相关性。元分析可用于为感兴趣的变量创建相关性矩阵。因为每个元分析可以估计相关性矩阵中的不同单元，所以可以组建完整的相关性矩阵，即使没有单个研究包含每个感兴趣的变量（Viswesvaran，Ones，1995）。若这些相关性能对诸如测量误差之类的人为偏差效应适当地进行校正，则可以应用路径分析或 SEM 来检验因果（或解释）理论（Cook，et al.，1992: 315-316）。其中一个例子见 Schmidt、Hunter 和 Outerbridge（1986）。本研究采用元分析的方法，对一般心智能力、工作经历、工作知识、工作抽样绩效、上级工作绩效评估等变量之间的相关性进行整合（这些相关性在研究中是同质的）。路径分析结果如图 1-1 所示。这个因果模型很好地拟合了数据。从图 1-1 可以看出，工作经历和一般心智能力都对工作知识的获得产生很强的因果影响，而这反过来又是影响工作样本测量中高绩效的主要原因。研究结果还表明，主管对员工的评价更多地基于员工的工作知识，而不是实际的绩效能力。这种工作绩效的因果模型（或理论）已经得到了其他研究的支持（Schmidt，Hunter，1992）。当今，研究文献中包含许多这种使用元分析研究的方式。

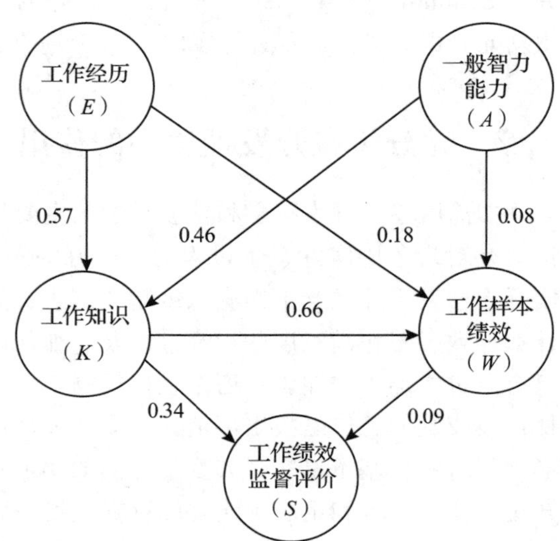

图 1-1 路径模型和路径相关性

注：改编自“工作经历和能力对工作知识、工作样本绩效和工作绩效监督评价的影响”，Schmidt, Hunter, Outerbridge, 1986. Journal of Applied Psychology, 71,432-439。经作者许可转载。

Becker（1989；2009， 第 20 章） 和 Becker、Schram（1994）讨论了以这种方式进行元分析的可能性。Becker（1992）用这种方法检验了影响男、女高中生和大学生科学成就的变量模型。在这种情况下，没有足够的研究可以获得一些所需相关性的元分析估计值；尽管如此，但这些研究已经取得了进步，并确定了未来研究所需的信息。Becker（1996）和 Shadish（1996）提供了额外的讨论。虽然在以这种方式使用元分析时必须处理技术上的复杂性（Cook，et al.，1992：328–330），但是，它是加速社会科学累积知识最有前景的方法。第 5 章讨论了与这种使用元分析相关的技术问题。

1.8 工业与组织心理学领域的元分析

元分析在工业－组织（I/O）心理学领域有很多应用。在工业－组织心理学领域，元分析最广泛和最详细的应用是对就业甄选程序效度的概化研究（Schmidt，1988；Schmidt，Hunter，1981，1998）。这些研究发现导致了人事甄选领域的重大改变。效度概化研究在第 4 章中有更详细的描述。

最近组织心理学中的元分析已经解决了不同分析层面的广泛主题。在组织或业务单元层面，Harter、Schmidt 和 Hayes（2002），Harter、Schmidt、Asplund 和 Kilham（2010），Whitman、Van Rooy 和 Viswesvaran（2010）已经证明，单元层面的工作满意度和员工敬业度对业务部门财务绩效和客户满意度产生正向的、普遍的影响。另一项元分析显示，在 83 个不同的组织中，生产率测量和提升系统（productivity measurement and enhancement system, ProMES; Pritchard, Harrell, DiazGranadaos, Guzman, 2008）对工作绩效产生普遍的正向影响，这是由组织心理学家设计的绩效管理系统，为工人和员工提供快速有效的绩效反馈。团队研究的元分析仍很流行，其中一项元分析总结了不同团队合作过程是如何影响团队效率的（LePine，Piccolo，Jackson，Mathieu，Saul，2008）。

其他元分析侧重于个体分析单位。其中一项研究考察了工作离职与大五人格因素模型（five-factor model，FFM）之间的关系，发现情绪稳定性是离职的一个负的预测因素（Zimmerman，2008）。另一项研究试图解决工作态度和工作绩效之间模糊的因果关系（Riketta，2008）。其他研究侧重于多元文化和国际问题。Dean、Roth 和 Bobko（2008）对评估中心中的种族和性别亚组差异进行了元分析检验，以表明这些评估中的性别亚组差异比之前认为的要小，但是一些种族亚组差异比之前认为的要大。Taras、Kirkman 和 Steel（2010）研究表明，Hofstede（1980）的文化价值维度在预测（按递减顺序）个人情绪、态度、行为和工作绩效方面很有效。Geyskens、Krishnan、Steenkamp 和 Cunha（2009）对元分析在管理相关研究中的应用进行了广泛的研究。

比较陈旧的例子还涉及各种主题和分析单元。Fisher 和 Gitelson（1983）的元分析检验了成员在团队中的角色冲突和角色模糊的正向和负向相关关系。领导绩效的元分析也很流行。例如，对 Fiedler 的领导权变理论的元分析检验，这一理论是当时领导力方面的主流理论（Peters，Harthe，Pohlman，1985）。其他元分析研究了态度和信念的问题，例如，能力和技能自我评价的准确性相对较低（Mabe，West，1982）以及工作满意度和缺勤率之间的负相关关系（Terborg，Lee，1982）。其他研究侧重于更具体的干预措施和评估，例如：真实工作预览对减少后续员工离职方面的影响较小却是正向的（Premack，Wanous，1985）；LSAT 用于正向预测法学院成绩的概化效度（Linn，Harnisch，Dunbar，1981a）；金融分析师预测股票增长的能力有限性（Coggin，Hunter，1983）。简言之，研究者已经并将继续致力于跨学科元分析研究，并继续将心理测量元分析视为一种重要的研究工具。

在管理培训的相关文献中可以找到其他有影响力的元分析例子。Burke 和 Day（1986）关于管理培训效能的元分析促进了管理培训的后续元分析研究，包括 Collins 和 Holton（2004），Taylor、Russ-Eft 和 Taylor（2009），Powell 和 Yalcin（2010）。这些研究的结论一再表明，管理培训计划在几乎所有的情况下都能有效地改变特定行为和知识获取，特别是在时间管理和人际关系技能方面。其他元分析评估了各种组织环境下的培训结果。例如，最近的一项元分析检验了包含培训内容、受训者属性和受训者对培训的情感反应的组合如何影响培训计划的结果（Sitzmann，Brown，Casper，Ely，Zimmerman，2008）。其他元分析研究调查了不同培训标准之间的关系，如行为、学习、绩效（Alliger，Tannenbaum，Bennett，Traver，Shotland，1997）或受训者如何在应用环境中使用培训并与他人分享培训中的知识（Arthur，Bennett，Edens，Bell，2003）。所有这三项元分析都对 I/O 心理学传统学习和培训模式产生了强有力的影响，从而更新了 Kirkpatrick（2000）广泛使用的学习模式，证明了讲座作为一种有效的培训形式，并重新考虑对培训的情感反应价值。

Colquitt、LePine 和 Noe（2000）利用元分析进一步扩展 Alliger 等人（1997）的工作，并研究了个体差异、情境因素和工作职业因素如何影响个人在培训期间的动机以及这种动机的后续结果。Colquitt 等人（2000）的研究确立了动机作为决定培训效果关键因素的重要性，个人如何将培训中的学习转化为工作绩效，以及他们与他人分享培训知识的效度。在最近一项关于动机影响的研究中，Payne、Youngcourt 和 Beaubien（2007）使用元分析方法来校准目标导向（反映个人学习动机与在他人面前表现良好动机的心理变量）对培训结果的影响。这两项元分析影响了研究者进行后续初始研究的方式，并为研究者研究动机在培训中的作用创造了新的机会。总而言之，元分析通过证明培训对组织的效度和价值，影响了在管理培训、培训动机和一般培训方面的研究。

元分析也被广泛用于领导力文献中，这是I/O 心理学和组织行为学（organizational behavior，OB）中的一个热门主题。元分析为一个困难的主题提供了一些清晰的图景，并根据元分析结果改变了研究的进行方式。Judge、Colbert 和 Ilies（2004）报告显示，一般认知能力与领导力之间的关系相对较弱，并指出这种关系弱于早期定性综述的预期。类似的研究表明，在流行的 FFM 框架中，领导力不能仅仅由人格特征来解释（Judge，Bono，Ilies，Gerhardt，2002）。几年后，这一系列研究启发了一组研究者考虑领导者积极（光明面）和消极（黑暗面）人格特征的概念模型，这些特征与领导力的涌现和效能相关联（Judge，Piccolo，Kosalka，2009）。最后，多个元分析被用来显示变革（魅力）型领导的效度、独特性和重要性。这是一组对员工具有高度激励作用的领导行为，也是领导文献研究的核心议题（Bono，Judge，2004；Eagly，Johannsen-Schmidt，Engen，2003；Eagly，Karau，Makhijani，1995）。元分析的应用使研究结论发生了重大变化，使现有理论范式发生了根本性改变，并开拓了新的研究领域。

1.9 元分析对心理学的广泛影响

有些人认为，元分析只是一种改进的文献分析方法。实际上，元分析不止于此。通过对不同研究结果的定量比较，元分析可以发现任何单个研究无法推断的新知识，有时还可以回答所包含的任何单个研究中从未涉及的问题。例如，没有一个单独的研究可以比较高智商和低智商的培训计划效度；然而，通过比较不同组别研究的平均 *d* 值统计数据，元分析可以揭示这种差异。也就是说，任何单个研究中从未研究的调节变量（交互效应）都可以通过元分析揭示出来，这极大地促进了累积知识的发展。Chan 和 Arvey（2012）分析了元分析对心理学和社会科学知识发展的积极影响。Richard、Bond 和 Stokes-Zoota（2003）回顾了 322 个元分析对社会心理学的影响。Dieckmann、Malle 和 Bodner（2009）对几个心理学研究领域的元分析进行了评估。Carlson 和 Ji（2011）对元分析研究在更广泛的心理学文献中的使用和引用进行了分析。他们发现，近年来，元分析（与初始研究相比）的引用率一直在迅速增加。

虽然远不止于此，但元分析确实是一种改进的综合或整合研究文献的方法。心理学的最重要综述期刊是《心理学公报》(*Psychological Bulletin*)。自 1980 年以来，在这本杂志上发表的综述中，越来越多的是元分析，而传统的主观描述性综述的比例则在稳步下降。编辑向作者返回描述性综述手稿的情况并不少见，并要求将元分析应用于综述研究（Cooper，2003）。今天发表在《心理学公报》上的大部分描述性综述都集中在研究文献上，这些研究文献还不够完善，无法进行定量处理。

尽管 2010 年开始出现了变革运动，但《心理学公报》上出现的大多数元分析都采用了固定效应方法，导致许多研究夸大了元分析结果的准确性（Schmidt，Oh，Hayes，2009）(关于固定与随机元分析模型的讨论，请参阅第 5 章和第 8 章；当使用固定效应模型时，置信区间太窄)。尽管如此，这些元分析产生的结果和结论比那些由传统主观描述性综述产生的结论更为准确。随着时间的推移，许多其他期刊也显示出元分析发表数量的同样增加。传统上，这些期刊中的多数只发表单个实证研究，很少发表综述文章，直到 20 世纪 70 年代末元分析出现，这些期刊才开始发表元分析，因为元分析不再被视为“单纯的综述”，而是作为一种实证研究的形式。作为这一变化的结果，在各种各样的期刊和各种心理学研究领域中，研究文献结论的质量和准确性得以提高。研究文献中结论质量的提高，促进了心理学许多领域的理论开发。

元分析对心理学教科书的影响是积极的和戏剧性的。教科书很重要，因为它们的作用是总结给定领域的累积知识。大多数人，诸如学生和其他人从阅读教科书中获得有关心理学理论和发现的大部分知识。在元分析之前，教科书作者面对着数百个相互矛盾的研究，他们主观地、随意地从文献中选择了少数自己喜欢的研究，并将教科书的结论建立在这几个研究基础上。今天，大多数教科书作者的结论是基于元分析的结果（Myers，1991），使他们的教科书结论更加准确。我们不能过分强调这一发展在促进心理学累积知识方面的重要性。

由于需要多个研究来解决抽样误差问题，因此确保每个专题的所有研究都是有效的非常重要。一个主要问题是，许多优秀且可复现的文章被主要的研究期刊拒绝。目前，期刊在评价研究时过分强调令人惊讶的新发现，而往往没有考虑抽样误差或其他重要的技术问题，如测量误差。许多期刊甚至不会考虑“单纯的复现研究”或“单纯的测量研究”。许多坚持己见的作者最终会在声望较低的期刊上发表此类研究，但是他们必须忍受许多拒绝信，而且往往会拖延很长一段时间才发表。这类问题，包括发表偏差的一般问题，将在第 13 章中详细讨论。

对我们来说，这清楚地表明，我们需要一种新型的期刊，无论是纸质版的还是电子版的，由此而进行系统的归档以备后续进行元分析研究所需。20 世纪 70 年代早期，美国心理学会的实验性出版系统就是朝着这个方向努力的。然而，在当时，元分析的需求还不存在，该系统显然没有满足当时的实际需要，因此被停用。今天，这种需求是如此之大，如果没有这样一个期刊系统，将会阻碍我们充分发挥潜力积累心理学和社会科学知识的努力。

鉴于心理学和社会科学文献中有大量的元分析，一些读者可能想知道，为什么我们在本书中用来说明元分析原理和方法的例子没有使用这些元分析的数据。主要原因是数据量（相关数或 d 统计值的数量）通常太大，以至于非常烦琐。出于教学上的原因，我们通常采用由少量研究组成的例子，其中数据是假设的。正如以下章节所解释的那样，基于如此少量研究的元分析通常不会产生非常稳定的结果（我们将在第 9 章讨论二阶抽样误差）。然而，这些例子简明扼要地说明了元分析的原理和方法，我们认为这是至关重要的考虑。

1.10　元分析在心理学之外的影响

在生物医学研究领域的影响

元分析在生物医学研究中比在行为科学和社会科学中可能产生更大的影响（Hunt，1997，第 4 章）。数百篇元分析发表在顶尖的医学研究期刊上，如《新英格兰医学杂志》（*New England Journal of Medicine*）和《美国医学会杂志》（*Journal of the American Medical Association*）。截至 1995 年，医学文献包含了 962 ～ 1 411 篇元分析文章，这取决于计数方法（Moher，Olkin，

1995）。今天这个数目还要大得多。在医学研究中，首选的研究是随机对照试验（randomized controlled trial，RCT），其中参与者被随机分配接受治疗或采用安慰剂，研究者对参与者正在接受哪种治疗并不知情。尽管该研究设计具有优势，但是通常情况是，相同治疗的不同 RCT 得到相互矛盾的结果。部分原因是效应量通常很小，部分原因是（与广泛认知相反）RCT 通常基于小样本量。此外，医学中信息超载问题甚至比社会科学中的相关问题还要严重；每年发表超过 100 万份医学研究。没有从业者可以跟得上自己所在领域的医学文献的增长速度。

将元分析引入医学研究的领导者是 Thomas Chalmers。除担任研究员之外，Chalmers 还是一名执业内科医生，他对广泛的、分散的和不聚焦的医学研究文献无法为从业者提供指导而感到沮丧。从 20 世纪 70 年代中期开始，有别于社会和行为科学中开发的方法，Chalmers 开发了他最初的元分析方法。尽管进展很好，但他最初的元分析还是没有被批评元分析概念的医学研究者所接受。作为回应，他和他的同事开发了一种“序贯元分析”技术，这种技术能揭示出涵盖足够信息的日期，在此日期可以确切地证明一种治疗是有效的。例如，假设某一特定药物的第一次 RCT 试验在 1975 年进行，但置信区间很宽，跨越零效应。现在，假定在 1976 年进行了另外三项研究，总共包括 4 项研究的元分析，这些研究的元分析均值的置信区间仍很宽，也包括 0。接着假定 1977 年进行了 5 次随机对照试验，向迄今为止的元分析提供了 9 项研究。现在，如果该元分析的置信区间不包括 0，鉴于使用元分析，那么我们得出结论，1977 年已有足够的关于开始使用该药物的信息。根据他们的元分析结果和疾病统计数据，Chalmers 及其同事计算了迄今为止在 1977 年开始使用这种药物可以挽救多少生命。事实证明，考虑到不同的治疗方法，在疾病和医学实践领域，如果医学研究历史上采用元分析，大量的生命本可以得到挽救。由此产生的文章被广泛认为是迄今为止在医学上发表的最有分量的元分析研究（Antman，Lau，Kupelnick，Mosteller，Chalmers，1992）。它甚至在大众媒体（如《纽约时报》科学栏目）中得到了广泛的报道和讨论。从那时起，它确保了元分析在医学研究中的重要作用（Hunt，1997，第 4 章）。

Chalmers 也是 Cochrane Collaboration 建立背后的推动力量之一，Cochrane Collaboration 是一个在医学研究中实时应用序贯元分析的组织。该组织在各种医学研究领域进行元分析，然后随着新的随机对照试验的出现更新每个元分析。也就是说，当新的 RCT 变得可用时，将重新运行元分析，其中包括新的 RCT。因此，每个元分析总是最新的。这些更新的元分析结果可在因特网上获得，供世界各地的研究者和医疗从业人员使用。这项努力很可能通过改善医疗决策来挽救了成千上万的生命。Cochrane Collaboration 的网站是 www.cochrane.org。Richard Peto（1987）是推动医学研究中元分析方法的另一个主要早期贡献者。在本书的后面，我们使用心理测量理论的方法详细讨论校正测量误差的偏差效应方法。与这些心理测量理论方法不同，Peto 开发了不同但等效的方法来校正医学研究中的测量误差。有关这些方法的应用，请参阅 MacMahon 等（1990）的文章。本书介绍的方法在医学研究中的应用实例包括 Fountoulakis、Conda、Vieta 和 Schmidt（2009）以及 Gardner、Frantz 和 Schmidt（1999）等的文献。第 13 章讨论了与生物医学科学中的发表偏差和研究欺诈等有关的问题。

在其他学科中的影响

元分析在金融、营销、社会学和生态学甚至野生动物管理研究中也变得非常重要。目前，正在使用元分析的其他领域包括高等教育、生物精神病学、物理疗法、护理实践、神经科学、心脏病学、林业和职业咨询等（Hafdahl，2012）。Gendreau 和 Smith（2007）提供了刑事司法中使用元分析的一个例子。事实上，今天很难找到一个元分析未知的研究领域。在广泛的教育和社会政策领域，Campbell Collaboration 正在尝试模仿 Cochrane Collaboration 为医疗实践所做的那样，为社会科学做些什么（Rothstein，2003；Rothstein，McDaniel，Borenstein，2001）。在社会科学中，也许经济学是最后一个为元分析赋予重要意义的学科。不管怎样，元分析最近在经济学中也变得尤为重要（Stanley，1998，2001；Stanley，Jarrell，1989，1998）。关于经济学领域元分析的另一个例子是 Harmon、Oosterbeck 和 Walker 的元分析（2000），他们的元分析研究涉及教育财政收益的大量研究，发现总体平均回报率为 6.5%。他们还发现，自 20 世纪 60 年代以来，教育回报率已经下降。另外，现在有一个经济学元分析博士课程（www. feweb. vu. nl/re/Master-Point/）；2008 年，在法国南锡召开了一次关于经济学中使用元分析的国际会议（Nancy–Universite，2008）。元分析现在也被用于政治学领域（Pinello，1999）。

1.11 元分析与社会政策

通过提供实证的最佳答案来解决社会重要问题，元分析可以影响公共政策的制定（Hoffert，1997；Hunter，Schmidt，1996）。对任何有相关研究文献的公共政策问题来说，情况都是如此，这些问题包括大多数政策问题。例子包括从早教计划程序到二元化学武器（binary chemical weapons）（Hunt，1997，第 6 章）。如前所述，Campbell Collaboration 的目的是通过应用元分析对社会实验的相关政策文献进行研究，专门为政府和其他组织的政策制定者提供政策相关的信息。20 多年来，美国审计总署（General Accounting Office，GAO；现已更名为审计总署办公室，General Accountability Office）作为美国国会的一个研究和评估机构，它使用元分析来回答参议员和代表提出的问题。例如，Hunt（1997，第 6 章）描述了 GAO 对妇女、婴儿和儿童（women，infants and children，WIC）计划产生影响的元分析，这是一项针对贫困孕妇的联邦营养计划，显然改变了参议员 Jesse Helms 的想法，并使他成为该计划的支持者。元分析发现，有证据表明，该计划将低出生体重婴儿的发病率降低了约 10%。

这项元分析由美国审计总署项目评估和方法司司长 Eleanor Chelimsky 提交给参议员 Helms。在那个职位上，她率先在美国审计总署使用元分析。Chelimsky（1994）指出，元分析已被证明是一种极好的方法，可以为国会提供最广泛的研究成果，在国会施加的时间压力下，这些研究成果可以在严密的审查下得到支持。她表示，GAO 已经发现，元分析揭示了在某个特定主题领域的已知内容和未知内容，并在“非对抗性”的情况下区分了事实和观点。她引用的一个应用实例是对生产二元化学武器（神经毒气：为了安全起见，在使用这种气体之前，它的两种关键成分是分开的）的优点的研究进行综合分析。元分析不支持生产此类武器。这不是国防部（Department of Defense，DOD）想要听到的内容，因此国防部对方法和结果提出异议。然而，该方法受到严密审查，最终国会取消了对这些二元武器的资助。

根据法律，GAO 有责任向国会提供与政策相关的研究信息。因此，GAO 采用元分析是元分析对公共政策可能产生影响的一个鲜明的例子。虽然大多数政策的制定可能同样取决于政治因素和科学因素，但科学因素可能会借助元分析产生影响（Hoffert，1997）。Cordray 和

Morphy（2009）对元分析在制定公共政策中的作用进行了广泛的讨论。他们强调，必须特别注意确保与政策相关的元分析的客观性。特别是，作为有偏元分析的一个例子，他们研究了环保局对吸二手烟影响健康的元分析。这个例子很重要，因为许多针对环境烟草烟雾的法律都是基于一个错误的元分析而得出的结论，即认为吸二手烟对健康有害。Cordray 和 Morphy（2009）概述了确保元分析客观性所必需的步骤。

1.12 元分析、数据论和认识论

每种元分析方法都必须基于数据理论。正是这种理论（或对数据的理解）决定了最终元分析方法的性质。完整的数据理论包括对抽样误差、测量误差、有偏抽样（范围限制和范围增强）、二分法及其影响、数据误差以及扭曲我们在研究中看到的原始数据结果的其他因果因素的理解。一旦对这些因素如何影响数据有了理论上的理解，就有可能开发出校正其影响的方法。Schmidt、Le 和 Oh（2009）详细介绍了这样做的必要性。在心理测量学中，第一个过程中，这些因素（人为误差）影响数据的过程被建模为衰减模型；第二个过程中，校正这些人为误差导致的偏差过程被称为去衰减模型（disattenuation model）。如果元分析方法的数据理论是不完整的，那么该方法将无法校正这些瑕疵中的一部分或全部，从而产生有偏的结果。例如，无法识别测量误差的数据理论将导致无法校正测量误差的元分析方法。然后，这些方法将产生有偏的元分析结果。如第 11 章所述，大多数现有的元分析方法实际上并没有校正测量误差。但是在研究方法论中，重点总是朝着提高准确性的方向发展，因此最终的元分析方法并非如此。正确的研究人为扭曲的实证研究结果必须包含这些校正。这在某种程度上已经发生，因为这些方法的一些使用者已经将这些校正“附加”到那些方法上（如：Aguinis，Sturman，Pierce，2008；Hall，Brannick，2002）。一个数据的理论也是一个认识论或认识论的一部分。认识论关注的是我们如何获得正确的知识。在实证研究中，一个有效的认识论的要求是对扭曲实证数据的人为误差进行适当的校正。

抽样误差和测量误差在统计和测量人为误差之间具有独特的形态，元分析必须处理这些人为误差，因为它们始终存在于所有实际数据中。在进行一组特定的元分析研究时，可能不存在其他人为误差，例如，范围限制、连续变量的人为二分法或数据转录误差。但是，始终存在抽样误差，因为样本量永远不会是无限的。同样，总是存在测量误差，因为没有完全可靠的测量方法。实际上，正如我们将在随后的章节中看到的那样，即使以相对简单的元分析同时处理抽样误差和测量误差，有时看起来也相当复杂。我们习惯于分别处理这两种类型的误差。例如，当使用心理测量文本（如：Lord，Novick，1968；Nunnally，Bernstein，1994）讨论测量误差时，它们假定样本量是无限（或非常大）的，因此注意的焦点可能仅仅是测量误差，无须同时处理抽样误差。同样，当统计文本讨论抽样误差时，它们隐含的假设信度都是完美的（没有测量误差），因此它们和读者可能只关注抽样误差。这两种假设都非常不现实，因为所有实际数据同时包含两种类型的误差。毫无疑问，同时处理这两种类型的误差会更加复杂，但要想成功，这是元分析必须做的（Cook，et al.，1992: 315-316，325-328；Matt，Cook，2009，第 28 章）。

关于什么是元分析方法的数据理论（以及知识）的问题与元分析的一般目的的问题密切相关。Glass（1976，1977）指出，目的只是总结和描述研究文献中的研究。正如将在本书中所看到的，我们的观点（替代观点）是，目的是尽可能准确地估计总体中的构念层次之间的关系（即估计总体价值或参数），因为这些是科学感兴趣的关系。这是一项完全不同的任务；如果所有研究都进行得很完美（即没有方法学限制），这就是估计研究结果的任务。这样做需要校正抽样误差、测量误差以及扭曲研究结果的其他人为误差（如果存在）。简单地描述文献中的研究内容不需要这样的校正，也不允许估计科学感兴趣的参数。

Rubin（1990，1992）批评了元分析目的的一般描述性概念，并提出了本书和本书前几版中提供的替代方案。他表示，作为科学家，我们对有缺陷的总体研究本身并不十分感兴趣，因此对这些研究结果的准确描述或总结并不重要。相反，他认为元分析的目的应该是估计真实的效应或关系：他将目的定义为“在无限大的、完美设计的研究或一系列此类研究中获得的结果”。Rubin（1990）认为：

> 根据这种观点，我们真的不在乎从科学上总结这个有限的总体（观察的研究）。我们真正关心的是潜在的科学过程：产生我们碰巧看到的这些结果的潜在过程——我们作为容易犯错的研究者，正试图透过不透明的有缺陷的实证研究之窗瞥见这些结果。（p.157）

这正是对元分析目的一个极好的总结，体现在本书介绍的方法中。

本章小结

直到最近，心理学研究文献都是相互矛盾的。随着每个特定问题的研究数量越来越多，这种情况变得越来越令人沮丧和无法忍受。这种情况源于对获得累积知识的缺陷程序的依赖：单个初始研究的统计显著性检验与研究文献的主观描述性综述相结合。现在，原则上，元分析已经正确诊断出这个问题，并提供了解决方案。在一个又一个领域，元分析研究结果表明，不同研究间的冲突要比人们所认为的少得多；从研究文献中可以得出连贯的、有用的和概化的结论；并且在心理学和社会科学中累积知识是可能的。这些方法也被用于其他领域，如医学研究。著名的医学研究者 Chalmers（Mann，1990）表示，“元分析将彻底改变科学如何处理数据的问题，尤其是医学。它将成为许多争论结束的方法”（p.478）。Bangert–Drowns（1986）在总结他经常引用的元分析综述方法时指出：

> 元分析不是一种时尚。它植根于科学事业的基本价值观：可复现性、量化、因果和相关分析。有价值的信息散乱地分布在单个研究中。社会科学家存在一个非常严重的问题，即对基本政策问题给出概括性答案的能力，因此我们不能轻视研究整合。元分析方法的潜在好处似乎是巨大的。（p.398）

第2章

CHAPTER 2

研究中的人为误差及其对研究结果的影响

在本章中，我们将看到研究中的人为误差如何扭曲相关研究结果。稍后，在第6章中，我们将研究这些相同的人为误差如何扭曲实验研究中的结果。相关性元分析的目的是描述给定的自变量和给定的因变量之间真实的（即构念层次）相关性分布。如果所有研究都完美地进行，那么研究相关性的分布可以直接用于估计实际相关性的分布。然而，研究永远不会完美。结果，研究相关性与实际相关性之间的关系变得更加复杂。

有许多方面的研究并不完美。在研究结果中有许多形式的误差。每种形式的误差都对元分析的结果有一定的影响。有些误差可以校正，有些则不能校正。我们将研究中的缺陷称为"人为误差"，以提醒自己由研究缺陷产生的研究结果的误差是人为误差，是人为的或人造的而非自然属性。在后面的章节中，我们提出了校正尽可能多的人为误差公式。人为误差的校正需要相关信息，如研究样本量、研究方法、标准差和信度等。

公式的复杂性取决于两种：人为误差的变异程度和实际相关性的变异程度。如果人为误差在研究中是同质的，即若所有研究具有相同的样本量，所有研究的自变量和因变量都具有相同的信度，所有研究变量具有相同的标准差，则元分析的公式将是最简单的。如果人为误差是同质的，那么主要的计算都是简单均值和简单方差。实际上，人为误差因研究而异，因此，需要计算更复杂的加权均值。

若实际构念层次的相关性存在非人为变异，则该变异必定由研究的某些方面引起，这些方面因研究而异，即调节变量。如果元分析研究者预测实际相关性的方差，那么编码时将会考虑潜在调节变量。例如，研究可以基于白领或蓝领工人进行编码。如果实际相关性的差异很大，那么关键的问题是：调节变量是我们确定的潜在调节变量之一吗？若我们发现许多被编码的研究调节效应很大，则整体元分析并不是特别重要。元分析的关键将在调节变量研究亚组上进行，其中实际相关性的变异幅度较小（可能为0）。

2.1 跨研究中的人为误差

与实际相关性相比，我们发现了 11 个改变研究相关性大小的人为误差。表 2-1 列出了这些人为误差以及人员甄选研究文献中的经典例子。描述性综述中最具破坏性的人为误差是抽样误差。几乎在社会科学的每个研究领域，抽样误差被错误地解释为相互矛盾的结果。然而，其他一些人为因素会导致大量的定量误差，从而产生定性的错误结论（Hunter，Schmidt，1987a，1987b）或者极大地改变了研究结果的实际意义（Schmidt，1992，1996，2010；Schmidt，Hunter，1977，1981）。当几个人为误差一起作用时，这一点尤为重要。研究人为误差的更多技术讨论可以在 Schmidt、Le 和 Oh（2009）中找到。除抽样误差之外，其他元分析方法忽略了这些人为误差的偏差效应。只有本书中提出的心理测量元分析方法才能解决这些问题。

表 2-1　研究改变结果测量值的人为误差（以人员甄选研究为例）

1. 抽样误差：由于抽样误差的影响，导致研究效度将因总体值而随机变化
2. 因变量测量误差：研究效度系统地低于真实效度，以至于工作绩效是用随机误差来测量
3. 自变量测量误差：由于检验并不完全可靠，研究效度将系统地低于被测能力的效度
4. 连续二分因变量：以离职为例，员工在组织中的工作时长通常二分为“超过……”“少于……”，这里常常任意选择时间段，如半年或 1 年
5. 连续二分自变量：面试者被告知要将他们的看法分为“接受”和“拒绝”
6. 自变量范围变异：研究效度将系统地低于真实效度，以至于雇用政策导致在职者的预测变量低于求职者的预测变量
7. 损耗人为误差——因变量范围变异：研究效度将系统地低于真实效度，例如，当绩效高的员工因为晋升而移出总体或低绩效的员工被解雇时，员工在绩效上有系统性损耗
8. 自变量构念效度偏差：如果检验的因子结构不同于具有相同特征应有的检验结构，那么研究效度会有所不同
9. 因变量构念效度偏差：如果标准（如工作绩效的测量标准）有缺陷或被污染，研究效度将与真实效度不同
10. 报告或翻译误差：由于各种报告问题，如失准的样本编码、计算误差、计算结果读取误差、工作人员的录入误差等均可能使研究效度与真实效度不同
11. 外生因素影响：如果在职人员在评估工作绩效时工作经历不同，研究效度将系统地低于真实效度

抽样误差

抽样误差对相关性的影响是累加的和非系统性的。若实际相关性为 ρ 和样本相关性为 r，则在公式中的样本相关性上加上抽样误差为：

$$r=\rho+e \tag{2-1}$$

抽样误差的大小主要由样本量决定。由于这种效应是非系统性的，因此无法校正单个相关性的抽样误差。第 3 章和第 4 章（针对相关性）、第 6 章和第 7 章（针对 d 值）详细讨论了元分析中的抽样误差及其校正。

测量误差

简单测量误差是指被评估为测量不可靠性的随机测量误差。测量误差对相关性有系统的乘法效应。如果我们用 ρ 表示实际相关性，用 ρ_o 表示观察的相关性，那么：

$$\rho = a\rho_o \tag{2-2}$$

其中 a 是信度的平方根。因为 a 是一个小于 1 的数值，所以测量误差会系统地减小相关性的大小。对于相当高的信度，例如 r_{xx}=0.81（一般认知能力测试的经典信度），相关性乘以 $\sqrt{0.81}$ 或 0.90，即减少 10%；对于低的信度 0.36（上级用单个题目对工作绩效进行整体评价的平均信度），相关性乘以 $\sqrt{0.36}$ 或 0.60，减少了 40%。

自变量测量误差和因变量测量误差有不同的影响。因此，通常对于两个变量的误差有：

$$\rho_o = ab\rho \tag{2-3}$$

其中 a 是自变量信度的平方根，b 是因变量信度的平方根。对于直接上级用一个整体题目评价的一般认知能力，相关性将是（0.90）(0.60）= 0.54。这几乎是 50% 的降幅。

校正测量误差偏差效应的必要性已经得到广泛认可（如：Hedges，2009b；Matt，Cook，2009）。用于估计信度的不同过程获得了不同的测量随机误差来源。在下一章（第 3 章）中，我们将讨论这些过程，并指出在特定的研究情况下需要哪种类型的信度。

二分法

尽管存在相当大的缺点，但是连续变量的二分法在文献中相当普遍（MacCallum，Zhang，Preacher，Rucker，2002）。如果一个连续变量被二分，那么新二分变量的点二列相关性将小于连续变量的点二列相关性。如果回归是二元正态的，二分其中一个变量的效果为：

$$\rho_o = a\rho$$

其中 a 取决于二分法引起分割的极值。设 P 为分割的“高”端所占的比例，$Q = 1-P$ 是分割的“低”端所占的比例。设 c 是正态分布分割比例 P 和 Q 的点。例如，$c = -1.28$ 将分布分割成底部 10% 和顶部 90%。设 c 的正态纵坐标（normal ordinate）为 ϕ（c），则有：

$$a=\phi(c)/\sqrt{PQ} \tag{2-4}$$

在中位数或 50 ∶ 50 分割时，相关性减少最小。当 $a = 0.80$ 时，相关性减少 20%。

若两个变量被二分，则相关性就会有双倍的减少。准确的公式比自变量的“a”和因变量的“b”的乘积复杂得多。准确的公式是四重相关的公式。然而，Hunter、Schmidt（1990a）表明，在当前大多数元分析的条件下，双倍乘积是非常接近的近似值。由此，给出了由双二分法产生的衰减公式：

$$\rho_o = ab\rho$$

若两个变量都被分割为 50 ∶ 50，则相关性将衰减约为：

$$\rho_o = (0.80)(0.80)\rho = 0.64\rho$$

也就是说，减少了 36%。对于比 50 ∶ 50 更极端的分割，会存在更大的衰减。如果一个变量有 90 ∶ 10 的分割，而另一个变量有 10 ∶ 90 的分割，则衰减的双乘积估计为：

$$\rho_o = (0.59)(0.59)\rho = 0.35\rho$$

也就是说，相关性减少了 65%。这是比 50 ∶ 50 更极端的分割，即存在更大的衰减。若实际相关性大于 $\rho = 0.30$，则减少的程度甚至大于双乘积公式预测的减少量（Hunter，Schmidt，1990a）。

自变量的范围变异

因为相关性是标准化的斜率，其大小取决于自变量的变异程度。极端情况下，在完全同质的（无方差）自变量总体中，自变量与任何因变量的相关性将为 0。在另一种极端情况下，如果我们固定回归线的误差量，然后考虑自变量方差的总体逐渐增加，其总体相关性最终会增加到 1.00 的上限。若要比较来自不同研究的相关性，则必须控制由于自变量的变异（方差）而导致的相关性差异。这就是自变量范围变异的问题。

范围变异的解决方法是定义一个参照总体，并以该参照总体表示所有相关性。现在我们将讨论如何通过对自变量度量的直接截断（直接范围限制）产生范围限制（或范围增强）。例如，假设在就业测试中只有排名前 30% 被雇用（范围限制），或者假设研究者在态度测量范围增强中只包括了前 10% 和后 10% 的被试者（我们将在本节后面讨论间接范围限制，并在第 3 章中详细讨论）。如果因变量对自变量的回归是线性的和同方差的（双变量正态性是一种特殊情况），并且在自变量上存在直接截断，就存在一个公式（在第 3 章中给出），若标准差与参照总体中的相同，则计算给定总体中的相关性。同样的公式可以反过来用于计算在标准差与参考总体不同的总体中研究相关性的效应。可以通过计算两组标准差的比率来比较标准差。设 u_X 是研究总体标准差除以参照总体的比率。也就是，$u_X=SD_{study}/SD_{ref}$。然后，研究总体与参照总体的相关关系可以由下式给出：

$$\rho_o = a\rho$$

其中：

$$a=u_X/[(u_X^2-1)\rho^2+1]^{1/2} \tag{2-5}$$

这个乘数表达式包含公式中的实际相关性 ρ。在实际应用中，观察的衰减相关性为 ρ_0。Callender 和 Osburn（1980）推导出包含 ρ_o 的有用代数恒等式：

$$a=[u_X^2+\rho_o^2(1-u_X^2)]^{1/2} \tag{2-6}$$

若研究标准差大于参照标准差，则乘数 a 将大于 1.00。若研究标准差小于参照标准差，则乘数 a 将小于 1.00。

在实证文献中，由直接选择产生的范围变异有两种情况：由科学产生的人为变异和由情境约束产生的变异。科学变异可以通过操纵数据产生。在这些不常见的情况中，最常见的是科学家故意剔除中间情况，人为地制造了高变异（Osburn，1978）。例如，研究焦虑的心理学家可能会使用焦虑清单测试，将排名前 10% 和后 10% 的人分别预选为“高”或“低”。在这个被选择的总体中，焦虑和计算出的因变量之间的相关性将大于原始（参照）总体相关性。由自变量的标准差增加来确定相关性的增加。若原始总体标准差为 1.00，则由顶部和底部 10% 组成的组别标准差为 1.80。对于这种人为浮动的范围变异，乘数将是：

$$\begin{aligned} a&=1.80/\left[(1.80^2-1)\rho^2+1\right]^{1/2} \\ &=1.80/(1+2.24\rho^2)^{1/2} \end{aligned}$$[⊖]

⊖ 原书在这里是 $1.80/(1+3.24\rho^2)^{1/2}$，书写有错误，译者进行了更正。——译者注例如，若参照相关性为 0.30，则乘数为 1.58，研究相关性为 0.47[⊖]，相关性增加 58%。在小样本研究中，这种研究相关性的增加将极大地提高统计功效，从而使显著性检验更好。也就是显著性检验有更高的统计功效来检验相关性（Osburn，1978）。

在田野研究中，范围变异通常是范围限制。例如，假设一支足球队测量了求职者在 40 码赛跑中的速度。如果仅选择那些速度排在上半部分的人，那么所考虑的标准差仅为所有求职者标准差的 60%。乘数减少了求职者速度和整体绩效之间的相关性：

$$a=0.60/[(0.60^2-1)\rho^2+1]^{1/2}$$
$$=0.60/(1-0.64\rho^2)^{1/2}$$

如果求职者之间相关性为 $\rho=0.50$，那么乘数为 0.65，所选中者相关性将降低为：

$$\rho=a\rho_o=0.65(0.50)=0.33$$

相关性降低了 34%。

除了这里讨论的直接范围限制或范围增强外，范围限制也可以是间接的。例如，假定志愿（报名）参与研究的被试是自愿选择的，他们大多数处于外向性分布的高端。他们对外向性测量的标准差（*SD*）低于一般总体的标准差，这是间接范围限制。假定我们知道某项工作中的人没有使用我们正在研究的测试，但我们没有他们是如何被雇用的记录。然而，我们发现他们在我们正在研究的测试中的 *SD* 小于求职者总体的 *SD*，表明存在范围限制。同样，这是间接范围限制的情况。在间接范围限制中，人们不是根据自变量分数直接选人，而是根据与自变量相关的其他变量选人。我们知道或能够找到他们被选中的相关变量分数，但这是罕见的。与前面的例子一样，我们通常不知道范围限制是如何产生的，我们知道它是因为样本的 *SD* 小于总体 *SD* 而发生的情况。事实上，实际数据中的大多数范围限制都是如此（Hunter，et al.，2006；Linn，et al.，1981a；Mendoza，Mumford，1987）。

这种间接范围限制比直接范围限制更能降低相关性（Hunter，et al.，2006；Mendoza，Mumford，1987）。为了确定这种衰减到底有多大，我们仍可以使用先前给出的衰减因子“*a*”的公式，但我们现在必须使用不同的 *SDs* 比率。我们必须使用真实分数 *SD*（称为 u_T）的比率，而不是观察的 *SD*（称为 u_X）的比率。必须使用特殊公式计算此比率。该比率也用于校正间接范围限制的公式中。在第 3 章、第 4 章中讨论了直接和间接范围限制及相关公式。Mendoza 和 Mumford（1987）是首次推导出校正这种（普遍存在的）间接范围限制公式的学者。Hunter 等人（2006）介绍了与元分析相关的这些校正的进展。这些公式的可用性极大提高了涉及范围限制元分析的准确性。校正因范围变异造成的偏差的必要性已被广泛认可（Matt，Cook，2009）。

Hunter 等人（2006）提出的间接范围限制的校正公式是基于这样的假设，即因变量（*y*）上存在的任何范围限制都是由自变量（*x*）的范围限制完全介导的（即由其导致的）。这意味着 *y* 的范围限制不是由第三变量（称为 *s*）的范围限制引起的；第三变量仅直接导致 *x* 的范围限制。如 Hunter 等人（2006）所述，在大多数情况下，这种假设可能会成立（或近似成立）。但是，在严重违背这一假设的情况下，Hunter 等人（2006）的校正就不那么准确（Le，Schmidt，2006）。基于 Bryant 和 Gokhale（1972）的早期著作，最近开发了一种校正间接范围限制的方

⊖ 原书在这里是 0.48，书写有错误，这里应该是 $1.58 \times 0.30 = 0.474 \approx 0.47$。——译者注

法，该方法不需要这种假设（Le，Schmidt，Oh，2013）。然而，该方法要求使用者了解因变量（y）的范围限制比（u），这是 Hunter 等人的方法所不需要的。在人员甄选中，y 测量的是工作绩效，并且其在求职者总体中的 SD（即其不受限制的 SD）实际上不可能估计。因此，这种校正方法不能用于因变量是工作绩效或工作中其他行为的研究。一般来说，它不能用于因变量测量，因为在更广泛的总体中不允许存在计算不受限制 SD 的数据。这包括心理学研究中使用的许多类型的行为测量量表。但是在关注心理或组织结构之间关系的研究中（例如，在工作满意度和组织承诺之间），有可能基于一些更广泛的总体 SD（例如，来自国家标准或劳动力标准）来估计所需的比率。在这种情况下，可以使用 Le 等人（2013）的方法，但如果在这种数据中违反了 Hunter 等人（2006）方法的基本假设，Le 等人的方法将产生比 Hunter 等人的方法更准确的结果。

因变量的范围变异

因变量的范围变异通常由人为损耗而产生。例如，在人员甄选中，研究的相关性是根据当前员工（即在职人员）计算的，因为工作绩效数据仅适用于被雇用人员。然而，表现不佳的员工往往会被解雇或主动辞职。参与研究的人将只是那些在职人员。由于人员流失，该总体与求职者总体不同。无论是相关性研究还是实验性研究，在纵向研究中也会出现损耗。在实验研究中，这种损耗会降低标准差，使 d 值统计量失真。

有一种特殊情况可以通过统计公式剔除人为损耗，即对自变量没有范围限制的情况。如果因变量存在选择，这将导致对与之相关的任何自变量的诱导选择。假设除这种诱导选择之外没有其他选择。在这种情况下，可以在统计上将人为损耗视为因变量的范围变异来进行处理。统计上，自变量和因变量与相关性呈对称关系。之前描述的人为损耗的特殊情况正好颠倒了这种对称性。因此，除了标准差比 u 由因变量而不是自变量定义（即它变为 u_Y 而不是 u_X）外，公式是相同的。在这种情况下，因变量的范围限制可以是直接的也可以是间接的。若是直接的，则应使用直接范围限制的校正公式。若是间接的，则应使用间接范围限制的校正公式。然而，如前所述，通常无法估计 u_Y，因为不知道不受限制的 SD_Y。

在人员甄选方面，大多数研究都受到自变量范围限制和因变量人为损耗的影响（除解雇绩效不佳的人之外，雇主还晋升绩效良好的人）。然而，在目前，即使在直接范围限制的情况下，也没有准确的统计方法同时用于校正范围限制和人为损耗。潜在的数学问题是，对一个变量的选择会以复杂的方式改变对另一个变量的回归，因此回归不再是线性的和同方差的。例如，在对预测变量进行选择时，预测变量对工作绩效的逆（reverse）回归不再是线性的和同方差的。

然而，Alexander、Carson、Alliger 和 Carr（1987）提出了一个用于对范围限制进行“双重”校正的近似方法。这些作者指出，在直接选择自变量之后，自变量对因变量的回归（逆回归）不再是线性的和同方差的。因此，当引入因变量的直接约束时，该回归线的斜率将不会保持不变。然而，他们推测这可能不会有太大变化。对于同方差性也是如此：条件方差在第二次截断后不会完全保持不变，但是可能变化不大。如果两种变化都很小，那么假设没有变化就会产生一个校正直接范围限制的近似公式，这个方程对于实际用途可能是足够准确的。他们推导出双范围限制特殊情况的公式：双重截断。也就是说，他们假设范围限制对两个变量都是直接的，并且是由双重阈值引起的：若自变量小于 x 的阈值或者因变量小于 y 的阈值，则任何数据点都会丢失。因此，在研究他们称之为“双重截断的总体”中：剩下的是两个变量都超过相应阈值的人。就人员甄选而言，将对应这样一种情况：只使用测试进行招聘，并使用固定门槛，根据具体的固定业绩水平门槛终止工作。可能不存在符合双重截断模型的实际甄选情况，但这是一个很好的数学起点。Alexander 等人（1987）测试了各种双重截断组合校正的近似值。他们独立地改变了每个截止值，从低于均值的 −2.0 标准差（仅剔除底部 2.5% 的情况）到 2.0 标准差（剔除 97.5% 的情况）。他们将未截断的总体相关性从 −0.90 变为 +0.90。这种方法的准确性非常好：84% 的估计值在真值的 3% 以内。最差的拟合是总体相关性为 0.50。就这个值而言，在 8.6% 的组合中，校正的相关性提高了 6%。拟合度较差的组合是对两个变量都有较高选择且阈值分数大致相等的组合。这可以通过以下事实来预测：该公式仅适用于一个变量的直接范围限制。显示最不准确性的情况可能并不太现实。若阈值比两个变量的均值高 1.0 个标准差，则截断的总体通常仅占未截断总体的 3%。在真实数据中，剔除 97% 的原始总体值可能很少会发生。

对于绝对准确的研究结果更有前景。Alexander 等人（1987）发现，90% 的校正相关性与实际相关性的差异不超过 0.02。实际上，若将校正的相关性四舍五入到两位数，则在 94% 的情况下，估计的校正相关性在 0.02 以内。在任何情况下，他们公式的误差都不会超过 0.03。最不拟合的总体相关性为 0.60，其中有 17% 相差 0.03。绝对拟合与百分比拟合相差的情况基本相同，即对两个变量同样严格选择的情况下。Alexander 等人的方法对实际应用来说是足够准确的。下一个明显的问题是，对于更常见且更实际的间接甄选的例子，公式是否仍准确？我们的计算表明，在那种情况下公式会更加准确。Alexander 等人的贡献似乎是这一领域的重大突破。

自变量的构念效度缺陷

此部分内容比其他研究人为误差的部分长得多。然而，在我们的判断中，这是不可避免的，因为理解研究结果如何通过偏离完美构念效度造成失真是至关重要的。本节和下一节的基于路径分析是必要的。我们努力使讨论尽可能简单，我们相信大多数读者都能够理解。

研究中使用的自变量可能受两种测量误差的影响：随机误差、系统误差。在“测量误差”的标题下讨论了随机误差的影响。测量有没有随机误差是由该测量的信度系数衡量的。本节在“构念效度的缺陷”情况下讨论系统性误差。“构念无效性”这一短语在语法上也是正确的，但很多人对这个词的反应却是绝对的。也就是说，有些人对“无效”这个词的反应就好像它的意思是“完全无效”，并会无视这项研究。实际上，研究自变量的构念无效，以至于该研究被无视的情况非常罕见。相反，构念效度缺陷可以用三种方法中的任何一种来充分处理：①通过使用统计校正公式；②通过将测量策略的变异视为存在潜在的调节变量；③忽略缺陷（对于轻微偏离完美效度的情况）。如果忽略缺陷，那么研究相关性就会与完美构念效度有一定偏离，并以一定比例的量衰减。如果在不同的研究中存在构念效度的变异，并且被忽略，那么这种变异将导致（作为元分析的最后一步计算的）残余方差中不受控制的人为误差变异。也就是说，忽略构念效度的变异将与真实的调节变量具有相同的效果。

构念效度是一个量化问题，而不是诸如“有效”或“无效”的定性区分；这只是程度问题。

在大多数情况下，构念效度可以量化为相关系数，即预测变量和测量变量之间的相关性。当在没有随机误差（测量误差）的情况下对两个变量进行测量时，我们将自变量测量的构念效度定义为预测的自变量和研究中使用的实际自变量之间的相关性。这个定义是用来区分随机误差和系统误差的影响的。在实际研究中，误差将通过一种称为测量的“操作质量”的相关性来评估。操作质量一部分由构念效度决定，一部分由研究变量的信度决定。

系统误差对自变量和因变量之间相关性的影响不仅取决于自变量的构念效度，还取决于三个变量之间因果关系的定性结构：预期或期望的自变量、研究的自变量和研究的因变量。在某些情况下，系统误差的影响是简单的：由自变量和因变量之间的相关性乘以研究自变量的构念效度。然而，在某些情况下，这种简单的关系并不成立。在这种情况下，元分析者可能无法使用该研究。

举个例子，我们想要研究一般认知能力和娱乐活动绩效之间的关系。由于娱乐活动的绩效取决于学习，我们假定具有高认知能力的人的绩效优于平均水平。我们发现一项大型保龄球联盟的调查研究，其中一个变量是保龄球绩效均值。该研究没有测量一般认知能力，但是确实对受教育程度进行了测量。假定我们使用教育变量作为认知能力的缺陷指标。在计量经济学中，我们将教育作为能力的“代理变量”。一个好的代理对认知能力的教育程度影响如何？答案可能是教育与能力之间的相关性。然而，在做出这个决定时还要考虑另外两个因素。第一，是用哪种相关性的问题：能力与实际教育之间的相关性或能力与教育学习测量之间的相关性。这是区分构念效度和信度的问题。第二，代理变量和因变量之间关系的问题。对于某些类型的关系，使用代理变量的影响很容易量化，并且可以根据构念效度的系数来计算。对于其他关系，影响可能会复杂得多。在这种复杂的情况下，使用代理变量可能会有问题。

为了显示测量的系统误差和随机误差之间的区别，假设研究没有完美的教育测量方法，研究只记录了测量：

$X=0$，如果这个人没有完成高中教育；

$X=1$，如果这个人完成高中教育，但没有完成大学教育；

$X=2$，如果这个人完成大学教育。

那么，在研究变量中存在两种误差：一种是使用教育而不是能力产生的系统误差，另一种是使用有缺陷的教育测量量表产生的随机误差。这种情况如图 2-1 所示。

在图 2-1 中，一般认知能力是我们想要测量的自变量。因此，路径图中隐含的假设是：能力变量被完美地测量。图 2-1 显示了从一般认知能力到受教育程度的一个方向，其中受教育程度假定是可以完美衡量的。这代表了一种假设，即能力是受教育程度的因果决定因素之一。如果能力是产生受教育程度差异的唯一原因，那么能力和受教育程度将是完全相关的，并且使用教育作为能力的代理变量是没有问题的。问题是，能力与教育之间的相关性仅为 0.50 左右，因此这两项指标之间存在相当大的差异。能力与教育之间的相关性大小决定了从能力到教育的路径系数大小，从而衡量了以教育代替能力的系统性错误程度。完美测量的教育和能力之间的相关性，是用能力测量教育的构念效度。在图 2-1 中，教育作为测量能力的构念效度是由第一个路径系数表达的。

图 2-1 还显示了从受教育程度到研究教育变量 X 的方向。从定性角度看，这个方向代表了教育测量中引入的随机误差。从定量角度看，路径系数代表了随机误差的大小。此方向的

路径系数是实际受教育程度和研究教育变量之间的相关性。在研究测量程序将随机误差引入教育估计的范围时，该相关性小于 1.00。实际教育和估计教育之间的相关性的平方是教育研究测量的信度。

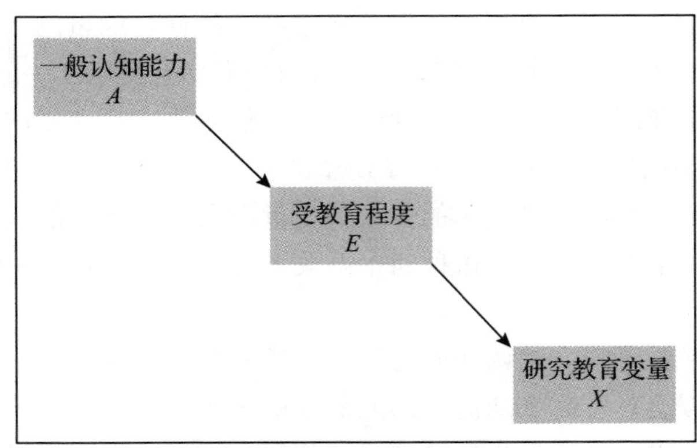

图 2-1 使用教育作为一般认知能力代理变量的构念效度缺陷的随机路径模型

能力的预期自变量和研究教育之间的总差异是通过两者之间的相关性来测量的。根据路径分析，能力与教育研究测量之间的相关性是两个路径系数的乘积。即

$$r_{AX} = r_{AE} r_{EX} \tag{2-7}$$

我们将“代理变量的操作质量”定义为：预期变量和研究代理变量之间的相关性。我们已经证明了操作质量是两个数的乘积：代理变量的构念效度 r_{AE}，以及代理变量信度的平方根 $r_{EX} = \sqrt{r_{XX}}$。

在定义“构念效度”时，关键的语义问题是在两种相关性之间做出选择：预期变量和代理变量之间的相关性作为完美测量，或预期变量和研究变量之间的相关性作为随机误差的测量。“构念效度”一词的实质意义和概念意义是通过没有随机误差测量的预期变量和代理变量之间的相关性来表示的。因此，我们将该相关性称为“构念效度”。另外，替代的总体影响也取决于研究变量中随机误差的大小，因此，我们也需要为这种相关性命名。这里使用的名称是“操作质量”。因此，我们可以说研究代理变量的操作质量取决于代理变量的构念效度和研究测量的信度。如图 2-1 所示，操作质量是构念效度和代理（变量）测量的信度平方根的乘积。

我们现在可以考虑主要问题：认知能力测量中的系统误差对观察的能力和绩效之间的相关性有什么影响？可以通过比较两个总体相关性来回答：认知能力和绩效之间的预期相关性，以及对绩效和教育研究测量之间的相关性。要回答这个问题，我们必须知道教育、能力和绩效之间的因果关系。考虑图 2-2 中所示的因果模型。

图 2-2 中的箭头方向显示了从一般认知能力到保龄球绩效的关系。此方向表示学习能力差异对绩效差异假定的影响。图 2-2 还显示了从教育到绩效不存在因果关系。这相当于假设在掌握保龄球时，基础学习不依赖于在校学到的基础知识。因此，与认知能力相匹配的总体中，受教育程度和保龄球绩效之间没有相关性。根据该路径模型，能力是绩效和教育的共同因果关系。因此，研究教育变量 X 与绩效测量 Y 之间的相关性可以用它们之间的乘积进行表达：

$$r_{XY}=r_{AE}r_{EX}r_{AY} \tag{2-8}$$

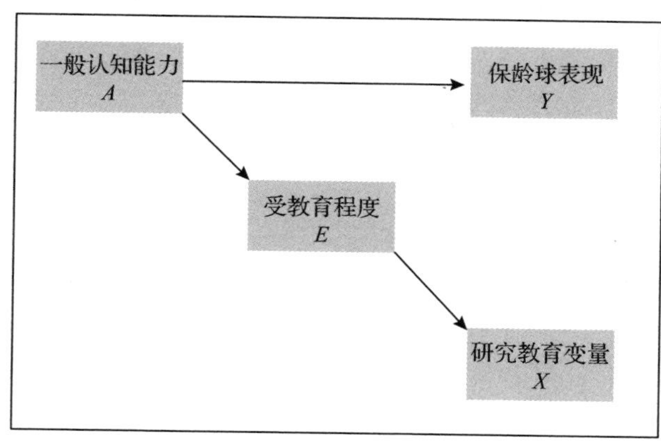

图 2-2　假定能力、教育和绩效的因果结构路径模型

因此，期望的总体相关性 r_{AY} 乘以另外两个相关性的乘积：作为能力测量的教育构念效度 r_{AE} 和作为研究教育测量的信度平方根 r_{EX}，用 a 表示这两个相关性的乘积。也就是说，可以通过下式进行定义：

$$a=r_{AE}r_{EX} \tag{2-9}$$

那么，a 是作为认知能力的自变量测量的操作质量。期望的总体相关 r_{AY} 与研究总体 r_{XY} 的相关性由下式表达：

$$r_{XY}=ar_{AY} \tag{2-10}$$

因为 a 是分数，所以这是衰减公式。观察的相关性通过因子 a 衰减。也就是，研究自变量的操作质量越低，自变量和因变量之间的研究相关性衰减越大。

效应量的总衰减由净衰减因子给出，净衰减因子是研究自变量的操作质量。然而，该净衰减因子本身是其他两个衰减因子的乘积。第一个因素是研究变量信度的平方根。这是常见的测量随机误差衰减因子。第二个因素是作为预期自变量测量的研究变量的构念效度。因此，第一个因素测量随机误差的影响，而第二个因素测量系统误差的影响。

上例表明，在一定条件下，系统误差对研究效应量的影响是将期望的总体效应量乘以研究代理变量的操作质量。第二个例子将表明这个简单的公式并不总是有效的。最后，我们将提出第三个例子，它显示了不同的因果结构，对于它，可以使用相同的简单衰减公式。

现在考虑关于一般认知能力和收入之间关系的元分析。假定该研究没有能力测量标准，但具有与第一个例子中相同的教育程度缺陷测量标准。这些变量的因果结构将与图 2-2 中的因果结构不同。假定一般认知能力、受教育程度和收入的因果模型如图 2-3 所示。

图 2-3 中的箭头方向显示了从一般认知能力到收入的关系。这与一个事实相符：一旦人们从事同一份工作，认知能力的差异是工作绩效的主要决定因素，因此，也决定了一个人在工作和收入水平上的提升程度。然而，图 2-3 还显示了从受教育程度到收入的关系。受教育程度也决定了这个人的首份工作，因此限制了这个人的提升程度。从受教育程度到收入的箭头方向区分了图 2-2 和图 2-3 中的因果模型结构。箭头指向因变量的路径系数不再是简单的相关性，而是 β 权重，即通过认知能力（b_{AY}）和教育（b_{EY}）的多元回归权重共同预测收入。通过路径分析给出了研究的效应量相关性（r_{XY}）为：

$$r_{XY}=r_{EX}(b_{EY}+r_{AE}b_{AY})$$
$$=r_{AE}r_{EX}b_{AY}+r_{EX}b_{EY} \quad (2\text{-}11)$$

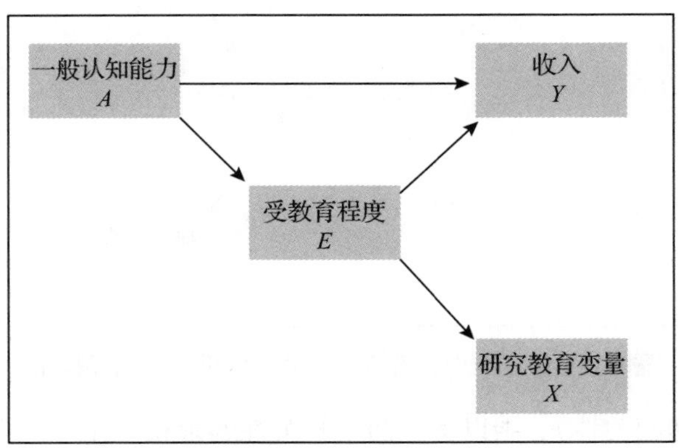

图 2-3　假定能力、收入和教育的因果结构路径模型

相比之下，简单的教育公式本来就是：

$$r_{XY}=r_{AE}r_{EX}b_{AY} \quad (2\text{-}12)$$

在两种模型中，测量的随机误差影响是相同的。在两种模型中，这都是事实：

$$r_{XY}=r_{EX}r_{EY} \quad (2\text{-}13)$$

模型之间的差异在于受教育程度与收入之间的相关性结构。如图 2-3 所示，如果受教育程度对收入有因果影响，那么受教育程度与收入之间的相关性为：

$$r_{EY}=r_{AE}b_{AY}+b_{EY} \quad (2\text{-}14)$$

而在更简单的模型中，相关性是：

$$r_{EY}=r_{AE}r_{AY} \quad (2\text{-}15)$$

受教育程度对收入的因果影响越大，模型之间的差异就越大。极端的情况是假定（已知为假）根本没有对能力产生直接的因果影响。也就是说，假定能力的 β 权重是 0，也就是说，$b_{AY}=0$。那么，对于复杂的模型：

$$r_{EY}=r_{AY}/r_{AE} \quad (2\text{-}16)$$

而不是：

$$r_{EY}=r_{AY}r_{AE} \quad (2\text{-}17)$$

也就是在这种极端情况下，替代效应是将效应量相关性除以构念效度，而不是将效应量相关性乘以构念效度。

前面例子中乘积规则的关键是：假定预期的自变量是因变量和代理变量之间唯一的因果联系。在第一个例子中，预期的自变量（能力）在因果上先于代理变量，代理变量与因变量之间没有联系。也可以让代理变量在预期变量之前。但是，如果从代理变量到因变量的任何路径没有经过预期的变量，则乘积规则失败。

考虑第三个例子。我们假设，对教学主题有较强了解的教师会做得更好，部分原因是省去了查找任务，节省了更多的时间，在展示方面有了更多的认知选项等。一个大城市的高中系统有全国学生考试分数，可以为每个班级取均值。因此，我们有一个学生成绩的因变量。然而，为所有教学领域构建知识测试是不切实际的。假设一个专业的学习量主要取决于教师的学习好坏和教师的总体学习水平。一般来说，学习是通过大学平均绩点（grade point average，GPA）来衡量的。因此，我们使用教师的大学平均绩点作为领域知识的代理变量，而不是专业知识测试。不能使用总平均绩点，但在计算机中存储了关键教育课程的成绩代码。此构念效度问题的设计路径如图 2-4 所示。

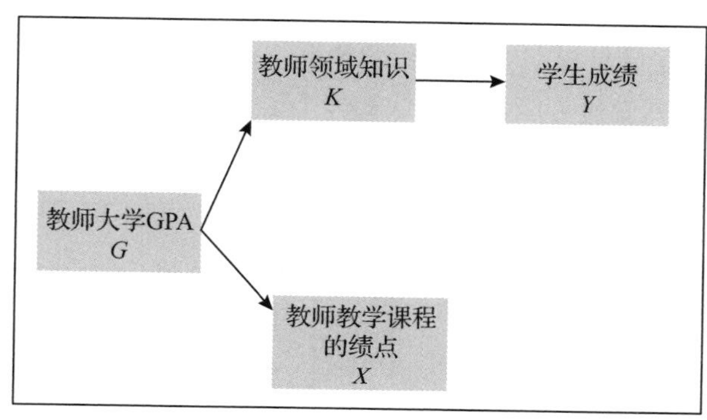

图 2-4　假定教师专业知识、教师的总体 GPA、选定教育课程中教师的平均绩点和学生成绩的因果结构路径模型

图 2-4 显示了从教师的 GPA 到教师的领域知识的关系。因此，代理变量先于预期自变量。从 GPA 到因变量没有其他路径。从 GPA 到知识的路径系数是 GPA 作为专业知识测量的构念效度。这个路径系数衡量了 GPA 测量中系统误差的大小。从总 GPA 到关键教育课程 GPA 有一个箭头。该路径系数的大小测量研究变量中随机误差的大小。学习绩点变量 X（绩点）与绩效测量 Y 之间的相关性由如下乘积公式表达：

$$r_{XY}=r_{KG}r_{GX}r_{KY} \tag{2-18}$$

因此，期望的总体相关性 r_{KY} 乘以其他两个总体相关性：作为知识测量的 GPA 的构念效度（r_{KG}）和 GPA 测量信度的平方根（r_{GX}）。用 a 表示这两个相关性的乘积，则可以定义 a 为：

$$a=r_{KG}r_{GX} \tag{2-19}$$

a 是作为测量专业知识的研究自变量的操作质量。期望的总体相关性 r_{KY} 与研究总体 r_{XY} 的相关性，可以通过下式表达：

$$r_{XY}=ar_{KY} \tag{2-20}$$

因为 a 是分数，所以这是衰减公式。观察的相关性由于因子 a 而衰减。也就是，研究自变量的操作质量越低，自变量和因变量之间的研究相关性衰减越大。

我们现在可以总结两种最常见的情况，在这两种情况下，自变量的构念效度可以量化，并且测量的系统误差很容易被校正。如果有缺陷的测量或代理变量与预期的自变量和因变量之间存在两种因果关系中的一种，那么构念效度的缺陷是可以校正的。现在考虑图 2-5 中的路径图。图 2-5a 显示了缺陷变量，该因变量依赖于预期自变量，并且与因变量没有其他关联。图 2-5b 显示了缺陷变量作为预期自变量的前因，并且与因变量没有其他关联。两个路径图的关键是：假设不存在从缺陷变量到因变量的无关因果路径（未通过预期自变量作为中介）。

图 2-5a 显示了预期自变量是研究自变量前因的情况。这种情况可以描述成研究变量受"外生因素"的影响。

这是代理变量最常见的情况。例如，许多雇主使用教育证书作为一般认知能力的代理变量（Gottfredson，1985）。虽然认知能力是受教育程度的重要决定因素，但教育也受到许多其他变量（如家庭财富）的影响。图 2-5a 中的路径图假定这些其他影响因素与因变量（如工作绩效）不相关。因此，从使用研究变量作为代理变量的观点来看，这是"外生因素"。

图 2-5b 显示了研究变量是预期变量前因的情况。例如，政治价值观研究中的预期变量可能是"政治复杂性"。研究变量可能是一般认知能力。虽然认知能力是政治复杂性的重要决定因素，但它并没有衡量政治复杂性的其他因果决定因素，例如政治活跃的父母的政治社会化。

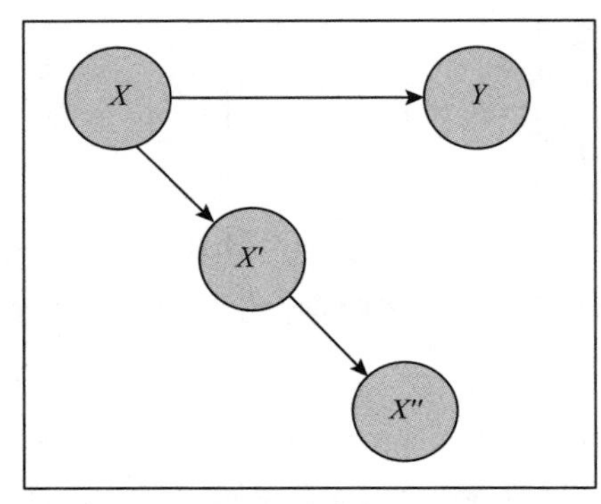

a）研究自变量的外生因素

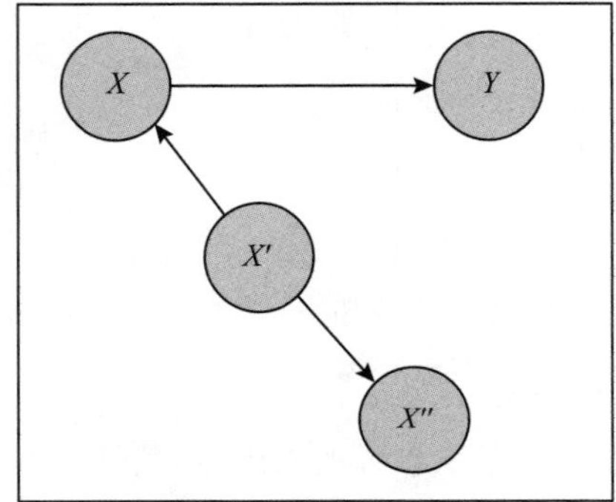

b）研究变量是预期自变量的前因

图 2-5　构念效度缺陷通过将效应量乘以代理变量的构念效度（在两种情况下为 $r_{XX'}$）来减弱期望的效应量相关性路径模型

在图 2-5a 或图 2-5b 中，观察研究自变量 X'' 和因变量 Y 之间的相关性可以写成三重乘积公式：

$$r_{X''Y} = r_{X''X'}r_{X'X}r_{XY} \tag{2-21}$$

在 Gottfredson（1985）文章的注释中，这个三重乘积是：

$$r_o = abr \tag{2-22}$$

其中：

$a = r_{X''X'}$ = X'' 信度平方根，并且

$b = r_{X'X}$ = X' 的构念效度。

如果 X' 是 X 的一个完美的测量，那么 b 的值为 1.00，三重乘积将简化为测量随机误差的公式。若测量不完美，则 b 将小于 1.00，三重乘积将比测量误差造成的减少量大。也就是说，如果 X' 不是完美的构念效度，ab 将小于 a。

注意，在该路径图中，假定 X 被完美地测量。因此，路径系数 b 校正了随机测量误差衰减以后的 X' 与 X 之间的相关性。注意，参数 a 通常是 X'' 信度的平方根，用于校正 $r_{X''Y}$，因为 X''

中的误差导致衰减。第三因子 b 表示构念效度缺陷模型与随机测量误差模型之间存在的差异。

例如，假定教育被用作一般认知能力的代理变量，并假定教育中的“外生”因素与因变量无关。如果能力与教育之间的相关性为 0.50，研究教育测量的信度为 0.90。乘数将由 $a=\sqrt{0.90}\approx 0.95$ 和 $b=0.50$ 给出。研究相关性与实际相关性的关系由下式给出：

$$r_o=abr=(0.95)(0.50)r=0.48r$$

在此例子中，如果忽略随机误差（5% 的误差），则会出现较小的误差，但如果忽略构念效度的缺陷则会出现很大的误差。

因变量的构念效度缺陷

因变量中也有偏离完美构念效度的情况。有些偏差可以校正，但是有些则不能。

图 2-6 展示了一个可以量化不完美构念效度效果的例子。图 2-6a 显示了一个抽象的例子，其中研究变量被随意地从人员甄选研究中抽取。

考虑图 2-6b 中的例子：在员工甄选验证研究中使用上级评价来测量工作绩效。理想的测量标准是对工作绩效的客观测量，如构念效度、完全可靠的工作抽样测试。相反，该研究使用上级的看法（评价）作为测量标准。理想的评价是所有上级具有一致的判断。相反，观察到的研究变量是直接上级的评价。因此，该上级感知的特质是观察评价中测量误差的一部分。可能影响人类判断的外生因素，包括友谊、外貌、道德和生活习惯等。

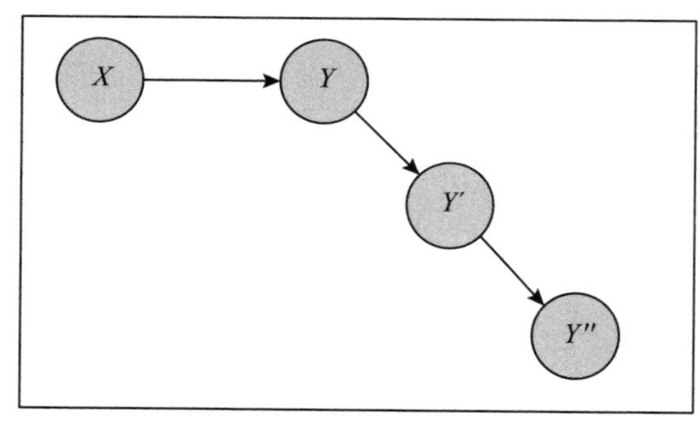

a）预期因变量研究测量中的外生因素

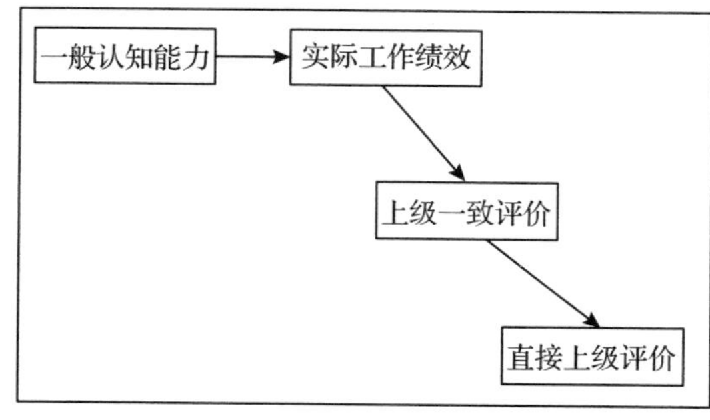

b）使用上级评价测量工作绩效

图 2-6　因变量中可校正的构念效度缺陷

下面的路径分析给出了这种不完美的构念效度的三重乘积法则：

$$\rho_{xy''}=\rho_{xy}\rho_{yy'}\rho_{y'y''} \tag{2-23}$$

也就是：

$$\rho_o=ab\rho$$

其中：

ρ_o= 观察的相关性；

$a=r_{y'y''}=y''$ 的信度平方根；

$b=r_{yy'}=y'$ 的构念效度；

ρ= 能力与实际工作绩效之间的真实相关性。

对于图 2-6b 中的例子，来自元分析的累积实证数据表明，实际工作绩效与一致性评价之间的相关性仅为 0.52（Hunter，1986）。直接上级评价的信度取决于评价工具性的质量。对于加总的评价，平均信度为 0.47（Rothstein，1990）；对于单一的整体评价，平均信度为 0.36（Hunter，Hirsh，1987；King，Hunter，Schmidt，1980）。使用单一整体评价指标效度的降低值将由 $a=\sqrt{0.36}=0.60$ 和 $b=0.52$ 给出：

$$\rho_o=ab\rho=(0.60)(0.52)\rho=0.31\rho$$

观察到的相关性减少了 69%。

在本例中，因变量中的新因子不仅与预期的因变量不相关，而且与自变量不相关。但是，在某些情况下，外生变量与因变量和自变量都相关。这类情况将更为复杂，并且不总是可以校正外生变量对因变量构念效度的影响。这些例子超出了本书的范畴。

数据计算误差和其他误差

元分析中处理起来最困难的人为误差是数据误差。科学过程中的任何一步都可能产生不良数据。原始数据可能被错误地记录或错误地输入计算机。由于指定的格式不正确或转换公式写错了，计算机可能会将错误的变量关联起来，或者因为转换公式而出现编写误差。相关性的符号可能是错误的，因为分析者对变量进行反向评分，但是读取输出的人不知道这一点，或者认为变量没有被反向评分。当计算机输出输入表格时，可能会错误地复制相关性；符号可能丢失或数字可能颠倒；或者当表格发布时，排版者可能会误读相关性。

这些类型的误差比我们认为的还要频繁（Tukey，1960；Wolins，1962）。Tukey 坚持认为所有真实数据集都包含误差。Gulliksen（1986）发布了以下声明：

> 我认为在进行计算之前先检查数据是否有误差是很有必要的。我总是写一个误差检查程序，并在计算之前运行数据。我发现非常有趣的是，在我所搜集的每一组数据中，无论是对我自己还是对别人，总是会有误差，所以我不得不回到问卷调查中，重新打一些卡片，或者可能会放弃一些主题。

此外，一些误差可能导致异常值，而异常值对方差具有显著扩大的影响。例如，在正态分布中，*SD* 为 65%，由最高和最低中 5% 的数据值确定（Tukey，1960）。在许多研究文献中，各种数据误差可能占观察的相关性和 *d* 值方差的很大一部分。

这样做的结果是，几乎所有具有大量相关性的元分析和包含少量研究的元分析都会包含一些数据误差。如果可以找到不良数据，就可抛弃它们。然而，唯一能确定的不良数据是那些相关性远远超出了分布范围的数据，它们显然是异常值。当研究样本量适中时，离群分析的效果最佳。但是，如果样本量太小，则很难从非常大的抽样误差中区分出真实的异常值。（离群分析将在第 5 章讨论。）

因此，即使当前的人为误差列表是完整的（然而并不是），并且即使所有已知的人为误差都被控制（很少有可能），研究结果仍会由于数据误差而产生变异。在实际的元分析中，除了不良数据外，由于未知和不受控制的人为误差，总会出现衰减和误差的变异。这些考虑使得 Schmidt 和 Hunter（1977）提出了他们的“75% 规则”，作为一个经验法则，该规则断言，若在任何数据集中已知且可校正的人为误差占研究相关性方差的 75%，则剩余的 25% 可能是由于不受控制的人为误差造成的。假设所有无法解释的方差都是由于实际的调节变量导致的，则是不明智的，因为永远不可能校正所有导致研究变异的人为误差（Schmidt，et al.，1993）。

研究过程中引入外生因素

研究的测量过程或观察方法可能会导致因变量的变异，因为如果研究完成得很完美，就不会存在（或有恒定的）变异。例如，在共时效度的工作绩效研究中考虑工作经历的影响。在人员甄选中，求职者可以被视为一个同期群（cohort）。当比较求职者时，他们被隐含地进行比较，就好像他们要同时开始工作一样。在共时效度的研究中，绩效是对所有在职员工，即在工作中拥有不同经历的员工进行测量的。这意味着员工的绩效会有所不同，部分原因是他们的工作经历不同（Schmidt，Hunter，Outerbridge，1986）。但对同时雇用的求职者而言，情况并非如此。因此，经历差异构成了由研究观察方法产生的外生变量。

该过程的抽象路径如图 2-7a 所示，而图 2-7b 显示了工作经历的情况。若在该情况中没有引入外生变量，则观察到的相关性将等于自变量和因变量之间的偏相关性，而外生变量保持不变。由于外生变量与自变量不相关，因此偏相关性的公式为：

$$\rho_{xy}\times_{z}=\rho_{xy}/\sqrt{1-\rho_{zy}^{2}} \tag{2-24}$$

这可以被视为由经历造成的衰减校正。如果我们将公式倒过来，将得到衰减公式。设 a 是偏相关方程的分母的倒数：

$$a=1/\sqrt{1-\rho_{zy}^{2}} \tag{2-25}$$

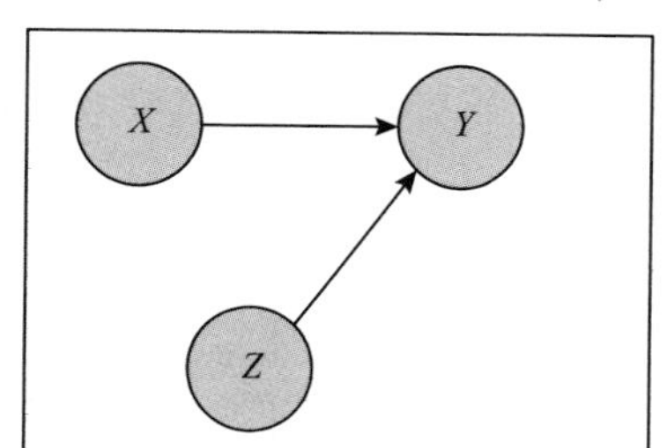

a）研究过程中引入外生变量Z的路径图

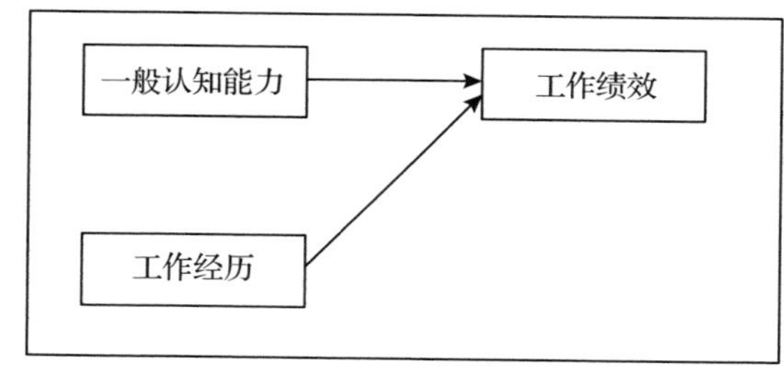

b）由共时效度程序产生的外生变量的工作经历差异

图 2-7　由研究过程产生的外生变量路径图

进而有

$$\rho_{o}=a\rho \tag{2-26}$$

读者可能会问，我们为什么不计算每个单独研究的偏相关性。事实上，这将解决问题。也就是说，若在研究中记录了经验，采用偏相关关系作为研究相关关系，则不需要进行进一步的统计校正。这也将剔除因统计校正产生的抽样误差的增加。这种校正类似于二分法。如果在初始研究报告中给出了正确的相关性（或者如果计算它所需要的额外的相关性已经给出），那么就不需要使用事后统计校正。然而，通常情况并非如此，因此需要进行校正。

样本相关性的偏差

有时，统计方面的资深的观察者注意到，样本相关性不是总体相关性的“无偏”估计，而“无偏”一词是在严格的数理统计意义上使用的。由此，他们通常得出两个错误的结论：①偏差大到足以可见；②使用 Fisher z 转换剔除了偏差（James，Demaree，Mulaik，1986）。然而，Hunter、Schmidt 和 Coggin（1996）表明，对于大于 20 的样本，相关系数的偏差小于舍入误差。即使在元分析中，与由于抽样误差引起的失真相比，对较小样本规模的区域（即 $N<20$）的偏差也是微不足道的。他们还表明，Fisher z 转换中的正偏差总是大于 r 中的负偏差（特别是如果不同研究的总体相关性不同）。因此，使用 Fisher z 转换总是不太准确。正如我们将在第 5 章中看到的那样，使用 Fisher z 转换可能会导致随机效应元分析模型的严重错误——几乎所有真实数据都选择了这种元分析模型（Hunter，Schmidt，2000；Schmidt，Hunter，2003；Schmidt，Oh，Hayes，2009）。此外，在极其罕见的情况下，校正相关系数的偏差将是值得的。但是，读者可以做出自己的决定，我们在这里包括衰减和校正公式。

平均样本相关性略小于总体相关性。假定总体相关性已经被所有其他人为误差减弱。然后，样本相关性中的偏差由下式给出了接近的近似值（Hotelling，1953）：

$$E(r)=\rho-\rho(1-\rho^2)/(2N-2) \tag{2-27}$$

在我们目前的乘数符号中，我们写作：

$$\rho_o=a\rho$$

其中衰减乘数是：

$$a=1-(1-\rho^2)/(2N-2) \tag{2-28}$$

这里 ρ_o 是期望的样本相关性。

如果 ρ=0.50，偏差最大，偏差乘数最小，因此

$$a=1-0.375/(N-1) \tag{2-29}$$

在人员甄选研究中，中等样本量为 68，因此乘数为 1−0.006 = 0.994，这与 1.00 的差别很小。由于经典的衰减相关值小于 0.25，因此经典人员甄选研究中的偏差小于平均样本相关性 0.248 6 与总体相关性 0.25 之间的差异，并且差异小于舍入误差。

只有在平均样本量为 10 或更小的元分析中，偏差才会在第二个小数点后出现。如果需要校正，则前面的衰减公式可与平均研究相关性一起使用，作为对预测 ρ 的估计。也就是说，$\hat{\rho}=r/a$，其中 r 是观察的相关性。但是，在本书附录中描述的 Hunter - Schmidt 元分析程序中包含了这种校正。对于总体相关性小于 0.50 的情况，衰减因子与线性乘数（$2N-2$）/（$2N-1$）非常接近，偏差校正受到观察的相关性乘以（$2N-1$）/（$2N-2$）的影响。这种近似值方便那些不使用 Hunter - Schmidt 元分析程序的人使用。

2.2　抽样误差、统计功效和研究结果的解释

统计功效的说明

传统的解释研究文献方法导致了灾难性的错误（Schmidt，1992，1996；Schmidt，Hunter，

1997；Schmidt，Ocasio，et al.，1985）。例如，考虑使用非测试方法的研究，即通过上级评价来预测工作绩效效度的例子。Hunter 和 Hunter（1984）发现，参考检验的平均观察的相关性为 0.20，而实际上，它是 0.08。考虑工作绩效的预测变量，其平均观察效度为 0.10。假定这是总体相关性，并且在所有设置中都是恒定的。0.10 的衰减总体值可能看起来很小，但在校正由于人为因素造成的向下偏差之后，它可能对应于 0.20 的操作效度，因此可能更具有实用价值（Schmidt，Hunter，McKenzie，Muldrow，1979）。如果按照观察的效度顺序对 19 项研究进行排序，结果将如表 2-2 所示。表 2-2 列出了基于三种样本量的研究结果：①由经典推荐的最小值 $N = 30$；②中位数 N=68，这是由 Lent、Auerbach 和 Levin（1971b）在《人事心理学》的效度信息交换中发表的研究结果；③大样本量 $N = 400$，这是许多心理学家认可的。

显然，表 2-2 中的相关性变异幅度很大。考虑到相关性真实值总是 0.10，现在，我们将考察这两种“研究结果”的传统解释：天真的评论者，他们在面值上观察相关性而不使用显著性检验；“更复杂”的评论者应用显著性检验。

如果每个研究以 30 人为基础，天真的评论者得出以下结论：

1. 19 项研究中有 6 项（或 32%）结果具有负的效度。也就是说，32% 的研究表明，工作绩效是按实际工作绩效的反向进行预测的。

2. 使用 0.20 的“中等”相关性作为自由标准，仅有 32% 比例的效度达到中等水平。

3. 总体结论：在大多数情况下，方法与工作绩效无关。

如果天真的评论者面对 19 项研究，每个研究基于 $N = 68$ 的样本，他的结论如下：

1. 19 项研究中有 4 项（或 21%）结果报告负的效度。

2. 仅有 21% 的比例（19 个中的 4 个）的效度达到了 0.20 的中等水平。

3. 总体结论：在大多数情况下，方法与工作绩效无关。

除非经典研究的样本量为 400 或更多，否则天真的评论者甚至不会做出正确的判断。即使在 $N = 400$ 时，也存在足够的抽样误差以产生这样的效度系数，该效度系数的大小差异为 0.18 / 0.02 或 9 比 1。

如果每个研究都基于 $N = 400$，那么天真的评论者会得出以下结论：

1. 没有研究结果报告负的效度。

2. 没有研究报告是有效的，即使 0.20 的“中等”水平。

3. 总体结论：选择方法在所有情况中预测性都很差，在许多情况下几乎没有预测性。

传统的观点认为，显著性检验的使用提高了研究解释的准确性（Hunter，1997；Schmidt，1996；Schmidt，Hunter，1997）。因此，让我们来看看一位评论者的解释，他对表 2-2 中的研究应用了显著性检验。如果研究均基于 $N = 30$，则评论者得出以下结论：

1. 19 项研究中只有 2 项（11%）发现是显著有效的。

2. 这个程序几乎在 90% 的情况下无效，也就是说，它“通常是无效的”。

当每个研究基于 $N = 68$ 时，评论者总结如下：

1. 19 项研究中只有 4 项（21%）发现是显著有效的。

2. 因此，在绝大多数情况下，方法无效。

来自 $N = 400$ 的研究，评论者结论如下：

1. 19 项研究中只有 13 项（68%）发现是显著有效的。

2. 因此，在 32% 的情况下，该方法不起作用。

3. 结论：该方法可以在某些情况下预测工作绩效，但在其他情况下则不然。还需要进一步的研究来确定为什么它在某些情况下有效而在其他情况下无效。

表 2-2 19 项研究

研究	*N*=30	*N*=68	*N*=400	研究	*N*=30	*N*=68	*N*=400
研究 1	0.40**	0.30**	0.18**	研究 11	0.08	0.08	0.08*
研究 2	0.34*	0.25*	0.16**	研究 12	0.05	0.07	0.09*
研究 3	0.29	0.23*	0.15**	研究 13	0.03	0.05	0.08*
研究 4	0.25	0.20*	0.14**	研究 14	−0.00	0.04	0.08
研究 5	0.22	0.18	0.13**	研究 15	−0.02	−0.02	0.07
研究 6	0.20	0.16	0.13**	研究 16	−0.05	−0.00	0.06
研究 7	0.17	0.15	0.12**	研究 17	−0.09	−0.03	0.05
研究 8	0.15	0.13	0.11**	研究 18	−0.14	−0.05	0.04
研究 9	0.12	0.12	0.11**	研究 19	0.20	−0.10	0.02
研究 10	0.10	0.10	0.10**				

* 表示通过单尾检验显著性，** 表示通过双尾检验显著性。

这些基于显著性检验的结论并不比那些天真的评论者的结论更准确。对于小样本（$N < 400$），使用显著性检验得出的结论并不准确，即使样本量为 400，依赖传统的显著性检验解释的评论者也无法从累积研究中得出正确结论。显著性检验导致错误解释的原因是它们具有非常高的误差率。误差是在研究中未能检测到 0.10 的恒定潜在相关性。在我们的例子中，统计检验产生此误差的时效百分比为：

研究	*N*=30	*N*=68	*N*=400
双尾检验	92%	88%	48%
单尾检验	86%	80%	36

这些误差率非常高。显著性检验未发生此类误差的研究百分比统称为统计功效。统计功效为 100% 减去误差率。例如，在我们的 19 项研究中使用单尾检验时，每个研究中 $N = 68$，误差率为 80%。统计功效为 100%−80%= 20%。也就是说，显著性检验只有 20% 的时候是正确的。下一节将更详细地研究统计功效。

统计功效的详细检验

单个研究低统计功效所产生的问题是元分析需求的核心。本节将更详细地探讨统计功效的问题。

假定在所有情况下，上级考虑和工作满意度之间的总体相关性为 0.25。这是在校正不可靠性（测量误差）之前的相关性。现在，假定在大量情景中进行研究，每种情景下的 $N = 83$。为简单起见，假定在所有研究中使用相同的工具来测量这两个变量，因此研究中的信度是不变的。还假定每个研究中的被试是来自所有可能雇员的总体随机样本，并且范围变异和先前讨论的其他人为误差在研究中没有变异。然后，所有这些研究平均观察的相关性将为 0.25，即真值。但是，由于抽样误差，会有很大的变异，相关性的 *SD* 将是：

$$SD_r=\sqrt{\frac{(1-0.25^2)^2}{83-1}}=0.103$$

这种相关性分布显示在图 2-8a 的右边。如果真实的总体相关性是 $\rho = 0$ 而不是 $\rho= 0.25$，那么图 2-8a 中的另一个分布（左边）是可能产生的。这个零分布是统计显著性检验的基础。它的均值为 0。零分布的标准差与实际分布的标准差不同，因为 ρ 的真值为 0：

$$SD_{NULL}=\sqrt{\frac{(1-0^2)^2}{83-1}}=0.110$$

单尾检验的 0.05 的显著性值是零分布中只有 5% 的相关性大于该值的点。因此，5% 的显著性水平比零分布的均值高 1.645 个标准差，即高于 0。因此，研究 r 必须至少与 $1.645 \times 0.110= 0.18$ 一样大才有意义。如果 ρ 的真值确实为 0，则只有 5% 的研究相关性会达到 0.18 或以上。也就是说，第 I 类误差率为 5%。 因为 $\rho = 0.25$ 而不是 0，所以不存在第 I 类误差，只存在第 II 类误差。研究中 r 值大于或等于 0.18 的比例是多少？如果我们将 0.18 转换为 r 分布中的 z 分数，将得到：

$$z=\frac{0.18-0.25}{0.103}=-0.68$$

正态分布中高于 0.68 标准差、低于均值的百分比为 0.75，这可以从任何正态曲线表中进行确定。因此，统计功效为 0.75；在所有这些研究中，75% 的研究将获得统计上显著相关性。在图 2-8a 中，这表示观察到的 r 分布在 0.18 右侧的区域。该区域包含 75% 的观察到的 rs。对于剩余的 25% 的研究，传统的结论是，相关性为 0，不显著。这代表观察到的 r 分布在 0.18 左边的区域。该区域包含 25% 观察到的 rs。这个结论是错误的；相关性始终为 0.25，并且它只有一个值。因此，第 II 类误差的概率（当存在关系时得出不存在关系的结论）是 0.25。

本例中的研究比许多实际研究具有更高的统计功效。这是因为真实的相关性（0.25）比真实世界总体相关性大得多。此外，这里的样本量（$N = 83$）大于实际研究中的样本量，进一步增加了统计功效。例如，在校正范围限制和标准不信度之前，经典的测量语言或数字能力的就业测试的平均效度系数大约是 0.20，而文献中的样本量通常小于 83。

图 2-8b 说明了一个更能代表许多实际研究的案例。在图 2-8b 中，相关性的（总体相关性）真值为 0.20，并且每个研究均基于样本量 $N = 40$。在许多此类研究中观察到的相关性标准差为：

$$SD_r=\sqrt{\frac{(1-0.20^2)^2}{40-1}}=0.154$$

零分布的 SD 是：

$$SD_{NULL}=\sqrt{\frac{(1-0^2)^2}{40-1}}=0.160$$

要在 0.05 水平显著（同样，使用单尾检验），相关性必须高于零分布的均值 $1.645 \times 0.160 = 0.26$。0.26 或更大的相关性都是显著的，其余的是不显著的。因此，重要的是，相关性必须大于它的真值。相关性的真值始终为 0.20；由于随机抽样误差，观察值比 0.20 的真值更大（或更小)。要得到显著的相关性，我们必须足够幸运地有一个正的随机抽样误差。对于任何研究，r 等于它的真值 0.20，也就是说，即使是对 r 估计完全准确的研究，都会导致相关性为 0 的错误结论。相关性中有多少百分比是显著的？当我们将 0.26 转换为观察的 r 分布中的 z 分数时，我们得到：

$$z=\frac{0.26-0.20}{0.154}=0.39$$

正态分布中大于 z 分数 0.39 的值的百分比为 35%。在图 2-8b 中，这 35% 是观察到的 r 分布中大于 0.26 的区域。只有 35% 会产生显著的 r，尽管这些研究中 r 的真值总是 0.20，但永远不会是 0。统计功效只有 0.35。大多数研究中 65% 的研究都会错误地得出 $\rho = 0$，因此，65% 的研究都将得出错误的结论。

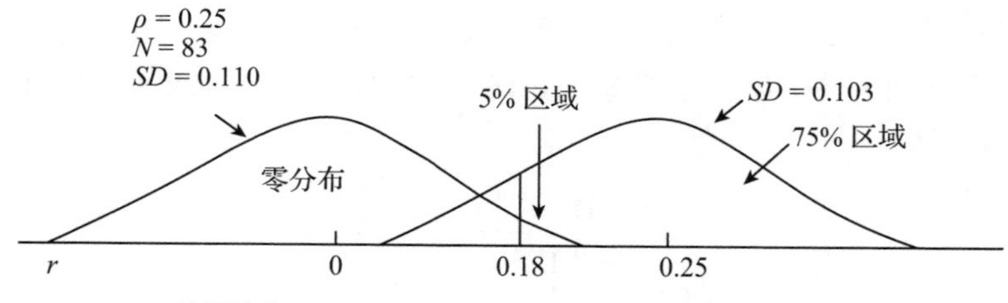

单尾检验，$\alpha = 0.05$: $1.645 \times 0.110 = 0.18$ = 要求的 r

$$Z=\frac{0.18-0.25}{0.103}=-0.68$$

P（第Ⅱ类误差）=0.25；统计功效=0.75

a）大于0.5的统计功效

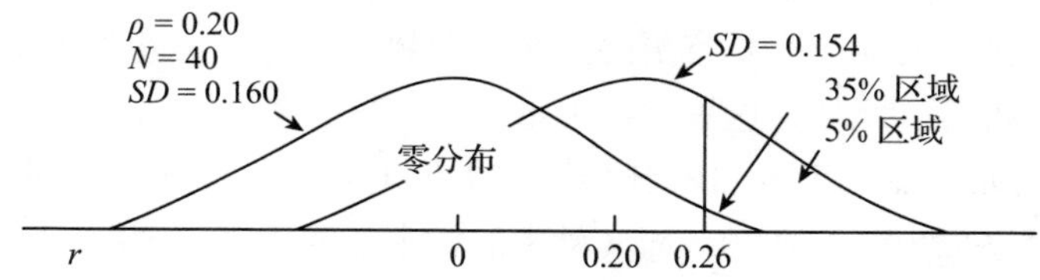

单尾检验，$\alpha = 0.05$: $1.645 \times 0.160 = 0.26$ = 要求的 r

$$Z=\frac{0.26-0.20}{0.154}=0.39$$

P（第Ⅱ类误差）=0.65；统计功效=0.35

b）小于0.5的统计功效

图 2-8 统计功效：两个例子

过去经常使用计票方法（见第 11 章），多数票结果被用来决定是否存在关系。如果大多数研究表明没有显著性的结果，就像这里一样，那么结论就是不存在关系。这个结论显然是错误的，表明计票法存在缺陷。然而，更令人惊讶的是，进行的研究数量越多，就越有可能得出不存在关系的错误结论（即 $\rho = 0$）。如果只进行了几项研究，那么很可能大多数研究会获得显著的相关性，而计票方法可能不会导致错误的结论。例如，如果只进行了 5 项研究，那么 3 项研究碰巧可能会得到显著的相关性。然而，如果进行大量研究，我们肯定会将大约 35% 的显著性和 65% 的非显著性研究归零。这就产生了计票法的悖论：如果统计功效小于 0.50，并且如果总体相关性不为 0，那么研究越多，评论者就越有可能得出 $\rho = 0$ 的错误结论（Hedges，Olkin，1980）。

这些例子说明了相关性研究的统计功效，但它们同样适用于实验研究。在实验研究中，基本统计不是相关系数，而是两组（实验组和对照组）均值之间的标准差。这是以标准差单位表示的两个均值之间的差值，称为 d 值统计量（见第 6 章、第 7 章和第 8 章）。d 值统计量大约是相关性的两倍。因此，图 2-8a 中的例子对应于一个实验研究，其中 $d = 0.51$；这是标准差的一半差异，相当显著的差异。它对应于正态分布中第 50 和第 69 个百分位数之间的差异。图 2-8a 的相应样本量在实验组中 $N = 42$，在对照组中 $N = 41$(反之亦然)。这些数字也比较大，许多实验研究在每一组中都少得多。

对许多实验研究来说，图 2-8b 中的例子转化成了更真实的模拟。图 2-8b 对应的实验研究，实验组和对照组各有 20 名被试。许多研究，特别是社会心理学、组织行为学、市场营销和人类决策方面的实验室研究，每组有 20 个或更少（有时只有 5 或 10 个）的样本。0.20 的 ρ 对应于 0.40 的 d 值，这个值与实际研究中观察到的 d 值一样大或者更大。一篇社会心理学实验研究综述发现，平均 d 值为 0.42（Richard，et al.，2003）。

这两个例子说明了小样本研究的低统计功效，以及在这些研究中，传统上使用显著性检验所得出的结论都归结为实验研究所产生的误差。因为 d 统计量的属性有些不同，所以这里给出的统计功效的确切数字将不成立；在实验研究中，统计功效实际上有所降低。然而，这些数字足以说明这一点。

元分析将如何处理图 2-8a 和图 2-8b 所示的研究？首先，元分析需要计算每组研究中的平均 r 值。对于图 2-8a 中的研究，可以发现 r 的均值为 0.25，这是校正的值。对于图 2-8b，计算出的均值是 0.20，也是校正的值。其次，这些 $\bar{r}$s 值将用于计算抽样误差期望的方差量。对于图 2-8a 中的研究，这将是：

$$S_e^2 = \frac{(1-\bar{r}^2)^2}{N-1}$$

并且

$$S_e^2 = \frac{(1-0.25^2)^2}{83-1} = 0.010\,7$$

然后，从观察的相关性方差中减去该值，看看是否存在超出抽样方差的任何方差。观察方差是（0.103 44）^{2} = 0.010 7。因此，这些研究相关性的实际方差是 $S_\rho^2 = 0.010\,7 - 0.010\,7 = 0$。元分析的结论是只有一个值 ρ($\rho = 0.25$)，并且研究中 rs 的所有明显变异都是抽样误差。因此，元分析可以得出正确的结论，而传统的方法得出的结论是，25% 的研究中 $\rho = 0$，并且在其他 75% 的研究中，其结果从 0.18 到大约 0.46 一直都存在变异。

同样，对于图 2-8b 中的研究，期望的抽样误差是：

$$S_e^2 = \frac{(1-0.20^2)^2}{40-1} = 0.023\,6$$

实际观察方差是 $0.153\,7^2 = 0.023\,6 = S_r^2$。同样，$S_r^2 - S_e^2 = 0$，元分析的结论是，在所有研究

中只有一个 ρ 值：$\rho = 0.20$，并且不同研究中 rs 的所有变异只是抽样误差。再一次，元分析会得出正确的结论，而传统的统计显著性检验会得出错误的结论。这里的原理与 d 统计量相同。只是具体的公式不同而已（见第 7 章）。

图 2-8a 和图 2-8b 中的例子是假设的，但是它们并非不切实际。实际上，这里的要点是真实数据通常以相同的方式运行。例如，考虑表 2-3 中的真实数据。这些数据是在 Sears、Roebuck 和 Company（Hill，1980）对 9 个不同工作族的研究中获得的效度系数。对于这 7 项测试中的任何一项，效度系数对某些工作族而言都很重要，但对其他工作族则不一定。例如，算术考试对于工作族 1、2、5、8 和 9 具有显著的效度系数；而对于工作族 3、4、6 和 7，则并不显著。对这些结果的一种解释（传统的解释）是，算术考试应该用于雇用工作族中的 1、2、5、8 和 9 的人员，因为它对这些工作族有效，但对其他工作族则无效。这个结论是错误的。我们在本书中提出的元分析方法的应用表明，对于表 2-3 中的测试，工作族间所有效度的变异都是抽样误差造成的。无效只是由于低的统计功效。

Schmidt 和 Ocasio 等人（1985）给出了另外一个例子，其中抽样误差解释了真实数据中研究结果的所有变异。在这项广泛的研究中，观察的相关系数在不同研究中一直在变化，从 −0.21 到 0.61 一系列相关点。然而，在每个研究中，ρ 的真值都是恒定的 0.22（事实上，每个研究都是来自非常大的研究随机样本）。小样本研究中的抽样误差会在研究结果中产生巨大的可变性。数十年来，研究者低估了抽样误差产生的变异程度。

当然，抽样误差并不能解释所有研究中的所有变异。在大多数情况下，其他人为误差也会导致研究结果出现差异，如本章前面所述。并且，在某些情况下，即使合并抽样误差和其他人为误差（如研究间测量误差和范围限制差异）也无法解释所有方差。然而，实际上，这些人为误差影响总是占据研究结果差异的重要比例。

表 2-3 来自 Sears 研究中的效度系数

工作族		Sears 检验智力敏锐性			文书池			
	N	语言	数量	总分	备案	检查	算术	语法
1. 办公室支援物料处理人员	86	0.33*	0.20*	0.32*	0.30*	0.27*	0.32*	0.25*
2. 数据处理员	80	0.43*	0.51*	0.53*	0.30*	0.39*	0.42*	0.47*
3. 文职秘书（低级）	65	0.24*	0.03	0.20	0.20	0.22	0.13	0.26*
4. 文职秘书（高级）	186	0.12*	0.18*	0.17*	0.07	0.21*	0.20	0.31*
5. 秘书（顶级）	146	0.19*	0.21*	0.22*	0.16*	0.15*	0.22*	0.09
6. 具有监管责任的文员	30	0.24	0.14	0.23	0.24	0.24	0.31	0.17
7. 文字处理员	63	0.03	0.26*	0.13	0.39*	0.33*	0.14	0.22*
8. 监管者	185	0.28*	0.10	0.25*	0.25*	0.11	0.19*	0.20*
9. 技术的、操作的和专业的	54	0.24*	0.35*	0.33*	0.30*	0.22*	0.31*	0.42*

* 表示 $p<0.05$。

2.3 何时及如何累积

一般而言，跨研究元分析累积的结果在概念上是一个简单的过程：

1. 计算每个可用研究的所需描述性统计量，并对研究中的统计量进行平均。

2. 计算不同研究统计量的方差。

3. 通过减去抽样误差引起的数量来校正方差。

4. 校正除抽样误差之外的研究人为误差的均值和方差。

5. 将校正后的标准差与均值进行比较，以定性的方式评估研究结果中潜在变异量。如果均值是大于 0 的两个标准差，那么可以合理地得出结论，所考虑的关系总是正的。

在实践中，累积通常涉及各种复杂性的技术，我们将在后面的章节中讨论。

当至少有两项研究的数据涉及同一关系时，就可以使用累积的结果。例如，如果你在脆玉米片的研究中包含工作地位与工作满意度之间的相关性，那么你可能希望将该相关性与你之前在 Tuffy Bolts 的研究中结果的相关性进行比较。但是，为了校正两个相关性的抽样误差，可以使用与第 3 章和第 4 章中介绍的校正方差方法不同的策略。可以简单地计算每个相关性的置信区间，如第 1 章所述。如果置信区间重叠，那么两个相关性之间的差异可能仅仅归因于抽样误差（Schmidt，1992，1996），并且均值是它们共同值的最佳估计。

2.4　校正后的标准差（SD_ρ）中人为误差的校正不足

校正跨研究结果的标准差应始终被视为对真实标准差的高估。迄今为止，只对一些在研究中产生虚假变异的人为误差进行了校正。还有其他具有类似人为误差的影响。其中，最大的是计算或报告误差。如果有 30 个相关性，范围从 0.00 到 0.60，一个相关性为 −0.45（我们在一项研究中遇到的情况），那么几乎可以肯定，异常值是由一些计算误差或报告程序引起的，例如，没有将反向评分的变量的符号倒转，或在计算机运行中使用了错误的格式，或打印错误等。造成研究中虚假变异的其他人为误差包括测量信度的差异、测量构念效度的差异（例如人员甄选研究中的标准污染或标准缺陷）、不同研究中测量变量的差异（如人员甄选研究中范围限制的差异），以及处理数量或强度的差异（在实验研究中）。实际上，在许多情况下，相关的问题是：研究中的所有变异都是人为的吗？在人员甄选领域，这是在许多领域得出的结论，例如单组效度，种族或族群的区分效度，跨情景或时间上能力测试效度的特异性，以及使用不同方法评价中的晕轮效应（Schmidt，Hunter，1981；Schmidt，Hunter，Pearlman，Hirsh，1985；Schmidt，et al.，1993）。然而，检验所有变异都是人为误差的假设是非常重要的，而不是像固定效应元分析模型那样，预设这是事实。在本书提出的模型和程序中，都是随机效应模型，它们对这个假设进行实证检验。固定效应和随机效应元分析模型的区别将在第 5 章和第 8 章中介绍。

许多人为误差可以量化和校正。Schmidt 和 Hunter（1977）以及 Schmidt、Hunter、Pearlman 和 Shane（1979）首先对信度和范围限制的差异进行了校正，第 3 章和第 4 章对此进行了描述。如果有一个综合的研究提供了一个相互关联的替代方法的路径分析，那么在测量构念效度的差异时可以使用类似的技术来校正（见本章前面的讨论）。处理效应量的差异（如激励强度），在初始累积中，可以在建立处理方面和研究结果之间的关系（如有）后进行编码和校正（见第 6 章和第 7 章）。

但是，这些校正经常依赖于无法获得的其他信息。例如，信度和标准差通常不包括在相关性研究中。在大多数实验研究中甚至都没有考虑过它们。计算和报告误差永远不会被完全量化和剔除。

如果不同研究的结果有很大的实际差异，那么任何仅仅基于汇总结果的结论都会有一定的误差。这就是大家熟悉的忽略交互作用或调节效应的问题。然而，如果将由人为因素引起的变异归因于不存在的方法论和调节变量，则可能导致更大的误差。例如，在元分析时代之前，一位著名的心理学家对几个研究领域结果的差异感到非常沮丧，他得出的结论是，心理学中的任何发现都不可能从一代传到下一代，因为每个总体在改变研究结果的某些社会层面上总会有所不同（Cronbach，1975）。这种状况反映了抽样误差方差和其他人为误差方差的异化（Schmidt，1992, 1996；Schmidt，Hunter，2003）。当已经有足够的数据来回答这个问题时，这种异化不仅导致认识论的幻灭，而且导致在已有足够的数据来回答这个问题的情况下，无休止地复现研究中的巨大浪费（Schmidt，1996）。

如果存在较大的校正标准差，则可以根据不同研究的相关差异将研究分组来解释不同研究间的变异。这种细分可以是研究类别的明确分解，也可以是使用回归方法根据研究特征预测研究结果的隐含的分解。这些都将在第 3 章、第 4 章、第 7 章和第 9 章中详细讨论。但是，我们将在下一节中说明，只有在存在实质性校正方差的情况下，才应尝试进行此类分解。否则，寻找调节变量会因为抽样误差的扩大化，对研究的解释产生严重的误差。

2.5 调节分析中抽样误差的编码研究特征及扩大化

正如今天的文献所展示的那样，元分析通常被认为是一个含有三步骤的过程：①跨研究的描述性统计的累积（效应量、相关性或 d 值）；②研究特征的编码（可能多达 40 个或更多），如研究日期、对内部效度的威胁数量等；③研究效应量对编码研究特征的回归。这个过程可能导致得出存在调节变量的结论的严重错误。我们在对抽样误差和其他人为误差进行校正的研究中发现，在这些校正之后，其余的研究几乎没有明显的变异（Schmidtet，et al.，1993）。也就是说，根据我们的经验，在抽样误差和其他人为误差被去除之后，研究结果中通常很少有实质性的变异（尽管如此，永远不可能校正所有人为误差导致的变异）。在这种情况下，所有或大多数观察的研究效应量与研究特征间的相关性都是由于研究数量少而导致抽样误差的扩大化。

如果除抽样误差之外几乎没有变异，那么因变量（研究结果：r 或 d 统计量）就具有较低信度。例如，如果 90% 研究间相关性的变异是由于人为误差影响导致的，那么研究结果变量的信度只有 0.10，与此同时，任何研究特征和研究结果之间可能的最大真实相关性是 0.10 的平方根，即 0.31。因此，研究特征和研究结果之间存在很大的相关性，这可能仅仅是因为抽样误差。将研究特征与研究结果统计数据（rs 或 d 值）相关联，当事后确定相关性大到足以具有统计显著性时，将导致大量的随机扩大化。抽样误差很大，是因为这种分析的样本量不是参与研究的人数，而是研究的人数。例如，研究结果对 40 项研究特征进行多元回归（当前经典的元分析），但仅将 50 项研究作为观察（当前经典的元分析），将导致抽样误差的扩大化，导致接近 1.00 的组合相关性。实际上，一些研究比其他研究具有更多的研究特征，这种情况下，复相关性总是抹平到 1.00。采用这种方法的许多元分析的作者，既关注复相关性，也关注回归权重的最终估计。但这些回归权重通常也是抽样误差扩大化的结果。经常（或许是通常）具有统计显著性的那些研究是第 I 类误差。这是元回归的一个严重问题，我们将在第 9 章进行详细讨论。

许多元分析通过下列方式进行。研究者首先检查他们的 40 个研究特征，找出与研究结果相关度最高的 5 个研究特征。然后他们对这 5 个特征使用多元回归，对这 5 个预测变量使用衰减公式（如果使用衰减公式的话）。然而，从 40 个预测变量中选出最好的 5 个，与从 40 个预测变量中进行逐步回归大致相同，因此，应该在衰减公式中使用 40 个而不是 5 个研究特征（Cattin，1980）。在许多情况下，适当的衰减校正会显示实际的复相关性接近于 0。

表 2-4 说明了只有那些与研究结果相关度最高的研究特征被保留并进入回归分析时，随机扩大化问题（capitalization on chance）有多么严重。表 2-4 描述了这样一种情况，其中每个具有研究特征的研究结果与 0 相关，并且所有研究特征彼此与 0 相关。因此，表 2-4 中所有复相关性的真值为 0，表中的所有复相关性仅通过抽样误差的扩大化产生。考虑一个典型的例子。假定编码研究特征的数量为 20，并且保留与研究相关性最高的 4 个，用于回归分析。如果研究数量是 100，那么预期的复相关性 R 是 0.36，这是一个具有高度“统计显著性”的值（p = 0.000 2）。若有 60 项研究，则具有假象的复相关性 R 平均为 0.47。若只有 40 项研究，则为 0.58。请记住，在表 2-4 的每个单元格中，真实的复相关性 R 为 0。表 2-4 中的值是均值，它们不是最大值。大约一半左右，观察的复相关性 Rs 将大于表 2-4 中的值。保留 20 个中的 4 个研究特征的情况代表了一些实际的元分析。然而，大量的研究特征往往被编码，例如，编码 40 ～ 50 个特征并不罕见。如果对 40 个进行编码并保留 4 个，那么假的复相关性 R 可以预期 40 项研究为 0.68，60 项研究为 0.55，以及 80 项研究为 0.48。具有假象的复相关性 R 非常大的原因是，保留研究特征的相关性通过抽样误差的随机扩大化使它们的真值 0 向上偏差。例如，如果有 60 项研究和 40 项研究特征被编码，但仅保留前 4 项，那么保留 4 项的相关性平均为 0.23。然后这些保留的特征形成的具有假象的复相关性 R 为 0.55。

表 2-4 当所有研究特征与研究结果及相互之间的相关性为零时，研究特征与研究结果的复相关性 R 的期望值

在回归公式中研究特征的数量	整个研究特征数量	研究数量							
		20	40	60	80	100	200	400	800
2	6	0.49	0.34	0.28	0.24	0.21	0.15	0.11	0.07
3		0.51	0.36	0.29	0.25	0.22	0.16	0.11	0.08
4		0.53	0.37	0.30	0.26	0.23	0.16	0.12	0.08
2	8	0.53	0.37	0.30	0.26	0.23	0.17	0.12	0.08
3		0.57	0.40	0.33	0.28	0.25	0.18	0.13	0.09
4		0.61	0.42	0.35	0.30	0.27	0.19	0.13	0.09
2	10	0.57	0.40	0.32	0.28	0.25	0.18	0.12	0.09
3		0.62	0.43	0.35	0.31	0.27	0.19	0.13	0.10
4		0.66	0.46	0.38	0.33	0.29	0.21	0.14	0.10
2	13	0.61	0.43	0.35	0.30	0.27	0.19	0.13	0.09
3		0.67	0.47	0.38	0.33	0.29	0.21	0.14	0.10
4		0.72	0.50	0.41	0.36	0.32	0.22	0.16	0.11
2	16	0.64	0.45	0.34	0.32	0.28	0.20	0.14	0.10
3		0.71	0.49	0.40	0.35	0.31	0.22	0.16	0.11
4		0.77	0.54	0.44	0.38	0.34	0.24	0.17	0.12
2	20	0.68	0.48	0.37	0.34	0.30	0.21	0.15	0.11
3		0.76	0.53	0.43	0.37	0.33	0.23	0.16	0.12
4		0.83	0.58	0.47	0.41	0.36	0.26	0.18	0.13

（续）

在回归公式中研究特征的数量	整个研究特征数量	研究数量							
		20	40	60	80	100	200	400	800
2	25	0.70	0.49	0.40	0.35	0.31	0.22	0.15	0.11
3		0.79	0.55	0.45	0.39	0.34	0.24	0.17	0.12
4		0.86	0.60	0.49	0.43	0.38	0.27	0.19	0.13
2	30	0.73	0.51	0.41	0.36	0.32	0.22	0.16	0.11
3		0.82	0.57	0.46	0.40	0.36	0.25	0.18	0.13
4		0.90	0.63	0.51	0.44	0.39	0.28	0.20	0.14
2	35	0.75	0.52	0.42	0.37	0.33	0.23	0.16	0.11
3		0.84	0.59	0.48	0.42	0.37	0.26	0.18	0.13
4		0.93	0.65	0.53	0.46	0.41	0.29	0.20	0.14
2	40	0.76	0.53	0.43	0.38	0.33	0.24	0.17	0.12
3		0.87	0.61	0.50	0.43	0.38	0.27	0.19	0.13
4		0.97	0.68	0.55	0.48	0.42	0.30	0.21	0.15
2	50	0.80	0.55	0.45	0.39	0.35	0.24	0.17	0.12
3		0.90	0.63	0.51	0.44	0.39	0.28	0.20	0.14
4		1.00	0.70	0.57	0.49	0.44	0.31	0.22	0.15

注：此表中所有情况下的实际多元回归 $R=0$。

因此，很明显，在元分析中，传统调节分析中的随机扩大化问题非常严重。在使用回归和相关方法发表的元分析中发现的许多调节效应几乎肯定是不真实的。那些纯粹凭经验确定的，而不是通过理论或假设预测的调节效应，特别可能是由于抽样误差的扩大化而产生的错觉。

另一方面，由于统计功效低，那些真实的调节效应不太可能被发现。本章前面关于统计功效的讨论同样适用于研究特征与研究结果之间的相关性以及其他相关性。样本量、研究数量通常很小（如 40 ～ 100），研究特征相关性可能很小，因为观察的研究结果统计值（*r*s 和 *d* 值）的大部分方差是抽样误差方差和其他人为误差导致的。因此，统计功效检测到真正的调节效应通常非常低。因此，真正的调节效应不太可能被发现，同时，抽样误差的扩大化可能性很高，导致不存在的“检测”。这确实是一个令人不快的情况。

从表面上看，所有研究的变异是假设抽样误差不存在。由于大多数研究的样本都比较小（例如，少于 500 名被试），抽样误差相对于观察的结果值是相当大的。因此，忽略抽样误差就保证了分析较大的统计误差。经典评论者的错误是报告结果值的范围，该范围由该组研究中两个最极端的抽样误差决定。当前许多元分析中的误差是随机扩大化及将 *r* 或 *d* 值研究的变异与编码研究特征相关联的低统计功效。我们在这里描述的是这个问题的简要概述，在本书的开头提出，以提醒读者及早注意这个问题的严重性。在第 9 章中，我们讨论了这种检测调节方法需要考虑的其他技术因素。

在调节分析中，我们没有提供对随机扩大化和低统计功效问题的解决方案。事实上，在统计中没有解决这个问题的方法。众所周知，在统计学中，统计检验并不能解决这个问题，第Ⅰ类误差与第Ⅱ类误差的权衡是不可避免的。因此，如果仅从统计的角度来解决问题，那么回答这个微妙问题的答案只能是收集更多数据，通常是大量数据。一个更可行的替代方案是开发理论，使新数据可以间接地引入争论。这些新数据可以在理论基础上客观地解决这个问题（见第 11 章）。

2.6　本书内容预告

两种最常见的实证研究设计是相关性研究和双组干预研究（即具有独立处理和对照组的实验研究）。在相关性设计中，关系强度通常用相关系数来衡量。我们在第 3 章和第 4 章中介绍了累积相关性的方法。有些人认为应该使用累积斜率或协方差，而不是相关系数。然而，只有在每个研究中使用完全相同的工具来测量自变量和因变量时，斜率和协方差在各项研究中才具有可比性。很少有研究证明这一点。因此，只有在极少数情况下才使用累积斜率或协方差，因为它在所有研究中都是使用相同的测量。斜率或协方差表示的关系强度，只有当这些数与标准差比较时才能知道，即只有计算相关性时才能知道。我们将在第 5 章详细研究斜率和截距的累积。

在处理效应的实验研究中最常报道的统计量是 t 检验统计量。然而，t 不是测量效应强度的好方法，因为它是乘以样本量的平方根，因此在研究中没有相同的测量。当从 t 统计量中移除样本量时，得到的公式是 d 统计量的效应量。我们将在第 6 章到第 8 章中考虑 d 统计量的效应量。我们还考虑其相似统计量，即点二列相关性。将 d 值转换为点二列相关性通常更好，对这些相关性进行元分析，然后将最终结果转换为 d 值统计量。有些人会主张使用方差比例代替 r 或 d，但方差比例有很多缺陷。例如，它不保留处理效应的符号或方向。平方效应的测量均值是有偏的。第 5 章对方差指标的比例进行了讨论和评价。

第 3 ～ 5 章关于相关系数，第 6 ～ 8 章关于 d 值，都是假设每个题目基于统计上独立的样本。然而，经常可以从同一研究中获得一个以上相关性或效应量的相关估计。那么，来自同一研究内部的对一种关系的多重估计如何有助于不同研究的累积呢？这个问题在第 10 章中讨论。

发表偏差和相关问题很重要，因为它们可能会扭曲元分析的结果。这个问题将在第 13 章中详细讨论。前言中介绍了本书的进一步展望。

第二篇

相关性元分析

第 3 章

CHAPTER 3

分别校正相关性元分析的人为误差

3.1 引言和概述

在第 2 章中，我们检验了 11 种研究设计中的人为误差，这些误差可能影响相关系数的效应值。在元分析层次，除报告或转录误差以外，所有的人为误差都是可以进行校正的。除离群分析之外，我们知道没有其他方法可用于校正数据误差。离群分析可以检测到一些但并非所有的不良数据，并且是在元分析中经常会碰到的问题（在第 5 章我们将对此进行详细讨论）。抽样误差可以校正，但是校正的准确性取决于元分析的总样本量。在本章和第 4 章对元分析的讨论中，我们隐含假设：元分析是基于大量的实证研究。如果研究的数量小，那么这里提出的公式仍适用，但是在最后的元分析结果中会存在抽样误差。这是二阶抽样误差问题，我们会在第 9 章中进行讨论。

表 3-1 列出了 10 种可以校正的研究设计。为了校正人为误差的影响，我们必须知道人为误差大小和性质的信息。在理想情况下，每个研究都会单独为每种人为误差提供这些信息（如每个相关性）。在此情况下，每一种相关性都可以单独进行校正，并且可以对校正后的相关性进行元分析。这种类型的元分析是本章讨论的重点。

有些人提供了一种不同于对每个相关性进行校正的元分析方法。在这种替代的方法中，对每个研究中的信度、范围限制值和其他人为误差进行编码，并作为元回归中的潜在调节变量进行分析（见 Borenstein，Hedges，Higgins，Rothstein, 2009，第 38 章）。元回归系数的显著性表明了人为误差的重要性。这种方法的主要缺陷是统计功效低（Hedges，Pigott，2004）。因此，结果经常表明人为误差并不重要，而事实上它们很重要。另外，这种方法并不产生平均校正相关性的估计值及其标准差。本章所展示的方法并不会产生这些问题。在第 9 章中，我们将讨论元回归中存在的局限性和问题。

与人为误差相关的信息通常比较难获得，有时根本无法获得。然而，人为误差的本质就是如此。在大多数研究领域中，不同研究的人为误差值相互独立。例如，如果样本量不一样时，我们没有理由假设测量的信度是高还是低。如果人为误差相互独立，并且独立于真实总体相关性，那么我们就可以基于人为误差分布开展元分析。也就是说，考虑到独立性假设，即使我们不能校正单个相关性，在元分析层次对人为误差进行校正也是可能的。这类元分析将在第 4 章重点讨论。最后，若没有可用的人为信息，则不能利用元分析对其进行校正。值得注意的是，这并不意味着人为误差不存在或者它没有影响。这仅仅意味着元分析并没有对人为误差进行校正。如果未对人为误差进行校正，那么真实效应相关性的均值和标准差的估计由于没有进行人为误差的校正而发生偏离。在某种程度上，这种估计值将会因为人为误差未得到校正，在该研究领域产生重大影响。

表 3-1　改变结果测量值的研究人为误差（以人员甄选研究为例）

1. 抽样误差：由于抽样误差，研究效度将随总体值随机变化。
2. 因变量测量误差：研究效度要比真实效度低，以随机误差来衡量工作绩效。
3. 自变量测量误差：由于检验不是十分可靠，检验的研究效度将系统低于能力的效度。
4. 将一个连续的因变量变为二分变量：以离职为例，员工待在组织中的时间长度通常二分成“超过……”“少于……”，这里常常任意选择时间段，如半年或 1 年。
5. 将一个连续的自变量变为二分变量：面试者被告知要把其感知二分成“接受”和“拒绝”。
6. 自变量范围变异：研究效度将系统地低于真实效度，因为招聘政策使在职人员的预测比求职者的真实性有更低的变异。
7. 样本损耗导致的人为误差：因变量范围变异。
   研究效度将系统地低于真实效度，例如，当高绩效员工因为晋升而被移出总体或低绩效员工被解雇，员工在绩效上有系统性的损耗。
8. 自变量中存在构念效度偏差：如果检验的因子结构不同于具有相同特征应有的检验结构，那么研究效度会有所不同。
9. 因变量中存在构念效度偏差：如果校标效度（如工作绩效的测量标准）有缺陷或不纯，研究效度将与真实效度不同。
10. 报告或翻译误差：由于各种报告问题，如失准的样本编码、计算误差、计算结果读取误差、工作人员的录入误差等均可能使研究效度与真实效度不同。
11. 外生因素的影响：如果在职人员在评估工作绩效时在工作经历方面存在差异，那么研究效度将系统地低于真实效度。

虽然存在 10 种潜在的可校正的人为误差，我们并不打算同等程度地讨论。首先，抽样误差是非系统性的，并且对描述性文献综述会产生毁灭性的影响。因此，我们首先对抽样误差进行详细讨论。接着对系统性人为误差进行逐一讨论。在此，我们对各类系统性误差的讨论的篇幅会有所不同，但这并不意味着一些比另一些不重要。相反，这在数学上是一个冗余问题。大多数人为误差通过乘法分数来衰减真实相关性的效应。因此，这些人为误差都具有非常相似的数学结构。一旦我们详细地观察测量误差和范围变异，其他在数学上是相似的，因此可以更简单地加以处理。尽管如此，我们必须谨记，人为误差在一个领域中很少或者根本不起作用，但在另一个领域可能产生重大影响。例如，在有的研究领域里，因变量从来都不是二分的，因此根本不需要对人为误差进行校正。在员工离职研究领域，几乎每个研究的因变量都是被强制性划分为二分变量，这种二分法通常导致非常严重的划分偏差。因此，无论我们对人为误差的处理有多大的缺点，或不管它是否能够被校正，表 3-1 中所列出的任何一种人为误差都不能被忽视。

考虑抽样误差对研究相关性的影响。在单个研究中，抽样误差是一个随机因素。如果观察的相关性是 0.30，则未知的总体相关性高于或者低于 0.30。我们没有办法知道抽样误差并对其进行校正。尽管如此，在元分析层面上，可以对抽样误差进行估计和校正。首先考虑研究中平均相关性的操作。当我们对相关性进行平均时，我们也对抽样误差进行了平均。因此，平均相关性的误差是单个相关性抽样误差的均值。例如，如果我们对样本量为 2 000 的 30 项研究进行平均，那么平均相关性的抽样误差与我们计算的样本量 2 000 项的（单个研究）相关性大致相同。也就是说，如果总样本量很大，则平均相关性的抽样误差很小。不同研究间相关性方差则是另一回事。相关性方差是研究相关性与其均值的平均平方偏差。方差的平方剔除了抽样误差的符号，因此，对误差的剔除趋势用于在总和中剔除误差。相反，抽样误差导致的方差在整个研究中比我们想要知道的总体相关性方差大得多。然而，抽样误差对方差的影响是在方差中加入一个已知常数，即抽样误差方差。这个常数可以从观察方差中减去。这种差异是对总体相关性期望方差的估计。

为了从元分析中剔除抽样误差的影响，我们必须从观察的相关性分布中导出总体相关性的分布。也即是，我们想用总体相关性的均值和标准差来取代所观察的样本相关性的均值和标准差。由于抽样误差会因不同研究的平均相关性而抵消，因此，我们对平均总体相关性的最好估计可以简化为样本相关性均值。尽管如此，抽样误差增加了研究间的相关性的变异。因此，我们必须通过剔除抽样误差方差来校正观察方差。不同的是，这是对研究中总体相关性方差的估计。

一旦我们校正了研究中影响抽样误差的变异，就有可能看出研究结果是否有真实的变异。如果研究中存在大量的变异，那么可以寻找调节变量来进行解释。为了检验我们假设的调节变量，我们使用调节变量将研究分解为多个亚组，例如，我们可以把研究分为大公司和小公司。然后我们在每个亚组中分别进行元分析。如果我们发现亚组之间存在很大的差异，那么假设变量确实是一个调节变量。亚组的元分析也告诉我们，其残差的变异有多少是由抽样误差引起的，有多少是真实的。也即是，元分析告诉我们是否需要寻找第二个调节变量。

虽然在提出减少抽样误差影响的方法之后，在教学上对寻找调节变量是有益的，但是那种寻找调节变量的方法事实上还不够成熟。抽样误差仅仅是跨研究中人为变异的一种来源。在寻找调节变量之前，我们必须剔除其他变异来源。在大多数研究中，另外一个可以校正变异的来源是测量误差。例如，工作满意度可以用多种方法进行测量。因此，不同的研究通常使用不同的测量自变量或者测量因变量的方法。不同的量表在测量误差的影响程度上会有所不同。测量误差大小的差异产生了相关性大小的差异。由于测量误差的不同，不同研究间的相关性往往会因调节变量而不同。因此，只有当我们剔除测量误差的影响之后，我们才能从跨研究中得到一个稳定且趋于真实的研究结果。对于其他人为研究设计的处理同样如此。尽管如此，测量误差总是存在的，而其他人为误差，例如，二分法、范围限制有时存在、有时不存在。

除了抽样误差外，可校正的人为误差对研究相关性的影响是系统性的，而不是非系统性的。让我们讨论测量误差作为一个可校正的系统人为误差的例子。在个体层面，测量误差是一个随机事件。如果比尔（Bill）的观察分数是 75，那么他的真实分数可能大于 75 或小于 75，但是我们没有办法知道到底是哪一个。然而，当我们把所有人的分数联系起来时，测量误差的随机效应会对相关性产生系统性的影响。两个变量中的测量误差都会导致相关性低于理想的测量值。我们提出了一种衰减公式，用以表达任何给定的测量误差降低相关性的确切程度。同样的公式可以用代数方法求反函数，从而提供“衰减校正”的公式。也就是说，如果我们知道在每个变量中测量误差的大小，那么我们可以校正观察的相关性，以提供如果变量被完美测量时的相关性估值。

变量中测量误差的大小一般用信度进行测量。信度是介于 0 到 1 之间的一个数字，它测量所观察到的方差百分比，即真实方差。也就是说，如果自变量的信度是 0.80，那么 80% 的方差是由于真实分数的变异引起的。根据减法，剩余 20% 的方差是由测量误差的变异引起的。为了校正测量误差对相关性的影响，我们需要知道两个变量的测量误差。也就是说，为了校正衰减的相关性，我们需要知道这两个变量的信度。

元分析中的测量误差可以通过两种方法进行剔除：在单个研究的层次上或在多个研究的平均层次上。如果在每个研究中每个变量的信度都是已知的，那么可以对每个研究的相关性分别利用衰减的方法进行校正。然后，我们可以对校正后的相关性做元分析。这类元分析是本章讨论的重点。然而，许多研究并没有报告信度。因此，信度信息往往只是偶尔可以获得。在这种情况下，我们仍可以估计自变量和因变量的信度分布。鉴于观察的相关性分布，以及自变量与因变量的信度分布，为了剔除测量误差的影响，可以使用特殊的公式去校正元分析。基于这种人为误差分布的元分析是我们下一章要讨论的重点。

如果对每个单个相关性进行衰减校正，那么元分析公式将与未校正相关性的元分析公式略有不同。利用校正的相关性均值去估计真值之间的平均总体相关性。这反过来又估计实际构念之间的相关性（Schmidt, Le, Oh, 2013）。校正误差的观察方差可以通过抽样误差的方差减去一个常数来校正抽样误差。然而，校正相关性的抽样误差比未校正相关性的抽样误差更大。因此，必须使用不同的公式计算校正相关性抽样误差的方差。

在心理测量学理论中，研究最多的另一个可校正的人为误差（以人员甄选为例）是范围限制（虽然我们的公式也处理范围增强或范围变异的情况）。在许多情况下，自变量标准差在所有研究中大致相同（即与抽样误差相同，在标准差中会产生一些变异）。这种情况下，元分析不需要对范围变异进行校正。但是，如果每个研究的自变量的标准差相差较大，那么这些不同研究的相关性就会有相应的差异。这些研究间的差异看起来像是由调节变量产生的。因此，如果自变量的标准差在不同研究中有很大差异，那么只有在范围变异的影响被剔除的情况下稳定性的结果才会出现。为此，如果研究是在总体水平上进行的，并且考虑了自变量在参考水平上的方差，我们就可以计算这个相关性的值。

可以在单个研究层面对范围变异进行校正。如果我们知道研究中自变量的标准差，也知道参考总体的标准差，且研究总体的标准差等于参考总体的标准差，那么就可以使用范围校正公式估算相关性。如前一章所述，这些校正方法对于直接和间接范围变异是不同的。如果我们校正范围偏离的相关性，校正后的相关性的抽样误差不同于未校正相关性的抽样误差。因此，校正相关性的元分析必须使用不同的抽样误差方差公式。

在理想的研究综述中，每个研究都会有关于人为误差的完整信息。对每个研究来说，我们既知道范围偏离的程度，也了解这两个变量的信度。然后，我们可以校正每个相关性的范围偏离和测量误差。因此，我们能够对完全校正后的相关性做元分析。

对其他可校正人为误差的讨论将在后面论述，这取决于何时需要使用数学工具。此时跳过这些人为误差并不意味着它们不重要。例如，在离职研究中，二分法甚至比测量误差对研究相关性的衰减产生更大影响。

本章剩余部分主要分为四个部分。第一，我们仅仅给出一个只对抽样误差进行校正的元分析方案。第二，我们提供了测量误差和范围偏离的详细处理方案，既包括单个研究的校正，也包括校正对抽样误差的影响。第三，我们描述了一个可校正人为误差的更简略处理方案。第四，我们提出了校正单个相关性的元分析，也就是，当每个研究的人为误差都有完整信息时的一种元分析。已发表此类研究的范例包括：Carlson，Scullen，Schmidt，Rothstein，Erwin（1999）；Judge，Thorensen，Bono，Patton（2001）；Rothstein，Schmidt，Erwin，Owens，Sparks（1990）。

目前，我们还不知道有哪个研究领域的信息可以用来校正表 3-1 中列出的每个可校正的人为误差。许多元分析方法（如 Glass，et al.，1981）甚至都没有对抽样误差进行校正；它们视表面价值为每个研究的结果；其他方法处理抽样误差但没有校正测量误差或范围变异（见第 11 章的讨论）。在人员甄选研究中，校正通常只用于抽样误差、测量误差和范围限制。目前，大多数人员甄选的元分析文献没有对二分法和不完美的构念效度进行校正。此外，在未来几年里，可能会有更多可校正的人为误差被定义和量化。即使所有可校正的人为误差被校正，还是有报告误差和其他误差数据。

重要的是要记住，即使是完全校正的元分析也不能校正所有人为误差。即使在校正后，对研究中剩余的变异也应该持怀疑态度（见第 2 章和第 5 章）。微小的残差可能是由于未校正的人为误差引起，而不是由调节变量产生。

3.2 基本元分析：仅校正抽样误差

我们现在将详细讨论抽样误差。为了方便讨论，我们将忽略其他人为误差。由此而产生的陈述意味着研究总体相关性是摒弃其他人为误差。在后面部分，我们将讨论抽样误差和其他人为误差的关系。本节还介绍了元分析的数学问题，其中抽样误差是唯一被校正的人为误差。有些人不相信还有其他人为误差的存在。也有人认为，如果初始研究中存在人为误差，那么这些相同的人为误差应该反映在元分析中。他们认为元分析的目的只是描述观察的结果，而不应该校正研究设计中已知的问题（见第 11 章）。然而，大多数科学家认为，累积性的研究目的是产生比孤立的研究更好的答案（Rubin，1990）。从这个角度来看，元分析的目的就是对进行得很完美的研究进行估计，也就是，估计构念层次之间的关系（见第 1 章、第 11 章和第 14 章）。考虑到这一点，如果一个元分析没有尽可能地对人为误差进行校正就不是一个完整的元分析。我们坚信这一点。如果元分析只对抽样误差进行校正，这是回避现实：那这只能成为这样一种假象，即如果我们忽视其他人为误差，它们对研究结果的影响就会消失。

抽样误差估计

最好的平均相关性估值不是简单均值而是加权均值。其中每个相关性都由研究数量（或其他科目）的权重来衡量。因此，总体相关性的估计是：

$$\bar{r}=\frac{\sum(N_i r_i)}{\sum N_i} \tag{3-1}$$

其中，r_i 是研究 i 的相关性，N_i 是研究 i 的数量。研究中的相应方差不是通常的样本方差，而是频率 – 加权均方误差：

$$s_r^2=\frac{\sum\left[N_i(r_i-\bar{r})^2\right]}{\sum N} \tag{3-2}$$

对于这个程序，经常会被问到这样两个问题。第一，加权平均总是比简单平均好吗？Hunter 和 Schmidt（1987a）对此进行了详细的讨论。他们的分析表明，和 Bonett（2008，2009）的结论不同，未加权平均分析较好的情况非常罕见（见第 9 章中加权研究的讨论）。第二，为什么我们不将相关性转化为 Fisher *z* 形式进行累积分析呢？答案是，Fisher *z* 转换产生的平均相关性估计有向上偏差的倾向，准确度还不如不转换的相关性（见第 2 章和第 5 章的讨论，同时见：Hall，Brannick, 2002；Hunter，et al.，1996；Schmidt，Oh，Hayes，2009；Schulze，2004，2007）。

频率 – 加权平均往往赋予大样本研究比小样本研究更大的权重。如果研究的总体相关性没有差异，那么加权总是能提高准确度。如果总体相关性的方差很小，那么加权平均也总是更好的。如果各研究之间的总体相关性的方差很大，那么只要样本量与总体相关性的大小不相关，加权平均也将是最优的。当然，也存在利用加权平均来解决比较棘手的例子。例如，在一个元分析中，我们发现了 13 项生物数据在预测工作成功方面的效度。其中一项研究是一个由样本量为 15 000 的保险财团进行的。其他 12 项研究的样本量为 500 或更少。加权平均方法将赋予单个保险公司样本研究的权重超过其他任何研究的 30 倍。假定该保险公司的研究在某种程度上是偏离的。这项有偏的研究对元分析结果的影响很大。在这种情况下，我们推荐两个解决办法：采用大样本分析与将大样本剔除。如果这两种分析结果存在显著差异，我们也不知道该怎么处理（在我的例子中，他们并没有出现）(见第 5 章和第 8 章中关于固定效应和随机效应元分析模型的相关讨论以及第 9 章中随机模型和固定模型的加权研究方法)。

众所周知，任何变量的方差可以通过 N 或 $N-1$ 的分母进行计算。式（3-2）中的公式对应于分母中 N 的使用。在分母中使用 N 的优点是，它导致对统计效率意义上的方差进行更准确的估计。当使用 N 时，均方误差较低，这是元分析考虑的一个重要因素。这意味着，估计值与总体值的均方偏离较小。这个值的平方根是均方根误差，即估计过程准确度的量度。使用 $N-1$ 代替 N 会导致偏差略有降低，但代价是整体准确性降低。

校正抽样误差方差和示例

考虑一个研究问题的相似研究之间的相关性变异。所观察到的方差 S_r^2 会受到下面两个因素的影响：总体相关性的方差（如果存在）和通过抽样误差产生的样本相关性变异。因此，对总体相关方差的估计只能通过校正抽样误差的观测方差 S_r^2 得到。下面的数学公式表明，研究中的抽样误差就像测量误差一样，所得公式与经典测量理论中的标准公式相当（类似于信度理论）。

我们首先来处理每个独立研究中的抽样误差。在一项独立研究中，相关性是基于某个样本：总体人数的特定样本是在特定时间的特定地点，在每个人头脑中由随机过程产生的样本，并在测量反应或主管评价中产生测量误差，以及由人和情境参数随着时间共同产生的变异样本。这在统计学中有所体现：注意观察到的相关性是来自相关性分布的样本，如果研究被复现多次（随机因素除外），则可以观察到该样本。这些复现在某种意义上只是一种假设，而真实的研究通常只包含一个样本。不管怎样，复现不是假设，因为它们不代表真实的变异。对统计抽样误差理论进行的数千次实际试验，都验证了这一理论。到目前为止，单个独立研究的抽样误差是不能观察的。

对于任何研究，都有一个总体相关性 ρ（通常是未知的）与研究相关性 r 进行比较。它们之间的差异就是抽样误差，我们将用 e 来表示。也就是，我们用下面的公式来定义抽样误差 e：

$$e=r-\rho$$

或

$$r=\rho+e$$

虽然抽样误差是随机变化的，但是所观察的相关性分布（通常假设）都是围绕着总体相关性 ρ 而发生变化的。如果我们忽略了相关系数中的小偏差（或者我们后面再讨论如何校正它），那么平均抽样误差将是 0，抽样误差的标准差将取决于样本量。一个特定的相关性的抽样误差永远不会改变（尤其是跑出的结果在统计显著性检验时，是不会改变的）。如果研究可以复现，那么就能减少抽样误差。由于平均误差为 0，复现的相关性被平均化，并且加总的平均相关性比单个相关性更接近于总体相关性。平均相关性的抽样误差是单个抽样误差的均值，因此比经典的单个抽样误差更接近于 0。与基于较大样本量的相关性相似，平均相关性的抽样误差更小。因此，通过复现研究有可能解决抽样误差问题。

虽然在大多数单个研究中进行复现是不可能的，但是复现确实发生在不同的研究中。考虑一个特例：在某个研究领域的元分析中，总体相关性没有发生变异，所有研究的样本量都相同。该例子在数学上等同于复现研究的假设。特别是，所有研究的平均相关性会大大减少抽样误差。该例中，在所有研究总体相关性不同的情况下，复现变得更加复杂，但原理是相同的。复现抽样误差的研究使我们能够使用平均化去减少抽样误差的影响。如果研究数量足够大，则可以剔除抽样误差的影响。

通常，抽样误差有多大？由于抽样误差均值为 0，平均抽样误差不能测量抽样误差的大小。也就是，负误差 −0.10 和正误差 0.10 一样糟糕，所以误差的绝对值才是重要的。为了在没有代数符号的情况下评估误差的大小，常用的统计方法是对误差进行平方。均方差就是方差，它的平方根是误差的标准差。抽样误差的标准差很好地反映了误差大小。然后，我们考虑一下独立研究。在二元正态分布情况下，抽样误差的标准差是：

$$\sigma_e=(1-\rho^2)/\sqrt{(N-1)}$$

其中，N 是样本量。从技术上来说，在本书中我们使用这个公式无异于假设所有的研究都是在自变量和因变量处于正态分布情况下进行的，但统计学文献发现，这个公式即使在面对偏离正态性时也相当稳健。然而，在范围限制条件下，该公式在一定程度上低估了抽样误差方差。也就是说，实际抽样方差大于公式所预测的值，导致了抽样方差校正不足。使用计算机模拟，Millsap（1989）在直接范围限制中、Aguinis 和 Whitehead（1997）在间接范围限制中都表明了上述情况。这意味着抽样误差方差校正不足，特别是在效度概化研究中，会导致 SD_ρ 的高估。这可能造成了存在调节变量的假象。然而，在没有范围限制的研究领域中，这个问题不会发生。

复现研究的平均化对抽样误差方差的影响是巨大的。如果每次复现的样本量为 N，研究

的次数为 K，则 K 个相关性的平均抽样误差方差就是平均误差 e 的方差：

$$\text{Var}(\bar{e})=\text{Var}(e)/K \tag{3-3}$$

换句话说，平均化 K 个研究的影响是将抽样误差方差由 K 进行分割。由于在 K 个研究中，总样本量是单个研究样本量的 K 倍，这意味着，通过 K 来增加样本量实质就是通过 K 来减少抽样误差方差。这与增加单个研究样本量的规则完全相同。因此，复现研究与使用大样本研究一样，都能减少抽样误差。

实际上，增加样本量的效果不如前一个公式所显示的那么令人印象深刻。不幸的是，这不是计算方差，而是计算标准偏差（标准误）。平均标准误仅由研究数量的平方根计算得来。因此，为了将标准误减半，我们必须平均进行 4 项研究，而不是两项研究。这对于判断元分析中缺失研究的数量很重要。例如，如果一个研究者随机错过了 100 个潜在研究中的 10 个，抽样误差方差将增加 10%，但抽样误差的标准误仅仅增加 5%。因此，随机地忽略一些研究，通常没有想象中的那样会大大降低元分析的准确性。

现在，我们来谈谈对不同研究的相关性进行元分析的问题。元分析在减少抽样误差问题上的功效在于抽样误差在多个研究中得以复现。元分析的最终统计误差取决于两个因素：一个是单个研究的平均样本量；另一个是元分析中研究的个数。对于平均相关性，正是总样本量决定了元分析中的误差。对于相关性的方差估计，计算比较复杂，但原理类似。

用下标 i 表示研究的数量。然后，用误差变量 e_i 表示样本 i 中样本相关性的抽样误差，也就是，我们通过下式定义 e_i：

$$r_i=\rho_i+e_i$$

假设复现中的误差均值为 0。研究中的平均误差是：

$$E(e_i)=0$$

假设任何一个复现研究的方差用如下方式表达：

$$\sigma_{e_i}^2=\frac{(1-\rho_i^2)^2}{N_i-1} \tag{3-4}$$

在进行研究时，这种假设和未观察到的变异成为真实的和潜在可观察的变异。这类似于从人或分数的分布中观察人或分数样本的情况。它不同于统计学中的通常情况，因为抽样误差方差随研究的不同而不同。尽管如此，关键的是抽样误差方差在研究中变得清晰可见。这个公式是：

$$r_i=\rho_i+e_i$$

与测量误差理论中的真实分数相似，误差分数公式可以表示为：

$$X_p=T_p+e_p$$

其中 X_p 和 T_p 分别是单个 p 的观察分数和真实分数。特别是，抽样误差［有正负符号之分的抽样误差（signed sampling error），而不是抽样误差方差］与研究中的总体值无关（如：Hedges，1989；Schmidt，Hunter，Raju，1988）。因此，在计算不同研究的方差时，样本相关性的方差等于总体相关性的方差和抽样误差方差之和。即是：

$$\sigma_r^2 = \sigma_\rho^2 + \sigma_e^2$$

这个公式的含义是，观察的相关性方差大于总体相关性方差，通常会大得多。之所以更大是因为，抽样误差的平方总是正值，平均时并不抵消。因此，观察到的相关性均方差系统地大于总体相关性的均方差，因为抽样误差对均方差有系统的正向影响。

公式 $\sigma_r^2 = \sigma_\rho^2 + \sigma_e^2$ 有三个方差。如果已知其中两个方差。则可以计算第三个方差。特别是，如果已知抽样误差方差，那么所需的总体相关性方差将是（Cook，et al.，1992）：

$$\sigma_\rho^2 = \sigma_r^2 - \sigma_e^2$$

在这三个方差中，仅仅观察到的相关性方差是采用常规的方差计算方法估计的，即给定数目的均方差。如果我们知道抽样误差方差的值，那么我们就不能将其作为常规方差来进行计算。事实上，抽样误差方差不是凭经验确定的，而是由公式确定的。研究间的抽样误差方差是研究内抽样误差方差的均值。如果研究相关性用样本量 N_i 加权，则研究间的误差方差为：

$$\sigma_e^2 = Ave\sigma_{e_i}^2 = \frac{\sum(N_i\sigma_{e_i}^2)}{\sum N_i} = \frac{\sum[N_i(1-\rho_i^2)^2/(N_i-1)]}{\sum N_i} \tag{3-5}$$

此公式在我们基于 Windows 开发的元分析计算机程序包中使用（见附录的描述获取说明）。然而，Law、Schmidt、Hunter（1994b）以及 Hunter、Schmidt（1994）通过计算机模拟显示，如果使用 $\bar{r}$ 估计 ρ_i 值，这个公式更准确。也就是，在计算每个单独研究的抽样误差方差时，用 $\bar{r}$ 代替 r_i。此校正用于我们的计算机程序当中（见第 5 章的进一步介绍）。

近似公式可用于手工计算的元分析。在式（3-5）中，分数 N_i /（N_i − 1）接近于 1。如果我们把这个分数当作 1，我们用近似值 $(\rho^2) \approx (\rho$ 均值$)^2$，然后我们将得到几乎完美的近似值：

$$\sigma_e^2 = \frac{(1-\bar{r}^2)^2 K}{T} \tag{3-6}$$

其中，K 是研究数量，$T = \sum N_i$ 是整个样本量。因此，对应的总体相关性方差的估计是：

$$\text{est}\sigma_\rho^2 = \sigma_r^2 - \sigma_e^2 = \sigma_r^2 - \frac{(1-\bar{r}^2)^2 K}{T}$$

还有一个更好的估计抽样误差方差的办法。考虑特殊情况下，所有研究都有相同的样本量 N。比例 $N_i/(N_i-1)$ 简化为常数 $N/(N-1)$，然后我们有：

$$\sigma_e^2 = Ave(1-\rho_i^2)^2/(N-1)$$

如果我们用所有研究的平均相关性来估计 ρ_i（Hunter，Schmidt，1994；Law，et al.，1994b），得到近似值：

$$\sigma_e^2 = (1-\bar{r}^2)^2/(N-1) \tag{3-7}$$

该公式与单个研究的抽样误差公式完全类似：

$$\sigma_e^2=(1-\rho^2)^2/(N-1)$$

再次考虑样本量随研究不同而不同的典型情况。平均样本量用 $\bar{N}$ 表示，则：

$$\bar{N}=T/K$$

我们的第一个近似值可以写成：

$$\sigma_e^2=(1-\bar{r}^2)^2/N$$

第二个改进的近似值可以写成：

$$\sigma_e^2=(1-\bar{r}^2)^2/(\bar{N}-1)$$

当总体相关性相同时，第二个近似值是准确的（Hunter，Schmidt，1994），并且当总体相关性分析有变异时，它是最优的（Law，et al.，1994b）。对应总体相关性方差的估计是：

$$\sigma_\rho^2=\sigma_r^2-\sigma_e^2=\sigma_r^2-(1-\bar{r}^2)^2/(\bar{N}-1)$$

该等式允许假设 σ_ρ^2=0 进行实证检验。

示例：社会经济地位和警察绩效

Bouchard（1776，1860，1914，1941）假设教养的不同会在对他人权利的反应上产生差异。他的理论是，由于下层阶级的父母通过殴打孩子而使他们服从，而中产阶级的父母用失去爱来威胁孩子，下层阶级的孩子成年之后，他们更有可能利用暴行来获得他人的服从。他通过调查警察的社会经济地位与警察的暴行之间的关系来检验他的理论。他是以社会经济地位的 6 个阶层为自变量进行测量，范围从 1 = 上上层阶级，到 6 = 下下层阶级。暴行测量标准是投诉人数除以工作年限，表 3-2 中只考虑了巡警的相关性。元分析数据如下：

$$\bar{r}=\frac{100(0.34)+100(0.16)+50(0.12)+50(0.38)}{100+100+50+50}=\frac{75}{300}=0.25$$

$$\sigma_r^2=\frac{100\times(0.34-0.25)^2+100\times(0.16-0.25)^2+50\times(0.12-0.25)^2+50\times(0.38-0.25)^2}{100+100+50+50}$$
$$=\frac{3.31}{300}=0.011\ 033$$

平均样本量是：

$$\bar{N}=\frac{T}{K}=\frac{300}{4}=75$$

因此抽样误差方差估计值是：

$$\sigma_e^2=(1-\bar{r}^2)^2/(N-1)=(1-0.25^2)^2/74=0.011\ 877$$

总体相关性的方差估计值是：

$$\sigma_\rho^2=\sigma_r^2-\sigma_e^2=\sigma_r^2-(1-\bar{r}^2)^2/(\bar{N}-1)=0.011\ 033-0.011\ 877=-0.000\ 844$$

因为被估计的方差是负的，因此被估计的标准差是 0：

$$\sigma_\rho = 0$$

有些读者对这个例子表示困惑。他们问：方差怎么可能是负值，即使仅仅是 −0.000 8？答案就是，总体相关性方差的估计不是作为常规方差计算，即均方差。相反，它计算的是给定的观察相关性方差和给定的抽样误差方差之间的差异。虽然在给定的抽样误差方差中几乎没有误差，但是观察相关性的方差是一个样本估计值。除非研究的数量是无限的，否则在经验估计中存在抽样误差。如果总体差异是 0，那么误差将导致估计的差异为正或负的概率各为一半。因此，在我们的例子中，抽样误差导致观察相关性的方差与期望值略有不同，而误差导致估计差异为负。这里没有逻辑上的矛盾。在方差分析和 Cronbach 的概化理论中，使用期望均方公式对方差分子进行估计，也因为类似原因产生了负面观察估计值。这样的估值总被认为是 0。Thompson（1962）详细讨论了统计中负的方差估计的问题。这个问题在第 9 章得到进一步处理，即二阶抽样误差和二阶元分析。

表 3-2 社会经济地位和警察暴行之间的相关性（美国）

地点	日期	样本量	相关性
费城	1776	100	0.34*
弗吉尼亚州里士满	1861	100	0.16
华盛顿特区	1914	50	0.12
珍珠港	1941	50	0.38*

* 表示在 0.05 水平上显著。

考虑结果的实际意义。Bouchard 声称，他的研究因城市而异。他的解释是，华盛顿特区和里士满都是南方城市，南方的好客如此之强，减少了下层阶级野蛮的发生，因此减少了这些城市之间的相关性。然而，我们的分析表明，他的结果中的所有变异都是抽样误差引起的，而且相关性一直是 0.25。

利用抽样误差解释观察的 *r*s 的所有方差并不意味着平均的 *r*（0.25）没有误差估计。*r* 均值为 0.25 的置信区间是多少？所观察的 *r*s 的标准差为 0.105 01。所观察方差的平方根，即 0.011 033，k=4= 研究个数。*r* 均值的标准误（*SE*）$=SD_r/\sqrt{k}$=0.105 01/2=0.052 5。置信区间的下限是：0.25−1.96 × 0.052 5=0.14。CI 的上限是：0.25+1.96 × 0.052 5=0.35。因此得到置信区间是：

$$0.14 < 0.25 < 0.35$$

置信区间及其计算程序在第 5 章有详细讨论。读者也会发现关于置信区间和可信区间之间差异的讨论。附录中介绍的计算程序提供了两种区间的计算结果。

通过数据分组和一个研究示例分析调节变量

调节变量是导致两个其他变量之间产生相关性差异的变量。例如，在之前的警察暴行研究中，Bouchard 假设地理区域（北 – 南）将是社会经济地位和暴行之间关系的调节变量。如果研究结果存在真实的变异，那么必须有这样一个（或可能不止一个）调节变量来解释这种变异。另一方面，如果分析表明结果的变异是抽样误差导致的，那么任何明显的调节效应都是抽样误差引起的。这就是 Bouchard 的研究所要说明的。

若校正后的标准差表明不同研究之间的总体相关性存在显著差异，则可以使用从理论或假设中得出的调节变量将观察到的相关性进行分组。在每个亚组中，我们可以计算均值、方差和校正的抽样误差的方差。满足下面两个条件表明存在调节变量：①亚组与亚组之间的相关性是不同的；②校正的方差在亚组中的均值要低于整个数据方差的均值。这两个方面在数学上是相互依存的。根据方差分析的原理，我们知道总方差是亚组方差的均值与亚组均值的方差之和。因此，未校正的亚组内方差的均值必须精确地减小到亚组均值彼此不同的程度。这意味着，如果亚组之间的平均相关性不同，那么亚组的平均标准差必须小于组合数据中的标准差。

示例：特兰西瓦尼亚的警察暴行

为了证明欧洲休假的合理性，Hackman（1978）认为，Bouchard 关于警察暴行的研究需要一个跨文化的复现。所以，他收集了特兰西瓦尼亚 4 个城市的数据，仔细地复现 Bouchard 关于社会经济地位与暴行的测量。他的数据和 Bouchard 的数据一起呈现于表 3-3 中。

表 3-3　社会经济地位和警察暴行之间的相关性（美国和特兰西瓦尼亚）

研究者	地点	样本量	相关性
Bouchard	费城	100	0.34*
Bouchard	弗吉尼亚州里士满	100	0.16
Bouchard	华盛顿特区	50	0.12
Bouchard	珍珠港	50	0.38*
Hackman	布拉索夫	100	0.19
Hackman	特尔古－奥克纳	100	0.01
Hackman	胡内多阿拉	50	−0.03
Hackman	卢佩尼	50	0.23

* 表示在 0.05 水平上显著。

整体分析

$$\bar{r}=\frac{100\times 0.34+\cdots+100\times 0.19+\cdots+50\times 0.23}{100+\cdots+100+\cdots+50}=105/600=0.175$$

$$\sigma_r^2=\frac{100\times(0.34-0.175)^2+\cdots+50\times(0.23-0.175)^2}{100+\cdots+50}=9.995/600=0.016\,658$$

$$N=T/K=600/8=75$$

$$\sigma_e^2=(1-0.175^2)^2/74=0.012\,698$$

$$\sigma_\rho^2=0.016\,658-0.012\,698=0.003\,96$$

$$\sigma_\rho=0.063$$

抽样误差方差所占的百分比为 0.012 698/0.016 658=76%。0.76 的平方根为 0.87，这是抽样误差与观察到的 r 值之间的相关性。校正的标准差 0.063 可以与均值 0.175 比较：0.175/0.063=2.78。也就是，平均相关性接近于在 0 以上的 2.8 倍标准差。因此，如果研究总体相关性服从正态分布，零或低于零的相关性概率几乎为零。所以这种关系是显而易见的，即所有研究中的总体相关性都是正的。

然而，相对于均值而言，在数量上方差并不是微不足道的。这暗示着需要寻找调节变量。

调节变量的分析见表 3-4：

表 3-4 调节变量的分析

美国	特兰西瓦尼亚
$\bar{r}=0.25$	$\bar{r}=0.10$
$\sigma_r^2=0.011\,033$	$\sigma_r^2=0.011\,033$
$\sigma_e^2=0.011\,877$	$\sigma_e^2=0.013\,245$
$\sigma_\rho^2=-0.000\,844$	$\sigma_\rho^2=-0.002\,212$
$\sigma_\rho=0$	$\sigma_\rho=0$

在两组分析中，抽样误差占方差的比例为 1。1 的平方根是 1，这是每组抽样误差和观察到的 r 值之间的相关性。亚组分析表明：在美国（$\bar{r}$=0.25）和在特兰西瓦尼亚（$\bar{r}$=0.10）的平均相关性之间存在显著差异。校正后的标准差表明：这两个国家在结果上没有差异。

在这种情况下，只有一个调节变量。当存在多个调节变量时，它们可能是相关的，因此，如果它们进行系列检验将会产生混乱。为了逃避这种混乱，面临这些情况时，需要进行多层次调节效应分析（见第 9 章）。

Hackman 解释了这两个国家之间的差异，他指出，美国的吸血鬼（比喻实施暴行的警察）过着安静、满足的生活，为红十字会工作，而特兰西瓦尼亚的吸血鬼仍必须通过追踪并杀死活着的受害者来获得血液。特兰西瓦尼亚的吸血鬼憎恨自己卑微的生活地位，把精力集中在他们羡慕的地位高的人身上。晚上工作的中产阶级警察特别容易受到伤害。因此，特兰西瓦尼亚的警察之间的社会阶层差异较小，这种范围上的限制降低了二者之间的相关性。根据这一假设，范围限制的校正将使两个平均相关性相等（0.25）。在本章后面，我们将研究可以用来检验这个假设的范围校正措施。

在一次美国管理学术会议上的激烈交锋之后，Bouchard 言辞激烈，并向 Hackman 表明，美国吸血鬼仍然很可恶。Bouchard 接着指出，结果的差异反映了一个现实，即他的研究是在该国即将开战的时候进行的。这种侵略性刺激增加了暴行程度的总水平和方差，从而提高了测量信度，以及相关性的水平。根据这一假设，对暴行测量中测量误差的校正将揭示两个平均相关性在真实分数上是相等的。该假设可以用本章后面讨论的测量误差校正方法来进行检验。这个基本元分析的例子给出了它是一个不完整元分析的原因。如果没有考虑测量误差或范围限制，则结论必然是不可靠的。

抽样误差的校正特征相关性和一个研究示例

假设某些研究特征用定量变量 y 进行编码，那么，该特征可以与跨研究的结果统计相关联。例如，假设依赖性和学业成绩之间的相关性随着孩子年龄而变化，那么我们可以把研究 i 中的平均年龄编码为 y_i。然后，我们可以将儿童年龄与相关性大小联系起来。Schwab、Olian-Gottlieb 和 Heneman（1979）给出了这样的一个例子。然而，跨研究的这种相关性混淆了总体值 y 的相关性和抽样误差 y 的非相关性。这类似于测量误差在降低有缺陷的测量变量相关性方面的作用（Cook，et al.，1992，第 8 章：325-326）。因此，研究中观察到的相关性将小于没有抽样误差的相关性。

为了避免混淆研究对象之间的相关性（基本统计量 r）与研究特征之间的相关性，研究相关性将用“Cor”来表示。例如，研究间的相关系数 r 与研究特征 y 之间的相关性将被表示为 Cor（r，y）。这是研究间观察到的相关性，但对于期望的相关性，即总体相关性则用 ρ_i 表示。期望的相关性是 Cor（ρ，y）。从公式 $r_i=\rho_i+e_i$ 开始，我们在研究中计算协方差，并利用协方差的可加性原理得出：

$$\sigma_{ry}=\sigma_{\rho y}+\sigma_{ey}=\sigma_{\rho y}+0=\sigma_{\rho y}$$

如果研究中的协方差除以标准差，那么我们就有了：

$$\begin{aligned}\text{Cor}(r,\ y)&=\frac{\sigma_{ry}}{\sigma_r\sigma_y}=\frac{\sigma_{\rho y}}{\sigma_r\sigma_y}\\&=\frac{\sigma_{\rho y}}{\sigma_\rho\sigma_y}\frac{\sigma_\rho}{\sigma_r}\\&=\text{Cor}(\rho,\ y)\frac{\sigma_\rho}{\sigma_r}\end{aligned}$$

尽管如此，r_i 与 ρ_i 的协方差是：

$$\sigma_{r\rho}=\sigma_{\rho\rho}+\sigma_{e\rho}=\sigma_{\rho\rho}+0=\sigma_\rho^2$$

因此，研究中的相关性是：

$$\text{Cor}(r,\rho)=\frac{\sigma_{r\rho}}{\sigma_r\sigma_\rho}=\frac{\sigma_\rho^2}{\sigma_r\sigma_\rho}=\frac{\sigma_\rho}{\sigma_r} \qquad (3\text{-}8)$$

因此，研究中观察到的相关性是另外两种相关性的乘积，即期望的相关性和类似于信度相关性（reliability-like correlation）的乘积：

$$\text{Cor}(r,\ y)=\text{Cor}(\rho,\ y)\text{Cor}(r,\ \rho)$$

那么期望的相关性就是这个比率：

$$\text{Cor}(\rho,\ y)=\frac{\text{Cor}(r,\ y)}{\text{Cor}(r,\ \rho)} \qquad (3\text{-}9)$$

如果仅在一个变量中存在测量误差，则该公式精确地用于校正由于测量误差引起的衰减。跨研究的 r 和 ρ 之间的相关性是什么？r 的方差估计用 S_r^2 表示。我们仅需要 ρ 的方差，这在本章的前一节已经进行了估计。因此，衰减公式中所需的“信度”是由下式给出：

$$\begin{aligned}\text{信度}\,r&=[\text{Cor}(r,\rho)]^2\\&=\frac{\sigma_\rho^2}{\sigma_r^2}=\frac{\sigma_r^2-(1-\bar{r}^2)^2/(\bar{N}-1)}{\sigma_r^2}\end{aligned} \qquad (3\text{-}10)$$

因此：

$$\text{Cor}(\rho,\ y)=\frac{\text{Cor}(r,\ y)}{\left\{[\sigma_r^2-(1-\bar{r}^2)^2/(\bar{N}-1)]/\sigma_r^2\right\}^{1/2}} \qquad (3\text{-}11)$$

示例：城市 T 的就业服务

城市 T 就业服务部门的官员多年来一直使用认知能力测试来引导人们从事各种工作。虽然他们这些工作分配依赖于内容效度，但他们也收集了效度数据来检验其内容效度系统。在内容效度系统中，测试开发分析师根据每一个职业需要的认知能力程度对其进行评级，从“1 = 低”到“3 = 高”。为了对内容效度连续体的整个范围进行分层，他们在精选的 6 个职业上使用同时效度进行研究。这些数据如表 3-5 所示。分析如下：

$$\bar{r}=0.30$$

$$\sigma_r^2=0.048\,333$$

$$\bar{N}=T/K=600/6=100$$

$$\sigma_e^2=0.008\,365$$

$$\sigma_\rho^2=0.048\,333-0.008\,365=0.039\,968$$

$$\sigma_\rho=0.20$$

$$\text{Rel}(r)=\sigma_\rho^2/\sigma_r^2=0.040\,0/0.048\,3=0.83$$

抽样误差引起的方差百分比仅为 17%。抽样误差与观察到的 r 值之间的相关性是 0.17 的平方根，即 0.41。这是一个相对较低的值。感兴趣的读者可以去计算观察到的 r 在 0.30 左右时的 CI 值（参照表 3-2 中的例子，以计算该 CI）。

令 y_i 为职业的认知评级，那么：

$$\text{Cor}(r,\ y)=0.72$$

$$\text{Cor}(\rho,\ y)=\frac{0.72}{\sqrt{0.83}}=0.79$$

这项研究发现，即使在校正抽样误差后，效度也有很大的变异。评估与观察到的相关系数之间的相关性为 0.72，校正抽样误差后上升到 0.79。在这个例子中，只有 17% 相关性方差是人为误差引起的，由此研究相关性信度是 0.83（即 1−0.17）。通常，信度要低得多，而校正幅度要大得多。例如，如果方差的 70% 是人为误差导致的，那么信度仅仅是 1−0.70=0.30。校正因子是 $1/(0.30)^{1/2}=1.83$。

表 3-5　城市 T 就业服务测试效度

职业	认知等级	效度（相关性）	样本量
寺庙方丈	3	0.45*	100
县长	3	0.55*	100
僧侣	2	0.05	100
农民	2	0.55*	100
强盗	1	0.10	100
牦牛片收集者	1	0.10	100

* 表示在 0.05 水平上显著。

在这个例子中，我们只校正了因变量的不可靠性（效度相关性）。然而，正如 Orwin 和 Cordray（1985）指出的那样，在所有研究中，自变量也包含测量误差，所以我们也应该对工作认知要求评级的不可靠性进行校正。假定在这种特殊情况下，这些评级的信度被认为是 0.75，那么评分和测试效度之间的真实相关性将是：

$$\text{Cor}(\rho,\ y_t)=\frac{0.72}{\sqrt{0.83(0.75)}}=0.91$$

所以很明显，在这样的实际分析中，校正两种测量误差是非常重要的（Cook，et al.，1992，第 7 章；MacMahon，et al.，1990；Orwin，Cordray，1985）。否则，构念层次的关系将被低估。

回顾第 2 章中关于抽样误差对相关研究特征及效应量影响的讨论。这种危险不会出现在本例中，因为只有一个调节变量被检验，而且调节变量是先验的。然而，如果检验多个研究特征，并且没有进行先验假设，这将是非常危险的。注意，从标准化的认知需求评级来看，0.91 是预测标准分数 r 值（rs 是 z 分数形式）的标准化回归权重。因此，这是一个元回归的例子。元回归（通常是非标准化的测量）是目前广泛应用的元分析。元回归的优点和缺点将在第 9 章中讨论。

3.3　除抽样误差以外的人为误差

测量误差及衰减效应校正

在科学研究中，变量的测量从来就没有完美的。实际上，有时变量的测量非常粗糙。自 19 世纪 90 年代以来，我们就已经知道测量误差会降低相关系数。也就是说，和变量本身的相关性相比，测量误差系统地降低了与变量本身的相关性。这种系统误差被抽样误差的非系统性失真所夸大。在这一部分中，我们综述了测量误差理论，并推导出衰减效应校正的经典公式。测量误差在系统性人为误差中具有特殊的地位：它是每项元分析、每个研究中都存在的唯一的系统性人为误差。

然后我们将讨论测量误差对抽样误差和置信区间的影响。特别是，我们将推导分别校正的相关性的置信区间。在此基础上，我们会考虑测量误差的影响，因为它在不同研究间是不同的。

让我们用 T 来表示所观察到的自变量的真实分数，因此我们就能完美地测量它。然后我们有：

$$x=T+E_1$$

其中，E_1 是自变量的测量误差。让我们用 U 表示因变量所观察的真实分数，这样我们就能够完美地测量它。然后我们有：

$$y=U+E_2$$

其中，E_2 是因变量的测量误差。让我们用传统的符号分别表示信度 r_{xx} 和 r_{yy}。然后我们有：

$$r_{xx}=\rho_x^2T$$

$$r_{yy}=\rho_y^2 U$$

理想的相关性是完美测量变量之间的总体相关性，即 ρ_{TU}，但观察到的相关性是抽样与被观察分数之间的相关性，即 r_{xy}。彼此之间的联系有两步：其一是，测量误差对总体相关性的系统衰减；其二是，通过抽样误差所产生的非系统性方差（变异）。

系统性衰减可以通过考虑从 x 到 T、到 U、到 y 的因果路径来计算。根据路径分析规则，ρ_{xy} 是从 x 到 y 的三条路径的结果：

$$\begin{aligned}\rho_{xy}&=\rho_{xT}\rho_{TU}\rho_{Uy}=\rho_{xT}\rho_{yU}\rho_{TU}\\&=\sqrt{r_{xx}}\sqrt{r_{yy}}\rho_{TU}\end{aligned}$$

在总体相关性层次上，产生了以下经典的衰减校正公式：

$$\rho_{TU}=\frac{\rho_{xy}}{\sqrt{r_{xx}}\sqrt{r_{yy}}} \tag{3-12}$$

在被观察的相关性层次上，我们有：

$$r_{xy}=\rho_{xy}+e$$

r_{xy} 的抽样误差 e 与前面一样，因此：

$$\sigma_r^2=\sigma_\rho^2+\sigma_e^2$$

这里的抽样误差方差由先前的部分公式给出。

如果我们使用总体相关性公式来校正观察的相关性，则有：

$$\begin{aligned}r_c&=\frac{r_{xy}}{\sqrt{r_{xx}}\sqrt{r_{yy}}}=\frac{\sqrt{r_{xx}}\sqrt{r_{yy}}\rho_{TU}+e}{\sqrt{r_{xx}}\sqrt{r_{yy}}}\\&=\rho_{TU}+\frac{e}{\sqrt{r_{xx}}\sqrt{r_{yy}}}\end{aligned} \tag{3-13}$$

我们可以写出校正后相关性的新公式：

$$r_c=\rho_c+e_c \tag{3-14}$$

其中 e_c 是校正相关性 r_c 中的抽样误差，而总体相关性的值 $\rho_c=\rho_{TU}$。校正的相关性误差的方差可以从未校正的相关性误差方差和两个变量的信度来计算（Hedges，1995）：

$$e_c=\frac{e}{\sqrt{r_{xx}}\sqrt{r_{yy}}}$$

$$\sigma_{e_c}^2=\frac{\sigma_e^2}{r_{xx}r_{yy}} \tag{3-15}$$

因此，在我们校正所观察到的衰减相关性的同时，相应地增加了抽样误差。特别是，为了形成校正相关性的置信区间，我们将校正公式应用于未校正相关性置信区间的两个端点。

在衰减的情况下，正如我们用信度平方根的乘积除以相关性的点估计一样，我们也用相同的乘积除以置信区间的每个端点。

衰减校正示例

假设组织承诺和工作满意度都是完美测量的，则二者间的真实相关性是 ρ_{TU}=0.60，而测量组织承诺的信度为 r_{xx}=0.45，工作满意度的信度为 r_{yy}=0.55。然后，观察到的分数之间的总体相关性将是：

$$\rho_{xy}=\sqrt{r_{xx}}\sqrt{r_{yy}}\rho_{TU}=\sqrt{0.45}\sqrt{0.55}\rho_{TU}$$
$$=0.50(0.60)=0.30$$

也就是说，在这个例子中，测量误差的影响是将真实分数之间的相关性减少了 50%，即从观察的分数之间的真实分数总体相关性 0.60 降低到研究总体相关性 0.30。如果我们应用相关性公式，则有：

$$\rho_{TU}=\frac{\rho_{xy}}{\sqrt{r_{xx}}\sqrt{r_{yy}}}=\frac{0.30}{\sqrt{0.45}\sqrt{0.55}}=\frac{0.30}{0.50}=0.60$$

也就是说，衰减校正对总体相关性非常有效；当样本量无穷大时，它是完全准确的。

考虑抽样误差的影响。如果该项研究的样本量为 $N=100$，那么所观察的相关性的标准误（来自 ρ_{xy}=0.30）就是 $(1-0.30^2)/\sqrt{99}$=0.091。因此，在实际研究中观察到的相关性为 0.20 的情况并不少见。如果我们将观察到的相关性 0.20 与期望的相关性 0.60 进行比较，就会发现存在一个巨大的误差。尽管如此，该误差可以分成两个部分：系统误差的衰减和抽样误差导致的非系统性误差。系统误差将相关性从 0.60 减少到 0.30。非系统性误差则是观察到的 r=0.20 和总体衰减相关性 0.30 之间的差值。

让我们来校正衰减，并校正相关性的误差：

$$r_c=\frac{r_{xy}}{\sqrt{r_{xx}}\sqrt{r_{yy}}}=\frac{0.20}{\sqrt{0.45}\sqrt{0.55}}=\frac{0.20}{0.50}=0.40$$

校正相关性的抽样误差是估计值 0.40 与实际值 0.60 的差值，因此，有：

$$r=\rho_{xy}+e=\rho_{xy}-0.10=0.30-0.10=0.20$$
$$r_c=\rho_c+e_c=\rho_c-0.20=0.60-0.20=0.40$$

因此，当我们使用观察到的衰减加倍的相关性去估计未衰减的相关性时，抽样误差也加倍了。另一方面，我们将系统误差从 0.30 降低到 0。我们可以结合这两种类型的误差寻找总误差。总误差减少了 50%：

$$\text{总误差}\,r=0.60-0.20=0.40$$
$$\text{总误差}\,r_c=0.60-0.40=0.20$$

所观察到的相关性的标准误将被计算为：

$$r_c=\frac{1-0.20^2}{\sqrt{99}}=0.096$$

所观察到的相关性的 95% 置信区间由 $r \pm 1.96\sigma_e$=0.20±1.96(0.096) 或者 0.01≤ρ≤0.39 给出，包括了 ρ_{xy}=0.30 的实际值。然后，我们校正每个端点的置信区间，以获得：

低点	高点
$r_1 = 0.01$	$r_2 = 0.39$
$r_{1c} = \dfrac{0.01}{\sqrt{0.45}\sqrt{0.55}}$	$r_{2c} = \dfrac{0.39}{\sqrt{0.45}\sqrt{0.55}}$
$= \dfrac{0.01}{0.50} = 0.02$	$= \dfrac{0.39}{0.50} = 0.78$

我们来比较校正和未校正相关性的置信区间：

$$0.01 \leqslant \hat{\rho}_{xy} \leqslant 0.39$$
$$0.02 \leqslant \hat{\rho}_{TU} \leqslant 0.78$$

我们看到，置信区间的中心从未校正相关性 0.20 改变到校正相关性 0.40。与此同时，置信区间宽度增加了一倍，反映了校正相关性抽样误差的增加。

这一点可以用置信区间来实现。如果这两个变量的测量完全可靠，那么总体相关性将是 0.60，标准误将是 $(1-0.60^2)/\sqrt{99}$=0.064 。这比相关性是 0.30 的标准误 0.091 小得多。因此，如果我们能实质上减小测量误差，那么我们可以获得较大的相关性，及较小的置信区间。事实上，测量误差的实质性消除要大大优于事后用统计公式消除误差。

我们可以用不同的方法得到相同的置信区间。假设我们利用 e_c 的抽样误差公式建立校正相关性的置信区间。置信区间的中心是 r_c= 0.40 。抽样误差的方差由下式给出：

$$\sigma_{e_c}^2 = \frac{\sigma_e^2}{r_{xx}r_{yy}} = \frac{\sigma_e^2}{0.45 \times 0.55} = \frac{(1-0.2^2)^2/99}{0.247\ 5} = 0.037\ 6$$

也就是，校正相关性抽样误差的标准差是 σ_{e_c}=(0.037 6)$^{1/2}$=0.19 。置信区间由 $0.40 \pm 1.96\sigma_{e_c}$ 或者 0.02≤ρ_{TU}≤0.78 给出。这与早期使用其他方法得到的置信区间是相同的。

统计校正与实质性校正

如果我们使用统计公式来校正衰减，我们会得到更大的校正相关性与更宽的置信区间。从这一事实可以得出两个结论：①错误的结论。由于对衰减的校正增加了抽样误差，也许我们不应该对衰减进行校正。关键是如果我们不校正衰减，那么我们就不能减小系统性误差。在我们的例子中，没有校正的相关性的误差为 0.60−0.20 =0.40。因此，校正后的相关性误差仅为未校正的相关性的误差的一半。②正确的结论。如果我们能够实质上降低测量误差，就可以提高统计的准确性，也就是，我们首先需要使用更可靠的测量方法。

使用适当的信度系数

不同的信度估计方法获得或者反映了不同的测量误差来源。大多数估计信度的方法都只是捕捉部分而不是所有类型的测量误差。在对测量误差进行校正时，研究者应尽可能地使用适当的信度系数类型。适当的信度系数估计需要识别特定研究领域中存在的各种测量误差，需要收集各种数据，使各种测量误差反映在信度系数之中。当前大多数元分析，其分析单元是人（或老鼠、鸽子等），测量的变量是人的行为。在这种情况下，通过智力测试开发了相应的信度理论，该理论得到了广泛的测量（见：Cronbach, 1947；Stanley，1971；Thorndike, 1951）。这也是本书讨论的例子。然而，元分析也在其他研究领域得以实施。举例来说，Rodgers 和 Hunter（1986）进行了一项元分析，测量的是业务单位生产力。这种情况的另外一个例子是 Harter 等人（2002）的元分析。在这两个元分析中，测量单元不是个体员工，而是商业组织（如单个公司、单个商店或单个银行支行）。在这两个元分析中，没有使用具体的信度估计程序。然而，这种情况只是例外。通常，假设分析的单元是个体。测量通常是通过以下三种方式之一进行：①行为是直接被记录的（正如考试分数或封闭式问卷，也称“反应性数据”）；②观察者对行为进行评估（这里称为“判断或评价”）；③观察者观察并记录该行为（这里称为“编码反应数据”）。每种情况下的信度考量是不同的。

在给定构念的测量中，假定被测量的构念是决定行为、反应或评估的主要原因。某种程度上，若行为或反应也是由与构念无关的其他原因决定的，则存在测量误差。心理测量理论至少确定了三种测量误差：随机反应误差、特定误差和瞬态误差（见：Le，Schmidt，Harter，Lauver，2010；Le，Schmidt，Putka，2009；Schmidt，Hunter，1996，1999b；Schmidt，Le，& Ilies，2003；Stanley，1971；Thorndike，1949，1951）。

随机反应测量误差

随机反应误差通常是测量误差的重要来源。除了高度熟练的反应，比如说出自己的名字，大多数人类行为具有相当大的随机性。随机反应误差可以被认为是人类神经系统的噪声（Le，et al.，2009；Schmidt，Hunter，1999b；Thorndike，1949，1951）。例如，随机反应误差可能由于对某一题目的措辞产生误解而发生（例如遗漏了关键词“不”）。随机反应误差在题目或选项之间不相关。

特定因素测量误差

一个人的反应也会受到测量情景的特定影响，例如，对某一特定题目中某一特定词语的特定反应。这种特定刺激因素的影响称为特定误差或特定因素误差。特定因素误差与测量中的单个题目相关联（实际上是单个题目的相互影响）。测量构念的不同题目都具有独一无二的特定因素测量误差。同样，每个不同的量表或者测试都有独一无二特定因素测量误差（Le，et al.，2009，2010）。特定因素误差是独特的，因为它们不仅彼此不相关，而且与被测构念也不相关。因此，它们必须被视为测量误差，而不能被认为是被测量构念的一部分。特定因素测量误差是对以下事实的解释，即使在随机反应误差校正之后，没有任何两个题目或量表在同一时刻测量同一事物的相关性为 1.00。如果没有特定因素测量误差，相关性将会是 1.00。

瞬态测量误差

人的反应也会随时间受到随机变化的影响，如情绪或疾病。例如，在测量时患重感冒会导致工作满意度降低。在测量当天处于异常良好的状态，会产生相反方向的瞬态测量误差。这些影响都不能被认为是实际构念的一部分，因此必须被视为测量误差。在本例中，工作满意度的实际构念是满意工作的类型或平均满意程度。这种时变因素的影响称为瞬态测量误差。这三种测量误差形式不同于传统测量信度的设计方法（Le，et al.，2009，2010；Schmidt，et al.，2003；Stanley，1971；Thorndike，1951）。

估计信度系数的方法

α 信度系数

当且仅当测量误差会降低信度估计值时，信度估计方法才能获得或反映特定类型的测量误差。最常用的信度估计方法是用于连续题目的克隆巴赫的 α 信度系数（Cronbach，1947），或其等价物——用于二分项目的 KR-20 信度估计。Cronbach（1947）把这种类型的信度称为等价系数，因为在同一时点，它估计了两个随机并行测量之间的相关性。此估计过程通过在给定测量会话中获得多个反应来使测量误差可见。对各种情况或刺激（如事物）产生相同的行为，因为它们都是由被测量的构念引起的。独立反应允许对随机反应误差进行独立抽样，并对各个项目中的特定因素误差进行独立抽样。通过该方法估计的信度，可以检测和测量随机反应误差和特定因素误差的程度。尽管如此，如果存在瞬态误差，这种设计不会检测到它。因此，信度系数将由于瞬态误差而变得过大。由此，在使用该公式时，它将使测量误差校正不足。这种形式的信度通常被称为“内部一致性信度”，但这种用法是错误的，因为即使内部一致性的题目（即题目的平均相关性）非常低时，系数 α 和 KR-20 也可以非常大。这种情况发生在题目的数量很大时。

再测信度

另外一种常用的信度估计方法是再测信度设计。在两个相隔足够远的时点上进行测量，用相同的量表或测试来测量行为，以使瞬态误差因素不再复现，但在时间上足够接近，以便所测量的构念没有发生真正的变化。这两种测量将允许从随机反应误差分布和瞬态误差分布进行新的（独立）抽样。尽管如此，如果存在特定因素误差，这种设计不会检测到它。因此，信度系数将由于相对数量的特定因素误差而变得过大。在时点 1 和时点 2，由于两次使用同样的量表（相同的一组题目），相同的特定因素误差都会产生，不能检测到特定因素的测量误差。因此，特定因素误差随时间的推移而相关。这种形式的信度通常被称为“再测信度”，尽管更好的实践是用信度这个词取代“信度估计”。Cronbach（1947）把这种类型的信度称为“稳定性系数”。

延迟复本信度

如果所有三种测量误差都存在，那么校正信度将只有通过一个估计程序得到，特殊误差和瞬态误差的决定因素是通过重新抽样得到的。Cronbach（1947）把这种类型的信度称为等效和稳定性系数（CES）。他给出了两种测量形式和两种情况，可以分别估计这三种误差的程度（例如：Cronbach，1947；Le，et al.，2009，2010；Schmidt，et al.，2003；Stanley，1971；Thorndike，1949，1951）。如果所有三种误差都存在，那么延迟复本信度（CES）将小于复本信度估计（α 系数或 KR-20）或重测信度估计。使用错误信度估计会低估测量误差的影响。因此，使用错误的信度进行校正意味着某些误差源没有校准。结果，由于这种测量误差的存在，没有对相关性的衰减进行校正。也就是说，使用错误的信度进行校正意味着校正后的相关性将相应低估构念之间的实际相关性。当然，这将导致元分析中平均相关性估计的向下偏差。如果初始研究者或元分析者被迫使用 CE 或 CS 信度估计，因为 CES 估计不可用，研究或元分析应该指出，完全校正测量误差是不可能的，因此报告的结果是保守的（例如有一个向下偏差）。报告还应指出，对测量误差的这种缺陷校正产生的结果要比对测量误差未进行任何校正要准确得多。

由于使用错误的信度估计而导致构念之间的相关性被低估，这是许多行为科学领域中构念扩散的原因之一。通常错误的结论是，这两个构念是“相关的但不是完全相同的”。举例来说，有关文献中工作满意度和组织承诺构念的结论。但 Le 等人（2010）表明，当这种相关性被适当地校正为测量误差的向下偏置效应时，它是 0.92。这表明，在实证研究中研究对象不能将这两个构念进行区分，因此它只是同一个构念。在文献中可能还有许多其他这样的错误结论，所有这些都导致了构念扩散的问题。Schmidt、Le 和 Oh（2013）进一步探讨了构念冗余性问题。

评估者评价

假使一个构念，如工作绩效被一个观察者，例如某人的直接上级评估，就会存在两种来源误差：常规知觉判断误差和特异随机反应误差（俗称“晕轮效应”，例如：Hoyt，2000；Schmidt，Viswesvaran，Ones，2000；Viswesvaran，Ones，Schmidt，1996；Viswesvaran，Schmidt，Ones，2005）。单个评估者的判断是一种反应，因此受到随机反应误差和瞬态误差影响。这两个误差来源是仅基于评估者的信度方法获得的测量误差唯一来源。具体而言，同一评价者在两个不同时点对个人进行评价之间的相关性（即评估者组内信度）因这两种类型的测量误差而降低，并因此获得它们的影响。因此，它具有与测试–再测信度估计相同的属性。

但是在每个涉及人们感知的研究领域，人类对他人的感知都表现出相当大的感知和判断特质。在大多数领域，不同评估者的感知存在很大差异。这种形式的测量误差与每个评估者（晕轮）的特定因素误差有关，它也被称为“晕轮误差”（Hoyt，2000；Viswesvaran，et al.，1996，2005）。因此，恰当的信度估计必须考虑到感知上的差异，以及每个评判者做出判断的随机性。评判信度的恰当估计是不同评价者独立做出的判断之间的相关性。这种信度估计也被称为组间信度。评判者之间的相关性将通过评判中的随机反应误差和感知评估者之间的差异（晕轮误差）适当降低。瞬态误差也被控制，因为不同评价者的瞬态误差是不相关的。在评定量表时使用多个题目控制特定因素的测量误差。若两个评判（如“工作质量”和“工作数量”）是由两个评价者单独评分，则分别估计随机误差、题目特定误差（具体到这两个评估的量表题目）和特异误差（也叫“晕轮”；Viswesvaran，et al.，1996，2005）是可能的。Le 等人（2009）和 Schmidt 等人（2000）提出这样做的具体方法。由于瞬态误差，导致两名评判者通常是独立的，这种信度系数也将适当降低瞬态误差，虽然瞬态误差将无法区别特异（晕轮）误差。对评估者来说，组间信度就是 CES（延迟复本信度）。这类研究发现，对于上级评估的工作绩效平均评估者信度约为 0.50（例如：Rothstein，1990；Schmidt，et al.，2000；Viswesvaran，et al.，1996）。评估者组内信度，即通过同一个评估者在不同时点进行的评分估计，要高得多（约为 0.85；Viswesvaran，et al.，1996），但会严重高估实际的信度。因此，使用评估者组内信度而不是评估者组间信度。

编码反应数据

许多构念因为太复杂而不能被直接评估。因此，所使用的数据是由观察者对行为进行编码的。例如，一个人可以根据被摄对象的图片对被试者讲述的故事中表达的成就需求程度进行编码。不同观察者之间的编码差异称为编码误差。在这种情况下，一个经常犯的关键错误是只考虑编码者之间的误差。编码误差是测量中的一个重要误差来源，在行为编码中也存在随机反应误差、特定因素误差和瞬态误差。例如，假设编码人员训练得很好，他们会同意在对故事所包含成就动机的评估中得出 0.95 的相关性。然而，假设从一周到下一周，由同一个人讲述的连续故事的成就意象之间只有 0.40 的相关性。0.95 的“信度”不会反映这种不稳定性（即随机反应误差和瞬态误差），因而会大大高估问题的实际信度。实际上，基于响应数据编码的误差是很常见的。

在对响应数据编码的情况下，基于两个单独测量的信度估计是至关重要的。也就是说，第一个编码者应该对在时间 1 获得的响应进行编码，第二编码者应该对在时间 2 获得的同一个人的反应进行编码。这两种编码之间的相关性提供了编码响应数据信度的唯一准确估计。如果在一个场合得到编码者编码反应，由此而产生的相关性严重高估了信度，并导致元分析估计中向下偏差。关于编码响应数据中测量误差的更完整的处理，见 Schmidt 和 Hunter（1996，1999b）的文章。

3.4 元分析中测量误差的含义

这些事实对元分析的测量误差和信度估计意味着什么？与其他系统性人为误差不同，测量误差总是存在。测量误差的准确校正对准确的元分析结果至关重要（Cook，et al.，1992：315–316；Hedges, 2009b；Matt，Cook，2009）。有人提出了不同于在元分析中校正每个相关性的方法。在这种替代的方法中，每个研究的信度被编码，并在元回归中作为潜在的调节变量进行检验（Borenstein, et al., 2009，第 38 章）。统计上显著的关系表明测量误差对所观察到的相关性产生影响。关于这种方法的一个问题是，我们必须事先知道测量误差对所观察到的相关性产生的影响。在这方面，该方法的主要问题是低的统计功效（Hedges，Pigott，2004）。结果经常错误地表明信度（测量误差）不影响所观察到的相关性。另一个问题是，这种方法不产生平均校正相关性的估值及其标准差（*SD*）。元回归的局限性和存在的问题将在第 9 章讨论。

使用不恰当的信度估计对元分析中的测量误差进行校正，会导致结果的准确性降低。例如，最近的研究表明，常用的心理测量方法（如人格和能力测量）存在瞬态测量误差（Schmidt，et al.，2003）。这意味着，在元分析中，普遍使用 α 信度系数和 KR-20 信度估计去校正测量误差，通常导致校正不足。因此，产生向下偏差的平均相关性估计，因为 α 信度系数和 KR-20 信度无法检测或剔除瞬态误差的影响。同样，使用复现测量信度估计也会导致校正不足，因为未能控制特定因素的测量误差。是否分别校正每个系数（如本章所述）或使用信度系数的分布，应考虑所有相关的测量误差来源，并尽可能在现有数据的基础上使用信度估计，以捕捉所有测量误差源（Schmidt，et al.，2003）。正如本节前面所述，当目标是确定两个表面上不同的构念是否是真实的同一构念时，这一点尤其重要。因为在当今心理学和所有社会科学中，构念扩散的问题是非常严重的。

不幸的是，大多数可以利用的信度估计是 α 信度系数和 KR-20 估计（即 CE 估计），而且不考虑瞬态误差。CES 系数的估计在文献中是罕见的，即使在测试手册中也不是很常见。在各种测量中，瞬态误差的估计值在 4% ～ 5% 之间（见 Schmidt，et al.，2003）（这些值在情感特征测量中更大）。因此，如 Schmidt 等人（2003）所建议，从这些信度估计中减去 0.04 或

0.05，就可以调整或校正瞬态误差的 CE 估计值。然而，这种调整算术尚未适用于所有类型的测量。因此，重要的是要记住，和其他领域一样，在研究中，“完美是良好的敌人”。如果不使用理想的信度估计，就不应该对测量误差进行校正，其实，这是一个错误的论点。如前所述，当 CES 估计（延迟平行形式估计）更合适时，使用 α 系数估计（CE 估计）会导致最终的结果比没有校正任何偏差对测量误差的影响更准确。然而，在这种情况下，研究者应指出，有不完整的测量误差校正是可能的，因此产生的校正值包含向下偏差。

另一个重要的含义是，当使用评估者信度时，利用组内信度会导致非常严重的测量误差校正不足。为了避免这种情况，应该使用组间信度，并且（除非非常特殊的情况）不应使用组内信度。同时，在人为误差分布的元分析中（在第 4 章讨论），不应该混合使用组内信度和组间信度。幸运的是，组间估计（不同于 CES 测试和测量估计）得到广泛应用（例如：Rothstein, 1990；Viswesvaran, et al.，1996）。

在某些元分析应用中，使用不适当的信度估计一直是个问题。重要的是要记住，不同类型的信度估计并非都同样合适。

范围限制或者范围增强

如果研究在自变量上的取值范围不同，那么相关性将有所不同。只有在对具有相同标准差的自变量的总体样本进行计算时，研究间的相关性才是直接可比的。在对一个给定标准差的总体相关性进行计算时，会产生一个使标准差有所不同的相关性估计，此时，范围校正公式是可行的。也就是说，范围校正公式估计了将研究总体标准差从一个值更改为另一个值的效应。为了剔除元分析中的范围变异，我们可以使用范围校正公式来计算所有采用同一参照标准差的相关性。

如第 2 章所述，范围限制（或范围增强）可以是直接的或间接的，两种情况下的范围校正程序是不同的。当自变量有直接截断时，会出现直接范围限制。例如，如果只有那些考试分数在前 50% 的人被录用，并且没有一个考试分数低的人被录用，我们就有了直接范围限制。同样地，如果实验者只选择成绩前 10% 和成绩垫底的 10% 的实验对象，比如测量参与研究的责任心，那么这就是直接范围强化。也就是，s_x / S_x，这个比例被称为 u_X，即 $u_X = s_x / S_x$。如果我们知道这个比例，我们可以使用 Thorndike 类型 Ⅱ（Thorndike，1949）直接范围限制公式去校正范围限制。利用这个统计量的倒数，也就是 S_x / s_x，我们可以校正直接范围增强。这个比例被称为 U_X，即 $U_X = S_x / s_x$。

当人们选择一个与自变量相关的第三变量时，间接范围限制就会发生。举例来说，如果我们正在评估新工程能力测试对工程学院入学的影响，而我们所有的工科学生最初是通过高考录取的，那么工程能力测试会有间接范围限制，因为这两个测试将是正相关的。如果进入学院的选择仅仅基于入学考试（直接限制考试，没有其他信息能够被使用），并且如果我们了解考试的限制性和非限制性标准差，以及两组考试之间的相关性，就会有一个校正这种间接限制的公式（被称为 Thorndike 类型 Ⅲ 的间接范围限制校正公式；Thorndike，1949）。然而，这种情况是非常罕见的，因为第三变量（这里是指高考）的选择很少是直接的（因为其他变量也用于选择），因为即使是直接的，我们很少有关于第三变量所需的统计数据。因此，这种校正公式很少能应用。出于这个原因，我们不开发这个公式的应用程序。

最常见的间接范围限制类型是在未知（未记录）变量组合上选择人员的情况，并且变量的组合（或复合）与自变量相关，就会在自变量上产生间接范围限制（Linn，Harnisch，Dunbar，1981b）。一个常见的例子是，人们根据一些未知的组合，例如面试、求职档案和背景调查来招聘，并且我们发现，我们所检验的标准差（现任）总体比在求职总体（无限制的 *SD*）中的 *SD* 要小得多，意味着对自变量有间接范围限制。也就是说，u_x 远远小于 1.00。Linn 等人（1981b）的研究结果表明，进入法学院的学生就是这种间接限制的一个例子。另一个例子是自愿参加研究的人在外向性分数上有较低的 *SD*（自变量）。也就是说，u_x 再次小于 1.00。这里，间接范围限制是由一些未知的自我选择的变量组合产生的。实际上，真实数据中的大多数范围限制是由这种间接范围限制引起的（Hunter，et al.，2006；Linn，et al.，1981b；Mendoza，Mumford，1987；Thorndike，1949）。在直接选择的情况下，我们也可以进行间接范围增强。例如，从事研究的志愿者外向性可能比参考总体中的外向性大。然而，在间接选择的情况下，范围增强似乎是相当罕见的。

我们必须了解，校正这种间接范围限制的关键统计量不是 u_X，而是 u_T，其中 u_T 是真实分数 *SDs* 之比，即 $u_T=s_T / S_T$。正如我们即将看到的，来自于 u_X 的 u_T 有一些具体的计算公式及其他信息。如果存在间接范围增强（而不是范围限制），我们需要统计的数据是 $U_T=S_T / s_T$。校正间接范围限制使用的公式与校正直接范围限制的公式是相同的，仅仅用 u_T 代替 u_X。同样，校正范围增强时，U_T 替代公式中的 U_X。这些校正的可用性大大提高了涉及范围限制校正的元分析的准确性。在本章后面，我们将介绍更多关于间接范围限制的详细信息。Hunter 等人（2006）对此进行了全面阐述。Le 和 Schmidt（2006）通过计算机模拟表明，当范围限制实际上是间接的时候，这种方法是非常准确的，甚至比类型Ⅱ的公式用于直接限制的情形更准确。Li、Chan 和 Cui（2010）使用计算机模拟比较了该方法与 Thorndike 类型Ⅲ方法的准确性（这需要更多的信息，因此通常不能使用），结果发现它们具有同样的准确性。

Hunter 等人（2006）提出的间接范围限制校正是基于这样的假设，即因变量（*y*）上存在的任何范围限制是由自变量（*x*）上的范围限制完全中介（导致的）。这意味着第三变量（称为 *s*）的范围限制不是导致 *y* 范围限制的直接原因。第三变量仅仅引起自变量（*x*）的范围限制。正如 Hunter 等人（2006）指出，在大多数情景下，这一假设很可能成立（或足够接近成立）。但在这种假设遭到严重违背的情况下，Hunter 等人（2006）的校正就不准确（Le，Schmidt，2006）。基于 Bryant 和 Gokhale（1972）早期的研究，一种不需要这个假设，校正间接范围限制的方法最近得到开发（Le，Schmidt，2006）。然而，这种方法要求使用者知道因变量（*y*）的范围限制比（*u*），这是 Hunter 等人的方法所不需要的。在员工甄选中，*y* 测量的是工作绩效，而它在求职者总体中的标准差（即它不受限制的标准差）几乎是不可能估计的。因此，这种校正方法不能用于因变量是工作绩效或其他工作行为的研究中。更一般地说，它不能用于因变量测量，因为在更广泛的数据总体中不存在，因此可以计算不受限制的标准差。这包括心理学研究中使用的许多行为测量。但在研究中，重点是心理或组织构念之间的关系（如工作满意度与组织承诺之间的关系），根据更广泛的总体标准差，可以估计因变量所需 *u* 的比率（例如从国家标准或工作场所标准）。在这种情况下，可以使用 Le 等人（2013）的方法，如果该数据集严重违背了 Hunter 等人（2006）的方法的基本假设，Le 等人（2013）的方法将比 Hunter 等人的方法产生更准确的结果。在本书关于间接限制校正的例子中，我们应用了 Hunter 等人

（2006）的方法，因为这种方法适用于更多情况，并且它的基本假设遭到严重违背的情况是很罕见的。

对于每个研究，我们需要知道自变量的标准差 s_x。通过将标准差与参照标准差 S_x 测量联系起来对范围偏离进行测量。所使用的比较是研究组的标准差与参照标准差的比率，即 $u_X=s_x/S_x$。如果存在范围限制，比率 u_X 小于 1.00；如果存在范围增强，比例 u_X 大于 1.00。研究的相关性大于或小于参照相关性取决于 u_X 大于 1.00 或小于 1.00。在直接范围限制中，校正取决于 u_X 的值。在间接范围限制中，校正取决于 u_T，这是一个关于 u_X 和 r_{xx_a} 的函数，即无限制的总体中自变量的信度。这些校正取决于两个假设。第一，所谈论的关系必须是线性的（或者至少接近如此）。第二，自变量的方差在因变量的每个层次上必须相等（或者至少接近如此）。后一种情况称为方差齐性（Gross，McGanney，1987）。对间接范围限制的校正需要一个附加的假设：假设对因变量的范围限制只通过对自变量的范围限制来实现。该假设通常是合理的（Hunter，et al.，2006）。

如前所述，直接和间接范围限制主要计算的差异是：直接范围限制使用 u_X 校正，而间接范围限制使用 u_T 校正。校正实际是不同的。在本章后面也描述一些差异，并对测量误差校正顺序进行说明。计算 u_T 的额外步骤使得间接范围限制的校正数学比直接范围限制的校正数学要复杂得多，因此，使陈述更具有数学上的复杂和冗长。然而，一旦 u_T 被计算并被 u_X 替代，校正就是相同的。计算范围校正的相关性的抽样误差方差和置信区间，在形式上也是相同的。因此，为了简化我们的陈述，以下大部分讨论，我们使用直接范围限制校正的陈述，并放弃间接限制校正的陈述（我们将在本章后面回到间接限制的话题）。在进行之前，我们给出了 u_T 必要的计算公式：

$$u_T=s_T/S_T$$

$$u_T=\frac{u_X^2-(1-r_{XX_a})}{r_{XX_a}} \qquad (3\text{-}16)$$

其中，r_{XX_a} 是无限制组中的自变量的信度。如果已知限制组的信度（r_{XX_i}），r_{XX_a} 则可以用下式计算：

$$r_{XX_a}=1-\frac{s_{X_i}^2(1-r_{XX_i})}{s_{X_a}^2} \qquad (3\text{-}17a)$$

$$r_{XX_a}=1-u_X^2(1-r_{XX_i}) \qquad (3\text{-}17b)$$

对于任何 r_{XX_i}，该公式可以转换成 r_{XX_a}：

$$r_{XX_i}=1-U_X^2(1-r_{XX_a}) \qquad (3\text{-}17c)$$

其中 $U_X=1/u_X$。

在这一节中，我们使用直接范围限制模型来探索一个已知总体相关性的单个研究中的范围偏离。在下一节中，我们考虑校正样本相关性对范围偏离的影响。我们将发现校正后的相关性的抽样误差与未校正相关性的抽样误差不同，我们将展示如何据此调整置信区间。在处理单个研究范围校正后，我们考虑元分析中的范围校正效应。在这一点上，我们处理间接和直接的范围限制。

我们不能总是研究我们希望用作参照的总体。有时我们研究一个总体，该总体中，自变量比参照总体的变化要小（范围限制）；有时我们研究一个总体，该总体中，自变量比参照总体的变化要大（范围增强）。在这两种情况下，变量之间的相同关系产生不同的相关系数。在范围增强的情况下，研究总体相关性大于参照总体的相关性。这个是由抽样误差和测量误差造成的。

考虑员工甄选的研究。参照总体是求职者总体，但该项研究是由已经录用的人完成的（因为我们只能得到在职人员的工作绩效分数）。如果录用的是随机抽样的求职者，那么唯一的问题是抽样误差和测量误差。然而，假设我们正在研究的测试已经被用来选择那些被录用的人。例如，假设那些录用者分数都在平均数之上，也就是存在直接范围限制。因此，可以预计在职人员与求职人员相比，总体相关性的规模大幅下降。如果求职人员的测试分数服从正态分布，那么分布在上半部分人员的标准差只有总体人员标准差的 60%。因此，如果求职者的标准差为 20，那么在职人员的标准差只有 $0.60\times 20=12$。范围限制的程度将是 $u_X=12/20=0.60$。

正如我们将看到的那样，通过对自变量的直接选择而产生的相关性公式被称为直接范围限制的公式，尽管它也适用于范围增强。令 ρ_1 为参照总体相关性，ρ_2 为研究总体相关性。那么：

$$\rho_2=\frac{u_X\rho_1}{\sqrt{(u_X^2-1)\rho_1^2+1}} \tag{3-18}$$

其中，

$$u_X=\frac{\sigma_{x_2}}{\sigma_{x_1}}$$

这是两个总体标准差的比例。在直接范围限制的情况下，$u_X<1$，因此，$\rho_1>\rho_2$；在直接范围增强的情况下，$u_X>1$，因此，$\rho_2>\rho_1$。

在员工甄选的例子中，$u_X=0.60$，因此：

$$\rho_2=\frac{0.60\rho_1}{\sqrt{(0.60^2-1)\rho_1^2+1}}=\frac{0.60\rho_1}{\sqrt{1-0.64\rho_1^2}}$$

例如，如果求职者的测试分数和工作绩效之间的相关性为 0.50，那么研究总体相关性将是：

$$\rho_2=\frac{0.60(0.50)}{\sqrt{1-0.64(0.50)^2}}=0.33$$

那就是，如果只研究自变量分布的上半部分，那么总体相关性将从 0.50 减少到 0.33。如果未被发现且未被校正，0.50 和 0.33 之间的差异将对实证研究的解释产生深远影响。

然而，假设我们的数据是 $\rho_2=0.33$ 和 $u_X=0.60$，并且我们希望校正范围限制。我们可以颠倒两个总体的作用。也就是说，我们可以把求职人员看作在职人员的增强。因此，由于 ρs 的颠倒，我们可以使用与之前相同的公式：

$$\rho_1 = \frac{U_X \rho_2}{\sqrt{(U_X^2 - 1)\rho_2^2 + 1}} \tag{3-19}$$

其中，

$$U_X = \frac{\sigma_{x_1}}{\sigma_{x_2}} = \frac{1}{u_X}$$

是两个总体反顺序的标准差的比率。这个公式也被称为校正范围限制的公式，尽管它也适用于范围增强的校正。在员工甄选的例子中，ρ_2=0.33，并且 U_X=1/u_X=1/0.60=1.67，得到：

$$\rho_1 = \frac{1.67(0.33)}{\sqrt{(1.67^2-1)(0.33)^2+1}} = \frac{1.67(0.33)}{1.09} = 0.50$$

因此，在总体相关性水平上（即当 N 是无穷的），我们可以使用范围限制公式在不同方差的总体之间来回移动，并具有完全的准确性。如果范围限制是间接的，用 u_T 和 U_T 分别代替 u_X 和 U_X，将允许我们做同样的事。

如果有抽样误差，情况会变得更复杂。如果将校正范围限制的公式应用于样本相关性，那么我们只得到参考总体相关性的近似估计。此外，校正后的相关性将有更大的抽样误差。这和校正抽样误差的衰减情况是类似的。仅仅是一种取舍而已。为了剔除与范围限制相关的系统误差（向下偏差），我们必须接受由统计校正产生的抽样误差的增加。如果我们能实质上进行校正，即是如果研究可以从参照总体样本上进行，因为没有校正，所以抽样误差没有增加。事实上，在范围限制情况下，对求职者总体样本的研究（如果进行）将有更大的相关性、更小的抽样误差和更小的置信区间。

校正相关性的置信区间是容易得到的。校正公式可以视为数学转换。这种转换是单调的（但不是线性的），它转换了置信区间。因此，通过使用校正相关性的相同公式来校正置信区间的端点得到置信区间。也就是说，将应用于相关性的范围校正公式应用于置信区间的端点。

考虑员工甄选中直接范围限制的例子，其中求职者总体相关性为 0.50，研究总体相关性为 0.33。如果样本是 100，那么相关性 ρ=0.33 的标准误是 $\sigma_c=(1-0.33^2)/\sqrt{99}=0.09$。如果样本相关性很低，可能降低 0.05，比如为 0.28。在 U_X=1.67 时校正范围限制，我们有：

$$r_c = \frac{1.67(0.28)}{\sqrt{(1.67^2-1)(0.28)^2+1}} = \frac{0.47}{1.07} = 0.44$$

所观察到的相关性 r=0.28 的标准误是 0.093，其置信区间则是：

低点

$$r_1 = 0.10$$

$$r_{c_1} = \frac{1.67\times 0.10}{\sqrt{(1.67^2-1)(0.10)^2+1}} = 0.16$$

高点

$$r_1 = 0.46$$

$$r_{c_2} = \frac{1.67\times 0.46}{\sqrt{(1.67^2-1)(0.46)^2+1}} = 0.65$$

因此，校正的相关性置信区间是 0.16≤ ρ_c≤ 0.65，包括当前 ρ_c=0.50 的值。这个置信区间比未校正相关性的置信区间更宽，而且比在参照总体样本中进行研究的置信区间要宽得多。

在这个例子中，范围限制是直接的。我们提醒读者，如果范围限制是间接的，用 u_T 代替 u_X。否则，程序会是相同的。

范围校正和抽样误差

使用范围校正公式获得校正相关性的置信区间并不困难，我们只要对未校正相关性置信区间的两个端点进行校正即可。然而，计算校正的相关性标准误没那么容易。测量误差引起的衰减的校正是线性的，而未校正的相关性恰是一个常数的乘数。因此，标准误就是乘以相同的常数（并且抽样误差的方差乘以该常数的平方）。然而，范围校正公式不是线性的，也没有准确的公式来计算其标准误（非线性的实质就是，对于同样的 u_X 值，这种校正方法会提高相关性，使得相关性较小的系数有较大比例的提高，相反，相关性较大的系数有较小比例的提高）。非线性的程度取决于所涉及的数字大小。也就是，U_X 与 1 的差异程度以及未校正的相关性的平方大于 0 的程度。如果非线性不太大，那么我们可以假设只是将未校正的相关性乘以常数来近似计算抽样误差：

$$\alpha=\frac{r_c}{r}$$

抽样误差近似为：

$$\sigma_{e_c}^2=\alpha^2\sigma_e^2 \tag{3-20}$$

为了了解这种近似的程度，让我们考虑一下员工甄选的例子。对于校正的相关性本身，我们将其置信区间中心化，即在 r_c=0.44 左右。未校正的相关性误差标准差为 $(1-0.28^2)/\sqrt{99}=0.093$，并且校正的相关性与未校正的相关性之比为 0.44/0.28=1.57。因此校正相关性标准误的估计是（1.57）（0.093）= 0.146。相应的置信区间是 $0.15\leqslant\rho_c\leqslant0.73$。这个隐含的置信区间与校正端点得到的置信区间 $0.16\leqslant\rho_c\leqslant0.65$ 略有不同。

更准确的标准误的估计，可以用泰勒级数得到的，这是由 Raju 和 Brand（2003）以及 Raju、Burke 和 Normand（1983）建议的。对于大样本量，由未校正的相关性抽样误差引起的校正的相关性抽样误差与校正函数的导数成正比。而相关性乘以常数 α，标准误乘以 $a\alpha$，其中：

$$a=1/\left[(U_X^2-1)r^2+1\right] \tag{3-21}$$

方差将乘以 $a^2\alpha^2$。在员工甄选的例子中可以得到 α=1.57，并且

$$\alpha=1/\left[(1.67^2-1)(0.28)^2+1\right]=1/1.140\,25=0.877\,0$$

因此，标准误乘以 0.877 0（1.57）= 1.38，而不是 1.57。因此，校正后相关性的标准误估计为（0.877 0）（1.57）（0.093）= 0.130。使用改进方法的标准误估计的置信区间是：

$$0.19<\rho<0.69$$

这是在校正的置信区间端点得到的正确区间进行的比较，由此：

$$0.16<\rho<0.65$$

这种改进的标准差几乎不值得手工计算，尽管它很容易被引入计算机程序，事实上，我们已经那样做了。基于 Windows 的元分析程序 VG6（见附录描述）包括了这种细化的过程。再次，我们注意到，如果范围限制是间接的，在前面的公式中可以用 U_T 代替 U_X。[Bobko、Reick（1980）也给出了范围限制校正相关性的标准误公式，该公式在表面上看来不同，但结果与我们的方法所产生的结果相同。同样，由 Cureton（1936），Kelly（1947），Raju、Brand（2003），Mendoza、Stafford、Stauffer（2000）提出的公式也是正确的，他们提出了一种估计校正的相关性置信区间的方法，但没有对标准误进行评估。请参阅 Forsyth、Feldt（1969）。]

置信区间的一个例子。考虑一个直接范围限制的员工甄选效度研究的例子，该研究通过上级主管对工作绩效进行评价。假定样本量为 100，所观察到的未校正的相关性为 0.30，其置信区间 $P\ [0.12 \leqslant \rho \leqslant 0.48] = 0.95$。从 King 等人（1980）的研究知道，求职者蓄水池中上级评估的最高信度系数是 0.60。如果甄选比是 50%，Schmidt 等人（1976）的公式表明，求职者总体与在职者总体（U_X）的标准差比是 1.67。因此该点校正所观察的效度相关性是：

$$r_1=\frac{1.67r}{\sqrt{(1.67^2-1)r^2+1}}=0.46$$

$$r_2=\frac{r_1}{\sqrt{0.60}}=0.60$$

校正效度的置信区间是通过对未校正效度的置信区间的端点采用相同的校正方法而得到的：

低点

$$r_1=\frac{1.67(0.12)}{\sqrt{(1.67^2-1)0.12^2+1}}=0.20$$

$$r_2=\frac{0.20}{\sqrt{0.60}}=0.26$$

高点

$$r_1=\frac{1.67(0.48)}{\sqrt{(1.67^2-1)0.48^2+1}}=0.67$$

$$r_2=\frac{0.67}{\sqrt{0.60}}=0.86$$

因此，校正效度的置信区间是：

$$P\{0.26 \leqslant \rho \leqslant 0.86\}=0.95$$

自变量和因变量二分测量

在数理上，二分法非常类似于校正衰减，因此将简单地进行拓展。二分法的许多方面在第 2 章已经讨论过，更详尽的处理参见 Hunter、Schmidt（1990a）和 MacCallum 等人（2002）的研究。关键是，二分变量对连续变量的影响是通过小于 1.00 的衰减乘以总体相关性。这一系统的衰减可以通过除以衰减相关性的因子进行校正。也就是说，如果我们知道研究相关性衰减的因子，那么我们可以通过除以同一衰减因子来恢复研究相关性到原始值。如果我们把一个变量除以一个常数，那么均值和标准差就除以相同的常数。因此，校正的相关系数意味着除以衰减因子，及抽样误差除以同样的衰减因子。所以，校正相关性的抽样误差大于未校正相关性的抽样误差。然而，没有其他方法用来剔除二分法的系统误差（向下）。

考虑一个例子，假设自变量由中位数分割，且衰减因子是 0.80，由此总体相关性减少 20%。ρ_o 是衰减的总体相关性，则

$$\rho_o=0.80\rho$$

该公式具有代数的可逆性。不是乘以 0.80，而是除以 0.80，则

$$\rho_o / 0.80 = 0.80\rho / 0.80 = \rho$$

即

$$\rho = \rho_o / 0.80$$

这是校正二分法的公式。该公式能较好地反映总体相关性，并能剔除样本相关性的系统误差。

通常，研究样本相关性 r_o 与研究总体相关性有关系：

$$r_o=\rho_o+e_o$$

其中，e_o 是抽样误差。如果我们校正点二列相关性以剔除二分法产生的衰减，那么校正的相关性 r_c 可以由下式给出：

$$\begin{aligned} r_c &= r_o / 0.80 = (\rho_o + e_o) / 0.80 = \rho_o / 0.80 + e_o / 0.80 \\ &= 0.80\rho / 0.80 + e_o / 0.80 \\ &= \rho + e_o / 0.80 \end{aligned}$$

让我们用 e_c 表示校正相关性时的抽样误差，则

$$r_c=\rho+e_c$$

因此，对应于校正样本相关性的总体相关性是期望的真实相关性；也就是说，样本相关性的系统部分被恢复到其二分法前的值 ρ。然而，抽样误差 e_c 通常不是与总体相关性 ρ 相关的抽样误差。相反，e_c 是与校正的相关性相关的抽样误差。如果一开始没有二分，那么抽样误差的标准差（标准误）就是这样：

$$\sigma_e=(1-\rho^2)/\sqrt{N-1}$$

相反，必须根据未校正的相关性抽样误差 σ_{e_c} 计算校正相关性中抽样误差 σ_{e_c} 的标准差。未校正的相关性抽样误差标准差是：

$$\begin{aligned} \sigma_{eo} &= (1-\rho_o{}^2) / \sqrt{N-1} \\ &= [1-(0.80\rho)^2] / \sqrt{N-1} \\ &= (1-0.64\rho^2) / \sqrt{N-1} \end{aligned}$$

校正的相关性抽样误差标准差为：

$$\sigma_{e_c}=\sigma_{eo}/0.80=1.25\sigma_{eo}$$

考虑一个例子。假定原始连续变量的总体相关性是 ρ= 0.50，则中位数的自变量分布的总体相关性为：

$$\rho_o=0.80\rho=0.80(0.50)=0.40$$

如果样本量为 $N = 100$，则非二分变量的抽样误差标准差为：

$$\sigma_e=(1-0.50^2)/\sqrt{99}=0.075\ 4$$

未校正的相关性抽样误差标准误是：

$$\sigma_{eo}=(1-0.40^2)/\sqrt{99}=0.084\ 4$$

校正后的相关性抽样误差标准误是：

$$\sigma_{e_c}=\sigma_{eo}/0.80=0.0844/0.80=0.105\ 5$$

非二分类变量 95% 的样本相关性将被分割为：

$$0.35 < r < 0.65$$

校正的相关性在该范围内为：

$$0.29 < r_c < 0.71$$

对于更极端的分割，校正的成本将更高。对于 90-10 的分割，衰减因子为 0.59，并且对比概率区间彼此更加不同：

$0.35 < r < 0.65$（如果变量没有二分）

$0.20 < r_c < 0.80$（如果一个变量由 90-10 分割）

如果两个变量都是二分的，情况就更加极端。考虑人员甄选的例子。Hunter 和 Hunter（1984）发现，（连续）参考建议与工作绩效评价之间的平均相关性为 0.26。假定研究中没有测量误差，并且为了与雇主沟通，公司心理学家决定将这两个变量进行二分。他将参考变量分为“一般正相关”和“一般负相关”。他发现 90% 的前任雇主给予正面评价，10% 的给予负面评价。他将主管绩效评价按中位数划分为“高于平均水平”与“低于平均水平”。双重二分法的效果（Hunter，Schmidt，1990a）是减弱 0.26 的相关性至

$$\rho_o=0.59(0.80)\rho=0.472\rho=(0.472)(0.26)=0.12$$

因此校正的相关性是：

$$r_c=r_o / 0.472=2.12r_o$$

也就是说，观察到的相关性必须为两倍以上才能校正由二分法产生的衰减。抽样误差相应增加。对于 $N = 100$ 的样本量，若变量不是二分的，则样本相关性中 95% 的置信区间为 $0.08<r<0.44$，若变量对于 10-90 分割和 50-50 的二分，则样本相关性的置信区间为 $-0.15<r_c<0.67$。

此外，局部效度研究中的参考评估不太可能具有与 Hunter 和 Hunter（1984）一样高的信度。由 Hunter 和 Hunter 报告的参考检查研究综述了三个或更多前任雇主，并使用专业开发的量表来评估雇主评价。0.26 的相关性仅针对绩效评估中的测量误差导致的衰减进行校正。假定效度研究仅参考一位前任雇主的资料，并使用直接上级的绩效评估。如果在这两种情况下都使用了良好的评价量表，那么每个变量的信度预计最多为 0.60。由于两种信度相等，平方根也等于 0.77。因此，测量误差的衰减因子为：

$$\rho_o=a_1a_2\rho=0.77(0.77)\rho=0.60\rho=(0.60)(0.26)=0.156$$

该相关性通过双二分法衰减为：

$$\rho_{oo}=a_3a_4\rho=0.59(0.80)\rho_o=0.472\rho_o=(0.472)(0.156)=0.074$$

测量误差和二分法误差的净衰减是：

$$\rho_{oo}=0.60(0.472)\rho=0.283\ 2\rho$$

因此，0.283 2 的值是校正样本相关性的衰减因子。也就是说，校正的相关性 r 将是：

$$r_c=r_{oo}\ /\ 0.283\ 2=3.53r_{oo}$$

也就是说，必须使观察到的样本相关性增加三倍以上，以校正由测量误差和双重二分法产生的衰减。抽样误差同样会增加。对于 $N=100$ 的样本量，95% 的概率区间是：

$$0.08<r<0.44\text{（如果完美测量且没有二分）}$$

并且

$$-0.43<r_c<0.95\text{（如果相关性由测量误差和两个变量的二分法进行校正）}$$

因此，很明显，二分法和测量误差的组合可以大大减少样本（研究）相关性所传达的信息量。

有缺陷的自变量和因变量构念效度的测量

我们将构念效度的测量定义为其与应该测量的实际构念或特征的真实分数的相关性。如果路径分析允许简单的乘法衰减，则构念效度的情况类似于测量误差的情况（有关所需条件，请见第 2 章）。如果单独处理测量误差，那么构念效度缺陷的影响是将真实总体相关性乘以变量构念效度的衰减因子。如果两个变量都存在构念效度的缺陷，并且两个代理变量都满足路径分析要求，则效果是双衰减，即乘以两个构念效度的乘积。由于衰减效应是系统的，因此可以用代数方法来逆转。为了逆转相关性乘以常数的效果，我们将相关性除以相同的常数。因此，为了恢复具有完美构念效度的变量测量的相关性，我们将研究相关性除以两个构念的乘积。注意，对于完美的构念效度，我们除以 1.00，这使得相关性保持不变。因此，完美的构念效度是构念效度缺陷的特例。Schmidt 等人（2013）更详细地描述了这些概念。

例如，设自变量的构念效度为 a_1，因变量的构念效度为 a_2。构念效度缺陷的影响是将真实相关性乘以 a_1a_2 的乘积：

$$\rho_o=a_1a_2\rho$$

校正公式除以相同的衰减因子：

$$\rho_o/a_1a_2=(a_1a_2\rho)/a_1a_2=\rho$$

因此，校正的样本相关性是：

$$r_c=r_o/a_1a_2=(1/a_1a_2)r_o$$

它将标准差乘以相同的因子 $1/a_1a_2$。

构念效度缺陷的衰减效果与其他人为误差的衰减效果相结合。考虑另一个例子：

a_1=0.90=X 信度的平方根，r_{XX}= 0.81；

a_2=0.90=Y 信度的平方根，r_{YY}= 0.81；

a_3=0.90=X 的构念效度；

a_4=0.90=Y 的构念效度；

a_5=0.80= 在中位数分割 X 的衰减因子；

a_6=0.80= 在中位数分割 Y 的衰减因子。

6 项研究缺陷的总影响是：

$$\rho_o=(0.90\times0.90\times0.90\times0.90\times0.80\times0.80)\rho=0.42\rho$$

因此，即使是微小的缺陷性也会累积起来。如果真实相关性为 0.50，则研究总体相关性为：

$$\rho_o=0.42\rho=0.42\times0.50=0.21$$

整个减少了一半以上。校正相关性的公式是：

$$r_c=r_o/0.42=2.38r_o$$

因此，要恢复研究相关性的系统值，我们必须将相关性提高一倍以上。

人为误差的损耗

如第 2 章所述，人为误差的损耗通常可以视为因变量的范围变异。如果是因变量的范围变异而不是自变量，则数学上的处理与自变量的范围变异处理相同；我们只是改变变量 X 和 Y 的作用。据我们所知，没有元分析方法可以校正自变量和因变量的范围限制。但是，正如第 2 章所述，Alexander 等人（1987）开发的近似方法也是相当准确的，可以适用于元分析。迄今为止，据我们所知，还没有做到这一点。特别是在效度概化方面，通过合并使用间接范围限制校正（Hunter，et al.，2006）方法和 Alexander 等人（1987）的方法可能很重要，产生的组合准确性增强。更准确的效度估计可能会大得多（Hunter，et al.，2006）。

外生因素

如第 2 章所述，研究环境中易于校正的外生因素通常以与因变量的代理变量测量中的外生因素大致相同的形式进入研究设计的因果模型。在研究层次上，可以通过分解外生因素来校正研究相关性的效应。如果在原始分析中没有控制外生因素，则衰减因子为：

$$a=\sqrt{(1-\rho_{EY}^2)} \tag{3-22}$$

其中，ρ_{EY} 是外生因子和因变量之间的相关性。对研究相关性的效应影响是通过乘法因子来减弱总体相关性：

$$\rho_o=a\rho$$

该公式的倒数为：

$$\rho=\rho_o/a$$

得出样本相关性的校正公式：

$$r=r_o/a$$

标准误除以相同因子并相应增加。

另外，由测量误差导致的衰减，其数学原理与之相同。外生因子的影响可能与其他人为误差影响相结合。组合影响是将其他因素的衰减因子乘以外生因子的衰减因子。

偏差校正

如第 2 章所述，样本相关性中纯粹的统计偏差作为总体相关性的估计通常是微不足道的，并且很难对其进行校正。这就是表 3-1（或第 2 章的表 2-1）中没有列出这种偏差的原因。但是，我们提供计算来检查任何给定应用程序中的偏差大小。偏差的影响是系统性的，可以通过衰减乘数近似地获得。如果总体相关性小于 0.70（通常是这种情况），那么元分析的最佳衰减乘数就是线性衰减因子（Hunter 等，1996）：

$$a = 1-1/(2N-1) = (2N-2)/(2N-1) \tag{3-23}$$

这个衰减因子在元分析中最有用，因为它与总体相关性 ρ 无关。对于总体相关性大于 0.70（罕见情况）的应用，更精确的衰减因子为：

$$a = 1 - (1 - \rho^2) / (2N - 1) \tag{3-24}$$

考虑总体相关性大小时，请记住，在对人为误差产生向下偏差的任何校正之前，它是总体值。因此，它不可能大于 0.70。注意，如果使用前面的非线性衰减因子，那么由于外生变量引起的偏差校正应始终是最后的人为误差校正。在存在人为误差的情况下，衰减公式中的 ρ 将是针对所有其他人为误差衰减的总体相关性。

偏差对总体相关性的影响是系统性的减少：

$$\rho_o=a\rho$$

校正公式来自该公式的倒数：

$$\rho=\rho_o/a$$

得出：

$$r_c=r_o/a$$

标准误除以相同因子并相应增加。抽样误差的方差除以 a^2。

3.5 多种人为误差共存

表 3-1 列出了 11 个人为误差因素，其中 9 个可通过使用乘法衰减因子对其进行潜在的校正。另外两个是抽样误差，可以采用不同的校正策略，而不良的数据只有在可以识别和校正或丢弃它时才能校正（见第 5 章）。本节考虑多种人为误差共存的情况。可以隐含地理解为，

考虑自变量和因变量的范围变异会不会同时发生（Hunter，Schmidt，1987b）。因此，分析将包含最多 8 个乘数的人为误差。再次，人为误差的衰减是由研究设计的真实缺陷造成的。无论我们是否可以校正，都会发生真实相关性的衰减。

再次考虑构念效度一节中的 6 个人为误差的例子。人为误差的衰减因子是：

$a_1=0.90=X$ 信度的平方根，$r_{XX}=0.81$；

$a_2=0.90=Y$ 信度的平方根，$r_{YY}=0.81$；

$a_3=0.90=X$ 的构念效度；

$a_4=0.90=Y$ 的构念效度；

$a_5=0.80=$ 在中位数分割 X 的衰减因子；

$a_6=0.80=$ 在中位数分割 Y 的衰减因子。

6 项研究缺陷的总影响由总衰减因子决定：

$$A = (0.90)(0.90)(0.90)(0.90)(0.80)(0.80) = 0.42$$

如果研究的真实相关性为 0.50，则衰减的研究相关性仅为：

$$\rho_o=0.42\rho = 0.42(0.50)=0.21$$

如果样本量为 $N = 13$[⊖]，则线性偏差衰减因子为：

$$a_7=1-1/(2N-1)=1-1/25=0.96$$

因此，所有 7 个人为误差的总衰减因子为：

$$A=0.42(0.96)=0.40$$

衰减的研究总体相关性则为：

$$\rho_o=0.40\rho=0.40(0.50)=0.20$$

样本量为 26 时，未校正相关性的抽样误差方差为：

$$\mathrm{Var}(e_o)=\frac{[1-0.20^2]^2}{26-1}=0.036\,8$$

校正后的相关性抽样误差方差为：

$$\mathrm{Var}(e_c)=\frac{\mathrm{Var}(e_o)}{A^2}=\frac{0.036\,8}{0.40^2}=0.230\,4$$

因此，抽样误差标准差是 $\sqrt{0.230\,4}=0.48$。观察校正的相关性（r_c）的 95% 概率区间为：

$$-0.44 < r_c < 1.44$$

如果样本量增加到 $N = 101$，则校正的相关性的概率区间将缩小到：

$$-0.03 < r_c < 0.97$$

前面的例子是一个极端的例子，但并非不切实际。所有人为误差值都来自实证文献。这

⊖ 原书为“N=26”。——校者注

个例子表明，即使最好的小样本研究中也只有有限的信息。当这些信息被大量的方法性人为误差淡化时，研究中几乎没有任何信息。理想情况下，使用更好的方法进行研究将大大减少这些人为误差，从而剔除对大量统计校正的需要。然而，大多数方法性人为误差是由现场研究和实验室研究的可行性限制决定的。因此，研究者往往没有改进的余地。这意味着几乎总是需要进行统计校正，因此几乎总是需要通过使用大样本来大大减少抽样误差。

3.6 校正单个研究相关性的元分析

前面的部分例子表明，单个研究通常只包含非常有限的信息。抽样误差的随机效应是不可避免的。此外，研究设计中的其他人为误差影响通常由研究者控制之外的因素引起。因此，大多数研究中的信息被表 3-1 中列出的统计人为误差所稀释，并且可能还会被未来研究中尚未描绘和量化的人为误差进一步稀释。因此，只有结合各研究信息的累积研究，才能得出可靠的结论。传统的描述性综述显然不适合这项复杂的任务（见第 11 章）。因此，除元分析之外别无选择。如果假定唯一的研究人为误差是抽样误差，那么将使用本章前面给出的元分析技术。但是，如果确认了其他人为误差，并且有关人为误差的信息可用，那么一旦校正了研究人为误差，则通过元分析估计的值将更为准确。

表 3-1 中有三种人为误差。第一，有不良数据：记录、计算、报告和转录误差。如果误差太大以致得到的相关性是元分析中的异常值，则可以检测并剔除异常结果（见第 5 章）。否则，不良数据不会被检测到，因此不能被校正。第二，抽样误差存在非系统和随机效应。这种效应可以在元分析中剔除或至少大大减少。第三，该表包含 9 个本质上是系统性人为误差，即产生系统向下偏差的人为误差。这些我们称之为可校正的人为误差。对于每个可校正的人为误差，必须知道一个定量因子，以便校正该人为误差的研究相关性。给定相关研究领域的必要人为误差值，元分析可以校正该人为误差。

元分析中有三种情况：①对于所有的人为误差影响，每个研究中都会给出其人为误差数值；②在各种研究中，人为误差值只是偶尔给出的；③对于某些人为误差影响，每个研究都给出了其数值，但是其他人为误差影响数值偶尔可以使用。本章将介绍单个可用的人为误差信息的情况。第 4 章介绍了零星可用信息的情况，混合人为误差的信息是最后一种情况（即对于某些但不是所有人为误差可以利用的情况）。

现在，我们考虑几乎所有单个研究都可获得人为误差信息的情况。可以通过在给出信息的研究中插入均值来估计缺失的人为误差影响的数值。这是由 VG6 计算机程序自动完成的，稍后将对此进行介绍。此时，每项研究的每个人为误差值都可用。元分析分三个阶段：对每个研究进行计算；合并研究结果；在指定的研究领域，计算真实相关效应量的均值和方差估计。

单个研究的计算

每个研究的计算都是用于校正人为误差相关性的计算。我们从观察到的研究相关性和该研究的样本量开始。接下来我们收集该研究的每种人为误差信息。这些值放在表中，可以读入计算机文件。此分析可以通过 Windows 的程序 VG6 来执行（在附录中有介绍）。在当前版本中，这些程序可以从 Excel 中读取这些数据文件，从而使程序使用起来更加方便。

我们（和程序）接下来要做的就是进行人为误差校正的计算。在大多数情况下，每种可校正的人为误差的影响是将相关性减少某一个量，该量可以量化为小于 1.00 的乘法系数，我们称之为“衰减因子”。在这些情况下，可以通过简单地将单个的人为误差衰减因子相乘来计算所有可校正人为误差的净影响。这导致组合人为误差的衰减因子（产生）。将观察的研究相关性除以组合衰减因子，可以校正由这些人为误差引起的系统性降低的研究相关性。

对于每个研究，我们首先计算每种人为误差的人为衰减因子。用 a_1、a_2、a_3 等表示单独的衰减因子。几种人为误差的组合衰减因子是以下乘式：

$$A=a_1a_2a_3\cdots \tag{3-25}$$

我们现在可以计算校正的研究相关性 r_C。我们用 r_o 表示研究观察的相关性和用 r_C 表示校正后的相关性，则校正的相关性系数是：

$$r_C= r_o/A \tag{3-26}$$

r_C 的估计具有轻微向下的偏差（即负向偏差）（Bobko，1983），但是低估的程度是如此之小以至于微不足道。

为了估计抽样误差，有必要估计未校正的平均相关性。这是通过样本量对观察的相关性进行加权平均。校正的相关性中的抽样误差方差分两步计算。首先，计算未校正相关性的抽样误差方差。然后，计算校正后相关性抽样误差方差。未校正相关性的抽样误差方差 $\mathrm{Var}(e_o)$ 为：

$$\mathrm{Var}(e_o)=[1-\bar{r}_o^{\,2}]^2/(N_i-1)$$

这里，$\bar{r}_o$ 是研究中的未校正的平均相关性（Hunter，Schmidt，1994；Law，et al.，1994b），N_i 是所讨论的研究样本量。校正后的相关性抽样误差方差由下式给出（Hedges，1995）：

$$\mathrm{Var}(e_C)=\mathrm{Var}(e_o)/A^2 \tag{3-27}$$

其中，A 是该研究的组合人为误差的衰减因子。为简单起见，用 ve' 表示抽样误差方差。也就是说，定义 ve' 为：

$$ve'=\mathrm{Var}(e_C)$$

先前的抽样误差方差计算是对所有人为误差的校正。尽管如此，我们可以改进范围校正对抽样误差贡献的估计。由于范围变异的衰减因子本身包含相关性，因此相应的抽样误差的增加仅与衰减的导数成比例，而不是与衰减因子本身成比例。在许多情况下，这种差异很小。然而，可以使用更复杂的抽样误差方差公式来计算更准确的估计。使用前面的公式计算 ve' 的第一个估计值。标记第一个估计为 ve'。下面的公式是改进后的估计：

$$ve=a^2ve'$$

这里 a 由下面的公式计算：

$$a=1/[(U_x^2-1)r_o^2+1]$$

这是在直接范围限制的情况。在间接范围限制的情况下，我们使用相同的公式，但用 U_T 替代 U_X。考虑一个极端的例子：假定只在人员甄选研究中选择了能力分布的上半部分（即直接范围限制）。研究总体标准差比参考总体标准差因子 u_X=0.60 小。u_X 的倒数为 U_X=

1/0.60=1.67。若研究相关性（r_{o_i}）为 0.20，则 $a = 0.94$，改进的因子为 $a^2 = 0.88$。也就是说，该研究的抽样误差方差比使用简单衰减因子估计的小 12%。(见 Bobko，1983；关于 *ve* 的公式，得到的值基本上与这里给出的 *ve* 的公式相同。) 因此，对于每个研究 *i*，我们生成 4 个数字：校正的相关性 r_{c_i}，样本量 N_i，组合衰减因子 A_i 和抽样误差方差 ve_i。这些都是元分析中使用的数字。

组合研究

元分析通过平均抽样误差来减少抽样误差。因此，元分析中的一个重要步骤是计算某些临界均值：平均相关性，相关性方差（均值的平均偏差）和平均抽样误差方差。要做到这一点，我们必须决定给每个研究多少权重。

应该使用什么权重呢？元分析的第一步是对研究中的某些数字进行平均。这种平均可以通过几种方式完成。在平均校正的相关性中，对于样本量为 12 的研究，简单或未加权均值给予样本量为 12 的研究权重。然而，小样本研究中的抽样误差方差是大样本研究中的 100 倍。因此，Schmidt 和 Hunter（1977），Schmidt、Le 和 Oh（2009），Schulze（2004，2007）建议每个研究按样本量进行加权。Hunter 等人（1982：41-42）指出，当研究中的总体相关性变化很小或没有变化时，这是一种最优策略，这是“同质性”的情况（Hunter，Schmidt，2000）。他们指出，如果相关性在各研究中存在很大差异，则可能会出现问题。若元分析包含一项样本量非常大的研究，而所有其他研究的样本量都要小得多，则问题可能更严重。如果大样本量的研究在某种程度上是不正常的，那么，因为它主导了元分析，所以元分析也将是不正常的。这种情况在实践中很少出现。

Hedges 和 Olkin（1985，第 6 章）在技术细节上考虑了同质性情况。他们注意到该种情况的关键数学定理。如果总体相关性在研究中没有差异，则通过将每个研究与其抽样误差方差倒数加权来获得最佳权重。在未针对任何人为误差进行校正的相关性的情况下，抽样误差方差为：

$$\text{Var}(e_i)=(1-\rho_i^2)^2/(N_i-1)$$

因此，对于同质性情况的最佳权重将是：

$$w_i=\left(N_i-1\right)/(1-\rho_i^2)^2$$

由于总体相关性 ρ_i 未知，因此不能使用该最佳权重。尽管 Hedges 和 Olkin（1985）没有注意到它，即使在同质性的情况下，观察的研究相关性 r_{o_i} 替代研究总体相关性 ρ_i 也不会导致最准确的替代权重。如本章前面所述，更准确的替代方案是用平均观察的相关性 $\bar{r}_o$ 代替每个研究总体相关性 ρ_i（Hunter，Schmidt，1994；Law 等，1994b；见第 5 章）。由此产生的乘法项：

$$1/(1-\bar{r}_o^2)^2$$

对于所有研究都是一样的，它没有效应，可以放弃。也就是说，通过使用权重可以更容易地实现相应的加权：

$$w_i=N_i-1$$

正如 Hedges 和 Olkin 指出的那样，这与 Schmidt 和 Hunter（1977）建议通过样本量对每个研究进行加权有所不同：

$$w_i=N_i \tag{3-28}$$

前面的讨论是根据同质性情况（即 $S_\rho^2=0$）进行的。然而，正如本章前面所述，只要样本量与 ρ_i 的大小（总体相关性）不相关，这些权重对于异质性情况（即 $S_\rho^2>0$）也非常准确。除这种罕见的情况之外，N_i 的加权对于异质性情况以及同质性情况都非常准确（见：Hall，Brannick，2002；Schmidt，Oh，Hayes，2009）。基于广泛的计算机模拟研究，Schulze（2004）建议 N_i 在异质性和同质性情况下进行加权。这很重要，因为有些人认为在异质性情况下不应该用 N_i 来衡量（参见第 9 章关于研究权重的讨论以及第 5 章和第 8 章的固定与随机效应元分析模型）。

当一项或多项人为误差的校正差异很大时，更复杂的加权可以更好地利用研究中的信息。更多信息的研究应该比信息较少的研究更重要。例如，其中一个或两个变量被极端二分分割的研究应该比具有接近同质性的研究获得更少的权重。如果一项研究的信度非常低而第二项研究具有高信度，则情况尤其如此。

校正后的相关性抽样误差方差为：

$$\mathrm{Var}(e_c)=\left[\frac{(1-\rho_i^2)^2}{N_i-1}\right]/A_i^2$$

因此，每个研究的权重是：

$$\begin{aligned} w_i &= A_i^2[(N_i-1)/(1-\rho_i^2)^2] \\ &= \left[(N_i-1)A_i^2\right]/(1-\rho_i^2)^2 \end{aligned}$$

由于研究总体相关性 ρ_i 未知，因此必须进行一些替代。如前所述，最准确的替代是用平均观察的相关性 $\bar{r}_o$ 代替每个研究总体相关性 ρ_i（Hunter，Schmidt，1994；Lawet 等，1994b）。因为 $\bar{r}_o$ 是常数，所以具有与 ρ_i 同样的剔除效果，从而产生下列权重：

$$w_i=(N_i-1)A_i^2$$

反过来，这又与简单的权重有所不同：

$$w_i=N_iA_i^2 \tag{3-29}$$

也就是说，每个研究的权重是两个因子的乘积：样本量 N_i 和人为误差衰减因子 A_i 的平方。衰减因子是平方的，是因为用系数 $1/A_i$ 乘以相关性等于用 $1/A_i^2$ 乘以抽样误差方差。该加权方案具有期望的效果：在给定研究中，人为误差衰减越极端，分配给该研究的权重越小。也就是说，研究中包含的信息越多，其权重就越大。当对研究人为误差进行校正时，式（3-29）中显示的研究权重比通过样本量加权或通过抽样误差的倒数加权更准确。最佳研究权重的问题已在文献中广泛讨论。第 9 章将更详细地讨论这个问题。

考虑两个样本量为 100 的研究。假定：①两个变量都是以完全信度和无范围限制来衡量的；②两个研究中的总体相关性 ρ 是相同的；③因变量在研究中都是二分的。在研究 1 中，存在 50-50 的分割，因此真实的总体相关性 ρ 减少到 0.80ρ 的研究总体相关性。在研究 2 中，存在 90-10 的分割，因此真实的总体相关性 ρ 减少到 0.59ρ 的研究总体相关性。为了校正人为二分法造成的衰减，研究 1 观察相关性 r_{o1} 必须乘以 0.80 的倒数，也就是说，乘以 1 / 0.80 = 1.25：

$$r_1=1.25r_{o1}$$

因此，抽样误差方差乘以 1.25 的平方，即 1.25^2 =1.562 5。为了校正人为二分法造成的衰减，研究 2 观察相关性 r_{o2} 必须乘以 0.59 的倒数，也就是说，乘以 1/0.59 = 1.695：

$$r_2=1.695r_{o2}$$

因此，抽样误差方差乘以 1.695 的平方，即 1.695^2 = 2.873 0。在二分法和校正之前，两个相关中的抽样误差是相同的：抽样误差由同样的样本量（为 100）和同样的总体相关性 ρ_i 所暗示。然而，在二分法校正后，第二项研究的抽样误差方差为第一项研究中抽样误差方差的 2.873 0/1.562 5 = 1.839 倍。因此，第二项研究在元分析中仅得到 1/1.839 = 0.544 倍的权重。

通过公式分配给研究的权重是：

$$w_i=N_iA_i^2$$

那也就是：

$$w_1=100(0.802)^2=100(0.64)=64$$

并且

$$w_2=100(0.592)^2=100(0.35)=35$$

其中 64 / 35 = 1.83。因此，使用四舍五入，具有两倍信息的研究被赋予两倍的权重（1.00 对比 0.544）。

总之，在平均相关性中可以使用三种经典的权重类型。第一，人们可以忽略研究间质量（信息内容）的差异，并给予高误差研究和低误差研究同样多的权重。这是权重相等的情况，由 w_i=1 表示。第二，可以考虑不相等的样本量对质量的影响，但忽略其他人为误差的影响。这导致样本量加权 $w_i=N_i$。第三，可以考虑考虑 N_i 和其他人为误差的权重：$w_i=N_iA_i^2$。

我们建议使用最后的权重，因为它们对那些需要更大校正的研究权重较小，因此具有较大的抽样误差。这些权重在我们 Windows 的程序中用于分别校正相关性的元分析（在附录中描述）。

最终的元分析估计

一旦研究者校正了每个人为误差的研究相关性并确定了权重，就可以使用校正的 rs 计算三个元分析均值：

$$\bar{r}_c=\sum w_i r_{c_i}/\sum w_i \quad (3\text{-}30)$$

$$\mathrm{Var}(r_c)=\sum w_i[r_{c_i}-\bar{r}_c]^2/\sum w_i \quad (3\text{-}31)$$

$$\mathrm{Ave}(ve)=\sum w_i ve_i / \sum w_i \tag{3-32}$$

然后通过校正的平均相关性估计的实际平均相关性为：

$$\bar{\rho}=\bar{r}_c \tag{3-33}$$

实际相关性的方差由校正后的相关性的校正方差给出：

$$\mathrm{Var}(\rho)=\mathrm{Var}(r_c)-\mathrm{Ave}(ve) \tag{3-34}$$

若方差估计为正，则通过方差估计的平方根估计标准差。如果标准差实际为 0，那么此时方差估计将是负的一半。正如本章前面所讨论的，负方差估计表明实际方差为 0（另见第 5 章和第 9 章）。

间接范围限制的效度概化及例子

我们现在将考虑一个假定的但比较现实的效度概化例子来测试语言能力。在求职者组（非限制组）中计算的该测试的信度是 r_{XX_a} =0.85。表 3-6a 中所示的 12 项研究都是针对在职人员进行的，这些在职人员都是通过各种程序就业而来的，我们没有记录；因此，任何范围限制都是间接的。观察的相关性范围从 0.07 到 0.49，并且 12 个效度估计中只有 7 个具有统计显著性。表 3-6a 第二列中的 u_X 值均小于 1.00，表明存在间接范围限制。使用式（3-16），我们将这些 u_X 值转换为 u_T 值，如表 3-6a 所示。第一列工作绩效信度（r_{yy_i}）代表限制值（即在现有样本中计算的值）。这些 r_{yy} 是本例子中计算所需的值。r_{yy_a}——求职者组中的估计标准信度——仅用于一般信息目的 [这些值使用第 5 章中的式（5-20）计算]。表 3-6a 中的测试信度是受限制的（现任组）值（即 r_{XX_i}）。请注意，由于间接范围限制的影响，r_{XX_i} 值小于求职者组的值 r_{XX_a} =0.85[测试信度由式（3-17c）计算]。我们首先校正两个变量中测量误差的每个观察的相关性，然后使用范围限制校正公式中的 u_T 校正范围限制。这些校正的相关性显示在表 3-6a 的最后一栏中。用于得出这些假设数据的基础真实分数（构念层次）的相关性是 ρ= 0.57。然而，真实分数相关性高估了操作效度，因为在实际测试中，我们必须使用观察的测试分数来预测未来的工作绩效，并且不能使用求职者的（未知）真实分数。因此，用于生成此例子的基本真实效度是 $\rho_{xy_t}=\sqrt{0.85}\times 0.57=0.53$。在间接范围限制的情况下，元分析必须在范围限制校正之前校正两个变量中的测量误差 [技术原因在 Hunter 等（2006）中给出]。因此，元分析结果是真实分数（构念层次）相关性的结果。然后，事后获得操作效度的均值和标准差如下：

$$\text{平均操作效度：}\rho_{xy_t}=\sqrt{r_{XX_a}}(\rho) \tag{3-35}$$

$$\text{操作效度标准差：}SD_{\rho_{xyt}}=\sqrt{r_{XX_a}}SD_\rho \tag{3-36}$$

3.7　间接范围限制的例子

我们现在继续对例子中的数据进行元分析。我们的计算与计算机程序 VG6-I（用于间接范围限制）的计算相同（有关包含该程序的软件包的获取方式，请参阅附录）。我们按如下方式对每个研究进行加权：

$$w_i = N_i A_i^2$$

这些计算如表 3-6b 所示。每个研究的衰减因子最容易计算为未校正相关性与校正相关性的比率。对于研究 1：

$$A_1 = 0.35/0.80 = 0.43$$

因此，在最后一列中显示的研究 1 的研究权重是：

$$w_1 = 68 \times 0.43^2 = 68 \times 0.18 = 12.6$$

未校正的样本量加权平均相关性为 $\bar{r}=0.28$ 。因此，研究 1 中未校正相关性的抽样误差方差为：

$$\mathrm{Var}(e) = \frac{(1-0.28^2)^2}{67} = 0.012\,677$$

由于此假设例子中的所有研究都具有相同的样本量，因此这是每个研究未校正相关性中的抽样误差方差的估计值（表 3-6b 中未显示）。

可以以两种方式估计校正的相关性抽样误差方差。我们可以使用忽略范围限制校正的非线性的简单估计：

$$\mathrm{Var}(ve') = \mathrm{Var}(e)/A^2$$

对于研究 1，该值是：

$$\mathrm{Var}(ve') = 0.012\,677/(0.43)^2 = 0.068\,561$$

该估计值记录在表 3-6b 的“抽样误差方差”栏中。但是，通过使用校正转换的导数计算的校正因子，可以获得更准确的估计：

$$a_i = 1/[(U_{T_i}^2 - 1) r_{o_i}^2 + 1]$$

对于研究 1，标准差比为：

$$U_T = 1/u_T = 1/0.468 = 2.136\,8$$

因此，校正因子是：

$$a = 1/[(2.136\,8^2 - 1)(0.35)^2 + 1] = 1/1.436\,8 = 0.696\,0$$

因此，研究 1 中的抽样误差方差的准确估计是：

$$\mathrm{Var}(ve) = a^2/(0.068\,561) = 0.033\,212$$

计算结果如表 3-6b 中的“精益误差方差”一栏所示（附录中描述的 VG6 程序仅计算这种更准确的估计）。

同样，我们注意到校正的相关性由 r_c 表示。三个加权均值是：

$$\bar{\rho} = \bar{r}_c = 0.574$$

$$\text{Var}(r_c) = 0.034\ 091$$

$$\text{Var}(e) = 0.048\ 120（抽样方法）$$

$$\text{Var}(e) = 0.035\ 085（精益方法）$$

估计的平均真实分数相关性（0.574）非常接近实际值（0.570）。由于假设所有总体相关性相同，因此总体相关性的方差实际为 0。因此，抽样误差方差应等于观察方差。对于简单的估算方法，我们有：

$$\text{Var}(\rho)=\text{Var}(r_c)-\text{Var}(e)=0.034\ 091-0.048\ 120=-0.014\ 029$$

这正确地表明标准差为 0，但估计值不如我们想要的那么准确。对于精益估算方法，有：

$$\text{Var}(\rho)=\text{Var}(r_c)-\text{Var}(e)=0.034\ 091-0.035\ 085=-0.000\ 994$$

−0.000 994 更接近真值。再次，正确的指示真值为 0。因为 $SD_\rho= 0$，可信区间是 0.574 到 0.574。它的宽度为零。

表 3-6　假设对具有间接范围限制的人员甄选研究的元分析

a）假设的效度和人为误差影响信息

研究	$s_X/S_X(u_X)$	$s_T/S_T(u_T)$	测试效度（r_{XX_i}）	校标信度		样本量	观察的相关性	校正的相关性
				（r_{yy_i}）	（r_{yy_a}）			
1	0.580	0.468	0.55	0.80	0.86	68	0.35**	0.80
2	0.580	0.468	0.55	0.60	0.61	68	0.07	0.26
3	0.580	0.468	0.55	0.80	0.81	68	0.11	0.34
4	0.580	0.468	0.55	0.60	0.70	68	0.31*	0.81
5	0.678	0.603	0.67	0.80	0.81	68	0.18	0.39
6	0.678	0.603	0.67	0.60	0.67	68	0.36**	0.75
7	0.678	0.603	0.67	0.80	0.84	68	0.40**	0.73
8	0.678	0.603	0.67	0.60	0.61	68	0.13	0.33
9	0.869	0.844	0.80	0.80	0.82	68	0.49**	0.68
10	0.869	0.844	0.80	0.60	0.61	68	0.23	0.38
11	0.869	0.844	0.80	0.80	0.81	68	0.29*	0.42
12	0.869	0.844	0.80	0.60	0.63	68	0.44*	0.70

注：求职者组中的校标信度未在例子中使用。它仅用于提供信息。
* 表示 $p<0.05$（双尾），** 表示 $p<0.01$（双尾）。

b）元分析计算表

研究	样本量	衰减因子	抽样误差方差	精益误差方差	研究权重	校正的相关性
1	68	0.43	0.068 6	0.033 2	12.6	0.80
2	68	0.27	0.173 9	0.167 0	5.0	0.26
3	68	0.32	0.123 8	0.113 8	7.0	0.34
4	68	0.38	0.087 8	0.048 8	9.8	0.81
5	68	0.47	0.057 4	0.031 9	15.0	0.39
6	68	0.48	0.055 0	0.036 5	15.7	0.75

（续）

研究	样本量	衰减因子	抽样误差方差	精益误差方差	研究权重	校正的相关性
7	68	0.55	0.041 9	0.025 6	20.6	0.73
8	68	0.39	0.083 3	0.078 5	10.3	0.33
9	68	0.72	0.024 4	0.020 3	35.3	0.68
10	68	0.60	0.035 2	0.033 7	24.5	0.38
11	68	0.69	0.026 6	0.023 3	32.3	0.42
12	68	0.63	0.031 9	0.027 4	27.0	0.70

注：此表中的数字适用于校正的相关性。

校正相关性的所有方差都是由人为误差造成的，这一事实并不意味着平均估计值 0.57 中没有抽样误差。这个真实分数的相关性估计到底有多少不确定性？可以通过在其考察置信区间范围来解决此问题。该估计的标准误是校正的 *r*s 方差的平方根（方差 = 0.034 09；平方根 = 0.184 6）除以研究数量 k 的平方根（此处 $k = 12$）。该标准误为 0.184 6 / 3.46 = 0.053。因此，95% 置信区间从 0.57 − 1.96（0.053）到 0.57 + 1.96（0.053）或 0.47 到 0.67。因此置信区间是：

$$0.47 < 0.57 < 0.67$$

这个置信区间相当宽的原因是这个例子中只有 12 项研究（我们所有的例子都是基于少量的研究来保持计算的简单性）。通常，会有很多元分析超过 12 项研究。与置信区间不同，可信区间是基于校正的 SD（即 SD_ρ）。尽管置信区间的宽度为 0.67 − 0.47 =0.20，这里的可信区间是 0.57 到 0.57，它的宽度为零。通常使用 80% 的可信度；它的区间从均值以下 $1.28SD_\rho$ 到均值以上 $1.28SD_\rho$。元分析的可信区间和置信区间将在第 5 章和第 8 章中详细讨论。

可以使用程序 VG6 在计算机上执行分别校正每个相关性的元分析（有关软件包的说明，请参阅附录）。此程序具有单独的子程序，用于直接和间接范围限制的运算。在间接范围限制的情况下，如我们在此例子中所示，输入程序中的信度应该是受限制组中的信度 [如果输入无限制的自变量信度，程序将使用式（3-17）将它们转换为受限制的组值。使用者必须指出信度是受限制还是不受限制的取值]。两个变量的信度校正是在范围限制校正之前进行的（见 Hunter，et al.，2006）。若范围限制是直接的，则可以在范围限制校正之前进行因变量的信度校正，但是必须在范围限制校正之后使用无限制总体中的信度（r_{XX_a}）进行自变量的信度校正。其原因是对自变量的直接范围限制导致真实分数和测量误差在所选样本中（负）相关，因此违反了信度理论的关键假设（见：Hunter，et al.，2006；Mendoza，Mumford，1987）。在这些条件下，所选样本中自变量的信度是不限定的和不可以限定的；因此，必须使用在非限制样本中获得的估计值（r_{XX_a}）进行范围限制校正之后进行该校正。Mendoza 和 Mumford（1987）是首次指出这一重要事实的人。Hunter 等人（2006）将这种情况纳入早于他们的元分析程序中 [本书的最后一版（Hunter，Schmidt，2004）给出了直接和间接范围限制公式的完整推导过程；这个冗长的阐述在当前版本中不是必需的，因为这些方面的材料现在已经被 Hunter 等人（2006）发表在备受欢迎的顶级期刊中]。当然，如果元分析是效度概化研究，则无须校正自变量的信度，并且这种校正被简单地省略（在本书 1990 年版的第 3 章中，给出了一个在直接范围限制条件下分别校正相关性的概化效度元分析的例子）。更多细节，见 Hunter 等人

（2006）。

回到我们的例子，我们得到的校正平均相关性 0.57 没有估计真实效度，因为它已经针对自变量的测量误差进行了校正（预测变量测试）。0.57 是平均真实分数的相关性，而不是平均操作化效度（ρ_{xy_t}）。因为我们知道该测试在求职者（非限制）组中的信度（r_{XX_a}=0.85，如我们的例子开头所述），我们可以轻松地计算所需的操作性效度估计如下：

$$\rho_{xy_t}=\sqrt{r_{XX_a}}\rho$$

$$\rho_{xy_t}=\sqrt{0.85}(0.574)=0.53$$

$$SD_{\rho_{xy_t}}=\sqrt{0.85}SD_\rho$$

$$SD_{\rho_{xy_t}}=\sqrt{0.85}(0)=0$$

同样，这两个值都是校正的。虽然我们需要对人员甄选中的应用工作进行操作效度估计，但理论研究（理论测试）需要的是 0.57 的构念层次相关性。人员甄选范围之外的大多数元分析都是理论导向的，因此应该针对自变量和因变量测量校正测量误差。接下来，为了进行比较，我们提出了观察的相关性（基本元分析）以及完全校正的相关性（完整的元分析）的抽样误差的校正。比较结果如下：

未校正的相关	**完全校正的相关**
$\bar{r}_o$=0.28	$\bar{r}_c$=0.57
σ^2_{ro}=0.017 033	σ^2_{rc}=0.034 091
σ^2_e=0.012 677	$\sigma^2_{e_c}$=0.035 085
$\sigma^2_{\rho_{xy}}$=0.004 356	$\sigma^2_{\rho_{TU}}$=－0.000 994
$SD_{\rho_{xy}}$=0.07	$SD_{\rho_{TU}}$=0

可以使用基于 Windows 开发的 VG6-I 程序检查这些结果（有关该程序的获取方式，请参阅附录）。程序结果与此处计算的结果相同。未校正相关性的结果显示误差均值为 0.28（相对于 0.57 的真值）和 0.07 的标准差（相对于实际标准差为 0）。作为用于生成这些假设数据的实际效应量相关性的估计，基本元分析非常不准确。但是，未校正的相关性元分析中的误差与已知的人为误差完全一致。平均衰减因子是 0.494（将用于未校正相关性元分析的权重，即通过样本量加权）。然后预计的平均相关性将从 0.57 降低到 0.494（0.57）= 0.282，这与平均未校正的相关性相匹配。对表 3-6b 中的检查显示了研究的人为误差值的变异导致的衰减因子的显著变化。在对标准差的基本元分析中，研究中 0.07 的变异都是人为的；也就是说，即使在校正抽样误差之后，由于范围限制和测试以及校标不可靠性的差异，未校正的相关性因研究而变化。

如果将未校正的相关性中超过抽样误差部分的方差解释为存在真实的调节变量，则这是一个实质性解释错误。但是，如果适当地注意到除抽样误差之外没有对人为误差进行校正，并且剩余的变异可能是由于这种人为误差导致，那么将避免实质性误差。这意味着：如果除抽样误差之外，没有对研究人为误差的校正，即使是元分析评论也不能避免出现关键错误。

而这些人为误差几乎存在于每个研究领域。

在该例中，使用 Hunter 等人（2006）的程序进行间接范围限制的校正（在 VG6-I 程序中编程）。这种间接范围限制的校正方法是基于这样的假设：存在于因变量（*y*）上的任何范围限制都是对自变量（*x*）的范围限制的完全中介（即由其导致）。这意味着第三个变量（称为 *s*）的范围限制不是造成 *y* 的范围限制的直接原因；第三个变量仅直接导致 *x* 的范围限制。如 Hunter 等人（2006）所述，在大多数情况下，这种假设可能会存在（或保持足够近似）。但是，也存在与此假设严重相悖的情况，运用 Hunter 等人（2006）的校正方法就会降低结果的准确性（Le，Schmidt，2006）。最近在 Bryant 和 Gokhale（1972）的早期著作的基础上，开发了一种校正元分析间接范围限制的方法，该方法不需要这种假设（Le，et al.，2013）。然而，该方法要求使用者知道因变量（*y*）的范围限制比（*u*），这是 Hunter 等人的方法所不需要的。在人员甄选中，*y* 测量的是工作绩效，并且其在求职者总体中的 *SD*（即其不受限制的 *SD*）实际上不可能估计。因此，这种校正方法不能用于因变量是工作绩效或工作中其他行为的研究。更一般地说，它不能用于因变量测量，因为在更宽泛的总体中这种数据并不存在，而这些数据允许对不受限制的 *SD* 进行计算。这包括心理学研究中使用的许多类型的行为测量。但是在侧重于心理或组织构念之间关系的研究中（例如，在工作满意度和组织承诺之间），有可能基于一些更宽泛的总体 *SD*（例如，来自国家规范或者劳动力规范）来估计因变量所需的比率 *u*。在这种情况下，Le 等人（2013）的方法可以使用，并且 Le 等人（2013）介绍了此类应用的示例。如果这样的数据集严重违反了 Hunter 等人（2006）方法的基本假设，则 Le 等人（2013）的方法将比 Hunter 等人的方法产生更准确的结果。然而，在本书对间接范围限制进行校正的元分析中，我们应用了 Hunter 等人（2006）的方法，因为这种方法适用于更多情况，并且它的基本假设很少被违背。

这种元分析方法通常不能使用，在这种方法中，每项研究的相关性都被分别校正以减弱人为误差。原因很明显：许多研究集未能提供所有必需的人为误差信息。对于大规模元分析的例子，这种方法可以并且已经被应用，参见 Carlson 等人（1999）和 Rothstein 等人（1990）的研究。这些研究都是有许多雇主参与的联合体验证工作。已经进行了许多这样的联合研究（例如：Dunnette，et al.，1982；Dye，1982；Peterson，1982）。本章描述的元分析方法可以应用于这些研究的数据。另一个元分析的例子是 Judge 等人（2001）的研究，他们将工作满意度与工作绩效联系起来，并分别对相关性进行了校正。

当没有范围限制（由此不需要对范围限制进行校正）时，分别校正每个相关性的元分析比这里给出的例子简单得多。当没有范围限制时，通常只有抽样误差和测量误差是可以进行校正的人为误差。在这种情况下，不必考虑范围限制对信度的影响。也就是说，不存在限制和非限制组中信度之间的区别。此外，我们的例子中不需要使用特殊步骤来计算校正相关性的抽样误差方差的“精益”估计。因此，使用计算器或电子表格可以更容易地计算这种元分析。但是，对于这些更简单的元分析，仍可以使用相同的计算机程序（VG6）。当交互式程序询问该问题时，使用者仅需要指示没有范围限制。程序输出表示与存在范围限制的情况相同的相关统计（例如，SD_ρ）的估计。

现已推出 Hunter-Schmidt 元分析程序的 2.0 版。这个程序的修订版本更容易使用，也更方便。这个版本有 14 大改进。例如，这些程序现在允许研究者直接将 Excel 和其他文件导入程序，而不是手动输入所有数据。现在的变化使得通过分组研究更容易进行调节分析。现在还有一个子程序允许人们检查发表偏差（参见第 13 章）。这些以及其他程序的改进在本书的附录中有详细介绍。

除本章描述的方法之外，Raju、Burke、Normand 和 Langlois（1991）还开发了对人为误差分别进行校正的相关性元分析程序。他们的程序考虑了信度估计中的抽样误差。这些程序已被纳入名为 MAIN（Raju，Fleer，1997）的计算机程序中，该程序可从 Burke 处获得（电子邮件：mburke1@tulane.edu）。目前，该程序的设置假定始终是直接范围限制，但可以在将来进行修改，以纳入本章所述的间接范围限制的校正。在撰写本文时，计算机程序 Comprehensive Meta-Analysis（由 Biostat 出版；www.metaAnalysis.com）不允许对测量误差和其他人为误差进行校正，因此不包含用于分别校正相关性元分析的子程序。但是，此功能可能会添加到该程序的更高版本中。关于元分析可用软件的进一步讨论可以在第 11 章中找到。

3.8　校正单个研究相关性元分析的小结

相关性受到许多人为变异的影响，我们可以在元分析中加以校正：抽样误差的随机效应和可校正的人为误差产生的系统性衰减，例如测量误差、二分法、构念效度缺陷或范围变异。每项实证研究基本都可以找到抽样误差和测量误差，因此，完整的元分析应该校正这二者。有些领域的研究不会受制于大量的范围变异，但是在甄选学科的领域，例如人员甄选研究和志愿者自我选择研究中，范围限制的影响可能与测量误差的影响一样大。二分法产生的方差衰减甚至大于大多数领域中测量误差对方差产生的影响。但是，测量误差常有，而二分现象不常有。若不对这些人为误差进行校正，则会导致对平均相关性的大量低估。如果不能控制这些人为误差的变异，就会导致夸大总体相关性方差，因此，在没有调节变量的情况下，可能存在错误的论断。

有些人主张一种不同于在人为误差的元分析中校正每个相关性的方法。在这种替代方法中，每个研究的信度、范围限制的取值、二分法和其他人为误差被编码，并作为元回归的潜在调节变量进行测试（Borenstein，et al.，2009，第 38 章）。人为误差统计上显著的元回归系数表明，该人为误差影响观察的相关性。这种方法的问题是，在没有进行显著性检验之前，我们事先就知道这些人为误差会有影响。在这方面，这种方法的主要问题是统计功效低（Hedges，Pigott，2004），因此，我们经常得出这样的错误结论：人为误差对观察的相关性没有影响。另一个问题是，该方法不产生平均校正的相关性及其 *SD* 的估计。本章介绍的方法没有这些问题。我们在第 9 章讨论了元回归的局限性和相关问题。

所有元分析都可以针对抽样误差进行校正。为此，我们只需知道每个样本相关性 r_i 的样本量 N_i。仅对抽样误差进行校正的元分析被称为基本元分析。然而，在该分析中，所分析的相关性是未完全测量的变量之间的相关性（因此被测量误差系统性地降低），相关性可以在受限而不是参考总体样本上计算（因此相关性因范围变异而产生偏差），相关性可以通过二分法大大减弱，并且如果每个研究中的构念效度都是完美的，那么相关性可能要小得多。因此，基本元分析的平均相关性是对所需平均相关性的偏差估计，即一项没有因科学资源有限而产生缺陷的研究相关性（Rubin，1990）。尽管基本元分析中的方差是针对抽样误差进行校正的，但由于它包含测量误差的差异、测量变异性的差异（如有）、二分法中分割末端的差异（如有）

和构念效度的差异引起的方差，因而它仍向上偏移。因此，基本元分析方差通常是一个对实际方差很差的估计。

对于任何人为误差，若每个研究都可获得所需的人为误差信息，则可以针对该人为误差分别校正每个相关性。然后，可以通过元分析来分析校正的相关性，以此剔除抽样误差的影响。本章介绍了这种形式元分析的详细程序：对人为误差的影响分别校正的相关性元分析。在大多数要进行元分析的研究中，这些完整的人为误差信息将无法获得。然而，随着期刊对数据报告实践的改进，这样的研究将会越来越多。在三种已经有这种信息的情况下（Carlson，et al.，1999；Dye，1982；Rothstein，et al.，1990），这种形式的元分析发现，几乎所有相关性之间的研究差异都是人为误差造成的。然而，如果研究间相关性的完全校正方差远远大于 0，则表明存在调节变量，那么可以通过亚组分析来检查合适的潜在调节变量（如 Judge，et al.，2001 中所做的）。也就是说，对每个亚组分别进行元分析。或者，可以对潜在调节变量的研究特征进行编码并与研究相关性相关联。本章描述了这两种调节变量的分析方法。

在许多研究中，某些研究提供了有关特定人为误差的信息，但在其他研究中则没有。由于缺少一些（通常很多）人为误差信息，所以不可能针对每个人为误差的衰减效应完全校正每个研究的相关性。然而，有可能进行准确的元分析，以校正所有人为误差的最终元分析结果。这是通过使用从研究中编译的人为误差效应分布来完成的，这些研究确实提供了关于该人为误差的信息。这些元分析方法是下一章要讨论的重点。

练习 3-1

基本元分析：仅校正抽样误差

这些是真实的数据。洛杉矶的一家精选心理服务咨询公司（PSI）进行了一项由 16 家公司参与的联合研究。这些公司来自美国各地和各行各业。

观察的 PSI 数据

公司	N	四项测试的总和观察效度
1	203	0.16
2	214	0.19
3	225	0.17
4	38	0.04
5	34	0.13
6	94	0.38
7	41	0.36
8	323	0.34
9	142	0.30
10	24	0.20
11	534	0.36
12	30	0.24
13	223	0.36
14	226	0.40
15	101	0.21
16	46	0.35

这项工作是中级文书工作，一个研究的量表是对 4 个公文测试的综合评分。标准是基于专门为本研究开发地对工作绩效进行评价的量表。所有 16 家公司都使用相同的量表。

以下是样本量和观察的相关性。进行元分析时仅校正抽样误差（即基本元分析）。请记住在公式中使用 $\bar{r}$ 的抽样误差方差。解决以下问题并解释相关内容：

1. 平均观察相关性（$\bar{r}$）

2. 观察的 SD 和方差（SD_r 和 S_r^2）

3. 期望的抽样误差方差

4. 校正的 SD 和方差（$SD_{\rho_{xy}}$ 和 $SD_{\rho_{xy}}^2$）

5. 方差百分比占比由抽样误差和抽样误差与观察的相关性之间的相关性来解释

6. 如果所有观察方差都是抽样误差导致的，那么你对这些相关性期望的 SD 会是什么？

7. 在进行这项元分析之前，还需要进行哪些额外的校正（超出本练习的范围）？为什么？这些校正会产生什么影响？

为了最大限度地学习，你应该使用计算器进行此练习。尽管如此，它也可以使用我们的任何一个计算机程序进行相关性的分别校正（VG6-D 和 VG6-I）。这两个程序都提供了基本元分析的结果。你必须输入 1.00 表示 μ_X、$r_{xx'}$ 和 $r_{yy'}$ 的所有值。在此，我们应该讲清楚，基本元分析存在这样一个不现实的假设，即没有信度偏差和范围偏差。有关这些程序的说明，请参阅本书附录。

练习 3-2

分别校正每个研究相关性的元分析

在图书馆或在线查找以下期刊文章并制作个人副本：

Brown, S. H. (1981). Validity generalization and situational moderation in the life insurance industry. Journal of Applied Psychology, 66, 664–670.

Brown 分析了他的数据，好像它是毫无瑕疵的。换言之，即使他具有针对每个观察的效度系数的校标信度值和范围限制值，但他没有分别校正每个观察的相关性。相反，他使用了罕见的数据方法；也就是说，他使用了人为误差分布元分析（请见第 4 章）。为了公平评价他，在他进行分析的时候，我们还没有发表过分别校正每个相关性方法的文章。

假定他的数据中的范围限制是直接的，通过校正他的研究数据中每个观察值的效度来重新进行元分析。在第一个元分析中，仅通过样本量（初始加权方法）对每个研究进行加权（此分析不能使用 VG6-D 程序运行，因为它不会被 N_i 加权）。然后，再次进行元分析，按照本章所述对每个研究进行加权，这样可以使用程序 VG6-D（即用于分别校正相关性的程序；限定范围限制是直接的）来完成加权分析。该程序在附录中有详细介绍。对于每组分析，请分别为 A 组和 B 组公司以及组合数据报告以下内容：

1. 平均真实效度

2. 真实效度的标准差

3. 第 10 个百分位的值

4. 解释方差百分比占比以及人为误差效应与观察的相关性之间的相关性

5. 观察的校正效度的标准差

6. 以人为误差预测的标准差

7. 研究的个数（按类别来计算）

8. 所有研究的总体样本量（N）

按照此处给出的顺序（标有列标记），在第 1 列到第 8 列中显示这些项目。（每个元分析结果就是表格的一行。）将你的值与 Brown 在每种情况下获得的值进行比较（注意：Brown 没有计算第 10 个百分位的值，但你可以根据他在研究中给出的信息来计算他的数据的值。在这个计算中要小心使用适当的 SD_ρ：使用 SD_ρ 表示真实效度，而不是 SD_ρ 表示真实分数的相关性）。当这两种不同的元分析方法应用于同一数据时，得出的结论有何不同？除样本量之外，其他人为误差对每个研究的加权结果有何影响？为什么你认为是这种情况？你的结果是否支持 Brown 的初始结论？

练习 3-2 计算表

按样本量加权

	1	2	3	4	5	6	7	8
	平均真实效度	*SD* 真实效度	第 10 个百分位	方差 % 占比	SD_{obs} 校正的效度（SD_{rc}）	以人为误差预测的 *SD*	*K*	*N*
组合								
组 A								
组 B								

按 $N_iA_i^2$ 加权

	1	2	3	4	5	6	7	8
	平均真实效度	*SD* 真实效度	第 10 个百分位	方差 % 占比	SD_{obs} 校正的效度（SD_{rc}）	以人为误差预测的 *SD*	*K*	*N*
组合								
组 A								
组 B								

数据来自 S.H. Brown（1981）

	1	2	3	4	5	6	7	8
	平均真实效度	*SD* 真实效度	第 10 个百分位	方差 % 占比	SD_{obs} 校正的效度（SD_{rc}）	以人为误差预测的 *SD*	*K*	*N*
组合								
组 A								
组 B								

第 4 章

CHAPTER 4

基于人为误差分布的相关性元分析

4.1 引言和基本概念

上一章假设每个研究中每个相关性都可以针对人为误差进行校正。然而，元分析中的每个研究通常没有提供所有人为误差的信息，这些信息是进行衰减校正所必需的。在任何给定的元分析中，可能只有几种人为信息偶尔可用。事实上，除了抽样误差，所有的人为误差都可能是这样的。例如，假设测量误差和范围限制是除抽样误差之外唯一有关的人为误差。在这种情况下，元分析分三个阶段进行。第一，这些研究被用来汇编关于 4 种分布的信息：观察的相关性分布及其样本量、自变量的信度分布、因变量的信度分布以及范围偏差的分布（即 u 值）。第二，对相关性分布进行抽样误差校正。这一步是基本元分析，如 3.2 节所述。第三，针对校正后的抽样误差分布，分别进行测量误差、范围变异或其他人为误差校正。这种完全校正后的分布是元分析的最终结果（除非数据是通过亚组分析来测试调节变量）。因此，基于人为误差分布的元分析广义概念的轮廓非常简单。然而，在这里，第三步需要许多统计方面的考虑。这些将在本章中讨论。

有个重要的观点要在一开始就提出来。一些人批评了当每个研究没有完整的人为误差数据时使用人为误差分布元分析。这种批评的问题是，其唯一的选择是对测量误差和范围限制不做任何校正。而元分析的唯一选择将是基本元分析（bare-bones meta-analysis）（即只对抽样误差进行校正）。很明显，在行为科学、社会科学和其他学科研究文献的元分析中，这个选择大大低估了平均真实分数的相关性。正如我们在本章中详细展示的那样，人为误差分布元分析不仅避免了这种存在严重偏差的元分析结果，而且产生了相当准确的结果。这是必须谨记的。另外一些人还认为，改善初始研究的报告实践（即每个研究中人为误差的完整报告）使得人为误差分布的元分析没有必要进行。事实上，报告实践并没有改进到那种程度。更重要的是，大量过去的研究文献需要纳入元分析，这些较老的研究通常不包括信度和范围限制的信息，需要允许分别校正每个效应量。Le（2003）在一项计算机模拟研究中发现，即使只有20%的研究报告了人为误差的信息，人为误差分布元分析的结果仍是相当准确的。

在本章4.2节中，我们考虑了这样一种情况：所有人为误差（抽样误差除外）的信息只在研究中偶尔可用。也就是说，除样本量之外，没有任何人为误差信息在每个研究中都可以提供。因此，校正除抽样误差之外的每种人为误差，都是通过使用人为误差值的分布来完成的，这个值是由人为误差信息的研究汇编提供的。一些人为误差的信息可能来自不存在任何研究相关性的研究。例如，测量自变量和因变量量表（如广泛使用的工作满意度或工作承诺量表）的信度可以从这些研究中得到。个性、兴趣和能力倾向的测试手册也可以提供此类信息。

在4.2节中，我们考虑了混合情况。在混合情况下，每个研究都提供一个或多个人为误差的信息，而其他人为误差信息在许多（不是所有）研究中都是缺失的。例如，所有研究都可能提供关于自变量信度和因变量二分法的信息，但是只有零星的其他人为误差信息。在本例中，首先针对有完整人为误差信息的研究进行相关性校正，并为每个部分校正的相关性计算调整后的样本量。最后，这些信息连同零星可用的人为误差分布，被用于计算元分析，这通常使用计算机程序进行。此步骤将生成最终元分析结果（除非存在后续的调节变量）。

一个重要的考虑因素是：用于校正测量误差在数据中导致的偏差的信度估计。使用适当类型的信度估计非常重要。使用不适当的信度估计类型会导致测量误差的校正不全面。如果是这样的话，元分析报告应该解释测量误差的偏差效应仅得到部分校正。在第3章中给出了选择适当信度估计的详细指南。读者可以参考该指南。

4.2 完整人为误差分布的元分析

在完整的人为误差分布元分析中，除了抽样误差外，没有任何研究能够给出所有人为误差的信息。在这种形式的元分析中，最初或中期的元分析是对未校正的（观察的）研究相关性进行元分析，也就是基本元分析。问题是：如何校正未校正的相关性的均值和标准差，使其不受人为误差的影响呢？如果研究没有设计缺陷，我们如何将观察的平均相关性恢复到本来的值？我们如何减去由不同研究间的人为误差值的方差产生的研究相关性变异？本章将讨论这些问题。

在直接范围限制的情况下，这种形式的元分析中使用的方法是假设人为误差参数为：①相互独立；②独立于实际的总体相关性。对人为误差本质的考察表明：在直接范围限制的情况下，这些独立性假设是合理的；大多数人为误差的值不是科学选择的问题，而是情景和资源约束的函数。通常，不同人为误差的实际约束彼此关系不大。例如，因变量可能是观察者的评分，而自变量则是一种商业上的人格特质量度。这两种信度不太可能相互关联［见Pearlman等（1980），Schmidt、Pearlman、Hunter（1980），关于人为误差是独立分布的全面讨论］。此外，Raju、Anselmi、Goodman和Thomas（1998）在一项直接范围限制条件下的计算机模拟研究中发现，违反独立性假设对元分析结果的影响可以忽略不计，除非人为误差与潜在的总体相关性有关（这是一种不太可能发生的事件）。在这种不太可能的情况下，平均真实分数的相关值是准确的，而*SD*的估计值太大（Raju，et al.，1998），从而产生了可信区间（credibility intervals）的保守估计（区间太宽）。因此，在直接范围限制的条件下，违反独立假设似乎不会造成严重的问题。然而，这里需要注意两点。第一，在间接范围限制条件下，人为误差之间的独立性假设不成立。Hunter 等人（2006）从技术上解释了这一现象的原因。当存在间接范围限制时，人为误差实际上是紧密相关的。然而，在间接范围限制条件下，尽管违反了独立性假设，但通过计算机模拟研究发现，本章所描述的交互元分析程序是准确的（Le，Schmidt，2006）。第二，严格地说，在直接范围限制的情况下，人为误差相互独立的假设只适用于研究的整体，而不一定适用于元分析中包含的研究样本，特别是在研究数量较少的情况下。对于目前的研究，独立性只满足于二阶抽样误差。也就是说，随着研究数量的增加，独立性假设将变得更加有效。偶尔（即抽样误差）在少数研究的元分析中，独立性假设可能在相当大的程度上被违背。然而，在少数研究的元分析中，二阶抽样误差（见第 9 章）是一个比违反独立性假设更为严重的问题。

假定有一些人为误差的零星信息，譬如自变量信度。一些研究报告了信度，而其他研究则没有。事实上，正如之前所指出的那样，我们可以在研究中获得某些量表的信度估计，这些研究从未使用元分析中研究的因变量，即在初始研究领域之外的研究中，获得一些（因变量）量表的信度估计。自变量构念效度的数据可能主要来自元分析研究领域之外的研究。对于可用的人为误差数值，我们可以使用人为误差信息（例如，在该研究中报告我们的自变量信度）来计算该人为误差的衰减因子（用 a 表示自变量信度的平方根，b 表示因变量信度的平方根）。然后，可以在研究中汇总这些衰减因子值，以生成该人为误差的分布。对这种分布的检验可以提供一些信息。然而，现有人为误差分布的元分析计算机程序不需要计算 a 和 b 的值；它们允许直接输入信度系数。信度概化研究领域已经为研究中使用的许多不同的测量产生了信度分布（Botella，Suero，Gambara，2012；Sanchez-Meca，Lop ez- Lopez，Lopez-Pina，in press；Vacha-Haase，Thompson，2011）。这些信度分布是可靠的人为误差分布的良好来源，可用于人为误差分布的元分析。

考虑将要进行的元分析的性质，对未校正的相关性进行元分析是有研究价值的。对于几个可校正的人为误差中的每一个，都有一个人为误差值的分布。然后，用这些人为误差值的分布去校正那些受人为误差影响的初始元分析。

人为误差分布元分析的早期方法

这本书的 2004 版为指导人为误差分布元分析提出了各种不同的公式和方法。这些方法包括非交互式方法（见：Pearlman，et al.，1980；Schmidt，Gast-Rosenberg，Hunter，1980；Schmidt，Hunter，Pearlman，Shane，1979），Callender 和 Osburn（1980）的乘数方法，Raju 和 Burke（1983）的两个泰勒级数方法（TSA 1 和 TSA 2），Raju 和 Drasgow（2003）的最大似然方法，Hunter 和 Schmidt（2004）的乘数差异方法。最后一种方法在本书中有详细阐述。然而，结果证明它并不像后面描述的替代方法那样准确。

计算机模拟研究表明，除 Raju 和 Drasgow（2003）的方法之外，所有这些方法都足够准确，可以在直接范围限制的条件下进行操作（Callender，Osburn，1980；Law，Schmidt，Hunter，1994a，1994b；Mendoza，Reinhardt，1991；Raju，Burke，1983）。这些方法都依赖于人为误差之间独立性假设，因此当范围限制是间接的时候，它们是不准确的。计算机模拟研究表明，在直接范围限制条件下，具有提高精度的改进的交互式方法比其他方法更准确

（Law，et al.，1994a，1994b）。此外，计算机模拟研究也表明，在校正间接范围限制时，交互式方法可以对平均校正（真实分数）相关性及其标准差进行准确估计（Le，Schmidt，2006）。鉴于这些事实，我们在 Schmidt 和 Le（2004，2014）的计算机程序中（在本书附录中描述），将交互式方法与基于人为误差分布的元分析方法进行结合。由于这些优点，我们将在本章重点介绍交互式方法的性质和用法。

除了交互式程序外，附录还介绍了其他元分析程序：用于分别校正相关性的程序、分别校正 *d* 值的程序，以及用于 *d* 值的人为误差分布元分析的程序。这个程序包的 2014 年版本（2.0 版）包含了许多改进，现在可以将 Excel 文件导入这些程序。除信度之外，所有的程序现在都提供了置信区间。目前，纳入元分析的研究数量上限已经提高到 1 000 项，还进行了其他一些改进，使程序更容易使用。附录中包含了这些改进的完整清单。

交互式方法

交互式方法最初由 Schmidt 等人（1980）提出，在 Schmidt、Hunter 和 Pearlman（1981）及 Law 等人（1994a，1994b）的研究中得到了进一步发展。交互式方法的计算过程是复杂的，是通过计算机程序来完成的。交互式方法与非交互式方法和其他过程的不同之处在于，由于在效标信度、测试效度和范围限制方面的研究差异而产生的方差是同时计算的，而不是按顺序计算的。在直接范围限制或没有范围限制的情况下，这个组合步骤可以总结如下：

1. 计算观察的相关性样本量加权均值 $\bar{r}$ ，并使用这些人为误差的均值对校标的不可靠性、范围限制不可靠性和测试不可靠性进行校正。结果是 $\bar{\rho}_{TU}$ ，即估计的平均真实分数相关性。

2. 创建一个三维矩阵，其中的单元表示来自范围限制 *u* 值、自变量信度和因变量信度的人为误差分布的所有可能组合。例如，如果人为误差分布中有 10 个不同的 *u* 值，15 个不同的 r_{xx_α} 值，9 个不同的 r_{yy_α} 值，那么单元格的数量是 $10 \times 15 \times 9 = 1\,350$。通常，单元格数量足够大，使得用计算器执行步骤 3 和步骤 4 中描述的计算变得不切实际。因此，交互式方法是通过计算机软件来实现的。

3. 对于每个单元格，衰减 $\bar{\rho}_{TU}$ 以计算该人为误差组合观察系数的期望值。在每个单元格中，完全校正后的平均相关性 $\bar{\rho}_{TU}$ 将衰减到不同的值。

4. 计算各单元系数的方差，根据单元频率对每个单元值进行加权。单元格频率由人为误差层次的频率决定；由于假设范围限制值（u_x 值）与（求职者数）的信度不相关，且自变量和因变量的信度也相互独立，因此共同（单元格）频率是三个边际频率的乘积（回想一下，在每个人为误差分布中，每个人为误差值都有一个关联的频率）。如果真实分数相关性（ρ_{TU}）是常数，并且在所有研究中 *N* 为无穷大（即没有抽样误差），单元格相关性的计算方差则是观察的系数的方差，并由校标和测试信度的差异以及范围限制的差异产生。这个值为 S^2_{art} 。

5. 计算观察的相关性样本量加权方差（S^2_r），并从该值中减去抽样误差的期望方差（S^2_e）和第四步计算的方差 S^2_{art} 。由此产生的残差（S^2_{res}）是人为误差没有考虑的量。这个值的平方根是残差标准差（SD_{res}）。然后用平均观察的相关性（$\bar{r}$）和 SD_{res} 描述残差分布。

6. 针对测量误差和范围限制造成的向下偏差，对残差分布中的每个值进行校正。如果没有范围限制，则只需将 *r* 除以两个信度均值的乘积（即通过 *ab*）进行校正。这是可能的，因为假设这两组信度是相互独立的，测量误差校正是线性校正。然而，范围限制的校正不是线性校正。它是非线性的，因为这种校正使小的相关性比大的相关性增加了更大的百分比。交互式方法（INTNL 程序）做到了这一点（在第 5 章中有更详细的解释）。其均值是 $\bar{\rho}_{TU}$、标准差是 SD_ρ。然后可以使用这两个值计算可信区间。例如，80% 可信区间包含总体真实分数相关性分布中 80% 值的中间值。如果要寻找调节变量，通常需要对研究进行分组，然后在分组研究上重新运行 INTNL 程序。

由于直接范围限制和间接范围限制的校正顺序不同，因此有两个单独的交互式计算机程序：直接范围限制的 INTNL-D 和间接范围限制的 INTNL-I。主程序要求使用者指出是否有范围限制，如果有，则指出是直接限制还是间接限制，然后选择适当的子程序。若范围限制是间接的，在计算 $\bar{\rho}_{TU}$ 时，必须在范围限制校正之前，使用受限组的信度进行校正。用衰减的 $\bar{\rho}_{TU}$ 估计由抽样误差以外的人为误差引起的方差时，这个顺序必须颠倒。Hunter 等人（2006）说明了这一现象的技术原因。INTNL-I 按这个顺序进行更正。若范围限制是直接的，在估计 $\bar{\rho}_{TU}$ 时，因变量信度的校正可以在范围限制校正之前或之后进行。然而，这通常是范围限制之前做的，因为对因变量可用的信度估计通常是针对受限制的组。INTNL-D 程序假设因变量信度为受限组值，并在范围受限校正之前进行校正。在直接范围限制中，自变量信度在受限组中是没有定义的，因为在 x 上的直接选择导致了被选择组中真实分数和测量误差之间的相关性（Hunter，et al.，2006；Mendoza，Mumford，1987），这违反了信度理论的中心假设，即真实的分数和测量误差是不相关的。因此，在估计 $\bar{\rho}_{TU}$ 时，自变量中测量误差的校正必须在范围限制校正之后进行，并且必须使用不受限制的组。同样，请参阅 Hunter 等人（2006）对这些问题技术上的全面开发。在估计 $\bar{\rho}_{TU}$ 时，程序 INTNL-D 首先校正因变量信度，然后校正范围限制，最后使用无限制组中的信度值校正自变量的信度。为了估计由超出抽样误差的人为误差导致的方差（衰减的 $\bar{\rho}_{TU}$），这个顺序是相反的。

与其他用于人为误差分布元分析的方法相比，交互式方法除准确性稍高之外，还有四个重要的优点。首先，与其他方法不同，它考虑了测量误差的影响与范围限制（因此称为程序）之间较小的交互作用。这种交互作用的发生是因为在范围限制较小的研究中，测量误差对观察的相关性影响更大（例如，Schmidt，et al.，1980）。这种交互作用的发生是由于范围限制效应的非线性特性引起的。交互式程序中对观察的 rs 的人为效应计算的同质性使这种交互作用反映在由超出抽样误差的人为误差引起的方差估计中，而不仅仅是抽样误差中。前面讨论的模型没有考虑这种交互式方法。

其次，在直接范围限制的情况下，交互式方法避免了范围限制衰减因子 a、b、c 之间的人为衰减因子缺乏独立性的问题。c 不能完全独立于 a 和 b，因为 c 的公式同时包含 a 和 b（Callender，Osburn，1980）。其他方法［不包括 Raju、Burke（1983）的方法］假设 a、b 和 c 是相互独立的，由于这并不完全适当，因此它们的准确性略有下降。然而，交互式程序并不假设 a、b 和 c 是独立的。相反，它假设 a、b 和 u_x 是独立的。也就是说，在独立性假设中，它用 u_X 代替 c。因为在 a、b 和 u_X 之间没有数学上的完全从属关系，所以它们没有理由不能相互独立。事实上，如前所述，通常有理由假定它们是正确的。这使得交互式方法的准确性有所提高。注意，独立性假设适用于无限制组中的 a 和 b 值。范围限制（u_x）减少了受限组中的 a 和 b 值，这些值不再独立于 u_X。

再次，与其他方法不同，当范围限制是间接的时，可以使用交互式程序。唯一需要更改的是，在进行范围限制校正时，必须输入 u_T 值 [u_T 的计算公式在第 3 章给出；见式（3-16）]，而不是 u_X 值。将交互式方法应用于间接范围限制，在估计 S_p^2 时准确性比直接范围限制稍差一些，因为如式（3-16）所示，$a(a=\sqrt{r_{XX_a}})$ 不独立于 u_T。Le 和 Schmidt（2006）通过计算机模拟研究验证了这一预测。然而，这些模拟研究表明，当交互式方法应用于间接范围限制时，可以对校正后的平均相关性及其相关标准差做出合理准确的估计。这很重要，因为范围限制的大多数情况都是间接的（Hunter，et al.，2006）。我们讨论的其他方法在间接范围限制条件下产生的结果不太准确。这个结果源于这样一个事实，在间接范围限制的条件下，a、b 和 c 的值高度相关（见 Hunter，et al.，2006），这种对独立假设的严重违背导致了不准确。Raju 和 Burke（1983）的方法可能是个例外。这些方法有可能很好地适用于间接范围限制的情况（Hunter，et al.，2006）。

最后，交互式方法的第四个优点是，已经为它开发了某些提高精度的统计改进，并且已经包含在 INTNL 计算机程序中；我们将在本章后面和第 5 章讨论这些改进。

交互式方法应用的简化示例

我们将在本章中应用交互式方法。为了帮助理解这个过程，我们现在给出一个简化的例子，将这个方法应用到一个假设的数据集。因为没有范围限制，所以这个例子简化了；在自变量和因变量测量中只有测量误差。在许多研究领域，没有范围限制，因此从这个意义上讲，这个例子是现实的。这可以是对两个组织构念之间的相关性进行元分析，例如，对工作任务的满意度和对主管的满意度之间的相关性进行元分析。基本数据如下：

1. 有 k=30 项研究，各研究的平均样本量为 43。

2. 样本量加权平均观察相关性为 0.53，观察的 rs 的标准差为 0.131 0；观察的 rs 的方差是 0.017 161。利用第 3 章中的式（3-7），我们计算出该分布中期望的抽样误差方差为 0.012 312。

3. 自变量测量的平均信度为 0.77，$\sqrt{0.77}=0.877=a$。在这个人为误差分布中有 5 个值，每个值的频率为 1。

4. 因变量测量的平均信度为 0.70，$\sqrt{0.70}=0.837=b$。同样，在这个人为误差分布中有 5 个值，每个值的频率为 1。

5. 估计的平均真实分数相关性为 $0.53 / (0.877 \times 0.837) = 0.72$（它估计了这两个构念之间的平均相关性；Schmidt，et al.，2013）。

表 4-1 展示了交互式方法的应用。对于表中的每个单元格，值 0.72 由单元格行和列的信度乘积的平方根衰减（减少）。我们假设这两组信度是独立的。可以看到，这些衰减值的范围为 0.394 ～ 0.648。这些单元格值之间的方差是 0.004 492。这是观察的相关性中的方差量，仅由测量的信度差异产生。它是在完全没有抽样误差的情况下的方差（如果每个研究都有无穷大的样本量，该方差就会存在）。

残差是观察的相关性的方差（0.017 161）减去抽样误差方差（0.012 312）和信度变异引起的方差（0.004 492）后剩下的方差量：

$$残差\ S_{res}^2=0.017\,161-0.012\,312-0.004\,492=0.000\,357$$

表 4-1 交互式方法的简化示例

			r_{yy}				
			1	2	3	4	5
			0.50	0.60	0.70	0.80	0.90
r_{xx}	1	0.60	0.394	0.432	0.467	0.500	0.529
	2	0.70	0.426	0.467	0.504	0.539	0.571
	3	0.80	0.455	0.500	0.539	0.576	0.611
	4	0.85	0.469	0.514	0.555	0.594	0.630
	5	0.90	0.483	0.529	0.571	0.611	0.648

抽样误差占方差的比例为：0.012 312 / 0.017 161 = 0.72（或 72%）。由信度变异所占的方差比例为 0.004 492 /0.017 161 = 0.26（或 26%）。人为误差占总方差的 98%。只有 2% 的方差没有被解释。0.98 的平方根是 0.99，这是观察的相关性和由抽样误差及测量误差的人为影响所产生的变异之间的相关性。

如前所述，残差不是总体真实分数相关性方差的估计，因为残差被两种方法的平均信度降低（衰减）了。总体相关性的方差为 0.000 357/[（0.77）（0.70）]=0.000 662。校正的相关性的标准差（SD_ρ）是上述数值的平方根，为 0.025 729。所以最终结果如下：对工作满意度与对主管满意度的平均构念层面上的相关性为 0.72，且这种相关关系差异不大；它的标准差只有 0.026（四舍五入）。80% 的可信区间是 0.69 ～ 0.75。80% 的总体真实分数的相关性预计在这个区间中。这个例子说明了交互式程序中涉及的基本过程。

一个样例：测量误差

社会科学中的变量通常很难测量。因此，必须校正结果以剔除测量误差。假设测量误差是削弱给定领域研究相关性的唯一人为误差。在组织和其他研究的许多领域中，没有范围限制，但是测量误差（以及抽样误差）总是存在于所有研究中，所以这个例子在这方面是实际的。本研究的衰减模型为：

$$\rho_{xy}=abp$$

其中，

$$a=\sqrt{r_{XX}}$$

$$b=\sqrt{r_{YY}}$$

表 4-2 给出了组织承诺与工作满意度之间相关性的一组假设，即研究的元分析的基本计算。表 4-2a 给出了 8 项研究基本结果和人为误差的信息。研究分为三组。第一组研究没有提供与组织承诺或工作满意度相关性的数据，但是这些研究包含了组织承诺测量的信度数据。第一项是经典的研究，在这个研究中，Ermine 提出了他对组织承诺的测量量表。第二项研究中，Ferret 使用了“ Ermine 的关键题目”，然后将承诺与其他变量（不包括工作满意度）联系起来。第二组研究只包含工作满意度信度信息。第三组中的 4 个研究只包含相关性信息（每个研究都有题目数据，因此，至少可以计算出该研究的 α 信度系数）。在表 4-2a 中，我们可以看到其中两个相关性具有统计显著性，而另外两个则没有统计显著性。

表 4-2b 给出了元分析计算表。a 列表示第一个可校正人为误差的衰减因子，即自变量信

度的平方根。*b* 列给出了第二个可校正人为误差的衰减因子，即因变量信度的平方根。在表格的底部，给出了每个题目的均值和标准差。

表 4-2 组织承诺与工作满意度（假设结果）

a）基本信息

	组织承诺信度（r_{xx}）	工作满意度信度 (r_{yy})	样本量 (N_i)	样本相关性 (r_{xy})
Ermine (1976)	0.70			
Ferret (1977)	0.50			
Mink (1976)		0.70		
Otter (1977)		0.50		
Polecat (1978)			68	0.01
Staot (1979)			68	0.14
Weasel (1980)			68	0.23*
Wolverine (1978)			68	0.34**

b）元分析

研究	*a*	*b*	*N*	r_{xy}
1	0.84			
2	0.71			
3		0.84		
4		0.71		
5			68	0.01
6			68	0.14
7			68	0.23
8			68	0.34
Ave	0.775	0.775	68	0.180
SD	0.065	0.065	0	0.121

* 表示在 0.05 水平显著；** 表示在 0.01 水平显著。

首先考虑未校正相关性的元分析：

$$\bar{\rho}_{xy}=\bar{r}=0.18$$

$$\sigma_r^2=0.014\,650$$

$$\sigma_e^2=\frac{4\times(1-0.18^2)^2}{4\times 67}=0.013\,974$$

$$\sigma_{\rho_{xy}}^2=\sigma_r^2-\sigma_e^2=0.014\,650-0.013\,974=0.000\,676$$

$$\sigma_{\rho_{xy}}=0.026$$

对抽样误差的分析表明，各研究间的相关性几乎没有变异。80% 的可信区间是 0.15 ～ 0.21。因此，这两项没有发现统计显著性的研究犯了第 Ⅱ 类错误。观察的相关性的方差大部分（95%）可归因于抽样误差：0.013 974/0.014 650 = 0.95。

接下来，我们将这些数据输入 INTNL（交互式）程序中。在计算机屏幕上，这个程序显示为“*Correlations—Using Artifact Distributions*”。单击此标签后，程序会询问你的数据是否有范围限制。在这个例子中，答案为“*No Range Restriction*”。输入相关性及其样本量，然后是人为误差分布。在输入人为误差数据时，注意在这个例子中，对于自变量和因变量的信度，每个信度值的频率都是 1.00。现在让我们看看交互式程序的输出：

平均真实分数相关性 $\bar{\rho}$=0.279（四舍五入到 0.28）。

真实分数的相关性的标准差 SD_ρ = 0.032 4。

总体真实分数相关性的 80% 可信区间为 0.237 ～ 0.320。

观察的样本量加权方差 S_r^2 = 0.014 650 。

由于所有人为误差的加总而引起的观察的相关性中的方差 S_{pred}^2=0.014 202 。

抽样误差加上信度差异所占差异的百分比 =0.014 202/0.014 650 = 96.9%。0.969 的平方根是 0.98，所以人为误差的影响和观察的相关性之间的相关性是 0.98。

由抽样误差引起的观察的 *r*s 的方差百分比 S_e^2 =0.013 974/0.014 650 = 0.954（或 95%）。

去除两种人为误差引起的方差后，观察的 *r*s 中的残差 S_{res}^2=0.000 447 9 。

请读者通过将表 4-2 中的数据输入 INTNL 程序中来验证这些结果。重要的是要记住，这里只校正了两种人为误差：自变量和因变量中的测量误差。归因于实际相关性的残差变异包含了由于未校正的人为误差（如构念效度缺陷或数据错误等）而引起的变异。因此，真实标准差可能比名义估计值 0.03 小。

让我们考虑一下这个例子中人为误差的影响。假设抽样误差对平均相关性的影响是可以忽略不计的（虽然总样本量只有 272，但事实并非如此）。然而，抽样误差对研究间方差的影响是巨大的。样本相关性的方差为 0.014 650，其中抽样误差为 0.013 974，信度变异引起的方差为 0.000 228，其余为 0.000 448。也就是说，研究中 95% 的相关性方差是抽样误差造成的，约 2% 是信度的变异造成的，约 3% 是未指明的其他决定因素造成的。

信度的变异只引起观察的相关性变异的 2%，但测量误差对平均相关性的影响非常大。测量误差导致平均相关性从 0.28 下降到 0.18，说明平均观察的相关性下降了 36%。这种模式是最常见的：测量误差（和范围限制）在平均相关性中造成了很大的向下偏差，但它们只影响观察的相关性方差很小的百分比。

不可靠性和直接范围限制的例子

假设我们有三种人为误差信息：自变量的测量误差、因变量的测量误差和自变量的直接范围限制。三种衰减的人为影响是：

$$a=\sqrt{r_{XX_a}}$$

$$b=\sqrt{r_{YY_a}}$$

$$c=[(1-u_X^2)\bar{r}^2+u_X^2]^{1/2}\ \text{（CAllender，Osburn，1980）}$$

其中，r_{XX_a} 和 r_{YY_a} 为无限制组的信度，$\bar{r}$ 为观察的平均相关性。*c* 是范围限制的衰减因子。衰减公式为：

$$\rho_{xy}=abcp$$

表 4-3 给出了 16 个假定研究的原始人为信息和每个人为误差的计算衰减因子。表 4-3 中的例子是通过假设参考总体中两个变量的真实分数之间的总体相关性始终为 0.58 而创建的。这两个变量可以是任何两个研究兴趣的理论构念。表 4-3 的前 5 列是从 16 项假设研究中提取的数据。最后三列分别是 a、b 和 c 的值，分别由 r_{XX}、r_{YY} 和 u_X 值计算得出。这些值仅用于说明目的。它们将由 INTNL-D 程序（用于直接范围限制的交互式程序的版本）进行内部计算。这个程序中使用的 r_{YY} 的值是来自受限组的值（r_{YY_i}），所以这是表 4-3 第 4 列中的值。这也几乎总是在初始研究中给出的值。

现在，我们将表 4-3 中的数据（除了 a、b 和 c 的值），作为直接范围限制输入交互式程序（INTNL-D）。在此过程中，请注意表 4-3 中的信度和 u_x 值可以按如下方式输入，每个值的频率为 1.00，或者可以对这些数据进行分组。例如，对于自变量，0.49 的信度可以输入 1 次，频率为 4。同样，0.64 的信度可以输入 1 次，频率为 4。以分组格式输入人为信息通常更方便。程序的输出如下：

表 4-3 16 项假设研究

研究	N	r_{XX_a}	r_{YY_i}	U_X	r_{XY}	a	b	c
1	68	0.49	—	0.40	0.02	0.70	—	0.43
2	68	—	0.64	—	0.26*	—	0.80	—
3	68	0.49	0.64	—	0.33*	0.70	0.80	—
4	68	—	—	0.60	0.09	—	—	0.62
5	68	0.49	—	—	0.02	0.70	—	—
6	68	—	0.49	0.40	0.24*	—	0.70	0.43
7	68	0.49	0.49	—	0.30*	0.70	0.70	—
8	68	—	—	0.60	0.06	—	—	0.62
9	68	0.64	—	0.40	0.28*	0.80	—	0.43
10	68	—	0.64	—	0.04	—	0.80	—
11	68	0.64	0.64	—	0.12	0.80	0.80	—
12	68	—	—	0.60	0.34*	—	—	0.62
13	68	0.64	—	—	0.26*	0.80	—	—
14	68	—	0.49	0.40	0.02	—	0.70	0.43
15	68	0.64	0.49	—	0.09	0.80	0.70	—
16	68	—	—	0.60	0.33*	—	—	0.62

注：r_{XX_a} 为无限制组中的值；r_{YY_i} 为限制组中的值。

* 表示在 0.05 水平显著（双侧检验）。

真实分数的平均相关性 $\bar{\rho}$ 是 0.578 9（四舍五入为 0.58）。

真实分数相关性的标准差 SD_ρ 是 0。[所有观察方差的差异都是由抽样误差加上三种人为误差的变异引起的（102.29%）。]

因为 SD_ρ 是 0，80% 的可信区间是 0.58 ～ 0.58。

由所有人为误差引起的观察的相关性方差为 0.015 446 4。

剔除人为误差引起的所有方差后，观察的相关性方差为 0。

抽样误差占观察方差的百分比 =0.014 025 1/0.015 099 9 =0.929（或 93%）。

最后的结论是，这两个构念高度相关（0.58），但没有高度相关到可以将它们归结为同一个构念。它们是“相互关联但又截然不同”的构念。但是事实并非总是如此，Le 等人（2009，2010）发现某些构念是冗余的（即相关性是 1.00）。最后，值得注意的是，这两种构念在构念层面上的相关性（Schmidt，et al.，2013）在研究中并不存在变异。在这两种构念的测量值之间观察的相关性中，所有观察的变异，显然都是人为统计和测量误差造成的。

例子：固定测试的人员甄选（直接范围限制）

人员甄选是一种特殊情况，因为在招聘测试的实际应用中，预测变量测试的形式并不完美，也就是说，使用观察的分数。因此，为了评估测试的实际影响，对因变量测量误差进行校正，而不是对自变量测量误差进行校正。该测试的效度是由未校正的测试成绩和工作绩效真实分数之间的申请总体相关性给出的。这就意味着我们要校正工作绩效量表的测量误差，即校正范围限制，但不能校正测试中的测量误差（当然，在人员甄选理论中，我们希望完全校正相关性）。

人员甄选研究受到了第 3 章表 3-1 所示的各种人为误差的影响。特别是，对自变量范围限制是通过选择性招聘产生的。假设元分析中的所有研究都使用完全相同的测试，因此研究中自变量的信度为 r_{XX_a}，即求职者（非限制）组的测试信度没有变异。假定 r_{XX_a}=0.80。

假设因变量（工作绩效）中的测量误差和范围限制是仅有的可用人为信息。假设自变量的范围限制是直接的。衰减因子为：

$$b=\sqrt{r_{YY_a}}$$

$$c=[(1-u_X^2)\bar{r}^2+u_X^2]^{1/2}$$

其中，r_{YY_a} 是求职者（非受限制组）工作绩效量表的信度，$\bar{r}$ 是所有研究中未校正的平均相关性，c 是范围限制的衰减因子，则衰减公式为：

$$\rho_{xy}=bcp$$

表 4-4 给出了 12 项这类人员甄选研究的假设数据（注意，这些数据与第 3 章表 3-6 中的数据不同；范围限制值是不同的）。假设表 4-4 中的数据平均真实效度为 0.50，标准差为 0。表 4-4 给出了非受限组的校标信度（r_{YY_a}）和受限组的校标信度（即 r_{YY_i} 值）。式（4-2）为限制组和非限制组因变量信度之间的转换。

在教育甄选中，因变量通常为平均绩点（通常为第 1 年的平均绩点）。在人员甄选中，因变量几乎总是工作绩效或某些工作行为，如培训绩效、事故、盗窃或离职。现在考虑绩效评价的情况。所有关于绩效评价的研究都必须针对在职者进行。例如，一项对评估者信度调查结果的综述（Viswesvaran，et al.，1996）发现，多尺度评分表的平均内部信度为 0.51。这就是在职者的信度，而求职者的信度更高。原则上，可以使用传统计算两个总体信度的公式（通常称为“同质性公式”），基于现有信度来计算求职者的信度：

u_Y= 在职者 SD_Y/ 求职者 SD_Y

r_{YY_i}= 在职者信度

r_{YY_a}= 求职者信度

$$r_{YY_a}=1-u_Y^2(1-r_{YY_i}) \tag{4-1}$$

这个公式的问题在于，它需要了解求职者的标准差来进行绩效评估（因为 $u_Y = SD_{Y_i} / SD_{Y_a}$）。因为我们只有在职人员的工作绩效评分数据，所以不能直接从数据中估计出这个标准差。然而，还有另一个公式可以用来计算 r_{YY_a}（Brogden，1968；Schmidt，et al.，1976）：

$$r_{YY_a}=1-\frac{1-r_{YY_i}}{1-r_{XY_i}^2(1-S_{X_a}^2/S_{X_i}^2)} \tag{4-2}$$

其中，r_{XY_i} 为在职样本中观察的 X 和 Y 之间的相关性 [Callender、Osburn（1980：549）给出了一个数学上相同的公式]。考虑一个现实的例子。使 $u_X=SD_{X_i}/SD_{X_a}=0.70$，$r_{XY_i}=0.25$，$r_{YY_i}=0.47$。代入式（4-2），得到 $r_{YY_a}=0.50$。因此，在没有范围限制的情况下，工作绩效评价的信度将提高 0.03（6%）。虽然了解式（4-2）是有用的，但是在元分析程序中用于直接和间接范围限制的 r_{YY} 值均为受限制组的值（即 r_{YY_i}）。这几乎总是在初始研究中提供的值。

我们将使用 INTNL-D 程序分析表 4-4 中的数据，因此我们必须输入限制值。请注意，正如预期的那样，求职者组的所有校标信度都略高。由于表 4-4 中给出了每个观察的相关性完整的人为信息，因此通常不会使用人为误差分布方法，取而代之的是，将使用第 3 章中介绍的方法，对每个相关性分别进行校正。然而，在这里，我们为这些数据提供了一个人为误差分布的元分析，以说明使用 INTNL-D 程序的使用方法。为了便于说明，表 4-4 的最后两列显示了衰减因子。

现在，我们在 INTNL-D 程序中输入这个表中的数据（除了 a 和 c 值），记住只使用受限制的校标信度。正如前面的例子所指出的，以分组格式输入信度和 u_X 值更为方便。程序输出结果如下：

真实效度的均值 $\bar{\rho}_{XY_t}=0.487$（四舍五入为 0.49）。

真实效度的标准差 $SD_{\rho_{XY_t}}=0.0291$。

80% 可信区间为 0.450 到 0.524。

样本容量加权的观察效度方差 $S_r^2=0.017\,033$。

各种人为误差引起的观察效度的差异 $S_{pred}^2=0.016\,646$。

所有人为误差引起的观察 rs 的方差百分比 =0.016 646/0.017 033 = 0.977（或 98%）。

由抽样误差引起的观察 rs 的方差百分比 = 0.012 678/0.017 033 = 0.744（或 74%）。

去除所有人为误差的差异后，观察的 rs 中的残差 $S_{res}^2=0.000\,387$。

表 4-4 人员甄选效度的元分析（直接范围限制）

研究	选择比率	u_X	校标信度		样本量	观察的相关性	b	c
			(r_{YY_i})	(r_{YY_a})				
1	0.20	0.468	0.80	0.86	68	0.35**	0.928	0.529
2	0.20	0.468	0.60	0.61	68	0.07	0.779	0.529
3	0.20	0.468	0.80	0.81	68	0.11	0.899	0.529

（续）

研究	选择比率	u_X	校标信度		样本量	观察的相关性	b	c
			(r_{YY_i})	(r_{YY_a})				
4	0.20	0.468	0.60	0.70	68	0.31*	0.838	0.529
5	0.50	0.603	0.80	0.81	68	0.18	0.900	0.643
6	0.50	0.603	0.60	0.67	68	0.36**	0.821	0.643
7	0.50	0.603	0.80	0.84	68	0.40**	0.919	0.643
8	0.50	0.603	0.60	0.61	68	0.13	0.782	0.643
9	0.90	0.844	0.80	0.82	68	0.49**	0.904	0.857
10	0.90	0.844	0.60	0.61	68	0.23	0.780	0.857
11	0.90	0.844	0.80	0.81	68	0.29*	0.898	0.857
12	0.90	0.844	0.60	0.63	68	0.44*	0.793	0.857

* 表示在 0.05 水平显著（双尾检验）；** 表示在 0.01 水平显著（双尾检验）。

主要结论是，该测试的平均效度为 0.49，且该测试的效度具有概化性。真实效度的标准差为 0.03（四舍五入），80% 的真实效度估计在 0.45 ～ 0.52 之间。即使是 0.45 的下限也表示相当有效。在观察的效度中，几乎所有的变异（98%）都是由人为误差解释的，其中约 3/4 的变异是抽样误差造成的。0.98 的平方根是 0.99，因此，观察的相关性与抽样误差和测量误差之和的相关性为 0.99。

均值 0.49 接近于真值 0.50，SD_ρ 的估计值 0.03 与校正的值 0 相差不大。SD_ρ 估计的偏差校正值为 0，则反映了这样一个事实：元分析方法必然是近似的 [计算机模拟研究和相关方法一直显示出略微高估 SD_ρ 的趋势，见 Law 等（1994b）。因此，这些方法可以说是“保守的”]。

表 4-4 中的数据为匹配数据。也就是说，对于每个相关性，所有人为信息都是可用的。因此，我们可以使用第 3 章描述的方法对这些数据进行元分析。也就是说，我们可以对每个相关性进行单独的校正，然后对校正后的相关性进行元分析。我们可以通过将 VG6-D（用于直接范围限制）的程序（在第 3 章中讨论并在附录中描述）应用于表 4-4 中的数据来实现这一点。在此过程中，我们代入 1.00 作为预测变量的信度，因为我们没有校正预测变量中的测量误差。程序输出说明了 $\bar{\rho}_{XY_t}$=0.50，SD_ρ=0。这意味着，真实效度均值的估计值准确到小数点后两位。SD_ρ 的估计值 0 是恰当的值，较基于人为误差分布元分析的交互式方法，在我们的工作例子中得到的值 0.03 更准确。这是可以预料到的，因为分别校正每个相关性是一种更准确的方法。

假设影响表 4-4 中数据的范围限制类型实际上是间接范围限制，而我们错误地假设它是直接范围限制。在这种情况下，先前给出的估计的平均真实效度均值会被低估。这种低估会有多大？我们可以通过 INTNL-I 程序（用于间接范围限制）运行表 4-4 中的数据来回答这个问题。我们输入 u_X 值，程序使用式（3-16）在内部将其转换为 u_T 值。如前所述，在这些研究中使用的单一测试的不受限制的信度是 r_{XX_a}=0.80。我们将这个值输入 INTNL-I 中。注意，在这个程序中，r_{XX_a} 值不能输入 1.00s，当不想校正预测变量的不可靠性时，这种“方便的虚构”将导致 u_X 值与 u_T 值相同，因此 r_{XX_a} 值会被用于将 u_X 转换为 u_T 的式（3-16）中。当范围限制是直接的（即应用 INTNL-D）时，这个问题不会发生。运行该程序，得到如下结果：

$$\bar{\rho}_{XY_t}=0.67$$

$$SD_{\rho_{XY_t}}=0$$

$SD_{\rho}=0$ 是恰当的值。然而，估计的真实效度均值 $\bar{\rho}_{XY_t}$ 现在是 0.67，与之前的 0.50 或 0.49 相比高出 34%。从另一个角度看，实际上，当范围限制是间接时，使用直接范围限制的校正会导致真实效度的均值被低估 25%。因此，确定和应用适当的范围限制校正类型，对实际平均相关性估计的准确性至关重要（Schmidt，Oh，Le，2006）。

通过各种测试进行人员甄选

用于预测的测试通常只根据要测量的构念来指定，如算术推理。有许多算术推理测试在一般内容上几乎相同，但在信度上却是不同的。如果综述涵盖了使用给定类型的测试而不是固定测试的所有研究，那么这种信度的变异会导致研究间相关性的变异。

在人员甄选文献中对此有两种回应。在我们早期的研究中，我们忽略了预测变量信度的变异 [Callender、Osburn（1980）同样如此]。后来，我们使用了混合解决方案。我们校正了所有人为误差的研究方差，但我们只校正了范围限制和工作绩效测量误差的平均相关性。也就是说，我们没有对预测变量测量误差衰减效应的均值进行校正。这给出了操作效度分布的均值和标准差，其中预测变量的信度总是固定在研究总体的均值上。如果将结果应用于实际测试的信度等于平均信度的情景中，那么我们的结果也可以这样使用。但是，如果要在信度与均值不同的情景中使用这些结果，那么使用者应该修改我们报告的结果。由于衰减的原因，平均效度和标准差必须首先用平均测试信度的平方根进行校正。然后，得出的真实分数效度和真实分数标准差必须用实际测试的信度的平方根来衰减（Schmidt，et al.，1980）。

例如，假设效度概化（VG）结果 $\bar{\rho}_{XY_t}=0.50$，$SD_{\rho_{XY_t}}=0.10$，并假设元分析中不受限制的平均信度 $r_{XX_a}=0.80$。现在假设你想使用这些结果，但是你的测试结果是 $r_{XX_a}=0.90$。首先，必须对 VG 结果进行校正，得到真实分数相关性的结果是：

$$\bar{\rho}=\frac{0.50}{\bar{a}}=\frac{0.50}{\sqrt{0.80}}=0.56$$

$$SD_{\rho}=\frac{0.10}{\bar{a}}=\frac{0.10}{\sqrt{0.80}}=0.11$$

接下来，对真实分数结果进行衰减，使它们与测试的信度 $r_{XX_a}=0.90$ 相对应：

$$\bar{\rho}_{XY_t}=0.56\sqrt{0.90}=0.53$$

$$SD_{\rho_{XY_t}}=0.11\sqrt{0.90}=0.10$$

这些值是为你量身定制的，测试信度为 0.90。测试信度为 0.90 时，平均操作效度为 0.53，标准差为 0.10。因此，可以看出，使用更可靠的测试将平均操作效度从 0.50 提高到 0.53，增加了 6%。

还有一个更直接的过程。首先，简单地计算并报告完全校正的均值和标准差（包括对自变量测量误差的校正，以及包括任何其他可用人为误差的校正）（本章介绍的程序当然是这样做的)。然后报告两个均值和两个标准差：①完全校正的均值和标准差；②均值和标准差随着预测变量的平均信度的降低而减小。如果使用者的平均预测信度与元分析中的平均预测信度相同，则结果②可以按原结果使用。但是，若使用者的预测变量信度不同，则使用者必须衰减真实分数结果，使其与预测变量的信度相对应。例如，假设真实分数结果如上所示，即 $\bar{\rho}=0.56$，$SD_{\rho}=0.11$，r_{XX_a} 的均值是 0.80。现在假设使用者测试的信度是 0.60。然后，当使用该测试时，平均操作效度及其标准差如下：

$$\bar{\rho}_{XY_t}=0.56\sqrt{0.60}=0.43$$

$$SD_{\rho_{XY_t}}=0.11\sqrt{0.60}=0.09$$

可以看出，较低的预测变量信度显著降低了操作效度(从 0.50 降低到 0.43，降低了 14%)。

人员甄选：文献中的元分析发现

正如第 1 章和 DeGeest、Schmidt（2011）所述，近年来，本书提出的元分析方法主要应用于组织研究文献，而不是人员甄选。但是早期人为误差分布元分析的一个重要应用是检验测试的效度和其他用于人员甄选的方法。元分析被用来检验情境特异性效度假设。在人员甄选方面，长期以来一直认为效度是视情况而定的。也就是说，人们相信相同的测试对于同一份工作的有效性在不同的雇主、不同的地区、不同时期等都是不同的。事实上，人们认为相同的测试在一种情境下可能具有较高的效度(即与工作绩效高度相关)，并在另一情境下完全无效(即 0 效度)。这种观点基于对相似的测试和工作(甚至相同的测试和工作)的效度系数在不同研究中存在显著差异的观察。在一些研究中，有统计上显著的关系，而在另一些研究中，没有显著的关系，这被错误地认为根本没有关系。这种令人困惑的研究结果的差异性，可以通过假设来解释：看似相同的工作，实际上在执行这些工作所需要的重要方面有所不同。这种信念导致了对局部或情境效度研究的需求。有人认为，在这种情况下进行的研究，必须针对具体情况分别估计效度。也就是说，效度研究结果不能在背景、情境、雇主等方面进行泛化(Schmidt，Hunter，1981)。在 20 世纪 70 年代末，开始对效度系数进行元分析，以检验效度是否实际上具有普遍性(Schmidt，Hunter，1977；Schmidt，Hunter，Pearlman，Shane，1979)。因此，这些元分析被称为“效度概化”研究。这些研究表明，在观察效度方面，所有或大部分研究中的变异都是由本书所讨论的那种人为误差造成的，因此，关于信度的情境特异性的传统观念是错误的。效度研究结果的确具有普遍性。

效度概化(VG)方法的早期应用主要局限于能力和性向测试(如：Pearlman，et al.，1980；Schmidt，Hunter，Pearlman，et al.，1979)，但是很快就应用于各种不同的甄选程序：工作抽样测试(Hunter，Hunter，1984)，行为一致性和传统的教育及经验评估(McDaniel，Schmidt，Hunter，1988b)，评估中心(Gaugler，Rosenthal，Thornton，Bentson，1987)，完整性测试(Ones，Viswesvaran，Schmidt，1993)，就业面试(McDaniel，Whetzel，Schmidt，Maurer，1994)，职业知识测验(Dye，Reck，Murphy，1993)，传记数据测量(Carlson，et al.，1999；Rothstein，et al.，1990)，人格量表(Mount，Barrick，1995)，大学平均绩点(Roth，BeVier，Switzer，Shippmann，1996)和其他(Schmidt，Hunter，1998)。一般而言，这些程序的效度也被证明

是可概化的，尽管对可概化性的解释有时更为复杂（见 Schmidt，Rothstein，1994）。Schmidt 和 Hunter（1998）对大部分研究结果进行了总结。

20 世纪 80 年代和 90 年代，许多组织引入了基于效度概化的甄选方案，例如石油工业（通过美国石油研究所引入）、电力公用事业（通过爱迪生电气研究所引入）、人寿保险业（通过保险公司协会引入）、AT & T、Sears、盖洛普组织、艾奥瓦州、ePredix、五角大楼和美国人事管理办公室（OPM）。在此期间，VG 方法也被用于开发和支持商业就业测试（例如，心理服务公司“PSI”和 Wonderlic 公司在其测试手册中包含 VG 结果）。

VG 方法和结果也导致了专业标准的变化。1985 年版的 AERA–APA–NCME 教育和心理测试标准认可了效度概化和元分析的重要性（p.12）。在该标准的最新版本中（第 5 版；AERA–APA–NCME，1999），效度概化发挥了更大的作用（见 p.15-16，标准 1.20 和 1.21）。工业与组织心理学学会（SIOP）1987 年出版的《人员甄选程序的确认和使用原则》（*Principles for the Validation and Use of Personnel Selection Procedures*）一书，用了近三页（p.26-28）的篇幅来介绍效度概化。当前 SIOP 原则（2003）纳入了效度概化方面的最新研究进展。美国国家科学院（Hartigan, Wigdor, 1989）用了整整一章（第 6 章）来研究效度概化，并认可了它的方法和假设。

虽然没有最新的权威综述可用，但是效度概化似乎在法院应用良好。Sharf（1987）回顾了直到 20 世纪 80 年代中期的案件。我们所知的最近一个案件是美国诉托伦斯市案。在 1996 年的判决中，法院接受了 VG 的所有基本调查结果，法院拒绝司法部对 Torrance 警察和射击试验提出的质疑，这主要是法院基于对 VG 和相关调查结果的接受。除了美国的法院例子外，加拿大在 1987 年也坚持使用效度概化作为选拔制度的基础（Maloley 起诉加拿大公务员制度委员会）。在这一点上，全面审查法院关于效度概化的判决可能是有用的。

在大多数发表的效度概化研究中，使用的程序是针对直接范围限制的情况而进行的。在开发这些程序时，还没有已知的程序来校正因选择未知（未记录）变量的组合而导致的间接范围限制，这种范围限制类型在人事和教育甄选中几乎普遍存在（Linn，et al.，1981a；Thorndike，1949）。因此，发表的平均操作效度估计值在某种程度上被低估了，而发表的 SD_ρ 估计值在某种程度上被高估了（见：Hunter，et al.，2006；Le，Schmidt，2006）。因此，发表的效度和效度概化的研究结果呈现向下偏差的情况。这一事实在 Schmidt 等人（2006）与 Schmidt、Shaffer 和 Oh（2008）中得到了大量证明。在文献使用 VG 的过程中，仅在交互式程序的情形下，即在间接范围限制情况下使用。这是本章使用 INTNL-I 程序的原因。

间接范围限制的例子

我们现在举一个例子，说明交互式程序在间接范围限制数据中的应用。数据如表 4-5 所示。这些数据与表 3-6 中的数据相同。在第 3 章中，我们对这些数据进行了元分析，分别对每个相关性进行了校正。在这里，我们将分析相同的数据，将人为信息视为分布，也就是说，不与特定的观察的 *r*s 相匹配。由于表 4-5 给出了每个观察的相关性的完整的人为信息，因此通常不会使用人为误差分布方法；相反，将对每个相关性进行分别校正，就像在第 3 章中所做的那样。但是，我们在这里给出了这些数据的人为误差分布分析，因为可以用同样的数据直接与第 3 章中获得的结果进行比较。

u 的观察值总是 u_X 值。这些在表 4-5 的第一列数据中列示。在校正间接范围限制时，我们必须使用式（3-16）将 u_X 值转换为 u_T 值。如果你输入 u_X 值，计算机程序 INTNL-I 将自动进行这种转换。要进行这种转换，程序必须对自变量（预测值）在非限制总体中的信度 r_{XX_a} 进行估计。同样，计算机程序 INTNL-I 根据输入的 u_X 与 r_{XX_a} 值对 r_{XX_a} 值自动进行计算。在这个数据集中，所有的研究都使用了相同的测试，r_{XX_a} 值为 0.85。计算得到的 u_T 值如表 4-5 第二列数据所示。出于 Hunter 等人（2006）详述的原因，在对间接范围限制进行校正时，在应用范围校正公式之前，必须对观察的两个变量的测量误差 *r*s 进行校正。当然，这意味着两个变量受限组的信度都必须可用。表 4-5 中所示的校标信度是针对受限组的，这在初始研究中通常是这样的。所有 12 项研究中使用的单一测试的无限制组信度为 r_{XX_a} =0.85。然而，范围限制降低了在职组的这个值（Sackett，Laczo，Arvey，2002）。使用第 3 章的式（3-17c）计算了受限组的 r_{XX_i} 值，并已输入表 4-5 的 r_{XX_i} 列。

表 4-5 间接范围限制：对 12 项人员甄选研究的人为误差分布元分析的假设数据

研究	$s_X/S_X(u_X)$	$s_T/S_T(u_T)$	测试信度 (r_{XX_i})	校标信度 (r_{YY_i})	样本量	观察的相关性
1	0.58	0.468	0.55	0.80	68	0.35**
2	0.58	0.468	0.55	0.60	68	0.07
3	0.58	0.468	0.55	0.80	68	0.11
4	0.58	0.468	0.55	0.60	68	0.31*
5	0.678	0.603	0.67	0.80	68	0.18
6	0.678	0.603	0.67	0.60	68	0.36**
7	0.678	0.603	0.67	0.80	68	0.40**
8	0.678	0.603	0.67	0.60	68	0.13
9	0.869	0.844	0.80	0.80	68	0.49**
10	0.869	0.844	0.80	0.60	68	0.23**
11	0.869	0.844	0.80	0.80	68	0.29*
12	0.869	0.844	0.80	0.60	68	0.44*

* 表示在 0.05 水平显著（双尾检验）；** 表示在 0.01 水平显著（双尾检验）。

使用的公式是：

$$r_{XX_i}=1-U_X^2(1-r_{XX_a})$$

其中，$U_X^2=S_{X_a}^2/s_{X_i}^2$。注意：$S_{X_a}^2$ 为非受限组 *X* 的方差，$s_{X_i}^2$ 为受限组 *X* 的方差。这些数据输入 INTNL-I 计算机程序会产生以下结果：

$$\bar{r}=0.28$$

$$S_r^2=0.017\ 033$$

$$S_e^2=0.012\ 677$$

$$S_{\rho_{xy}}^2=S_r^2-S_e^2=0.004\ 356$$

抽样误差所占方差百分比 = 74.4%

人为误差所占方差百分比 = 99.3%

真实分数的估计平均相关性为：

$$\bar{\rho}=0.581$$

$$SD_{\rho}=0.018\ 2$$

平均真实效度的估计是：

$$\bar{\rho}_{xy_t}=0.531$$

$$SD_{\rho_{xy_t}}=0.016\ 8$$

在第 3 章中，我们对相同的数据集进行了元分析（表 3-6），分别校正了每个相关性。我们可以使用 VG6-I 程序将目前的结果与第 3 章中的结果进行比较。在第 3 章，平均真实分数的估计 ρ 是 0.57，而此处人为误差分布分析值为 0.58。在第 3 章中，平均真实效度的估计值是 0.53，此处为 0.531。在第 3 章，SD_{ρ} 和 $SD_{\rho_{xy_t}}$ 估计值均为 0（真值）。此处，$SD_{\rho}=0.018\ 2$，$SD_{\rho_{xy_t}}=0.016\ 8$。这些值接近于 0 这一真值，但略微有些高估。在这里，我们估计人为误差所占的总方差百分比是 99.3%，而在第 3 章中得到的真值是 100%。这些比较表明，尽管不如分别校正每个系数那么准确，但 INTNL-I 人为误差分布元分析程序是相当准确的。然而，分别校正每个相关性所需的信息通常是无法使用的，因此必须使用人为误差分布元分析。从这里可以看出，与大多数社会科学程序相比，结果的准确性是非常高的。

在本例中，使用 Hunter 等人（2006）的程序（被编程到 INTNL-I 程序中）对间接范围限制进行了校正。这种间接范围限制的校正方法是基于这样一种假设，即对因变量（y）存在的任何范围限制都是由自变量（x）的范围限制完全中介的（引起的），这意味着第三个变量（称为 s）的范围限制不是 y 的范围限制的直接原因；第三个变量只直接导致 x 的范围限制。正如 Hunter 等人（2006）所指出的那样，在大多数情况下，这个假设可能成立（或保持足够接近的近似值）。但是，在严重违背这种假设的情况下，Hunter 等人（2006）的校正就不那么准确了（Le，Schmidt，2006）。最近，在 Bryant 和 Gokhale（1972）早期研究基础上，开发了一种校正元分析中间接范围限制的方法，该方法不需要这种假设（Le，et al.，2013）。但是，该方法要求使用者知道因变量（y）的范围限制比（u），而 Hunter 等人的方法并不要求知道这些。在人员甄选方面，y 测量是工作绩效及其在求职者总体的 *SD*（即它的无限制 *SD*）实际上是不可能估计的。因此，该方法不能用于因变量为工作绩效或其他工作行为的研究中。更一般地说，它不能用于因变量测量，因为目前因变量的测量还没有针对更广泛的总体数据，允许计算一个不受限制的 *SD*。这包括在心理学研究中使用的许多类型的行为测量。但是，在关注心理或组织构念之间关系的研究中（例如，工作满意度和组织承诺之间的关系），有可能根据一些更广泛的总体 *SD*（例如，从国家规范或劳动力规范）来估计因变量所需 u 的比率。在这种情况下，可以使用 Le 等人（2013）的方法，并且 Le 等人（2013）中给出了应用实例。如果已知 Hunter 等人（2006）的方法所隐含的基本假设在某一特定数据集中被严重违背，Le 等人的方法将比 Hunter 等人的方法产生更准确的结果。然而，在本书关于间接范围限制的元分析例子中，我们使用了 Hunter 等人的方法，因为这种方法适用于更多的情况，而且它的基本假设很少被严重违背。

提高 SD_{ρ} 估计准确性的改进

所有的定量估计都是近似值。即使这些估计值相当准确，如果可能，也总是希望使它们更准确。元分析方法执行的最复杂的任务是估计总体相关性的标准差（SD_ρ）。这一估计更准确的方法是在元分析中找到对相关系数的抽样误差方差更准确的估计。Hunter 和 Schmidt（1994）分析表明，在相关系数的抽样误差方差公式中，用 r 的均值（$\bar{r}$）代替 r，可以提高同质性情况下（即 $SD_\rho=0$ 的情况下）这种估计的准确性。由于数学的复杂性，对于异质性（即 $SD_\rho>0$ 的情况下），这种分析论证是不可能的。因此，我们使用计算机模拟来测试异质性情况，与传统的抽样误差方差公式（Law，et al.，1994b）相比，均值 r 的使用也提高了准确性。Aguinis（2001）再次使用计算机模拟，为这一事实提供了一个更完整、更彻底的证明。这一发现表明，传统的公式低估了抽样误差方差的大小，并且可以通过在公式中使用而不是从目前的单个研究中观察的 r 来提高其准确性，因为传统的公式在 1900 年左右就已经被整个统计学所接受。然而，在具有范围限制的研究中，即使是更准确的公式仍低估了抽样误差方差。Millsap（1989）表明，直接范围限制的存在增加了抽样误差方差，从而导致公式低估了抽样方差大小。Aguinis 和 Whitehead（1997）对间接范围限制也做了同样的研究。因此，在效度概化研究（以及其他受范围限制的元分析）中，最终校正的 SD_ρ 值仍被高估，然而，在非 VG 元分析中，可能没有范围限制（如果有，这个问题就不会发生），效度概化相应被低估。

上述改进提高了残差 SD_{res} 估计的准确性，即减去人为误差导致的变异后观察的 rs 的标准差。另一个提高准确性的机会发生在校正残差以估计操作（真实）效度的 SD（$SD_{\rho_{XY_t}}$）的步骤中。这个机会发生在范围限制的校正方面。可以将范围限制校正看成将观察的相关性乘以一个常数。例如，如果校正使 r 增加 30%，则校正常数为 1.30。在我们之前的方法中，如果均值 r 的范围限制的校正常数是 1.30，我们对残差分布中的所有值应使用相同的常数。也就是说，我们假设（作为近似的）范围限制校正将使 r 的所有值增加 30%。实际上，范围限制的校正（与测量误差校正不同）是非线性的：它使较小的 r 值增加了 30% 以上（在本例中），使较大的 r 值增加了不到 30%（在本例中）。因此，将均值 r 的范围限制校正常数应用于所有的 rs 会导致对 SD_ρ 的高估。因此，我们对此进行了改进，它对残差分布中每个单独的 r 值独立计算范围限制校正值，并使用计算机模拟对这种改进方法进行了测试。这项研究表明（Law，et al.，1994a），这样做增加了 SD_ρ 估计的准确性。这两种提高精确度的改进都被添加到交互式元分析程序中，然后该程序被用于重新分析 Pearlman 等人（1980）的大量数据库。这项研究表明，效度比 Pearlman 等人（1980）得出的结论更具有普遍性（Schmidt，et al.，1993）。具体来说，SDs 的真实效度要小得多，90% 的可信度值（80% 置信区间的下端）要大得多，人为误差所占的方差百分比要大得多。这些改进表明，即使是公认的方法，即以心理学研究的标准来看非常准确的方法的准确性仍可以提高。这些发现也进一步削弱了情境特异性效度理论。事实上，平均方差如此之大（87%），平均 SD_ρ 如此之小（0.097），以至于 Schmidt 等人（1993）将他们的发现解释为完全不符合能力性向和能力测试的情境特异性假说（实际上是 $SD_\rho>0$ 的假设）。他们推断，剩余方差的微小数量（平均 0.009 4）可以用无法校正的 6 种人为误差方差来解释（见第 5 章）[注：由于本研究的重点是 SD_ρ，并且由于篇幅限制，本研究未报告均值真实效度估计值；它们可以在 Hunter 和 Schmidt（1996）中找到]。

这里需要注意的是，效度概化并不需要一个结论，即所有观察方差都用人为误差来解释。即使 $SD_\rho>0$，只要最终真实效度分布中的 90% 信度值大于 0，效度仍可概化。但是，在由众多研究者在长达 60 年的时间里创建的大型效度数据库（超过 600 项研究）中，基本上所有效度差异都可以由统计和测量人为误差来解释，这是一个惊人的科学发现。它说明，尽管在表面上具有很大的波动和复杂性，但在本质上其基本（深层结构）水平上确实可以做到简约化。

4.3 人为误差校正的准确性

在一些效度概化研究中（如：Hirsh，Northrop，Schmidt，1986；Schmidt，Hunter，Caplan，1981a，1981b），在人为误差分布中使用的人为误差值直接取自为元分析提供的效度研究；也就是说，使用了本章前面描述的程序。然而，在其他研究中，所分析的关于人为误差的信息太少了。在这些研究中，人为误差的分布是基于对一般人员甄选文献的熟悉程度来估计的。例如，构建了一个 u_X 值的分布（$u_X=s_X/S_X$），这被认为是整个研究的经典。后来，当有可能将这些人为误差分布与来自研究机构的经验累积分布进行比较时，发现构建的人为误差分布与经验分布相当接近（Schmidt，Hunter，et al.，1985，Q & A No. 26；Alexander，Carson，Alliger，Cronshaw，1989）。

如果使用人为误差分布，并进行校正，那么就会过度校正人为误差，由此，VG 方法所产生的结果将夸大效度的大小和普遍性。计算机模拟研究未（也不能）确定人为误差分布是否真实；相反，这些研究使用这些人为误差分布和初始真实效度值来生成模拟的观察效度，然后确定该过程是否能够准确地重新获得初始真实有效性分布。因此，问题就产生了：通常使用的人为误差分布是否可能对人为因素的影响进行过度校正？

这个问题通常集中在校标信度和 u_x 值上。据我们所知，没有人质疑用于预测变量信度的人为误差分布值，因为在 VG 中，没有对预测变量的不可靠性进行平均效度的校正。

过度校正可能以两种不同的方式发生。首先，平均效度可能被过度校正。也就是说，如果对一个校标（因变量）信度估计过低，或者对估计的范围限制平均水平过严，则校正后的平均效度估计（平均真实效度估计）就会过大。其次，即使平均人为误差值和校正是正确的，如果人为误差分布不太稳定，那么由于研究间的校标信度和范围限制的差异所导致的观察效度的方差也会太大。显然，第二种形式的过度校正不会造成结果的严重失真。Hunter 和 Schmidt（1990b：224-226）总结了这项研究，结果表明即使人为误差分布不太稳定，对 VG 最终结果的影响也可以忽略不计。这一发现源于一个事实，即研究间的人为误差水平差异只有很小的变异；大多数研究间的效度差异来自抽样误差方差。此外，范围限制和校标信度的实证研究发现，其变异性水平与使用 VG 进行的研究相似（Alexander，et al.，1989；Viswesvaran，et al.，1996）。

这就产生了校标信度和范围限制的平均效度是否存在过度校正的问题。校标包括对工作绩效和培训绩效的测量。培训绩效评估通常是非常可靠的，据我们所知，没有人质疑过我们对培训绩效评估的高信度（以及相应的小的校正）。工作绩效的衡量校标大多是管理者对工作绩效的评价。几乎无一例外，只有一位主管给出这些评价；使用的评价很少是来自两个或两个以上主管的平均评价，这种情况非常罕见。而且，样本中的一些员工几乎总是由一个评估者评分，另一些由另一个评估者评分，还有一些由第三个评估者评分，依此类推，在评估差异中引入了评分者宽大处理效应的差异。也就是说，研究中的所有对象几乎从来没有被同一个评估者评价过。从我们的第一个 VG 研究开始，当 VG 分析中没有可用的评估信度时，我们估计这类评分的评估者间平均信度为 0.60。该值是基于我们对文献的阅读。然而，后来对评分的大样本和元分析研究发现，评估的平均信度更小，其值等于或接近 0.50（Rothstein，1990；Viswesvaran，et al.，1996）。因此，不太可能存在对标准不可靠性的过度校正。实际上，很可能出现校正不足的情况（当真值是 0.50 时，使用 0.60 会导致 9% 的校正不足）。

顺便提一下，我们注意到 Murphy 和 DeShon（2000）认为，评估者之间的信度不适合对工作绩效进行评估，应该使用内部信度。这一观点意味着拒绝工业–组织（I/O）研究中的经典测量模型。Schmidt 等人（2000）指出了这种观点是错误的原因。这两篇文章对这个问题所涉及的问题进行了深入的探讨。Viswesvaran 等人（2005）进一步探讨了这个问题。

最后一个问题是，范围限制是否存在过度校正。在两种情况下，范围限制的均值校正可能是错误的。首先，使用的平均 u_X 值可能太小，导致对范围限制的过度校正。当 u_X 值的经验估计不可用时，我们通常会估计 u_X 均值为 0.60 ～ 0.70，这些值是基于我们对文献的阅读。然而，当数据可用时，我们将这些值与真实研究的定量均值进行了比较。在 Hunter 为美国劳工部进行的一项大型 VG 研究中，对 400 多个一般能力倾向测验（GATB）测试效度的研究中，u_X 均值估计为 0.67（Hunter，1983b；Hunter & Hunter，1984）。后来，Alexander 等人（1989）进行了一项包括已发表和未发表数据的实证研究，发现 u_X 的均值为 0.70。因此，实证证据表明，我们使用的 u_X 的均值接近于适当的值。这些 u_X 值是适于用来测量认知能力和能力倾向的。u_X 的均值在人格测试中更大，平均在 0.85 ～ 0.90 之间（Barrick，Mount，1991；Ones，Viswesvaran，2003）。这些研究结果表明，组织不会严格地根据员工的人格来选拔或解雇员工，而是根据员工的心智能力来选拔或解雇员工。这与人格不能预测工作绩效和心智能力这一事实相一致（如 Schmidt，et al.，2008）。

校正范围限制错误的第二种情况是，使用的范围校正公式可能会过度校正或校正不足。直到 2006 年左右，我们采用的校正公式为 Thorndike（1949）Case II 公式。这也是 Callender 和 Osburn（1980）以及 Raju 和 Burke（1983）模型中使用的公式。这个公式假设对预测变量有直接的范围限制（截断）。也就是说，它假定所有在预测变量上分数低于某个分数的求职者都会被拒绝录用，其他所有人都被录用。长期以来，人们都知道，如果范围限制是间接的而不是直接的，那么这个公式就会被低估（如 Linn，et al.，1981a)，而我们已经反复指出了这种低估（Schmidt，Hunter，Pearlman，1981；Schmidt，Hunter，et al.，1985：751；Schmidt，et al.，1993：7）。很明显，如果 VG 研究中的一些或所有主要效度研究都具有间接范围限制的特征，即使 u_X 值是准确的，那么使用这个范围校正公式将导致校正不足。这一点很重要，因为在几乎所有的研究中，范围限制都是间接的（Thorndike，1949：175）。例如，在美国劳工部的一般能力倾向测验（GATB）数据库中，所有的 515 个效度研究都是同时进行的（即对在职员工进行的测验），因此，范围限制总是间接的。甚至在预测研究中也是如此：要验证的测试通常是给在职人员进行的，校标测度是在数月或数年后采取的，使研究具有技术预测性。在我们多年的研究中，很少看到对预测变量进行直接选择的研究得到验证——这是 Case II 范围校正公式不会低估的唯一一种研究。

如果在过去所有 VG 模型（我们的、Callender 和 Osburn 的、Raju 和 Burke 的）中使用的 Case II 范围校正公式都存在校正不足，那么为什么这种校正不足没有出现在计算机模拟研究中呢？ Hall 和 Brannick（2002）指出，计算机模拟研究表明，这些 VG 方法是相当准确的。实际上，估计值似乎特别准确。答案是所有计算机模拟研究都假设（和编程）只有直接范围限制。除了 Le 和 Schmidt（2006），迄今为止还没有针对基于间接范围限制的 VG 方法计算机模拟研究。因此，根据定义，早期的模拟研究不能检测到间接范围限制的校正不足。

这种对平均真实效度的低估到底有多大？实际上，所有 VG 模型都隐含地假定它相对较小。Linn 等人（1981a）试图以法学院入学考试（LAST）为例，实证地校准校正不足的大小，并得出结论，这可能是实质性的。然而，由于他们无法开发出一种分析方案，他们的估计只是一种暗示性的。但是，对于最常见的间接范围限制情况，已经开发了一种分析方案：在职者是由未知和无法测量的变量选出的（或者这些变量的组合选出的；Hunter，et al.，2006；Mendoza，Mumford，1987）。一个例子是效度研究，在该研究中，没有关于在职者如何被选择的正式记录，但是 u_X<1.00，表明存在范围限制，事实上，这个例子是常见的情况。与我们推导的公式不同 [Mendoza、Mumford（1987）同样推导得出]，其他间接范围限制的校正公式需要了解产生间接范围限制的测量的分数。由于这一要求，将这些公式（如 Thorndike 的 Case III）与实际数据结合起来是不可能的。

我们的研究结果表明，范围限制 $\bar{\rho}$ 的校正不足是严重的（Hunter，et al.，2006）。例如，将新公式应用于 GATB 数据库表明（Hunter，Hunter，1984），一般心智能力测量的平均真实效度被低估了 25% ～ 30%(Hunter,et al.,2006)。Schmidt 等人（2006）和 Schmidt 等人（2008）重新分析了更广泛的数据库，得出了同样的结论。因此，传统的校正不足的影响是重要的。

总之，证据表明，用于校标信度和范围限制（u_X 值）的人为误差值不会导致平均真实效度的过度校正。事实上，当校标是工作绩效时，可能存在对校标不可靠性的校正不足。此外，即使 u_X 值是准确的，到目前为止几乎所有发表的 VG 研究中使用的 Case II 范围限制校正公式都没有对范围限制的效度进行校正，导致对平均真实效度的严重低估。

最后，需要再次注意的是，当无法为每个研究提供完整的人为信息数据时，那些拒绝使用人为误差分布元分析的人只能选择完全不校正测量误差和范围限制。他们进行元分析的唯一选择将是基本元分析（即只对抽样误差进行校正）。很明显，这个选项在效度概化元分析中大大低估了实际的真实效度，而在行为科学和社会科学以及其他学科的研究文献的元分析中，也大大低估了平均真实分数的相关性。这种水平的向下偏差比使用不完全估计的人为误差分布所产生的任何误差的高估（向上偏差）都要大得多。这是需要记住的重大事情。

4.4 混合元分析：单个研究中的部分人为信息

研究中给出的人为信息各不相同。样本量几乎总是给定的，这样我们就可以校正抽样误差方差。这对于二分法也是一样的。研究报告中通常给出二分法的分割程度。例如，一项研究表明：70% 的人成功，30% 的人不成功；或者 20% 的人辞职，80% 的人不辞职。因此，通常有可能校正二分法中单个研究相关性的衰减效应。随着元分析的普及，信度的报告越来越多，但它在较早的研究中并不常见，甚至在最近的研究中也经常没有给出。因此，测量误差必须经常使用人为误差分布来校正。其他人为误差的问题甚至更严重，比如范围变异、构念效度、人为损耗和外生因素。信息往往极其零散。因此，在一些研究领域中，可以对单个研究中一些人为误差进行校正，而其他只能使用人为误差分布进行校正。本节将讨论这些情况。

在这一领域进行元分析有两种方法。首先，最简单的方法是忽略一个事实，即一个或多个人为信息对所有的研究都是可用的。然后，只使用人为误差分布，并使用本章前面描述的人为误差分布方法计算元分析。所有研究的均值将基于简单的样本量加权 $w_i=N_i$。正如我们在

表 4-4 和表 4-5 的例子中看到的，这个程序会产生相当准确的近似结果。然而，附录中描述的用于元分析的计算机程序不允许将二分法作为研究人为误差之一输入，因此这种人为误差不能在那些程序中被直接校正。

第二种策略，也就是最优策略，是做一个两步的元分析。在第一步中，校正单个已知的人为误差。在第二步中，校正偶然出现的人为误差。现在将介绍这种方法，使用二分法作为所有研究中都可获得人为误差信息的例子。首先，二分法中，单独已知的人为误差用于校正每个观察的相关性。其次，计算各校正相关性的抽样误差方差。由于对二分法的校正，这个抽样误差方差会更大。再次，这个较大的抽样误差方差，连同观察的平均相关性和初始研究中的 *N*，被用来计算调整后的 *N*。调整后的研究 *N*s 将小于初始研究的 *N*s，因为调整后的 *N* 是经过二分法校正后与抽样误差方差相对应的样本量。最后，在交互式程序（INTNL）中输入经过二分法校正的相关性和调整后的样本量，以及其他人为误差的分布（这些人为误差偶尔可用）。也就是说，人为误差分布元分析的方法可以用于校正残余的人为误差。

例子：变量和调节变量的二分法

任期是指员工在雇主手下工作时间的长度。从公司离职可以是自愿的，也可以是非自愿的。我们这里关注的是自愿离职的人。许多因素决定任期，但其中一个主要因素是绩效。绩效不佳的人经常会因为他们给别人带来的各种问题而受到来自上司或同事的压力。这种压力常常导致辞职。因此，我们假设对绩效和任期之间的相关性进行元分析。

如果工作环境较差，员工也可能因此而辞职，从而降低了任期与绩效之间的相关性。因此，我们假设工作环境好的工作绩效和任期之间的相关性比工作环境差的工作绩效和任期之间的相关性更高，并将工作环境作为潜在调节变量进行编码。

表 4-6a 列出了 24 项假设研究的基本资料。所有关于自变量和因变量的研究都有关于该变量是否被二分的信息。如果它是二分的，得到的是分割的结果。另一方面，这两个变量的信度信息是零散的。没有关于其他潜在人为误差的信息可用，例如不完美的建构效度或外生因素。在这些数据中，没有范围限制，因此不会出现由直接范围限制和间接范围限制之间的区别造成的复杂情况。

表 4-6b 是表 4-6a 中数据的计算表。校正的相关性只针对二分法进行校正，而不针对测量误差进行校正。因此，它们是部分校正的相关性。每个相关性的组合衰减因子是二分衰减因子的乘积。我们用研究 1 来解释这个过程。在表 4-6a 中，我们看到本研究的绩效评价的二分法分割为 50-50，在表 4-6b 中，我们看到这种分割产生了 0.80 的衰减因子（Hunter，Schmidt，1990a）。也就是说，观察的 *r* 值降低到原来的 80%。这项研究的任期分割为 90-10（表 4-6a），从表 4-6b 可以看出，这种分割产生的衰减因子为 0.59（Hunter，Schmidt，1990a）。组合衰减因子是这两个衰减因子的乘积：$0.80 \times 0.59 = 0.472$。研究 1 观察的（未校正的）相关性为 0.46。因此，适当的 *r* 值是 0.46/0.472 =0.97。所有 24 种相关性都以类似的方式进行校正，如表 4-6b 所示。

下一步是确定每个校正相关性的抽样误差。需要这个抽样误差来计算调整的 *N*s，将输入交互式程序中。要做到这一点，我们必须首先计算观察的 *r*s 的抽样误差方差，然后提高这个值，以反映校正相关性对二分法的影响。正如本章前面所讨论的，如果公式中使用观察的均值 $\bar{r}$，抽样误差方差的估计比使用特定于研究的 *r* 更准确。考虑工作环境好的工作，平均观察

的 r 是 0.414。此外，所有研究的原始样本量为 50。因此，这 12 项研究中观察的 r 的抽样误差方差是相同的。

表 4-6a 假设绩效和离职的元分析

研究编号	样本量	评价分割	任期分割	评价信度	任期信度	样本相关性
工作环境好的工作						
1	50	50-50	90-10	0.47	—	0.46*
2	50	50-50	90-10	—	0.81	0.08
3	50	Not	90-10	0.64	—	0.46*
4	50	Not	90-10	—	0.81	0.18
5	50	50-50	50-50	0.47	—	0.44*
6	50	50-50	50-50	—	0.81	0.16
7	50	Not	50-50	0.64	—	0.52*
8	50	Not	50-50	—	0.81	0.24
9	50	50-50	Not	0.47	—	0.51*
10	50	50-50	Not	—	0.81	0.24
11	50	Not	Not	0.64	—	0.68*
12	50	Not	Not	—	0.81	0.40*
工作环境差的工作						
13	50	50-50	90-10	0.47	—	0.23
14	50	50-50	90-10	—	0.64	−0.05
15	50	Not	90-10	0.64	—	0.27
16	50	Not	90-10	—	0.64	−0.01
17	50	50-50	50-50	0.47	—	0.26
18	50	50-50	50-50	—	0.64	−0.02
19	50	Not	50-50	0.64	—	0.32*
20	50	Not	50-50	—	0.64	0.04
21	50	50-50	Not	0.47	—	0.29*
22	50	50-50	Not	—	0.64	0.01
23	50	Not	Not	0.64	—	0.36*
24	50	Not	Not	—	0.64	0.08

注：Not 表示不是二分的；* 表示在 0.05 水平显著。

表 4-6b 表 4-6a 中数据的计算

研究编号	样本量	评价分割	任期分割	组合衰减	未校正的相关性	校正的相关性	误差方差	调整后的研究 N
工作环境好的工作								
1	50	0.80	0.59	0.472	0.46	0.97	0.062 903	12
2	50	0.80	0.59	0.472	0.08	0.17	0.062 903	12
3	50	1.00	0.59	0.59	0.46	0.78	0.040 258	18
4	50	1.00	0.59	0.59	0.18	0.31	0.040 258	18
5	50	0.80	0.80	0.64	0.44	0.69	0.034 213	21
6	50	0.80	0.80	0.64	0.16	0.25	0.034 213	21
7	50	1.00	0.80	0.80	0.57	0.71	0.021 897	32
8	50	1.00	0.80	0.80	0.29	0.36	0.021 897	32

（续）

研究编号	样本量	评价分割	任期分割	组合衰减	未校正的相关性	校正的相关性	误差方差	调整后的研究 N
工作环境好的工作								
9	50	0.80	1.00	0.80	0.51	0.64	0.021 897	32
10	50	0.80	1.00	0.80	0.24	0.30	0.021 897	32
11	50	1.00	1.00	1.00	0.68	0.68	0.014 014	50
12	50	1.00	1.00	1.00	0.40	0.40	0.014 014	50
均值					0.414	0.519	0.025 788	
工作环境差的工作								
13	50	0.80	0.59	0.472	0.23	0.49	0.086 546	12
14	50	0.80	0.59	0.472	−0.05	−0.11	0.086 546	12
15	50	1.00	0.59	0.59	0.27	0.46	0.055 389	18
16	50	1.00	0.59	0.59	−0.01	−0.02	0.055 389	18
17	50	0.80	0.80	0.64	0.26	0.41	0.047 073	21
18	50	0.80	0.80	0.64	−0.02	−0.03	0.047 073	21
19	50	1.00	0.80	0.80	0.32	0.40	0.030 127	32
20	50	1.00	0.80	0.80	0.04	0.05	0.030 127	32
21	50	0.80	1.00	0.80	0.29	0.36	0.030 127	32
22	50	0.80	1.00	0.80	0.01	0.01	0.030 127	32
23	50	1.00	1.00	1.00	0.36	0.36	0.019 281	50
24	50	1.00	1.00	1.00	0.08	0.08	0.019 281	50
均值					0.167	0.208	0.035 481	

$$S_e^2=(1-\bar{r}^2)^2/(50-1)=0.014\ 002$$

这 12 种校正的相关性中每个抽样误差方差是：0.014 002 除以组合衰减因子的平方。例如，在研究 1 中，校正后的 r（0.97）的抽样误差方差为：

$$S_{e_{adj}}^2=0.014\ 002/0.472^2=0.062\ 85$$

下一个问题是，为抽样误差方差产生这个值的（调整后的）研究 N 是什么？调整后的研究 N 是用一个公式计算的，该公式由上面的公式推导而来，用于计算观察的相关性的抽样误差，然后用 $S_{e_{adj}}^2$ 取代 S_e^2，最终解出 N。N 的值为调整后的 N，得到的公式为：

$$N_{adj}=[(1-\bar{r}^2)^2/S_{e_{adj}}^2]+1 \tag{4-3}$$

例如，对于表 4-6b 中的研究 1，调整后的 N 为 12（调整后的 N 的公式可以得到小数的 N 值。例如，对于研究 1，计算的值实际上是 11.9。所有数值应四舍五入到整数）。

现在，我们已经拥有了使用交互式程序完成元分析所需的所有信息。对 12 项工作环境较好的研究进行了一项元分析，对 12 项工作环境较差的研究进行了另一项元分析。表 4-6c 给出了这些信息。此表给出了校正后的相关性、它们的有效样本量（调整后的 N_i）和两个信度人为误差分布。这是要输入交互式程序（附录中的 INTNL）中的信息。注意，对于第一个元分析，任期信度分布可以是一个单个项目题目：0.81，频率为 6。对于第二个元分析是：0.64，频率为 6。评价信度人为误差分布是相同的，即：频率 = 3，信度为 0.47；频率 = 3，信度为 0.64。

表 4-6c 交互式方法最终数据

研究编号	校正的相关性	调整后的 N_i	评价信度	任期信度
工作环境好的工作				
1	0.97	12	0.47	—
2	0.17	12	—	0.81
3	0.78	18	0.64	—
4	0.31	18	—	0.81
5	0.69	21	0.47	—
6	0.25	21	—	0.81
7	0.71	32	0.64	—
8	0.36	32	—	0.81
9	0.64	32	0.47	—
10	0.30	32	—	0.81
11	0.68	50	0.64	—
12	0.40	50	—	0.81
工作环境差的工作				
13	0.49	12	0.47	—
14	−0.11	12	—	0.64
15	0.46	18	0.64	—
16	−0.02	18	—	0.64
17	0.41	21	0.47	—
18	−0.03	21	—	0.64
19	0.40	32	0.64	—
20	0.05	32	—	0.64
21	0.36	32	0.47	—
22	0.01	32	—	0.64
23	0.36	50	0.64	—
24	0.08	50	—	0.64

结果是，

好的工作环境下：

平均真实分数相关性 $\bar{\rho}$=0.777。

真实分数相关性的标准差 SD_ρ=0.212。

80% 可信区为 0.505 ～ 1.00。

差的工作环境下：

平均真实分数相关性 $\bar{\rho}$=0.350。

真实分数相关性的标准差 SD_ρ=0.074。

80% 可信区间为 0.256 ～ 0.445。

调节变量评估

对于工作环境好的工作，平均相关性为 0.78（四舍五入），标准差为 0.21。如果在这种情况下相关性是正态分布，那么 80% 的可信区间是 0.50 ～ 1.00。这个可信区间很宽，因为真实分数的标准差相当大。对于工作环境差的工作，平均相关性为 0.35，标准差为 0.07。如果在这种情况下的相关性是正态分布，那么 80% 的可信区间是 0.27 ～ 0.45。

平均相关性是非常不同的（0.78 与 0.35），而且两个可信区间不重叠。这一发现表明，工作环境是一个调节变量。在工作环境好的组织中，工作绩效与员工任期的相关性非常高。因为工作环境好，绩效差的员工被迫离职，绩效好的员工留下来。这种相关性在工作环境差的组织中要小得多，因为许多员工即使工作绩效很好也会辞职，这就降低了这种相关性。由可信区间可以看出，这两个分布并不重叠，支持了调节效应是真实存在的结论。在每一组研究中保持差异，尽管我们不知道这些残差中有多少是未知和未校正的人为误差造成的。在工作环境良好的情况下，这一残差变异更大，应当寻求对这一事实的解释。

当元分析中包括的部分或全部研究中出现测量的二分法时，使用本节描述的两步过程将特别有用。这是因为现有的用于人为误差分布元分析的计算机程序不能校正二分法。因此，除非使用这个两步程序，否则将不可能校正二分法的人为误差。如果在任何研究中都没有二分法，并且如果所有研究都存在另一种人为误差，例如自变量信度，而因变量信度和范围限制值只是偶尔可用，那么也可以使用这种两步过程法，这将提高准确性。然而，使用完整人为误差分布元分析的选项仍是可用的，并且这个选项将提供准确的结果，尽管没有这里所示的两步过程那么准确。如果为所有研究提供的人为误差都是二分的，则此选项不可用。

4.5　相关性人为误差分布元分析小结

在理想情况下，对于每个研究中的每个相关性，每个人为误差的信息都是可用的。然而，在报告研究方面，发表实践还没有完全达到这个水平。通常，人为信息有三个级别。对于某些人为信息，信息对于所有或几乎所有的研究都是可用的。这些信息可以用来校正单个研究。对于其他人为信息，可从随机的研究亚组或其他来源获得信息，这些信息对元分析没有贡献（如一般文献或测试手册），从而提供足够的信息来估计人为误差在各个研究中的分布。虽然单个研究无法校正，但是可以使用元分析对这些人为误差进行校正。对于另外一些人为误差，没有可用的信息，也不能进行校正。当人为信息中至少一个人为信息能够为所有研究所用，但其他人为信息只偶尔可用时，元分析必须根据可用的人为信息分两个阶段进行。

第一阶段对所有或几乎所有可以获得信息的研究进行人为误差校正。此步骤还为每个部分校正的相关性计算调整后的样本量。

在第二阶段，这些部分校正的相关性、调整后的样本量以及剩余人为信息的人为误差的分布被输入交互式程序（INTNL），以用于人为误差分布元分析。最终元分析的主要结果是对所有人为误差校正的总体相关性的均值和标准差：这些人为因素对所有研究都有用，对那些只有零星人为信息的研究也有用。然而，如前所述，这个程序还提供了各种其他输出。如果重要的人为误差没有得到校正，则对平均总体相关性的估计将被低估，其标准差将被高估，从而导致结果偏向保守的方向。如果这些人为误差没有得到校正，其影响也很小，而且如果我们足够幸运，在研究领域中几乎没有不好的数据，那么均值和标准差将是对真实相关性分布的合理的准确估计。无论如何，这些估计将比基本元分析结果更加准确。在进行人为误差分布元分析时，我们建议你使用本书附录中描述的交互式元分析方法。这种方法比其他方法更准确，而且是间接范围限制唯一可以使用的方法。

练习

人为误差分布的元分析

本研究提供的数据是美国最大的零售公司之一进行的甄选效度研究的真实数据。保存你在这个练习中的所有计算和结果。这些结果将在第 9 章末尾的练习中使用。

I. 首先，对这些数据进行基本元分析（仅对抽样误差进行校正）。你可以使用计算器或使用 INTNL 程序（即附录中描述的软件包中标记为“Correlations—Using Artifact Distributions”的程序）来做到这一点。如果你使用计算器，你会学到更多。对于每个测试，给出答案：

- 平均观察效度（$\bar{r}$）
- 效度的观察方差（S_r^2）
- 抽样误差的方差（S_e^2）
- 残差（S_{res}^2）
- 残差标准差（SD_{res}）
- 所占的方差百分比

II. 我们可以对基本元分析结果进行校正，得到最终的元分析结果。我们将在两个方面做以下工作：第一，我们将假设范围限制是直接的——直接选择考核成绩（Thorndike 的 Case II）；第二，我们将假设范围限制是间接的，是基于某种未知（或未记录）的组合变量（例如，基于一些没有记录的员工入职程序，如可能包括求职表格、面试等）。

- 直接范围限制（Case II）。假设每个工作族中每个测试的 $u_X=s/S=0.65$。又假设每个工作族中（上级评估）的工作绩效测量的信度为 0.50（限制样本值）(注意：这意味着你必须首先对评估不可靠性进行校正，然后进行范围限制校正)。因为这两个值是遍及所有工作族的常数，你可以通过校正 $\bar{r}$ 和 SD_{res} 估计的平均真实效度（$\bar{\rho}_{XY_t}$）与真实效度的标准差 (SD_ρ)[也就是说，校正 $\bar{r}$ 后，估计 $\bar{\rho}_{XY_t}$，你可以通过 $SD_\rho=(\bar{\rho}_{XY_t}/\bar{r})/SD_{res}$ 得到一个近似的 SD_ρ 估计值]。用这种方法计算这些估计值。另外，计算 90% 的可信度值，将结果输入表中（在“Direct Range Restriction—Hand Calculations”下）

你还可以在人为误差分布中使用 INTNL-D 程序。这在附录描述的软件中标记为“Correlations—Using Artifact Distributions”程序；当程序要求时，指定范围限制是直接的。运行 INTNL-D 程序，并将结果输入所附表格（在“Direct Range Restriction-Program Calculations”下）。

- 间接范围限制。这里的员工是通过一些未知的方式甄选的，而不是测试本身。工作绩效评价的信度保持不变，为 0.50。对于所有工作族中的所有测试，u_X 的值都保持在 0.65。你必须使用第 3 章中的式（3-16）将 u_X 转换为 u_T，然后使用 u_T 对范围限制进行校正。在间接范围限制的情况下，你需要知道测试的信度，这在直接范围限制的情况下是不需要的。假设在职员工组每次测试信度为 0.70（受限制的）[根据这个值，可以使用式（3-17a）或式（3-17b）计算非受限组的信度]。测试信度有两个原因。首先，你需要计算 u_T 值。其次，如果你使用 INTNL-I 程序，则需要将测试信度输入该程序。这是标记为“Correlations—Using Artifact Distributions”的程序；当程序要求时，指定范围限制是间接的（对于直接范围限制，你只需输入 1.00 即可获得测试信度。但是，对于间接范围限制，必须输入 0.70 值）。程序将询问你，0.70 值是来自受限组还是非受限组。为了得到你最终的估计，你取

$\bar{\rho}$ 和 SD_ρ 真实分数值，并用非受限制测试信度的平方根来衰减它们。这就给出了真实效度分布的两个值（程序提供了这些值）（注意，最后一步在非甄选的元分析中是不必要的）。

将 u_X 转换为 u_T 后，可以使用程序 INTNL-I 或计算器（如果愿意，也可以同时用两种方法）来完成这部分的练习。如果你使用该程序，请遵循前面给出的说明。如果你使用计算器，你必须首先在两个测量中校正 r 的不可靠性，利用信度的受限样本值，然后校正范围限制，再通过非受限的测试信度的平方根进行衰减。在计算 SD_ρ 时，遵循同样的过程。如果你使用计算器而不是计算机程序，你会学到更多。

在表格的适当部分输入结果。例如，如果使用 INTNL-I，请在“Indirect Range Restriction—Program Calculations”下输入结果。

III. 现在解释你的结果：

- 基本元分析。在不同的测试中，$\bar{r}$、SD_{res} 和方差百分比有多大的不同？你如何解释这些差异？
- 在直接范围限制校正的数据中，将比较用简单逼近法和计算机程序计算的 $\bar{\rho}_{XY_t}$ 与 SD_ρ 的值，这些值有何不同？
- 为什么这些值不同？简单近似的准确性何种程度可以接受？
- 比较直接和间接范围限制校正的结果。你认为在 $\bar{\rho}_{XY_t}$ 和 SD_ρ 方面差异大吗？根据本章的材料，解释这些差异产生的原因。假设这些数据中的范围限制是间接的。如果错误地认为它是直接的，其后果有多严重？
- 比较来自基本元分析中的方差百分比与来自程序计算的直接和间接范围限制中校正得到的方差百分比。这些有什么不同？为什么它们在这个特定的数据集中没有更大的不同呢？

来自 Sears 研究的效度系数

工作族	N	智力警觉测验			文书性测验			
		语言	定量	总计	文件归档	检查	算术	语法
1. 办公室支援物料处理人员	86	0.33*	0.20	0.32*	0.30*	0.27*	0.32*	0.25*
2. 数据处理员	80	0.43*	0.53*	0.51*	0.30*	0.39*	0.42*	0.47*
3. 文职秘书（低级）	65	0.24*	0.03	0.20	0.20	0.22	0.13	0.26*
4. 文职秘书（高级）	186	0.12*	0.18*	0.17*	0.07*	0.21*	0.20	0.31*
5. 秘书（顶级）	146	0.19*	0.21*	0.22*	0.16*	0.13*	0.22*	0.09
6. 具有监管责任的文员	30	0.24	0.14	0.23	0.24	0.24	0.31	0.17
7. 文字处理员	63	0.03	0.26*	0.13	0.39*	0.33*	0.14	0.22*
8. 监管者	185	0.28*	0.10	0.25*	0.25*	0.11	0.19*	0.20*
9. 技术专家	95	0.24*	0.35*	0.33*	0.30*	0.22*	0.31*	0.42*
全体（合并的相关性）		0.25*	0.25*	0.29*	0.23*	0.24*	0.27*	0.27*

* 表示在 0.05 水平显著。

结果表

		结果	测验						
			语言	定量	前两者总计	文件归档	检查	算术	语法
任选方法计算	基本元分析	$\bar{r}$							
		S_r^2							
		S_e^2							
		S_{res}^2							
		SD_{res}							
		%Var							
手算	直接范围限制	$\bar{\rho}$							
		SD_ρ							
		90%CV							
	间接范围限制	$\bar{\rho}$							
		SD_ρ							
		90%CV							
程序运算	直接范围限制	$\bar{\rho}$							
		SD_ρ							
		90%CV							
		%Var							
	间接范围限制	$\bar{\rho}$							
		SD_ρ							
		90%CV							
		%Var							

第 5 章

CHAPTER 5

相关性元分析中存在的技术问题

本章将探讨在相关性元分析中存在的技术问题，包括在元分析中是否应该使用 r 或 r^2，回归斜率和截距的元分析是否优于相关性的元分析等问题。然后，了解 r 的 Fisher z 值转换，并说明为何在元分析中不能使用它。接着，本章讨论固定模型和随机模型之间的区别，并得出应该始终使用随机模型的结论，这正如 National Research Council（1992）的建议一样。紧接着，我们思考了不同随机效应元分析方法的准确性问题。随后，再讨论元分析中可信区间和置信区间的区别，并提供了根据 $\bar{\rho}$ 计算置信区间的方法。接着，我们研究使用元分析相关性矩阵来检验因果理论的实践。在前面章节中，我们已经强调过 SD_ρ 估计必须考虑上限值。本章列出和讨论了 7 种技术因素，并说明它们如何导致 SD_ρ 估计偏高。

5.1 r 与 r^2：应该用哪一个

第 3 章和第 4 章聚焦于不同研究的相关系数作为累加的统计量。然而，一些人认为，大家感兴趣的是 r^2 而非 r 本身，因为 r^2 是一个变量的方差与另一个变量的方差之比，并且这个数字提供了关系大小的真实描述。此外，r^2 的支持者通常认为，在行为科学和社会科学中发现的关系非常弱。例如，他们认为 $r = 0.30$ 很小，因为 r^2=0.09，表明只考虑因变量中 9% 的方差。即使 r=0.50 也被认为很小：因为只解释了 25% 的方差。

“所占的方差百分比”在统计上是正确的，但实质上是错误的（Ozer，1985）。它导致了对变量之间关系的实际意义和理论意义的严重低估。这是因为 r^2（以及所有其他所占的方差百分比）仅与决定其在真实世界中影响的效应量以非线性的方式相关（Ozer，1985）。

相关性是因变量对自变量回归的标准化斜率。如果 x 和 y 是标准化分数形式，则 $\hat{y} = rx$。因此，r 是 x 与 y 相关的直线斜率，它表示 x 对 y 的可预测性。例如，如果 r=0.50，那么，x 每增加 1SD，y 增加 0.5SD。统计量 r^2 在回归公式中不起作用。同样原则适用于原始分数（非标准化）回归；这里的斜率再次基于 r，而不是 r^2。斜率是 $B=r(SD_y / SD_x)$ 。原始回归公式是：

$$Y=\left\{rSD_y / SD_x\right\}X+C$$

其中，C 是原始分数截距。

所有方差百分比占比问题都考虑了效应量指数，即占方差小的百分比的变量通常对因变量具有非常重要的影响。基于方差的效应量指数使得这些重要影响看起来没有实际重要，误导了研究者和研究的使用者（Ozer，1985）。考虑一个例子。根据 Jensen（1980）和其他人的观点，IQ 真实分数的遗传率约为 0.80。这意味着 80% 的（真实）方差是遗传造成的，只有 20% 是环境差异造成的，“重要性”的比率为 0.80/0.20 或 4∶1。也就是说，基于方差百分比占比指数，遗传在确定智商方面比环境重要 4 倍。但是，这种描述很具有欺骗性（就本例而言，我们假定遗传和环境是不相关的；这接近于真实，并且无论如何这里所说明的原理不依赖于这个假设）。这两个变量（遗传与环境）和智商之间的函数关系用它们各自的回归标准化分数表示，而不是由 0.80 和 0.20 表达。IQ 与遗传之间的相关性为 $\sqrt{0.80}=0.894$ ，环境与智商之间的相关性为 $\sqrt{0.20}=0.447$ 。因此，用于预测 IQ 的函数公式（当所有变量都是标准化分数形式时）是：

$$Y_{IQ} = 0.894(H)+0.447(E)$$

因此，对于遗传（H）每增加 1 SD，IQ 增加 0.894 SD，而对于环境（E）每增加 1SD，IQ 增加 0.447SD。这是遗传和环境产生智商变化的准确陈述，也就是说，它是对智商影响的真实陈述。这些影响的相对大小是 0.894 /0.447 = 2。也就是说，遗传对智商的真实影响只是环境的 2 倍，而不是如方差百分比占比指数所暗示的 4 倍。基于方差的指数 2 倍地低估了环境相对于遗传的因果影响。此外，低估了环境的绝对因果重要性。正确的解释表明，如果环境可以通过 2 个 SD 改善，那么 IQ 的预期增长（其中 $SD_{IQ}=15$）将是 0.447（2.00）（15）= 13.4。这相当于 IQ 从 86.6 增加到 100，这将产生非常重要的社会影响。这种正确的分析显示了环境潜在的真实影响，而基于方差的陈述，即环境只占智商方差的 20%，却给人留下了一个错误的印象，即环境并不重要（注意：事实上，似乎没有人知道如何将环境影响增加 2SD，但它在这里是无关紧要的）。

这种情况并不罕见。例如，Coleman（1966）的报告得出结论，当控制其他变量时，学区每名学生的花费仅占学生成绩方差的一小部分。该报告的结论是，图书馆和实验室等财政资源和设施并不是很重要，因为它们对学生成绩几乎没有“杠杆作用”。然而，后来的分析显示，这个小百分比的方差与这个大得多的变量的标准化回归系数相对应，并表明设施的改善可以提高学生的成绩，这在社会和实践上都是显著的（Mosteller，Moynihan，1972）。

基于方差的解释导致人员甄选中出现同样的误差。例如，据说 0.40 的效度系数没有多大价值，因为只考虑了 16% 的工作绩效的差异。然而，0.40 的效度系数意味着，对于甄选程序的平均分数每增加 1SD，我们可以预期工作绩效将增加 0.4SD，并且具有相当大的经济价值。事实上，效度系数为 0.40 的雇主是完美效度系数为 1.00 的雇主实际价值的 40%（Schmidt，Hunter，1998；Schmidt，Hunter，McKenzie，Muldrow，1979）。

无论在元分析还是初始研究中，基于方差的效应量指标几乎总是具有欺骗性和误导性，应该避免使用。在元分析中，这些指数还有一个缺点：它们模糊了效应的方向。它们是非定向的，它们不区分 0.50 的 r 和 −0.50 的 r；两者都会进入元分析，因为 r^2=0.25。

为了说明 r 而不是 r^2 是效应量的合适指数，并且为了表明“小”rs（例如，0.20 ～ 0.30）也表明了实质关系，Rosenthal 和 Rubin（1979b，1982c）提出了二项式效应量技术（BESD）。尽管这种技术要求两个变量都是二分的（例如，治疗与对照或“幸存”与“死亡”），并且每个二分法的每一侧都需要 50%，但它确实强有力地说明了“小”的相关性的实际重要性。例如，特定药物治疗与患者生存之间的相关性为 0.32（r^2=0.10），对应的死亡率从 66% 降低至 34%（Rosenthal，1984：130）。因此，仅占方差的 10% 的关系意味着死亡率降低近 50%。较小的相关性可能表明较大的影响。BESD 使用一个特殊的例子——真实的二分变量——来说明我们用更一般的回归分析方法所提出的相同原理。

5.2　元分析中的 r 与回归斜率和截距

从表面上看，通过累积原始分数斜率和截距而不是相关性，似乎可以更有效地测试一些假设或理论。例如，Hackman 和 Oldham（1975）提出的一个理论可以简单描述为：那些具有高“成长需求强度”（GNS）的在职者比那些具有低 GNS 的在职者，工作“激励潜力”与工作满意度之间的关系将更强。由于这一理论并不明确，它似乎可以通过回归斜率或相关性的累积来先验地检验。尽管有些假设或理论指定了相关性或基于回归的关系，但是大多数像 Hackman 和 Oldham 的理论一样。有些人主张，所有这些理论都应该使用（原始分数）回归分析进行检验。基于斜率和截距与相关性的元分析的相对可行性和有用性是什么？接下来，我们将说明，使用原始分数回归斜率和截距而不是相关性的缺点大于优点。

范围限制

相关性受到范围限制的影响，因此需要将其校正为自变量共同的标准差，以剔除由此产生的差异和总体衰减。当自变量的范围限制是直接的时候，它对原始分数斜率和截距的估计没有影响，因此，不需要进行范围校正。这似乎是一个重要的优势，但不幸的是，范围限制几乎总是间接的，因此，原始分数斜率和截距会因范围限制而失真。如第 3 章和第 4 章所述，本章后面将详细讨论，直接范围限制很少见；大多数范围限制是间接的。因此，对于范围限制的影响，非标准化回归没有任何优势。

测量误差

相关性因自变量和因变量量表的不可靠性而减弱，必须对两者的不可靠性进行校正。这些校正在第 3 章中已有描述。原始分数回归斜率和截距也通过测量误差衰减，但仅在自变量中有测量误差衰减。它们不受因变量不可靠性的影响，因此，既不需要知道信度也不需要进行校正。对自变量不可靠性的校正是（Hunter，Schmidt，1977）：

$$B_T = B / r_{XX}$$

和

$$C_T=\bar{Y}-(B/r_{XX})\bar{X}$$

其中，B_T是真实分数斜率的估计，C_T是真实分数截距的估计，而r_{XX}是自变量的信度。从这些公式中可以看出，测量误差减小了观察的斜率，增加了观察的截距；这些校正逆转了这些影响。因此，未校正的斜率和截距可能与未校正的相关性一样具有欺骗性，低估了真实的关系。此外，校正值的增加与其相应的抽样误差的增加，通常在幅度上是相同的。虽然B仅针对自变量中的测量误差进行校正，但是除以r_{XX}而不是$\sqrt{r_{XX}}$，因此校正量更大。范围限制和信度校正都会增加抽样误差，因此，如果不需要这样的校正会更好。然而，这一陈述对于单个研究而言比对元分析更为重要；元分析的一个主要优势在于，与单个研究不同，它可以校正抽样误差的影响。因此，即使有时必须对斜率和截距进行更少或更小的校正，元分析也会抵消这一优势。

跨研究单位的可比性

回归斜率和截距的主要缺点是，它们在不同研究中通常不具有可比性，因此在元分析中累积没有意义。二元回归斜率（B）和截距（C）的公式为：

$$B=rSD_y/SD_x$$

和

$$C=\bar{Y}-B\bar{X}$$

只有当所有研究使用完全相同的量表来测量X和Y时，B值才具有可比性。例如，如果X是工作满意度，那么每个研究必须使用相同的工作满意度量表，如工作描述指数（JDI）。如果Y是生活满意度，那么在所有研究中必须使用相同的量表。如果使用不同的量表（通常是文献中的情况），则斜率不具有可比性，因此不能进行相同的元分析，即使这些量表与校正后的不可靠性的相关性为1.00。例如，假设一项研究使用另一项研究所使用的相同工作满意度量表的简版形式。即使两个量表测量相同的构念，简版形式也将具有较小的SD，并且仅量表差异就极大地增加观察的斜率。在人员甄选中，假设两项研究都使用评价量表来测量工作绩效并使用相同的测试（X）。如果一项研究使用具有20个题目的评价量表，而另一项研究使用仅有7个题目的量表，则第一项研究中的SD_y可能是第二项研究的两倍大，导致前者斜率是后者的两倍。这个问题使得我们无法有效地比较两个初始研究中的斜率。由于这个原因，在元分析中，通常不可能使用斜率和截距作为累积的统计量。另一方面，相关性在所有研究中都处于相同的单位，并且可以在研究中累积，它与尺度无关。

这种不可比较的尺度问题是行为科学和社会科学所独有的。在物理科学中，即使不同的研究使用不同的尺度，所有的研究都可以放在一个共同的尺度上，然后可以对斜率和截距进行累积。磅可以转换为千克，英寸可以转换为厘米，夸脱可以转换为升，反之亦然。这些尺度完全可以相互转换，因为每个尺度都有一个合理的零点；每个都是另一个的常数倍数。我们可以定义零重量，但很难定义零言语能力，因此，我们的研究不能转换为相同的计量单位。相反，我们必须将所有指标转换为相同的无尺度单位，即相关性（或d值；参见第6章和第7章）。那些批评相关系数并提倡使用斜率的人（例如，废除相关系数协会）忽略了物理科学和社会科学之间的这种重要区别。

有时可以通过简单地标准化每个研究中的自变量和因变量来解决这种可比性问题，从而在各研究间产生相同的标准差；但在二元回归中，得到的标准化回归权重等于相关性。那么不从 r 开始就没有意义了。

元分析研究结果间的比较

如果所有可用的研究都是使用相同的测量量表进行的（非常罕见的事件），那么可以将元分析应用于斜率和截距。Raju、Fralicx 和 Steinhaus（1986）详细研究了实现这一目标的方法，并且已经由 Callender（1983）讨论过。例如，几乎所有检验 Hackman-Oldham 理论的研究都使用了相同的量表——由 Hackman 和 Oldham 开发的原始量表。此外，如果在许多组织中进行联合研究时，则通常在所有组织中使用相同的量表。那么问题是，这种元分析的结果无法与其他元分析进行比较。例如，我们不能问工作满意度和工作绩效之间的关系强度在联合研究中是否与文献中的其他元分析相同。后面这些元分析将采用相关性为单位（或者，在更少的情况下，以一些不同的原始分数为单位）。正如我们在第 1 章中所指出的，理论开发需要将不同元分析结果进行整合并形成一个连贯的解释。因此，对斜率和截距累积来说，元分析的不可比性是一个严重缺陷。这意味着，即使在极少数情况下，斜率和截距的元分析在统计上是可能的，人们仍做相关性元分析，以获得一组研究结果，并与更广泛发展的诺莫网络（nomological net）相联系（Callender，1983）。

内生可解释性

除了前面提到的问题，斜率和截距也很难解释。相关性的含义很容易理解，它是 y 或 x 的标准化回归系数：

$$\hat{y} = rx$$

x 上每增加 1 个单位（1 个 SD），相应地，y 增加 r 个 SD。若 r=0.50，则 x 增加 1SD 会使 y 增加 0.50 SD。然而，假设原始分数回归公式是：

$$Y=3.8X+13.20$$

很难看出这是一种强关系还是一种弱关系。如果 X 每增加 1 个单位，Y 将增加 3.8 个单位。但是这是一个大的还是小的增加？也许 SD_y 只是很大，以至于 3.8 的涨幅其实是小的涨幅。毕竟，比例是任意的。要理解这个公式，必须以某种方式将其转换为标准分数单位，然后又回到相关性。

总之，使用斜率和截距而不是相关性进行元分析的缺点是很大的。通常，元分析者很少会选择斜率和截距而不是相关性。

5.3　在相关性元分析中使用 Fisher z 值

在我们的原著中，我们既使用也不使用 Fisher z 进行计算。对于手工完成的初步计算，我们对相关性进行了平均，但在计算机上，我们使用了我们认为更具优越性的 Fisher z 值进行转换。对于一些数据集（如 Schmidt，et al.，1980），我们发现差异是值得注意的。对相关性进行平均时，使用 Fisher z 转换的平均效度比在没使用转换的情况下平均效度大（大约 0.03）。仔细检查数学公式后发现，Fisher 转换是有偏差的。在元分析结果中，当总体相关性变化不大或不变化时，这种偏差是最小的，而当总体相关性变化很大时，这种偏差可能很大（Strube，1988）。

尽管 Fisher z 转换在用于平均相关性时产生向上偏差，但转换确实很好地服务于其最初目的。其最初的目的不是创建一种平均相关性的方法。Fisher 的目的是建立相关性的转换，其标准误（置信区间）仅取决于样本量，而不是观察的相关性大小（受抽样误差影响）。Fisher z 统计的标准误为 $1/(N-3)^{1/2}$，因此实现了这一目标。这使得 Fisher z 转换在零假设的统计检验中有用，即任何两个观察的相关性都没有差异。若检验以相关性形式运行，则两个相关性的估计标准误是不同的，即使它们基于相等大小的 Ns，因为观察的 rs 不同并且观察的 r 是抽样误差公式中的组成部分。因此，实际上，假设相关性是不同的，以便检验它们没有不同的假设。Fisher z 转换解决了这个问题。这种情况在元分析中是不同的。支持在元分析中使用 Fisher z 的主要原因同样是“方差的稳定性”：抽样误差方差仅仅取决于 N 并且不依赖于 r 的样本估计，r 本身受抽样误差的影响。然而，与本书介绍的方法相比，这种通过 Fisher z 稳定方差的方法没有优势。如第 3 章和第 4 章以及本章后面所述，我们已经证明，在计算每个相关性的抽样误差方差时，使用均值 r 而不是单个的观察值 r 会导致抽样误差的更准确的估计。这个过程也产生方差的稳定性，因为在平均相关性中有非常小的抽样误差。因此，不需要使用 Fisher z 来产生方差稳定性。

由于相关系数中存在轻微的负偏差（如第 2 章所述，也是容易校正的偏差），文献中出现了相当大的混乱。除非样本量低于约 25，否则这种偏差是微不足道的（即小于舍入误差）。人们普遍错误地认为 Fisher z 校正了这种偏差。事实上，Fisher z 用高估或正偏差代替了小的（通常很小的）低估或负偏差。这个正偏差在绝对值上总是大于未转换的相关性中的偏差。该偏差影响元分析中的平均 Fisher z 值，并且当 Fisher z 均值被反向转换为相关性测量以估计元分析的平均 r 值时，导致平均相关性的偏差估计。当研究中的总体相关性存在很大的差异时，这种向上偏差尤其明显（Hunter，et al.，1996；Schmidt，Hunter，2003；Strube，1988），这几乎总是存在的。在这种情况下，Fisher z 中的偏差可能导致平均相关性的更大估计偏差（Bonett，2008；Field，2001，2005；Hall，Brannick，2002；Schmidt，Hunter，2003；Schulze，2004，2007；Strube，1988）。这似乎是 Hedges 和 Olkin（1985）的随机效应元分析方法过高估计平均相关性的原因（Field，2001，2005；Hall，Brannick，2002；Schulze，2004）（见本章后面的“不同随机效应模型的准确性”部分）。Schulze（2004）进行了非常广泛的计算机模拟研究，详细校准了使用 Fisher z 转换产生的向上偏差，他建议，Fisher z 转换不能用于元分析。他后来重复了这一建议（Schulze，2007）。看来，使用 Fisher z 转换并不能使元分析更加准确，并且在某些条件下，元分析准确性会大大降低。

Hafdahl（2009，2010）提出了一种将相关性转换为与通常的 Fisher z 测量略有不同的测量过程。与 r 到 Fisher z 的传统直接转换相比，这种新转换是对某种 z 测量的一种积分式转换。他通过分析和计算机模拟表明，这种新的转换剔除了元分析中平均相关性估计的 Fisher z 向上偏差。然而，他的结果表明，这种新方法产生的估计并不比在元分析中使用未转换的相关性时产生的估计更准确。Law（1995）基于泰勒级数方法提出了 Fisher z 的转换，该方法也剔除了 Fisher z 转换的偏差问题。然而，和 Hafdahl 一样，他发现使用未转换的相关性产生的结果与他对 Fisher z 的转换一样准确。因此，使用这两种方法中的任何一个似乎都没有优势。

5.4 元分析固定和随机效应模型

最近，元分析文献中有两个问题引起了相当大的关注：①固定效应元分析模型和随机效应元分析模型的相对恰当性（Cook，et al.，1992，第 7 章；Hedges，Vevea，1998；Hunter，Schmidt，2000；Overton，1998；Schmidt，OH，Hayes，2009）；②不同随机效应元分析模型的相对准确性（Field，2001，2005；Hall，Brannick，2002）。第二个问题主要以相关性作为效应量进行研究，这就是我们在第 5 章中讨论的原因。但这两个问题都与 rs 和 d 值有关。为此，我们在第 8 章中也讨论了这个问题，重点是 d 值。比较元分析相关性中使用的不同随机效应模型的准确性时，需要考虑使用相关性的 Fisher z 转换的效应，该转换从未用于 d 值。

固定与随机效果模型。这里的基本区别是固定效应模型假设先验的 ρ（或 δ）值完全相同，是元分析中所有研究的基础（即 SD_ρ=0），而随机效应模型允许总体参数的概率（ρ 或 δ 值）因研究而异。随机效应模型的主要目的是估计这种方差。随机效应模型是更普遍的模型：固定效应模型是随机效应模型的一个特例，其中 SD_ρ=0。实际上，当随机效应模型应用于 SD_ρ=0 的数据时，它在数学上变为固定效应模型。随机效应模型的应用可能导致估计的 SD_ρ=0，表明固定效应模型适合于那些数据。应用随机效应模型可以检测出 SD_ρ=0 的事实；但是，如果 SD_ρ>0，固定效应模型的应用不能估计 SD_ρ。也就是说，随机效应模型允许 SD_ρ 的任何可能值，而固定效应模型仅允许一个值：SD_ρ=0。

本书中的所有模型，在此前三本书（Hunter，Schmidt，1990b，2004；Hunter 等，1982）和相关出版物中都是随机效应模型（Hedges，Olkin，1985：242；Hunter，Schmidt，2000；Schmidt，Hunter，1999a）。这些模型都假设总体参数可能在不同研究中有所不同，并试图估计这种方差。基本模型是减法的：总体方差的估计是减去由抽样误差和其他人为误差引起的方差后剩下的方差。一些作者，例如，Field（2001，2005），Hall 和 Brannick（2002），Hedges 和 Vevea（1998）都指出，这些程序应用于计算均值和方差，在权重上与传统的随机效应模型的差异有所不同，这是真的。我们研究加权方法的基本原理（通过样本量加权，在可能的情况下，通过样本量和人为衰减因子的平方的乘积）在第 2 章和第 3 章中已经给出。Field（2005），在大型计算机模拟研究中，发现我们的方法和 Hedges、Vevea（1998）方法的结果差异不受不同研究权重的影响。通过样本量加权可以更准确地估计总体 SD（SD_ρ 或 SD_δ 值），其准确性对于元分析至关重要。这个问题在后面讨论的研究中通过经验得到了解决，这些研究检验了不同随机效应模型的准确性。这些研究表明，我们的随机效应模型相当准确，而且比具有更传统的随机效应研究权重的随机效应模型更准确。与本书以及 Hunter 和 Schmidt（1990b，2004）及相关出版物中的模型类似，Callender-Osburn 和 Raju-Burke 模型也是随机效应模型，也使用过样本量的加权进行研究。所有这些模型都已在计算机模拟研究中显示，以产生平均相关性的准确估计。第 9 章更详细地讨论了元分析中最佳加权研究的问题。

Hedges 和 Olkin（1985），Hedges 和 Vevea（1998）提出了固定和随机效应模型。然而，实际上，他们的随机效应模型直到最近还很少在文献中使用。例如，1999 年出现在《心理学公报》（*Psychological Bulletin*）中的 Hedges-Olkin 元分析方法的所有应用都采用了固定效应模型（Hunter，Schmidt，2000）（请参阅 Shadish，Matt，Navarro，Phillips，2000）。没有人使用他们的随机效应模型（该期刊中 Rosenthal-Rubin 模型的所有应用也使用了固定效应模型）。直到最近，固定效应模型似乎是默认的选择。Larry Hedges（1990）观察到“固定效应模型比随机模型或混合模型有热情的拥护者和更多的使用者”（Wachter，Straf，1990: 23）。几年后，Cooper 观察到“在实践中，大多数元分析者选择固定效应假设，因为它在分析上更容易处理”（Cooper，1997: 179）。

Hedges 和 Olkin（1985）建议，当提出使用固定效应模型时，应用卡方同质性检验。他们表示，只有当这个检验不显著时，才能得出 $SD_\rho=0$ 的结论，并继续应用固定效应模型。National Research Council（1992）指出，这种卡方检验检测总体价值差异的功效较低，因此建议不要使用固定效应模型，而赞成采用随机效应模型。Hedges 和 Pigott（2001）后来表明，卡方检验的功效太低，无法用于检测研究间的总体参数的差异。卡方检验不仅经常无法检测到真实的异质性，许多使用 Hedges-Olkin 固定效应模型的使用者发现，即使卡方检验显著，固定效应模型也不正确（Hunter，Schmidt，2000；Schmidt，Oh，Hayes，2009）。若在不合适时（当 $SD_\rho> 0$ 时）应用固定效应模型，则置信区间错误地缩小并且所有显著性检验都具有第 I 类误差（Kisamore，Brannick，2008；National Research Council，1992）。这些第 I 类误差通常非常大（Hunter，Schmidt，2000; Overton，1998; Schmidt，Oh，Hayes，2009）。例如，当名义 α 水平为 0.05 时，实际的 α 水平可以很容易地达到 0.35 或更高。报告的置信区间只能是实际宽度的一半（Schmidt，Oh，Hayes，2009）。这样做的结果是，因为基于固定效应模型，《心理学公报》和许多其他期刊中出现的大多数元分析，可能是不准确的，应该使用随机效应模型重新计算（Hunter，Schmidt，2000；Schmidt，Oh，Hayes，2009）。有关元分析固定与随机效应模型的进一步讨论，将在第 8 章中介绍。

不同随机效应模型的准确性

固定效应模型从未被用于效度概化研究，也很少用于任何工业 – 组织（I/O）的心理学研究。因此，这些领域的关键问题是哪种随机效应模型最准确。实际上，由于不应该使用固定效应模型（National Research Council，1992），这是所有研究领域的关键问题。多年来，《应用心理学》（*Journal of Applied Psychology*）和《人事心理学》（*Personnel Psychology*）杂志中的许多计算机模拟研究已经解决了这个问题，比较了我们的非交互式和交互式模型、Callender-Osburn 模型、两个 Raju-Burke 模型和其他模型的准确性。前面讨论的 Law 等人（1994a，1994b）的研究就是这种研究的例子。普遍的结果是，所有这些随机效应模型都符合社会科学标准。Law 等人（1994a）表明，在本章后面和第 4 章中讨论的两个增加准确性的特性，使得我们的交互式模型（INTNL 程序，在附录中描述）在大多数现实的条件下比其他模型更准确。

在社会心理学和其他非 I/O 领域进行元分析的研究人员很少使用 Hedges-Olkin 随机效应模型的一个原因是，Hedges 和 Olkin（1985）的书比其随机效应模型更完整地发展了固定效应模型。然而，最近 Hedges 和 Vevea（1998）对其随机效应模型进行了更全面的发展和讨论，Borenstein 等人（2009）最近的书也是如此。Schmidt、Oh 和 Hayes（2009）发现，近年来随机效应模型的使用在主要的心理学综述期刊《心理学公报》中有所增加。这些发展激发了人们对比较 Hedges-Vevea（1998）和 Hunter-Schmidt（1990b，2004）随机效应模型准确性的兴趣。

Field（2001）比较了 Hedges-Vevea（H-V）和 Hunter-Schmidt（H-S）随机效应模型在估

算中的准确性。Field 仅检验相关性统计量。他没有计算或比较 SD_ρ 的估计值，也没有包括或比较 Raju-Burke 模型或 Callender-Osburn 模型。他发现，当研究是同质性的（即 $SD_\rho=0$）时候，两个模型估计的准确性相似（见他的表 1）。然而，他发现当研究是异质性的（如 $SD_\rho>0$）时候，H-V 模型经常高估了 $\bar{\rho}$，而 H-S 方法则略微低估了这些值。例如，当实际均值为 0.30 时，H-V 估计值在 0.40 ～ 0.43 之间，而 H-S 估计值均为 0.29（所有估计四舍五入到小数点后两位）。当实际均值为 0.50 时，H-V 估计值在 0.64 ～ 0.71 之间，而 H-S 估计值在 0.47 ～ 0.49 之间。H-V 模型产生的高估远大于 H-S 模型产生的低估。我们认为 H-V 模型产生的高估源于使用 Fisher z 转换引起的偏差（Hunter，Schmidt，1990b：213-218；Hunter，Schmidt，2004；Hunter 等，1996；Schmidt，Hunter，Raju，1988）（参见本章中关于 Fisher z 转换的讨论以及第 3 章中的简短讨论）。Field 也得出这个结论。我们的程序（如 Raju-Burke 和 Callender-Osburn 模型的程序）不使用 Fisher z 转换。所有计算都直接使用相关系数。在随后的研究中，该研究也侧重于相关性统计并比较了 H-S 和 H-V 方法，Field（2005）采用了改进的模拟方法。他发现 H-S 方法“产生了误差最小的平均相关性的估计”。他还发现，H-S 标准误的平均相关性虽然足够准确，但略小，导致置信区间略窄。Hafdahl 和 Williams（2009）试图复现 Field（2001）的研究，并报告 H-V 模型的低估率低于 Field（2001）报道的高估率。令人费解的是，他们没有复现 Field（2005）的研究，而 Field 的研究更具有证明性。

Hall 和 Brannick（2002）还使用计算机模拟来比较 H-V（1998）和 H-S（1990b）随机效应模型，同样是进行相关性统计。像 Field 一样，他们也没有检验 Raju-Burke 或 Callender-Osburn 随机效应模型。然而，除估计 $\bar{\rho}$ 之外，Hall 和 Brannick 确实检验了 SD_ρ 估计的准确性。因为 H-V 方法以 Fisher z 值来估计 SD_ρ，并且因为没有办法将 Fisher z 值的 SD 估计转换成相关性单位，所以他们基于可信度区间来比较这两种方法，而不是直接基于 SD_ρ 值。他们通过将 Fisher z 值的可信区间端点反向转换为相关性单位，为 H-V 方法产生了以相关单位表示的可信度区间。他们还分别检验了相关性人为误差衰减的情况和假设除了抽样误差外没有人为误差的情况（即假设完美测量和没有范围限制）（相比之下，Field 的研究没有检验任何超出抽样误差的人为误差）。无论研究是同质的还是异质的，当除了抽样误差外没有其他人为误差时，Hall 和 Brannick 发现，H-V 方法倾向于高估 $\bar{\rho}$ 值，而 H-S 模型产生小的低估。在 Hall-Brannick 研究中，H-V 模型的高估不如 Field（2001）那么严重，但是与 Field（2005）中的相似。

然而，当存在测量误差和范围限制时，正如预期的那样，H-V 模型产生非常大的低估 $\bar{\rho}$ 值，因为该模型不包含校正这些人为误差效应的方法。Hall 和 Brannick 随后将 H-S 人为误差校正方法添加到 H-V 模型中，然后重新评估该模型。通过嫁接 H-S 人为误差校正方法，H-V 模型的准确性得到了很大提高。然而，它仍倾向于高估 $\bar{\rho}$ 值，尽管没有像无人为误差那么大的百分比。他们得出结论，H-S 模型通常比 H-V 模型更准确。

Hall 和 Brannick（2002）的一个主要发现与这两种方法产生的可信区间有关。Hall 和 Brannick 相当重视可信度值，因为它们被用于在应用研究中做出重要的实际决策。他们发现，即使 H-V 模型包含人为误差校正模块，H-S 方法通常也会产生更准确的可信度值。H-V 可信区间往往过宽（与已知的实际值相比）并向左移动（见他们的图 1）。同样，我们认为这是由于使用 Fisher z 转换引入的失真。H-S 可信区间非常接近实际值。出于这些原因，Hall 和 Brannick 建议使用 H-S 随机效应模型而不是 H-V 随机效应模型。Kisamore（2003）在一项广泛的计算机模拟研究中报告了类似于 Hall 和 Brannick 的结果。另见 Kisamore 和 Brannick（2008）的研究。

除了使用 Fisher z 外，H-V 和 H-S 随机效应模型之间还存在另一个差异，理论上这些模型可能会影响这些发现：这两个程序采用不同的研究权重（Schmidt，Oh，Hayes，2009）。然而，Field（2005）发现，研究权重的差异并不影响结果的差异。当在 H-V 模型中应用 H-S 权重且在 H-S 模型中使用 H-V 研究权重时，两个模型之间在准确性上的差异没有改变。Field 得出结论，研究权重并不重要。元分析中的研究权重问题将在第 9 章中讨论。

虽然这些研究中没有包含它们，但是有充分的理由相信，Raju-Burke（1983）泰勒级数近似（TSA）模型和 Callender-Osburn（1980）模型的表现将与 H-S 模型类似，并且同样被证明比 H-V 模型更准确。同样，Fisher z 的使用是这种准确性差异的主要决定因素。这些研究还支持这样的结论：在随机效应模型中使用样本量来确定研究权重，而不是在 H-V 模型中使用更传统的随机效应研究权重（Mosteller，Colditz，1996），它们不会对准确性产生负面影响，并且可能提高准确性。Field（2005）发现，研究权重的这些差异并不影响他的比较结果。

最后，我们必须注意到，Hall 和 Brannick（2002）所比较的 Hunter-Schmidt 随机效应模型与 Hedges-Vevea 随机效应模型，并不是我们最准确的随机效应模型。这些作者评估的模型，即我们的乘法元分析模型，在 Hunter 和 Schmidt（1990b；2004，第 4 章）中有详细介绍和描述。该模型是基于自变量乘积的代数推导出来的（就像 "Callender-Osburn，1980" 模型一样）。与我们的交互式模型不同，该模型不包括本章后面和第 4 章中讨论的提高准确性的改进措施。在准备 Law 等人（1994b）的文章时，我们通过计算机模拟发现，即使提高准确度的改进被添加到模型中，我们的乘法模型也不如我们的交互模型那么准确。因为编辑对篇幅的要求，尽管我们包含了有些类似的 Callender-Osburn 乘法模型，但我们没有在 Law 等人（1994b）中包含乘法模型的模拟测试。因此，我们认为，与 Hedges-Vevea 随机效应模型相比，我们的交互式随机效应模型（即第 4 章中描述和应用的以及附录中描述 INTNL 程序）更好。显然，Hall 和 Brannick 使用的是 H-S 乘法模型而不是我们的交互式模型，因为他们所依赖的是 Hunter 和 Schmidt（1990b）书中没有包含交互式模型的详细数学描述；此描述被省略，因为它在早期的刊物中可用。当前这本书包含了更详细的交互式方法的机制介绍。

5.5 元分析中的可信区间、置信区间和预测区间

在元分析中，可信区间与置信区间的区分是非常重要的。可信区间是通过使用 SD_ρ 得来的，而不是使用标准误 $\bar{\rho}$ 得来的。例如，$\bar{\rho}$ 值为 0.50 的 80% 可信区间是 $0.50 \pm 1.28\ SD_\rho$。如果 SD_ρ=0.10，那么该可信区间是（0.37，0.63），其含义是：在 ρ 的分布中有 80% 的值会落到该区间内。可信区间是指参数值的分布，而置信区间是指单个值（$\bar{\rho}$）的估计值。置信区间表示由于抽样误差在估计中可能出现的误差量。抽样误差的大小与 $\bar{r}$ 或 $\bar{\rho}$ 有关（取决于校正过哪种人为误差）。标准误取决于样本量和抽样误差。然而，可信区间不受抽样误差的影响，因为在估计 SD_ρ 时，由抽样误差和其他人为误差导致的误差已经被剔除了。可信区间的概念被一些人视作贝叶斯估计，因为它是依据不同研究的参数值（ρ 值）会变异的思想。本章讨论的可信区间和置信区间与相关性数值有关，而在第 8 章中讨论的由 d 值计算的可信区间和置信区间如出一辙。可信区间的概念与元分析中的随机效应模型密切相关，因为与固定效应元分析

模型不同（该模型定义所有可信区间的宽度为 0），随机效应的元分析模型考虑了不同研究的参数变异。Rothstein（2003）认为，无论实践决策是否必须根据元分析的结果，可信区间都提供了非常重要的信息，因为它们提供了总体相关性或效应量的可能范围。例如，它们表明，总体相关性或 d 值是否可能为零或负值。而置信区间并没有提供这类信息。可信区间与置信区间之间的区别可见 Hunter 和 Schmidt（2000）、Schmidt 和 Hunter（1999a）、Whitener（1990）的讨论。

时至今日，医学类的元分析研究只报告了置信区间，没有报告可信区间。如今，医学类元分析已经意识到报告可信区间的需要（Higgins，Thompson，2001；Higgins，Thompson，Deeks，Altman，2003）。Borestein 等人（2009）的书报告了作者所说的"预测区间"(prediction intervals)。如果预测区间与可信区间都是根据总体参数的标准差估计的话，那么它们在概念上是相同的；而如果预测区间是根据标准差和抽样方差估计的话（该书作者常用和推荐的实践），预测区间就比可信区间更宽。预测区间的目的是在一项新研究中预测总体参数值的可能范围（Higgins，Thompson，Spiegelhalter，2009）。这与我们的方法中的可信区间的目的不同，我们的方法关注总体的自然状况，而不是下次实证研究的可能结果。另一项差别在于，预测区间是基于对抽样误差引起的变异的校正；它们没有考虑到其他人为误差导致的变异。Raaudenbush（2009）报告了他所谓的"可信值区间"（plausible value intervals），其实与这里说的可信区间相似，只是它们仅对抽样误差进行校正。

第 3 章和第 4 章中给出的元分析例子都报告了可信区间。置信区间只是偶尔呈现，且是出于说明的目的。本书第 9 章给出的元分析例子大都报告了置信区间，与讨论二阶抽样误差有关。在元分析中，可信区间往往比置信区间更关键和更重要。然而，对特定问题，置信区间同样与当前问题相关，如 Viswesvaran、Schmidt、Ones（2002）给出的例子。那些例子的主要关注点是均值，并对总体值围绕均值波动的兴趣不大。这种情况更可能出现在验证理论的研究中，而非应用性研究中。

5.6　计算元分析中相关性的置信区间

元分析随机效应模型估计的两个重要参数是 $\bar{\rho}$ 和 SD_ρ。大家很容易忘记这些数据是参数的估计，而非参数本身，因为在报告元分析结果时，很少有人在它们头上加抑扬符（circumflex）(^)。从专业角度来讲，它们的值应该写成 $\hat{\bar{\rho}}$ 和 SD_ρ，但通常不符合简化符号的要求。每一个估计值都有一个已知或未知的标准误（SE）。虽然有学者提供了平均观察的 r 标准误的计算公式（Hunter，Schmidt，2000；Schmidt，Hunter，1999a；Schmidt，Hunter，Raju，1998），但这不是同一个统计量。我们推导了 $\hat{\bar{\rho}}$ 和 SD_ρ 标准误的公式（Hunter，Schmidt，1987a，1987b），但没有强调这些统计量。如前所述，统计中使用均值的标准误是围绕均值周围的置信区间。在元分析中，除非 SD_ρ 或 SD_δ 非常小或为 0，围绕均值的置信区间就不如可信区间重要，因为可信区间通常是整体分布，而非仅仅围绕均值，这一点很重要。因此，我们的焦点落在可信区间上。此外，研究者在估计标准差的统计模型时很少报告标准误。事实上，几乎所有研究者都知道均值的标准误计算公式（$SD/\sqrt{k}$），但是很少有人记得去看标准差估计的标准误的计算公式。所以，大家很少看到报告围绕 SD 值的置信区间，或者看到需要标准误估计的统计显著性检验中报告 SD 值。其他随机效应模型，如 Hedges-Vevea（1998）的模型、

Raju-Burke（1983）的模型和 Callender-Osburn（1980）的模型，同样没有提供 SD_ρ 和 SD_δ 估计的标准误公式。

在基本元分析情况下，仅校正了抽样误差（见第 3 章），我们有如下公式（Schmidt, Oh, Hayes，2009；Schmidt, Hunter，Raju，1988）：

$$SE_{\bar{r}}=SD_r/\sqrt{k} \tag{5-1}$$

这个值被用于替换围绕平均观察的相关性 r 的置信区间。通常是 95% 置信区间，但是其他宽度同样合适。

如果是逐个校正相关性（见第 3 章），那么：

$$SE_{\bar{\rho}}=SD_{r_c}/\sqrt{k} \tag{5-2}$$

其中，$SE_{\bar{\rho}}$ 是 $\bar{\rho}$ 的标准误，SD_{r_c} 是当每个研究都分别校正了测量误差和其他人为误差后相关性的标准差（SD），k 是研究的数量。值得注意的是 $SD_\rho \neq SD_{r_c}$，SD_{r_c} 比 SD_ρ 大，因为没有校正过抽样误差，r_c 值通常有大量抽样误差，部分原因是人为误差校正增加了抽样误差。于是，$SE_{\bar{\rho}}$ 被用于计算置信区间。

如果使用的是人为误差分布的元分析（见第 4 章），那么：

$$SE_{\bar{\rho}} \cong [(\bar{\rho}/\bar{r})SD_r]/\sqrt{k} \tag{5-3}$$

其中，$SE_{\bar{\rho}}$ 是 $\bar{\rho}$ 的标准误，$\bar{\rho}$ 是平均校正的相关性的估计值，$\bar{r}$ 是观察的未校正的平均相关性，SD_r 是观察的未校正的相关性的标准差，k 是研究数量。这些公式在已发表的研究中用过 [如 Judge、Bono（2001）用过式（5-2）]。在人为误差分布的元分析中，可以用式（5-3）计算 $\bar{\rho}$ 的置信区间。首先，使用式（5-1）计算平均的观察的相关性（$SE_{\bar{r}}$）。其次，如前所述，可以用 $SE_{\bar{r}}$ 计算围绕 $\bar{r}$ 的置信区间。然后，校正该置信区间的端点值，通过校正平均的测量误差和范围限制的多少计算 $\bar{\rho}$ 的置信区间。该方法被 Viswesvaran 等人（2002）使用过。当存在范围限制时，用这种方法估计比式（5-3）估计更加准确。因为使用非线性的范围限制校正，式（5-3）会导致 $SE_{\bar{\rho}}$ 值被略微高估。

在所有三种元分析方法中，使用 Huffcut 和 Arthur（1995）的程序剔除极端的相关性值，通常会导致标准误值过小，进而导致置信区间过窄。同样，在三种元分析方法中，如果研究数量少于 30 个，研究者采用 t 分布而非正态分布计算置信区间更加准确。当需要对间接范围限制进行校正时，Li 等人（2010）给出了一个拔靴（bootstrap）程序估计置信区间，他们得出的结论是，该方法比本文提出的方法稍微准确一些。然而，他们的程序相当复杂而且非常耗时。置信区间的主要目的是提供大致情况，说明在估计中有多少潜在误差。因此，置信区间稍显不准确，通常并无大碍。SD_ρ 的标准误计算公式都比较复杂且价值不大。因此，碍于篇幅，我们就没有在此列出它们，读者可参阅 Raju 和 Drasgow（2003）对该问题的处理。

5.7 在因果建模和回归中使用元分析结果的技术问题

在第 1 章的“元分析在开发理论中的作用”那一节中，我们讨论了元分析结果在检验理论的路径分析中的应用。在本节中，我们将讨论一些与这种用法相关的技术问题。之所以在本章中进行讨论，是因为这种用法几乎总是涉及相关性，而不是 *d* 值。元分析可以用来建立理论中感兴趣的变量之间的相关性。单个元分析研究可能估计一些变量间的相关性或者单个关系，尽管单个元分析无法涵盖研究者感兴趣的所有变量，但是因为每个元分析能估计相关性矩阵中不同单元的数值，所以有可能组合一个完整的相关性矩阵（Viswesvaran，Onesm，1995）。如今，在管理、教育、心理和社会科学中有许多研究使用相关性矩阵检验理论。如果每个相关性都已针对测量误差（始终存在）和范围限制（有时存在）的偏差效应进行了校正，这些相关性就可以用于路径分析。如果存在范围限制，所有元分析的相关性必须被校正为相同的未限制的标准差值，以此保证它们反映了相同的总体。路径分析方法假设不存在测量误差（Billings，Wroten，1978），这就需要对测量误差进行校正（Coffman，MacCallum，2005）。

由于没有对测量误差进行校正，路径分析的结果误差很大。在路径分析中，路径系数是标准化的回归系数。在某些情况下，因果模型假设多个自变量都是因变量的直接原因。这种模型采用单一标准化回归方程的形式。最后，在某些情况下，应用回归分析时没有假设自变量和因变量之间的因果关系。因此，我们在这里的讨论涵盖了路径分析和一般回归分析。

路径分析或结构方程模型

一个问题是，此处描述的分析是否包括结构方程模型（SEM）？ SEM 与路径分析的区别在于，SEM 中每个潜变量（理论构念）有多个测项，而在路径分析中，每个潜变量仅有一个测项。在 SEM 中，多题目测量被用于校正构念测量过程中的测量误差，测量误差利用第 3 章和第 4 章中描述的信度系数进行衰减校正。当使用的是原始数据集（primary data set）时，通过把每个测项拆分为若干个题目包（item parcels)，然后这些题目包变成该变量的多个测量题目，从而将路径分析转换为 SEM 分析（Coffman，MacCallu, 2005）。然而，当变量间的相关性是来自元分析时，就不可能这样做。因此，在元分析中，多采用路径分析，而非结构方程模型。然而，这类分析在文献中通常被误认为是 SEM 分析。

用什么样本量和什么软件

不同的元分析通常根据不同的总体样本量创建相关性矩阵。因此，问题来了：在路径分析中总体相关性矩阵到底应该使用什么样本量（*N* 值）？ Viswesvaran 和 Ones（1995）讨论了这个问题。其中的选择是算术均值和调和平均数。从某种意义上来说，这种选择并不重要，因为模型拟合最有用的指标不需要样本量的估计。它们是均方根误差（root mean square error，RMSE）和近似均方根误差（root mean square error of approximation，RMSEA)。我们推荐这两个拟合指标，因为它们是拟合程度的直接定量指标。相对而言，仅仅是那些空洞的拟合指数涉及显著性检验，如受整体样本量影响较大的卡方检验。无论选择哪个总样本量，所有这些指标都会在统计上高度显著，因为两种方法获得的整个 *N* 值通常会相当大。

样本量的问题与做路径分析时用的软件也有关。试想一下，相关性矩阵中的所有值都必须针对测量误差（以及范围限制，如果存在）进行校正。这些校正会增加抽样误差，因此有效样本比基于元分析所报告的样本计算的总体样本量（*N*）的估计值要小。据我们所知，考虑了这些因素的唯一软件程序是 Hunter（1995）程序包中的路径分析和回归程序。其他所有软件不会对输入的样本量进行合理的向下调整。如果仅仅报告我们推荐的两个拟合指标的话，创建这样的相关性矩阵是没有问题的，因为这两个指标与样本量（*N*）无关。对依赖统计显著性检验的拟合指数的恰当做法是，计算和使用合理下调的总样本本量。详细的计算公式请参见第 4 章最后一个应用例子中给出的式（4-3）。然而，如果原始元分析中单个研究样本量（名义上的 *Ns*）很大的话，这种调整通常也没有很显著的效果。

在相关性矩阵中是否存在一个混合的总体

不同的元分析有可能是在描述性的不同总体中进行的。例如，可能在平均年龄、性别组成或其他变量方面存在差异。一些人认为，这种可能性剔除了基于元分析的路径分析效度。然而，如果不同总体之间的相关性没有差异，纳入不同总体就不是问题。简言之，结论可以概化到一个超级总体（super-population），该总体涵盖出现在相关性矩阵中的所有子总体。因此，如果在不同的元分析中抽样的总体在描述上有所不同，研究者有责任提出支持这一观点的理由和证据，即相关性不可能因总体而异。例如，文献中有许多元分析证据表明，不同种族和民族中的能力和人格测量与绩效评估之间的相关性没有差异。然而人们普遍认为在不同总体中各种相关性存在差异，往往是根据观察的相关性的差异，而这种差异是由抽样误差和其他人为误差导致的，因此这种差异是不真实的。

元分析内部的异质性怎么样

输入矩阵的相关性是元分析中的均值。在一些或所有这些元分析中可能存在相当大的异质性（尽管在第 1 章中提供的例子中并非如此）。正如我们在第 3 章和第 4 章以及本章下一节所指出的那样，这种异质性的大部分或全部可能是由于未校正的人为误差或者在元分析中对人为误差不完全校正而造成的。然而，在某种程度上，任何异质性都是真实的，它表明在元分析中存在调节变量。在不同元分析中存在异质性的情况下，路径分析结果提供了平均相关性背后的因果模型的图像。这种结果必须与路径分析的结果有所不同，在路径分析的结果中，有贡献的元分析的变异很小或没有。研究者有责任对这些结果的意义提供理论解释。

Cheung M W L 和 Chan（2005）讨论了最后三个问题。这些作者提出的方法在很大程度上依赖于统计检验来解决这些问题。他们还提出了一种广义最小二乘（GLS）方法来进行路径分析。该方法也很大程度上依赖于显著性检验，并且也不能对测量误差或范围变异进行校正。他们的方法是基于固定效应（FE）模型的假设。因此，他们的方法虽然在某些方面具有统计学上的复杂性，但是通常对研究者没有帮助。Becker（2009）和 Landis（2013）讨论了元分析路径分析中涉及的许多问题。

5.8 导致 SD_ρ 被高估的技术因素

在本书中，我们强调了研究中相关性的很多变异是由统计和测量的人为操作造成的。这些人为误差在第 2 章中有定义，并且在第 3 章和第 4 章中介绍了用于校正其中许多人为误差的方法。本节讨论了导致高估 SD_ρ 即总体相关性的标准差的其他 5 个因素。这些因素导致高估实际相关性的变异量。这些因素是：①元分析中存在非 Pearson 相关性；②元分析中存在异常值（极大或极小的相关性）；③研究中使用了观察的相关性抽样误差方差的公式；④当存在范围限制时低估抽样误差方差；⑤在基于人为误差分布的元分析中，没有考虑范围校正的非线性。这些因素中的前三种适用于所有元分析；第四种情况仅适用于部分或全部相关性受范围限制影响的情况；第五种仅适用于使用人为误差分布的元分析。但是，迄今为止的大多数元分析都使用了人为误差分布。

非 Pearson *rs* 的存在

众所周知，常用的非 Pearson 相关系数，例如点二列和四分相关性，比 Pearson *rs* 具有更大的标准误。因此，Pearson 相关性的抽样误差方差的公式低估了这些相关性的抽样误差方差的量。当这些相关性包含在元分析中时，它们被视为它们的标准误是 Pearson 相关性的标准误。这缩小了由人为误差所产生的估计方差，并扩大了任何存在点二列相关和四分相关的相关性分布中 SD_ρ 的估计值。若在元分析之前删除非 Pearson 相关性，则可以获得更准确的结果。当相关性的总数开始很大时，这种删除更可行。在大量效度研究中，我们发现删除非 Pearson 相关性会使抽样误差引起的平均方差百分比增加近 5 个百分点（Schmidt，et al.，1993）。应注意的是，斯皮尔曼的 rho 是秩间的 Pearson 相关性，与 Pearson 相关性具有相同的抽样误差方差。因此，不应删除它。

异常值和其他数据误差存在及删除异常值的问题

使用最小二乘统计方法来估计相关性分布的均值和方差是基于数据不包含极端值（即异常值）的假设。当这个假设不成立时，最小二乘法估计的统计最优性质（效率和无偏性）就消失了。在这种情况下，最小二乘法估计变得非常不准确，因为它们对异常值极端敏感（Huber，1980；Tukey，196；Barnett，Lewis，1978；Grubbs，1969）。甚至单个异常值的存在也可以使观察的标准差显著增加，并且均值的失真稍微小一些。任何研究领域的数据集都可能包含由于计算、转录和其他误差而导致的误差数据点（Gulliksen，1986；Wolins，1962）。即使这些误差不会导致异常值，它们仍会产生超出抽样误差和其他人为误差产生的额外人为变异。基于对各种数据集的丰富经验，Tukey（1960）判断几乎所有数据集都包含异常值和其他误差。我们最知名的心理测量学家之一表达了以下观点：

> 我认为在运行我的计算之前，检查数据是否有错误是很有必要的。我总是写一个错误检查程序，并在计算之前通过它运行数据。我发现非常有趣的是，在我运行的每一组数据中，无论是对我自己还是对别人，总是有错误，需要返回问卷并重新贴上一些卡片，或是丢弃一些主题（Gulliksen，1986: 4）。

不幸的是，未能进行这种检查的情况非常普遍。在自然科学（如物理学和化学）中，几个世纪以来极端值一直被例行地剔除在外（Hedges，1987）。行为科学和社会科学最近开始认识到在数据分析之前进行这种“调整”（trimming）的必要性。Tukey（1960）和 Huber（1980）建议删除最极端的 10% 数据点——最大的 5% 和最小的 5% 的值。在一项研究中（Schmidt，et al.，1989），我们发现只有 2% 的顶部和底部的删除导致由人为误差造成的平均方差百分比增加了 5 个百分点。

然而，就元分析方法而言，在估计 SD_ρ 时，识别和剔除异常值是一个复杂且有问题的过程。很难将真实的异常值与合法但极端的值区分开来，特别是在随机效应模型中（Baker，Jackson，2008）。当样本量从小到中等（通常）时，极端值可能仅仅因为大的抽样误差而出现。这些值不是真实的异常值，不应该从数据中删除，因为抽样误差方差的公式假设并允许这种偶然的大抽样误差。Mosteller 和 Colditz（1996）也持有同样的观点：剔除这种非离群的极端值会导致抽样误差的过度校正和 SD_ρ 的低估。因此，在进行元分析时，我们通常不会删除任何最极端的“异常值”。Huffcutt 和 Arthur（1995）开发了一种在元分析中识别和剔除异常值的程序。然而，由于这里讨论的原因，使用这种程序是有问题的。

Beal、Corey 和 Dunlap（2002）已经证明，Huffcutt 和 Arthur（1995）的程序也会导致高估平均总体相关性 0.02 ～ 0.04。当元分析中的研究很少（30 个或更少），研究 N_s 很小，未校正的总体相关性很大时，就会发生这种情况。这种向上的偏差是由于该程序在分布的低端识别出的假异常值比在高端识别出的多。反过来，这是由于当总体相关性较大时，r 的分布呈负向偏移。d 值不会出现这种偏差，因为 d 值分布不会偏移。

在计算抽样误差时使用 r 而非 $\bar{r}$

相关系数的抽样误差方差公式是：

$$S_e^2=\frac{(1-\rho_{xy}^2)^2}{N-1} \tag{5-4}$$

其中，N 是样本量，ρ_{xy} 是总体（未校正）相关性，ρ_{xy} 当然是未知的，要使用这个公式，必须找到一些方法来估计它。在单个研究中，通常使用 ρ_{xy} 的估计值，即在当前研究中观察的相关性，因为它是唯一可用的。在我们对就业测试效度的早期元分析中，我们遵循了这一传统：用于估计每个研究中抽样误差方差的值是该研究中观察的相关性。随后的模拟研究和实际数据研究表明，这个过程并不是最优的。在该文献中，观察的 r 均值（$\bar{r}_{obs}$）是 ρ_{xy} 的比较好的估计值，通常约为 0.20。样本量通常很小，因此从 ρ_{xy} 到两个方向都有很大的偏离。当抽样误差大且为正时（例如，+0.20，使得 $r = 0.40$），估计值 S_e^2 会显著降低（在该例子中为 23%）。但是，这种效果并不对称。当抽样误差大且为负时（例如，−0.20，使得 $r = 0.00$），估计值 S_e^2 仅增加少量（在该例子中为 9%）。因此，总的来说，一组相关性的抽样误差被大大低估了。在所分析的研究中，样本量越小，这种低估就越大。此外，（衰减的）总体相关性越小，低估将越大（因为样本量相等时，较小的 $\rho_i s$ 具有较大的抽样误差方差）。结果是低估了抽样误差和高估了 SD_ρ 所导致的方差量。这种失真可以通过对一组研究使用 $\bar{r}$ 而不是抽样误差公式中的单个 r 来剔除。$\bar{r}$ 中包含的抽样误差很小，极端值不太可能出现。SD_ρ 估计的结果会更准确。Hunter 和 Schmidt（1994）分析表明，在同质性情况下（SD_ρ=0），使用 $\bar{r}$ 能够增强准确性。Law 等人（1994b）使用计算机模拟表明，在异质性情况下（其中 SD_ρ>0）也是如此。因此，本书介绍的方法中所有相关性抽样误差方差的公式中都是使用 $\bar{r}$，应用这些方法的计算机程序也是如此（有关此软件包的说明，请参阅附录）。

Millsap（1988）在蒙特卡罗研究中，在抽样误差方差公式中使用了 r 而不是 $\bar{r}$。在他的研究中，所有的 ρs 都是相等的，所以 S_ρ^2 是 0，观察的 rs 的方差只是抽样误差方差：$S_r^2=S_e^2$。

然而，他发现他的公式推导出的估计值 S_e^2 略小于 S_r^2，并且对于较小的样本量，这种差异较大。他将这一发现归因于公式的不准确性（公式是近似值），但是本节中描述的现象在很大程度上是对他的发现的解释。他还发现，当量表信度较低时，他的公式推导的抽样误差方差估计中的负偏差较大。这一发现可以通过以下事实得到解释：较低的信度导致较低的 ρ_i 值，即有效的总体相关性（见第 3 章）。对于任何固定的样本量，较低的 ρ_i 值具有较大的抽样误差方差，因此强化了上述的过程。所以，与 Millsap（1988）的结论相反，导致低估增加的不是不可靠性（测量误差）本身，而是总体相关值的降低和由此导致的抽样误差的增加。

存在范围限制时抽样误差方差的校正不足

抽样误差方差公式假设自变量和因变量至少是近似正态分布。若一个或两个变量有直接范围限制（截断），则会违反此假设。例如，在人员甄选中，可能存在对测试的直接限制（自变量），可以仅对那些高于平均测试分数的求职者提供工作机会。Millsap（1989）使用计算机模拟研究发现，在这样的条件下，样本（或研究）相关性具有比抽样误差方差公式所表示的更大的抽样误差方差。也就是说，该公式低估了抽样误差的真实量，导致抽样方差的校正不足，因此，高估了残差方差和 SD_ρ。当样本量为 60 或更小时，低度校正最大。例如，如果在所有研究中 $N = 60$ 且 $\rho = 0.40$，并且所有方差实际上仅由于抽样误差产生，那么估计的残差 SD（SD_{res}）平均将为 0.046。估计的 SD_ρ 值通常约为 0.09。当然，这两种情况下的真值都是 0。因此，文献中对 SD_ρ 的许多非零估计值可能全部或很大程度上是由于这种效应，因为许多估计值都在 0.08 ～ 0.12 范围内（例如，参见 Schmidt 等，1993）。Aguinis（2001）报告了在存在直接范围限制的情况下类似于 Millsap 的结果。在大多数研究中，范围限制是间接的而不是直接的。Aguinis 和 Whitehead（1997）表明，间接范围限制在抽样误差方差估计中产生类似的向下偏差。没有已知的程序来调整由直接或间接范围限制引起的抽样误差方差的低估 [关于直接与间接范围限制的讨论，见 Hunter 等（2006）或 Hunter、Schmidt（2004: 207-239）]。

范围校正中的非线性问题

在基于人为误差分布的元分析方法中，真实相关性的均值（$\bar{\rho}$）和标准差（SD_ρ）是根据残差分布的均值（$\bar{r}_{res}$）和标准差（SD_{res}）估算的。残差分布是在研究中预期的观察的相关性的分布，如果 N 总是无限的（没有抽样误差），信度、范围限制和其他人为误差总是在各自的均值上保持不变。该分布的估计均值是观察的均值 r（即 $\bar{r} = \bar{r}_{res}$）。为了校正不可靠性的平均水平的残差分布，我们可以将该分布中的每个值除以信度平方根的均值。但是，因为该值是常数，我们可以将 $\bar{r}_{res}$ 和 SD_{res} 除以该常数，并得到相同的结果。这就是基于人为误差分布的过程在校正测量误差方面所做的。然而，这些程序中的大部分在校正受平均范围限制影响的残差分布方面做了完全相同的事。这里，事情并不是那么简单。使用范围限制的平均水平（以限制与不限制预测标准差的比率形式），对 $\bar{r}_{res}$ 原始程序进行了校正。这会由于一些因素使 $\bar{r}_{res}$ 增加到 1.50。然后将 SD_{res} 乘以该相同因子来估计分布的 SD，其中每个 r 已经针对范围限制的平均水平进行了校正。然而，与信度校正不同，范围限制校正在 r 中不是线性的。残差分布中 r 的每个值的范围校正都不相同：较小的 rs 校正较大，较大的 rs 校正较小。因此，在基于人为误差分布的元分析过程中，基于近似于线性的假设导致了 SD_ρ 的过高估计。一些模拟研究（Callender，Osburn，1980；Raju，Burke，1983）证明了我们最初的交互式方法，理论上，我们最复杂的方法 [见第 4 章和 Schmidt，et al.（1980）] 得出的 SD_ρ 估计值太大，约为 0.02。Callender-Osburn 和 Raju-Burke 程序也是如此。这种过高估计发生在模拟数据中，其中样本量是无限的，并且不存在人为误差方差，如计算误差、异常值和非 Pearson 相关性（*rs*）。这种非线性可以通过在范围限制的平均水平上分别校正残差分布中的每个值来加以考虑。为了将这种非线性考虑在内，我们的 INTNL 程序中使用了以下方法进行人为误差分布元分析（Law，et al.，1994a，1994b）(以下适用于直接范围限制；在间接范围限制中，先校正测量误差，再校正范围限制，*S* 和 *s* 值是真实分数 *SDs*)。在确定残差分布的均值和 *SD* 后，通过将均值从 0.1 *SD* 单位移至均值上下 3 *SD* 个单位来确定其中的 60 个附加值。然后使用 *s*/*S* 比率的均值，分别对这些值进行范围限制校正。用于校正每个值的公式是：

$$R=\frac{r(S/s)}{\{[(S/s)^2-1]r^2+1\}^{1/2}} \qquad (5\text{-}5)$$

其中：

r = 残差分布中的相关性值；

R = 范围校正值；

S = 无限制标准差（对于间接范围限制，使用 S 的真实分数值）；

s = 限制标准差（对于间接范围限制，使用 s 的真实分数值）。

然后，针对不可靠性的平均效应，对每个范围校正后的 r 进行校正（在间接范围限制的情况下，已经进行了这种校正）。r 值的相对频率都是由与其在残差分布中的 z 值相关的正态曲线纵坐标来表示的。这些频率应用于对应的校正的相关性（ρ_i）。然后确定校正的相关性（$\bar{\rho}$）分布频率的加权均值，并且使用以下（相对）频率加权方差公式来找到 S_ρ^2：

$$S_\rho^2=\frac{\sum f_i(\hat{\rho}_i-\bar{\rho})^2}{\sum f} \qquad (5\text{-}6)$$

其中 f_i 是与 $\hat{\rho}_i$ 相关的相对频率。

Law 等人（1994a，1994b）通过计算机模拟显示，这种改进提高了准确性。Schmidt 等人（1993）发现，在实证数据集中，这种改进方法得到的真实标准差估计值比从原始方法得到的类似值要小。当前，我们基于人为误差分布的相关性元分析计算机程序（INTNL-D 和 INTNL-I）的交互式模型，结合了这种改进（这些程序在第 4 章和附录中有描述）。在第 4 章中对交互式模型有详细描述。程序标签中的字母 INT 是指交互属性，字母 NL 代表“非线性”，即这里描述的非线性校正（估计）程序。

将负的方差估计设定为零

在第 3 章和第 4 章提出的元分析方法中，从观察的相关性方差中减去由适当公式预测的抽样误差方差加上由其他人为误差产生的方差，以估计真实（非人为）方差的大小。比较偶然的情况是，在研究样本中，有时抽样误差所产生的方差比抽样误差方差所预测的要小。这产生了对方差的负估计。由于方差不能为负数，因此该值设置为零。这样做的必要性导致总体相关性 *SD* 估计值的向上偏差（Hedges，Vevea，1998；Overton，1998；Schmidt，2008；

Schmidt，Oh，Hayes，2009）。在总体相关性 *SD* 的平均估计中，没有已知的方法来规避这种膨胀效应。

导致 SD_ρ 被高估的其他因素

每个研究领域都可能会有额外的因素导致在特定的研究文献中对 SD_ρ 的高估。元分析者应该对这一事实保持警惕，即使不能对它们进行校正，也应该描述这些因素。本节介绍了就业测试效度元分析中的一些例子。在该文献中，一些研究使用了早先出于管理目的而进行的工作绩效评价（如加薪、晋升等），而其他研究则基于专门用于研究的特殊评价。众所周知，管理评价受到非绩效因素的强烈影响（McDaniel，et al.，1994；Schmidt，Zimmerman，2004），并且与甄选程序相比，观察的相关性小于研究评价。这种差异是观察的相关性中人为差异的来源，无法进行校正，因此导致 SD_ρ 被高估。另一种人为的差异来源于这样一个事实，即一些研究使用内容有效的工作样本测量来评估工作绩效，而另一些研究则使用工作绩效的上级评价。到目前为止，工作抽样是测量工作绩效的更好方法。我们现在知道，就业测试与工作抽样测量相关性高于工作绩效评价（Hunter，1983a；Nathan，Alexander，1988）。这就使 SD_ρ 被高估了。导致 SD_ρ 被高估的另一个因素是，每当研究包含两个不同的测试来测量相同样本中的相同能力时（如测量空间能力的两种不同测试），包含了来自同一研究的两个或更多的相关性。这些相关性不是独立的，结果是观察的相关性 *SD*（SD_r）和 SD_ρ（见第 10 章）的增加。最后，我们现在知道，员工工作经历中的差异会降低观察的就业测试的效度（McDaniel，Schmidt，Hunter，1988a；Schmidt，Hunter，Outerbridge，1986）。因此，与员工在工作时间上变化很小的研究相比，员工在工作经历上变化很大的研究报告的平均相关性较小。结果是，研究中的相关性存在额外的变异，而这些变异并未得到校正。同样，其结果是夸大了 SD_ρ 的估计值。

导致 SD_ρ 被高估的因素的具体性质因研究文献而异。但是，它们几乎总是存在。即使没有找到方法来校正它们的影响，这些因素也应该在元分析报告中清楚地描述出来。正如我们在第 2 章中强调的那样，重要的是每个元分析者和元分析的每个读者都要时刻记住这样一个事实：所有 SD_ρ 的估计都可能被高估。即使在完成元分析之后，各个研究间的实际变异仍比看上去要少。

第三篇

实验效应的元分析和其他二分比较

第 6 章
CHAPTER 6

处理效应：实验人为误差及其影响

本章对实验和干预评估进行了实质性讨论。下一章（第 7 章）将介绍元分析定量方法和公式以及其他更多技术性资料。出于简单起见，我们只考虑两组实验。这里提出的原则同样适用于更复杂的设计。更复杂的设计将在第 8 章讨论。

本章的陈述与第 2 章的相关性研究相似。对经典研究来说，抽样误差会导致处理效应的误差，导致研究中出现不一致。如果通常的分析基于置信区间，就能认识到抽样误差的巨大影响，研究中的虚假差异也将被归因于抽样误差。相反，大多数研究者依赖于统计显著性检验，这加重了而不是减轻了问题。元分析可以将由抽样误差引起的差异和由实际调节变量引起的差异区分开来。处理效应也受到其他人为误差的影响：因变量的测量误差、处理变量的测量误差 [即名义（期望）处理与实际处理之间的差异]、连续因变量的二分法、因变量的范围变异、因变量缺乏完备的构念效度、处理变量缺乏完备的构念效度（如将预期处理效应与其他非预期效应混淆）、处理效应估计偏差，另外还有由报告误差、计算误差、转录误差等造成的不良数据。

由人为误差引起的处理效应失真被传统处理效应二分法描述所掩盖，即“有效应”或“无效应”。大部分人为误差会减小处理效应的大小。如果效应没有减小，人为误差将不会导致失真。因此，在“无效应”的零假设下，除抽样误差以外的人为误差变得无关紧要，且在传统上经常被忽略。然而，元分析显示虚无主义的零假设很少是正确的。例如，正如第 2、3、5 章所讨论的，Lipsey 和 Wilson（1993）检测了超过 300 个心理干预（处理条件）的现有元分析，发现只有两种处理（少于 1%）基本上没效应。基于这项大规模研究，在心理治疗研究中，我们可以估计零假设错误的先验概率为 0.993。在大多数研究中，零假设是不正确的，由人为误差引起的效应减小有着真实而重要的影响。此外，人为因素导致的研究效应量的减小会增加常规统计显著性检验的误差率（这在大多数研究的最佳条件下是很高的）。不同研究间人为误差的差异导致不同研究间的效应具有明显差异，在没有处理交互作用的情况下，产生了情景（或环境）表象。

本章首先讨论处理效应的定量化，然后提出跨研究数据的假设，显示了抽样误差的影响和在综述性研究中常规统计显著性检验的失败。接下来，我们将对除抽样误差以外的人为误差进行实质性讨论。尽管这些人为误差可能同样大，但是它们通常是系统的，而不是随机的。

6.1　处理效应量化：*d* 统计量和点二列相关性

将处理效应描述为量化的还是二分的是一个关键性问题。传统上将处理效应描述为二分的：处理要么有效应，要么没效应。长期以来，方法学家们认为，我们应该用定量方式来描述处理效应，即估计处理效应的实际大小。二分法描述存在一定不足，原因如下：第一，信息大量丢失，这些信息可以被用来：①评估处理的实际重要性；②比较多种处理的效应；③确定一个理论是否被证实；④检验定量理论，如路径模型。第二，在对处理效应进行二分分析时，隐含的假设是大多数处理都没有效应。如果隐含假设是正确的，那么“处理效应不是 0”这一陈述中就将包括重要信息。然而，正如前面讨论的那样，元分析已经显示，很少存在处理效应一点都没有的情况，通常，“处理没有效应”的结论是错误的。因此，处理的问题不在于它是否有效应，而在于这个效应是否如理论预测的那样大，效应是否足够大到具有实践意义，或者是否大于或小于一些其他处理效应或与其他处理存在差异。这些问题只能通过量化处理效应的大小来回答。

处理效应的二分法也与处理的统计分析有关。如果大多数处理没有效应的说法是正确的，那么好的统计分析将聚焦于第Ⅰ类误差：在没有效应的情况下错误地得出有效应的结论。传统的显著性检验保证了第Ⅰ类误差发生的概率不超过 5%。然而，元分析已经显示这种虚无主义的零假设很少是正确的。如果零假设是错误的，那么所有的统计误差将会是第Ⅱ类误差：错误地认为没有效应，而实际上有效应。正如我们将看到的，对于经典样本量，第Ⅱ类误差率相当高。在样本量为 100 的情况下，标准实验（textbook experiments）的第Ⅰ误差率约为 50%，且对于更细微的后续研究，第Ⅱ类误差率更高。许多重要研究领域的显著性检验误差率甚至高达 85%。

由于零假设在大多数研究领域都是错误的，所以传统显著性检验有着非常高的误差率。如此高的误差率意味着传统的显著性检验在综述研究层面实际上是适得其反的。传统显著性检验的高误差率意味着使用显著性检验解释的结果在不同的研究中必然看起来不一致。例如，如果显著性检验有 50% 是错的，那么一半研究将会有显著的处理效应，而另一半研究将会错误地显示没有处理效应。

这一点在比较元分析结果和描述性综述结论时显得非常明显。对于研究的大多数问题，元分析表明处理效应不是 0，尽管有时处理效应非常小。另一方面，描述性综述则前后不一致。一些评论者是具有选择性的，他们抛弃了“方法论”基础上的研究——通常完全是假设性质的。他们抛弃这些研究直到剩下的研究得到一致性结果，然后基于剩下的研究得出结论。不幸的是，不同的评论者会抛弃不同的研究，因此得出不同的甚至是相反的结论。所有的评论者犯了不同的错误：他们通常认为处理效应是偶尔发生的，他们认为处理效应在某些研究中存在而在其他研究中不存在。

处理效应的自然定量描述只是因变量上的均值之间的差异。假设 Y 是因变量，对照组和实验组的均值表示如下：

$$\bar{Y}_E = \text{实验组的均值}$$

$$\bar{Y}_C = \text{对照组的均值}$$

那么“处理使绩效增加了 3.2 英尺”，即 $\bar{Y}_E$ 与 $\bar{Y}_C$ 的差异是 3.2 英尺（1 英尺 = 0.304 8 米）：

$$\bar{Y}_E - \bar{Y}_C = 3.2 \text{ 英尺}$$

如果在所有研究中对因变量进行相同的测量，那么均值之间的原始分数差将是处理效应的常规测量。然而这样的情况很少存在。以缝纫机操作员的工作绩效测量为例，人们可能会认为，“每周缝制的衣服数量”等指标在研究中应该是相同的变量。但是不同地方的员工缝制的服装类型不同，缝制三条裙子与缝制三件外套可能大不相同。因此，通常因变量的单位在不同研究中有所不同。

如果在两项不同的研究中，除了单位外，因变量是相同的，那么，在原则上，就有可能通过找出两单位之间的比例常数来校准这两项测量。但是我们来看看两个不同研究中缝纫机操作员的单位匹配问题，其中一个研究中的员工缝制裙子，而另一个研究中的员工缝制外套，将分数从一个测量转换到另一个测量，一个地方的员工必须缝制其他类型的服装。此外，她们还必须接受与其他服装完全相同的缝纫训练，才能与其他服装完全相媲美。即使这是可能的，代价也会高得令人望而却步。因此，在大多数研究领域中，对自变量的准确校准也是不可能的。

解决不同研究中的匹配问题有另外一种方法，尽管这种方法依赖于一种实质性的假设。我们可以通过使用标准分数而不是原始分数来剔除研究中的单位。标准分数的处理效应将是：

$$d = (\bar{Y}_E - \bar{Y}_C) / \sigma$$

σ 为该研究中原始值的标准差。而唯一的问题则变成了“哪一个标准差”，这个问题将在下一章详细描述。对于总体数据，本质的定义是使用对照组的总体标准差，然而对于抽样数据，使用“组内方差”更能准确估计标准差，即将实验组和对照组的标准差进行平均。这个样本统计量就是 Cohen（1977）提出的 d 统计量，d 统计量在实验或干预研究的元分析中使用最为广泛。对于 d 统计量的总体值，我们使用 d 的希腊字母来表示，即 δ。

假设每个月服装缝制绩效分布的均值为 100，标准差为 25，如果一个培训项目每天增加 10 件服装，那么处理效应的标准值为：

$$d = 10 / 25 = 0.40$$

也就是说，处理效应为 0.40 个标准差。

如果结果变量（因变量）是一个二分变量（如患者有疾病和患者没有疾病），那么另外一个统计量，即比值比将会被使用。比值比在医疗研究领域经常被使用。我们在本书中没有说明比值比的使用程序，因为它不太适合也很少被用于社会科学研究，而且它很容易被误解。Haddock、Rindskopf 和 Shadish（1998）讨论了比值比在社会科学研究中的潜在使用。我们将在第 9 章讨论比值比。

下一章将详细讨论与处理效应紧密相关的测度：点二列相关性。点二列相关性实际上是一个普通的 Pearson 相关性，它的特殊名字来源于所要计算的数据性质。我们通过合并对照组和实验组的数据来创建一个单独的数据集。我们通过给两组的人不同的赋值来定义处理变量（有时也被称为“虚拟变量”或“对比变量”）。例如，我们可能通过给对照组的人赋值 0，给实验组的人赋值 1 来定义 T 变量。基于合并数据计算出来的处理变量和因变量之间的相关性就是点二列相关性。点二列相关性的优势在于它可以像其他任何一个相关系数一样处理。具体地，可以使用第 3 章和第 4 章中关于相关系数的方法进行元分析（如第 7 章所述），那么运算会比计算 d 统计量时容易得多。相关性更适合高级统计分析，如信度分析、路径分析等。点二列相关性是元分析中第二常用的处理效应量化方法。如下一章所述，r 和 d 这两个统计量可以用代数方法相互转换。因此，使用哪个统计量在概念上是任意的。尽管如此，在本章，我们主要使用的是 d 值。通常 d 值的经验范围为 $-0.41 < d < 0.41$。r 和 d 之间的转化公式很简单：

$$d = 2r \quad -0.21 < r < 0.21$$

$$r = 0.5d \quad -0.41 < d < 0.41$$

这个近似值有多接近呢？考虑最坏的情况，$d = 0.40$，那么近似值 $0.50d$ 的结果为 $r = 0.20$，而真实相关性为 0.196。

如果不同研究中（在抽样误差范围内）因变量（以任何一组单位计量）的标准差相同，那么它们的 d 统计量具有可比性。这是在没有产生范围限制过程的情况下，心理学中标准化变量的经典结果。尽管不同背景下的均值大不相同，但标准差通常差异不大。在这样的一个研究领域，这是不正确的：由于不同的单位导致的结果的变异，只能通过范围变异来进行校正（见第 3 章）。

6.2　*d* 值中的抽样误差：示例

一个论点是用激烈的语言表达更有效还是用试探性的语言表达更有效。Hamilton 和 Hunter（1987）的元分析结果倾向于支持激烈的语言，其态度变化的差异大概是 0.20 个标准差（即 $d = 0.20$ 或 $r = 0.10$）。假定这是在一个假定的元分析中所有研究的 d 统计量的总体值，那么综述的数据是什么样的？这取决于所收集研究中使用的样本量。为简单起见，假设所有研究都使用了完全相同的样本量。研究结果大致如表 6-1 所示（注意：表 6-1 中的分布与复现研究的抽样分布完全匹配。一项实际的包含 19 个研究的元分析将会发现与这个分布有不同的值，因为 19 个观察的抽样误差与抽样误差的确切总体分布不匹配）。

例 1：$N = 30$

假设每次进行的 19 个研究，总样本量为 30（每组 15 名被试者），研究的处理效应分布在表 6-1 的第一列，其中 6 个研究会产生负的观察的处理效应。这些研究的作者认为激烈的语言会适得其反，减少说服效应。另外，其中有 6 个研究发现处理效应为 $d = 0.40$ 或更大，其效应与教科书中例子的一样大。这些作者认为激烈的语言是最具说服力的因素之一。这两组作者都是错误的，只有研究 10 的效应量为 $d = 0.20$，即所有研究的实际总体值。

综述性研究的一个经典但粗略的方法是按照预测的方向计算研究数量。这个数量是 19 个研究中有 13 个，这比随机预测的 19 个中有 0.95 个要高得多，尽管并不显著（使用二项检验）。然而，如果有 190 个研究而不是 19 个，那么预期方向的预计研究数量将会是 130 个，这大大高于随机预测的 9.5。因此，预期方向的研究数量显示语言强度能够增加说服力并不是偶然的，然而，它会错误地暗示 32% 强度以相反的方向起作用。

表 6-1　语言强度影响说服力的假设元分析数据（按大小排序的结果）

研究	$N = 30$	$N = 68$	$N = 400$	研究	$N = 30$	$N = 68$	$N = 400$
1	0.80**	0.60**	0.36**	11	0.16	0.16	0.18*
2	0.68*	0.50**	0.32**	12	0.10	0.14	0.18*
3	0.58	0.46*	0.30**	13	0.06	0.10	0.16
4	0.50	0.40*	0.28**	14	−0.00	0.08	0.16
5	0.44	0.36	0.26**	15	−0.04	0.04	0.14
6	0.40	0.32	0.26**	16	−0.10	−0.00	0.12
7	0.34	0.30	0.24**	17	−0.18	−0.06	0.10
8	0.30	0.26	0.22**	18	−0.28	−0.10	0.08
9	0.24	0.24	0.22**	19	−0.40	−0.20	0.04
10	0.20	0.20	0.20**				

注：在每个例子中，所有研究的总体效应为 $\delta = 0.20$，所有与该值的偏差都完全是由抽样误差造成的。样本量是对照组（低语言强度）和实验组（高语言强度）的总样本量。因此“$N = 30$”意味着“每组 15 个”。

* 表示单尾检验显著性，** 表示双尾检验显著性。

统计显著性检验旨在减少抽样误差的影响。如果零假设是正确的，它能将推论误差降低到 5%。在这个例子中，传统的显著性检验如何进行？有两种方式。假设每个研究都使用方差分析来进行，那么它将使用双尾显著性检验来进行分析，则只有 $d = 0.80$ 的研究才是显著的。也就是说，方差分析只为一个研究得出正确推论，误差率为 18/19 或 95%，即在这个例子中，双尾显著性检验的误差率不是 5%，而是 95%。

如果采用 t 检验来分析这些数据，作者可以选择做单尾检验。对于单尾检验，研究 1 和 2 均存在显著的处理效应。因此，该显著性检验只为 19 个研究中的 2 个研究得出了正确的推断，误差率为 17/19 或 89%。因此在这个例子中，对于单尾 t 检验，误差率不是 5%，而是 89%。

在这个例子中，双尾检验（传统的方差分析）只在 1 个研究中是正确的，单尾检验只在 2 个研究中是正确的，是双尾检验的两倍。然而，无论哪种情况，误差率都远远高于大多数人认为的统计显著性检验 5% 的误差率。

为什么误差率会远高于 5%？传统的统计显著性检验假设了 $\delta = 0$ 的虚无零假设。如果零假设为真，那么误差率将只有 5%。然而，对这个研究领域（就像大多数研究领域一样）来说，零假设是错误的，因此误差率没有被限制为 5%，而是更高。在这个例子中，误差率上升到 89%（单尾检验）或 95%（双尾检验），接近理论上的最大误差率。

考虑评论者在面对表 6-1 中第一列结果时的立场，如果评论者按照预期方向计算结果，则预期方向的结果指针较弱。诚然，近 1/3 的研究方向是错误的，但 1/3 的研究抵消了这一点，其影响与社会心理学经典教科书的效应一样大。评论者可能会得出这样的结论，即激烈的语言在大多数时候更具说服力，但是也会警告说，在某些情景下，由于未知的原因，激烈的语言会适得其反。这将是对数据的错误解释。

假设评论者忽略了处理效应的大小，只考虑使用双尾检验的显著性结果的数量，那么这位评论者几乎肯定会得出这样的结论：语言强度对说服力没有影响。这也是一个错误结论。具有讽刺意味的是，使用更复杂显著性检验方法的评论者比那些单纯只看原始结果的人甚至有着更多的错误。

值得注意的是，随着数据的增加，评论者的推论不会随着更多的数据而得到实质性的改进。如果研究数量从 19 个增加到 190 个，单尾检验结果显著的研究数量将从 2 个增加到 20 个。但是显著性结果的比率将依然相同，即 20/190 = 2/19。因此，即使数据量是之前的 10 倍，但依赖于显著性检验的评论者将依然得出同样错误的结论。

正如我们将看到的，本书中介绍的元分析方法能够正确地处理这些数据。这种方法将在使用总样本量 N = 19（30）= 570 导致的抽样误差范围内，估计平均处理效应量 δ 约为 0.20。如果有 190 个研究，估计平均效应量的误差将降至总样本量 N = 190（30）= 5 700 时的误差。随着可用来分析的研究越来越多，这种元分析方法的误差将越来越小。这种方法也将得出正确结论，即所有或近乎所有观察的研究效应的方差都是由抽样误差引起的。

这个例子是不是太牵强了？语言强度的处理效应量与实际研究结果一致。另外，样本量 N = 30 比实际研究的样本量（$\bar{N}=56$）更少。但是有一些重要研究领域的样本量也如此少。例如，Allen、Hunter 和 Donahue（1988）对心理治疗如何影响公开演讲时的害羞和恐惧问题的相关研究进行了元分析。对于采用系统脱敏（systematic desensitization）的研究，平均样本量为 23，对于使用理性情绪疗法（rational-emotive therapy）的研究，平均样本量只有 19。

例 2：N = 68

在 1980 年以前的文献中，人员甄选研究的样本量中位数是 68（Lent，Auerbach，Levin，1971a，1971b），这与其他心理学研究领域的样本量相差不远，尽管也存在一些较大和较小的例外。Hamilton 和 Hunter（1987）所做的语言强度元分析的平均样本量为 $\bar{N}=56$，这与表 6-1 中使用的 68 大致相同。如果所有 19 个研究的样本量都为 N = 68，那么研究结果将具有与表 6-1 中第二列类似的期望分布。

如果一个评论者只从表面上看结果，那么他现在看到的 19 个数值中有 15 个是符合预期方向的，而 19 个数值中只有 4 个是负值。这种划分与使用二项式比较的 50-50 划分显著不同，与此同时，4 个大值也没有教科书上例子的那么大。评论者可能会得出这样的结论：错误方向的研究只是来自零效应的抽样误差。因此，该评论者可能会得出这样的结论：语言强度会增加说服力，尽管在少数情况下并非如此。然而，这个结论是错误的，因为在所有情况下，实际效应量都是 δ =0.20。

传统的双尾统计显著性检验的方差分析认为：只有两个最大值是显著的。因此传统双尾检验的结果在 19 个研究中只有 2 个是正确的，误差率为 17/19 或 89%。如果一个评论者对显著性的结果进行了统计，他可能会得出这样的结论：语言强度与说服力无关。这个结论在本例中将是一个严重错误。

单尾显著性检验将前 4 个值表示为显著。因此单尾检验有 4 次是正确的，这意味着在这个例子中单尾检验的强度是双尾检验的两倍。但是单尾检验结果在 19 个研究中依然有 15 个是错误的，误差率为 79%。只计算单尾显著性结果的评论者，可能会得出结论：19 次中有 4 次显著明显大于预期的 20 次中只有 1 次显著。假如不是，那么如果研究数量增加到 190，评论者肯定会注意到 190 个中有 40 个比随机预测的 190/20 = 9.5 要大得多。评论者可能会认为在某些背景下，语言强度对说服力的影响效应大约为（40−9.5）/190 或 16%，但在其他背景下无效应。注意：该评论者仅仅是随机预测 9.5 个显著结果。这是对只看双尾检验的评论者所犯错误的改进，但比完全忽略显著性检验的评论者所得出的结论更糟糕。

本文提出的元分析方法将估计处理效应，使其在总样本量 $N = 19 \times 68 = 1\ 292$ 的抽样误差范围内。如果有 190 个研究，平均效应量的误差将降至总样本量 $N = 190 \times 68 = 12\ 920$ 时的误差。这个方法也将得出正确结论，即所有或近乎所有的研究方差都是由抽样误差造成的。

例 3：$N = 400$

大多数心理学家认为样本量为 400，就好像无穷大一样（即一个无限大的 N），但是，民意测验专家的认识和经验与此不同。样本量为 $N = 400$ 的 19 个研究的经典研究结果如表 6-1 的第三列所示。

从表面上看结果的评论者现在会注意到，所有的结果都在预期方向上，尽管最小值的确小，最大值仍只是中等大小。因此，评论者可能认为语言强度总是会增加说服力（一个正确的结论），尽管在某些情景下，影响的大小可以忽略不计（这不是一个正确的结论）。

使用双尾显著性检验的评论者会发现，19 个研究中有 10 个是显著的。这个评论者可能会得出这样的结论：语言强度会在一半情景下增加说服力，但在另一半情景下并不会。这个结论与事实相去甚远。

使用双尾显著性检验的评论者会发现，19 个研究中有 13 个是显著的。因此在这个例子中，单尾检验的强度是双尾检验的 13/10 倍，即大约超过双尾检验强度 30%。该评论者可能认为，语言强度在 2/3 的情景下能够增加说服力，但在另外的 1/3 的情景下并不会。同样，这个结论也与事实相去甚远。

即使样本量为 400，单纯从表面值上看的评论者比看统计显著性结果的评论者更接近事实。因此，即使样本量为 400，显著性检验的效果依然很差，与根本不分析抽样误差相比，它甚至是适得其反的。

在平均样本量为 400 的情况下，我们的元分析方法将在总样本量 $N = 19 \times 400 = 7\ 600$ 造成的抽样误差范围内估计平均效应量。该分析还将得出正确的结论，即所有或近乎所有研究的方差都是由抽样误差造成的。

从综述性研究的角度看，统计显著性检验不能正确处理抽样误差。统计显著性检验只在我们知道零假设是真的研究背景下才起作用。但如果我们知道零假设是真的，那么我们也不需要再做检验。因此，我们在做综述性研究时应该放弃使用统计显著性检验。现在有几个基本等价的元分析公式，可以适当考虑平均效应量的抽样误差，包括这里介绍的方法。当不同研究中效应量的方差是真实存在时，我们的方法也是准确的。另外，我们还估计了总体效应量的标准误大小。一些作者放弃了同质性的显著性检验，并且如果显著性检验显示标准误不是 0，他们也没有提出估计标准误的方法。

6.3　因变量测量误差

普通英语将“测量误差”解释为两种意思：系统误差和非系统误差。系统误差偏离了测量的初衷。在心理测量理论中，这被称为“有缺陷的构念效度”。在心理测量理论中，“测量误差”一词用于非系统误差，也被称为“随机误差”或“不可靠性”。在本章中，我们遵循心理测量术语。这一节将介绍测量的非系统效应或随机误差，下一节将介绍有缺陷的构念效度。

在心理学中，大多数测量的非系统误差是由被试反应的随机性导致的。这类误差的均值通常为 0，也就是说是正或负的概率相同，且与真值无关。如果我们将因变量的观察值设定为 Y，将真值设定为 U，将测量误差设定为 e，那么

$$Y = U + e$$

e 的总体均值为 0，e 和 U 之间的总体相关性为 0。

因为平均误差为 0，所以误差的均值并不能描述误差的典型大小，相反，误差的典型大小由误差方差——平均平方差或误差标准误来描述。在心理测量理论中，σ_e 被称为“测量的标准误”。测量误差的实际影响与被试间的差异大小有关。如果两个被试在因变量上相差 10 分，那么 −1 或 +1 的误差大小对两者的影响不大。另外，如果两个被试间的差异是 0.5，那么 −1 或 +1 的误差能够完全掩盖二者之间的比较。测量相对误差的一种量度是“噪信比”，即 σ_e / σ_U，尽管这个指标不常用。相反，对相对误差更有用的测量是真值和观察值之间的相关性，即 r_{UY}。根据历史惯例，这个相关性的平方被称为因变量的“信度”，且用 r_{UY}^2 表示。也就是说，我们将因变量的信度 r_{YY} 定义为：

$$r_{YY} = r_{YU}^2$$

不同信度估计方法确定和评估不同的测量误差来源。研究者使用合适的信度估计是非常重要的。我们建议读者参考第 3 章中对这个问题的扩展处理。因变量的误差标准差和信度的关系为：

$$\sigma_e = \sigma_Y \sqrt{(1 - r_{YY})}$$

信度的大小取决于测量过程中的测量误差程度（通常是一种在心理上的反应），以及用于产生最终反应的主要测量的数目（通常是一个量表的题目数）。高质量测量的信度通常在 $r_{YY} = 0.81$ 左右，中等质量通常下降至 $r_{YY} = 0.64$ 左右，单个反应测量的信度通常不会高于 $r_{YY} = 0.25$。应该注意的是，单个反应的信度不是由获得该反应的成本所决定的。例如，在社会心理学的公平研究中，被试在标准行动之前可能会花费一个小时。但是因变量的唯一测量是一个单个的反应：给搭档的金钱数额。该单个反应的信度为该反应与其他随机选择的某个反应之间的相关性。单个反应的信度很少高于 $r_{YY} = 0.25$。

信度大小既取决于测量过程中的误差程度，也取决于因变量的个体差异程度。例如，Nicol 和 Hunter（1973）发现相同的语义微分量表，对于两极分化问题“法律与秩序”态度测量的信度为 0.90，而对于“污染”问题态度测量的信度仅为 0.20。

某个特定人 p 的观察值与该人真值之间的关系为：

$$Y_p = T_p + e_p$$

如果我们对不同人的观察值进行平均，那么均值与真实均值之间的关系为：

$$\bar{Y} = \bar{T} + \bar{e}$$

也就是说，不同人之间的测量误差被平均化了。每个人分数的总体均值平均为在误差无穷大的情况下的测量误差，因此为 0。即在总体水平上，测量误差对均值没有影响。

原始值处理效应被定义为总体均值之间的差异：

$$原始值\delta_Y = \bar{Y}_E - \bar{Y}_C$$

因为测量误差的总体均值为 0，每个观察值均值与真值均值相等。因此：

$$原始值\delta_U = U_E - U_C = \bar{Y}_E - \bar{Y}_C = 原始值\delta_Y$$

也就是说，随机误差不会改变原始值的处理效应，这是传统统计方法在实验设计处理中忽略测量误差的原因。

然而，在统计学中，最重要的不是原始分值处理效应，而是标准分值处理效应。考虑到元分析的初衷，使用标准分值处理效应来实现不同研究间的可比性通常是必要的。但是标准分值处理效应也是传统统计方法的核心，因为标准分值处理效应是通过统计学显著性检验来进行评估的。特别的，传统显著性检验的功效取决于标准分值的处理效应。

测量误差不会影响因变量的均值，但它确确实实会影响方差。观察值的方差与真值方差之间的关系为：

$$\sigma_Y^2 = \sigma_U^2 + \sigma_e^2$$

也就是说，测量误差增加了方差，因此增加了因变量的标准差。接下来考虑实验组和对照组的比较，增加误差不会改变均值，但是它增加了均值的范围。该效应如图 6-1 所示。

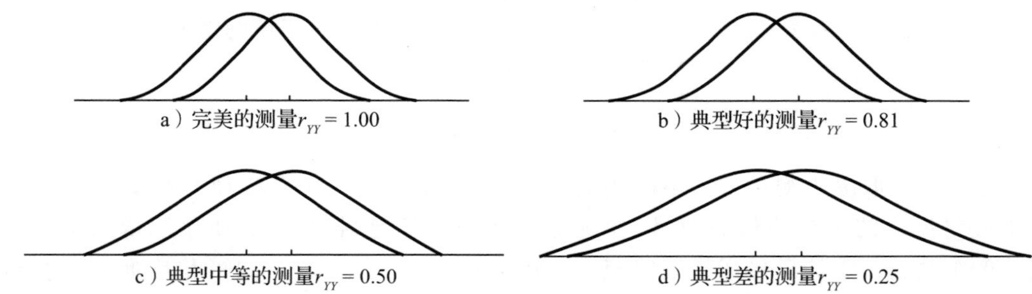

图 6-1 测量误差对对照组和实验组之间分离程度的影响（真值处理效应 δ = 1.00）

两组之间的分离程度取决于两个分布之间的重叠程度，而两个分布之间的重叠程度取决于均值离差与均值的扩散程度之间的关系。均值的离差越大，两个分布之间的重叠程度越大。图 6-1 显示，由于测量误差的存在，重叠程度大大增加。信度越低，均值的范围越大，因而重叠程度越大。也就是说，随着测量误差的增加，离差变得越来越模糊。就统计功效而言，均值之间的离差越模糊，两组之间的离差就越难被发现。

真值和观察值的标准效应量如下：

$$\delta_U = (U_E - U_C) / \sigma_U$$

$$\delta_Y = (Y_E - Y_C) / \sigma_Y$$

因为总体均值不受测量误差影响，所以分子是相等的。但是测量误差增加了标准差，因而分母不同。标准差的增加如下式所示：

$$\sigma_Y = \sigma_U / \sqrt{r_{YY}}$$

我们注意到，除以一个小于 1 的数就是增加了比率。如果将这个公式代入 δ_Y 的公式，那么：

$$\delta_Y = \delta_U \sqrt{r_{YY}}$$

也就是说，观察值的标准效应量等于真值的标准效应量乘以信度的平方根。例如，如果信度为 $r_{YY} = 0.81$，那么效应量将减少至：

$$\delta_Y = 0.90\delta_U$$

即减少了 10%。

如果测量误差降低了效应量，则传统的显著性检验更难检测到该效应，如表 6-2 所示。表 6-2 计算了样本量为 $N = 100$ 的研究的传统显著性检验的功效，这个样本量是实证研究的大致经典值。$\delta_U = 0.40$ 的效应量大约是社会心理学实验文献中大型入门教科书例子中的大小。$\delta_U = 0.20$ 的效应量约为后续教科书例子中更为复杂研究中的效应量，即教科书中操控的变异研究而不是简略的操控本身。

表 6-2 首先显示了由测量误差的不同水平引起的处理效应的减小。随着信度从 $r_{YY} = 1.00$ 降低到 $r_{YY} = 0.25$，处理效应减小了一半，例如，从 $\delta_Y = 0.40$ 减小到 $\delta_Y = 0.20$ 或者从 $\delta_Y = 0.20$ 减小到 $\delta_Y = 0.10$，使用传统显著性检验检测效应的概率相应下降。对于教科书中的效应量 $\delta_Y = 0.40$，功效从已经较低的 51%（51.2%）降低到了 17%（16.6%），只有其 1/3 的功效水平。换句话说，即显著性检验误差率从 49% 上升到 83%。对于复杂研究，其最初功效水平更小，因而下降空间有限。如果拥有完美测量的效应量为 $\delta_U = 0.20$，那么如果因变量是单个反应，则观察效应量约为 $\delta_Y = 0.10$，功效将从 17%（16.6%）降到 7%（7.2%），减幅略多于一半，而显著性检验的误差率将从 83% 上升到 93%。

表 6-2　样本量 $N = 100$ 的传统显著性检验的功效

I. 效应量减小：因变量的不同信度值对应的 δ_Y 的值				
信度	δ_U= 0.10	δ_U= 0.20	δ_U= 0.30	δ_U= 0.40
1.00	0.10	0.20	0.30	0.40
0.81	0.09	0.18	0.27	0.36
0.64	0.08	0.16	0.24	0.32
0.25	0.05	0.10	0.15	0.20
II. 功效的减小：因变量的不同信度值对应的 0.05 水平下传统统计显著性检验的功效，用百分比表示				
信度	δ_U= 0.10	δ_U= 0.20	δ_U= 0.30	δ_U= 0.40
1.00	7.2	16.6	31.8	51.2
0.81	6.5	14.3	26.7	43.2
0.64	5.9	12.1	33.0	37.3
0.25	4.3	7.2	11.2	16.6

下一章将显示，对于总体效应量，如果因变量的信度已知，处理效应的减少可以得到校正。虽然对样本值应用相同的校正公式剔除了测量误差的系统性影响（Cook，et al.，1992: 315-316），但增加的抽样误差和减小的统计功效不能被校正。这说明对校正后的效应量的显著性检验，在代数上与对未校正的效应量的显著性检验是等价的。

6.4 处理变量的测量误差

处理变量由小组分配来定义。因为研究者能够确切地知道每个被试者属于哪个小组，所以这个变量通常被认为是完美测量的。然而，这个定义忽略了对结果的解释。在解释结果时，实际的自变量不是按小组分配，而是按照处理过程分配。从这个观点来看，名义（预期）处理变量可能与实际处理变量大不相同。

以一个针对酸雨主题的态度变化实验为例。研究者试图操控导致变化的信息来源的可信度。在引导语中，句子“该信息的作者是……”要么用“一位该地区的著名科学家”，要么用“一位海军训练教练”来完成。假设每一个被试适当阅读了引导语，这样我们才能准确无误地知道每个被试的小组分配。但是假设 30% 的被试没有仔细阅读说明，他们没有听到陈述信息作者的句子，他们在阅读之前不会考虑作者的信息。假设没有听到作者身份的被试自己假定了一个作者身份，假设一半的被试假定信息的作者为一位专家而一半被试假定信息的作者为某个一无所知的研究生助理，那么在这个研究中，对照组 15% 的被试将假定一个专家来源，并表现得好像已经接触了实验组的指令一样，而实验组 15% 的被试将假定一个一无所知的来源，并表现得好像已经接触了对照组的指令一样。在这个例子中，名义处理组变量与实际处理组变量在 15% 的时间内是相反的，观察的效应量将会相应减小。

效应量将会减小多少呢？这个想法很简单，但是计算起来却很复杂。在我们的例子中，每组有 15% 的被试错误识别了信息作者来源的情况下，我们可以通过假设每个处理组是来自相应的真实处理组的 85% 和来自另一个真实处理组的 15% 的合并来计算处理变量误差的效应量。结果很容易用相关性术语来表述。用 X 来表示名义处理变量，用 T 来表示真实处理变量，则：

X = 某个被试观察的小组分配

T = 该被试的实际处理值

如果 X 和 T 之间的相关性是 r_{XT}，那么观察的处理效应相关性 r_{XY} 与真实处理效应相关性 r_{TY} 之间的关系如下：

$$r_{XY} = r_{XT} r_{TY}$$

将这一乘积代入 r 到 d 的换算公式中可以得到 d 统计量的简约公式。

处理效应相关性的乘积法则是心理测量理论中衰减公式的一个特例。用 r_{XX} 来表示“处理信度”，并将其定义为真实和观察的处理识别之间的相关性的平方，即 r_{XX} 被定义为：

$$r_{XX} = r_{XT}^2 \qquad (6\text{-}1)$$

那么，乘积公式就是心理测量公式的一个特例：

$$r_{XY} = \sqrt{r_{XX}}\, r_{TY} \qquad (6\text{-}2)$$

在关于态度变化的例子中，我们假设每组中有 15% 的误识信息作者来源的情况，因此观察的处理和真实处理之间的相关性 $r_{XT} = 0.70$，因而观察的处理效应相关性为：

$$r_{XY} = 0.70 r_{TY}$$

也就是说，观察的处理效应相关性减小了 30%。

如果处理效应相关性减小了，那么统计功效将会相应下降。假设在我们的例子中，样本

量 $N=100$ 的真实处理效应为 $\delta_T=0.40$，那么真实处理效应相关性将为 $r_{TY}=0.20$，观察的处理效应相关性将为 $r_{XY}=0.70\times0.20=0.14$，观察的处理效应将为 $\delta_X=0.28$。如果处理识别没有误差，统计功效将为 51%，如果有，那就是 28%，统计功效减小了将近一半。

如果处理变量的信度已知，那么衰减效应可以被校正。该公式是常用的心理测量公式，用于校正由自变量误差引起的衰减：

$$r_{TY}=r_{XY}/\sqrt{r_{XX}} \tag{6-3}$$

这一校正在总体相关水平上非常有效。然而，在样本数据水平的校正仅校正系统衰减，不能校正由测量误差介入而增加的抽样误差。在代数上，经过校正的相关性显著性检验等价于未经校正的相关性的显著性检验。

在前面关于态度变化实验的例子中，自变量测量误差有两个效应：①在实验组和对照组内，因变量的组内方差增加；②因变量原始值均值差异减小，即 $\bar{Y}_E-\bar{Y}_C$ 减小。在这种情况下，观察的 d 值将会减小，原因有两个：一是分子减小了，二是分母增大了。自变量测量误差还存在其他情况，即分子 $\bar{Y}_E-\bar{Y}_C$ 不受影响，但是分母（合并数据的组内方差 SD）过大，导致人为地降低了对 d 值的估计。

例如，假设进行了一项实验，以确定工作顾问的个人关怀和富有同情心的倾听对问题员工工作态度的影响。实验组的每个成员都与顾问有 12 个小时的个人互动（6 次 2 小时的会议），但是由于预定会议的中断、迟到以及其他问题的干扰，有些人获得的时间低于 12 个小时：一些是 10 个小时，一些是 11 个小时。由于一些顾问无意识地错过了停止时间，因而实验组的一些成员获得的时间超过 12 个小时：一些是 13 个小时，另一些是 14 个小时。平均时间大概是正确的：12 小时。如果处理强度差异的影响在研究的差异范围内近似线性（大多数情况下为真），那么平均效应将取决于平均处理强度。个体差异将会被抵消，处理组的均值将会与没有处理组差异时相同。因此，d 的效应量的公式的分子（即 $\bar{Y}_E-\bar{Y}_C$）将不受影响。但是处理强度中的个体差异会导致结果差异，从而导致因变量的差异，因而如果处理强度没有差异，效应量的分母将会比实际的要大。如果效应量的分母增大，那么效应量将会减小。因此，尽管处理强度的研究内差异对 $\bar{Y}_E-\bar{Y}_C$ 没有影响，但会减小效应量。

另外，因为组内研究的变异程度可能与组间研究的变异程度不同，由于处理变异而未能校正衰减将导致研究间效应量的人为变异。这些未被校正的变异可能被错误地解释为：显示了不存在的调节变量的存在。

处理效应的变化会增加实验组的标准差，但是不会改变对照组的标准差。实验组标准差的增加提高了组内合并标准差，因而降低了观察的效应量值。但是，实验组标准差的人为增加也会导致别的误差。如果没有实际的被试处理交互作用，以及不同被试间的处理效应没有差异，那么对照组和实验组的标准差将相等。实验组标准差的人为增加可能被错误地理解为被试处理交互作用的象征。也就是说，实验组的被试对相同的处理似乎反应不同（导致 SD_E 比 SD_C 大），而事实上，导致更大 SD_E 的原因在于实验组的不同被试错误接受了不同强度或持续时间的处理。

如果没有实际的被试处理交互作用，那么实验组标准差的增加能够被用来量化处理变异的影响。如果没有交互作用，那么期望的效应量为：

$$\delta = (\bar{Y}_E - \bar{Y}_C) / SD_C \tag{6-4}$$

观察的总体效应量为：

$$\delta_O = (\bar{Y}_E - \bar{Y}_C) / SD_W \tag{6-5}$$

这两个效应量的不同如下：

$$\delta_O = a\delta \tag{6-6}$$

其中，衰减因子 a 由下列公式得出：

$$a = SD_C / SD_W \tag{6-7}$$

对于相同的样本量，衰减因子可由实验组和对照组的标准差的比值比来计算。用 v 表示标准差的比值比，即用下列式子来定义 v：

$$v = SD_E / SD_C \tag{6-8}$$

那么组内标准差与 v 的关系如下：

$$SD_W = \sqrt{[(SD_C^2 + SD_E^2)/2]} = SD_C\sqrt{[(1+v^2)/2]} \tag{6-9}$$

因此：

$$a = SD_C / SD_W = 1/\sqrt{[(1+v^2)/2]} \tag{6-10}$$

如果 v 不大于 1，那么我们有近似值如下：

$$a = 1-(v^2-1)/2 \tag{6-11}$$

总的来说，处理强度的组内变异导致了实验组因变量标准差的增加。即使没有真实的被试处理交互作用，处理强度差异也会导致实验组标准差人为地大于对照组标准差。如果处理变异没有问题，那么实验组标准差的增加可能被错误地理解为被试处理交互作用的象征。如果已知没有交互作用，那么效应量的衰减可以由实验组和对照组的标准差的比值比来计算。

6.5 不同研究中处理强度的变异

在前面的例子中，平均原始值处理效应 $\bar{Y}_E - \bar{Y}_C$，在所有的研究中是相同的。然而在其他情况下，元分析的不同研究中这个值可能不同，因为不同研究中实验组的处理数量可能不同，导致不同研究中的 $\bar{Y}_E$ 不同。如果这些差异是已知的（即每个研究都给出了这些差异），那么它们能够被编码并被当成潜在的调节变量。但是如果处理强度未知，那么处理强度差异将产生无法计算的效应量差异。这种差异将会导致实际上同质的处理效应看起来是异质的，因而表明不存在调节变量（或者说处理强度差异的效应将会与真实的调节变量相混淆）。

举一个例子。假设在一系列评估新培训方法的研究中，每个研究中实验组应该接受 10 小时的培训。然而由于管理和沟通问题，一些研究中实验组的人获得了 8、9、10、11 或 12 小时的培训，尽管在每个研究内，每个被试接受的训练时间完全相同，但只有一些研究完全达到了预期的 10 小时。如果不同研究的均值是 10 小时，那么元分析的平均效应量将不会受到影响。然而，除了由抽样误差产生的变异外，不同研究中培训时间的差异将在效应量上产生额外方差。本书中提出的公式不能校正这种额外方差。如果每个研究中的培训时数是给定的，这个变量就能被编码并作为调节变量来分析。但是这个信息很少被给定，因为所有偏离 10 小时的培训时间代表执行培训计划中的误差，这些误差甚至连实验者自己都不知道。

在这个例子中，不同研究的平均处理强度与 10 小时这个目标值相等，如果测量误差是随机的，这就是所期望的。如果均值与目标值不同，如 9 小时而不是 10 小时，那么平均效应量将会受到影响，方差也会受到影响。但是在本例中，我们假设测量误差的均值（期望值）为 0。

这种形式的测量误差类似于相关性研究中范围限制研究之间的意外差异，也就是说，尽管研究者采取了特殊步骤来获得所有研究中同样的变异，但是范围限制（或增强）可能会出现差异，就像实验人员试图在研究中进行完全相同的处理一样。在许多元分析中，处理条件的强度在不同研究中有所不同，不是因为测量误差，而是因为不同实验者对处理强度没有一个共同目标。这种情况与不同相关性研究中自然出现的范围变异非常类似（在实验研究中，对照组在所有研究中都相同，锚定自变量的低端，但是其高端因研究而异，因而自变量的方差因研究而异）。正如上文提出和说明的那样，当在单个研究中给出所需的处理强度信息时，这个问题能用调节分析来解决。

6.6　因变量的范围变异

原始值处理效应取决于处理过程的性质，因此如果不同背景使用了相同的过程，那么它应该保持相同。但是研究组的标准差并不取决于处理过程，而是取决于所讨论的组的选择性质。研究总体在某些情况下可能比在其他情况下更加同质。标准的处理效应将相应发生变化。

举一个对两极分化政治话题所做的态度变异研究的例子。一群共和党人的原始态度比没有选择政治倾向人们的态度要一致得多。假设共和党人的标准差只有混合总体标准差的一半，混合总体 $\sigma = 50$，共和党人 $\sigma = 25$。如果消息产生的变异为原始值形式的 10 分，关于混合总体的研究将产生的标准效应量为 10/50 =0.20，那么在共和党人中进行的研究将产生的标准效应量为 10/25 =0.40，标准效应量大了两倍。

从统计功效的角度来看，使用一个更同质的总体来做研究有相当大的优势。再考虑政治态度的例子，研究者基于普通民众所做的研究将得到效应量 $\delta = 0.20$，而基于共和党所做的相同研究将得到效应量 $\delta = 0.40$。给定一个研究的样本量为 N =100，使用普通民众所做研究的统计功效为 17%，而使用同质总体所做研究的统计功效将为 51%，是普通民众的 3 倍。

研究普通民众的研究者通过将他的数据分解为民主党和共和党，然后适当地合并两个组内比较的结果，可以获得类似的功效增益。这是协方差分析结果或使用“分层处理”设计的功效增益。

为了进行元分析，我们选择一些总体作为参照总体。我们希望所有的效应量都用参照总体来表达。为此，我们必须知道研究总体标准差与参照总体标准差的比率。两个总体的标准差表示如下：

$$\sigma_P = \text{参照总体的标准差}$$

$$\sigma_S = \text{研究总体的标准差}$$

研究总体的标准差与参照总体的标准差的比率用 u 表示：

$$\mu = \sigma_S / \sigma_P \tag{6-12}$$

如果两个总体的原始值处理效应相同，那么研究总体的标准处理效应为：

$$\delta_S = \delta_P / u \tag{6-13}$$

也就是说，与参照总体相比，研究总体越同质，研究效应量越大。

要校正范围变异，我们只需要反向使用前面的公式：

$$\delta_P = u\delta_S \tag{6-14}$$

在元分析中，该公式可用于将每个研究效应量校正为相同的参考总体值，从而剔除因同质性变异导致的效应量变异。然而，这种校正要求在所有研究中对因变量使用相同的测量尺度。因为很少出现这种情况，所以通常无法进行这种校正。

6.7 因变量测量的二分法

在一些研究中，连续因变量被二分。例如，在实际工作预览对后续离职的影响研究中，大多数研究者不会使用任期的自然因变量，即工人在公司的工作时间长短。取而代之的是，他们将任期一分为二，创造一个二元的“离职”变量。例如，他们可能看一个工人在公司中工作是否超过 6 个月。二分法中固有的信息缺失会导致效应量的减小，且相应的统计功效也会丧失（Hunter，Schidt, 1990b ；MacCallum，et al.，2002）。在很大的数值范围内，这种人为减小的效应量可以被校正，但在单个研究中，统计校正公式不能恢复更高水平的统计功效。

用 T 表示处理变量，用 Y 表示连续因变量，用 Y' 表示二分的因变量。二分法的效应是用相关性 $r_{TY'}$ 替代 r_{TY}，相关性 $r_{TY'}$ 的值更小，然后对相应功效更低的 $r_{TY'}$ 进行统计显著性检验。我们寻求的是一个能够将 $r_{TY'}$ 值恢复为 r_{TY} 值的校正公式。在总体水平上有一个近似公式。该公式在样本水平上的应用剔除了相关性的系统误差，但是不能剔除由二分法导致的信息缺失所引起的更大抽样误差。该公式在元分析中很有效，因为元分析可以大大减小抽样误差的影响。

对于横截面相关性，因变量的二分化通过乘积规则公式降低相关性，类似于测量误差导致的衰减。校正公式源于从点二列相关性创建二列相关性的公式。该公式不适用于处理相关性，因为因变量不是正态分布。处理效应使实验组的分布偏离对照组的分布。当这两个小组合并在一起时，它们的联合分布不是正态分布。要了解这一点，可以考虑处理效应为 3 个标准差的极端情况，这两个分布几乎没有重叠，它们的联合分布是明显的双峰分布：每个亚组的均值都有一个众数（mode）。

然而，我们将表明，在通常的效应量和分布分割范围内，二列相关公式作为一种近似公式非常有效。它对应于这样的事实，即除非处理效应非常大，否则组合分布近似正态分布。假设在联合组中，“高”分割总体的比例为 p，而“低”分割总体的比例为 $q = 1-p$。对于正态分布，将有一个 z 值对应这样的分割（尽管联合分布并不是一个完全的正态分布）。将该值称为临界值（cutoff value），用 c 表示。c 的正态密度函数值或正态纵坐标值用 $\varphi(c)$ 表示。处理相关性的衰减由二列衰减公式近似表示为：

$$r_{TY'} = ar_{TY} \tag{6-15}$$

其中

$$a = \phi(c) / \sqrt{pq} \tag{6-16}$$

相应的校正公式是二列公式：

$$r_{TY} = r_{TY'} / a \tag{6-17}$$

表 6-3 显示了该公式的准确范围。表 6-3 给出了使用二列相关公式校正的实际连续变量相关性与衰减二分变量相关性的比较比率。该比率按校正 / 实际的顺序排列，用百分比表示。例如，对于总体连续 $d = 0.40$ 与联合总体的中位数分割，比率为 101。也就是说，对于实际连续处理相关性 $r_{TY} = 0.20$，校正的二分相关性为 $1.01 \times 0.20 = 0.202$，误差小于舍入误差。对于当前大多数元分析值的范围 $-0.51 < d < 0.51$ 和 $0.09 < p < 0.91$，该误差总是小于舍入误差。对于表 6-3 中的最极端例子，$d = 1.10$ 和 $p = 0.90$，实际相关性为 0.48，校正相关性为 $0.93 \times 0.48 = 0.45$，该误差很明显但实际上意义依然不大。

表 6-3　校正 / 实际相关性的比较比率（用百分比表示，校正相关性是由使用二列校正公式校正二分变量相关性所计算的连续因变量的估计相关性）

	因变量的组合比例 p“高”的情况								
d	0.10	0.20	0.30	0.40	0.50	0.60	0.70	0.80	0.90
0.10	100	100	100	100	100	100	100	100	100
0.20	100	100	100	100	100	100	100	100	100
0.30	100	100	101	101	101	101	101	100	100
0.40	99	100	101	101	101	101	101	100	99
0.50	99	101	101	102	102	102	101	101	99
0.60	98	101	102	103	103	103	102	101	98
0.70	97	101	103	104	104	104	103	101	97
0.80	96	101	103	105	105	105	103	101	96
0.90	95	101	104	106	106	106	104	101	95
1.00	94	101	105	107	107	107	105	101	94
1.10	93	101	105	108	109	108	105	101	93

注：统计量 d 为连续变量的总体效应量，即约为连续变量处理相关性值的两倍。

6.8　因变量测量中构念效度的缺陷

假设因变量测量存在一些系统误差，即我们测量的因变量在某种程度上不同于预期的因变量。这会对效应量产生什么影响，它能被校正吗？全面处理这个问题需要相当多的路径分析知识和因变量的性质及其与其他变量关系的知识。然而，某些常见的情况相对简单。

最常见的情况是使用因变量，它是所需因变量的间接度量。例如，对青少年犯罪处理方案的良好评估需要对当事人后续行为进行客观评估。相反，研究者必须经常依赖间接测量，如后续的逮捕记录。图 6-2 显示了行为与处理变量的两种测量之间关系的假设路径模型。

Y 是对当事人实际犯罪行为的测量，Y' 是逮捕记录。期望的处理效应相关性 r_{TY} 与观察的处理相关性的乘积规则的关系为：

$$r_{TY'} = r_{TY}\, r_{YY'} \qquad (6\text{-}18)$$

如果行为和逮捕记录之间的相关性只有 $r_{YY'}$ = 0.30，那么处理相关性将衰减至：

$$r_{TY'} = 0.30 r_{TY}$$

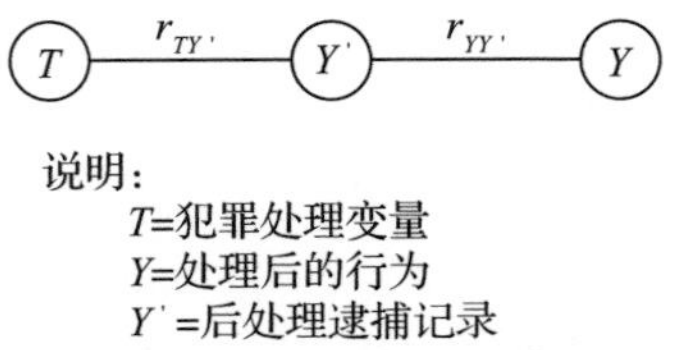

T —— $r_{TY'}$ —— Y' —— $r_{YY'}$ —— Y

说明：
T=犯罪处理变量
Y=处理后的行为
Y'=后处理逮捕记录

图 6-2　青少年犯罪处理计划、实际处理后行为的预期测量与观察的处理后停止记录之间关系的路径模型

也就是说，衰减了 70%。在这个例子中，观察的相关性可以由倒数代数公式来校正：

$$r_{TY} = r_{TY'} / r_{YY'} \qquad (6\text{-}19)$$

通过转换校正后的相关性可以获得校正后的 d 统计量。在犯罪的例子中，相关性将为：

$$r_{TY} = r_{TY'} / 0.30$$

在这个例子中，为了校正构念效度的缺陷，观察的相关性必须超过三倍。如果观察的 d 统计量 $d_{Y'} = 0.12$，那么 $r_{TY'} = 0.06$，则将 r_{TY} 校正为 $r_{TY} = 0.06 / 0.30 = 0.2$，因而 $d_Y = 0.40$。

尽管处理相关性或 d 统计量，可以被校正以剔除由构念效度的缺陷所产生的相关性系统缩减，但增加的抽样误差的影响不能被校正。被校正相关性的置信区间宽度是未被校正相关性的 1/0.30 = 3.33 倍，反映了校正引起的抽样误差的增加。被校正的效应量的显著性检验在代数上等于未被校正的效应量的显著性检验，因而有着相同的 p 值。

构念效度的缺陷不会总是减小效应量。举一个对管理者进行社会技能培训的例子。理想情况下，对培训方案的评估需要测量学员在培训后的互动技能。相反，唯一可用的测量可能是测量学员对培训方案的掌握程度。但是掌握培训材料只是行为变化的前因，学员可能需要时间或特殊经历才能将这种学习付诸实践。该假设的路径模型如图 6-3 所示。

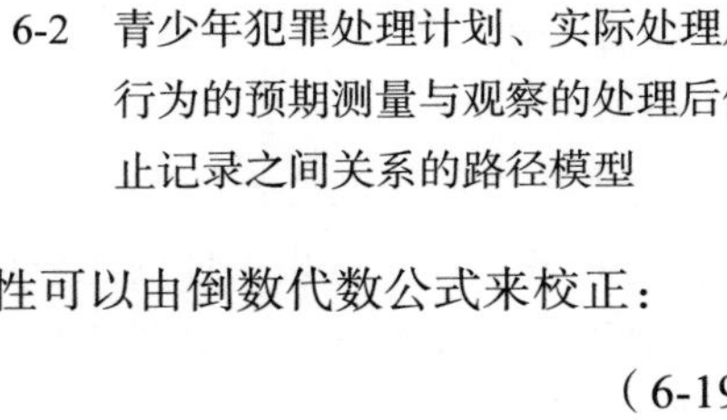

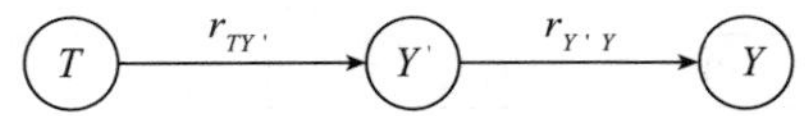

说明：
T=培训处理变量
Y=处理后的社会行为
Y'=培训测量学习

图 6-3　管理者社会技能培训、方案掌握与工作中后续人际行为之间假设关系的路径模型

期望的处理相关性 r_{TY} 与观察的处理相关性 $r_{TY'}$ 之间的乘积规则的关系为：

$$r_{TY} = r_{TY'}\, r_{Y'Y} \qquad (6\text{-}20)$$

如果认知学习测量与随后社会行为之间的相关性仅为 $r_{Y'Y} = 0.30$，那么期望的相关性 r_{TY} 将低于观察的相关性 $r_{TY'}$：

$$r_{TY} = 0.30 r_{TY'}$$

这个乘积规则本身就是处理相关性的校正公式，通过将校正后的处理相关性转换为 d 值来获得 d 统计量的校正。

6.9　处理变量构念效度的缺陷

处理变量构念效度的缺陷是预期处理效应与一些其他原因会导致效应的混淆。这个问题可以用路径分析来解决（Hunter，1986，1987），并且在某些条件下，它可以用一种可以在元分析中使用的方式来校正。混淆的校正需要使用多因变量设计，其中观察到一个由混淆原因引起的干预变量测量。期望的相关性则是处理变量与因变量在中介变量不变的情况下的偏相关性。这种方法是协方差分析的一种严格的定量替代方法，干预变量用作伴随变量（Hunter，1988）。该方法的详细处理超出了本书的范围。

6.10　效应量的偏差（*d* 统计量）

效应量统计受制于一种被称为"偏差"的统计现象的影响。如果样本量大于 20，偏差大小则微不足道。但是有文章指出，元分析的主要问题是使用"有偏方法"。本节介绍了对偏差的校正，尽管本节主要目的是证明偏差的大小微不足道。

考虑一组完全复现的研究，所有的研究都拥有相同的样本量以及相同的总体效应量。平均样本效应量将与总体效应量略微不同，这种差异在统计估计文献中被称为"偏差"。偏差的大小取决于样本量。效应量统计量 d 和处理相关性 r 的偏差方向不同。平均 d 值略大于 δ 值而平均相关性略小于 ρ 值。

Hunter 等人（1996）对处理相关性中的偏差进行了完全处理，他们认为，除了极小的样本研究以及小样本研究，所有研究中偏差都微不足道。一些作者建议使用 Fisher z 转换来减小偏差，尽管方向相反，但是使用 Fisher z 转换的偏差甚至更大，如第 5 章中更详细讨论的那样。

处理相关性的偏差如下式所示：

$$E(r) = a\rho \tag{6-21}$$

其中：

$$a = 1 - (1-\rho^2)/(2N-2) \tag{6-22}$$

这个偏差有多小呢？如果完全复现研究的总体相关性 $\rho = 0.20$，样本量 $N = 100$，平均观察的相关性乘数将为 $a = 1 - 0.004\,85 = 0.995$，平均相关性将为 0.199，而不是 0.200。相关性中偏差极小偏离是偏差历来被忽略的原因。然而，对于非常小的样本量的元分析（平均样本量小于 10），或者对于非常挑剔的分析者，校正观察的处理相关性偏差是可能的。与上述公式对应的非线性校正为：

$$r' = r / a$$

其中：

$$a = 1 - (1-r^2)/(2N-2) \tag{6-23}$$

如果元分析研究的是低于 0.70 的处理相关性（通常情况），那么校正非常近似于线性校正：

$$r' = r / a$$

其中：

$$a = (2N-3)/(2N-2) \quad (6\text{-}24)$$

线性校正的优势在于它可以在元分析后运用，我们只需要将总体相关性的估计均值和估计标准差除以由平均样本量 N 所计算得出的乘数。注意，校正后的相关性比未校正的相关性要略大一些。

Hedges 和 Olkin（1985）给出了 d 统计量中偏差的完整处理。尽管除了小的样本研究（small sample studies）外，偏差对于所有研究都是微不足道的，但他们仍建议对该偏差进行常规校正。事实上，他们使用符号 d 只是为了校正统计。d 统计量中的偏差近似为：

$$E(d) = ad \quad (6\text{-}25)$$

其中：

$$a = 1 + 3/(4N-12) \quad (6\text{-}26)$$

这个偏差有多大呢？假设一个研究样本量 $N = 100$，教科书效应量 $d = 0.40$，乘数为 a=1+0.007 7=1.007 7，平均研究效应量将为 0.403 而不是 0.400。另外，假设一个研究有极小的样本量，即 $N = 10$（每组 5 个被试），乘数为 a=1+0.107=1.107，平均效应量将为 0.443 而不是 0.400。校正是非常简单的，只需要除以 a：

$$d' = d / a \quad (6\text{-}27)$$

本书附件中描述的 d 值元分析程序包含了这一校正。注意，这是一个线性校正，因此它可以在元分析后运用，将校正后 d 值的估计均值和估计标准差除以乘数 a 即可，使用的 N 应该是 N 的平均值。校正后的效应量会比未校正的效应量略小。

6.11 记录、计算和转录误差

元分析不可避免地会包括一些不良数据的研究。收集原始数据或将其输入计算机时可能存在记录误差。另外，由于计算误差或效应量的代数符号误差，研究效应量可能是错误的。最后，在转录中误差可能增加：从计算机输出到分析表，从分析表到论文原稿表格，从论文原稿表格到发表的论文表格。有些人甚至觉得元分析者可能会错误地重复一个数字。但是众所周知，元分析者不会犯错。

研究结果应该检测极端异常值，这能够剔除最极端的数据不佳情况，但是请记住第 3 章和第 5 章中介绍的元分析中关于异常值分析的注意事项。此外，即使使用异常值分析，也无法检测到较小的误差效应量。因此，任何具有大量效应量的元分析通常会至少包括几个不良数据点。

因为不良数据不能被完全避免，谨慎地考虑研究结果的变异是很重要的。一定比例的原始观察变异是由不良数据导致的。较大比例的残差变异——所有其他研究人为因素被校正后剩下的变异——可能是由不良数据导致的。

6.12　多种人为误差及其校正

不幸的是，没有规则说研究结果只能被一种人为误差扭曲。抽样误差在所有研究中都会存在，因变量测量误差在所有研究中也会存在。在大多数研究中，对名义处理变量的缺陷控制是不可避免的。因此，没有人为因素的元分析通常需要针对许多误差来源校正效应量。

除删除最极端的异常值外，没有针对不良数据的校正。抽样误差与其他人为误差不同，因为它是：①可加性的；②非系统性的。尽管效应量的置信区间为单个研究提供了潜在抽样误差的无偏估计，但在单个研究层面没有针对抽样误差的校正。在下一章中，我们考虑在 d 值元分析中校正抽样误差的问题。

除了抽样误差和不良数据外，其他人为误差本质上是系统的，因而存在潜在的可校正性。要获得实际 d 值的无偏估计，必须对这些人为误差导致的偏差进行校正（Hedges，2009a；Matt，Cook，2009；Schmidt，Le，Oh，2009），关键是要有人为误差大小的必要信息（如了解不可信程度、范围限制程度或构念效度缺陷程度）。只要拥有足够的人为误差信息，你可以校正每一种人为误差，不管是一种还是七种。每一种未被校正的人为误差都会导致对真实效应量的相应低估。另外，不同研究中未被校正的人为误差的变异看起来像处理效应的真实方差，这可能会在没有变异的情况下造成研究间变异的表象。如果处理效应真的有变异，那么未被校正的人为误差会掩盖真实变异。也就是说，由于未被校正的人为误差造成的表象效应量变异可能掩盖由真实调节变量造成的变异，因此通过事后检测研究很难发现真实的调节变量。

如果给定了每种人为误差的信息，那么对人为误差的校正就不会困难。举一个例子：在工厂环境中对一线主管进行社会技能培训的研究。工作绩效的衡量标准是每个管理者的直接上级在一个单一 100 分的图表尺度上做出的绩效评价。因为研究者怀疑绩效评价是用比例来衡量的（这是事实），研究者认为不能使用参数统计（这是他的一个统计错误）。因此，该研究者决定对数据做一个符号检验（sign test）。将联合组数据按中位数进行分割，并进行卡方检验，比较接受和未接受技能培训的主管中表现高于平均水平的比例。假设培训对一致性绩效评价的处理效应为 $d_{TY}=0.40$，则真实总体处理相关性为 $r_{TY}=0.20$，单一管理者在单一评价量表上的绩效评价信度为 0.28（Hunter，Hirsh，1987；King，et al.，1980）。因此效应量从 $d_{TY}=0.40$ 减小到：

$$d_{TY'}=\sqrt{0.28}d_{TY}=0.53d_{TY}=0.53\times0.40=0.21$$

对于一个总样本量为 100 的研究，该效应减小将使得统计功效从已经较低的 51% 减小到非常低的 18%。对于 d 值小于 0.50 的情况，使用中位数分割进行二分的效果是简单地将该值减小 20%：

$$d_{TY''}=0.80d_{TY'}=0.80\times0.21=0.17$$

这将统计功效从非常低的 18% 减小到甚至更低的 13%。也就是说，这两种人为误差共同将效应量从 0.40 减小到 0.17，小于其真值的一半。统计功效从一种已经不理想的 51% 减小到只有 13%，显著性检验的误差率从 49% 增加到 87%。

通过校正公式可以剔除研究中人为误差的系统效应：

$$d_{TY} = d_{TY'} / 0.53 = (d_{TY''} / 0.80) / 0.53 = d_{TY''} / 0.424 = 2.36 d_{TY''}$$

也就是说，如果这些人为误差能够使效应量减少 58%，我们可以通过除以相应的系数 0.42 来恢复该值。虽然这种校正剔除了效应量中的系统误差，但是它没有剔除增加的抽样误差。对校正后效应量进行合适的统计检验，得到的 p 值与未被校正的效应量统计检验相同。因此，统计校正公式不能恢复失去的统计功效。

以抽象形式考虑上述例子。第一种人为误差的效应是将效应量乘以一个乘积系数 a_1：

$$d' = a_1 d \tag{6-28}$$

第二种人为误差的效应是乘以第二个系数 a_2：

$$d'' = a_2 d' \tag{6-29}$$

两个系数的影响是：

$$d'' = a_2 d' = a_2 a_1 d = a_1 a_2 d \tag{6-30}$$

即将效应量乘以一个乘积系数 a，它是两种独立人为误差乘数的乘积：

$$d'' = ad \tag{6-31}$$

其中：

$$a = a_1 a_2$$

通过校正公式，效应量可以被恢复到它的原始值：

$$d = d'' / a \tag{6-32}$$

上述例子是对经典的中等大小的效应量中的多个人为误差的校正。每种人为误差都将效应量减小一个乘积系数。净效应是将效应量减小一个乘积系数，这个乘积系数是独立乘数的乘积。也就是说，一些人为误差的衰减效应是通过单独衰减因子乘积来减小效应量的。相应的校正通过除以衰减乘数来恢复效应量的原始值。

对上述讨论有一个警告：对处理相关性来说，它是完全真实的，但效应量 d 只是一个近似值。如果处理效应太大以至于近似值 d=2r 失效，那么上述乘法公式只能被运用于处理相关性，处理效应 d 能够通过 r 到 d 的转换公式来计算。

例如，假设社会技能培训的例子有一个非常大的处理效应，即 d = 1.50，观察的处理相关性满足衰减公式：

$$r_{TY''} = 0.42 r_{TY}$$

效应量 d =1.50 对应处理相关性 0.60，人为误差将这个相关性从 0.60 减小到：

$$r_{TY''} = 0.42 \times 0.60 = 0.25$$

这个衰减的处理相关性对应一个衰减的效应量 d = 0.52，d 统计量从 1.50 衰减至 0.52，处理相关性乘以系数 0.35 而不是系数 0.42。

对处理相关性而言，多种人为误差的处理非常简单。一系列人为误差引起的处理相关性大小的减小是通过将相关性乘以一个总乘数来实现的，这个总乘数是独立于人为误差衰减乘数的乘积。通过除以衰减乘数校正这些人为误差，处理相关性可以被恢复到其适当的大小。

对于 d 统计量，校正人为误差稍微困难一些。如果未被衰减的总体 d 值下降到中等范围 $-0.50<d<0.50$，则处理相关性公式直接适用于 d 统计量。如果总体效应量下降到中等范围之外，那么 d 值可以被转换为相关性，该相关性可以被校正，且校正后的相关性可以被转换为校正后的 d 值。

这些例子是指 d 的单个值。在下一章中，我们将描述如何通过第 3 章和第 4 章中描述的相关性元分析方法进行 d 值元分析。每当任何要进行元分析的观察的 d 值大于 0.50 时，都应这样做，但即使当 d 值不超过 0.50 时，该程序也能很好地起作用。当以相关性作为测量进行元分析时，很容易校正多种人为误差。相关性的元分析结果也可以被转换为 d 值度量。如第 7 章所示，元分析的均值和校正后的标准差都可以被转换为 d 值度量。

第 7 章
CHAPTER 7

基于 d 值的元分析方法

本章介绍了实验研究中效应量的元分析公式。效应量（或 d 值）是组间的标准化平均差异，在观察性研究中，效应量也可以用来测量组间差异的大小。在本章中，我们只考虑后测独立组的实验设计。在这样的设计中，不同的人被分配到不同的处理组，因此被称为“独立组”设计。下一章将讨论“被试内设计”（within subjects）或复现测量设计、方差分析（ANOVA）设计和协方差分析（ANCOVA）设计。处理变量超过两个层次的研究可以在目前的框架内使用对比来处理，但是，这超出了本书的范畴。

正如教科书中研究设计所讨论的那样，实验研究和观察性研究的关键区别在于：在实验研究中，被试被随机分配到不同的处理组。通过随机分配实现的对研究结果外生影响的控制不能总是被可用于观察性（非实验性）研究的统计控制完全复现。在单一的实验研究中，随机分配允许对因果关系进行可靠的推断。在这一章中，我们主要关注的是实验研究，但是 d 统计量也可以用于观察性数据，我们会详细讨论这种用法。然而，读者应该记住实验研究和观察性研究间的根本区别。即使两种类型的研究在明显相似的条件下检验相同的问题，所获得的结果有时也可能不同（Heinsman，Shadish，1996；Shadish，Ragsdale，1996）。

在第 5 章和第 8 章中，我们讨论了随机效应模型和固定效应模型之间的区别。简言之，固定效应模型假设在研究中总体参数（在本例中指的是总 d 值或 δ 值）没有差异。如果这个假设是错误的，元分析结果可能非常不准确。相比之下，随机效应模型考虑了潜在总体参数值在不同研究间的变异性，并提供了估计这种变异性大小的方法。正如第 5 章和第 8 章所指出的那样，过去 30 年发表在《心理学公报》上的大多数元分析文章都是基于固定效应模型，因此很可能是不准确的。**基于这个原因，我们想强调的是，本章针对 d 值提出的所有元分析方法都是随机效应模型，而非固定效应模型。**

独立组的研究可以使用相关性进行分析。处理效应的大小可以通过处理与效应之间的相关性（点二列相关性）来测量。这种使用相关性来测量处理效应的方法有一个优点，即可以使用多元技术，如偏相关、多元回归和路径分析。然而，大多数元分析者都选择使用 d 值测量效应量，即组间的差值除以合并的标准差。这无关紧要，因为任何一种统计量都可以用代数方法转化为另一种统计量。在本章的后面，我们会发现，尤其是当有多个人为误差需要校正时，对 d 值进行元分析最方便的方法是首先将 d 值转换为点二列相关，在 r 测量中进行元分析，然后将结果转换回 d 值。

如果结果变量（因变量）是二分类变量（例如，死亡或存活），则可以使用另一个统计数据，即比值比。比值比在医学研究中经常使用，因为在医学研究中经常存在真实的二分类变量（例如，病人存活与病人死亡，有病与无病）。我们在本书中没有提供比值比统计的元分析方法，因为它很少用于社会科学研究。原因是社会科学研究中的因变量很少是真实的二分类变量。比值比的另一个问题是，无论是研究者还是执业专业人士（如医生），几乎总是严重误解其结果的含义（Gigerenzer, 2007；Gigerenzer, Gaissmaier, Kurz-Milcke, Schwartz, Woloshin, 2007）。参见 Haddock 等人（1998）和 Borenstein 等人（2009）对元分析中比值比的处理。如果基于初始研究进行的元分析是使用比值比报告的，那么有一种简单的方法可以将比值比转换为 d 值度量，以便在元分析中使用（Chinn，2000）。比值比和类似的二分统计将在第 9 章中详细讨论。

以本章开始这本书的读者要注意，许多关于 d 统计量的重要问题已在第 6 章中讨论过。应在本章之前阅读第 6 章。此外，读者还应注意，本章不如第 3 章和第 4 章详细，因为对于 r 的元分析，很多解释与对应的解释是一致的，且篇幅有限，因此，本章不再赘述。

d 统计量受所有与相关性相同的人为误差的影响，包括抽样误差、测量误差和范围变异，但这个术语仅适用于抽样误差。许多实验者认为因变量的测量误差在实验中是不相关的，因为它在组均值中是平均的。然而，测量误差会进入因变量的方差，从而进入 d 值的分母。因此，测量误差系统性地降低了 d 值，不同研究的因变量信度在 d 值上产生了虚假差异。

自变量的测量误差也是大多数实验人员不承认的。在他们看来，人们被明确地分配到一个或另一个处理组。然而，那些在实验中使用操控检验的人发现，对所有人来说，名义上相同的处理方法对不同的人来说可能是完全不同的。有些人听到了指令，而有些人没有。有些人对模棱两可的指令给出一种含义，而另一些人则给出另一种含义。第 6 章讨论了自变量和因变量的测量误差。本章后面还将进行更详细的讨论。

范围变异在实验著作中有另一个名称，即“处理强度”。在二分法实验中，不管处理强度如何，自变量的分数为 0 ～ 1。如果不同研究间的处理变异可以被编码，那么处理效应可以被投射到一个共同的参考强度上，并且不同研究的结果可以变得具有可比性。然而，研究往往没有提供处理强度编码所需的信息。随后将讨论由此产生的问题（参见第 6 章）。

7.1　效应量指标：d 和 r

考虑一种干预措施，比如对经理进行人际交往技能的培训。这种干预的效果可以通过比较接受过这种培训的管理人员（实验组）和没有接受过这种培训的管理人员（对照组）的绩效来评估。通常的比较统计量是 t（或者 F，在这种情况下，F 就是 t 的平方，即 $F=t^2$）。然而，这是一个非常糟糕的统计量，因为它的大小取决于数据中抽样误差的大小。最优统计量（在适用于路径分析、协方差分析或其他影响的指标中测量效应量）是点二列相关性 r。点二列相关性的最大优点是，它可以插入一个相关性矩阵中，然后像处理任何其他变量一样处理干预。

例如，干预与因变量之间的偏相关与先前某个个体差异变量保持不变，等同于相应的协方差分析（Hunter，1988）。

路径分析可以用来跟踪干预的直接效果与间接效果之间的差异（Hunter，1986，1987）。例如，培训可以提高管理者的人际交往能力，进而可能提升下属对上司的满意度，从而可能降低下属的缺勤率。如果是这种情况，那么路径分析将表明，即使干预对下属满意度和缺勤率分别有二阶和三阶间接影响，培训也只对管理者的人际交往能力有直接影响。

点二列相关性的抽样误差理论与前文给出的 Pearson 相关性的抽样误差理论是相同的，只是在累积前两组样本量不等时，可能需要对点二列相关性进行校正（在后面会进行讨论）。

当一个变量为二分变量时，Pearson 积矩相关性（PPMC）的一般公式将产生点二列相关性 r_{pb}。流行的统计软件包有 SPSS 和 SAS，可以用来计算点二列相关性。r_{pb} 也有其他公式：

$$r_{pb} = \sqrt{pq}(\bar{Y}_E - \bar{Y}_C) / SD_y \tag{7-1}$$

其中，$\bar{Y}_E$ 是实验组在连续变量（通常是因变量）上的均值，$\bar{Y}_C$ 是对照组的均值，p 和 q 分别为实验组和对照组的比例。需要注意的是，SD_y 不是计算 d 值时使用的组内标准差，SD_y 是因变量上所有分数的总标准差。两组不必是实验组和对照组；他们可以是任何两个总体，例如，男性和女性，或高中的毕业生和非毕业生。r_{pb} 的另一个公式是：

$$r_{pb} = (\bar{Y}_E - \bar{Y}_T)\sqrt{p/q} / SD_y \tag{7-2}$$

其中，$\bar{Y}_T$ 是连续变量的总均值，其他项的定义都等同于式（7-1）。

点二列相关性 r 的最大值

许多文献（如 Nunnally，1978）指出，r_{pb} 的最大值不是 1，而是 0.79，因为它是 Pearson 相关性。它们进一步指出，只有当 $p = q = 0.50$ 时，这才是最大值；否则，最大值要小于 0.79。然而，这个定理在实验中是错误的。这个定理的隐含假设是，这两组是通过将一个正态分布的变量（如心智能力）一分为二而形成的。这是在第 2 章标签二分法下处理的情况。假设两个变量 X 和 Y 具有二元正态分布。如果一个二分类变量 X' 是由 X 的分布分割形成的，那么二分类变量 X' 和 Y 之间的相关性就等于 X 和 Y 之间的原始相关性乘以一个常数，这个常数最多等于 0.79。因此，点二列相关的最大值至多为 0.79。

假设研究中的两组人被定义为焦虑程度高于中位数的人和焦虑程度低于中位数的人。问题是，哪一组在评估中心的小组练习中表现得更好？若连续焦虑变量与因变量之间存在二元正态关系，则应用第 2 章和第 3 章中的定理。如果焦虑测试与小组任务成绩的相关性为 0.30，那么两组的点二列相关性均值比较将为 $0.79 \times 0.30 = 0.24$。

然而，在一个经典的实验中，二分类变量是由处理组定义的，而不是通过分割一些连续变量来定义的。处理组由一些实验过程确定。例如，在第二次世界大战结束时，一些犹太人移居以色列，而另一些犹太人留在欧洲。然后，这两组人受到完全不同的环境的影响。如果这些组是由过程或处理差异定义的，第 3 章中给出的定理不适用。相反，相关性的大小取决于处理效应的大小。处理效应越大，相关性越高。随着处理效应越来越大，隐含相关性越来越接近 1.00。

从统计意义上讲，这两种情况的区别在于假设连续自变量与连续因变量之间存在二元正态关系。这个限制对因变量上两组均值之间的范围有明显的限制。最大的差异发生在连续变量完全相关的情况下。在这种情况下，这两组是正态分布的上半部和下半部。这些总体最大差异出现在均值处，即 1.58 个标准差的差异。

如果这些组是由一个处理过程定义的，那么两组之间的差异大小就没有数学上的限制。探讨教育对历史知识的影响，考虑一年级的前两组学生，其中一组正常上学 9 个月，另一组上学 10 个月。这两个分布可能会有很大的重叠，并且点二列相关性会很低。另一方面，考虑来自第三世界国家（如印度）的两个总体。其中一组人在一个山村长大，很少上学，而另一组人在孟买接受教育，且接受大学教育。这两种知识分布之间可能没有重叠。差值可以是 100 或 1 000 个标准差，点二列相关性可以任意接近于 1。

效应量（*d* 统计量）

Cohen（1977）推广了一种称为效应量 d 统计量的点二列相关性的转换。效应量 d 为标准分数形式的均值之差，即均值之差与标准差之比。效应量统计量的两个变量由分母的两个不同标准差决定。这里使用的标准差是用于方差分析的组内合并标准差。另一种选择是 Smith 和 Glass（1977）使用的对照组标准差。但是，由于对照组和实验组之间很少有较大的差异（可以单独累加地比较），所以使用抽样误差最小的统计量似乎是合理的。合并组内标准差仅为对照组标准差的一半左右。

若实验组方差为 V_E，对照组方差为 V_C，且样本量相等，则组内方差 V_W 定义为：

$$V_W = (V_E + V_C) / 2 \tag{7-3}$$

也就是说，它是两个组内方差的均值。若样本量不相等，则可以使用样本量加权平均：

$$V_W = (N_E V_E + N_C V_C) / (N_E + N_C) \tag{7-4}$$

其中 N_E 和 N_C 分别为实验组和对照组的样本量。这是组内总体方差的最大似然估计。碰巧，目前最常见的方差分析公式是 Fisher 推广的校正公式，他在方差分析中选择了稍微不同的公式。他根据每个方差的自由度加权，也就是说，用 $N-1$ 代替 N：

$$V_W = [(N_E - 1)V_E + (N_C - 1)V_C] / [(N_E - 1) + (N_C - 1)] \tag{7-5}$$

鉴于惯例，我们将使用 Fisher 公式，尽管它实际上没有什么区别。因此，将效应量 d 统计量定义为：

$$d = (Y_E - Y_C) / S_W \tag{7-6}$$

其中，S_W 是组内合并的标准差，即组内方差的平方根。也就是说，d 是均值之差除以组内标准差。

大多数研究者习惯于用 t 统计量来比较组间均值。然而，t 统计量依赖于样本量，因此，不是处理效应量的恰当测量尺度。也就是说，为了检验统计显著性的差异，样本量越大，给定的观察差异的统计显著性就越高。然而，我们想要估计的处理效应是总体处理效应，它的效应是不参考样本量来定义的。d 统计量可以看作 t 的一个版本，它与样本量无关。

从代数上，这三个统计量 d、t 和 r 都可以从一个转换为另一个。这里显示的转换适用于两组样本容量相等的特殊情况，即 $N_E = N_C = N/2$，其中 N 为该研究的总样本量。最常见的统计量是 t，因此，在元分析中，我们经常想要将 t 转换成 d 或者 r。转换公式为：

$$d = 2t / \sqrt{N} \tag{7-7}$$

$$r = t / \sqrt{t^2 + N - 2} \tag{7-8}$$

例如，总样本量 $N = 100$, t 的研究值为 2.52，则：

$$d = (2 / \sqrt{100})(2.52) = 0.2(2.52) = 0.504$$

$$r = 2.52 / \sqrt{2.52^2 + 98} = 2.52 / \sqrt{104.350\,4} = 0.247$$

若给定 d 统计量，则可以将其转换为 r 或 t：

$$r = (d/2) / [(N-2)/N + (d/2)^2]^{1/2} \tag{7-9}$$

$$t = (\sqrt{N}/2)d \tag{7-10}$$

例如，将前一种情况反过来，即 N=100 和 d =0.504：

$$r = (0.504/2) / [98/100 + (0.504/2)^2]^{1/2} = 0.247$$
$$t = (\sqrt{100}/2)d = (10/2)(0.504) = 2.52$$

若给出点二列相关性 r，则：

$$d = \sqrt{(N-2)/N}\, 2r / \sqrt{1-r^2} \tag{7-11}$$

$$t = \sqrt{(N-2)}[r / \sqrt{(1-r^2)}] \tag{7-12}$$

例如，给定 $N = 100$ 和 r =0.247，我们得出：

$$d = \sqrt{98/100} \times 2 \times 0.247 / \sqrt{1-0.247^2} = 0.505$$

$$t = \sqrt{98} \times 0.247 / \sqrt{1-0.247^2} = 2.52$$

由于舍入误差，d 的值与 0.504 有偏差。

前面的公式由于使用了组内方差的 Fisher 估计而变得复杂。如果使用最大似然估计，则 r 和 d 的公式为：

$$d = 2r / \sqrt{1-r^2} \tag{7-13}$$

$$r = (d/2) / \sqrt{1+(d/2)^2} = d / \sqrt{4+d^2} \tag{7-14}$$

除了非常小的样本量，这些公式对于 Fisher 估计也是相当近似。

对于通常较小的处理效应量，d 到 r 和 r 到 d 的转换特别简单。如果 $-0.40<d<0.40$ 或 $-0.20<r<0.20$，那么可以近似得到：

$$d = 2r \tag{7-15}$$

$$r = d/2 \tag{7-16}$$

上述公式适用于样本量相等的情况。若对照组和实验组样本量不同，则数字“2”被替换为：

$$“2”=1/\sqrt{pq}$$

其中 p 和 q 分别为实验组和对照组的人员比例。

除 t、d 或 r 之外，一些研究还描述了其他统计量的结果。Glass 等（1981）为许多这样的情况提供了转换公式。但是，在这种情况下，转换后的值不会有我们公式给出的抽样误差。特别是，概率单位转换产生的效应量比我们的 d 和 r 公式的抽样误差要大得多。这将导致对 d 和 r 这类估计的抽样误差方差校正不足。

校正样本量不相等的点二列相关性 r

从概念上讲，效应量通常被认为与对照组和实验组的样本量无关。然而，在自然环境中，差异的重要性取决于它发生的频率。因为点二列相关性最初是针对自然环境推导出来的，所以它的定义依赖于组的样本量。事实上，对于给定的处理效应量，若样本量不相等，则相关性更小。例如，对于高达 90-10 或 10-90 的样本量差异，则相关性要小 0.60 倍，即 40%。因此，极不均匀的抽样可能会导致相关性严重低估。

在一个经典的实验中，样本量之间任何大的差异通常是由资源限制引起的，而不是由于本质上的基频（fundamental frequencies）引起的。因此，如果我们能在相同的样本量下进行研究，那么我们想要的点二列相关性就是我们得到的点二列相关性。也就是说，我们想要“校正”观察的不同样本量的衰减效应的相关性（这种校正类似于校正范围限制的相关性，如第 3、4 章所述）。此点二列相关性的校正公式为：

$$r_c = ar/\sqrt{(a^2-1)r^2+1} \tag{7-17}$$

其中：

$$a=\sqrt{0.25/(pq)} \tag{7-18}$$

例如，如果我们的研究在完成对照组之前被截断，我们可能已经完成了实验组的 90 名被试，而对照组只有 10 名。因此，p=90，q=10，且

$$a=\sqrt{0.25/(0.90)(0.10)}=\sqrt{2.777\,7}=1.666\,7$$

如果不相等小组的相关性是 0.15，那么相等小组的相关性就是

$$r_c=1.67(0.15)/\sqrt{(1.67^2-1)(0.15^2)+1}=0.246$$

用这种方法对点二列相关性进行校正后，其抽样误差方差增加了一个系数 $(r_c/r)^2$ 。校正后的相关性的抽样误差方差为：

$$S_{e_c}^2=(r_c/r)^2S_e^2$$

其中 r_c 为校正后的相关性，r 为未校正的相关性，S_e^2 为未校正相关性的抽样误差。注意，若在元分析中没有考虑到 r_c，则元分析将是保守的；也就是说，它将轻度校正抽样误差，因

此，高估了校正 r 的标准差，即 SD_ρ。避免这种情况的一种方法是输入一个更小的 N，对应于 $S^2_{e_c}$ 的 N。对于 N，在设置 $S^2_{e_c}$ 等于 Var(e) 后，可以通过第 3 章的式（3-7）计算出所需的 N 值。事实上，在进入计算机程序之前，当相关性或 d 值被校正或调整时，就应该使用这个程序。该公式在第 4 章最后一个元分析应用例子中给出 [式（4-3）]，也在第 8 章式（8-1）给出。

尽管这对大小相当不均匀的自然总体（如患有偏头痛的人和不患偏头痛的人）造成了一定的问题，但是效应量 d 已经独立于两个样本量表达出来。

Kemery、Dunlap 和 Griffeth（1988）对该校正公式进行了批评，提出了一种先将点二列相关性转换为二列相关性，再将二列相关性转换为 50-50 分割的点二列相关性的替代方法。Kemery 等人的公式只有在二分变量的底层分布为正态时才能得到准确的结果。如果这一结论不成立，那么结果就不准确。如前所述，正态分布假设通常不适用于实验。

r 和 *d* 可转换的例子

在实验研究中，常使用 d 统计量来表示处理组和对照组之间的差异。这实际上是我们本章的重点。然而，d 也可以用来表示任意两组之间的差异。以 d 的形式来表示的自然形成的总体之间的差异通常是非常有用的，同样的关系可以用点二列 r 表示。例如，在感知速度方面，女性的平均速度高于男性；d 大约是 0.70。那么总体中性别和感知速度之间的关系是什么呢？

$$r = (d/2)/\sqrt{1+(d/2)^2} = 0.35/1.059\,48 = 0.33$$

因此，总体相关性为 0.33。因为男性和女性在总体数量上是相等的（即 $p \approx q \approx 0.50$），从 d 中计算出的 r 值与从总体中的代表性样本中计算出的 r 值相同。

另一个例子，总体中身高上的性别差异约为 d = 1.50。这就解释了性别和身高之间的总体相关性 r = 0.60。

考虑另一个例子。在美国，黑人学生和白人学生在学业成绩上的差异约为 1 个标准差，即 d = 1。种族和学业成绩之间有什么关系？首先需要考虑假设黑人和白人人数相等的公式 [式（7-4）]：

$$r = 1/\sqrt{4+1^2} = 0.45$$

如果黑人学生和白人学生人数相等，这个相关性为 0.45（即 $N_W = N_B$）。然而，事实并非如此，黑人学生只占总数的 13% 左右。因此，必须调整这个值以反映这个事实。反映这些不等频率的相关性是 r =0.32。因此，对自然总体来说，如果两个总体的大小有很大的不同，自然相关性就会大大减小。

在某些情况下，在处理自然出现的小组时，人们会遇到 d 中某种形式的范围限制。这种限制的效果通常使观察的 d 统计向下偏差。例如，假设一个人对评估求职者认知能力测试中的黑白差异很感兴趣，但只有在职者的数据。因为在职者至少部分是根据认知能力（直接或间接）被选拔的，所以在职者之间的原始分数差异要小于求职者之间的原始分数差异。当然，每个小组的差异也较小，但是当使用所选拔（在职组）的 d 统计量作为未选拔（求职组）的 d 统计量的估计值时，组内差异的减少通常不足以防止总体向下偏差。Bobko、Roth 和 Bobko（2001）提出了校正 d 中这种范围限制的程序。他们提供了当范围限制是直接的（例如，在职者是直接根据认知能力选择的）校正公式和另一个当范围限制是间接的（例如，在职者是根据与认知能力相关的一些变量选择的）校正公式。因为范围限制几乎总是间接的（见第 3、4 章），后一种公式通常更合适、更准确，而直接范围限制的公式则不够准确。不幸的是，应用他们的公式来校正间接范围限制所需的信息将很少可用（它需要关于进行范围限制的第三个变量的资料）。然而，在这种情况下，使用直接范围限制的校正将比不做校正时所得到的估计更为准确。参见 Roth、BeVier、Bobko、Switzer 和 Tyler（2001）以及 Roth、Bobko、Switzer 和 Dean（2001）。但是正如在第 3、4 章中所讨论的，Hunter 等人（2006）提供了一种用于校正间接范围限制的替代方法，该方法仅依赖于通常可用的信息。在这种情况下可以使用该程序。

人为二分法的问题

在本章中，我们将重点放在真实的二元变量上，比如对照组和实验组的区别。如果二元变量是通过对连续变量进行二分而产生的，就像在连续焦虑变量测量中使用中位数分割，将人们分为高焦虑和低焦虑时一样，那么重要的是要记住，相关性这个词变得模糊了。连续变量和因变量之间存在相关性，被巧妙地称为“二列”相关性，以及二元变量和因变量之间的相关性，被称为“点二列”相关性。本章给出的转换公式适用于点二列相关性。要将 d 转换为连续相关，首先要使用式（7-14）将 d 转换为点二列相关性。然后使用公式将点二列相关性转换为二列相关性，以此来校正在第 3 章和第 6 章给出的二分法。

在实验研究中，研究者通常以因变量连续测量的中位数分割来定义一个二元变量，如“焦虑”。如果各个研究间的划分是相同的，那么在最初的元分析中忽略二分法是没有问题的。如果需要，可以将 d 的最终值转换为二列相关性。然而，如果在不同的研究中使用不同的分割创建二元变量，那么由于分割点的变化，点二列相关性和相应的 d 值将在不同的研究中人为地变异。在“离职”研究中，变异可能是极端的，例如，一个人是 50-50，而另一个人是 95-5。在这种情况下，我们建议研究者对相关性进行元分析，使用第 3、4、6 章的校正公式来校正二分法。

7.2　*d* 值的替代变量：Glass 的 *d* 值

Glass 使用了 d 统计量的一种变异统计量。他使用对照组标准差而不是组内标准差。他这样做的原因是，这种处理可能对实验组的标准差以及实验组的均值有影响。这一点做得很好，在有处理效应的地方，很可能会有被试处理的交互作用。如果我们想要验证这一点，有一个比改变 d 的定义更有效的方法。我们可以做一个元分析，直接比较标准差的值。

设 v 为实验组标准差与对照组标准差之比：

$$v = s_E / s_C \tag{7-19}$$

若满足 t 检验的一般假设，即不存在被试处理交互作用（假设实验组所有被试均接受了相同强度的处理；见第 6 章关于自变量测量误差对实验组标准差膨胀效应的讨论），则 v 值为 1.00（在抽样误差范围内）。如果元分析产生的均值不等于 1，那么这可能表明存在被试处理交互作用。偏离 1.00 的方向将为其提供实质性的线索。

让我们使用符号 d_G 来表示效应量 Glass d 的变异。定义 d_G 为：

$$d_G = (\bar{Y}_E - \bar{Y}_C) / s_C \quad (7\text{-}20)$$

如果元分析显示 v 的值为 1，那么 d 和 d_G 的总体值是相同的。若元分析表明 v 的值大于 1，则 d 的元分析值可以通过以下公式转化为 d_G 的元分析值。

$$d_G = (s_W / s_C)d = d\sqrt{(1+v^2)/2} \quad (7\text{-}21)$$

例如，假设我们的元分析发现 d 的均值是 0.20，v 的均值是 1.50，那么 d_G 可以由以下公式得到：

$$d_G = 0.20\sqrt{(1+1.5^2)/2} = 0.255$$

使用组内标准差而不是对照组标准差（即用 d 而不是 d_G）有两个主要优势。首先，对照组标准差（d_G）比组内标准差（d）的抽样误差要大得多。其次，大多数报告都有 t 值或 F 值，因此，可以计算出 d。许多报告没有标准差，无法计算 d_G。因此，我们选择只开发和提供 d 的元分析公式。但是对于那些可能想要使用 d_G 的研究者，我们注意到 Hedges（1981）推导出了它的抽样误差方差。在元分析程序中对 d（或 r，如果 d 值首先被转换为本章后面描述的 r 值）使用 d_G，需要计算与这个较大的抽样误差方差对应的（较小的）有效 N 值。在第 4 章的最后一个例子中给出了这样做的公式 [公式（4-3）]。

7.3 *d* 统计量的抽样误差

d 的标准误

让我们用 δ 表示效应量统计量的总体值。然后，观察值 d 将因抽样误差而偏离 δ。与相关性一样，我们可以把抽样误差公式写成 $d = \delta + e$，其中 e 为抽样误差。对于大样本：

$$E(e) = 0$$

且

$$\text{Var}(e) = (4/N)(1+\delta^2/8) \quad (7\text{-}22)$$

其中 N 为总样本量。这个公式假设 N_1 和 N_2 不存在极大的差异（$N = N_1 + N_2$）；它假设较大的 N_i 不超过总 N 的 80%。该公式适用于 N=50（每组 25 个）或以上的样本量。不过，在以下几段中会指出更准确的近似值。

重要的改变是采用抽样误差方差的一个更准确的公式。更准确的估计是：

$$\text{Var}(e) = [(N-1)/(N-3)][(4/N)(1+\delta^2/8)] \quad (7\text{-}23)$$

这个公式与大样本公式的区别仅在于乘数 $[(N-1)/(N-3)]$。对于 $N > 50$，这个乘数与 1.00 略有不同。然而，对于 20 或更小的样本量，差异更大。如式（7-22）所示，式（7-23）假设 N_1 和 N_2 不存在极大的差异（即这一比例最高不超过 80%−20%）。

很少会出现两组样本量相差极大的情况，因此，式（7-23）通常相当准确。若两组样本量非常不相等（即如果两组中较大的 N 大于总 N 的 80%），则可以由下式更准确地估计 d 统计量的抽样误差方差（Hedges，Olkin，1985：86）：

$$\mathrm{Var}(e) = \frac{N_1 + N_2}{N_1 N_2} + \frac{d^2}{2(N_1 + N_2)} \quad (7\text{-}23\text{a})$$

Laczo、Sackett、Bobko 和 Cortina（2005）讨论了样本量分割非常极端的情况。例如，当计算劳动力中两组之间的标准化差异（d 值）时，如果一组（少数组）小于总样本的 20%（即其中一组的人数是另一组的 5 倍多），那么极端情况会发生。Kotov、Gamez、Schmidt 和 Watson（2010）对极端人格小组的研究也是一个例子。在这种情况下，式（7-23）低估了抽样误差，导致保守的元分析结果。也就是说，结果是低估抽样误差和高估校正的 d 值的标准差（SD_δ）。在这种情况下，利用式（7-23a）可以避免元分析中这种保守偏差。然而，即使在这种情况下，使用式（7-23）所产生的保守偏差也相当小，对最终元分析结果几乎没有影响。尽管如此，我们还是将式（7-23a）纳入了我们的 d 值元分析程序中。

Hedge 和 Olkin（1985）对 d 的极小样本值的抽样误差进行了精彩的讨论。然而，读者应注意到，传统上 d 统计量被 Hedges 和 Olkin 称为 g。他们用符号 d 表示近似无偏估计量。我们将用 d^* 表示近似无偏估计量。样本复现中 d 的均值为：

$$E(d) = a\delta \quad (7\text{-}24)$$

其中，接近近似值：

$$a = 1 + 0.75/(N-3) \quad (7\text{-}25)$$

对于 N=100 的样本，偏差乘数为：

$$a = 1 + 0.75/97 = 1 + 0.007\,7 = 1.01$$

它与 1 只有细微的差别。然而，对于非常小的样本，比如在处理研究中，这种偏差可能需要校正。对于 N=20 的样本量，乘数 a 为：

$$a = 1 + 0.75/17 = 1 + 0.044 = 1.044$$

为了校正偏差，我们除以偏差乘数。如果我们用 d^*（近似）表示无偏估计量，则：

$$d^* = d/a \quad (7\text{-}26)$$

这种校正机械地降低了 d 值，因此，抽样误差也同样降低了。如果我们定义抽样误差为：

$$d^* = \delta + e^*$$

那么可以近似得到：

$$E(e^*) = 0$$

$$\mathrm{Var}(e^*) = \mathrm{Var}(e)/a^2 \quad (7\text{-}27)$$

在这方面，Hedges 和 Olkin（1985）犯了一个小错误。他们提供了近似值：

$$\mathrm{Var}(e^*) = (4/N)(1 + \delta^2/8)$$

这个近似值假定了进一步的近似值：

$$[(N-1)/(N-3)]/a^2 = 1$$

这个近似值在样本量为20或更小时是失效的，其中更准确的近似值是：

$$[(N-1)/(N-3)]/a^2 = 1 + 0.25/(N-3)$$

可以在式（7-25）中得到。

对于一个基本元分析，偏差可以通过逐个研究进行校正或在元分析完成后进行校正。如果元分析是在通常的 d 统计量上进行的，那么对偏差的校正将是：

$$\text{Ave}(\delta) = \text{Ave}(d^*) = \text{Ave}(d)/a \tag{7-28}$$

其中：

$$a = 1 + 0.75/(\bar{N}-3)$$

其中 $\bar{N}$ 为各研究的平均样本量。这个校正包含在附录中描述的两个 d 值元分析程序中。

总体效应量的标准差的相应估计为：

$$\text{无偏}SD_\delta = SD_\delta / a \tag{7-29}$$

因此，为了在事后校正偏差，我们只需将均值和标准差除以使用平均样本量计算的偏差乘数。

δ 的置信区间

d 统计量有均值 δ 和抽样方差：

$$\text{Var}(e) = [(N-1)/(N-3)][(4/N)(1+\delta^2/8)]$$

抽样误差方差 Var(e) 的平方根是 d 的标准误。用 S 表示标准误。除了非常小的样本量，d 统计量近似正态分布。因此，δ 的95%置信区间近似描述为：

$$d = 1.96S < \delta < d + 1.96S$$

标准误的准确值需要知道 δ。因为 δ 是未知的，我们用 d 估计 δ 的抽样误差方差，即我们用下式估计 S^2：

$$\text{Var}(e) = [(N-1)/(N-3)][(4/N)(1+d^2/8)] \tag{7-30}$$

估计的标准误 S 是 Var(e) 的平方根。

7.4　抽样误差方差的累积和校正

我们从本节开始讨论 d 值的元分析。我们从一个基本元分析开始，它不校正测量误差等人为误差的均值或方差。这种元分析只对抽样误差方差进行校正。

我们考虑一项元分析，研究样本的效应量 d_i 的信息，估计未校正的总体效应量 δ_i 的分布。我们将在后面的部分中考虑其他人为误差。然而，读者应该注意到，我们对 d 统计量的最终覆盖范围没有我们对相关性的覆盖范围广。这表明 d 的校正公式比 r 的复杂。由于这种复杂性，我们建议当需要多次校正时，研究者应该首先将 d 值转换为相关性，在 r 测量中进行元分析，然后将结果转换回 d 值测量。本章稍后将介绍实现这一点的方法。如本章开头所述，本章所介绍的元分析方法都是针对随机效应模型。也就是说，这里提出的方法都没有像固定效应模型那样先验地假设总体 δ 值没有波动。事实上，这里提出的模型的一个主要目的是估计研究中总体 δ 值的波动。同样，我们也会在第 5 章和第 8 章中讨论固定效应模型和随机效应模型的元分析。

基本元分析

d 值与相关性的基本累积过程相同：首先计算各研究频率加权均值和效应量的方差，然后校正抽样误差的方差。我们再次强调这里所提出的模型是随机效应模型。它假定在各种研究中，效应量可能存在真实的差异性，并试图估计这种差异性的大小。这与所有固定效应模型形成了对比，因为固定效应模型假定不存在这种波动（Hunter，Schmidt，2000；Schmidt，Oh，Hayes，2009）(有关详细讨论，请参阅第 5 章和第 8 章)。

考虑任意一组权重 w_i。有三个均值需要计算：① d 的加权均值，② d 的相应加权方差，③平均抽样误差方差。如果我们用 $\bar{d}$ 表示 d 的均值，那么均值如下：

$$\text{Ave}(d) = \Sigma w_i d_i / \Sigma w_i = \bar{d} \tag{7-31}$$

$$\text{Var}(d) = \Sigma w_i (d_i - \bar{d})^2 / \Sigma w_i \tag{7-32}$$

$$\text{Var}(e) = \Sigma w_i \text{Var}(e_i) / \Sigma w_i \tag{7-33}$$

其中，对平均抽样误差方差 Var(e) 的计算比较棘手。问题是每个研究中的抽样误差方差需要了解该研究的效应量，即

$$\text{Var}(e_i) = (4 / N_i)(1 + \delta_i^2 / 8)$$

平均抽样误差方差 Var(e) 取决于未知的总体效应量 δ。多数情况下，一个好的近似估计是用 d 的均值代替每个研究中的 δ_i。在频率加权平均的情况下，可得到以下公式：

$$\text{Var}(e) = (4 / \bar{N})(1 + \bar{d}^2 / 8) \tag{7-34}$$

其中，$\bar{N}$ 为平均样本量。也就是说，如果我们用 T 表示总样本量，用 K 表示研究的数量，那么：

$$T = \sum N_i$$

$$\bar{N} = T / K$$

抽样误差方差的更准确的公式是：

$$\text{Var}(e) = [(\bar{N} - 1) / (\bar{N} - 3)][(4 / \bar{N})(1 + \bar{d}^2 / 8)] \tag{7-35}$$

其中，$\bar{N}$ 为平均样本量，$\bar{d}$ 为 d_i 的频率加权值。

总效应量的方差 Var(δ) 是经抽样误差校正后的效应量的观察方差。总体效应量的方差由观察方差减去抽样误差方差得到：

$$\text{Var}(\delta)=\text{Var}(d)-\text{Var}(e) \tag{7-36}$$

这个差异可以解释为：减去 d 中抽样误差引起的方差。也就是说，减去平均抽样误差方差，就校正了抽样误差影响的观察方差。研究总体效应量的标准差为方差的平方根：

$$SD_{\delta}=\sqrt{\text{Var}(\delta)} \tag{7-37}$$

因此，对于基本元分析，若观察的效应量分布特征为 Ave(d) 和 Var(d)，则研究总体效应量为：

$$\text{Ave}(\delta)=\text{Ave}(d) \tag{7-38}$$

$$\text{Var}(\delta)=\text{Var}(d)-\text{Var}(e) \tag{7-39}$$

$$SD_{\delta}=\sqrt{\text{Var}(\delta)} \tag{7-40}$$

若各研究效应量相同，则总体效应量方差为 0。也就是说，如果总体效应量没有真实的变异，那么观察的期望方差将与抽样误差引起的方差完全相等。即使研究间存在一些变异，但由于实际或理论原因，变异可能仍很小，足以忽略不计。如果变异很大，特别是相对于均值较大的情况，就应该寻找调节变量。

$\bar{d}$ 的置信区间

用 $\bar{d}$ 的标准误来表示 $\bar{d}$ 的置信区间，即 $SD_d/\sqrt{k}$，其中，SD_d 是观察的 d 值方差的平方根 [如式（7-32）所示]。

$$SE_{\bar{d}}=SD_d/\sqrt{k} \tag{7-41}$$

其中，k 为研究数量。95% 置信区间是：

$$\bar{d}-1.96(SE_{\bar{d}})<\bar{d}<\bar{d}+1.96(SE_{\bar{d}}) \tag{7-42}$$

我们将在本章后面给出两个用数值表达置信区间的例子。因为我们用于教学目的的例子中含有少量研究，所以这些置信区间相当宽。

例 1

读者要注意，本章对例子的讨论带有一定的随意性。为了清楚地说明计算方法，我们必须用少量研究来举例。这意味着例子中的总样本量可能还不足以剔除抽样误差的影响。也就是说，元分析的估计仍会有抽样误差。然而，我们在本章中想要讨论的结果，就好像抽样误差已经剔除了一样。因此，对于本章中的每个例子，我们的讨论将被表述为研究的数量比例子中显示的多得多。第 9 章将单独讨论元分析估计值的抽样误差估计，它包含了对本章许多例子的抽样误差估计。

考虑下面基本元分析的例子：

N	d	N	d
100	−0.01	50	0.50*
90	0.14*	40	−0.10

* 表示在 0.05 水平上显著。

两种效应量是显著的，另外两种不是。按照通常的逻辑，评论者会据此假定，有一些调节变量导致处理在某些情况下有效，但在其他情况下无效。这是抽样误差吗？

基本元分析是：

$$T = 100 + 90 + 50 + 40 = 280$$

$$\bar{N} = T / K = 280 / 4 = 70$$

$$\text{Ave}(d) = [100(-0.01) + 90(0.41) + 50(0.50) + 40(-0.10)] / 280 = 56.9 / 280 = 0.20$$

$$\text{Var}(d) = [100(-0.01-0.20)^2 + 90(0.41-0.20)^2 + 50(0.50-0.20)^2 + 40(-0.10-0.20)^2]/280$$

$$= 16.479 / 280 = 0.058\,854$$

抽样误差方差的大样本估计为：

$$\text{Var}(e) = [(4/\bar{N})(1+\bar{d}^2/8)] = [(4/70)(1+0.20^2/8)] = 0.057\,429$$

因此，我们估计研究总体效应量的分布为：

$$\text{Ave}(\delta) = \text{Ave}(d) = 0.20$$

$$\text{Var}(\delta) = \text{Var}(d) - \text{Var}(e) = 0.058\,854 - 0.057\,429 = 0.001\,425$$

$$SD_\delta = \sqrt{0.001\,425} = 0.038$$

我们现在想象研究的数量远远大于 4 个，并对这个元分析进行解释。本元分析仅有 4 项研究，总样本量为 280。因此，在元分析估计中，实际上存在相当大的（二阶）抽样误差空间。第 9 章将会讨论这个主题。

假设这些元分析估计非常准确，例如，假设研究的数量是 400 而不是 4。如果总体效应量呈正态分布，则中间 95% 总体效应量位于以下区间内：

$$0.20 - 1.96SD_\delta < \delta < 0.20 + 1.96SD_\delta$$

$$0.13 < \delta < 0.27$$

若总体效应量为 0，则表示标准分数为：

$$(0-0.20)/0.038 = -5.26$$

这是极不可能的。因此，在这个例子中，元分析显示通常的评论逻辑是完全错误的。并不是说在 50% 的情况下没有处理效应，而是没有处理效应为 0 的设置。因此，在两个效应量不显著的研究中，存在第Ⅱ类误差。也就是说，在这个例子中，显著性检验的误差率为 50%。

考虑使用更准确的抽样误差方差公式得到：

$$\text{Var}(e) = [(\bar{N}-1)/(\bar{N}-3)][(4/\bar{N})(1+\bar{d}^2/8)] = (69/67) \times 0.057\,429 = 0.059\,143$$

可以看出，抽样误差方差的估计值相差不大。然而，研究总体效应量方差的估计存在较大的差异：

$$\text{Var}(\delta) = \text{Var}(d) - \text{Var}(e) = 0.058\,854 - 0.059\,143 = -0.000\,289$$

采用准确性较低的大样本公式，观察方差与抽样误差引起的方差之差为 0.001 425；也就是说，在抽样误差的基础上，观察方差大于预期。然而，更准确的公式表明，方差几乎完全等于抽样误差的期望值。差值为负，表明只有 4 项研究，Var(d) 存在二阶抽样误差（见第 9 章）。因此，相应的标准差估计是 SD_δ=0。因此，使用更准确的抽样误差公式可以得到研究总体相关性的情况，即

$$\text{Ave}(\delta) = 0.20$$

$$SD_\delta = 0$$

这一估计表明，研究总体效应量没有变异。这是已知事实，从作者为所有研究使用相同的总体效应量生成数据的事实中可以知道。在仅基于 4 项研究的元分析中，相同的发现只是暂时的。

为了校正偏差，我们首先计算偏差乘数：

$$a = 1 + 0.75/(\bar{N} - 3) = 1 + 0.75/67 = 1.011\,2$$

校正后的均值和标准差如下：

$$\text{Ave}(\delta) = 0.20/1.011\,2 = 0.197\,8 = 0.20$$

$$SD_\delta = 0/1.011\,2 = 0$$

因此，平均样本量为 70 时，偏差校正的效应小于舍入误差。

例 2：由专家进行的领导力培训

长期以来，组织心理学家一直怀疑人际关系或领导技能方面的培训可以提高管理者的绩效。Fruitloop 教授想知道提高的数量，因此，他设计了一个元分析，并认为研究应该满足两个标准。首先，每个培训计划必须包含至少三项关键技能：积极倾听、负反馈和正反馈。其次，研究应在受控的培训条件下进行。为了确保这一点，他只使用了由外部专家进行培训的研究（见表 7-1）。

在这 5 项研究中，只有一项显示出显著性的效应。其中 2 项研究显示了相反的效应。因此，使用传统的评论标准，Fruitloop 教授将得出这样的结论：在大多数情况下，人际关系技能的培训对主管的绩效没有影响（或有不确定的影响）。幸运的是，Fruitloop 教授听说过元分析。表 7-1 中 5 项研究的元分析为：

表 7-1　领导力培训（外部专家进行培训的研究）

作者	样本量	效应量
Apple	40	−0.24
Banana	40	−0.04
Cherry	40	0.20
Orange	40	0.44
Melon	40	0.64*

* 表示在 0.05 水平上显著。

$$T = 200$$

$$\bar{N} = 40$$

$$\text{Ave}(d) = 0.20$$

$$\text{Var}(d) = 0.106\,000$$

用更准确的公式：

$$\mathrm{Var}(e) = (39/37)(4/40)(1+0.20^2/8) = 0.105\,932$$

$$\mathrm{Var}(\delta) = \mathrm{Var}(d) - \mathrm{Var}(e) = 0.106\,000 - 0.105\,932 = 0.000\,068$$

$$SD_\delta = 0.01$$

这里 80% 的可信区间是从 $0.20-1.28(0.01)$ 到 $0.20+1.28(0.01)$，即从 0.187 到 0.213。四舍五入得到：

$$0.19 < 0.20 < 0.21$$

它的可信区间非常窄（宽度 = 0.02）。但对基于抽样误差的置信区间而言，情况并非如此。对 5 项平均样本量为 40 的研究进行元分析，总样本量 T 仅为 200。因此，元分析估计值中潜在的抽样误差将与 N = 200 的单个研究的抽样误差一样大，并且是非常大的。正因为如此，在这个例子和我们用少量研究给出的其他例子中，置信区间很宽。考虑均值 d 值的置信区间（CI）为 0.20。SD_d 即观察的 d 值的方差的平方根为 0.325 57，研究数量（k）为 5。因此，$SE_{\bar{d}} = 0.325\,57/\sqrt{5} = 0.145\,60$。因此，95% 置信区间的下限是 0.20−1.96（0.145 60）= −0.085，上限是 0.20+1.96（0.145 60）= 0.480。这个置信区间相当宽，为 0.565，比 d 值的可信区间 0.02 宽得多。这在元分析例子中是可以预料到的。如前所述，我们使用少量研究例子让读者更清楚地理解元分析方法。这是一个基本元分析。当超过抽样误差的人为误差被校正时，应如何计算置信区间，第 5 章和第 8 章给出了计算方法。

我们在这里用少量的研究作为基本元分析的例子，并不是为了讨论元分析的抽样误差，而是为了让读者理解公式，以便读者能够很容易地复现计算。为便于论证，假设残差 0.000 068 不是由抽样误差造成的；也就是说，接受 0.01 的标准差为实数。实际标准差为 0.01，这意味着研究总体效应量存在真实变异。然而，这是否意味着在实际总体效应量中存在真实变异呢？当然不是。在基本元分析中，我们只控制一个元素：抽样误差，并没有控制测量误差的变异、构念效度缺陷程度的变异、处理强度的变异等。因此，有许多其他人为误差可能导致研究效应量的变异。

更重要的是要记住，这是一个解释处理效应量的基础分析。大多数未被控制的人为误差可能会降低所观察的效应量。因此，观察的 0.20 的均值几乎可以肯定是被低估了，而且很可能是被严重低估了。

假设这些结果是来自 500 项研究的元分析，我们可以考虑一下描述性文献综述和元分析之间的区别。500 项研究中只有 100 项会产生显著性的结果。500 项研究中有多达 200 项会产生错误方向的结果。因此，描述性文献综述可能会得出结论，培训只在少数情况下对领导力起作用；另外，20% 有显著性结果的研究会发现大的效应量，d 值大于或等于 0.60。因此，描述性文献综述很可能会得出这样的结论：在那些训练有效的环境中，它相当有效。

通过元分析，Fruitloop 教授发现了一个与总体效应量非常不同的模式。他认为，几乎所有观察的结果变异实际上都是抽样误差造成的。因此，现有研究表明，培训效果具有完美一致性，即效应量统一为 δ = 0.20。因此，在单个研究中观察的效应量永远不会是 0，也永远不会大到 0.40，更不会大到 0.60。

7.5 调节变量的分析

干预的影响可能因环境而异。例如，培训项目可能在质量、数量或培训者的平均学习能力方面有所不同。如果是这样，那么累积公式将产生非零方差的总体效应量，也就是说，SD_δ为非零值。寻找和检测导致这种变异的调节变量与在相关性研究中寻找调节变量的过程相同。事实上，两者的一般数学运算是相同的。特别是，如果研究的数目较少，编码研究特征的数量较多，那么盲目搜索很容易扩大随机性（见第 2 章末尾对此的讨论）。第 9 章将讨论元分析中调节变量的层次分析、二阶抽样误差对元分析中调节分析的影响，以及使用元回归分析时存在的问题。

有两种方法可以查看研究特征是否是调节变量：使用特征将数据分解为亚组或将研究特征与效应量联系起来。现在已经有足够的元分析用这两种方法进行，以得出哪种方法效果更好的建议。在我们的印象里，被吹捧为更复杂的相关性方法（元回归）经常被错误地使用。因此，在大多数场合，我们建议尽可能使用亚组方法。参见第 9 章对此的讨论。

最后，我们注意到元分析只能在研究层面检验调节变量。例如，如果对男性和女性进行了研究，那么元分析可以将性别作为潜在的调节变量。然而，如果每个研究都是基于男性和女性的结合，并且只报告总体结果，那么性别就不能作为调节变量进行检验。

使用研究领域的亚组

如果研究被分解成亚组，那么就没有新的计算工具可以学习。研究者只是在每个亚组中执行单独的元分析。对于一个基本元分析，没有什么可说的了。然而，如果要校正抽样误差以外的人为误差（这是大多数研究领域的一个关键特征），那么我们还有一个额外的建议。通常，其他人为因素的信息只是偶尔可用的，因此必须使用人为误差分布元分析（本章稍后讨论）。在大多数这种情况下，计算整个研究小组的人为误差分布比在研究亚组中单独计算要好。然后将整个范围内的人为误差分布值用于亚组内元分析的计算。

如果数据被分成亚组，那么有两种方式可以显示调节变量。首先，不同亚组之间的平均效应量应该有所不同。其次，应该减少亚组内的方差。这些不是独立事件。我们从方差分析的一个重要定理中得知，效应量的总方差是亚组之间平均效应量的方差与亚组内的平均方差之和。因此，如果亚组的平均效应量之间存在较大差异，则亚组内的平均方差必须小于总体方差。

这个定理同样适用于观察的效应量或总体效应量。如果将方差分量的通用公式应用于校正后的方差，而不是应用于未校正后的方差，那么结果是一样的：亚组均值之间的较大变异意味着亚组内的平均方差小于总体方差。然而，当两个调节变量组的研究数量不相等，研究内的 *N*s 也不相等时，准确计算亚组内方差的均值就变得困难，因为很难确定适用于这两个方差的适当权重。在这些情况下，事实上，通常最好只关注均值之间的差异（这里指$\bar{d}_1-\bar{d}_2$）。

使用研究特征的相关性

相反，请考虑使用相关性方法来寻找调节变量。在这种方法中，我们计算了编码研究特征和观察的效应量之间的相关性。抽样误差对这种相关性的影响与测量误差对被试变量之间相关性的影响类似：相关性被系统地减少。因此，校正效应量与研究特征之间的相关性对抽样误差的影响，就是将该相关性按实际效应量的相对大小与抽样误差引起的人为误差变异的相对大小成比例增加。这与测量误差引起的衰减校正是直接相似的。这种对抽样误差 Var(d) 的校正相当于对通常测量误差的组内实验方差的校正。如果观察的样本效应量与研究特征相关，那么观察的样本效应量的抽样误差将减弱这种相关性，就像人与人之间的普通相关性会减弱一样。考虑抽样误差公式：

$$d_i = \delta_i + e_i$$

同时考虑一个表示为 y_i 的研究特征。用 Cor(d, y) 表示 d 与 y 之间的研究相关性。协方差是：

$$\mathrm{Cov}(d,\ y) = \mathrm{Cov}(\delta,\ y) + \mathrm{Cov}(e,\ y) \tag{7-43}$$

对于大量的研究，抽样误差与研究特征之间的协方差为 0。因此，在整个研究领域中，抽样误差并不影响研究特征和效应量的协方差。然而，由于：

$$\mathrm{Var}(d) = \mathrm{Var}(\delta) + \mathrm{Var}(e)$$

抽样误差确实对效应量的方差有影响。所以抽样误差的影响是增加研究特征相关性的分母方差，而不增加相应的分子方差。因此，抽样误差的影响是减小相关性的大小。

可以使用与测量误差相关性校正公式完全类似的公式，对抽样误差校正研究特征相关性。为此，我们使用测量误差来定义“信度”，其表示为 Rel(d)，然后用它对观察的相关性 Cor(d, y) 进行常规校正。在测量理论中，受随机误差 e_p 影响的变量信度是真值 T 的方差与观察值 X 的方差之比：

$$r_{XX} = \mathrm{Var}(T) / \mathrm{Var}(X)$$

其中：

$$\mathrm{Var}(X) = \mathrm{Var}(T) + \mathrm{Var}(e)$$

元分析的类似公式是：

$$\mathrm{Rel}(d) = \mathrm{Var}(\delta) / \mathrm{Var}(d) \tag{7-44}$$

为了校正变量 X 和 Y 之间对 X 测量误差的被试外的（over-subject）相关性，我们除以信度的平方根，即：

$$r_{TY} = r_{XY} / \sqrt{r_{XX}}$$

元分析的相应定理是：

$$\mathrm{Cor}(\delta, y) = \mathrm{Cor}(d, y) / \sqrt{\mathrm{Rel}(d)} \tag{7-45}$$

若所有的研究都是在非常大的样本上进行的，则该公式会生成研究特征相关性的估计值。

需要注意的是，前面的公式是基于抽样误差与任何研究特征不相关的假设推导出来的。这个定理对于研究领域是适当的，对于通过大量研究完成的任何元分析也是近似正确的。然而，对于少量研究的元分析，这些特定研究中的抽样误差可能碰巧与该研究样本的某些研究特征值有关。这就是随机扩大化问题（见第 2 章和第 9 章）。当我们对潜在的调节变量进行分类时，一些研究特征可能与抽样误差有很高的相关性。这个变量看起来就像一个强调节变量。

对具有少量研究的元分析来说，没有关于随机扩大化问题统计学的解决方案。在一个理论很好的研究领域，有一个可能的解决方案。首先，只检验被其他很好地理论支持的研究的调节变量。如果该变量不能调节效应量，那么对所有剩余的潜在调节变量都要持非常大的怀疑态度。如果有一个理论支持所发现的调节变量，那么研究者应该查阅文献，看看是否有任何独立的理论佐证。进一步的讨论，请参阅第 2 章的最后一部分。

例 1：专家培训与经理培训

Jim Russell 在他的论文中检验了这样一个假设，即管理人员的人际关系技能培训应该由他们自己的经理来进行，而不是由外部专家来进行。这一观点源于这样一个命题：由于管理者是主管的榜样，主管更有可能认同管理者推荐的流程，而不是外部专家推荐的流程。

再考虑一下由 Fruitloop 所做的假设性累积研究。Fruitloop 放弃了经理们做的所有研究，因为“缺乏实验控制”。因此，Fruitloop 只分析由专家进行培训的研究。假设所有的研究都被分析了。结果可能如表 7-2 所示。在这一系列的研究中，只有 3/10 的研究有显著性的效果，而 3/10 的研究方向相反。因此，传统评估实践可能会得出这样的结论：人际关系技能培训的效果可能是有问题的。

表 7-2 中研究的总体元分析如下：

$$T=40+40+\cdots=400$$

$$\bar{N}=T/10=40$$

$$\text{Ave}(d)=0.30$$

$$\text{Var}(d)=0.116\,000$$

$$\text{Var}(e)=(39/37)(4/40)(1+0.30^2/8)=0.106\,591$$

$$\text{Var}(\delta)=0.116\,000-0.106\,591=0.009\,409$$

$$SD_\delta=0.097$$

表 7-2 由经理和专家进行的人际关系技能培训

作者	培训师	样本量	效应量	作者	培训师	样本量	效应量
Apple	专家	40	−0.25	Cucumber	经理	40	−0.05
Banana	专家	40	−0.05	Tomato	经理	40	0.15
Cherry	专家	40	0.20	Squash	经理	40	0.40
Orange	专家	40	0.45	Carrot	经理	40	0.65*
Melon	专家	40	0.65*	Pepper	经理	40	0.85*

* 表示在 0.05 水平上显著（双侧检验）。

为了便于计算，我们再次提出了一个只有少量研究的元分析。平均样本量为 40 的一组 10 项研究，代表总样本量为 400。因此，在元分析估计值中仍存在很大的潜在抽样误差。元分析估计值中潜在的抽样误差大约与 $N=400$ 时的单个研究抽样误差一样大，而且这个误差很大。正因为如此，在这个例子和我们给出的少量研究其他例子中，置信区间很宽。这里考虑均值 d（0.30）的置信区间（CI）。SD_d 是观察的 d 值方差平方根，为 0.340 52，研究数量（k）为 10。所以 $SE_d=0.340\,52/\sqrt{10}=0.107\,70$。因此，95% 置信区间下限是 $0.30-1.96(0.107\,70)=$

0.088 9。95% 置信区间上限是 0.30 + 1.96 (0.107 70) = 0.511 1。经过四舍五入，得到：

$$0.09 < 0.30 < 0.51$$

这个置信区间相当宽：0.422 个相关点。在这样的元分析例子中是可以预料到的。如前所述，我们使用少量研究的例子来让读者更清楚地理解元分析方法。这个例子是一个基本元分析。在第 5 章和第 8 章中给出了在人为误差超过抽样误差的情况下，计算置信区间的方法。

让我们假设不是通过 10 项研究而是通过 100 项研究得出这些结果。研究效应量的标准差为 0.097，显著大于 0。相对于 0.30 的平均效应量，0.097 的标准差也很大。但是，它还没有大到足以表明存在效应量为 0 的地步。如果效应量的变异是正态分布的（在本例中实际上是二分类的），中间 95% 的效应量（95% 可信区间）将是：

$$0.30-1.96(0.097) < \delta < 0.30+1.96(0.097)$$

$$0.11 < \delta < 0.49$$

在这个例子中，置信区间和可信区间的宽度只相差少许。在实践中，许多研究者会使用 80% 的可信区间，这将会更窄（0.18 ～ 0.42）。然而，在任何情况下，这都是一个很大的影响范围，因此寻找调节变量是合理的，特别是因为已经先验地确定了一个基于理论的潜在调节变量（即经理与专业培训师）。

再次考虑对该数据集进行统计显著性检验的情况。10 个效应量中只有 3 个是显著的。然而，元分析显示，所有的总体效应量都是正的。因此，本例中显著性检验的（第Ⅱ类）误差率为 70%。此外，观察的效应量范围变异很广：−0.25 ～ 0.85。事实上，元分析表明，这种变异主要是抽样误差造成的。一些值会被发现在区间 $0.11<\delta<0.49$ 之外。另一方面，结果仍有相当多的波动，因此，寻找调节变量是明智的。

本例中，在元分析之前假设了调节变量。因此，我们将研究分为两类：一类是由外部专家进行的培训，另一类是由管理人员进行的培训。亚组内的元分析如下：

由专家进行的培训

$$T=40+40+\cdots=200$$
$$\bar{N}=T/10=40$$
$$\text{Ave}(d)=0.20$$
$$\text{Var}(d)=0.106\,000$$
$$\text{Var}(e)=(39/37)(4/40)(1+0.20^2/8)=0.105\,932$$
$$\text{Var}(\delta)=0.106\,000-0.105\,932=0.000\,068$$
$$SD_\delta=0.008$$

由管理者进行的培训

$$T=40+40+\cdots=200$$
$$\bar{N}=T/10=40$$
$$\text{Ave}(d)=0.40$$
$$\text{Var}(d)=0.106\,000$$
$$\text{Var}(e)=(39/37)(4/40)(1+0.40^2/8)=0.107\,514$$

$$\mathrm{Var}(\delta)=0.106\,000-0.107\,514=-0.001\,514$$
$$SD_{\delta}=0$$

同样，我们注意到少量的研究只是为了计算方便。假设不是 10 个而是 1 000 个研究，每种类型 500 个。也就是说，让我们把元分析的结果解释为估计值中几乎没有或根本没有抽样误差。

在本例中，将研究按培训师的类型进行分解，可以从两方面显示调节效应。首先，平均效应量存在较大差异：Ave(d) =0.20 表示专家培训，Ave(d) =0.40 表示经理培训。此外，按培训师的类型分类，实际上剔除了效应量的所有变异（由于抽样误差而导致的变异除外）。因此，外部专家培训的效果总是 0.20 个标准差，而经理培训的效果总是 2 倍于此，即 0.40 个标准差。

注意，假设正态分布的效应量产生从 0.11 到 0.49 的 95% 的区间，表明 2.5% 的研究将产生低于 0.11 的 δ 值，且 2.5% 的研究将产生高于 0.49 的 δ 值。事实上，这种分布并不正常。相反，一半的研究具有总体效应量 δ=0.20（有外部专家的培训）且另一半的研究具有总体效应量 δ=0.40（有经理的培训）。因此，正态假设高估了效应量的实际分布。

在本例中，只有一个调节变量。当有多个调节变量时，调节变量可能是相关的，因此，如果依次检验每一个调节变量，它们将会混淆。在这种情况下，必须进行分层调节效应分析，以避免这种混乱。关于分层调节分析的讨论参见第 9 章。

例 2：训练量

我们现在举一个例子，在这个例子中，培训对人际交往能力的影响随培训时数的变化而变化。数据如表 7-3 所示。时数的衡量标准是学员与培训师实际互动（而不是看培训师与其他人一起工作）的时间。

表 7-3　按小时培训人际关系技能

培训时数	样本量	效应量	培训时数	样本量	效应量
2	40	−0.39	3	40	0.30
2	40	0.54	3	40	0.59
2	40	0.25	4	40	−0.24
2	40	−0.05	4	40	0.64*
3	40	−0.29	4	40	0.35
3	40	0.00	4	40	0.05

* 表示在 0.05 水平上显著（双侧检验）。

在本例中，12 项研究中只有 1 项效果显著，7 项研究结果为正。也就是说，近一半的研究发现了相反的效果。传统的综述实践可能会得出这样的结论：人际交往技能的培训没有效果。

元分析结果如下：

所有研究

$$T=40+40+\cdots=480$$
$$\bar{N}=480/12=40$$
$$\mathrm{Ave}(d)=0.15$$

$$\mathrm{Var}(d)=0.109\,717$$
$$\mathrm{Var}(e)=0.105\,702$$
$$\mathrm{Var}(\delta)=0.004\,015$$
$$SD_{\delta}=0.063$$

我们把它作为一个练习留给读者来计算 d 的均值为 0.15 左右的置信区间（CI）(有关指导，请参阅表 7-1 和表 7-2 例子中给出的 CI 计算)。

在本例中，我们再次回避了 480 这个小样本量的问题（我们将在第 9 章讨论这个问题）。假设不是 12 项研究而是 1 200 项研究。也就是说，假设元分析估计基本上没有抽样误差。我们将总体效应量的分布描述为均值是 0.15，标准差是 0.063。在不同的设置下，研究效应量的差异有多大？考虑效应量正态分布的假设。如果效应量的变异是正态分布（但它不是），那么中间 95% 的效应量将是：

$$0.15-1.96(0.063)<\delta<0.15+1.96(0.063)$$

$$0.03<\delta<0.27$$

这个可信区间表明，在任何情况下，培训都可能没有效果。

将元分析的结果与描述性综述的结论进行比较。在 1 200 项研究中，只有 100 项具有统计上的显著性效果。这可以解释为，在 12 个研究中，训练只在 1 个研究中有效。累积分析表明，这是错误的。从观察的研究效应来看，范围为 0.39 ～ 0.64。累积分析表明，这种变异主要是由于抽样误差。

因此，元分析揭示了一个非常不同的故事。平均效应量是微弱的 0.15，但大多数变异是因为抽样误差。如果效应量的变异是正态分布，那么 95% 的设置都会在这个范围（$0.03<\delta<0.27$）内产生效应量。

另一方面，0.03 ～ 0.27 的效应范围将是一个巨大的差异。因此，了解哪些研究具有较大的影响，哪些研究具有较小的影响，将是非常重要的。所以，我们开始寻找调节变量。考虑将培训时数作为调节变量。由于在研究领域中有三个层次的培训，我们将研究的总合并分为三个亚组：接受了 2 小时的培训、接受了 3 小时的培训和接受了 4 小时的培训。各亚组的基本元分析如下：

2 小时培训

$$T=40+40+\cdots=160$$
$$\bar{N}=160/4=40$$
$$\mathrm{Ave}(d)=0.10$$
$$\mathrm{Var}(d)=0.108\,050$$
$$\mathrm{Var}(e)=0.105\,537$$
$$\mathrm{Var}(\delta)=0.002\,513$$
$$SD_{\delta}=0.050$$

3 小时培训

$$T=40+40+\cdots=160$$
$$\bar{N}=160/4=40$$

$$\text{Ave}(d)=0.15$$
$$\text{Var}(d)=0.108\,050$$
$$\text{Var}(e)=0.105\,702$$
$$\text{Var}(\delta)=0.002\,348$$
$$SD_\delta=0.048$$

4 小时培训

$$T=40+40+\cdots=160$$
$$\bar{N}=160/4=40$$
$$\text{Ave}(d)=0.20$$
$$\text{Var}(d)=0.108\,050$$
$$\text{Var}(e)=0.105\,932$$
$$\text{Var}(\delta)=0.002\,118$$
$$SD_\delta=0.046$$

调节分析表明，训练量是决定训练效果的重要因素。当训练量从 2 小时增加到 3 小时再到 4 小时，平均处理效应从 0.10 增加到 0.15 再到 0.20。也就是说，在研究的训练时间范围内，平均处理效应与训练时间成正比。因此，如果把更多时间用于培训，预计会产生更大的影响。另一方面，文献中关于学习的非线性学习曲线表明，我们不能只是线性地进行投影；相反，回报会在某个时候开始递减。

我们把它作为一个练习留给读者，让读者围绕这三个平均 d 值计算置信区间（CI）(有关指导，请参阅表 7-1 和表 7-2 例子中给出的 CI 计算。)

在本例中，调节变量不能解释结果中的所有变异。在三个亚组的分析中，总标准差分别从 0.063 下降到 0.050、0.048 和 0.046。这是变异量的减少，但不是 0。考虑 4 小时培训的研究。平均效应量是 0.20，但标准差是 0.046。若效应量正常变化，则中间 95% 的效应量分布为：

$$0.20-1.96(0.046)<\delta<0.20+1.96(0.046)$$

$$0.11<\delta<0.29$$

因此，如果能找到另一个调节变量，也许是工作复杂性，它将增加我们对人际交往训练的理解。

然而，应该注意的是，可能没有其他调节变量。一个基本元分析只能校正抽样误差的影响。其他导致研究变异的人为误差，如测量误差，还没有得到控制。因此，残差可能是未控制的人为误差造成的，而不是培训环境中的实际变异。

相关性调节分析

相应的相关性调节分析将培训时数定义为一个量化的变量 H。这可以与观察的效应量相关联。表 7-3 中 H 与 d 的相关性为：

$$\text{Cor}(d,H)=0.125$$

“信度”为：

$$\mathrm{Rel}(d)=\mathrm{Var}(\delta)/\mathrm{Var}(d)=0.004\,015/0.109\,717=0.036\,6$$

因此，总体效应量的相关性是：

$$\mathrm{Cor}(\delta,H)=\mathrm{Cor}(d,H)/\sqrt{\mathrm{Rel}(d)}=0.125/\sqrt{0.036\,6}=0.65$$

也就是说，抽样误差的作用是将总体效应量和训练时数之间的相关性从 0.65 降低到只有 0.125。这个例子表明，抽样误差对调节变量相关性的向下偏差效应可能非常大。

7.6　校正因变量测量误差的 d 值统计量

现在，人们普遍认为，元分析的结果是不准确的，除非校正测量误差带来的影响（Hedges，2009a；Cook，et al.，1992：315–316；Matt，Cook, 2009）。在第 6 章中，我们证明了因变量测量误差降低了效应量的估计。如果测量的信度较低，那么降低幅度可能相当大。测量误差导致的衰减校正失败会产生错误的效应量估计。此外，由于是系统性误差，对未校正的效应量进行基本元分析将产生对真实效应量的误差估计。平均效应量的降低程度由各研究的平均信度水平决定。不同研究间的信度差异会导致所观察的效应量的变异，且超出抽样误差所产生的影响。如果研究中真实的效应量实际上是同质的，那么在基本元分析中，信度的变异会产生一种异质性的错误印象。基本元分析既不能校正平均效应量的系统性减少，也不能校正效应量方差的系统性增加。因此，如果没有对测量误差引起的衰减进行校正，即使是元分析也会对效应量的分布产生不正确的值。

在元分析中，有两种方法可以剔除测量误差的影响。理想情况下，人们可以为所有或几乎所有的单个研究汇编信度信息。在这种情况下，每个效应量都可以单独进行校正，并对校正后的效应量进行元分析。这是 d 值元分析的类型，由附录中描述的程序 D-VALUE 计算。然而，如果信度的信息仅仅是零星的，那么这可能只生成一个对研究间的信度分布的估计。如果研究的信度水平与效应量水平无关，那么就可以对测量误差的影响进行基本元分析。也就是说，如果信度信息只以分布的形式存在，那么我们首先做一个基本元分析，然后在事后对衰减（平均效应量）和膨胀（效应量的方差）进行基本元分析估计。这种元分析由附录中描述的程序 D-VALUE1 执行。

一些作者宁愿产生有偏估计的误差，也不愿校正测量误差。他们为这一选择辩解说，低估效应量是可以接受的，只有高估是不好的。也就是说，有些人认为只有正误差才是误差，而负误差并不重要。但是，科学的目标是对所有科学上重要的参数进行无偏估计（Rubin，1990）。此外，理论研究往往需要比较效应量。如果某些效应量被低估了，那么这种比较可能是错误的，从而导致错误的推论。如果不同的 d 值被不同程度地低估，那么这种情况尤其可能发生。科学的历史表明，负误差（负面偏差）和正误差一样具有破坏性。因此，这种校正总是可取的。

元分析的问题是，一些研究没有报告所用测量方法的信度。这个问题可以通过研究领域之外的研究来剔除，这些研究使用相同的测量并报告其信度。如果使用给定测量方法的研究中没有一项报告信度（通常在行为主义研究中是这样的），那么即便是在元分析中也无法进行校正。然而，即使忽略衰减校正，了解相应的估计误差有多大也很重要。实现这一目标的一种方法是看看类似测量方法的信度。

计算测量误差对效应量影响的关键是测量因变量中随机测量误差的大小。这是在心理测量理论中使用信度系数所完成的（见第 3 章信度估计的讨论）。如果因变量的信度已知，则可以准确地计算衰减的程度（向下偏差）。然后可以用反函数方法校正衰减，这个过程称为“衰减校正”。

如果真实的总体效应量是 δ，那么只有当因变量被完全测量时，研究总效应量才会达到 δ，但是事实并非如此。因变量的信度始终小于 1.00，因此研究的总体效应量也会相应减小。如果因变量测量的信度是 r_{YY}，那么总体衰减效应量 δ_o 由下式得到：

$$\delta_o = a\delta$$

其中 $a=\sqrt{r_{YY}}$。例如，因变量的信度为 $r_{YY}=0.64$，则研究的总体效应量为：

$$\delta_o = 0.80\delta$$

也就是说，减少了 20%。如果我们知道一个数字已经减少了 20%，那么我们就可以通过除法找到原来的数字。也就是说，如果我们知道 $\delta_o = 0.80\delta$，我们可以通过除以 0.80 得到 δ，即 $\delta = \delta_o / 0.80$。因此，总体效应量 δ_o 可以通过公式两边同时除以 a 的代数方法校正衰减：

$$\delta_o / a = (a\delta) / a = \delta$$

如果有适当类型的信度（见第 3 章），那么衰减的校正公式与总体效应量完全吻合。同样的公式也可以校正衰减后的样本效应量。这种校正剔除了样本效应的系统衰减。因此，原则上我们可以用统计校正公式来剔除测量随机误差的影响。然而，校正的效应量仍存在抽样误差；事实上，校正增加了抽样误差的数量。元分析的关键事实是，校正效应量的抽样误差公式与未校正效应量的抽样误差公式不同。因此，校正效应量的元分析是使用一个稍微不同的公式来校正抽样误差的方差。

如果对衰减的校正可以剔除测量误差产生的向下偏差，那么有人可能会问，我们为什么要在一开始就尽力使用好的测量呢？答案在于，校正后的效应量的抽样误差。对校正过程的仔细分析表明，我们为统计校正付出了代价：经过统计校正的效应量的抽样误差大于经过完美测量研究中的抽样误差。信度越高，抽样误差的增加越小。因此，原始测量值越好，校正后的效应量抽样误差就越小。也就是说，在我们的研究中，我们可以对完美测量的结果进行估计，但无法实现完美测量，但统计校正的代价是增加抽样误差。信度越高，代价越低。在单个研究中，低信度所带来的代价是非常高的。虽然某一领域的单个研究信度较低，但由于元分析中样本量较大，所以也有可能获得准确的效应量估计。这是因为当计算平均校正效应量时，单个研究的抽样误差被平均化了。

现在我们将证明，校正衰减的效应量会增加抽样误差。考虑样本效应量 d_o：

$$d_o = \delta_o + e = a\delta + e \qquad (7\text{-}46)$$

衰减后的样本效应量可以根据测量误差的影响进行校正。用 d_c 表示校正后的效应量：

$$d_c = d_o / a = (\delta_o + e) / a = \delta_o / a + e / a = \delta + e'$$

其中 e' 为校正后效应量的抽样误差。e' 的抽样误差由下式得到：

$$\mathrm{Var}(e') = \mathrm{Var}(e) / a^2 = \mathrm{Var}(e) / r_{YY} \tag{7-47}$$

除以分数就是增加比率。因此，抽样误差方差与信度成正比。校正后的效应量的标准误是方差的平方根。对于标准误，我们有：

$$SD_{e'} = SD_e / a \tag{7-48}$$

也就是说，将效应量除以衰减因子就是将标准误除以相同的系数。信度越低，抽样误差越大。

例如，因变量的信度为 0.64，则校正后的效应量的抽样误差方差为：

$$\mathrm{Var}(e') = \mathrm{Var}(e) / 0.64 = (1 / 0.64)\mathrm{Var}(e) = 1.56\mathrm{Var}(e)$$

对应的标准误为：

$$SD_{e'} = \sqrt{1.56}\, SD_e = 1.25 SD_e$$

也就是说，如果研究的信度低至 0.64，那么校正后效应量的抽样误差比未校正效应量的抽样误差大 25%。因此，为了剔除未校正效应量中 20% 的系统误差，必须使非系统误差增加 25%。

在元分析中，我们不仅要考虑单个研究的信度，还要考虑各个研究间的信度变异。如果因变量测度的信度在不同的研究中存在变异，那么不同的效应量会被不同的因素衰减。这一事实将导致观察的 d 值的变异超过抽样误差引起的变异。因此，在基本元分析中，当方差因抽样误差的影响而被校正时，在效应量中将存在未被减去的人为误差方差。如果针对不可靠性对每个效应量进行分别校正，这种差异就会被剔除。

分别校正 d 值元分析及实例

如果因变量的信度在所有单个研究中都是已知的，那么每个效应量都可以单独进行衰减校正。如果所有研究信度都是已知的，那么对缺失值使用平均信度的误差就很小。然后对校正后的效应量进行元分析。元分析的步骤与基本元分析相同：①计算效应量的均值和方差；②计算因抽样误差引起的效应量方差；③从样本效应量方差中减去因抽样误差导致的效应量方差。然而，有一个复杂的情况：对于未校正的效应量，权重是最优的，而对于校正的效应量，权重不是最优的。最佳权重与效应量中的抽样误差成反比。在未校正的效应量中，抽样误差主要由样本量决定。然而，在校正后的效应量中，抽样误差也取决于衰减校正的程度。需要大量校正的研究应该比只需要少量校正的研究获得更少的权重。对于未校正的效应量，每个研究的最佳权重为其样本量 N_i。对于校正后的效应量，每个研究的最佳权重为：

$$w_i = N_i a_i^2 = N_i r_{YY_i} \tag{7-49}$$

也就是说，如果我们将每个研究与其信度成比例地加权，就能更好地估计平均效应量。研究信度越低，该研究的最佳权重越低（在第 3 章中校正相关性时我们遇到了同样的情况）。

对于每个研究，我们计算三个值：①校正后的效应量；②研究的权重；③该研究的抽样误差方差。抽样误差方差的公式存在一个小问题：它取决于总体效应量。一个很好的近似值是在抽样误差公式中使用平均效应量（见第 5 章，且参见：Hunter，Schmidt，1994；Law 等，

1994b）。因此，校正后的效应量的抽样误差约为：

$$\mathrm{Var}(e_i') = \mathrm{Var}(e_i) / a_i^2 = \mathrm{Var}(e_i) / r_{YY_i} \tag{7-50}$$

其中：

$$\mathrm{Var}(e_i) = [(N_i - 1) / (N_i - 3)](4 / N_i)(1 + \bar{d}_o^2 / 8) \tag{7-51}$$

其中 $\bar{d}_o$ 为未校正的平均效应量。因此，估计校正的效应量抽样误差需要计算平均未校正的效应量。

我们用 d_o 表示观察的样本效应量，用 d_c 表示校正后的效应量。用 δ_o 表示未校正效应量，用 δ 表示总体校正后的效应量。用 ve_i 表示研究 i 的抽样误差方差估计，用 $\bar{d}_c$ 表示平均校正效应量。那么元分析需要的三个均值是以下三个加权均值：

$$\mathrm{Ave}(d_c) = \Sigma w_i d_{c_i} / \Sigma w_i \tag{7-52}$$

$$\mathrm{Var}(d_c) = \Sigma w_i (d_{c_i} - \bar{d}_c)^2 / \Sigma w_i \tag{7-53}$$

$$\mathrm{Var}(e') = \Sigma w_i ve_i' / \Sigma w_i \tag{7-54}$$

然后通过减法估计总体效应量的方差：

$$\mathrm{Var}(\delta) = \mathrm{Var}(d_c) - \mathrm{Var}(e') \tag{7-55}$$

这里刚刚描述的是由附录中描述的程序 D- VALUE 进行的分析。

现在让我们考虑一个例子。纽约大学的心理学家 Alex Lernmor 开发了一种新的培训方法，用于培训需要在工作中操作机器的二重身份者。他的培训计划已经被东北许多雇用了二重身份者的公司采用。到目前为止，这些公司已经进行了 4 项研究来评估该计划的效度，并且在所有 4 项研究中都使用了相同的 100 个工作知识测量题目。所有例子中，训练组 20 人，对照组 20 人（见表 7-4）。得克萨斯大学的 Alphonso Kopikat 了解这个项目，并结合他的咨询工作，将它引入了许多雇用了二重身份者的得克萨斯州的企业。目前在得克萨斯州已经完成了 4 项评估该方法的研究。这些研究与之前的研究基本相同，不过为了节省时间，研究者使用了一个简短的 12 个题目的工作知识量表，而不是使用 Lernmor 的冗长的 100 个题目的工作知识量表。这组研究的结果见表 7-4。

表 7-4　关于培训二重身份者假设研究的基本元分析

研究成果的作者	地点	样本量	效应量
Lernmor	NE	40	0.07
Lernmor	NE	40	0.36
Lernmor	NE	40	0.66*
Lernmor	NE	40	0.95*
Kopikat	Texas	40	−0.11
Kopikat	Texas	40	0.18
Kopikat	Texas	40	0.48
Kopikat	Texas	40	0.77*

（续）

基本元分析	内部亚组基本元分析	
	得克萨斯州的研究	东北的研究
T=40+40+⋯+40=320	T=40+40+⋯+40=160	T=40+40+⋯+40=160
$\bar{N}$ =320/8=40	$\bar{N}$ =160/4=40	$\bar{N}$ =160/4=40
Ave（d）=0.42	Ave（d）=0.33	Ave（d）=0.51
Var（d）=0.116 150	Var（d）=0.108 050	Var（d）= 0.108 050
Var（e）=0.107 730	Var（e）=0.106 840	Var（e）=0.108 332
Var（δ）=0.008 420	Var（δ）=0.001 210	Var（δ）=−0.000 782
SD_δ=0.092	SD_δ=0.034	SD_δ=0

* 表示在 0.05 水平上显著。

Kopikat 认为他的研究没有复现 Lernmor 的结果。虽然 Lernmor 的所有研究结果都是正向的，但是 Kopikat 的一项研究却走向了错误的方向，这一发现让进行这项研究的公司感到非常困扰。此外，在 Lernmor 的 4 项研究中，有一半的研究结果是显著的，而在 Kopikat 的 4 项研究中，只有 1 项是显著的。他用一种理论解释了结果的差异，这种理论假设得克萨斯州的人学习速度较慢。

然而，一位同事提醒 Kopikat 注意抽样误差，并敦促他进行元分析。Kopikat 随后进行了基本元分析，如表 7-4 所示。对于整体分析，他发现 Ave(δ)=0.42 的均值标准差为 SD=0.09，使用正常的近似值，意味着中间范围为 $0.24 < \delta < 0.60$。他还做了元分析，这与他认为得克萨斯州的研究有不同的结果相一致。表 7-4 中也报告了这些元分析结果。与东北部各州一样，得克萨斯州的平均效应量为正，但影响的规模只有东北部各州的一半多一点（即 0.33 与 0.51）。此外，亚组内的标准差分别为 0.03 和 0，远小于总体标准差 0.09。因此，Kopikat 承认得克萨斯州的结果与东北部的结果一致，但他声称调节效应证实了他的区域劳动力学习能力差异理论。当 Kopikat 的研究发表在《统计人为误差综述》(*Statistical Artifact Review*)(2014，66：398-447）上时，它被认为是调节变量重要性的又一个令人信服的证明。

Lernmor 不相信得克萨斯州的人学习速度较慢。他还为 Kopikat 在工作知识测试中只使用了 12 个项目而感到困扰。Lernmor 在他的 100 项测试中发现了 0.81 的信度。他使用反向 Spearman-Brown 公式 [在本章末尾的练习中给出，作为式（7-67）] 来计算 12 项测试的信度，发现信度只有 0.34。所以 Lernmor 重新做了 Kopikat 的元分析，校正了衰减。结果如表 7-5 所示。

表 7-5　表 7-4 中研究的元分析计算

地点	N	d_o	r_{YY}	d_c	ve'	w_i
NE	40	0.07	0.81	0.08	0.132 999	32.4
NE	40	0.36	0.81	0.40	0.132 999	32.4
NE	40	0.66	0.81	0.73	0.132 999	32.4
NE	40	0.95	0.81	1.06	0.132 999	32.4
Texas	40	−0.11	0.34	−0.19	0.316 852	13.6
Texas	40	0.18	0.34	0.31	0.316 852	13.6
Texas	40	0.48	0.34	0.83	0.316 852	13.6
Texas	40	0.77	0.34	1.33	0.316 852	13.6

（续）

	内部亚组基本元分析	
整个元分析	得克萨斯州的研究	东北部的研究
$Ave(d_c)=0.568$	$Ave(d_c)=0.570$	$Ave(d_c)=0.568$
$Var(d_c)=0.189\ 528$	$Var(d_c)=0.322\ 600$	$Var(d_c)=0.133\ 669$
$Var(e)=0.187\ 356$	$Var(e)=0.316\ 852$	$Var(e)=0.132\ 999$
$Var(\delta)=0.002\ 172$	$Var(\delta)=0.005\ 748$	$Var(\delta)=0.000\ 670$
$SD_\delta=0.047$	$SD_\delta=0.076$	$SD_\delta=0.026$

Lernmor 的总体元分析发现，平均效应量为 0.57，标准差为 0.05，隐含的中间范围为 $0.49 < \delta < 0.65$。Lernmor 还对这两个地区进行了单独的元分析。他发现，在东北部的研究中，平均效应量为 0.57，在得克萨斯州的研究中，平均效应量也为 0.57。他得出结论，地区不是一个调节变量。相反，他认为 Kopikat 的低值是由于在得克萨斯州的研究中使用了较低的因变量信度。Lernmor 执行的计算是由计算机程序 D-VALUE 执行的，D-VALUE 是应用本书中介绍的基于 Windows 的元分析程序软件包的一部分。本软件包及其可用性将在附录中讨论。Lernmor 手动计算。由于程序使用时的舍入误差较小，因此 D-VALUE 程序生成的结果比 Lernmor 的结果稍微准确一些。我们邀请读者将 D-VALUE 程序应用于表 7-5 中的数据。表 7-5 中的数据作为例子数据集包含在附录描述的软件中。

人为误差分布元分析及实例

信度有时只零星可用。在这种情况下，我们不能校正每个单独的效应量。然而，如果我们能够估计研究领域的信度分布，我们就能校正在测量误差影响的基本元分析中获得的值。这种方法在第 4 章（相关性）中得到了充分的发展，在这里仅作简要介绍。这里提出的 d 值元分析方法是由附录中描述的程序 D-VALUE1 实现的。

真实平均效应量

分析的关键是观察测量误差对在基本元分析中计算的统计数据的影响：未校正效应量的均值和方差。实际效应量与样本效应量的关系式为：

$$d_o = \delta_o + e = a\delta + e \tag{7-56}$$

其中，δ 是实际的效应量，a 是衰减因子（信度的平方根），e 是抽样误差。在整个研究领域中，观察的平均效应量为：

$$E(d_o) = E(a\delta + e) = E(a\delta) + E(e) \tag{7-57}$$

若忽略 d 的轻微偏差（前面和第 6 章已经讨论过），则平均抽样误差为 0：

$$E(d_o) = E(a\delta) \tag{7-58}$$

如果测量的信度水平与真实效应量无关，那么乘积的均值是均值的乘积：

$$E(d_o) = E(a)E(\delta) \tag{7-59}$$

因此，期望的真实平均效应量被单个研究的衰减因子均值所衰减。如果平均衰减因子已知，我们就可以用校正单个效应量的公式来校正观察的平均效应量：

$$E(\delta)=E(d_o)/E(a) \tag{7-60}$$

因此，为了计算平均效应量，我们不需要知道每个研究的衰减因子，我们只需要知道各个研究的平均衰减因子。

注意，系数 a 不是信度，而是它的平方根。因此，必须从信度分布中提取衰减因子的分布。如果信度是单独给出的，在计算均值和标准差之前，我们只需要将其转化为平方根。D-VALUE2 程序自动执行，使用者输入信度系数即可。

真实效应量的方差

观察的效应量的方差由下式得到：

$$\mathrm{Var}(d_o)=\mathrm{Var}(\delta_o+e)=\mathrm{Var}(\delta_o)+\mathrm{Var}(e) \tag{7-61}$$

基本元分析使用这个方法计算总体效应量的方差 $\mathrm{Var}(\delta_o)$，即从观察的效应量方差 $\mathrm{Var}(d_o)$ 中减去抽样误差方差 $\mathrm{Var}(e)$。该残差对抽样误差进行了校正，但对测量误差没有进行校正。从基本元分析中校正的方差通过下式与真实效应量的期望方差 $\mathrm{Var}(\delta)$ 相连接：

$$\mathrm{Var}(\delta_o)=\mathrm{Var}(a\delta) \tag{7-62}$$

如果信度独立于各个研究的真实效应量，那么，接近近似值：

$$\mathrm{Var}(\delta_o)=[E(a)]^2\mathrm{Var}(\delta)+[E(\delta)]^2\mathrm{Var}(a) \tag{7-63}$$

下面的公式可以求出所需的方差 $\mathrm{Var}(\delta)$：

$$\mathrm{Var}(\delta)=\{\mathrm{Var}(\delta_o)-[E(\delta)]^2\mathrm{Var}(a)\}/[E(a)]^2 \tag{7-64}$$

这个公式的右边有 4 个元素。$\mathrm{Var}(\delta_o)$ 是从基本元分析中校正的方差。$E(a)$ 是研究中的平均衰减因子。$\mathrm{Var}(a)$ 是各个研究中衰减因子的方差。$E(\delta)$ 是上一节计算的平均真实效应量。分子是：

$$\mathrm{Var}(\delta_o)-[E(\delta)]^2\mathrm{Var}(a) \tag{7-65}$$

这显示了由于方差的基本元分析估计的信度变异而导致的观察到的效应量方差的减少。在第 4 章中，得到的方差称为残差方差。也就是说，研究效应量的方差是可以划分的：

$$\begin{aligned}\mathrm{Var}(\delta_o)&=[E(a)]^2\mathrm{Var}(\delta)+[E(\delta)]^2\mathrm{Var}(a)+\mathrm{Var}(e)\\&=A+B+C\end{aligned} \tag{7-66}$$

其中：

A 为真实效应量（残差方差）变异引起的方差；

B 是由信度变异引起的方差；

C 是抽样误差变异引起的方差。

人为误差分布的元分析例子

心理学中最古老的假设之一是失败的经历会产生焦虑。例如，这个假说认为工作压力与健康问题有关，比如高血压或胃溃疡。压力产生对失败的恐惧，产生焦虑，产生自主神经兴奋，导致高血压和胃酸水平升高。这项研究是在实验室中进行的，将被试置于预先确定他们会失败的情境中，然后测量由此产生的焦虑程度。表 7-6 给出了基于 8 项假设性实验研究的元分析数据库。

Jones（1992）定位了这 8 项研究，但是只对数据做了基本元分析。因此，Jones 只看到了表 7-6 中关于样本量和效应量的列。表 7-7 给出了他的第一个元分析结果。他发现平均效应量为 0.31，标准差为 0.75。使用正态分布作为指南，他估计 95% 置信区间范围值是 $0.16 < \delta < 0.46$。他得出的结论是，这种效应总是正的，但在不同的研究中，这种效应的大小有 3 ∶ 1 的差异。Jones 试图寻找一个调节变量，但没有找到。

Smith（1996）读过 Hunter 等人（1982）关于元分析的书，他担心这些研究中焦虑测量的信度。他回顾了 8 项研究，看看哪些研究报告了因变量的信度。其中两项研究报告了信度，如表 7-6 所示。然后，他利用研究中发现的值对信度进行了元分析校正。这是表 7-7 中显示的第二个元分析。

表 7-6 研究失败经历对情境焦虑影响的假设研究的元分析

效应量研究的作者	样本量	效应量	题目数量	信度	衰减因子
Callous（1949）	40	0.82	5	—	—
Mean（1950）	40	0.23	5	0.60	0.77
Cruel（1951）	40	−0.06	5	—	—
Sadistic（1952）	40	0.53	5	0.65	0.81
Villainous（1983）	40	0.38	1	—	—
Vicious（1984）	40	−0.20	1	—	—
Fiendish（1985）	40	0.68	1	—	—
Diabolical（1986）	40	0.10	1	—	—
信度研究的作者	**题目数**		**信度**	**1 个题目的信度**	
Uneasy（1964）	2		0.45	0.29	
Nervous（1968）	2		0.35	0.21	
Concerned（1972）	4		0.60	0.27	
Anxious（1976）	4		0.54	0.23	
Distressed（1980）	6		0.68	0.26	
Paralyzed（1984）	6		0.66	0.24	
一个题目的平均信度 =0.25 或 a=0.50					
5 个题目的信度 =0.625 或 a=0.79					

表 7-7 对表 7-6 中失败与焦虑的研究进行元分析

基本元分析（Jones，1992）

$T = 320$

$\bar{N} = T/8 = 40$

$\text{Ave}(d) = 0.310$

$\text{Var}(d) = 0.112\ 225$

$\text{Var}(e) = 0.106\ 672$

$\text{Var}(\delta_o) = 0.005\ 553$

$SD_{\delta_o} = 0.075$

（续）

用实验研究中所给的信度信息校正测量误差的基本元分析（Smith，1996）
Ave（a）=（0.77+0.81）/2 = 0.79
Var（a）= $[(0.77-0.79)^2+(0.81-0.79)^2]/2 = 0.000\,400$
$\text{Ave}(\delta)=\text{Ave}(d)/\text{Ave}(a)=0.31/0.79=0.392$
$\text{Var}(\delta)=\{\text{Var}(\delta_o)-[\text{Ave}(\delta)]^2\text{Var}(a)\}/[\text{Ave}(a)]^2$
$= [0.000\,555\,3-(0.392)^2(0.000\,40)]/(0.79)^2=0.008\,799$
$SD_{\delta_o}=0.094$
用信度研究中所给的信息校正测量误差的基本元分析（Black，2002）
Ave（a）= [0.79+0.50]/2 = 0.645
Var（a）= $[(0.79-0.645)^2+(0.50-0.645)^2]/2 = 0.021\,025$
$\text{Ave}(\delta)=\text{Ave}(\delta_o)/\text{Ave}(a)=0.31/0.645=0.481$
$\text{Var}(\delta)=\{\text{Var}(\delta_o)-[\text{Ave}(\delta)]^2\text{Var}(a)\}/[\text{Ave}(a)]^2$
$= [0.000\,555\,3-(0.481)^2(0.021\,025)]/(0.645)^2=0.001\,655$
$SD_{\delta_o}=0.041$

在报告信度的两项研究中，衰减因子分别为 0.77 和 0.81，均值为 0.79，标准差为 0.02。校正后的元分析得出的平均效应量为 0.39，标准差为 0.09。中间 95% 范围的正态分布为 $0.21<\delta<0.57$。Smith 接着指出，Jones 认为效应总是正的，这是正确的，但是 Jones 低估了平均效应量的强度 21%。另外，Smith 也发现，这种效应量变异高达 3 ∶ 1。

Black（2002）认为 Smith 对信度的担忧是正确的，但他认为报告信度的两项研究可能并不能代表整个领域。Black 看了每份报告，看看对测量的性质说了些什么。他发现，这 4 项较早的研究是在行为主义方法论对人格研究产生重大影响之前进行的。这些研究都担心测量的质量，并构建了多项目量表来评估情境焦虑。每项较早的研究都使用 5 个题目的量表来测量焦虑。后来的 4 项研究是行为主义方法论在人格研究中占据主导地位之后进行的。这些研究并不关心测量的质量，而是通过单一的反应题目，即一个题目的量表来评估情境焦虑。然后 Black 查阅了 6 项研究，报告了各种测量焦虑的量表信度，如表 7-6 所示。信度是不可比较的，因为量表在题目的数量上是不同的。所以 Black 用反向 Spearman-Brown 公式来计算题目的信度，这是所有研究的共同参考点。这个公式是：

$$r_i=(r_n/n)[1-(1-1/n)r_n] \tag{7-67}$$

其中，n 是信度为 r_n 的量表题目数。表 7-6 报告了一个题目的信度。所有一个题目的信度都接近 0.25，信度的变异不超过抽样误差的期望。从这一点上，Black 明显看出，在最新的一个题目的研究中，信度只有 0.25。基于这一事实，他使用 Spearman-Brown 公式（在本章末尾的练习中给出）计算出 5 项较早的研究信度为 0.625，这个值与报告的 2 个题目信度一致。然后他利用这些信息进行了第三次元分析，如表 7-7 所示。他发现平均效应量为 0.48，标准差为 0.04。正态分布中间范围为 $0.40<\delta<0.56$。Black 指出，Jones 低估了失败的 35% 的平均效应量，而史密斯低估了 19%。他还指出，两位作者都大大高估了不同研究间的变异程度。信度变异产生的方差为：

$$[E(\delta)]^2\text{Var}(a)=(0.481)^2(0.021\,025)=0.004\,864$$

在总体相关性的研究中方差是 $S_{\delta_o}^2 = 0.005\,553$ 。也就是说，信度的变异占研究总体效应量变异的 88%，即 0.004 864 /0.005 553。Black 指出，其他人为误差中无法校正的变异很可能占到其余 12% 的变异。也就是说，我们有理由怀疑实际的处理效应在各个研究中实际上是近似恒定的。

本例中演示的人为误差分布 d 值元分析方法是计算机程序 D-VALUE1 的基础，该程序是可用于应用本书中描述的方法的程序包中 6 个 Windows 的交互式程序之一。

7.7 实验中自变量的测量误差

上一节表明，无论是在减少平均效应量方面，还是在研究中产生的人为效应量变异方面，因变量的测量误差都对效应量造成相当大的影响。第 6 章的分析已经表明，自变量的测量误差也会产生同样大的影响。重要的一点是要记住，小组成员是一个名义上的名称。它代表了实验者想要对实验对象做什么，可能代表实际过程，也可能不代表实际过程。如果被试没有仔细听说明，那么说明中的实验差异可能不适用于许多名义上的实验组被试。在自然二分法中，例如“精神分裂症患者”与“正常人”，一些名义上的精神分裂症患者可能不是精神病，而一些名义上的正常人可能是精神分裂症患者。在目前的大多数研究中，元分析的实际问题是，没有识别自变量错误程度的信息。没有这些信息，就无法分析其影响。这是不幸的，因为实验者忽略这样的错误并不能使误差消失。因此，在经典的元分析中，自变量的测量误差没有校正。在解释元分析时记住这一点很重要。若忽略人为误差，则相应低估了处理平均效应量，夸大了处理效应量的方差。

若将名义识别与实际识别之间的相关性记为 a，则总体研究效应量的相关性为：

$$\rho_o = a\rho \tag{7-68}$$

其中，ρ 是实际的处理相关性（对研究中的其他因素进行了衰减）。因此，如果元分析将处理效应作为相关性进行测量，那么该分析将与因变量测量误差影响的分析直接对称。d 统计量的分析由于从 r 到 d 转换到非线性而变得复杂：

$$d = 2r / \sqrt{(1-r^2)} \tag{7-69}$$

在目前的情况下，我们有：

$$\delta_o = 2\rho_o / \sqrt{(1-\rho_o^2)} = 2(a\rho) / \sqrt{(1-a^2\rho^2)} \tag{7-70}$$

其中，

$$\rho = \delta / \sqrt{(4+\delta^2)} \tag{7-71}$$

在大多数当代元分析中，总体处理效应量并不大。教科书中社会心理学实验的总体效应量 δ 很少大于 0.40（Richard 等，2003）。在更复杂的研究领域，这一比例则更小。我们将证明，对于总体效应量不大于 0.40 的区域，我们得到了近似值：

$$\delta_o = a\delta \tag{7-72}$$

这种近似值与因变量中测量误差影响的公式完全对称。因此，除了衰减因子 a 的含义发生了变化外，元分析的数学运算是相同的。在本例中，a 是名义成员和实际成员之间的相关性。对于因变量误差的情况，a 为因变量信度的平方根。这种差异比看起来要小。因变量信度的平方根是观察的因变量分数与因变量真实分数之间的相关性。因此，a 的意义在自变量和因变量之间是对称的。

需要注意的是，这里的近似值用于总体效应量，而不是样本效应量。由于抽样误差，样本效应量往往大于 0.40。如果总体效应量 δ 为 0.20 且样本量 N 为 40，那么像 d =0.64 一样大的样本效应量并不罕见。然而，抽样误差并不是近似过程的一部分。相反，抽样误差是在衰减效应之后增加的，即抽样误差公式是可加的：

$$d_o = \delta_o + e$$

因此，抽样误差公式近似为：

$$d_o = \delta_o + e = a\delta + e$$

它不会改变 e 的值。

在大多数实际的元分析中，研究总体效应量会被其他因素削弱，比如因变量的测量误差。在这种情况下，外生衰减具有扩大线性逼近范围的作用。假设真实的处理效应量为 δ=0.60，但是由于因变量中的测量误差而衰减到 δ_1=0.40。线性近似适用于衰减后的效应量 0.40，而不是未衰减的效应量 0.60。因此，我们得到：

$$\delta_o = a\delta_1 \tag{7-73}$$

上式可变成：

$$\delta_o = ab\delta \tag{7-74}$$

用 $b\delta$ 替换 δ_1，其中 b 是因变量中测量误差的衰减因子。因此，在这种情况下，即使真实效应量高达 0.60，线性逼近仍非常接近。

最后，我们证明，对于不大于 0.40 的效应量，非线性的影响是轻微的。假设 δ=0.40，那么

$$\rho = \delta / \sqrt{(4+\delta^2)} = 0.40 / \sqrt{(4+0.16)} = (0.40/2) / \sqrt{1.04}$$

近似得到：

$$\rho = (\delta/2)(1.02) = \delta/2 \tag{7-75}$$

也就是说，对于处理总体效应量的通常范围，从 d 转换到 ρ 大约是线性的。由此可近似得到：

$$\delta_o = [2a(\delta/2)] / \sqrt{[1-a^2(\delta/2)^2]} \tag{7-76}$$

$$= (a\delta) / \sqrt{(1-0.25\delta^2 a^2)} \tag{7-77}$$

总体处理效应不超过 $\delta = 0.40$，分母满足如下公式：

$$\sqrt{(1-0.25\delta^2 a^2)} > \sqrt{(1-0.04a^2)} > 1-0.02a^2 > 1-0.02$$

因此，如果总体处理效应不大于 0.40，则近似误差很小：

$$\delta_o = (a\delta)/1 = a\delta \tag{7-78}$$

因此，对于不大于 0.40 的总体处理效应，我们近似得到：

$$\delta_o = a\delta \tag{7-78a}$$

7.8　其他人为误差及其影响

在本章中，我们考虑了以下人为误差：抽样误差、因变量中的随机测量误差，以及自变量或处理变量中的随机测量误差（因果错误识别）。第 6 章讨论了其他人为误差：因变量的构念效度缺陷、自变量或处理变量的构念效度缺陷（混淆）、连续因变量的二分法、处理强度的变异和人为误差的损耗。给定有关因素的范围和性质的特定信息，就有可能对人为误差的效应进行元分析。我们已经展示了如何对相关性进行元分析，但是我们还没有给出 d 统计量的相应计算。虽然 d 统计量的校正公式通常是非线性的，比 r 的公式更麻烦，但计算是可以完成的。最简单的方法是将 ds 转换成 rs，并对 r 进行元分析，正如我们在本章前面所提到的。本章稍后将介绍实现此目的的方法。

我们想强调的是，我们没有给出公式不是因为人为误差效应很小。在跟踪这些因素的时候，它们常常被证明是很大的。特别值得关注的是，在实验研究中构念效度缺陷的影响。实验处理，特别是在社会心理学的实验室实验中，本质上常常是隐喻性的。例如，调查人员将帮助某人捡起他丢失的论文编码为衡量利他主义，因此，将该因变量衡量标准视为等同于加入和平队（Peace Corps）。或者研究者认为，一次失败的经历是对自尊的打击，因此，对待实验室解决困难任务中的失败，像对待大学不及格一样。在组织文献中，实验室和现场研究的构念效度往往存在较大的差异。这在许多组织干预的元分析中得到了体现。

即使本章没有给出用于 d 统计量的公式，对尽可能多的人为误差进行校正仍是很重要的。最后，重要的是要记住，有一个人为误差很难检测到：不良数据，因此很少得到校正。可能存在原始数据的编码误差、统计数据的计算或记录误差、手稿的打字误差、印刷数字的误差，以及元分析数据记录的误差（尤其是将一些奇怪的统计数据转换为 d 或 r）。至少，我们应该注意极端的异常值，即效应量与其他研究结果大相径庭。然而不幸的是，在许多研究领域，平均样本量太小，很难区分异常值和较大的抽样误差。由于这些原因，明智的做法是考虑保留较大的残差。即使元分析者已经确信人为误差不存在，但是残差实际上总是包含未校正的人为误差的影响。

7.9　校正多种人为误差的单个 d 值

本章前几节认为自变量和因变量的测量误差要么其中一个发生，要么另一个发生，而不是两者都发生。事实上，这两种误差都经常发生在给定的研究中。此外，任何给定的研究也可能受到第 6 章中列出的许多人为误差的影响，这些人为误差在本章中仍没被考虑到。因此，正确的元分析必须校正多个人为误差。

在第 6 章中，我们注意到量化多个人为误差对效应量 d 的影响需要非常复杂的公式。这些复杂的公式使得在初始研究中联合校正多个人为误差的 d 值变得很麻烦。当在 d 值测量中对多个人为误差进行元分析时，复杂的公式会给元分析带来严重的问题。解决方案是将 ds 转换为 rs，对多种人为误差进行校正，然后将校正后的 rs 转换回 d 值测量。在本节中，我们推导了基于 d 值的相关性转换来校正多个人为误差的单个 d 值的公式。在后面的部分中给出了在元分析中使用具有多个人为误差 d 值的相关性转换的方法。

7.10　多种人为误差的衰减效应与相同的校正效果

抽样误差以外的人为误差是系统的。在总体统计水平上，研究人为误差产生的衰减可以用代数方法计算，可以用逆函数。因此，可以从衰减的效应量开始计算真实的效应量。采取公式的形式，这个过程被称为“衰减校正”。经典的公式是为了测量随机误差而开发的，但是类似的校正公式也可以为任何系统人为误差而产生。

观察的研究效应量不仅受到系统人为误差的影响，而且受到抽样误差的影响。完全适用于总体统计的代数公式并不完全适用于样本统计。相反，抽样误差与其他人为误差的系统效应之间的交互作用更为复杂。本节描述系统误差对总体统计的衰减作用，抽样误差的影响将在下一节中讨论。

d 值的人为误差公式的复杂性与简单的人为误差公式对相关性的影响形成了鲜明的对比。对于当前识别的人为误差，对相关性的影响是将相关性乘以一个测量人为误差影响的常数。在第 6 章的许多例子中，我们基于这个事实间接地计算了人为误差对 d 值的影响。这种方法有三个步骤。第一，将实际处理效应 d 值转换为相应的处理效应相关性 ρ。第二，计算人为误差对处理相关性的影响，即计算衰减后的处理相关性 ρ_o。第三，将衰减后的处理相关性 ρ_o 转回到 d 统计量形式的 δ_o。现在，我们将使用相同的策略来计算多种人为误差的衰减效应。

对于相关性，处理多个人为误差和处理一个人为误差一样容易。当前列出的每个人为误差都能以乘积的形式进行量化，其中未受影响的相关性乘以一个常数。第 3 章对这一过程进行了详细的探讨。ρ 表示实际的总体相关性，ρ_o 表示人为衰减的总体相关性。然后任意一个人为误差的影响可以量化为：

$$\rho_o = a\rho$$

其中 a 是一个人为误差的乘数（如信度的平方根），它测量人为误差对相关性的影响。如果相关性受到几个人为误差的影响，那么研究相关性只需乘以几个相应的乘数。例如，如果三个人为误差分别由 a、b 和 c 测量，则：

$$\rho_o = abc\rho$$

几个人为误差的净影响可以合并到一个乘数中：

$$\rho_o = A\rho$$

其中合并的乘数就是 $A = abc$。

也就是说，合并的乘数 A 是单个人为误差乘数的乘积。除将符号从 a 更改为 A 之外，多个人为误差的组合效应的数学意义与单个人为误差的数学意义没有什么不同。

现在我们将得到由真实效应量 δ 计算衰减研究效应量 δ_o 的程序，分三步完成。第一，将 δ 转为 ρ。第二，计算人为误差对处理相关性的影响，即计算衰减的处理相关性 ρ_o。第三，将衰减后的研究相关性 ρ_o 转换为衰减的研究效应量 δ_o。d 统计量公式的复杂性源于 d 与 r 关系的非线性。考虑实际处理效应量 δ 和相应的真实处理相关性 ρ 之间的关系，由以下换算公式可得：

$$\delta = 2\rho / \sqrt{(1-\rho^2)}$$

$$\rho = \delta / \sqrt{(4+\delta^2)}$$

注意，这些转换公式中没有出现样本量，因为它们是用于总体参数的公式。

衰减

计算几个人为误差引起的衰减效应，我们首先将未衰减效应量 δ 转换成未衰减效应相关性 ρ：

$$\rho = \delta / \sqrt{(4+\delta^2)} \tag{7-79}$$

然后，计算衰减后的处理相关性 ρ_o。根据下式计算几个人为误差对处理相关性组合的影响：

$$\rho_o = A\rho$$

其中 A 是组合的人为误差乘数（单个人为误差乘数的乘积）。我们现在计算衰减的处理效应量 δ_o。研究的总体效应量 δ_o 由下式可得：

$$\delta_o = 2\rho_o / \sqrt{(1-\rho_o{}^2)} \tag{7-80}$$

衰减校正

对于系统人为误差，可以用代数方法计算衰减效应。得到这个代数的逆函数公式，以校正衰减的观察处理效应。也就是说，我们可以生成一个代数程序，该程序采用研究人为误差衰减后的研究效应量 δ_o，并用代数方法将其恢复到实际处理效应量 δ。通过转换为处理相关性，这对于处理效应统计是最容易做到的。其步骤如下：①将衰减的研究效应量 δ_o 转换为衰减后的研究相关性 ρ_o；②校正研究处理相关性的衰减，即用代数方法将衰减值 ρ_o 恢复到正确的处理相关性 ρ；③将未衰减的相关性 ρ 转化为未衰减的处理效应量 δ_o。

假设我们给出衰减后的研究处理效应量 δ_o，那么研究处理相关性衰减的计算公式为：

$$\rho_o = \delta_o / \sqrt{(4+\delta_o^2)} \tag{7-81}$$

研究人为误差将处理相关性 ρ 降低到：

$$\rho_o = A\rho$$

我们用代数方法推导出：

$$\rho = \rho_o / A \qquad (7\text{-}82)$$

这是由组合乘数 A 测得的人为误差引起的衰减处理相关性的校正公式。然后通过转换真实处理相关性 ρ 来计算真实处理效应 δ：

$$\delta = 2\rho / \sqrt{(1-\rho^2)} \qquad (7\text{-}83)$$

7.11 使用相关测量对包含多个人为误差的 *d* 值进行元分析

对于具有多个人为误差的 d 值指标的元分析（即在因变量中存在超过抽样误差和测量误差的人为误差），我们需要一种方法，使我们能够计算抽样误差方差，并将其与研究中的效应量变异联系起来。也就是说，我们需要一个公式将样本研究 d 统计量与真实效应量 δ 联系起来。为了得到这个公式，我们需要一个衰减研究效应量作为衰减乘数 A 和真实处理效应量 d 的函数的公式。由于 d 与 r 的关系是非线性的，准确的公式对元分析来说是难以处理的。然而，由 Hunter 和 Schmidt（2004，第 7 章）给出的近似的公式可以用于 d 值的元分析。但是这些公式很复杂，因此不常使用。相反，大多数元分析者已经将 d 值转换为 r 值，并对这些 r 值进行元分析，当每个值分别被校正时，使用第 3 章中描述和讨论的程序（VG6），当基于人为误差分布进行元分析时，使用第 4 章中描述的程序（INTNL）。当存在多个人为误差时，这种方法比在 d 值统计中执行元分析更简单、更方便、更容易。这种方法在今天的文献中得到了广泛的应用。

使用 r 统计量对多个人为误差进行 d 值校正的元分析有四个步骤：

1. 使用本章前面给出的公式将所有 ds 转换为 rs。最大似然公式为：

$$r = d / \sqrt{4 + d^2} \qquad (7\text{-}84)$$

2. 使用第 3 章和第 4 章中描述的方法对 r 进行元分析，校正所有可能的人为误差。样本量（N）为 d 研究的总样本量。

3. 使用 r 到 d 的转换公式将平均相关性的最终结果转换为平均效应量。最大似然公式为：

$$\overline{d}c = 2\overline{\rho} / \sqrt{(1-\overline{\rho}^2)} = \overline{\delta} \qquad (7\text{-}85)$$

4. 使用下式将相关性的标准差转换为效应量的标准差：

$$SD_\delta = aSD_\rho$$

其中

$$a = 2/(1-\overline{\rho}^2)^{1.5} = 2/[(1-\overline{\rho}^2)\sqrt{1-\overline{\rho}^2}] \qquad (7\text{-}86)$$

例如，假设 r 测量的元分析平均效应相关性为 Ave（ρ）= 0.50，标准差 $SD_\rho = 0.10$。然后转换为 d 值的平均效应量是：

$$\text{Ave}(\delta) = 2 \times 0.50 / \sqrt{1-(0.50)^2} = 1.154\,7$$

$$SD_{\delta}=a(0.10)$$

其中 $a=2/(1-0.25)^{1.5}=2/0.6495=3.0792$ 。最终结果 $\text{Ave}(\delta)=1.15$ ， $SD_{\delta}=0.31$ 。

正如第 3 章和第 4 章所解释的，这两个程序（VG6 和 INTNL）的输出还包括许多其他信息（即人为误差和抽样误差所占方差百分比）。信度和置信区间将由 ρ 测量给出。它们的端点可以使用前面给出的式（7-85）转换为 d 值测量。

7.12 基于 *d* 值的元分析总结

尽管统计学家一直对此提出警告，但是对实验和项目的常规评估一直是使用统计显著性检验。在双组设计中，这意味着最有可能公布的数字是 t 统计量。t 的值并没有回答最相关的问题：处理效应有多大？相反，t 值回答了这个问题：在总体处理效应为 0 的假设下，观察的处理效应有多大。本章首先提出处理效应量的替代措施：原始分数平均差、标准分数平均差（d 或 δ）和点二列相关性（r 或 ρ）。因为不同的作者使用不同的因变量测量，所以原始分数差异通常不适合进行元分析。此外，比值比在大多数社会科学研究中也不是合适的统计量。因此，通常用来描述处理效应量的统计量是 d 和 r。如果使用点二列相关性（就公式而言，它是两者中较简单的一个），那么可参见相关章节，即第 2 ～ 4 章。本章给出了使用 d 统计量进行基本元分析的公式。第 6 章所列的误差因素或人为误差对 d 统计量有一定的影响，比如，抽样误差、任意一个变量的测量误差、任意一个变量的构念效度缺陷、因变量的人为二分法等。对于每个这样的人为误差，都有人为信息，使得在元分析中控制人为误差成为可能。然而，初级研究者只是刚刚开始将出版实践定位为包括收集和表示控制人为误差效应所需的信息。因此，通常情况下，唯一可用的信息是样本量 N，即为了控制抽样误差影响所需的数量。

如果样本量是给定研究领域中唯一可用的信息，那么就只能进行一个基本元分析，该元分析控制除抽样误差之外的人为误差。这种类型的元分析是附录中所描述的 d 值元分析程序输出的一部分：D-VALUE（用于单个校正）和 D-VALUE1（用于人为误差的分布）。由于其他人为误差不受控制，因此，基本元分析将大大低估平均处理效应量，并将高估各个研究中处理效应的标准差，特别是关于均值（即处理效应的差异系数会被大大高估）。d 统计量的基本元分析的关键公式是 d 统计量的抽样误差方差公式，基本元分析非常简单。总体的平均 d 值由各研究的平均 d 统计量估计，其中均值是通过每个研究的样本量来衡量的。总体效应量的方差由各研究中观察的 d 统计量方差减去抽样误差方差估计。抽样误差方差的相减是对抽样误差的统计控制，一旦元分析中的研究数量足够多，抽样误差的影响就可完全剔除。对于研究数量较少的元分析，在元分析值中仍存在抽样误差（二阶抽样误差，将在第 9 章讨论）。因此，基本元分析使用观察的平均效应量、观察的效应量的标准差和每个研究的样本量来估计研究总体效应量的均值和标准差。在大多数情况下，关键问题是：与效应量相比，效应量的标准差小吗？如果答案是肯定的，假如使用平均效应量作为效应量，那么大多数关于处理效应量的推论将是正确的。然而，重要的是要记住，基本元分析的平均效应量低估了实际效应量，因为除抽样误差之外，由于研究的人为误差而没有对衰减进行校正。同样要记住，在一个基本元分析中，总体效应量的标准差不会因其他因素的变异而得到校正，因此，各个研究高估了衰减效应量的实际变异程度。如果理论预测效应量会在不同的研究中发生变异，或者如果总体效应量的标准差与平均效应量的比例较大，那么应该扩展元分析来分析潜在的调节变量。如果理论预测 A 类型的研究将产生比 B 类型研究更大的效应量，那么这种区别就是要验证调节变量。否则，必须通过反复试验来寻找调节变量。因为用于描述目的，通常从每个研究编码的一些研究特征开始。如第 2 章末尾所述，这个过程可能导致灾难性的随机扩大化问题（抽样误差）。这个问题将在第 9 章中详细讨论。

使用基本元分析来研究潜在的调节变量不需要新的统计数学。潜在调节变量用于将研究分成亚组。然后在每个亚组上分别进行基本元分析。潜在调节变量的影响以两种方式记录：亚组间平均效应量的差异和亚组内效应量标准差的降低。由于亚组内的研究量较少，第 9 章的二阶抽样误差理论表明，均值的差异比亚组内方差的减少更容易估计。在理论预测的调节变量的情况下，亚组策略很有效。然而，正如第 9 章所讨论的，如果要检查多个潜在的调节变量，重要的是要避免调节变量的混淆，这可以通过分层调节分析来实现。在反复尝试寻找调节变量的情况下，还有一个抽样误差扩大化的问题。正如第 2 章和第 9 章所讨论的，如果你分析了大量潜在的调节变量，那么至少有一个变量在统计上偶然出现显著性。如果使用调节变量的回归分析（即元回归），几乎总会有一些潜在的调节变量的组合，它们似乎可以解释效应量的变异，但这种解释可能是特定研究中特定抽样误差扩大化的结果。

如果除抽样误差之外还有其他人为误差的信息（经验表明，在数据可用的地方，这些人为误差被证明是大的和重要的），那么元分析可以比基本元分析准确得多。除了抽样误差外，在实验元分析中，最常被校正的人为误差是因变量的测量误差。如果所有或几乎所有的研究人为误差信息都是已知的，那么每个观察的 d 值都可以针对人为误差分别进行校正，并且可以对校正后的 d 值进行元分析，本章给出了一些例子。这种 d 值元分析由附录中描述的程序 D-VALUE 执行。如果人为误差的信息只在研究中偶尔可用，那么可以进行基于人为误差分布的元分析。同样，我们也给出了一些例子。这个元分析过程由附录中描述的程序 D-VALUE1 执行。

在 d 值元分析中，当校正因变量中除抽样误差和测量误差外的人为误差时，将所有 d 值转换为点二列相关性更简单、更容易，使用第 3 章和第 4 章描述的方法对相关性进行元分析，然后将最终结果返回到 d 值指标。这是因为相关性的公式比 d 值的公式要简单。如果人为信息对于所有研究中的一些人为因素是可用的，而对于其他人为因素只是偶尔可用，那么可以进行第 4 章末尾的例子中描述的类型的混合元分析。在校正了除抽样误差之外的所有人为误差的情况下，可以使用与基本元分析相同的方法检查潜在的调节变量。

练习

基于 *d* 值的元分析

基于 *d* 值的元分析：从众行为中的性别差异研究

研究	总样本量	*d* 值的效应量估计	项目数量
1	254	0.35	38
2	80	0.37	5
3	125	−0.06	5

（续）

基于 d 值的元分析：从众行为中的性别差异研究			
研究	总样本量	d 值的效应量估计	项目数量
4	191	−0.30	2
5	64	0.69	30
6	90	0.40	45
7	60	0.47	45
8	20	0.81	45
9	141	−0.33	2
10	119	0.07	2

一位假想的研究者对从众行为中的性别差异进行了实验研究。这里总结的 10 项研究被称为“其他从众研究”。因为这些研究都使用了一个涉及不存在的常模团体的实验范式，所以它们被称为“虚拟常模团体”研究。

这些研究通过考察他人的反应对个体反应的影响来衡量从众行为。通常，实验对象有机会回答意见问题。在回答之前，这个人会看到关于其他人回答的一些“数据”。“数据”由实验者操纵，“其他个体”是虚构的常模团体。例如，当被调查者被问及对一件艺术品的看法时，可能会被告知 75% 的专业艺术学生“非常”喜欢这件作品。

正 d 值表示女性更从众；负 d 值表示男性更从众。

除第 2 步之外，这个练习可以使用程序 D-VALUE 来完成，该程序为人为误差分别校正了 d 值。或者，你可以将所有 d 值转换为相关性，并应用程序 VG6，该程序使用第 3 章中介绍的方法分别校正相关性，然后对校正后的相关性进行元分析。然后使用本章给出的公式将这些结果转换到 d 值测量。这两个程序都包含在基于 Windows 的程序包中，可用于应用本书中介绍的方法。有关此软件包的详细信息可在附录中找到。但是，如果你使用计算器或电子表格来做这个练习，你会学到更多。

练习说明

1. 对这 10 项研究进行一个基本元分析。校正 d 值的小的正偏差，如本章所讨论的。在估计抽样误差方差时，使用本章给出的最准确的公式。创建一个表，显示 d 的均值、d 的观察方差、抽样误差预测的方差、抽样误差校正后的方差和抽样误差校正后的 d 值的标准差。此外，给出抽样误差方差占总方差的百分比，方差占总方差百分比的平方根，80% 的可信区间。

抽样误差占方差的百分比是多少？抽样误差与观察的 d 值之间有什么关系？对测量误差一无所知的人会如何解释这些结果？也就是说，给出这些结果的“面值”解释。

从这些结果来看，在多大比例的总体中，你认为男性会更从众？女性呢？请注意，如果 $\bar{d}$ 为 0，则总体中 50% 的男性会更从众，而女性也是如此。使用标准曲线的性质来计算数值 $\bar{d}$ 所隐含的百分比。首先，计算 $z=(0-\bar{d})/SD_{\delta_{xy}}$。然后在标准曲线表中查看这个 z 值，并记录这个 z 值左右的百分比。这些是所需的百分比。

2. 确定校正观察的 d 值正偏差的重要性。重新运行步骤 1 中的分析，但不能校正这种偏差。你的结果有何不同？你对校正偏差有什么结论？

3. 这些研究没有给出从众行为测量量表的信度。但是，给出了试验的次数（或“项目”）。之前有一个实验（或项目）的例子：实验对象看到一件艺术品，并被告知 75% 的专业艺术学生“非常”喜欢这件作品。一些研究只有两个这样的试验：最多的试验是 45 次（有三项研究得出了这样的结论）。数据表中给出了每个研究的项目数。

试验之间的平均相关性为 0.10（即 $\bar{r}=0.10$）。利用这些信息和 Spearman-Brown 公式，根据研究中使用的“项目”（试验）的数量，计算每个研究中使用的从众行为测量的信度。在练习中，Spearman-Brown 公式可以写成：

$$\text{信度}=n\bar{r}/[1+(n-1)\bar{r}]$$

其中 n 为试验次数，$\bar{r}$ 为试验之间的平均相关性。

4. 使用这些信度估计来校正测量误差的每个 d 值（使用正偏差校正后的 d 值），然后对校正后的 d 值进元分析。报告计算出的 r_{YY} 值。

提供与基本元分析相同的信息，只是这次是针对校正后的 d 值。也就是说，在表格中列出以下内容：

a. 校正后的 d 值的均值

b. 校正后的 d 值的观察方差

c. 校正后的 d 值的抽样误差方差

d. 校正后的 d 值的方差为抽样误差方差的校正值，即总体的估计方差（δ）值

e. δ 的估计标准差

f. 两个人为误差（抽样误差和测量误差）所占的方差百分比和所占方差百分比的平方根。

g. 80% 的可信区间

解释这些发现，就像你解释那些基本元分析一样。与基本元分析相比，所占的百分比差异多大？校正后的 d 值与这两个人为误差的组合效应之间的关系是什么？测量误差的校正是否导致实质性结论的差异？计算男性比女性更从众的总体的估计百分比，反之亦然。男性比女性更从众的总体的估计百分比是否与基本元分析中得到的结果不同？那么女性更从众的总体的估计百分比是多少呢？为什么这些百分比与从基本元分析结果中计算出来的不同？关于测量误差校正的重要性，你得出了什么结论？

第 8 章
CHAPTER 8

d 值元分析中存在的技术问题

本章讨论了实验效应中元分析出现的技术问题。最重要的问题是不同的实验设计对所得 d 值结果的影响。我们讨论的其他技术问题包括：①复现测量研究中不同设计准确性的实证研究结果；②对没有对照组的复现测量实验的内部和外部效度的威胁；③观察的 d 值有轻微的正偏差；④元分析中 d 值的置信区间和可信区间；⑤元分析中 d 值的固定效应模型与随机效应模型。

8.1 替代性实验设计：综合考虑

第 7 章介绍的方法适用于独立组设计。在这个设计中，不同的被试被随机分配到实验组和对照组。因此，该设计被称为“独立被试”“被试间”或“独立组”设计。这是最常用的设计，但有时也会使用其他一些可能的研究设计：①协方差设计分析（其中某些变量的影响被剔除）；②方差因子分析（ANOVA）独立组设计；③无对照组和匹配组的复现测量设计；④对照组复现测量设计。我们还为处理不常用的更复杂的统计设计（如嵌套的方差分析设计）的方法提供参考。

在大多数基于 d 值的元分析中，包含的 d 值主要来自使用独立组设计的研究。但是，一些相关性研究也经常会用到其他实验设计。为了将这些研究纳入元分析，必须计算这些与独立组 d 值测量相同的研究的 d 值。也就是说，它们必须用独立组的标准差单位来表示。这些替代性设计都存在两个关键问题：第一，如何在独立组设计中计算用于估计相同总体参数的 d 值？第二，这些（正确计算的）d 值的抽样误差方差的正确公式是什么？考虑如何正确估计 d 值的问题。在 ANCOVA 模型中，合并标准差通常因为分离协变量而减弱；因此，若使用 d 值的常用公式，则会高估 d 值。所以，必须使用特殊的公式来确保不会发生这种情况。在复现测量设计中，标准差是变异分数（增益分数或差异分数）的标准差；这个标准差通常比总体中单个原始分数的标准差小得多。同样，需要特殊的公式来确保使用的 d 值代表标准化的平均组差，这个平均组差通常用测量中原始分数的总体标准差单位来表示。如果没有进行这些调整，结果可能是在元分析中报告更大的错误的平均 *d* 值。Rosenthal 和 Rubin（1978）对实验者期望效应的元分析就是一个例子。这篇文章包括了许多文献中不同分区的元分析，不同元分析平均 *d* 值（未校正的测量误差）通常在 2.00 ～ 4.00 之间。特别是对于一个微妙的影响，如实验者预期效应，这些都是非常大的平均效应量。然而，它们被解释为一般的 *d* 值，换句话说，它们被解释为好像它们在组内标准偏差的测量中。然而，许多研究都是复现测量设计，并通过分母中增益分数的标准差计算 *d* 值。因此，测量的 *d* 值比实际 *d* 值大得多。这个例子说明为什么这种误差是一个严重问题。这个误差是由于 Rosenthal（1991）提出的一个误差公式而引起的。Dunlap、Cortina、Vaslow 和 Burke（1996 年）认为，这个误差公式被合并到一套用于元分析的软件程序中（Johnson，1989；Mullen，1989；Mullen，Rosenthal，1985），并导致在一些已发表的元分析文章中严重高估了 *d* 值。Burke、Landis（2003）和 Dunlap 等人 (1996) 详细阐述了由这些公式中的误差而导致各种已发表的元分析不准确之处。

许多文章和著作讨论了不同实验研究设计的此类误差问题，并提出用不同公式来计算准确的 *d* 值（Arvey，Cole，Hazucha，Hartanto，1985；Borenstein，et al.，2009；Dunlap，et al.，1996；Grissom，Kim，2012；Hedges，2009a；Morris，2008；Morris，DeShon，1997，2002；Nouri，Greenberg，1995）。本章介绍了许多修改版的转换公式，并介绍效应量（ES）计算机程序（Shadish，Robinson，Lu，1999）用于计算各种研究设计的效应量，包括 ANCOVA 设计、ANOVA 因式分解设计（主体间和主体内设计）、复现测量设计和其他设计。William Shadish（wshadish@ucmerced.edu）免费提供了这个程序，该程序还能够根据部分研究信息（仅提供有限的信息）计算 *d* 值，例如，仅报告显著性检验的研究。此外，该程序包括 40 多种计算 *d* 值的不同方法，这些方法被转换并可以用来计算本章描述的准确的 *d* 值。

一旦计算出准确的 *d* 值及其抽样误差方差，对已有数据库的元分析将按照第 7 章所述的方式进行。相关变量测量中的抽样误差校正和测量误差校正方法是相同的。当因变量测量中的抽样误差和测量误差是元分析者校正的所有人为误差时，附录中 Windows 软件包所包含的 *d* 值元分析计算机程序（D-VALUE 和 D-VALUE1）可用于进行此类元分析，这是最常见的情况。当校正除这两种以外的人为误差时，应将 *d* 值转换为 *r* 值，对 *r* 值进行元分析，然后将结果转换到 *d* 值进行测量，如第 7 章末尾所述。

在大多数情况下，这些 *d* 值的抽样误差方差与独立组 *d* 值的抽样误差方差相同（如第 7 章所述）。然而，从复现测量设计转换的 *d* 值并非如此，在这种情况下必须使用特殊的公式来计算抽样误差方差。必须在程序中输入样本量（*N*)，这将引导程序产生正确的抽样误差方差值。实现方法如下：一旦计算出每个这样的 *d* 值的抽样误差方差，就可以通过求解 *N* 的式（7-22）来计算 *N* 的所需值。结果是：

$$N_{adj}=4(1+d^2/8)/S_{ed}^2 \tag{8-1}$$

其中，*d* 是适合的 *d* 值，其计算意义与独立组 *d* 值相同（或更好的是，元分析中观察的平均 *d* 值)，并且 S_{ed}^2 是该 *d* 值的适合计算的抽样误差方差。然后将 *N* 值（调整后的 *N* 或 N_{adj}）输入计算机程序的数据库中。即使是从复现测量设计中获得 *d* 值的无偏估计值，这一步骤也是必要的，这些 *d* 值与独立组设计中的 *d* 值没有相同的抽样误差方差。在 ANCOVA 模型中，通常通过分离协变量来减小合并标准差，因此，若使用常用的 *d* 值公式，则会高估 *d* 值。必须使用特殊的公式来确保这种情况不会发生。程序被设置为使用独立组设计的 d 值的抽样误差方差公式。因此，元分析者必须在程序中输入从独立组设计的抽样误差方差公式中产生相同抽样误差方差的 N。在第 7 章中，我们建议，当校正因变量测量中超出抽样误差和测量误差的人为误差时，应将 d 值转换为相关性，然后对 r 统计量进行元分析，最终结果转换到 d 或 δ 测量。值得注意的是，当 d 值转换为 r 测量时，所得相关性的 N 必须是这里描述的调整后的 N。

8.2 协方差设计分析

经典的 ANCOVA 设计与独立组设计一样，有一个实验组和一个对照组。不同之处在于，ANCOVA 设计中，被认为与被测假设无关的变量被从因变量中剔除，即它们的影响（如果有的话）在统计上是“可控的”。例如，研究者可能想从统计上部分剔除教育对政治信仰的影响。这种协变量可能只有一个，也可能有几个。ANCOVA 模型通过剔除协变量来减小合并标准差。因此，如果使用通常的 d 值公式则会高估 d 值，必须使用特殊的公式避免这种情况。因此，我们需要一个未调整的组内协变量的估计值。所需 d 值的公式为：

$$d=(\bar{Y}_1' - \bar{Y}_2')\ /\ SD_{pooled} \tag{8-2}$$

式（8-2）中的分母必须使用组内 SDs 来计算，而不是将协变量分开。ANCOVA 研究中的值必须是剔除协变量影响的 SDs，通常小于实际的 SD_S。在式（8-2）中，两个 Y 均值具有协变量的影响，或者协变量被剔除出来。然而，若我们假设两组的协变量均值相同，则 Y 均值可以是未经调整的观察的 Y 的均值；也就是说，在这种情况下，协变量对两个均值的影响是相等的，因此不会影响它们之间的差异。当被试被随机分配到两组时，尤其是当 Ns 较大时，这一假设是成立的，并且通常是在实验研究的情况下做出的。式（8-2）变成：

$$d=(\bar{Y}_1 - \bar{Y}_2)\ /\ SD_{pooled} \tag{8-3}$$

其中 $\bar{Y}_1$ 和 $\bar{Y}_2$ 是在合并之前的被观察组的均值。假设两个组具有相同的协变量效应，虽然通常在实验中是合理的，但在自然形成的总体中，如性别、种族或职业总体，这种假设不太可能成立。若该假设不成立，则必须使用式（8-2）。式（8-2）中调整的均值通常在初始研究中给出。

现在考虑分母，SD_{pooled}。为了得到这个值，我们必须首先计算实验组和对照组中存在的组内标准差（SD_{within}），然后控制协变量。在每个组中，该值为：

$$SD_{within}=SD_{adj}/\sqrt{1\text{-}R} \tag{8-4}$$

其中 SD_{adj} 是针对协变量调整的 SD，R 是协变量和因变量之间的相关性。如果存在多个协变量，R 就是基于协变量预测因变量的复相关性。然后使用第 7 章中式（7-4）将 SD_{within} 的两个值合并，得出式（8-2）或式（8-3）中使用的 SD_{pooled}。

如第 7 章所述，d 值的抽样误差方差与独立组 d 值的抽样误差方差相同。因此，在使用我们的任何一个程序（DVALUE 或 DVALUE1）对 d 值进行元分析时，元分析者可以用与独立组 d 值相同的方式输入样本量；也就是说，$N=N_1+N_2$，其中 N_1 和 N_2 分别是实验组和对照组的样本量。如前所述 [式（8-1）]，无须计算调整后的 *N*，也无须根据复现测量设计计算 *d* 值。

这里描述的 *d* 值也可以从 ANCOVA 的 *t* 检验、ANCOVA 的 *F* 统计量以及单尾和双尾检验的 *p* 值中计算出来。Borenstein 等人（2009，表 12-3）提供了其中一些公式。前面描述，这些值最容易由 Shadish 等人（1999）从程序 *ES*（效应量）中计算出来。事实上，使用该程序是将本章所有研究设计的结果转换为 *d* 值元分析所需统计数据的一种简便方法。

8.3　因子独立组方差分析设计

在一个 2×2 的独立组因子方差分析设计中，每个因子有两个水平，一个实验组和一个对照组，被试被随机分配到四种类别中。假设被试是患有焦虑症的人，因子 A 是理性情感心理治疗，因子 B 是只能用于研究的实验性抗焦虑药物（未批准用于一般用途）。现在假设我们只对计算因子 A 的 *d* 值感兴趣，因为我们要对理性情绪疗法的效度进行元分析。因子 A 有两个水平：①实验条件，即该单元中的人（单元格 1）接受合理的情感治疗；②对照条件，即该类别中的人（单元格 2）不接受治疗。所需的 *d* 值是

$$d=(\bar{Y}_1-\bar{Y}_2)/\sqrt{MS_{within}} \tag{8-5}$$

其中，$\bar{Y}_1$ 是单元格 1 中因变量的均值，$\bar{Y}_2$ 是单元格 2 中的均值。分母是均方误差的平方根（MS_{within}），即合并的单元内方差的平方根。在单因素独立组设计中，MS_{within} 与 SD_{pooled} 采用相同的测量。该 *d* 值与独立组设计的 *d* 值具有相同的抽样误差方差，并且可以用 $N=N_1+N_2$ 作为样本量，输入 D-VALUE 或 D-VALUE1 元分析计算机程序中。如果研究中没有给出单元格均值，则可以使用 Shadish 等人（1999）的程序。

在这个例子中，我们完全忽略了因子 B 及其在计算相关 *d* 值时产生的方差。这样做是恰当的，因子 B 在我们期望的总体中没有变异。我们感兴趣的总体是患有焦虑症的人。所以该总体的成员不会接受被评估为因子 B 的药物，因为它不能用于除实验之外的用途。因此，我们期望的总体中，本实验的药物在对照组和实验组之间产生的变异并不存在。因此，我们需要一个不包括此方差的组内汇总方差的估计值。单元格内的汇总方差（MS_{within}）就是这个值。这种情况是最常见的。

现在考虑一个设计，其中因子 A 是相同的（心理治疗），但现在因子 B 是性别。在因子 B 的第 1 级中，所有被试均为男性，在第 2 级中，所有被试均为女性。现在我们有了一个因子 B，它确实在总体中有所不同。如果我们感兴趣的总体由男性和女性组成，那么由被试者性别因素产生的任何差异都必须包括在组内汇总标准差的估计值中，而这一汇总的标准差是使用 *d* 值计算其分母的。Glass 等人（1981）给出计算该汇总标准差的公式：

$$SD_{pooled}=[(SS_B+SS_{AB}+SS_W)/(df_B+df_{AB}+df_W)]^{\frac{1}{2}} \tag{8-6}$$

此处：

SS_B = 因子 B 的平方和，

SS_{AB} = 交互项的平方和，

SS_W = 组内平方和（误差项），

df_B = 因子 B 的自由度，

df_{AB} = 交互项的自由度，

df_W = SS_W（误差项）的自由度。

然后使用 *SD* 汇总值计算 *d* 值：

$$d=(\bar{Y}_1-\bar{Y}_2)/SD_{pooled} \quad (8\text{-}7)$$

式（8-5）中定义了 $\bar{Y}_1$和$\bar{Y}_2$。

在这种情况下，Morris 和 Deshon（1997）以及 Nouri 和 Greenberg（1995）提出了不同的公式来计算所需 SD_{pooled} 值。然而，与已发表的研究相比，这些公式更复杂、需要的信息较少。式（8-6）要求的信息最常出现在这种设计的实验研究中 [同样，Morris、Deshon（1997），以及 Nouri、Greenberg（1995），对于第二个因素在感兴趣的总体中没有变异的情况，也没有给出公式]。Cortina 和 Nouri（2000），Morris 和 Deshon（1997），Nouri 和 Greenberg（1995）提出了用更复杂的方差分析设计来计算 *d* 值的程序。Hedges（2009a）提出了用嵌套方差分析设计计算 *d* 值的公式。大多数这样的 *d* 值都可以使用 Shadish 等人（1999）的程序。

8.4　复现测量设计

本书的前一版（Hunter，Schmidt，2004）对复现测量设计进行了深入的处理，详细说明了它们在估计准确性和统计功效方面相对于独立组设计的优势。这里，我们不重复这种处理方法，但是我们请感兴趣的读者参考早期的书籍来获取信息。在这里，我们简单地提供了从复现测量研究中提取 *d* 值所需的信息，这些 *d* 值与独立组设计中的 *d* 值处于相同的测量中，因此这些 *d* 值可以与独立组 *d* 值一起输入元分析中。

无对照组和配对组的复现测量设计

在本节中，我们考虑了无对照组的前后复现测量设计和匹配组设计（因为它们需要相同的转换公式）。在前测设计中，只有一组实验组。该组首先根据因变量（如工作知识）进行测量，然后进行处理（如培训计划或药物），最后对因变量进行后测。研究焦点是前测和后测的增益或变化。如果这个增益被表示为平均前置差值除以增益（或差值、变化）分数的标准差，得到的 *d* 值将被放大，因为前置和后置分数之间的相关性（通常为正且较大）会降低此标准差。为了计算所需的组内 *SD* 值，我们必须针对这种影响进行调整。若只报告增益分数的 *SD*，则所需 *SD* 的公式为（Borenstein 等，2009: 227）：

$$SD_{within}=SD_{gain}/\sqrt{2(1-r)} \quad (8\text{-}8)$$

其中，SD_{gain} 是增益分数的 *SD*，*r* 是前测和后测分数之间的相关性。这种相关性有时在研究中没有提供，但是通常可以从其他方面进行估计，类似的研究如 Cortina、Nouri（2000），Morris、Deshon（2002）。若给出了前测 *SD*，则将其用作组内 *SD*。在这两种情况下，所需的 *d* 值是：

$$d=(\bar{Y}_2-\bar{Y}_1)/SD_{within} \quad (8\text{-}9)$$

其中，$\bar{Y}_2$ 是后测平均分数，$\bar{Y}_1$ 是前测平均分数。该 d 值的抽样误差方差由下式得出：

$$S_e^2=[(N-1)/(N-3)](1/N)\{\beta+(d^2/2)[N/(N-1)]\} \tag{8-10}$$

此处

$$\beta=2(1-r_{12})/r_{YY} \tag{8-10a}$$

式中，r_{12} 为前测和后测的相关性，r_{YY} 为因变量度量的信度，d 为式（8-9）中的 d 值。若被试间没有交互作用，则复现测量相关性等于因变量测度的重测信度：

$$r_{12}=r_{YY}$$

对于没有被试处理交互作用的大样本，有：

$$\text{Var}(e)=[\beta+d^2/2]/N \tag{8-10b}$$

对于没有被试处理交互作用的小样本，有：

$$\text{Var}(e)=[(N-1)/(N-3)]\{\beta+(d^2/2)[N/(N-1)]\}/N \tag{8-11}$$

注意，式（8-11）与式（8-10）相同。对于独立组的设计，该 d 统计量中的抽样误差与独立组设计中 d 统计量的抽样误差不同。如果元分析包括被试内（复现测量）和被试间（独立组）的设计，则必须分别计算两组研究的抽样误差。程序采用独立组设计的抽样误差公式计算抽样误差方差。为了使计算 d 值的程序获得合适的 N，必须将来自式（8-10）或式（8-11）的抽样误差方差输入式（8-1），并求解调整后的 N，然后将其输入程序。这些公式也适用于匹配组设计。在这种设计中，两组被试根据不同的特征（如年龄、性别、智商、教育程度）进行配对，将每组成员随机分配给实验组和对照组。然后计算每对参与者的差异分数，这些差异分数的均值是处理后的平均增益（或变化）。式（8-8）和式（8-10a）中的 r 是配对分数之间的相关性（在配对组设计中，这一相关性是个体之间的关系，而在复现测量设计中，这一相关性是个体内部的关系）。

在前后复现测量设计中，若给出了前测分数的 SD（SD_{pre}），则所需的 d 值可计算如下：

$$d=(\bar{Y}_2-\bar{Y}_1)/SD_{pre} \tag{8-12}$$

式（8-9）中定义了 $\bar{Y}_1$和$\bar{Y}_2$。该 d 值的抽样误差方差与独立组 d 值的抽样误差方差基本相同（见第 7 章）。因此，研究中报告的 N 可以输入 DVALUE 程序中。[实际上，抽样误差方差比 Hedges（1981）研究中的 N 值略大，因此使用报告的研究 N 略微低估抽样误差方差，产生轻微的保守效应。但是，这种影响很小。] 读者可能会想，为什么我们不把前测和后测 SD_S 放在一起。一个问题是，这些不是标准差的独立估计，因为它们是在同一个个体上计算的。这导致自由度未知，使得不可能计算准确的抽样误差方差（Morris，2008；Morris，Deshon，2002）。也许更重要的是，使用这种合并标准差可能会导致 d 值的低估，因为正如本章后面部分所讨论的，后测标准差通常大于前测标准差，这将导致合并标准差过大。

如果研究中有报告的话，式（8-12）将对照组的因变量 SD 替换为 SD_{pre} 也可用于配对组。与前后复现测量设计一样，两个匹配组中的 SD_S 不是独立的（因为匹配过程），因此不应该合并。我们再次提醒读者，Shadish 等人（1999）的程序可用于计算这两种设计的 d 值。在这方面，当相关性研究仅报告有限信息（如仅报告显著性检验）时特别适用。

对照组复现测量设计

与无对照组的前后测设计相比，对照组复现测量设计是一种更有效的设计，此设计控制了前后测间可能影响因变量的干扰因素。任何此类因素都记录在对照组的前后增益分数中。有经验证据表明，对照组确实经常表现出平均增益（Carlson，Schmidt，1999）。本设计的重点是实验组的平均增益（或变化）与对照组的平均增益（或变化）之间的差异，在元分析所需的 d 值公式的分母中应该使用什么 SD？理想情况下，使用该设计的研究不仅应报告这两个变化分数和该差异的标准差（SD_{dif}），还应直接基于因变量测量（即不改变分数或变化分数之间的差异）报告 4 个标准差。这些是每组的前测 SD_S（$SD_{pre\text{-}e}$ 和 $SD_{pre\text{-}c}$）和每组的后测 SD_S（$SD_{pre\text{-}e}$ 和 $SD_{pre\text{-}c}$）。每组中前测和后测的 SD_S 是不独立的，因此不应合并。这就有两种可能性：我们可以基于两个前测 SD_S（彼此独立的 $SD_{pooled\text{-}pre}$）计算一个合并的 SD，或者我们可以基于两个后测 SD_S（$SD_{pooled\text{-}post}$）计算一个合并 SD。从统计学的角度（Becker，1988；Cortina，Nouri，2000；Morris，2008；Morris，Deshon，2002）和实证的角度（Carlson，Schmidt，1999）来看，大家一致认为应该使用 $SD_{pooled\text{-}pre}$。因此，所需 d 值公式是：

$$d=(M_{g-e}-M_{g-c})/SD_{pooled\text{-}pre} \tag{8-13}$$

其中，$SD_{pooled\text{-}pre}$ 按照独立组设计的合并 [即使用第 7 章中的式（7-14）计算]SD 计算，M_{g-e} 和 M_{g-c} 分别是实验组和对照组的平均前后增益（或变异）。这里的 d 值是两个 d 值之差：实验组增益（或变化）的 d 值和对照组增益（或变化）的 d 值，这两个 d 值是在独立组上计算的。因此，式（8-13）中 d 值的抽样误差方差是两个分量 d 值的抽样误差方差之和（Becker，1988）。因此，抽样误差方差是式（8-10）或式（8-11）中给出的值的两倍，它表示式（8-9）中基于单个增益分数 d 值的抽样误差方差。Morris（2008）给出了这种抽样误差方差的另一个公式。

同样，这不是独立组 d 值的抽样误差方差。该抽样误差方差必须输入式（8-1）中，以计算调整后的 N（N_{adj}），并输入 d 值的 DValue 或 DValue1 元分析程序中。若将此 d 值转换为相关性，则此相关性的样本量也将为调整后的 N。Cortina 和 Nouri（2000）、Morris 和 Deshon（2002）、Nouri 和 Greenberg（1995 年）讨论了更复杂的复现测量设计。

两种复现测量设计的实证比较

有可能从实证上检验两种复现测量设计的一些问题。Carlson 和 Schmidt（1999）检验了大量关于工作组织中培训项目评估的文献。其中许多研究采用独立组设计或无对照组的前后设计，但在对照组的前后测设计基础上，共有 248 个因变量评估。当 d 值公式分母中使用的标准差是两个预处理标准差的总和时，该设计被视为准确性的“黄金标准”[如式（8-13）所示]。然而，通过这种设计，人们也可以在不使用对照组的情况下，计算出一个简单的前后测 d 值，从而根据同一研究和相同的因变量得出 d 的两个估计值。如前所述，在没有对照组的前后测设计中，可以使用前测标准差或后测标准差计算 d 值。在有对照组的前后测设计中，d 值公式分母中使用的 SD 可以是合并前的 SD_S，也可以是合并后的 SD_S。这组数据允许 Carlson 和 Schmidt（1999）能够解决许多问题。一个问题是：当基于无对照组的前后测设计时，d 值是否比使用对照组时更大？他们发现，这实际上是培训结果的大多数因变量的情况，尤其是工作知识的测量。原因是，对照组和实验组都在变量上会有增益。因此，与有对照组的前后

测设计产生的 d 值相比，没有对照组的前后测设计倾向于高估 d 值。

另一个问题是，在每个设计中前测和后测的 SD_S 是否相等。他们发现，对于两种设计，实验组的后测 SD_S 平均都稍大一些，这意味着与前面描述的“黄金标准”的准确性相比，使用后测 SD_S（无论是单独使用还是合并使用）计算的 d 值与前面描述的准确性“黄金标准”相比有些被低估。因此，他们建议对于这两种设计，仅使用前测 SD_S 计算 d 值。至少有两个原因可以解释为什么实验组的后测 SD_S 可能更大。第一，可能存在一个处理被试者的交互作用；不同的人对培训的反应可能不同，导致与前测 SD 相比差异增加。第二，正如我们在第 6 章和第 7 章中提到的，实验组中不同个体的处理条件可能不同。例如，一些受训者（而不是其他人）可能不得不提前离开培训课程，或者在部分培训期间可能感到疲劳和打瞌睡。这是自变量测量误差的一个例子，它会增加差异性。因此，我们可以理解为什么实验组的后测 SD 可能大于前测 SD。然而，Carlson 和 Schmidt 发现，在对照组中，后测 SD 的均值也略大于前测 SD（尽管差异不大）。他们说这个发现没有有力的解释。在对照组中可能存在一种“被试处理者”的交互作用。也就是说，不同的人对对照组的反应可能不同，有些人试图自己学习培训计划中教授的一些材料，而其他人没有。这将导致变异增加。

读者应该明白，这些发现虽然基于一个大型数据库，但都是基于对工作组织培训计划进行评估的研究。评估的因变量仅限于工作知识、工作行为变化、态度变化和培训产生的在职工作效率。其他研究领域和其他类型处理的结果可能不同。但这些发现对其他领域进行类似研究时具有启示性，在其他领域如果进行类似研究时可能会发现相似结果。然而，下一节提出了一个论点，即 Carlson 和 Schmidt（1999）在无对照组复现测量设计中发现的问题可能不会出现在其他研究领域。

8.5　无对照组复现测量设计中的效度威胁

有许多人出于一些因素的考虑拒绝采用没有对照组的前后测复现测量设计，比如经常很低的统计功效和独立组的设计准确性，以及前后测复现测量设计功效和准确性问题（Hunter，Schmidt，2004，第 8 章）。在初始研究中，这种更高的统计功效和准确性对交互作用的预测尤为重要。最初人们拒绝采用前后复现测量设计是因为对 Campbell 和 Stanley（1963）专著的误解。此专著的最新版本（Shadish，Cook，Campbell，2002）与 Campbell 和 Stanley 的观点非常相似，同时，我们将其纳入自己的综述中。此专著的表 1 中，他们列出了各种设计的“失效源”，包括在没有对照组的情况下，被试（复现测量）设计的 7 个失效源。然而，表格底部的注释提醒我们，这些只是对效度的潜在威胁，可能不适用于其他研究。许多人删掉了“对效度的潜在性威胁”中的“潜在性”这一重要的形容词，因此，声明受试者内部设计存在“效度威胁”。更糟糕的是，一些研究者直接去掉了“威胁”这个词，并根据 Campbell 和 Stanley 的观点解释说，被试内设计“存在根本性的缺陷，因为它缺乏内部和外部效度”。当然，Campbell 和 Stanley 曾多次强调这不是他们的立场。然而，如果没有人重申 Campbell 和 Stanley 的话，人们在被试组内设计中很难提出这样一个主题：因为被试组内设计存在许多无法控制的内部和外部失效源。

Campbell 和 Stanley（1963）将对效度的潜在威胁视为可能的竞争理论的来源，以解释观察效应。然而，他们指出：人们必须用与原始假设相同的仔细记录的证据来支持对立的假设，即威胁已经实现的说法。例如，在第 7 页他们说："成为一个貌似可信的竞争假设，这样的事件应该发生在被研究组的大多数学生身上。"请注意，他们只对貌似可信的威胁感兴趣，而不是对模糊的可能性假设感兴趣，他们的论点是以特定的具体事件为基础的，而不是像"被试内设计因未能控制历史而存在缺陷"这样的抽象论点。

本节的目的不是批评 Campbell 和 Stanley，而是提醒研究者 Campbell 和 Stanley 实际上说了些什么。他们的观点是：如果你计划在没有对照组的被试的设计中做一个前后测设计，需要检查这些潜在的问题，来决定这种方法是否适用于这项研究。如果是这样，那么需要改变研究程序以剔除这个问题，例如，增加一个事后对照组。这种设计控制了 Campbell 和 Stanley（1963）列出的大多数潜在的效度威胁。本节的目的是表明，没有对照组的前后测复现测量设计通常不会受到效度的潜在威胁。常见的错误结论是 Campbell 和 Stanley 的清单适用于每个被试组内设计的问题。我们试图通过一系列的例子来剔除这些错误的观点。一方面，我们将以一个经典的组织心理学的前后测研究例子，证明 Campbell 和 Stanley 所提出的威胁实际上根本不存在。另一方面，对于每个威胁，我们将引用一个存在威胁的研究。因此，我们将呈现 Campbell 和 Stanley 的真实观点：这是一份可能存在问题的清单，而不是一份指控设计的清单。

一些人会争辩说，显示一个给定的例子（没有 Campbell 和 Stanley 列出的威胁），并不能挽救被试内设计。他们只会说很少有研究是没有缺陷的，因此，首先考虑这样的设计没有意义。确实如此，从几个例子中得出的逻辑结论是有限的。然而从概率角度看，我们认为这个论点是错误的。根据我们的经验，Campbell 和 Stanley 清单上每个威胁的概率实际上都很低。

Campbell 和 Stanley（1963: 8）列出了以下对被试内设计效度的潜在威胁：历史、成熟、测试、工具、回归和这些因素的交互作用。他们列出了以下对被试设计外部效度的潜在威胁：测试和处理的交互作用、选择和处理的交互作用以及反应性安排（带问号）。我们将通过例子表明，确实可能会有各种各样的缺陷。然而，我们还将通过实例说明，可能研究中没有这些潜在问题。Campbell-Stanley 清单旨在列出需要考虑的潜在问题，而不是假设的问题。

心理学文献中最常用的被试内设计是干预研究，即项目评估。两个常见的例子是评估组织中的培训计划和学校的教育计划。在大多数这样的研究中，被试理解项目的目标，并且知道他们是被干预的一部分。然而，同样真实的是，大多数干预中的因变量是一种在没有干预的情况下很难改变的行为或事件。研究的这些方面通常剔除了 Campbell-Stanley 的大部分潜在的效度威胁。

考虑一个管理培训项目。主管将有一个培训经历，解释如何应用某些技能，如积极倾听，来解决主管的问题。因变量是主管的直接上级对主管的绩效评价，前后测设计比较了培训前后的绩效评分。

历史

在这个设计中，实验者解释因变量的变化是由干预引起的。但是也许有一些在研究范围之外的并发事件实际上导致了改善。例如，假设我们向一组小型汽车销售人员介绍目标设置。在测试期间，中东地区的油价大幅上涨，促使买家从以前购买的大型车转向小型车。销售增长可能是由于油价上涨，而不是目标设置的干预。因此，可能会有这样一种研究，即历史导致对研究结果的解释是错误的。当然，使用对照组的复现测量设计将产生正确的结果，并且比独立组设计具有更高的准确性和统计功效。

在重要的因变量中，有多少次自然事件会产生巨大的变化？在很熟悉的工作领域，工作经历丰富的科研人员会经常忽略这样的事件吗？考虑技能培训研究。监管行为研究由来已久，研究发现干预也很难使监管社会行为产生改变。实验者不知道哪些真实事件会改变这些监管者？

成熟化

也许在研究中观察的变化是由于被试的一些内部过程，无论是否进行干预，这些过程都会发生。考虑一个研究儿童心理运动技能训练的心理学家。他认为，他在 5 ～ 6 岁之间观察的变化是由于他管理的特殊训练项目。然而，5 ～ 6 岁之间的心理运动系统由于大脑的成熟而有所改善。在这项研究中，我们需要一些额外的证据来证明技能的提高不是因为成熟，而是因为训练。一项针对对照组的复现测量研究可以提供这一佐证。

但是心理学家多久会忽视成熟的过程呢？对于大多数因变量，有充分的证据表明，除非有一些重大事件导致行为领域的重组，否则大多数人在成年后波动很小。例如社会技能培训，大多数人在成年后基本的社会行为变化很小。因此，在进行研究之前，我们知道，对于所讨论的行为，没有成熟的过程。

测试效应

观察的变化可能是由于预测试而不是干预。例如，假设我们相信学习数学推理会提高一个人解决问题的能力。我们创建了一个解决问题的测试来评估技能，来看看测试分数是否从推理模块之前提高到推理模块之后。问题在于记忆力。如果人们记得他们第一次是如何解决问题的，他们可以更快地使用同样的解决方法。因此，观察的改善可能是由于对特定问题的记忆，而不是由于所教技能的使用。因此，一项研究的结果可能是由于测试而不是干预造成的。

研究者对所使用的因变量了解如此之少以至于忽略实践效果的频率是多少。在一些社会心理学实验中，被试在研究目的上受到欺骗或误导，他们没有弄清这个目的对研究来说是至关重要的。在这种情况下，测试是目的的线索，因此会产生不想要的效果。然而，在实地研究中，被试通常被告知干预的目的，实际上没有秘密可言。因此，测试很少会提醒被试他们不知道的任何信息，也不会提供实践的机会。对照组的复现测量设计将控制这种对效度的威胁，并且如前所述，将带来与独立组设计相比更高的功效和准确性。

考虑一下社会技能培训的例子。研究中的主管在他们的整个工作生涯中都有绩效评估。为什么培训项目前的绩效评估会改变他们的基本社会行为？在这项研究中，测试并不是一个看似合理的竞争性理论。

测量工具

也许一个值的变化是测量工具的变化引起的。如果弹簧被用来称一个非常重的物体，它可能不会一直弹回原来的位置。从观察者的主观判断中获得因变量的这类研究中，观察者在研究后可能会感到疲劳，或者可能有与研究前不同的标准。例如，假设与我们的例子不同，主管和他的经理都经历过相同的培训体验。假设主管没有改善，但经理现在有了新的可接受的绩效标准。经理根据新标准对未改变的主管行为进行负面评估，并在培训后给出较低的评价。因此，测量工具的变化可能会导致值的变化，这被错误地归因于干预。

在许多研究中，测量工具不是主观观察者。在这些研究中，测量工具不太可能改变。如果因变量是一种判断，那么熟悉研究领域的科学家是否会忽视观察者变化的可能性？在大多数对人类观察者的研究中，研究者会费很大的劲来培训观察者。一个经典的培训标准是，观察者必须学会对同等刺激做出一致的反应。因此，即使是主观判断，测量工具的变化也很少是一个可信的假设。以我们的社会技能培训学习为例。管理者通常有长期的绩效评估经验。他们不太可能因为一项不参与的研究而改变自己的标准。事实上，研究表明，即使在对评价过程进行广泛培训的情况下，也很难改变绩效评价。因此，在我们的例子中，测量工具的变化不会对效度造成威胁。

回归均值

假设人们被预先选定参加研究。也许预先选定会使前测分数出现偏差，并在研究后获得无偏分数时导致错误的变化效应。其中一个变化是由于测量误差而向均值回归。考虑一个减少公众演讲焦虑的心理治疗的例子。这项研究首先对许多被试进行公开演讲焦虑测试。在焦虑分数最高的 100 名学生中，有 20 名通过了一项特殊计划，利用刺激脱敏来减少焦虑。在课程结束时，使用相同的焦虑量表来评估变化。问题是：没有一个测量是没有测量误差的，尤其是焦虑测试的信度不够理想。挑出异常高的分数是为了选择有正的测量误差的人。因此，所选组在前测时的平均测量误差不为 0，平均误差为正。假设脱敏引起的焦虑没有变化。研究结束后，每个被试在焦虑方面的真实分数相同。然而，新的测量将产生新的测量误差。对于每个被试，新的测量误差可能是负的，也可能是正的。因此，对于一组被试，平均后测测量误差为 0。平均测量误差从正变为 0，会导致平均焦虑评分下降，这可能被错误地归因于治疗。因此，回归均值可能会导致对变化的错误解释。

另一方面，在大多数研究中没有预先选择被试者，因此，存在没有回归效应的可能性。如果存在预选，那么有一种简单的方法可以剔除回归效应：使用双重前测。也就是说，使用第一个前测进行选择。然后使用第二个前测来评估干预前的水平。测量误差将在第二次前测时重新取样，因此，第二次前测和后测的平均误差将为 0，从而剔除回归问题。此外，如果因变量的信度已知，并且选择范围已知，即使没有双重前测，也可以使用类似于范围限制校正的程序来校正观察的回归均值变化（Allen，Hunter，Donohue，1989）。另一个解决方案是包括一个对照组，两组被试的预选方式相同，因此回归均值的影响不会影响结果。

考虑社会技能培训研究的情况。所有主管都要接受培训。没有预选，也就没有回归效应的可能性。

反应性情况

反应性情况是指处理过程中一些看似微不足道的方面导致改变的干预，这在处理的解释中是没有预料到的。这有两种可能性：反应性测量和反应性程序。

考虑一个潜在反应性测量的例子 [Campbell 和 Stanley（1963）称之为“测试和处理之间的交互作用”，在这里被称为“反应性测量”]。假定我们相信某部戏剧电影（例如《猜猜谁来吃晚餐》）会在种族问题上产生利他主义思想。我们使用题目完成测试来评估种族印象。一个经典的题目是“黑人是……”。我们看看这个人在看电影之后是否比看电影之前表现出更多的种族利他主义。问题是：这个人在接受了一项测试，以了解对黑人的态度，并观看了一部关于偏见的电影之后，他会想到什么？可能是这个人会试图以“我没有那么偏见，是吗？”的形式进行自我评价。这个人会在自己的记忆中寻找一些没有偏见的行为的例子。这些有偏见的记忆可能会形成后测中记录的明显利他思想的实质。这将导致实验者得出错误的结论。

考虑一个反应程序的例子。作为质量圈实验的一部分，随机挑选的工人被带到离工厂楼层不远的一个地下室房间。他们可能想知道为什么会发生这种情况，并可能形成偏执的看法：对工会的同情或不喜欢他们的主管的评估，或其他。然后，它们可能会被预先设置为对质量圈表示有负面反应。因此，反应程序可能产生虚假的变化。这也是对效度的潜在威胁，可以通过在前后测设计中添加对照组来控制。

考虑反应性测量的问题。大多数政治、组织或临床心理学的实地研究都使用了重要的因变量测量，这些变量是实验人员熟知的，并且被参与者合理地理解。因此，在这些领域中反应性测量是罕见的。

考虑反应程序问题。在严重依赖于欺骗的实验室实验中，这是一个严重的问题。然而，在大多数实地研究中，被试被告知研究的目标，测量的性质显然与这些目标相一致。因此，测量不能揭示秘密，也不能产生关于实验者未知目标的奇怪的学科理论。也就是说，在大多数心理学研究领域中反应性程序是罕见的。

考虑一下社会技能培训的例子。被试被告知他们将参加一次培训练习。他们被告知，目标是提高他们作为主管的技能。培训练习告诉他们应该做什么，指导老师告诉他们为什么这么做。因此，反应性测量和反应性程序都不太可能或不可能产生。

选择与处理的交互作用

Campbell 和 Stanley（1963）在“选择和处理之间的交互作用”的标题下讨论的问题不是对研究结果本身的错误解释问题，即它不是对“内部效度”的威胁的讨论。相反，他们担心从研究结果到其他环境的概化（generalization）可能是错误的，即对“外部效度”的威胁。所讨论的交互作用代表了一种假设，即处理效应可能在不同的设置之间有所不同。如果存在这样的变异，那么从一个环境概化到另一个环境的实验者可能会做出错误的推断。但是，如果不同设置的结果有差异，独立组设计的效果不会比被试内设计更好。如果将给定环境中的人随机分配到对照组和实验组，则平均差异将与在相同环境中进行的前后测设计研究相同。因此，不同环境下处理效应的变化为单一环境研究创造了相同的逻辑问题，通常是被试间设计和被试内设计唯一可行的研究。对于对照组的复现测量设计，也会存在这个问题。

8.6 观察 d 值的偏差

Hedges（1981，1982a）和 Rosenthal、Rubin（1982a）表明，第 6 章和第 7 章中的 d 值统计量存在轻微的正偏差。也就是说，计算的 d 均值略大于总体值（δ）。这种偏差的大小取决于 δ（总体值）和 N（样本量）。这种偏差通常很小，可以忽略。例如，如果 δ=0.70，N=80，则偏差为 0.007。四舍五入到两位，这将是 0.01，这是一个没有实际或理论意义的偏差（此外，若使用第 7 章中给出的公式将 d 值转换为相关性，则相关性中的偏差将仅为一半左右）。只有当样本量非常小时，偏差才足以引起关注。Green 和 Hall（1984）指出，除非研究的样本量小于或等于 10，否则可以忽略偏差。在上一个例子中，若 N 是 20 而不是 80，则计算出的 d 的均值大约是 0.03，这个太大了，也就是说，大约有 4% 的向上偏差。Hedges（1981）和 Rosenthal、Rubin（1982a）都提出了对这种偏差进行近似校正的公式。我们在第 6 章和第 7 章中也提出了校正，这个校正被内置到我们的计算机程序中，用于对 d 值进行元分析。若研究样本量非常小，则应使用这些校正。否则，这种微小的偏差可以忽略不计。与因变量测量误差产生的向下偏差相比，向上偏差较小。例如，在我们的 $\delta = 0.70$ 的例子中，如果因变量测量信度为 0.75，那么观察的平均 d 值将为 $(0.75)^{1/2}(0.70) = 0.61$；那么，如果没有对测量误差进行校正（通常是在已发表的元分析中），那么负偏差将为 0.09。这是 Hedges（1981）和 Rosenthal、Rubin（1982a）在 N=80 时确定的 0.01 的向上偏差的 9 倍，是 $N = 20$ 时确定的偏差的 3 倍。这将 d 值的向上偏差置于其适当的位置。关注 d 统计中微小偏差，而忽略测量误差的更大偏差，这是不合理的。

8.7　d 值元分析中的可信区间、置信区间和预测区间

元分析中可信区间和置信区间的区别非常重要。可信区间是由 SD_δ 形成的，而不是由 δ 的标准误形成的。例如，0.50 左右的 80% 可信区间为 $0.50 \pm 1.28\ SD_\delta$。如果 SD_δ 是 0.10，那么这个可信区间是 0.37 ～ 0.63。这个区间的解释是，80% 的 δ 分布值位于这个区间。可信区间是指参数值的分布，而置信区间是指单个值的估计值。置信区间表示我们估计中由于抽样误差可能产生的误差量。抽样误差的大小被纳入标准误中，标准误取决于样本量，因此也取决于抽样误差。然而，可信度值不依赖于抽样误差，因为抽样误差引起的方差已从 SD_δ 的估计中剔除。Bayesian 等人认为，可信区间的概念是基于参数值（δ 值）在不同的研究中的变异。可信度值的概念也与随机效应元分析模型密切相关，因为随机效应元分析模型（与固定效应模型不同）允许不同研究中参数可能的变异。根据定义，固定效应模型中所有可信区间的宽度都为 0。当必须根据元分析结果做出实际决策时，可信区间提供了非常重要的信息（Rothstein，2003），因为它们提供了可能的总体相关性范围或效应量。例如，它们揭示了总体相关性或 d 值是否可能为零或负值。置信区间不提供这些信息。Hunter 和 Schmidt（2000）、Schmidt 和 Hunter（1999a）、Whiteer（1990）讨论了可信区间和置信区间的区别。但直到最近，医学研究的元分析只显示了置信区间，而没有显示可信区间。医学元分析人员已经认识到了可信区间的必要性（Higgins，Thompson，2001）。Borenstein 等人（2009）在书中给出了作者所谓的"预测区间"。当预测区间直接根据总体参数的 SD 估计时，其概念与可信区间相同，当预测区间根据此 SD 和其抽样方差估计时，其宽度大于可信区间，这是它们推荐的用法。预测区间的目的是预测新研究中可能值的范围，这和可信性区间的目的不同，可信性区间是描述自然界的状态。另一个区别是，预测区间仅针对抽样误差校正研究效应量的变异，它们不能校正由其他人为误差产生的研究之间的变异。

第 7 章（以及第 3 章和第 4 章）中给出的元分析的所有例子都以可信区间呈现，置信区间只是偶尔出现，仅供说明。在元分析中，可信区间通常比置信区间更重要。然而，对于某些问题，置信区间与当前的一些问题相关 [正如 Viswesvaran，et al.（2002）的例子]。在这种情况下，主要的研究重点是均值，而且人们对以均值为中心的总体值兴趣也较小。这更可能发生在测试理论研究中，而不是应用研究中。

8.8　*d* 值元分析中置信区间的计算

d 值元分析的随机效应模型估计的两个最重要的参数是 $\bar{\delta}$ 和 SD_δ。但人们容易忘记这些量是参数的估计值，而不是参数本身，因为在元分析报告中，它们很少在顶部加上扬抑符（^）。从技术上讲，这些值应该写成 $\hat{\bar{\delta}}$ 和 SD_δ，但是通常不符合简化符号的目的。每个估计值都有一个已知或未知的标准误（*SE*）。如前所述，在统计学中使用的均值 *SE* 是用于表达置信区间。在元分析中，除非 SD_δ 的估计值非常小或为零，否则围绕均值的置信区间不如可信区间重要，因为它通常是整个分布，而不仅仅是均值，这一点很重要。因此，我们主要关注的是可信区间。

在 *d* 值的基本元分析情况下（见第 7 章），抽样误差是唯一被校正的，我们有以下内容：

$$SE_{\bar{d}}=\mathrm{SD}_d/\sqrt{k} \tag{8-14}$$

其中，SD_d 是观察的 *d* 值的 *SD*，*k* 是研究的数量。然后使用该值将置信区间置于平均观察的 *d* 值附近。通常，这是 95% 的置信区间，但其他区间同样合理（例如，90% 的置信区间）。

如果分别校正 *d* 值（见第 7 章），则：

$$SE_{\bar{\delta}}=SD_{d_c}/\sqrt{k} \tag{8-15}$$

式中，$SE_{\bar{\delta}}$ 是 $\bar{\delta}$ 的标准误，SD_{d_c} 是 *d* 值的标准差，是校正测量误差和其他人为误差后的 *d* 值的标准差，*k* 为研究数量。值得注意的是，SD_{d_c} 不等于 SD_δ，并且比 SD_δ 大，这是因为 SD_{d_c} 没有校正抽样误差（d_c 考虑了抽样误差）。部分原因是人为误差校正增加了抽样误差方差。然后使 $SE_{\bar{\delta}}$ 将置信区间置于 $\bar{\delta}$ 值附近。

如果 *d* 值的人为误差分布元分析被使用（见第 7 章），那么：

$$SE_{\bar{\delta}}=[(\bar{\delta}/\bar{d})SD_d]/\sqrt{k} \tag{8-16}$$

式中，$SE_{\bar{\delta}}$ 是 $\bar{\delta}$ 的标准误，$\bar{\delta}$ 为校正的平均 *d* 值的估计值，$\bar{d}$ 为观察（未校正）的平均 *d* 值，*k* 为研究数量。在人为误差分布元分析的例子中，可以使用公式（8-16）的替代方法来计算 $\bar{\delta}$ 的置信区间。第一，使用式（8-14）计算 $SE_{\bar{d}}$，即观察的平均 *d* 值的标准误。第二，如上文所述，使用 $SE_{\bar{d}}$ 计算观察的平均 *d* 值的置信区间。第三，针对测量误差的平均水平校正置信区间的端点，以产生 $\bar{\delta}$ 的置信区间。以这种方式得出的估计值与式（8-16）得出的估计值一样准确。

在元分析中计算置信区间的所有三种方法的情况下，使用 Huffcut 和 Arthur（1995）程序或任何类似程序来剔除极端 *d* 值通常会导致标准误值太小，由此产生的置信区间太窄。此外，在所有这些方法的情况下，若研究数量少于 30 项，使用 *t* 分布而不是正态分布，则置信区间会稍微准确一些。置信区间的主要目的是提供估计值中潜在误差的大致情况。因此，区间中的小误差通常不重要。

8.9　*d* 值元分析固定效应和随机效应模型

在元分析文献中，有两个问题受到了极大的关注：①固定效应和随机效应元分析模型的相对适用性（Cook 等，1992，第 7 章；Hedges，Vevea，1998；Hunter，Schmidt，2000；

Overton，1998；Schmidt，OH，Hayes，2009）；②不同随机效应元分析模型的相对准确性（Field，2001，2005；Hall，Brannick，2002）。第二个问题主要以相关性作为效应量进行研究，因此，我们在第 5 章中对此进行了讨论，重点是相关性。如第 5 章所述，用于相关性元分析的不同随机效应模型的准确性比较，涉及考虑使用相关性的 Fisher *z* 转换效应，该转换不能与 *d* 值一起使用。但这两个问题都与 *rs* 和 *d* 值有关。

固定效应模型与随机效应模型。根本区别在于，固定效应模型先验地假设，在元分析中，所有研究的 δ 值完全相同（即 $SD_\delta=0$），而随机效应模型考虑到了总体参数（δ 值）因研究而异的可能性。随机效应模型的主要目的是估计方差。随机效应模型更为普遍：固定效应模型是随机效应模型的一个特例，其中 $SD_\delta=0$。事实上，当随机效应模型应用于 $SD_\delta=0$ 的数据时，它在数学上（预期）成为固定效应模型。随机效应模型的应用可能导致估计的 SD_δ 为 0，表明固定效应模型适用于这些数据。随机效应模型的应用可以检测到 $SD_\delta=0$ 的事实，但是，如果 $SD_\delta>0$，固定效应模型的应用不能估计 SD_δ。也就是说，随机效应模型允许 SD_δ 的任何可能值，而固定效应模型只允许一个值：$SD_\delta=0$。

固定效应模型从未用于效度概化研究，也很少用于工业－组织（I/O）心理学的元分析研究。如下文所述，在许多其他研究领域，情况恰恰相反。本书、前三本书（Hunter，Schmidt，1990b，2004；Hunter 等，1982）和相关出版物中介绍的所有模型都是随机效应模型（Hedges，Olkin，1985: 242；Hunter，Schmidt，2000；Schmidt，Hunter，1999a）。这些模型都假设总体参数可能在不同的研究中有所不同，并试图估计这种差异。基本模型是减法：总体方差的估计值等于抽样误差和其他人为误差导致的方差被减去后剩下的方差。例如，一些作者 [比如：Field（2001、2005）；Hall，Brannick（2002）；Hedges，Vevea（1998）] 指出，这些方法应用于通过 *d* 值来计算均值和方差，与传统应用于随机效应模型中的方差有所不同，这是真的。第 2 章和第 3 章介绍了我们研究加权方法的基本原理（按样本量加权，如有可能，按样本量和人为误差衰减因子平方的乘积加权）。Field（2005）在一项大型计算机模拟研究中发现，我们的方法和 Hedges、Vevea（1998）随机效应方法的结果差异不受研究权重使用的影响。在第 5 章讨论的研究中，这个问题是通过经验来解决的，这些研究检验了不同随机效应模型的准确性。这些研究表明，我们的随机效应模型相当准确，而且比具有更传统的研究权重的随机效应模型更准确。正如本书和 Hunter、Schmidt（1990b，2004）及相关出版物中的模型一样，Osburn 和 Raju Burke 的模型也是随机效应模型，也是按样本量进行加权研究。所有这些模型已在计算机模拟研究中产生了准确的估计。第 9 章进一步探讨了元分析研究的最佳权重问题。本章还讨论了所谓的混合效应元分析模型。

Hedges、Olkin（1985）以及 Hedges、Vevea（1998）提出了固定效应模型和随机效应模型。然而，实际上，他们的随机效应模型直到最近才在文献中使用。例如，1999 年《心理学公报》中出现的所有 Hedges-Olkin 元分析方法的应用都使用了他们的固定效应模型（Hunter，Schmidt，2000；Shadish 等，2000）。没有人使用他们的随机效应模型。该杂志上，Rosenthal-Rubin 模型的所有应用都使用了固定效应模型。Larry Hedges（1990）观察到，“固定效应模型比随机效应模型或混合模型拥有更多热情的捍卫者和更多的使用者”（Wachter，Straf，1990: 23）。几年后，Cooper 观察到，“在实践中，大多数元分析人员选择固定效应假设，因为从分析上说，它更容易处理”（Cooper，1997: 179）。Schulze（2004: 35）指出，固定效应模型比随机效应模型被更频繁地使用。由于固定效应模型简单易行，在社会心理学、教育和其他非 I/O 领域进行元分析的研究者很少使用 Hedges-Olkin 随机效应模型。National Research Council（1992）指出，由于“概念和计算的简单性”，许多元分析的使用者更喜欢固定效应模型（p.52）。固定效应程序被广泛使用的另一个重要原因是，Hedges 和 Olkin（1985）比其随机效应模型更全面地发展了固定效应模型。后来，Hedges 和 Vevea（1998）对其随机效应模型进行了更完整的发展和讨论，Borenstein 等人（2009）的新书也是如此。Schmidt、Oh、Hayes（2009）发现，近年来，在主要的心理学综述期刊《心理学公报》中，随机效应模型的使用有所增加。这些发展激发了人们比较 Hedges-Vevea（1998）和 Hunter-Schmidt（1990b，2004）随机效应模型的准确性。第 5 章中总结了这项工作的成果，因为这些研究通常是使用 r 统计量进行的。Hedges 和 Vevea（1998）以及 Hunter 和 Schmidt 随机效应模型之间的相似性和差异性在 Schmidt、Oh 和 Hayes（2009）中进行了详细的分析。

Hedges 和 Olkin（1985）建议，当使用固定效应模型时，应采用卡方同质性检验。他们指出，只有当这一检验不显著时，才能得出 $SD_{\delta}=0$ 的结论，并继续应用固定效应模型。National Research Council（1992）指出，这种卡方检验在检测总体值变异方面的功效很低，因此建议不要使用固定效应模型，而应使用随机效应模型。Hedges 和 Pigott（2001）后来也表明，卡方检验的功效太低，不能用于检测总体参数的研究变异。不仅卡方检验往往无法检测到真正的异质性，而且许多 Hedges-Olkin 固定效应模型的使用者也认为，只有在卡方检验显著时才能应用该模型，这表明固定效应模型是不合适的（Hunter，Schmidt，2000；Schmidt，Oh，Hayes，2009）。如果在不合适的情况下（即当 $SD_{\delta}>0$ 时）采用固定效应模型，置信区间会过小，所有显著性检验都有第 I 类误差（Kisamore，Brannick，2008；National Research Council，1992）。这些第 I 类误差通常相当大（Hunter，Schmidt，2000；Overton，1998；Schmidt，Oh，Hayes，2009）。例如，当名义 α 水平为 0.05 时，实际 α 水平可以是 0.35 或更多（Hunter，Schmidt，2000）。报告的置信区间只能是实际宽度的一半。Schmidt、Oh 和 Hayes（2009）根据发表在《心理学公报》上的 d 数据进行统计，重新分析了 68 个固定效应元分析；他们的再分析（reanalysis）使用 Hunter、Schmidt 和 Hedges Vevevea（1998）的随机效应元分析模型，并就这些研究中的数据进行分析。然后他们将随机效应置信区间与初始研究报告的固定效应置信区间进行比较。他们发现，固定效应的置信区间平均宽度比实际宽度窄 52%，两种随机效应程序产生的结果相似。95% 的固定效应置信区间平均为 56%。这项研究回顾了从 1977 年（第一次元分析发表在《心理学公报》上）到 2006 年发表的所有元分析。在此期间，共发表了 199 个元分析；然而，只有 169 个提供了足够的信息，可以将其分类为固定效应或随机效应模型。其中，129 个（76%）只使用了固定模型，其中 91 个（71%）使用了 Hedges 和 Olkin（1985）的固定效应程序，24 个（19%）使用了 Rosenthal 和 Rubin（1982a，1982b）的固定效应程序，其余的 14 个（11%）使用了混合模型或提供的信息不足无法进行分类。其结果是，大多数出现在《心理学公报》和其他期刊上的元分析，因为它们是基于固定效应模型的，几乎肯定是不准确的，应该使用随机效应模型重新计算（Hunter，Schmidt，2000；Schmidt，Oh，Hayes，2009）。太小的置信区间使得平均 d 值比实际情况大得多。这种失真可能使人们对某些理论的支持力度产生偏见，并可能使人们对是否实施应用处理（如教育）或采取某些社会政策的决定产生偏差。因此，在本应使用随机效应模型的情况下，采用固定效应元分析模型所产生的问题比较严重。

第四篇

元分析中普遍存在的问题

第 9 章
CHAPTER 9

元分析中普遍存在的技术问题

本章讨论元分析中普遍存在的技术问题。也就是说，无论元分析是应用相关性、d 值还是其他统计量（如比值比），这些问题都是适用的。同样，这些问题也适用于本书中介绍的方法，以及 Hedges、Olkin（1985），Borenstein 等人（2009），Rosenthal（1984，1991）或任何其他的方法。固定效应和随机效应元分析模型的问题在本质上是通用的，但是不包括在本章中，因为它已经在第 5 章和第 8 章中得到了充分的解决。元分析方法的新发展以一定的频率出现（Schmidt，1988）。本章将探讨其中一些发展。

首先，我们讨论了大样本研究可以替代元分析的观点，并说明了为什么它是不正确的。其次，我们讨论了元分析中检测调节变量（交互作用）所涉及的各种方法学问题，包括研究的分组和元回归。接下来，我们将介绍二阶抽样误差（元分析结果中的抽样误差），并介绍二阶元分析（元分析中的元分析）的方法，这些方法解决了二阶抽样误差造成的一些问题。然后，我们提供了一个完整的技术，以处理二阶抽样误差及其对元分析置信区间的影响。在这方面，我们指出了在 Hedges-Olkin 和 Hunter-Schmidt 方法中随机效应元分析的置信区间计算方式的差异。接着，讨论了如何在新的研究成果出现时，更新元分析的技术问题和元分析中最佳研究权重的问题。随后讨论了一种更具信息性（informative）的方法来查看和解释元分析中的方差百分比。其后，我们讨论了本书其他地方没有讨论的效应量的统计指标：比值比。最后，我们给读者三个练习：用两种不同的方法进行二阶元分析。

9.1　大样本研究与元分析

一些人认为，元分析需要仅仅是小样本研究的结果，这些研究通常具有较低的统计功效。有人认为，研究者应该只进行大样本的研究（即 Ns 为 2 000 或以上的研究），这种研究具有较高的统计功效，因此没有必要进行元分析（如：Bobko，Stone-Romero，1998；Murphy，1997）。基于三个原因，我们质疑这一点：①它导致文献中可用于校准相关性和效应量的信息总量减少；②它降低了检测潜在调节变量存在的能力；③它没有剔除元分析的需要。

信息的损失。出于实际原因，许多研究者虽然耗尽精力，但是仍无法获得较大的样本量。如果对大 *N*s 的要求被强加，许多本应进行和发表的研究将不会进行：这些研究可以为随后的元分析提供有用的信息（Schmidt, 1996）。这就是在人事心理学的效度研究领域所发生的事情。Schmidt 等人（1976）的研究表明，传统效度研究的统计功效平均只有 0.50 左右，发表研究的平均样本量从 70 左右增加到 300 多。然而，研究的数量急剧下降，结果是每年或每十年为进入效度概化研究而创造的信息总量（元分析中以 *N*s 表示）减少了。也就是说，前期大量小样本研究产生的信息量要大于后期少得多的大样本研究产生的信息量。因此，存在校准效度功效的净损失。

检测潜在调节变量的能力降低。即使没有检测到调节变量，也就是说，即使在所有研究效度的领域中，$SD_\rho = 0$，前面描述的情况也会造成信息的净损失。虽然 $SD_\rho = 0$ 在能力和性向测试的预测领域是一个可行的假设（Schmidt, et al., 1993），但是这一假设在其他一些预测领域（如评估中心、大学成绩）肯定是不可行的。当然，在人员甄选之外的许多研究领域，这也是行不通的。如果 $SD_\rho = 0$，研究的总数并不重要；决定元分析研究准确性的关键是元分析中所有研究的总 *N*。如前所述，近年来总 *N* 已经减少。但是，如果 $SD_\rho > 0$，有一个准确估计的 SD_ρ 至关重要。在估计 SD_ρ 时，*N* 是研究的数量。因此，保持元分析的总 *N* 不变，相比大量的小型研究，少量的大型研究提供一个更不准确的 SD_ρ 估计。大量小型研究抽取了包含潜在调节变量更大的样本：事实上，每个小型研究以可能导致 $SD_\rho > 0$ 的不同潜在调节变量作为样本。例如，假设元分析的总 *N* 为 5 000。如果这个总 *N* 由 4 个研究组成，每个研究的 $N = 1\ 250$，那么 SD_ρ 的估计仅仅基于 4 个数据点：4 个样本的 ρ 分布。另一方面，如果这个总 *N* 由 50 个研究组成，每个研究的 $N = 100$，那么 SD_ρ 的估计是基于 50 个数据点抽样的 ρ 分布而产生，因此可能更准确。这大大增加了 Cook、Campbell（1976，1979）定义的“外部效度”。

Bobko、Stone-Romero（1998）认为，实际上，通过将一个大的研究分成许多小的研究，用一个大的研究就可以获得相同水平的标准差估计精度。这不大可能是真的。单个大型研究反映了单个或一组研究者进行该研究的方式：相同的测量、相同的总体、相同的分析程序等。它不太可能包含 50 项独立研究中发现的方法和潜在调节变量的各种差异。另一种观点是考虑不同类型研究的连续性（Aronson, Ellsworth, Carlsmith, Gonzales, 1990）。在原样复现中（literal replication），同一研究者以与初始研究完全相同的方式进行新的研究。在操作性复现中，不同的研究者试图复制初始研究。在系统复现中，第二名研究者进行的研究保留了初始研究的许多特征，但是改变了某些方面（如研究对象的类型）。原样和操作上的复现对研究结果的外部效度概化的贡献有限，但是系统复现对于评估不同类型的被试、测量等结果的概化是有用的。最后，在建设性复现的情况下，研究者试图改变最初研究方法的大部分，包括被试类型、量表和操作。成功的建设性复现大大增加了研究结果的外部效度。将大型研究拆分成“部分”，类似于创建几个较小的原样复现，并不有助于研究结果的外部效度或概化。然而，在大量小型研究的元分析中，元分析中的研究构成了系统的或建设性的相互复现；也就是说，许多研究方面在不同的研究中有所不同。在这种情况下，一个小 SD_ρ（或一个小 SD_δ）的结果提供了强有力的支持，即这个结果是该研究结果的外部效度的强有力证据。正如第 4 章所讨论的，这一发现在人员甄选领域是常见的。如果元分析中的研究数量较少，即使每个研究都是大样本研究，元分析也会较弱，因为最终结果背后的系统性或建设性复现的数量较少，所以外部效度更值得怀疑。这是理解为什么大量的小型研究比少量的大型研究更好的另一种方法。

元分析仍是必要的。最后，即使所有的研究都是大样本研究，仍需要整合各个研究的结果，以确定整个研究的整体意义。因为元分析是统计上最佳的方法，所以元分析仍是必要的。在得出元分析不再必要的结论时，具有批评立场的倡导者似乎正在考虑这样一个事实：具有高统计功效的大样本研究将在统计显著性检验上显示出一致性：如果有影响，所有研究都应将其检测为具有统计显著性。然而，这并不意味着元分析是不必要的。重要的是估计效应量和幅度。效应量的估计仍会因研究而异，而元分析仍是整合这些研究结果的必要手段。因此，我们不能逃避元分析的需要。

我们的结论是，转向数量更少的更大样本量研究不会促进任何研究领域累积知识的进步。事实上，这将不利于知识的产生和发现，而且这并不会剔除对元分析的需求。

9.2 在元分析中检测调节变量

当元分析用于检测调节变量（或交互效应）时，会出现各种各样的问题。其中一个问题是，当只关注那些大量显示出统计显著性的潜在调节变量时，最关键的问题是抽样误差的扩大化。这个问题在第 2 章末尾有详细的探讨。本章讨论的相关问题包括：①检测非先验性假设的调节变量；②多层次元分析在调节变量检测中的应用；③调节变量检测中的元回归（包括元分析的“混合模型”）；④多层次元分析和多层线性模型（HLM）。

检测非先验性假设的调节变量

当理论上没有预先指定或假设的调节变量时，关于 ρ 或 δ 元分析差异的统计功效，是当 ρ 或 δ 值的变异确实存在时，元分析将检测到这种变异的概率。1 减去这个概率就是第Ⅱ类误差的概率：结论是，所有研究中的方差都是人为误差造成的，而事实上，其中一些是真实的。如果所有的方差都是人为误差造成的，就不可能出现第Ⅱ类误差，也就是不存在统计功效问题。正如随着研究数量的减少，二阶抽样误差变得更成问题一样，统计功效也变得越来越低。许多统计工具已经被用来决定任何观察方差是否是真实的。在我们测试效度的元分析研究中，我们使用了 75% 的经验法则，即如果 75% 或更多的方差是人为误差引起的，我们得出这样的结论：剩下的 25% 的方差很可能是没有进行校正的人为误差造成的。另一种方法是同质性卡方检验。正如第 5 章和第 8 章以及本章中再次指出的那样，这种测试在大多数现实情况下的功效较低（Hedges，Pigott, 2001；National Research Council，1992）。此外，如第 2 章所讨论的那样，它还具有显著性检验的所有其他缺点。Callender、Osburn（1981）提出了第三种方法：一种基于模拟的方法。

广泛的计算机模拟研究已经用来估计元分析的统计功效，并使用这些判定规则来检测 ρ 的变异（Aguinis，et al.，2008；Osburn，Callender，Greener，Ashworth，1983；Sackett，Harris，Orr，1986；Spector，Levine，1987）。这些估计是针对不同的组合：①研究数量；②研究样本量；③ ρ 的变异量；④平均 ρ 值；⑤测量误差层次。Sackett 等人（1986）的研究结果与其他研究结果一致，可能是与元分析最相关的。Sackett 等人发现，在所有条件下，75% 规则的

"统计功效"都大于（或等于）其他方法，包括 Q 统计量（尽管 75% 规则也显示出更高的第 I 类误差率：在没有调节变量的情况下，得出存在调节变量的结论）。这里统计功效放置于引号内，因为这个术语只适用于显著性检验，75% 规则不是一个显著性检验，而是一个简单的"经验法则"判定规则。当研究数量较少（4、8、16、32 或 64）且每个研究的样本量较小（50 或 100）时，75% 规则的统计优势相对最大。但是，当待检测的假设总体方差（S_ρ^2）较小，且研究数量和样本量都较小时，所有方法的统计功效都相对较低。例如，如果有 4 个研究（每个 $N = 50$）且其 ρ=0.25，和 4 个研究（每个 $N = 50$）且其 ρ= 0.35（对应 S_ρ^2），并且如果在所有的研究中 r_{xx}=r_{yy}=0.80，75% 规则下统计功效是 0.34，而其他方法下只有 0.08。然而，总样本量 8（50）= 400 是非常小的，对元分析来说 8 是一个小数目的研究。同样，0.10 的差异非常小。若本例中的差异提高到 0.30，则功效提高到 0.75。ρs 之间的这种差异更能代表调节变量，因此对其进行研究具有重要的理论和实践意义。然而，在某些情况下，单个元分析统计功效确实低于最优水平。正如本书读者所知，我们建议不要使用显著性检验（见第 2 章）。这些模拟研究表明，我们简单的 75% 规则通常比用于评估同质性显著性检验更准确。然而，在现实研究的元分析中，没有一个判断同质性与异质性的判定规则具有完美的准确性。

前面的讨论适用于调节变量的"综合"测试：调节变量不是由理论或假设预先指定的。在这种情况下，必须通过确定研究效应量的方差是否大于产生方差的人为误差所能解释的方差来检测调节变量的存在。如果事先指定了调节假设，情况就会大不相同。在这种情况下，元分析研究可以基于调节假设分组（例如，研究蓝领与白领阶层），以及可信区间和置信区间可以围绕亚组均值（$\bar{\delta}$ 或 $\bar{\rho}$）的元分析方法进行，这正如前面章节（第 3、4、5、7、8 章）和本章后面所描述的。如果主要焦点是平均差异，那么可信区间在评估调节变量时是最相关的。如果关注的焦点是参数的整体分布，那么可信区间是最相关的。这种方法在识别调节变量方面比在没有先验调节变量假设的情况下操作和试图通过测试观察的 d 值或 r 值的异质性来评估调节变量的存在更有效。

在大多数研究领域中，应该有足够的理论发展来产生关于调节的假设。然而，在主要的元分析研究领域，例如就业测试效度概化领域，却并非如此。在人员甄选中，不可能使用分组方法来检验"情境特异性"假说。要使用此方法，必须指定调节。必须有一个理论，足够具体的假设，例如，相关性对女性来说比男性更大，对"高成长需求"的个体来说比"低成长需求"的个体更大，或者在主管"关怀"高的情况下比主管"关怀"低的情况下更大。情境特异性假说不符合这个标准；它只是假设，它仅仅假设在构成工作绩效上，工作与工作、环境与环境之间存在着细微但重要的差异。工作分析人员和其他观察员作为信息加工者还不够熟练，无法发现这些关键的难以捉摸的差异（Albright，Glennon，Smith，1963：18；Lawshe，1948：13）。当可操作的调节变量实际上是未知的和不可识别的时候，就不可能通过假设的调节对研究进行分组。然而，如果我们可以证明所有观察的效度差异都是由人为误差造成的，那么我们就可以证明没有任何调节可以操作。这种方法不要求假设的调节变量被识别，甚至是可识别的（调节变量）。假设元分析存在广泛而异质的情况，那么即使可能不知道调节变量是什么，也可以表明假设的调节变量并不存在。

然而，有些人可能会这样说：有许多因素可能会影响结果。上级风格可能有重要影响；小组成员、地理位置、行业类型和许多其他变量将被认为是调节变量。这种说法通常不是基于理论推理或实证数据。它们通常只是未经证实的推测，因此在科学上没有用处。由于假设潜在的调节变量的数量基本是无限的，所以永远不可能使用第二种更有效的方法来测试它们。然而，第一个程序：我们用来测试情境特异性假设的综合程序，可以同时用来测试所有这样的调节变量，甚至是那些尚未被评论者命名的调节变量。如果元分析是基于大组研究，并且所有潜在的调节变量都是异质的，那么人为误差在相关性或效应量方面解释了所有研究间差异，这样的研究结果表明，没有一个假设的调节变量实际上是真正的调节变量。即使所有的变异都不是由人为误差解释的，残差也可能很小，这表明即使可能存在一些调节变量，它们的影响范围也比评论者所暗示的要有限得多。事实上，研究结果通常表明，调节变量最多只产生微不足道的影响（Schmidt, et al., 1993）。在这方面，应该始终记住，人为误差被校正后，残差表示调节变量影响的上限。这几乎总是正确的，因为正如在第 3、4、5 和 7 章中描述的那样，几乎总是有一些人为误差操作造成不可能进行校正的方差。

二阶抽样误差和单一元分析中存在不完美的“统计功效”的事实，指出了我们在第 1 章和第 2 章中阐述的重要性原则的另一个原因。不应孤立地解释元分析的结果，而应该与其他元分析中更广泛的相关性研究结果相关联，这些研究结果构成了理论解释的基础。估计特定的关系只是元分析的直接目标；最终的目标是提供一些信息，这些信息可以被整合到一个更广泛的理论和理解的发展中。然而，正如元分析的结果可以帮助更全面的理解一样，由此产生的更全面的理解也可以帮助解释特定的元分析结果。“小”元分析（基于少量研究和小样本研究）的结果与更广泛的知识累积现状不一致，因此令人怀疑，而那些一致结果的可信度得到了提高。这是科学中数据和理论互为因果的普遍模式。

有些人担心，元分析检测调节变量的能力不足，这可能是限制科学进步的一个几乎无法克服的问题（即使承认没有更好的替代元分析的方法）。这个论点的关键困境在于：它侧重于单个的元分析研究。正如早期研究者专注于单个研究，而未能意识到单个的研究不能孤立地得到解释一样，这一立场侧重于单个元分析，特别是单个元分析有时识别调节变量的能力较弱，而没有看到许多元分析结果的整体模式对揭示潜在的现实方面至关重要。

考虑一个例子，其中发现的总体模式是关键的。在人员甄选方面，情境特异性理论认为，任何就业测试的真实（总体）效度在不同组织之间存在显著性差异，即使是对于高度相似或相同的工作也是如此。这是假设 $S_{\rho}^2 > 0$。通过使用相同能力的量表（如算术推理），来确定诸如抽样误差之类的人为误差，在不同组织中对相似工作进行的研究中是否解释了观察的效度系数的变异，以检验该假设。在原始效度概化研究中，由人为误差解释的观察效度方差的平均百分比小于 100%。然而，这些元分析是基于各种来源和研究者已发表和未发表的研究，我们在所有的研究中都指出，研究中的方差有几个来源，我们既无法控制也无法校正 [例如，程序员误差、转录误差；参见第 5 章和 Schmidt 等（1993）]。当所有进入效度概化分析的研究都由同一个研究团队进行时，就可以努力控制这些误差的来源。在两个大规模的全国性联合研究中，做出了这样的努力（Dunnette 等, 1982；Peterson, 1982）。在这两种情况下，研究发现，平均而言，所有跨情境（即公司）的变异都是由人为误差造成的。心理服务公司（Dye，1982）对 16 家公司进行研究的数据也证明了这一点。因此，误差方差来源的改进控制将表明，所有研究中的方差都是人为误差造成的，证实了我们的预测。这些发现有力地证明了认知能力就业测试的效度不存在情境特异性。

然而，反对情境特异性的证据模式有更多的方面。情境特异性假说预测，如果情境保持不变，测试、校标和工作均保持不变，那么在该情境下进行的不同研究中，效度结果应该保持不变。也就是说，因为假设情境之间的差异导致了观察的效度的差异，由于情境是恒定的，因此观察的效度也应该是恒定的。而元分析原理预测，这种观察的效度将有很大差异，主要是因为抽样误差。我们在两项研究中测试了这些预测（Schmidt，Hunter，1984；Schmidt，Ocasio，et al.，1985），研究发现，在相同的情况下观察的效度明显不同，从而否定了情境特异性假说。在第二项研究中，大样本效度研究（$N = 1\ 455$）的数据被分成更小的、随机相同的研究（每个研究 $N = 68$，共 21 个研究）。由于情境变量保持不变，特异性假说预测所有较小（样本量）的研究都将显示相同的观察效度。然而，事实并非如此。相反，正如人为误差理论所预测的那样，研究中在效度大小和统计显著性水平上存在很大差异，人为误差理论是元分析和效度概化的基础。一个关键的发现是，在完全不同的环境下进行的类似研究中，效度的差异与通常发现的差异一样大。

最后一个符合这一框架的证据是这样的：最近对效度概化方法的改进导致了这样的结论，即公开发表的效度概化研究大大低估了由人为误差引起的观察的效度方差的百分比，这进一步削弱了情景特异性假说。有三种这样的改进：第一，剔除非 Pearson 效度系数，因为 Pearson 相关性的抽样误差公式大大低估了非 Pearson 相关性的抽样误差，如二列和四重相关性（见第 5 章）；第二，在每项元分析中，抽样误差公式中使用的总体观察的相关性是通过平均观察效度来估计的，而不是通过目前研究中的单个观察效度来估计的，这提供了更准确的抽样误差估计（见第 5 章）；第三，用一套新的计算程序解决了范围限制校正中非线性产生的问题 [见第 5 章和 Law 等（1994a，1994b）]。Schmidt 等人（1993）将这些改进应用到 Pearlman 等人（1980）的大型效度数据库中，该数据库包含了来自许多组织、研究者发表和未发表的研究，大约由 3 600 个效度系数组成，时间跨度超过 70 年。每一种方法的改进都导致了被解释的效度方差百分比增加和更小的 SD_ρ 估计。即使在这组异质性研究中，几乎所有的效度差异（近 90%）都是人为误差造成的，第 5 章对这一研究进行了较为详细的论述。

所有这些环环相扣的证据都指向同一个问题：对认知能力的就业测试来说，情境特异性假说是错误的。与整个证据模式相一致的唯一结论是，不存在情境特异性（或者情境效应非常小，以至于有理由认为它们为 0；有些人更喜欢后者的结论，我们认为后者在科学上是相同的）。

在某些研究领域，可能没有相关的元分析，因此无法交叉引用和检查这种元分析结果的一致性。在这种情况下，研究结果应该与更广泛的普遍性的研究结果进行比较。尽管这是不可能的，即使元分析提供了对当下已有研究知识最准确的总结，基于少量研究的元分析也应该谨慎地进行解释。我们强调，在这种情况下，问题不是由元分析方法造成的，而是由研究文献的局限性造成的。这些局限性不一定是永久性的。考虑一个例子，McDaniel 等人（1988b）发现，仅有 15 项与校标相关的研究对行为一致性方法的效度进行过评估，该方法用于评估求职者在过去工作中的相关成就和造诣。基于这 15 项研究，平均真实效度估计为 0.45（$SD = 0.10$；90% 信度 =0.33；被解释的方差百分比为 82%）。对这些研究结果的恰当解释不同于对认知能力元分析的解释，即基于完全相同的研究数量，对完全相同的研究结果进行适当的解释。对认知能力和工作绩效的元分析有数百种，后一种结果可以相互参照，以检验一致性。在行为一致性方法的情况下，没有其他元分析。此外，对于行为一致性过程究竟测量什么，我们所知甚少。例如，没有关于认知能力测试分数和行为一致性分数之间相关性的报告。行为一致性分数不像认知能力，是一个丰富的、结构化的、复杂的和精心构建的既定知识网络的一部分。因此，这种元分析必须在更大程度上保持独立。我们不能确定结果是否会受到异常值或二阶抽样误差的显著性影响（例如，由人为误差引起的实际方差可能是 100%，也可能是 50%）。由于这些原因，McDaniel 等人（1988b）认为，这些研究发现必须被认为是初步的，并建议进行额外的效度研究，而不是从局部研究中估算局部环境下的“局部效度”，而是要将更多的研究整合到元分析中。

在工业 – 组织心理学中，还有完全不属于人员甄选领域的其他研究领域，在这些领域中：①目前可用的研究数量很少；②没有详细的实证知识和理论知识结构来检验元分析的结果。当元分析结果的证据价值较低时，因为元分析中单个研究的数量较少，并且没有实证和理论知识的相关结构来检测元分析结果，替代方案既不是恢复对单个研究的依赖，也不是回到整合研究结果的描述性综述方法，两者在信息产出率上都远远不如元分析。适当的回应是，在进行（或等待）其他研究时暂时接受元分析，然后将这些研究合并到一个新的、信息更丰富的元分析中。在这段时间内，与上述假设有关的其他形式的证据可能会出现：类似于情景特异性领域的情景内研究（Schmidt，Hunter，1984；Schmidt，Ocasio，et al.，1985）的证据形式，因为它们代表了对同一问题的不同方法。这样的证据构成了前面描述的那种结构化证据模式的开端。

通过分组对调节变量进行层次分析

检测调节变量的一种方法是对研究进行分组。但是，如果调节变量之间是相关的，分组的结果可能具有欺骗性。在使用元分析寻找调节变量时，一些作者使用了部分层次的分组。首先，所有的研究都包含在一个整体的元分析中。研究被一个关键调节变量分解，然后这些研究被另一个关键的调节变量重新组合和分组，以此类推。Gaugler 等人（1987）对评估中心效度的元分析就是这种方法的一个例子。然而，这类分析并不是完全分层次的，因为没有将调节变量结合起来考虑，这可能是主要的错误。这些误差类似于因混淆和交互作用而导致的方差分析中的问题。对每个调节变量分别进行分析可能会导致完全误导的结果。Rodgers、Hunter（1986）在目标管理（MBO）对生产率影响的元分析中，通过初步分析提出了两个调节变量：高层管理承诺和干预期的长度。他们的初步分析表明，高层管理人员大力支持的目标管理项目平均提高了 40% 的生产率，而没有高层管理人员大力支持的目标管理项目收效甚微。他们的初步分析还表明，基于 2 年以上评估期的研究比基于 2 年以下评估期的研究显示出更大的影响。然而，当研究被两个调节变量一起分解时，时间的影响几乎消失了。大多数长期研究是高层管理承诺强的研究，而大多数短期研究是高层管理承诺弱的研究。因此，时间范围作为调节变量的明显影响是由于它与管理承诺相混淆。在元分析中进行完全分层调节分析的困难在于，由于研究太少，无法在两维（two-way）突破之外的单元中进行足够数量的研究。这仅仅意味着在当时情况下，不可能解决所有的调节假设。但随着时间的推移，越来越多的研究累积起来，可以进行更完整的调节分析。

目标管理元分析说明了调节变量之间混淆的潜在问题，即一个潜在调节变量“虚假的”的均值差异（用于路径分析的语言）是由另一个潜在调节变量的实际差异产生的。因此，混淆的结果源于调节变量之间的关联性。

第二个问题是调节变量之间的潜在交互作用。假设当单独分析两个调节变量 A 和 B 时，它们分别调节效应量，并假设调节变量在各个研究中是独立的（互不相关的）。那么我们是否可以得出这样的结论：我们能断定 *A* 和 *B* 总是调节效应量。答案是不能。考虑一个例子。假设 *A* 存在时的平均效应量为 0.30，而 *A* 不存在时的平均效应量为 0.20，假设 *B* 存在时的平均效应量为 0.30，而 *B* 不存在时的平均效应量为 0.20。假设 *A* 的频率是 50%，*B* 的频率是 50%，并且 *A* 和 *B* 是相互独立的。那么同时考虑 *A* 和 *B* 将得到 4 个单元，每个单元的频率都是 25%。考虑下表中的平均效应量：

表 9-1　对调节变量 *A* 和 *B* 交互作用的分析

		调节变量 *A*		
		存在	不存在	平均
调节变量 *B*	存在	0.40	0.20	0.30
	不存在	0.20	0.20	0.20
	平均	0.30	0.20	0.25

考虑 50% 的研究中没有调节变量 *B*。在这些研究中，*A* 的存在与否并不重要；在这两种情况下，平均效应量都是 0.20。因此，*A* 只是那些 *B* 存在的研究的调节变量。"*A* 调节 *X* 对 *Y* 的影响"这一说法对于 50% 没有 *B* 的研究是错误的。考虑到有 50% 的研究中没有调节变量 *A*。在这些研究中，*B* 的存在与否并不重要；在这两种情况下，平均效应量都是 0.20。因此，*B* 只是那些 *A* 存在的研究的调节变量。对于那些没有 *A* 的 50% 的研究，说"*B* 调节了 *X* 对 *Y* 的影响"是错误的。这意味着 *A* 和 *B* 作为调节变量不可分割地联系在一起。在 75% 的研究中，不管其中一个变量是存在还是不存在，平均效应量都是 0.20。唯一的调节作用是 *A* 和 *B* 同时存在的研究与其他研究不同。

方差分析中有一条规则："如果设计中有两个或两个以上的因素交互作用，那么对低阶主效应或交互作用的解释可能是非常错误的。"这条规则同样适用于调节变量之间的交互作用。如果调节变量有交互作用，那么对单独效应的解释可能是错误的。

如果分层分解揭示了调节变量，那么没有调节变量的整体分析很可能具有误导性。如果层次分析表明调节变量是相关的或有交互作用的，那么单独分析调节变量很可能会产生误导。因此，如果出现分层分解，那么将解释的重点仅仅放在数据的完全分解上是非常重要的。

考虑 Schmitt、Gooding、Noe 和 Kirsch（1984）在人员甄选效度元分析中的部分层次分析。这些研究者首先合并了所有预测变量（生物数据、测试、面试等）和所有校标测量（绩效评分、任期、晋升等）之间的相关性。然后，他们分别用预测变量和标准对数据进行分解，最后将两者组合起来。组合的分解显示作为调节变量的预测变量和校标变量之间有很强的交互作用，这在过去的分析中已经发现。如果他们的结论仅仅基于最后的分析，他们就不会在解释上有任何错误。不幸的是，他们的一些结论是基于早期的总体分析。例如，他们声称，他们的元分析得出的结果与 Hunter 和 Hunter（1984）的可对比性元分析不一致。然而，Hunter 和 Hunter（1984）从一开始就用预测变量和校标变量来分解他们的数据。因此，在 Schmitt 等人的研究中唯一可以与 Hunter 和 Hunter（1984）的分析相比较的表格是他们的最终表格，即组合分解表。他们的分析结果与 Hunter 和 Hunter（1984）的分析结果没有矛盾。这是在 Hunter 和 Hirsh（1987）的一份并行报告中提出的，即分析结果是一致的。

只有在下列情况下，对多重调节变量分别（即一个接一个）单独进行分析是正确的，即正确地做出如下两个假设：①调节变量是相互独立的；②调节变量在它们的作用中是累加的。在 Rodgers 和 Hunter（1986）的目标管理分析中，承诺和时间两个调节变量在不同的研究中是相关的。因此，承诺变量造成的较大差异在不同时间长度的研究间产生了“虚假的”均值差异。如果这两个潜在的调节变量是相互独立的，那么承诺就不会对时间产生虚假的影响。*AB* 组合的例子表明，交互调节变量必须始终一起考虑，以得出正确的结论。

如果提出了一个完整的层次分析，将结论建立在最高层次的交互（即完整的层次分析）上是至关重要的。Schmitt 等人（1984）在解释上犯了一个错误，因为他们回到了对他们的一个结论进行混杂相互作用的分析。最后，重要的是要认识到，通常没有足够的研究来进行完整的层次调节分析。如果在完整的层次分析的单元中研究数量非常少，关于调节变量的结论只能是暂时的。更确切的结论必须等待大量研究的累积。

9.3 调节分析中多元回归与混合元分析模型的应用

本节探讨元回归、多层次元分析、多层线性模型（HLM）和混合效应（ME）元分析模型。我们将看到，这些过程都是紧密相关的。

元回归：优点与缺点

在元回归中，*r* 或 *d* 值被编码为研究特征，用于潜在调节变量的测量。这一程序已被用于心理治疗结果研究的元分析（Smith，Glass，1977）和班级规模的影响（Smith，Glass，1980）以及许多其他更近期的元分析中。Glass（1977）是第一个提倡在元分析中使用元回归来识别调节变量的学者。他推荐并使用普通最小二乘法回归（OLS），但其他人（如 Hedges，Olkin，1985）后来推荐加权最小二乘法回归（WLS）。使用元回归的优势在于，它控制（至少在理论上）调节变量之间的任何潜在相关性，从而避免了在元分析中困扰非层次亚组研究的问题。它还具有更好地处理连续调节变量的优势。

适用于回归的其他应用同样适用于元回归。除非样本量相对于回归式中变量（预测变量）的数量足够大，否则回归权重中存在很大的抽样误差。因此，模拟研究发现，即使没有事后选择预测变量，在估计总体复相关性 *R* 值时，回归权重产生的复相关性 *R*s 往往不如预测变量简单的同等权重准确（Schmidt，1971）。在实际情况下，有两个预测变量，其中一个的 *N* 必须至少为 50，才能使回归权重优于相等权重。对于 6 个预测变量，*N* 必须至少是 100。对于 8 个预测变量,*N* 必须至少为 150，对于 10 个预测变量,*N* 至少为 200（Schmidt,1971）。请记住，在元回归中，$N = k$（表示研究的数量）。有多少对 8 个潜在调节变量进行的元回归研究达到 $k = 150$ 项研究？大多数没有。回归权重的抽样误差大小可以通过从相同的现实总体中抽取多重样本，计算每个样本的回归权重，然后计算样本间回归权重的平均相关性来说明。也就是说，回归权重被视为一个分数的向量，其信度由跨样本的这些权重向量之间的平均相关性来衡量。对于 4 个预测变量，需要 *N* 为 500 才能产生 0.85 的相关性（Schmidt，1972，表 1）。对于更多的预测变量，需要更大的 *N*s，回归权重才能达到这种水平的信度。这些发现适用于元回归以及回归分析的其他应用。

元回归有 8 个严重的缺点。第一个缺点也是最严重的问题是，如第 2 章末尾所述，由于大量的随机扩大化问题，导致夸大的复相关性 *R*s（Raudenbush，2009）。然后，复相关性 *R* 的平方被错误地解释为由“调节变量”解释的 *R* 或 *d* 值的方差比例。在元回归的应用文献中，几乎从未应用过适当的衰减公式来调整复相关性 *R* 中的膨胀（inflation）（Cattin，1980）。即使使用衰减公式，如果元回归中包含任何事后选择的潜在调节变量，那么复相关性 R 仍会被夸大，这是一种常见的做法（practice）。如第 2 章所述，使用此程序的人并不关注复相关性 R，而是关注统计显著性的回归权重。但是，如果元回归中包含任何事后选择的潜在调节变量，这些因子也会因随机扩大化而失真。例如，当只有那些与效应量具有较大或统计上显著相关性的潜在调节变量被包含在元回归公式中才会出现，这是一种常见的做法。第二个缺点是统计功效通常很低，因为研究的数量（k 与 N 相关）几乎不是很大。由于功效较低，回归权重对大多数真正的调节效应来说是不显著的。考虑到已知的统计原则，至少它们应该是这样，尽管文献中大多数的调节效应都是显著的，但这引起了对随机扩大化或选择性报告的质疑（见第 13 章）。第三个缺点是易受异常数据点失真的影响。这种考虑在回归的所有应用中都存在，但当样本量相对于预测变量的数量较小时，这种考虑要严重得多（Stevens，1984）。在元回归中，样本量（研究数量 k）通常小至 15、20 或 30，而潜在调节变量（预测变量）的数量可能大至 5 或 10（或更多）。第四个缺点是得到的回归权重是非标准化的（原始分数）回归权重。正因为如此，它们很难或不可能以任何实质性的方式进行解释，并且正如 5.2 节所讨论的那样，任何给定的权重都不能与元回归中的其他回归权重进行比较。例如，任何假设的调节变量的回归权重的大小取决于调节变量如何度量或测量（scaled or measured）。由于不同的调节变量是基于不同 *SDs* 的不同量表来进行测量的，因此回归权重的大小是不具有可比性的，它们之间的大小无法相互比较，因此不清楚哪一个调节变量是最重要的。这一事实导致元回归的使用者在比较调节变量时几乎完全关注 p 值，这是一个不可取的做法；p 值成为不恰当的重要性指标。第五个缺点是当未针对 d 或 r 值的测量误差（以及适用的范围限制）进行校正时，元回归结果不准确（Ones，Viswesvaran，Schmidt，2012）。虽然所有的值都会因测量误差而发生向下偏差，但是有些值的偏差会比其他值更大，从而削弱所观察的 *ds* 或 *rs* 作为测量构念效度的实际效应，从而人为地降低所有真实调节变量的表观强度（apparent strength）。在已发表的元回归中，很少进行这些校正。对测量误差的校正是元回归结果准确性所必需的，这使得显著性检验、标准误和回归系数的置信区间在大多数计算机程序中是不准确的。Hunter（1995）开发了一种特殊的软件，当数据被校正为测量误差时，它能产生准确的标准误值（当使用人为误差分布元分析时，对单个 r 或 d 值的校正是不可能的，这使得在这种情况下使用元回归更加值得怀疑）。第六个缺点是假设的调节变量测量中的测量误差。正如第 3 章所指出的，Orwin 和 Cordray（1985）表明，调节变量测量中的测量误差没有得到校正，导致元回归结果出现严重的误差。这一发现很重要，因为在使用元回归的文献中几乎没有对元分析进行这种校正，这意味着它们的调节结果是可疑的（见 Cordray，Morphy，2009）。第七个缺点是，即使对 d 或 r 值进行测量误差和其他人为误差的校正，仍存在一个问题，d 值或 *rs*（即因变量）是由于抽样误差和其他人为误差造成因变量的信度较低。因此，检测调节效应的统计功效较低（如第 2、3 和 7 章中讨论的那样；Cook 等：325-326）[Aloe、Becker、Pigott（2010）提出了对效应量中的抽样误差进行调整（其功能相当于元回归中的测量误差）]。这一调整将抽样误差的影响从组合相关性中分离出来，与第 3 章在城市 T 就业服务例子中所述的效应量信度的校正类似。第八个缺点源于有问题的数据需求。使用元回归需要估计潜在调节变量（预测变量）之间的相关性。通常，这些相关性的估计是不可用的，必须猜测或以某种方式估算。这种可能性给元回归结果增加了额外的误差。

在文章和教科书中，元回归经常被提及和描述，但没有提到这些缺点（例如，Lipsey，

Wilson，2001）。鉴于这些严重的局限性，可以看出，只有在罕见和异常的情况下，元回归才会产生可靠和有效的结果。在当今的文献中，元回归在今天的文献中使用得相当频繁，很可能大多数结果都不可信。

Hedges 和 Olkin（1985：11-12，167-169）主张在元回归中使用加权最小二乘法（WLS）回归而不是 OLS。他们指出，元分析数据集通常不满足抽样误差方差同质性的假设。每个"观察值"的抽样误差方差（即每个 *d* 或 *r* 值）取决于它的样本量（以及观察的 *d* 或 *r* 值的大小）。如果这些样本量有很大的差异，就像它们通常所做的那样，那么不同的效应量估计将有不同的抽样误差方差。在元回归分析中，研究抽样误差方差与初始研究分析中的测量误差作用相同。方差的异质性影响显著性检验的效度；实际最初值可能大于名义值（例如，0.10 与名义值 0.05）。对调节变量回归权重的估计和复相关性也会受到影响。Hedges 和 Olkin（1985，第 8 章）描述了 WLS 回归程序，该程序通过用抽样误差方差的倒数加权每个研究来规避这些潜在的问题。然而，当 Hedges 和 Stock（1983）使用这个方法来重新分析 Smith 和 Glass（1980）研究的班级规模时，他们得到的结果非常类似于初始结果，这表明当 *d* 或 *r* 值的数量较大时 [Smith 和 Glass（1980）的研究就是这种情况]，Hedges 和 Olkin（1985）定义的问题可能不严重。总的发现是，大多数统计检验对方差同质性假设的违反都是稳健的 [见 Glass、Peckham、Sanders（1972）或 Kirk（1995）]。

为了解决这个问题，Steel 和 Kammeyer-Mueller（2002）使用计算机模拟比较了 OLS 和 WLS。他们只关注连续调节变量，也只关注从连续调节变量预测观察的效应量所产生的复相关性 *R* 的准确性。他们没有研究标准化回归权重的准确性，标准化回归权重提供了关于每个单独调节变量的大小和重要性的必要信息。他们发现，当研究样本量（*N*）的分布近似正态时，OLS 和 WLS 的准确性几乎没有差异。然而，当研究 *N*s 分布向右偏斜时，WLS 对复相关性 *R* 的估计值更准确。不过，他们检测到的偏斜水平有些极端（偏斜 = 2.66），这在真实的研究文献中可能只是偶尔发生。Steel 和 Kammeyer-Mueller 的研究没有解决或讨论在使用这两种回归加权时抽样误差扩大化的问题。该研究也没有解决上述元回归的其他缺点。

有理由对 WLS 的使用保持谨慎。如果有一个异常值（在任何方向上）具有一个非常大的 *N*，WLS 估计将会受到这项研究很大的影响。因此，对于 WLS，关注异常值尤其重要。在对 *N* 值较小的研究进行加权时也存在潜在的问题。当 *N* 很小时，由于抽样误差较大，可能会出现非常大的 *r* 或 *d* 值。*r* 或 *d* 的观察值影响计算出的抽样误差方差（由 *r* 和 *d* 的抽样误差方差公式可以看出），因此影响研究得到的权重。Steel 和 Kammeyer-Mueller（2002）指出，一项基于 $N = 20$，$r = 0.99$ 的研究与基于 $N = 20\ 000$，$r = 0.60$ 的研究具有相同的权重。后一个问题的解决方案是在 *r* 和 *d* 的抽样误差方差公式中使用平均 *r* 或 *d*，而不是像第 3、4、5 和 7 章中讨论和推荐的单个研究的 *r* 和 *d* 值。由于 OLS 和 WLS 回归方法都存在（不同的）问题，Overton（1998）建议同时应用这两种方法并对结果进行比较。如果它们是相似的，对结果的信心就得到了支持。然而，无论使用 WLS 还是 OLS，上面讨论的元回归的八个缺点仍存在。修改研究权重并不能解决这些问题。

记住这些注意事项，当调节变量是连续的，并且已经决定使用回归时，在经典情况下，强调 WLS 结果优于 OLS 结果，可能是明智的。在大多数使用元回归的元分析中，元回归分析是在主元分析之后进行的。然而，元分析的一些应用仅仅包括一个元回归分析。一般来说，这不是我们推荐的方法，因为它不会为总体参数生成一个整体校正均值和标准差。此外，

只有当 k，即研究的数量，是非常大的时候，这种方法产生的结果才是稳定的。Nye、Su、Rounds 和 Drasgow（2012）的元分析有效地使用了这种方法。该元分析包含 568 个相关项，因此回归分析中的抽样误差大大降低。然而，如此大的 k 值非常罕见。这种元分析方法的一个例子是基于 Cheung（2008）元分析方法的结构方程模型（SEM），这会在第 11 章中进行讨论。实际上，这种形式的元分析，包括 Cheung 的方法，通常是一种混合效应的元分析（稍后讨论）。这种元分析方法可以看作多层线性模型的一种形式（稍后讨论）。

如果调节变量是二分类的或分类的（例如，性别或种族），亚组方法的调节分析具有优越性。然而，重要的是要记住，调节变量往往是相关的，使用分层调节分析以避免混淆相关调节变量是重要的。当调节变量是连续的，分组方法的缺点是需要对连续变量进行二分才能产生亚组，从而丢失信息。当只有一个假设的调节变量需要检测并且它是连续的，可以使用简单的相关性，如第 3 章和第 7 章所述。然后，该相关性是用于预测效应量或相关性的标准化回归权重。在这种情况下，没有随机扩大化。当有多重连续调节变量时，只有当调节变量不相关时，简单的相关性才具有最大的信息量。如果连续调节变量是相关的，则可以使用 OLS 或 WLS 来评估调节变量（请记住元回归的局限性）。通过分层次的元分析也可以使用，但是它需要对连续调节变量进行二分（或三分），这是不可取的。在这种情况下，不清楚这两种选择中哪一种是首选。Aguinis、Gottfredson（2010）及 Aguinis 和 Pierce（1998）提出了在调节检测中使用元回归的一些建议。

元分析中的多层次模型和 HLM

上一节描述的元回归通常被称为“多层次”元分析。第一个层次是 d 或 r 值的元分析，第二个层次是将效应量回归到一组潜在的调节变量上。从某种意义上说，这是一种多层线性模型（HLM；Raudenbush，2009；Raudenbush，Bryk，2002）。但是，HLM 通常用于效应量而非相互独立的情况。例如，在教育研究中，教师是嵌套在教室内的，因此在同一教室中，学生的学业成绩分数不是相互独立的（Raudenbush，Bryk，2002），因为所有学生的成绩都受教师能力的影响。在元分析中，HLM 通常局限于同一样本或研究贡献了多个 r 或 d 值的情况，这造成了对独立性假设的违背。HLM 可以处理这个问题。Freund 和 Kasten（2012）的研究就是 HLM 在元分析中应用的例子。然而，正如第 10 章所述，我们建议采取相应步骤来确保元分析中的效应量在统计上是相互独立的。我们还提出证据表明，违反独立性假设对元分析结果失真的影响比通常假设的要小。有人认为 HLM 可以被视为进行元分析的通用方法（Raudenbush，Bryk，2002）。因此，它是线性混合效应元分析的一种形式（在下一节中讨论）。然而，在实践中，HLM 通常仅限于违反独立性假设的情况。Hedges、Tipton 和 Johnson（2010a，2010b）提出了一种更易于使用的 HLM 方法，并且比其他 HLM 方法做出的分布假设更稳健。一般来说，HLM 的一个主要限制是，即使不是不可能，也很难校正测量误差和范围限制或增强的失真效应，从而导致结果不准确。HLM 具有上一节讨论的元回归的所有八个缺点。此外，HLM 的大多数应用都使用最大似然（ML）估计方法，这需要更大的样本量。就像元回归一样，只有在极少数情况下，我们才有足够的数据使 HLM 得出准确的结果。

元分析中的混合效应模型

在第 5 章和第 8 章中，我们讨论了固定效应（FE）和随机效应（RE）模型在元分析中的应用。有一个相关的概念叫“混合效应（ME）模型”。ME 模型被视为 RE 和 FE 模型的混合体。假设元分析者将 RE 模型应用于一组效应量，并在校准总体效应量的变异后停止，而不测试或识别调节变量。当元分析者认为这种变异完全是随机时，就会发生这种情况；也就是说，由未知的（也许是不可知的）因素造成的。这被 Hedges（1982c，1983b）称为“简单随机效应模型”。或者，元分析者可能假设，某些特定因素至少解释了研究间总体值的一些波动。然后元分析者将尝试使用元回归检验这些假设（Raudenbush，2009）。根据 Hedges（1983b）的研究，如果这些假设的调节变量与研究结果相关，那么它们就被视为“固定因素”，这意味着它们构成了研究者感兴趣的所有潜在调节变量。这是方差分析中固定因素的定义（National Research Council，1992）。因此，在加权元回归中，研究权重是其 FE 抽样误差方差的倒数，而不是其较大的 RE 抽样误差方差的倒数（Overton，1998；Raudenbush，2009），如果调节变量只是作为一个可能的调节变量的样本，那么这将是研究中使用的权重。如果这些调节变量保持在恒定的亚组中，除抽样误差之外，总体效应量没有进一步的变异 [即如果假设的调节变量根据实际研究效应量产生 1.00 的（适当调整的）复相关性 R]，那么整个模型被称为 ME 模型，因为没有未解释的变异。如果它真的存在的话，这种结果在真实数据中也是罕见的。另一方面，若假设的调节变量解释了一些（但不是全部的）变异，则得到的模型称为 ME 模型。RE 的结论源于这样一个事实，在总体参数中仍存在无法解释的方差，这些方差没有得到调节变量的解释。FE 的结论则基于这样一个事实，假设的调节变量被假定为固定因素（FE 因素）。Vevea 和 Citkowicz（2008）通过模拟研究表明，这种方法在检验与效应量无关的潜在调节变量时，经常“严重放大第 I 类误差”。除了这个统计问题还有一个概念问题。若在控制了固定因素后，总体参数的方差仍存在，则必然存在其他调节变量。这一事实对构成研究者感兴趣或可能感兴趣的所有调节因素的固定因素的定义提出了质疑（National Research Council，1992）。如前所述，Cheung（2008）基于结构方程模型的方法是 ME 的元分析方法。

这种对元分析模型的思考方式源于 1985 年 Hedges 和 Olkin 的元分析书中关于元分析模型的早期概念。当时，人们希望上述 FE 模型能够成为现实。也就是说，希望假定的调节变量能够解释研究总体值中除抽样误差之外的所有变异。如果是这样，那么上面定义的 FE 模型将能够应用。然而，随着元分析在文献中的累积，很明显，假设的调节变量几乎从未解释过总体参数中的所有方差（这一结果的部分原因是：这些元分析方法无法控制测量误差等人为误差造成的变异，参见第 11 章。这些人为误差可能解释了残差）。

9.4　二阶抽样误差：普遍原理

基于少量研究的任何元分析结果在某种程度上取决于哪些研究碰巧是随机可用的，也就是说，研究结果部分取决于研究中随机变化的研究性质。即使分析的研究都是当时存在的，也是如此。这种现象称为“二阶抽样误差”。它对标准差的元分析估计的影响大于对均值的影响。初阶抽样误差或一阶抽样误差和初阶统计量也是如此：初阶抽样误差对标准差的影响大于均值。初阶或一阶抽样误差源于研究对象的抽样。二阶抽样误差源于元分析中研究的抽样。

考虑一个假设的例子。假设只有 10 项研究可以评估特质 A 和工作绩效之间的关系。即使每个研究的平均样本量仅为 68（已发表的效度研究的中位数，Lend，et al.，1971a，1971b），平均效度将是基于 $N = 680$ 且相当稳定。然而，研究中观察的方差将仅基于 10 项研究，而我们将该方差与抽样误差的期望方差进行比较，该方差将仅基于 10 个数据点。现在假设抽样误差，实际上是在观察的相关性（效度）中产生研究中方差的唯一误差。然后，假定我们恰好有一个或两个带有大的正抽样误差的研究，则研究中观察的方差可能会大于抽样误差方差公式预测的方差，最终我们可能会得出错误的结论，例如抽样误差仅解释研究中 50% 的方差效度。另一方面，如果观察的效度系数，也就是说，5 个或 6 个随机抽取的研究碰巧非常接近期望值（总体均值），然后各研究中观察的方差可能会很小，并且通常会低估（或平均化）观察的 10 个随机抽取的跨研究方差的总量（从这些可以进行的假设性研究的总体中）。事实上，观察方差可能小于抽样误差预测的方差。由抽样误差引起的计算方差百分比将是大于 100% 的某个数字，如 150%。当然，在这种情况下，得出正确的结论是：所有观察方差都可以用抽样误差来解释。然而，有些人被这样的结果所困扰。结果表明，抽样误差可以解释比实际观察的更多的方差，这让他们大吃一惊。有时他们会质疑抽样误差方差公式的效度 [如 Thomas（1988）及 Osburn 和 Callender（1990）的回复]。这个公式正确地预测了平均抽样误差产生的方差量。然而，随机抽样误差在某些样本中产生的量大于这个量，而在其他样本中产生的量小于这个量。在其他条件相同的情况下，研究的数量越多，观察的与期望的抽样方差的偏差就越小。然而，如果研究的数量很少，这些百分比偏差可能相当大（尽管在这种情况下，绝对偏差通常也很小）。

使用其他统计估计方法对方差进行负估计。例如，在单因素方差分析（ANOVA）中，样本均值的方差是总体均值方差和抽样误差方差两部分之和。这直接类似于将研究中观察的样本相关性方差分解为总体相关性方差（真实方差）和抽样误差方差（错误或伪方差）的元分析。在方差分析中估计总体均值的方差时，首先要从组内均值平方中减去组间均值平方。由于抽样误差，这种差异有时是负的。考虑一个零假设为真的情况：总体均值都相等，总体均值方差为 0。观察的均值的方差（即样本均值）则完全由抽样误差决定。观察的组间方差随研究的不同而随机变化。有一半组内均值方差会大于组间均值方差，而另一半组内均值方差会小于组间均值方差。也就是说，如果总体均值的方差为 0，那么在半数观察样本中，总体均值的估计方差为负。这与元分析中的情况完全相同，如果所有的总体相关性都是相等的，估计方差就有一半的可能略高于 0、一半的可能略低于 0。这里关键是要注意总体相关性的方差是通过减法来估计的：已知的抽样误差方差是从样本相关性的方差中减去的，样本相关性的方差是估计整个研究总体中样本相关性的方差。由于研究的数量永远不会是无限的，因此样本相关性的观察方差会因抽样误差而偏离期望值。因此，当总体相关性方差为 0 时，差值有一半为负。

再如在概化理论中方差组成（variance components）的估计。Cronbach 和他的同事（Cronbach，Gleser，Nanda，Rajaratnam，1972）提出了概化理论，作为对经典信度理论的一种解放。现在，在经典信度理论的技术被认为不充分的情况下，它被广泛用于评估测量量表的信度。概化理论是建立在著名的方差分析模型基础上的，其应用需要估计方差组成，正如 Cronbach 等人（1972: 57-58）和 Brennan（1983: 47-48）所指出的，尽管从定义上讲，总体方差组成是非负的，一个或多个估计方差组成可能是负的。Leone 和 Nelson（1966）也注意到了同样的现象。Cronbach 等人（1972）建议用 0 代替负方差，Brennan（1983）同意这一建议。

负方差估计在统计估计中并不罕见。在实证研究中出现负方差估计并不会对统计理论（如方差分析）或心理测量理论（如元分析）提出质疑。如前所述，当真实效度的实际方差为 0 或接近 0 时，现有的统计抽样理论为元分析中观察的负方差估计提供了一个合理的理论基础。Thompson（1962）对负方差估计进行了分析讨论。

9.5 不同自变量的二阶元分析

二阶元分析是元分析的元分析。二阶元分析的一种形式可应用于不同元分析，这种元分析因变量不同，并适用于相同理论和方法的情况。在这种情况下，因为自变量不同，效应量不能组合，但是二阶抽样误差可以通过计算人为误差所占的平均方差百分比来解决。认知能力测试的效度概化研究就是这样一个例子。在情境特异性假设下，假设情境调节变量对于不同的能力（如语言能力、数量能力、推理能力、空间能力）的影响在本质上是相同的，而在替代假设下，对于所有的能力，所有的差异将被假设为都是人为的。二阶元分析包括计算几个元分析的均方差百分比。例如，在心理服务公司进行的一项大型联合研究中，16 家公司的抽样误差所占的方差百分比在不同能力范围内波动，从 60% 左右到 100% 以上不等。各种能力的平均占比为 99%，说明一旦考虑二阶抽样误差，16 家公司的所有效度差异都是由研究的所有能力的抽样误差来解释的。

这一发现表明，观察方差小于 100% 的元分析被解释为二阶抽样误差的情况（具体见本章后面定义的二阶抽样误差）。对于解释观察方差超过 100% 的元分析也是如此。显然，在进行二阶元分析时，大于 100% 的数字不应四舍五入到 100%。这样做将显然会使这些数字的均值出现偏差，因为那些随机低于 100% 的数字不会向上进位。

这种二阶元分析形式存在一个重要的技术问题：必须以特定的方式计算所占方差的平均百分比，否则就不准确。Spector 和 Levine（1987）的一项研究最好地解释了这一技术问题。Spector 和 Levine 进行了计算机模拟研究，旨在评估 r 的抽样误差方差公式的准确性。在他们的研究中，ρ 值总是 0，所观察的 rs 的抽样误差方差公式是 $S_e^2=1/(N-1)$。他们对 30 ～ 500 个不同的 N 值进行了模拟研究。每次元分析观察的 rs 数从 6 到 100 不等。对于 N 和 rs 数量的每个组合，他们将元分析复现 1 000 次，然后评估 1 000 个元分析的 S_e^2/S_r^2 均值。也就是说，他们将注意力集中在从抽样误差公式预测的方差与各个研究中 rs 的平均观察方差的平均方差之比。他们没有关注 $S_r^2-S_e^2$，即预测方差和观察方差之间的差异。他们发现，对于所有总数小于 100 的 rs，S_e^2/S_r^2 比率平均大于 1.00。例如，当每个元分析是 10 rs 且每个研究 $N = 75$ 时，平均比率为 1.25。Kemery、Mossholder 和 Roth（1987）在他们的模拟研究中得出了类似的结果。每个元分析的 rs 数越少，这个比率就越可能超过 1.00。他们将这些数据解释为：当元分析中的相关性数量小于 100 时，该公式高估了抽样方差 S_e^2。他们的假设是，如果 S_e^2 公式是正确的，S_e^2/S_r^2 比率将平均为 1.00。

Callender 和 Osburn（1988）对 Spector-Levine（1987）的研究提出了批评，他们指出，如果用差值 $S_r^2-S_e^2$ 来评估准确性，抽样误差方差公式被证明是极其准确的，这也在他们以前的许多模拟研究中得到了证明，那将没有偏差。他们还证明了为什么平均比率 S_e^2/S_r^2 大于 1.00，尽管这是对抽样方差的无偏估计。当元分析中的相关性数量很少时，在偶然情况下，相关性数量有时也会非常小，也就是说，所有观察的 rs 碰巧彼此非常相似。因为 S_r^2 是比率的分母，这些小的 S_e^2 值会导致非常大的 S_e^2/S_r^2 值，有时大到 30 或更多。此外，如果 S_r^2 碰巧是 0，那么这个比率就是无穷大。这些极值使比率均值高于 1.00，比率中位数非常接近 1。Callender 和 Osburn（1988）的分析充分解释了 Spector 和 Levine（1987）的惊人结论，并证明了相关性的基本抽样方差公式实际上是准确的。

值得注意的是，如果 Spector 和 Levine 使用了比率的倒数，他们就不会得出他们的结论。也就是说，如果他们用 S_r^2/S_e^2 而不是 S_e^2/S_r^2，他们会发现，比率均值是 1。在这个倒数的比率中，最极端的可能值是 0（而不是无穷大），并且比率的分布更少发生失真。这一点对于本节讨论的二阶元分析具有重要意义。如前所述，这种二阶元分析的形式是通过在类似的元分析中平均人为误差所占的方差百分比来进行的。在任何给定的元分析中，这个百分比是预测人为误差的方差（抽样方差加上其他人为误差因素引起的方差）与观察方差的比率。1 除以这个比率是反过来的。在二阶元分析中，这一反向比率应在所有研究中取均值，然后取均值的倒数。这一过程可以防止 Spector-Levine 研究中出现向上偏差，并对元分析中由于人为误差造成的平均方差百分比进行无偏估计。有关应用程序的例子，请参见 Rothstein 等人（1990）。

元分析表明，由于（一阶）抽样误差的失真效应，单个研究中的信息量是多么少。对二阶抽样误差的检验表明，即使几项综合元分析的研究也包含有限的研究中的方差信息（尽管它们提供了关于均值的大量信息）。跨研究差异的准确分析需要基于大量研究的元分析（我们有多达 882 项研究；如 Pearlman 等，1980）或者类似元分析的元分析（二阶元分析）。这是由小样本研究的行为科学和社会科学（或任何其他领域，例如生物医学领域）的现实情况和不确定性所决定的。这些问题没有完美的解决方案，但是元分析是最好的解决方案。随着研究数量的增加，后续的元分析将变得越来越准确。

9.6　具有常数自变量的二阶元分析

当有许多独立的元分析集中在相同的自变量和因变量上时，可以进行另一种形式的二阶元分析（Schmidt，Oh，2013）。例如，Oh（2009）在 4 个东亚国家对预测工作绩效的 5 种人格特质的效度进行了单独的元分析。每个元分析仅包含在该国进行的研究中，因此元分析之间没有重叠的研究。国与国之间的平均效度值存在差异，但采用本节所述的方法进行的二阶元分析表明，各国平均相关性数值的大部分差异是由二阶抽样误差引起的。对于责任心这一人格特质，所有国家间的差异都是二阶抽样误差造成的，这表明该特质在所有国家的平均效度相同。Schmidt 和 Oh（2013）提出了其他类似应用。在不同国家或地区对相同自变量和因变量进行元分析的数量正在增加，因此这种形式的二阶元分析变得越来越重要。

在本节中，我们给出了二阶元分析的基本公式和计算方法，它也应用于：①基本元分析（如第 3 章所述）；②分别校正每个值的元分析（如第 3 章所述）；③使用人为分布方法校正人为误差的元分析（如第 4 章所述）。这种表述是根据相关性而言，但是当结果统计量是 d 值时，类似的公式也适用。

基本元分析的二阶元分析

在分析二阶元分析时，若一阶元分析仅校正了抽样误差，则式（9-1）是基本公式：

$$\hat{\sigma}^2_{\bar{\rho}_{xy}} = S^2_{\bar{\bar{r}}} - E(S^2_{e_{\bar{r}_i}}) \tag{9-1}$$

其中，公式左侧的项是减去二阶抽样误差后，未校正平均相关性的总体方差估计值（$\hat{\bar{\rho}}_{xy}$）。式（9-1）右侧第一项为跨越混合元分析的平均相关性的加权方差，计算方法如下：

$$S_{\hat{\bar{r}}}^2 = \sum_1^m w_i(\hat{\bar{r}}_i - \hat{\bar{\bar{r}}})^2 / \sum_1^m w_i \tag{9-1a}$$

其中：

$$\hat{\bar{\bar{r}}} = \sum_1^m w_i \hat{\bar{r}}_i / \sum_1^m w_i \tag{9-1b}$$

而且：

$$w_i = \left(\frac{S_{r_i}^2}{k_i}\right)^{-1} \tag{9-1c}$$

$S_{r_i}^2$ 是在第 i 个元分析中观察相关性 (rs) 的方差，$\hat{\bar{r}}_i$ 是第 i 个元分析中平均效应量的估计，$\hat{\bar{\bar{r}}}$ 是混合元分析的（加权）总平均效应估计值，k_i 是包括在第 i 个元分析中的初始研究的数量，w_i 是用于第 i 个元分析的权重。式（9-1）右侧第二项为跨 m 个元分析的期望（加权平均）二阶抽样误差方差：

$$E\left(S_{e_{\hat{\bar{r}}_i}}^2\right) = \sum_1^m \left(w_i \frac{S_{r_i}^2}{k_i}\right) / \sum_1^m w_i \tag{9-1d}$$

式（9-1d）简化为式（9-1e）：

$$E\left(S_{e_{\hat{\bar{r}}_i}}^2\right) = m / \sum_1^m w_i \tag{9-1e}$$

总而言之，每个元分析都报告了一个平均未校正的（即观察的平均）相关性，$\hat{\bar{r}}_i$。式（9-1）中右侧第一项为这些相关性均值的加权方差。计算结果如式（9-1a）和式（9-1b）所示。式（9-1a）、式（9-1b）、式（9-1d）和式（9-1e）中使用的权值（w_i）如式（9-1c）所做的定义。每个权重是第 i 个元分析中相关性均值的随机效应（RE）抽样误差方差的倒数（Schmidt，Oh，Hayes，2009）。式（9-1）中右侧第二项为这些均值相关性的抽样误差方差。每个元分析都将报告该元分析中观察的相关性方差。将每个这样的方差除以 k_i（该元分析中的研究数量），得到该元分析中平均 $r(\hat{\bar{r}}_i)$ 的 RE 抽样误差方差（Schmidt，Oh，Hayes，2009）（这反映了众所周知的原则，即任意一组分数的均值的抽样误差方差是分数的方差除以分数的个数，并且均值的标准误是这个值的平方根）。如式（9-1d）和式（9-1e）所示，在混合元分析中，这些值的加权平均估计了随机效应模型抽样误差方差的均值 rs，并作为一组。该值的平方根除以 m 的平方根是标准误（$SE_{\hat{\bar{\bar{r}}}}$），可用于估计（加权的）总体均值 [$\hat{\bar{\bar{r}}}$，由式（9-1b）计算] 置信区间。同时，使用式（9-1）左边数值的平方根，可以在混合元分析中围绕总平均相关性构造一个置信区间（见第 5 章和第 8 章），其中一阶总体元分析（平均）效应量（$\hat{\bar{\rho}}_{xy}$）给定的百分比预计位于该区间内。例如，80% 预计在 80% 可信区间内。若式（9-1）左侧的数值为零，则结论是元分析中平均总体相关性相同。在这种情况下，所有观察方差都是由二阶抽样误差来解释的，结论是没有调节变量。如果它大于零，就可以计算由二阶抽样误差引起的元分析之间的方差比例。它的计算式为式（9-1）右侧第二项与右侧第一项之比：

$$\text{Proportion Var}=E\left(S_{e_{\hat{\bar{r}}_i}}^2\right)/S_{\hat{\bar{r}}}^2 \tag{9-1f}$$

1−Proportion Var 表示一阶（基本）元分析的平均相关性中的"真实"方差（即方差不是由二阶抽样误差引起的）。因此，这个数值是元分析相关性的信度（作为一组值，每个一阶元分析对应一个值，见第 3 章和第 7 章）。这是因为信度是总方差中真实方差的比例（Magnusson，1966；Nunally，Bernstein，1994）。正如后面讨论的，这个值可用于通过将一阶元分析的均值回归到总平均相关性（跨一阶元分析的均值），从而提高一阶元分析中这些平均（元分析）相关性估计的准确性。这两种分析都是二阶元分析所特有的，不能用其他分析方法进行。

分别校正相关性的二阶元分析

测量误差存在于所有研究中，它会对研究中检验的所有关系产生偏差。因此，校正这些偏差是很重要的。元分析的一种方法是分别校正每个相关性的向下偏差，这种偏差是由测量误差和其他人为误差所造成的（见第 3 章）。当进入二阶元分析时，一阶元分析已经针对测量误差（以及范围限制和二分法，如果适用）对每个相关性进行了校正，则二阶元分析的基本公式为：

$$\hat{\sigma}_{\hat{\bar{\rho}}}^2=S_{\hat{\bar{\rho}}}^2-E(S_{e_{\hat{\bar{\rho}}_i}}^2) \tag{9-2}$$

式中，左边项是对总体均值衰减（disattenuated）相关性（$\hat{\bar{\rho}}$）的 m 个元分析中实际（非人为误差）方差的估计，即减去二阶抽样误差引起的方差后的方差。式（9-2）右侧第一项为 m 个元分析中单独校正的相关性的方差均值，计算方法如下：

$$S_{\hat{\bar{\rho}}}^2=\sum_1^m w_i^*(\hat{\bar{\rho}}_i-\bar{\hat{\bar{\rho}}})^2/\sum_1^m w_i^* \tag{9-2a}$$

其中：

$$\bar{\hat{\bar{\rho}}}=\sum_1^m w_i^*\hat{\bar{\rho}}_i/\sum_1^m w_i^* \tag{9-2b}$$

而且

$$w_i^*=\left(\frac{S_{r_{c_i}}^2}{k_i}\right)^{-1} \tag{9-2c}$$

$S_{r_{c_i}}^2$ 为第 i 个元分析中衰减（disattenuated）（分别校正）相关性的加权方差，$\hat{\bar{\rho}}$ 是元分析中去衰减的相关性均值，$\bar{\hat{\bar{\rho}}}$ 是 m 个元分析（加权的）总效应量均值，k_i 是第 i 个元分析的初始研究数量，w_i^* 是用于第 i 个元分析的权重。式（9-2）右侧第二项为混合元分析的加权平均二阶抽样误差方差：

$$E(S_{e_{\hat{\bar{\rho}}_i}}^2)=\sum_1^m w_i^*\left(\frac{S_{r_{c_i}}^2}{k_i}\right)/\sum_1^m w_i^* \tag{9-2d}$$

式（9-2d）简化为式（9-2e）：

$$E(S^2_{e_{\hat{\bar{\rho}}_i}}) = m / \sum_1^m w_i^* \qquad (9\text{-}2e)$$

式中，对 w_i^* 的定义如式（9-2c）所示。

综上所述，每个一阶元分析都会报告一个衰减相关性均值（元分析相关性均值，$\hat{\bar{\rho}}_i$）的估计值。式（9-2）右边的第一项是一阶元分析中这些元分析相关性均值的方差。计算结果如式（9-2a）和式（9-2b）所示。式（9-2c）显示了式（9-2a）和式（9-2b）中使用的权重。式（9-2）右侧第二项为这些元分析相关性的二阶抽样误差方差的期望值。为了准确起见，每个元分析将报告其包含的校正相关性的方差估计值，最好准确到小数点后四位。将这个值除以 k（元分析中的研究数量），得到该元分析相关性的 RE 抽样误差方差（Schmidt，Oh，Hayes，2009）(如前所述，这反映了众所周知的统计学原理，即任何一组分数的抽样误差方差的均值等于分数的方差除以分数的个数，而标准误的均值是这个值的平方根)。如式（9-2d）和式（9-2e）所示，这些值在 m 个元分析中的加权平均得到式（9-2）所需的二阶抽样误差方差。

该值的平方根除以 m 个元分析的平方根就是标准误，可用于围绕总均值构建置信区间 [$\hat{\bar{\bar{\rho}}}$；如式（9-2b）]。

式（9-2）左侧的一项为去衰减总体相关性均值（$\hat{\bar{\rho}}_i$）的元分析实际（非人为的）方差的估计，即剔除二阶抽样误差方差后的一阶元分析估计的方差。利用该值（$\hat{\sigma}_{\bar{\rho}}$）的平方根，可信区间置于式（9-2b）中计算的总均值附近。

若式（9-2）左边的值为零，则表明多个元分析的总体相关性均值是相同的。所有方差均由二阶抽样误差解释。如果该值大于零，就可以计算由二阶抽样误差解释的元分析方差百分比。计算式（9-2）右侧第二项与右侧第一项之比：

$$\text{Proportion Var} = E(S^2_{e_{\hat{\bar{\rho}}_i}}) / S^2_{\hat{\bar{\rho}}} \qquad (9\text{-}2f)$$

1−Proportion Var 表示整个一阶元分析中总相关性均值方差所占的比例，该值为真实方差（即方差不是由二阶抽样误差引起的）。因此，这个数字是一阶总体相关性估计均值的信度（见第 3 章），因为信度是总方差中真实方差的比例（Magnuson，1966；Nunnally，Bernstein，1994）。该值可用于通过将这些一阶元分析均值回归到去衰减总相关性均值来改进对它们的估计 [m 个元分析的均值，如式（9-2b）所计算]。此外，当 $S^2_{\hat{\bar{\rho}}}$ 为零时，Var 百分比为 100%，m 个一阶元分析均值估计向量的信度为零 [如 Schmidt 和 Oh（2013）的表 2 中的责任心]。这和所有考生考试成绩相同，使得考试的信度为零的情况是一样的。

人为误差分布的二阶元分析

通常，许多或大多数研究都无法获得分别校正每个测量误差相关性所需的信息。在这类文献中，元分析仍可以通过使用来自其他可信来源的测量误差估计（信度估计）来校正测量误差，如前所述。这种元分析方法称为人为误差分布元分析（见第 4 章），式（9-3）为当一阶元分析使用元分析的人为误差分布方法时的二阶元分析基本公式：

$$\hat{\sigma}^2_{\bar{\rho}} = S^2_{\hat{\bar{\rho}}} - E(S^2_{e_{\hat{\bar{\rho}}_i}}) \qquad (9\text{-}3)$$

式（9-3）左侧的项为 m 个一阶元分析中总体元分析（衰减）相关性（总体参数值）的非人为误差方差的估计。这是减去二阶抽样误差后的方差。式（9-3）右侧第一项为 m 个元分析中衰减相关性的方差均值，计算如下：

$$S^2_{\hat{\bar{\rho}}} = \sum_1^m w_i^{**}(\hat{\rho}_i - \hat{\bar{\rho}})^2 / \sum_1^m w_i^{**} \tag{9-3a}$$

其中：

$$\hat{\bar{\rho}} = \sum_1^m w_i^{**}\hat{\rho}_i / \sum_1^m w_i^{**} \tag{9-3b}$$

而且

$$w_i^{**} = \left[\left(\frac{\hat{\rho}_i}{\bar{r}_i}\right)^2 \left(\frac{S^2_{r_i}}{k_i}\right)\right]^{-1} \tag{9-3c}$$

其中，$S^2_{r_i}$ 是既定元分析中观察的相关性的方差，$\hat{\rho}_i$ 是指元分析中衰减相关性均值，$\bar{r}_i$ 是元分析中元分析的（基本）相关性均值，$\hat{\bar{\rho}}$ 是 m 个元分析中的（加权）总效应量均值，k_i 是第 i 个元分析中初始研究的数量，w_i^{**} 是用于第 i 个元分析的权重。式（9-3）右侧第二项为 m 个元分析的加权平均二阶抽样误差方差：

$$E(S^2_{e_{\hat{\bar{\rho}}_i}}) = \sum_1^m \left[w_i^{**}\left(\frac{\hat{\rho}_i}{\bar{r}_i}\right)^2 \frac{S^2_{r_i}}{k_i}\right] / \sum_1^m w_i^{**} \tag{9-3d}$$

式（9-3d）化简为式（9-3e）：

$$E(S^2_{e_{\hat{\bar{\rho}}_i}}) = m / \sum_1^m w_i^{**} \tag{9-3e}$$

w_i^{**} 如式（9-3c）所定义的。式（9-3）与式（9-2）的形式相同，但其中一些项的估计不同，因此需要做出解释。式（9-3）右侧第一项为一阶元分析衰减平均总体相关性元分析的计算方差。该值的计算如式（9-3a）和式（9-3b）所示。式（9-3c）为式（9-3a）和式（9-3b）的权重。式（9-3）右侧第二项为这些估计值的方差。如式（9-3d）和式（9-3e）所示，该抽样误差估计为平均校正系数平方与基本（未校正）元分析相关性的平均抽样误差方差［$S^2_{e_{\bar{r}}}$，参见式（9-1d）］。每个元分析都会报告它所包含的观察的相关性方差。将该方差除以 k（元分析中的研究数量），得到该元分析中观察的（未校正的）相关性均值的随机抽样误差方差。如式（9-3d）和式（9-3e）所示，这些值的乘积与 m 个元分析中校正系数平方的加权均值为式（9-3）所需的随机效应抽样误差方差估计（见第 4 章）［正如在第 4 章所讨论的一阶人为误差分布的基本元分析，这是基于一个众所周知的原理，即如果一个分数的分布乘以一个常数，则标准差乘以该常数，方差乘以该常数的平方。这里的常数是校正的平均测量误差（$\hat{\rho}_i / \bar{r}_i$）］。式（9-3d）左侧的值的平方根除以 m 的平方根是标准误，即总均值的置信区间［$\hat{\bar{\rho}}$；计算式（9-3b）］。

式（9-3）左侧的值是在 m 个元分析中，被衰减的总体相关性的非人为误差方差的估计值。这是减去二阶抽样误差引起的方差后剩余的方差。当该值为负时（即二阶抽样误差方差大于一阶元分析均值估计中的观察方差），它被假设为零。如前所述，使用该值的平方根（$\hat{\sigma}_{\bar{\rho}}$），可以计算出总平均相关性的信度区间。若式（9-3）左边的值为零，则表明在 m 个元分析中，这些平均总体相关性是相同的。所有的方差都由二阶抽样误差来解释，从而得出没有调节变量的结论。如果该值大于零，则可以计算二阶抽样误差方差所占元分析方差的百分比。计算式（9-3）右侧第二项与第一项之比：

$$\text{Proportion Var} = E\left(S^2_{e_{\hat{\bar{\rho}}_i}}\right) / S^2_{\hat{\bar{\rho}}} \qquad (9\text{-}3f)$$

1−Proportion Var 表示总体衰减相关性方差为真实方差（即方差不是由二阶抽样误差引起的）。因此，这个数字是 m 个一阶元分析的平均校正相关性向量的信度。这是由于信度被定义为总方差中真实方差的百分比（方差不是由误差引起的；Magnusson，1966；Nunnally，Bernstein，1994）。这种信度反映了平均一阶校正相关性对一阶元分析结果的区分程度。

混合二阶元分析

在某些情况下，一些一阶元分析可能已经分别校正了每个相关性，而其他则应用了人为误差分布的方法。那么，如何进行二阶元分析呢？对每个系数分别进行校正的元分析可以“转化”为人为误差分布的元分析，二阶人为误差分布的元分析式可以应用于所有一阶人为误差分布的元分析。这些公式 [（式（9-3）以及式（9-3a）至式（9-3f）] 中需要的数量通常需要在元分析中报告，元分析分别校正了每个相关性，使这种转换成为可能。

二阶元分析中的注意事项

二阶元分析方法的一个局限性是：对统计独立性的要求可能会限制这些方法的应用。适度违反这一假设对结果的影响程度尚不清楚，但 Cooper 和 Koenka（2012）在讨论一种更古老、更粗略的二阶元分析时，提出将缺乏独立性降至最低可能足以产生相当准确的结果，并给出了一些已发表的二阶元分析的例子。Tracz、Elmore 和 Pohlmann（1992）在一项模拟研究中，发现在一阶元分析中违反独立性假设对结果的准确性影响很小。与独立性假设的重要性相关的问题将在第 10 章中进一步讨论。

二阶元分析与每个一阶单个研究总体相关性的变异性没有直接关系。可以肯定的是，元分析中的这种波动（即一阶元分析中初始研究中的非人为误差的波动），在二阶元分析方法中可以采用数学方法进行考虑，如式（9-1a）、式（9-1b）、式（9-1c）、式（9-2a）、式（9-2b）、式（9-2c）、式（9-3a）、式（9-3b）和式（9-3c）所示。但是，二阶抽样误差解释了一阶元分析中所有均值的波动，这一发现并不意味着在一阶元分析中总体参数没有变异。这样的发现仅仅意味着在不同的一阶元分析中均值是相等的。例如，Schmidt 和 Oh（2013）发现，不同东亚国家中责任心的平均元分析操作效度是相同的，但这并不意味着这种效度在韩国等不同的亚群体中不会有所不同。如果是这样，这种波动将反映在一阶元分析的结果中。原始一阶元分析的目的是在每个一阶元分析情境中处理初始研究间的这种非人为误差的波动。二阶元分析的目的是测量元分析之间真实（非人为误差）变异性（如跨国家、跨地区、跨准则、跨情境），并利用这些信息来提高每个一阶元分析均值估计的准确性。

对二阶元分析的可能反对意见如下：为什么不进行整体元分析，而进行二阶元分析，即合并所有初始研究数据的元分析（这将产生与二阶元分析相同的总体均值），然后根据假设的调节变量（产生与二阶元分析中相同的亚组均值）进行子元分析（sub-meta-analyses）？首先，这通常是一个不可能或不切实际的选择，因为在所有一阶元分析中使用的初始研究通常是不可用的。直到最近，组织行为学和人力资源管理领域的一些期刊（如《应用心理学杂志》）的元分析，才要求元分析报告中使用所有的初始研究数据（Aytug，Rothstein，Zhou，Kern，2012；Kepes，Banks，McDaniel，Whetzel，2012）。如前所述，二阶元分析只能使用一阶元分析结果（k，平均观察 r，平均校正 r，以及观察或校正 r 之间的方差），因此，它可以应用于大多数（如果不是全部的话）以前的一阶元分析。其次，也许更重要的是，这个程序不允许估计亚组元分析之间的方差（和方差百分比），因为二阶抽样误差方差不是在综合元分析方法中计算的（或能计算的）。这是因为综合元分析及其亚组元分析都是一阶元分析。例如，将该方法应用于我们的第一个例子中的责任心效度数据时，并没有发现 4 个东亚国家的元分析操作效度值的所有方差都是二阶抽样误差造成的。相反，这些值将按面值（face value）计算。因此，综合元分析程序并不能代替二阶元分析。

这个反对意见的一个变体是：为什么不进行一个综合的、合并的元分析，以及基于假设的调节变量的亚组元分析，然后查看相关的方差？综合元分析中估计的总体参数方差与在亚组元分析中这个数字的均值之间的差异，估计亚组均值的方差（亚组元分析中均值的方差）。这一表述反映了众所周知的方差分析（ANOVA）原理，即总方差是组间方差与组内平均方差之和。然而，知道亚组的方差意味着不允许估计这个方差中有多少是（或不是）由二阶抽样误差引起的，因此不允许计算这个方差中由二阶抽样误差引起的比例。因此，Schmidt 和 Oh（2013）的例子中给出的分析无法进行。例如，如果所有的均值之间方差都由二阶抽样误差来解释（就像我们第一个例子应用中的责任心情况一样），那么我们就不可能知道这一点。这里所提倡的程序允许计算组间方差占均值总方差的百分比，但这与由二阶抽样误差方差引起的组间方差占均值的百分比不同。所以，这种方法并不能代替二阶元分析。

另一个可能的反对意见是：为什么不直接计算元回归，在这个回归中，编码假设的调节变量被用来预测所有一阶元分析汇总的初始研究相关性？（这些相关性既可以是观察的相关性，如在基本元分析中，也可以是校正测量误差后的相关性。）这个程序失败的原因与上面相同：平方组合相关性将揭示假设的调节变量或调节变量占总方差的百分比。但它不能揭示二阶抽样误差所解释的均值方差的百分比，因此二阶元分析所允许的分析不能进行。所以这个程序也不能代替二阶元分析。

综上所述，二阶元分析方法提供了传统的一阶元分析方法无法获得的独特信息。这些方法在进行跨文化概化研究（即利用国内研究，综合不同国家对同一关系进行的一阶元分析）和元分析调节变量分析（即比较不同情境或组中相同关系的一阶元分析结果，例如，种族或社会阶层团体）。如 Schmidt 和 Oh（2013）给出的几个实证例子，从累积知识和理解角度来看，这种独特的信息很重要。

9.7　二阶抽样误差：技术处理

本节对元分析中的二阶抽样误差和统计功效进行了更为技术性和分析性的处理。为了简化表示，结果被表示为“基本”元分析，即元分析中抽样误差是唯一出现的人为误差，并对其进行了校正。然而，这些原则适用于本书中介绍的更完整的元分析形式。

如果元分析是基于大量研究，那么在元分析估计中几乎没有抽样误差。但是，如果元分析仅仅基于少量的研究，那么在均值和标准差的元分析估计中就会有抽样误差。这叫作二阶抽样误差。有两种潜在的二阶抽样误差：一种是初始研究中不完全平均的抽样误差所导致的抽样误差，另一种是研究中效应量的变异所引起的抽样误差。我们将初始研究中未解决的抽样误差称为“二次二阶抽样误差”，简称“二次抽样误差”。我们将效应量变异引起的抽样误差称为“一次二阶抽样误差”。表 9-2 给出了两种二阶抽样误差发生的情况。这个表的关键是我们是否在总体中有同质性或异质性的情况。在同质性的情况下，总体中 ρ 和 δ 值没有变异。在异质性的情况下，总体中 ρ 和 δ 值有所不同。正如我们在第 5 章和第 8 章中指出的，异质性情况在实际数据中更为常见。注意，无论这组研究是同质性的还是异质性的，都存在二阶抽样误差。这是因为，在真实的数据集中，研究的数量永远不会是无限的，也不是所有的研究都有无限的样本量，因为这是完全剔除二阶抽样误差的唯一条件。然而，一次二阶抽样误差只发生在异质性情况下。当 ρ 或 δ 值有差异时，那么一次二阶抽样误差将由 ρ_i 或 δ_i 的特定值的抽样来产生。这不会发生在同质性的情况下，因为不同的 ρ 或 δ 值不能被抽样，所以在所有研究中只有一个 ρ 或 δ 值。然而，由于同质性情况在实际数据中很少见，因此在实际的元分析中通常会出现两种二阶抽样误差。也就是说，经典的真实元分析属于表 9-2 的最后一行。

表 9-2 二阶抽样误差：两种二阶抽样误差发生的示意

	二次二阶抽样误差	一次二阶抽样误差
同质情况下 （$S_\rho^2=0$; $S_\delta^2=0$）	是	否
异质情况下 （$S_\rho^2>0$; $S_\delta^2>0$）	是	是

为简便起见，下面将对 d 统计量的分析进行讨论，但当研究数量不多时，基于相关性或其他统计量的分析也存在二阶抽样误差。特别是，相关性二阶抽样误差与 d 值的抽样误差是直接相似的。

考虑二次抽样误差。元分析估计值是均值。因此，单个研究中的抽样误差在所有研究中是取均值。如果对足够多的研究进行平均，那么平均抽样误差效应量就可以准确地计算，从而准确地校正。然而，如果研究的数量较少，那么平均抽样误差效应量仍是部分随机的。例如，考虑平均效应量。如果忽略 d 统计量中的小偏差（见第 7 章和第 8 章），则平均 d 值的元分析是：

$$\text{Ave}(d) = \text{Ave}(\delta) + \text{Ave}(e) \quad (9\text{-}4)$$

如果研究的数量很大，那么各个研究的平均抽样误差 Ave(e) 将等于其总体值 0。也就是说，如果我们对大量特定的抽样误差求均值，抽样误差就会完全抵消，平均为 0。若 Ave(e)=0，则：

$$\text{Ave}(d)=\text{Ave}(\delta) \quad (9\text{-}5)$$

也就是说，如果元分析的平均抽样误差为 0，那么元分析中观察的平均效应量等于元分析中总体效应量的均值。若 Ave(e) 与 0 不同，则为二次抽样误差的效应。

如果二次抽样误差为 0，那么元分析中的平均效应量将等于元分析中纳入研究的平均总体效应量。然而，我们想知道的是整个研究领域的平均总体效应量。元分析中的平均效应量可能与整个领域的平均效应量不同。如果在整个研究领域没有方差（同质性的情况下），然后对任何一个元分析都有 Ave(δ)=δ，元分析的均值和整个研究领域的均值没有差异。然而，如果研究中存在变异（异质性情况），那么元分析中均值可能偶然地不同于整个领域中的均值。这是一次二阶抽样误差。

如果研究的数量很大，且在研究领域具有代表性，那么元分析中的平均总体效应量 Ave(δ)，将与整个研究领域的平均总体效应量有细微的差别。也就是说，如果研究数量很大，那么元分析中 Ave(d) 值几乎等于整个潜在研究领域的均值。因此，对大量的研究来说，元分析均值中不会存在一次二阶抽样误差。

在下一节中，我们将推导一个置信区间来估计元分析均值中二阶抽样误差的潜在范围。

在元分析中两者的均值（即 $\hat{\bar{\rho}}$ 或 $\hat{\bar{\delta}}$）与标准差（即 SD_ρ 或 SD_δ）估计存在二阶抽样误差，虽然与均值相比，标准差确切的关系更加复杂。如果研究的数量很大，那么元分析中特定抽样误差的方差 Var(e) 将等于统计理论预测的值。如果研究的数量较少，那么观察的抽样误差方差可能与统计上的期望值不同。同样，如果研究的数量很大，那么包括在元分析中的特定效应量的方差 Var(δ)，将等于整个研究领域的方差。然而，如果研究的数量较少，那么元分析中研究总体效应量的方差可能与总体效应量的方差碰巧存在差异。这也可以表述为：如果研究的数量较多，那么效应量与抽样误差之间的协方差为 0，但是如果研究的数量较少，那么元分析中的协方差可能碰巧不等于 0。

让我们更详细地考虑一次二阶抽样误差。关键问题是，是否存在二阶抽样误差。有两种可能的情况。第一，存在“同质性情况”，在这种情况下，不同研究总体效应量不会有差异（即 S_δ^2=0）。第二，存在“异质性情况”，即在不同的研究中，总体效应量存在差异（即 $S_\delta^2>0$）。考虑第一种的情况下总体研究效应量 δ_i，在各个研究间没有不同。在同质情况下：

$$\delta_i=\delta \text{适用于该领域的每一项研究}$$

正如第 5 章和第 8 章以及本章前面所讨论的，同质性情况在实际数据中可能很罕见。在同质性情况下，可以说“这个”总体效应量是 δ。因为 δ_i 对每个研究都是一样的：

$$\text{Ave}(\delta_i)=\delta \text{适用于该领域的任何一组研究}$$

$$\text{Var}(\delta_i)=0 \text{适用于该领域的任何一组研究}$$

元分析观察的平均效应量为：

$$\begin{aligned}\text{Ave}\left(d_i\right)&=\text{Ave}\left(\delta_i\right)+\text{Ave}\left(e_i\right)\\&=\delta+\text{Ave}\left(e_i\right)\end{aligned} \tag{9-6}$$

因此，只有元分析中平均抽样误差不同于 0 时，元分析平均效应量才不同于效应量 δ。也就是说，元分析中平均效应量中唯一的二阶抽样误差是二次抽样误差，即由一次抽样误差引起的抽样误差，它的平均误差碰巧不等于 0。

在同质性情况下，所有研究的总体效应量是恒定的。因此：

$$\mathrm{Var}(d_i)=\mathrm{Var}(e_i)$$

如果研究数量较大，则元分析中特定抽样误差的方差等于统计理论对整体预测的方差。然而，如果元分析中特定的抽样误差与研究领域方差碰巧存在差异，则无法从元分析中剔除未解决的一次抽样误差。因此，在同质性情况下，观察的效应量方差中二阶抽样误差仅为二次抽样误差，即未解决的一阶研究抽样误差。

现在让我们考虑一下异质性的情况，在这种情况下，总体效应量在不同的研究中是不同的（即 $S_\delta^2>0$ ）。元分析中观察的平均效应量为：

$$\mathrm{Ave}(d_i)=\mathrm{Ave}(\delta_i)+\mathrm{Ave}(e_i) \tag{9-7}$$

如果研究的数量很小，那么可能有两项误差：平均抽样误差 $\mathrm{Ave}(e_i)$ 和平均总体效应量 $\mathrm{Ave}(\delta_i)$ 。考虑平均抽样误差 $\mathrm{Ave}(e_i)$ 。偶然的情况下，元分析的平均抽样误差 $\mathrm{Ave}(e_i)$ 可能会偏离 0 一小部分。这是二次抽样误差。如果研究的数量足够多，二次抽样误差总是收敛到 0。然而，即使研究的数量很少，二次抽样误差也可能很小。如果初始研究的样本量都非常大——这在心理学研究中是不太可能的，那么单个抽样误差的均值将接近于 0。即使研究的数量很少，平均抽样误差也会接近于 0。

现在考虑另一项平均效应量 $\mathrm{Ave}(\delta_i)$ ，元分析的平均总体效应量。若研究数量较大，则元分析中的平均总体效应量与整个研究领域的平均总体效应量相差不大。然而，如果研究的数量很少，那么元分析中观察的特定值（ δ_i ）只是整个研究领域效应量的一个样本。因此，元分析中的平均效应量可能与整个研究领域的平均效应量有一定的差异。这种偏差是一次二阶抽样误差。即使所有的初始研究都是基于无数个被试完成的（即使每个初始研究的抽样误差 e_i 为 0），那么元分析中特定的效应量不一定有与研究领域完全相等的均值。

因此，在异质性的情况下，元分析中总体效应量的均值和标准差都会偏离研究领域均值，因为观察的研究只是研究的样本。这就是“一次二阶抽样误差”。

同质性的情况

在定义同质性一词时，区分实际处理效应和研究总体处理效应是很重要的。 因为，研究总体处理效应与实际处理效应相等的研究较少。在所有的实际处理效应相同的研究领域中，不同研究间的人为误差变异（例如，不同研究中测量误差的不同程度）将导致研究效应量上的人为差异。在目前大多数元分析教科书中，同质性的定义都被隐含的统计假设所模糊。同质性的定义要求研究总体效应量在各个研究中完全一致。特别是，目前大多数卡方同质性检验不仅假设各个研究的实际处理效应是恒定的，还假设各个研究的人为误差值（如测量误差）没有变异。这种假设在实际数据中不太可能成立。

大多数当代实验处理的元分析都是基本元分析；没有对测量误差或处理强度变异、构念效度变异或其他人为误差进行校正。对于一个基本元分析，所有研究的研究总体效应量不太可能完全相等。为了使研究效应量一致，研究不仅要在实际效应量上一致，而且在人为误差值上也要一致。所有的研究都必须以完全相同的信度和构念效度来测量因变量。在小组识别中，所有的研究都必须有相同程度的错误识别，即使是无意的处理失败等（见第 5 章和第 8 章关于固定和随机元分析模型的讨论，固定效应元分析模型假设同质性情况，也见第 2 章和第 6 章)。然而，在某些情况下，把同质性情况看作近似是有用的。

为了阐述二阶抽样误差，我们假设在同质性情况下，并用 δ 表示统一的研究效应量。假设平均样本量为 50 或更大，这样我们就可以忽略均值 d 的偏差。然后，处理效应与 δ 的区别仅在于抽样误差。也就是说：

$$d_i = \delta + e_i \tag{9-8}$$

然后，我们有：

$$\text{Ave}(d) = \delta + \text{Ave}(e_i) \tag{9-9}$$

$$\text{Var}(d)=\text{Var}(e_i) \tag{9-10}$$

仅当平均抽样误差不是期望值 0 时，即仅当研究数量太少，误差无法平均到期望值（在误差范围内）时，均值才不同于 δ。只有当抽样误差方差 $\text{Var}(e_i)$ 与期望方差 $\text{Var}(e)$ 不同时，观察效应量的方差才与 $\text{Var}(e)$ 不同。在对大量研究进行元分析时不会出现这种情况。方差估计中的抽样误差（$\hat{S}_\delta^2$）大于均值估计中的抽样误差（$\bar{\delta}$）。因此，在大多数元分析中，效应量方差估计中的抽样误差要比平均效应量估计中的抽样误差重要得多。

在同质性情况下，基本元分析的平均效应量的抽样误差由抽样误差公式获得：

$$\bar{d}=\delta+\varepsilon$$

其中，$\bar{d}$ 是平均效应量，ε 为平均抽样误差。元分析抽样误差 ε 分布是由下式描述：

$$\begin{aligned} E(\varepsilon)&=0 \\ \text{Var}(\varepsilon)&=\text{Var}(e)/K \end{aligned} \tag{9-11}$$

其中，K 为研究数量，$\text{Ave}(e)$ 为元分析中各研究的平均抽样误差方差。$\text{Var}(\varepsilon)^{\frac{1}{2}}=SD_\varepsilon$。因此，在同质性假设下，基本元分析中平均效应量 95% 的置信区间为：

$$\text{Ave}(d)-1.96SD_\varepsilon < \text{Ave}(d)+1.96SD_\varepsilon$$

（当超过抽样误差的人为误差被校正时，计算这个置信区间的方法请参阅第 5 章和第 8 章。）

通过考虑方差比，得到了基本元分析中效应量估计方差的抽样误差。对于大量的研究，可以通过计算如下比值来确定同质性条件：

$$\text{Var}(d)/\text{Var}(e)=1$$

对少量的研究来说，这个比率会因抽样误差而偏离 1。许多作者建议使用卡方检验来评估超出抽样误差方差以外的变异程度。统计量 Q 定义为：

$$Q=K\text{Var}(d)/\text{Var}(e)$$

我们建议你不要使用 Q 统计量。Q 统计量是比较方差比乘以研究数量。在同质性假设下，Q 是具有 $K-1$ 个自由度的卡方分布。这是当代元分析中最常用的“同质性检验”。同质性检验具有显著性检验的所有严重缺陷。第 2 章对这些缺陷进行了讨论。如果研究的数量很少，那么一个真正的调节变量必须很大才能被这个测试检测到。也就是说，除非调节效应（交互作用）非常大，否则测试的功效较低（Hedges，Pigott，2001；National Research Council，1992）。另外，如果研究数量很大，那么任何偏离同质性的细微差异，例如不同研究间的人为误差一致性的偏离，都可能表明没有调节变量的情况存在调节变量。由于这些问题，我们建议不要使用同质性检验。

异质性的情况

若研究领域是异质性的（即 $S_\delta^2>0$），则由于研究数量不是无限的，因而可能存在一次二阶抽样误差。因此，在异质性情况下的真实元分析中，存在两种误差：一次抽样误差和二次二阶抽样误差。为了便于讨论，我们将首先关注二次二阶抽样误差。为了做到这一点，我们将做一个非常不现实的假设，我们将假设：①所有研究都是以无限的效应进行的，或者②（这是一样的）所有研究总体效应量都是已知的。在考虑特殊情况后，我们将回到实际情况的一阶和二阶抽样误差。

为了使一次二阶抽样误差清晰可见，我们先剔除一阶抽样误差。也就是说，我们假设所有研究的 Ns 都是无穷大的。假设在不同的研究中，总体效应量是不同的（即 $S_\delta^2>0$）。单个研究效应量为 δ_i。在这些假设下，元分析将计算研究效应量的均值和方差：

$$\text{Ave}(d)=\text{Ave}(\delta_i)$$

$$\text{Var}(d)=\text{Var}(\delta_i)$$

然而，如果研究数量较少，元分析中研究的平均总体效应量只是研究领域中所有可能研究的总体效应量的样本均值。

调节变量最简单的情况是二元情况，例如，对男性和女性的研究。二元变量的统计描述包括四部分信息：二元变量所取的两个值和每个值的概率。用 X_1 和 X_2 表示这两个值，用 p 和 q 表示各自的概率，因为概率之和为 1，$p+q=1$，因此 $q=1-p$。均值为：

$$E(X)=pX_1+qX_2 \quad (9\text{-}12)$$

设 D 表示值之间的差；也就是说，定义 D 为：

$$D=X_1-X_2$$

二元变量的方差为：

$$\text{Var}(X)=pqD^2 \quad (9\text{-}13)$$

假设一个研究领域有一个调节变量，对于 50% 研究，效应量为 $\delta=0.20$，而其他 50% 的研究中，效应量为 $\delta=0.30$。对于整个研究领域，平均效应量为：

$$\text{Ave}(\delta)=0.50\times0.20+0.50\times0.30=0.25$$

方差为：

$$\text{Ave}(\delta)=pqD^2=(0.50)(0.50)(0.30-0.20)^2=0.002\,5$$

因此，标准差是 $SD_\delta=0.05$。考虑 $K=10$ 项研究的元分析。如果研究被分成 5 和 5，那么对于这个元分析，平均效应量将是 0.25，标准差将是 0.05。然而，假设这些研究碰巧被分成了 7 份和 3 份。平均效应量将是：

$$\text{Ave}(d)=(7/10)(0.20)+(3/10)(0.30)=0.23$$

而不是 0.25。方差是：

$$\text{Ave}(d)=(7/10)(3/10)(0.30-0.20)^2=(0.21)(0.01)=0.0021$$

而不是 0.002 5。也就是说，标准差是 0.046，而不是 0.05。这些效应量的均值和标准差的偏差是一次二阶抽样误差，这种偏差是由于研究样本与研究领域（即研究总体）之间碰巧存在差异而引起的。

一次二阶抽样误差有多大？对于平均效应量，答案很简单：

$$\text{Var}[\text{Ave}(\delta)]=\text{Var}(\delta)/K \tag{9-14}$$

一次二阶抽样误差方差的估计取决于效应量分布的形态。这超出了本书讨论的范围。

现在考虑一个真实的元分析例子，其中包含少量异质性研究。一阶抽样误差和二阶抽样误差同时存在。对于一个基本元分析的平均效应量，很容易得到：

$$\begin{aligned}\text{Var}\big[\text{Ave}(d)\big]&=\text{Var}\big[\text{Ave}(\delta)\big]+\text{Var}\big[\text{Ave}(e)\big]\\&=\text{Var}(\delta)/K+\text{Var}(e)/K\\&=\big[\text{Var}(\delta)+\text{Var}(e)\big]/K\\&=\text{Var}(d)/K\end{aligned} \tag{9-15}$$

这个数字的平方根是 $\bar{d}$ 的标准差，用来构建 $\bar{d}$ 的置信区间。这个公式适用于基本估计公式中使用的任何一组权重（见：Hunter，Schmidt, 2000；Schmidt，Hunter，Raju，1988；Schmidt，Oh，Hayes，2009）。式（9-15）应用于基本元分析；在异质性情况下（随机效应模型），当测量误差和除抽样误差外的其他人为误差被校正时，分别计算 $\hat{\bar{\delta}}$ 或 $\bar{\rho}$ 置信区间的方法参见第 8 章和第 5 章。标准差（或 $\hat{S}_{\delta}^2$）的标准误要复杂得多，超出了本书的范围（见 Raju，Drasgow，2003）。

一个数值的例子

考虑第 7 章给出的第一个数值例子：

N	d
100	0.01
90	0.41
50	0.50
40	−0.10

使用更准确的公式进行元分析，发现：

$$T=280$$
$$K=4$$
$$\bar{N}=70$$
$$\text{Ave}(d)=0.20$$
$$\text{Var}(d)=0.058854$$
$$\text{Var}(e)=0.059143$$

这里所有观察方差都是由抽样误差来解释的，因而效应量的标准差为 0。因此，唯一的二阶抽样误差将是平均效应量中的二阶抽样误差。如前所述，对于同质性情况，基本元分析的平均抽样误差为：

$$\text{Var}[\text{Ave}(d)]=\text{Var}(e)/K=0.059\,143/4=0.014\,786$$

因此，均值的标准误是 0.12。效应量 δ 的 95% 置信区间是：

$$0.20-1.96(0.12)<\delta<0.20+1.96(0.12)$$
$$-0.04<\delta<0.44$$

因此，本元分析中抽样误差是相当大的。我们不能确定效应量实际上是正的。

之前元分析的问题是总样本量。280 的总样本量即使对单个研究来说也是小样本量。因此，这种元分析预计会有相当大的抽样误差。为了更清楚地说明这一点，假设研究的数量是 $K=40$ 而不是 $K=4$。那么总样本量将是 $T=2\,800$，这远非无穷大，但是仍很可观。抽样误差方差将是：

$$\text{Var}[\text{Ave}(d)]=\text{Var}(e)/K=0.591\,43/40=0.001\,479$$

标准误是 0.04。置信区间是：

$$0.20-1.96(0.04)<\delta<0.20+1.96(0.04)$$
$$0.12<\delta<0.28$$

假设 40 项研究的平均样本量为 70，已知 δ 的均值为正，95% 不确定性区间的宽度从 0.48 缩小到 0.16。

如果研究数量为 400 项，那么总样本量将为 28 000，95% 置信区间将缩小到：

$$0.18<\delta<0.22$$

因此，在这些假设下，元分析最终将产生非常准确的效应量估计。然而，如果初始研究的平均样本量非常小，则需要的研究数量可能相当大。

另一个例子：由专家进行的领导力培训

考虑第 7 章表 7-1 中领导力的基本元分析。让我们来说明这些估计的置信区间的计算。这里有一个异质性情况，所以我们必须使用式（9-15）来计算均值估计的抽样误差方差。平均效应量的抽样误差方差为：

$$\text{Var}[\text{Ave}(d)]=\text{Var}(d)/K=0.106\,000/5=0.021\,200$$

对应的标准误是 0.146。因此，平均效应量的 95% 置信区间为：

$$0.20-1.96(0.146)<\text{Ave}(\delta)<0.20+1.96(0.146)$$
$$-0.09<\text{Ave}(\delta)<0.49$$

这是随机效应标准误和随机效应置信区间。因此，总体样本量只有 200，平均效应量的置信区间非常大。

然而，对样本量只有 200 的单个研究来说，这也是正确的。对于样本量为 200 且观察的 d 值为 0.20 的单个研究，抽样误差方差为：

$$\mathrm{Var}(e)=(199/197)(4/200)(1+0.20^2/8)=0.020\,304$$

对应的标准误是 0.142，95% 置信区间是：

$$0.20-1.96(0.142)<\delta<0.20+1.96(0.142)$$
$$-0.08<\delta<0.48$$

准确估计平均效应量的关键是收集足够的研究以产生一个大的总样本量。

在这个样本容量为 200 的例子中，平均效应量的 95% 置信区间为 $-0.09<\mathrm{Ave}(\delta)<0.49$。特别是，由于置信区间扩展到 0 以下，我们不能确定平均效应量是正的。另外，它同样有可能在另一个方向偏离。就像平均效应量可能是 0.00 而不是观察均值 0.20 一样，它同样可能是 0.40 而不是观察的值 0.20。

现在，我们假设不是针对 5 项研究而是针对 500 项研究获得了类似的结果。对于 500 个平均样本量为 40 的研究，总样本量为 $500\times40=20\,000$。在元分析估计中几乎没有抽样误差。平均效应量的抽样误差为：

$$\mathrm{Var}[\mathrm{Ave}(d)]=\mathrm{Var}(d)/K=0.106\,000/500=0.000\,212$$

标准误是 0.015。平均效应量的 95% 置信区间为：

$$0.20-1.96(0.015)<\mathrm{Ave}(\delta)<0.20+1.96(0.015)$$
$$-0.17<\mathrm{Ave}(\delta)<0.23$$

调节变量的例子：技能培训

请考虑第 7 章表 7-2 中这些研究的总体基本元分析。我们有：

$$T=40+40+\cdots=400$$
$$K=10$$
$$\bar{N}=T/10=40$$
$$\mathrm{Ave}(d)=0.30$$
$$\mathrm{Var}(d)=0.116\,000$$
$$\mathrm{Var}(e)=(39/37)(4/40)(1+0.30^2/8)=0.106\,591$$
$$\mathrm{Var}(\delta)=0.116\,000-0.106\,591=0.009\,409$$
$$SD_\delta=0.097$$

这又是一个异质性的情况。效应量估计的标准差为 0.097，相对于均值 0.30 来说，这个值很大。然而，总样本量只有 400。

因为总样本量只有 400，所以我们应该担心平均效应量中的抽样误差。因此，平均效应量的抽样误差为：

$$\mathrm{Var}[\mathrm{Ave}(d)]=\mathrm{Var}(d)/K=0.116\,000/10=0.011\,600$$

标准误是 0.108。因此，平均效应量的置信区间为：

$$0.30-1.96(0.108)<\mathrm{Ave}(\delta)<0.30+1.96(0.108)$$
$$0.09<\mathrm{Ave}(\delta)<0.51$$

也就是说，在总样本量为 400 的情况下，平均效应量中存在较大的抽样误差。

另一方面，假设我们不是通过 10 项研究而是通过 1 000 项研究得出这些结果。总样本量为 1 000(40)= 40 000，平均效应量的抽样误差很小。平均效应量的 95% 置信区间为：

$$0.30-1.96(0.010\,8)<\text{Ave}(\delta)<0.30+1.96(0.010\,8)$$
$$0.28<\text{Ave}(\delta)<0.32$$

9.8 随机效应模型的置信区间：Hunter-Schmidt 和 Hedges-Olkin

在随机效应元分析中，估计均值 r 或 d 的标准误方法不同于本书介绍的方法以及 Hedges 和 Vevea（1998）介绍的方法。

对于 Hunter-Schmidt (H-S) 方法，估计程序更简单（Schmidt，Hunter，Raju，1988），所以我们首先介绍这些程序。

Hunter-Schmidt 随机效应（RE）程序。我们用 d 统计量来表示，但是对 r 和其他效应量指数，程序是相似的。H-S 随机效应程序中，均值 d 的抽样误差方差估计为各研究间观察的 ds 方差除以 k（即研究数量）：

$$S_{e_{\bar{d}}}^2=\frac{\bar{V}_e}{k}+\frac{S_\delta^2}{k}=\frac{S_d^2}{k} \tag{9-16}$$

式（9-16）的平方根是用于计算 CIs 时的 SE：

$$SE_{\bar{d}}=\frac{SD_d}{\sqrt{k}}=\sqrt{\frac{\bar{V}_e+S_\delta^2}{k}} \tag{9-17}$$

在该模型中，$\bar{V}_e$ 被定义为 V_{e_i} 样本量的加权均值。S_d^2 的公式为：

$$S_d^2=\sum N_i(d_i-\bar{d})^2/\sum N_i \tag{9-18}$$

其中：

$$\bar{d}=\sum N_i d_i/\sum N_i \tag{9-19}$$

这一程序的基本原理可以从 $S_d^2=S_e^2+S_\delta^2$ 中看出，即 S_d^2 的期望值为简单抽样误差方差与研究总体参数方差之和（见第 3 章和第 7 章；Field，2005；Hedges，1989）。因此，S_d^2 除以 k 是均值的抽样误差方差。Osburn 和 Callender（1992）表明，这个公式同时适用于 $S_\delta^2>0$ 和 $S_\delta^2=0$ 时（即当 FE 模型的假设成立时）。H-S 随机效应模型中的研究权重为（总）研究样本量 N_i，因为这些权重非常接近简单抽样误差方差的倒数 $(1/V_{e_i})$（见第 3 章），且受抽样误差方差的影响较小（Brannick，2006）。Hedges（1983b）指出，在异质性情况下（$S_\delta^2>0$），按照样本量的加权“将给出一个简单的无偏 [均值] 估计量，其效度略低于最优加权估计量”（p. 392）。Osburn 和 Callender（1992）通过模拟表明，按照样本量的权重无论是在 $S_\delta^2>0$ 还是 $S_\delta^2=0$ 时都产生准确的标准误估计。Schulze（2004）也通过模拟发现，对于异质性的总体数据集，H-S 随机效应程序通过样本量加权得到的 CIs 估计值很准确（比其他评估程序更准确）（见表 8-13，p.156）；对平均相关性的估计也相当准确（中位数负偏差为 0.002 2，远小于舍入误差；表 8-4，

p.134；摘要见 pp.188-190）。Brannick（2006）报告了类似的结果。更多的细节可以在 Osburn 和 Callender（1992）以及 Schmidt、Hunter 和 Raju（1988）中找到。我们注意到，在 H-S 随机效应方法中，当对 *ds* 的测量误差进行校正时，其程序是类似的，只不过现在是校正后 *ds* 的方差。*r* 值元分析也是如此。校正后的均值标准差在第 5 章的 *r* 值和第 8 章的 *d* 值中给出。Hedges-Vevea（H-V）程序中不包括对人为误差的更正。

Hedges-Vevea 随机效应（RE）程序。Hedges 和 Vevea（1998）随机效应程序分别估计了 RE 抽样误差方差的两个部分。简单抽样误差方差部分的估计与 FE 模型中的估计完全一致：

$$S^2_{e_{\bar{d}}}=1/\sum w_i \tag{9-20}$$

其中，w_i 为 $1/V_{e_i}$。

第二个部分，$\hat{\sigma}^2_\delta$（以 Hedges 和 Vevea 的 $\hat{\tau}^2$ 表示），估计如下：

$$\hat{\sigma}^2_\delta=\begin{cases}\dfrac{Q-(k-1)}{c} & Q\geqslant k-1\\ 0 & Q<k-1\end{cases} \tag{9-21}$$

其中，总体同质性检验 $Q=x^2$，c 为研究权重的函数，由 Hedges 和 Vevea（1998）公式给出：

$$c=\sum w_i-\frac{\sum(w_i)^2}{\sum w_i} \tag{9-22}$$

其中研究权重 w_i 为式（9-20）中定义的固定效应研究权重。

估计值为：

$$\hat{\delta}=\bar{d}=\sum w_i^* d_i/\sum w_i^* \tag{9-23}$$

抽样误差方差为：

$$S^2_{e_{\bar{d}}}=1/\sum w_i^* \tag{9-24}$$

其中，w_i^* 为 $1/(V_{e_i}+\hat{\sigma}^2_\delta)$。

当效应量统计量为相关性时，这个随机效应程序首先将 *rs* 转换为 Fisher *z* 值，在该测量中进行计算，然后将得到的均值和 CIs 转换为 *r* 测量（Hedges，Olkin，1985）。第 5 章讨论了 Fisher *z* 变换。也请参见 Hedges 和 Vevea（1998），Field（2005），Hall 和 Brannick（2002）对这一随机效应程序的完整技术描述。

式（9-21）中，当 $Q-(k-1)$ 为负值时，$\hat{\sigma}^2_\delta$ 设为零，因为根据定义方差不能为负。Hedges 和 Vevea（1998）讨论了由于将负值设置为零而导致的这种估计的正偏差，他们在其表 2 中列出了各种情况下的这种偏差。这种偏差导致标准误的向上偏差，导致 CIs 太宽，即 CIs 的概率大于名义值（Hedges，Vevea，1998：496）。Overton（1998：371，374）发现，这个程序和他用来估计 S^2_ρ 和 S^2_δ 的迭代程序有相同的偏差。Hedges 和 Vevea 指出，随着 *k*（研究的数量）的增加，偏差会变得更小，当 *k* 达到或超过 20 时，偏差通常会变得更小。然而，Overton（1998）指出，偏差也取决于 S^2_δ（或 S^2_ρ）的实际大小。例如，如果这个值为零，那么由于抽样误差，50% 的估计值预计为负，无论研究的数量如何，都会产生正偏差。如果这个值很小但不为零，那么小于 50% 的 S_δ^2 估计值是负的，正偏差就更小。当 S_δ^2 较大时，正偏差可以忽略不计。Overton（1998）指出，当 S_δ^2 小的时候，随机效应模型高估了抽样误差方差，产生的置信区间过大。这种效应不是随机效应模型的任何固有特性造成的，而是由于他在评估平均元分析值的标准误的过程中出现了正偏差。一些研究者在他们的元分析中错误地引用了 Overton 的陈述，认为固定效应模型优于随机效应模型（如 Bettencourt，Talley，Benjamin，Valentine，2006）。

由于 H-S 随机效应方法估计抽样误差方差的方式不同（前面已经描述过），因此没有这种向上偏差。如前所述，在 H-S 随机效应抽样程序中，随机效应抽样误差方差的两个部分是联合估计的，而不是单独估计的。注意，如果实际为零，抽样误差方差的 H-S 随机效应估计值与抽样误差方差的固定效应估计值具有相同的期望值（Osburn，Callender，1992；Schmidt，Hunter，Raju，1988；Schmidt，Oh，Hayes，2009）。正如 Hedges 和 Vevea（1998）所表明的那样，H-V 随机效应程序并非如此。

9.9 当新的研究可用时更新元分析

当一项新的研究可用时，有两种方法可以更新元分析以包括这项研究。首先，可以重新运行包括新研究的元分析。其次，可以采用贝叶斯（Bayesian）方法。在这种方法中，我们将现有的完全校正后的元分析均值和标准差作为贝叶斯先验分布，并使用通常的贝叶斯公式将该分布乘以新研究中的似然函数。似然函数或分布的均值为新研究中完全校正的 r 或 d 值，其标准差为估计校正 r 或 d 值的标准误（SE）（即研究校正值的抽样误差方差的平方根）。当有多个新的研究时，这两种方法都可以应用。Schmidt 和 Raju（2007）详细研究了这两个程序的性质。他们的结论是，实际上最好重新运行包括新研究在内的元分析。

9.10 什么是随机效应元分析的最优研究权重

文献中对元分析中的研究应如何加权的问题给予了相当大的关注。在 H-V 程序中，由于用于产生加权平均 d 值（或 r 值）的研究权重性质，在使用这些权重时，有必要对 S_δ^2 进行单独估计（Field，2005；Hedges，Vevea，1998）。如前所述，应用于每个研究的权重为 $w_i^* = 1/(V_{e_i} + \hat{\sigma}_\delta^2)$，其中 V_{e_i} 为该研究的简单抽样误差方差。H-S 程序根据其（总）样本量（N_i）对每个研究进行加权，因此不需要单独估计（如第 3 章所述，当相关性被分别校正时，H-S 程序根据研究 N 和组合衰减因子的乘积对研究进行加权）。当然，H-S 随机效应模型确实为其他目的对 S_δ^2（如可信区间）进行了估计，这种估计确实是有正偏差（第 5 章中讨论过），但是这种估计不是应用于研究的权重，所以不影响计算加权均值、*SEs* 或置信区间（Schmidt，Hunter，Raju，1988；Schmidt，Oh，Hayes，2009；Schulze，2004：190）。H-V 权重是在大样本统计理论的背景下推导出来的，即假设研究的数量和研究的 *Ns* 非常大。在如此假设情景下，预期 H-V 研究权重对随机效应模型更准确（Hedges，1983a，1983b；Hedges，Vevea，1998；Raudenbush，1994；Schulze，2004，2007）。即使在大样本理论中，这种优势也很微弱（Hedges，1983b：393）。在实际数据中使用这些权重的问题是，因为权重组成估计中的抽样误差导致的不准确性，在实际元分析中，研究的数量和代表性研究较少，这些研究权重在理论上的预期优势并没有实现（见：Brannick，2006；Raudenbush，1994：317；Schulze，2004：84，184；2007）。由于这一效应，基于其广泛的蒙特卡罗（Monte Carlo）研究结果，Schulze（2004：193-194）建议在异质性情况下（即 σ_δ^2 或 $\sigma_\rho^2>0$）和同质性情况下根据样本量来赋予权重。Kulinskaya、Morgenthaler、Staudte（2010）以及 Shuster（2009）得出了同样的结论。Brannick（2006）在 r 测量中进行了广泛的模拟研究。他发现，样本量研究权重产生的估计值偏差较小，均方根误差也小于反向抽样误差方差加权得出的估计值。他总结道，研究权重倒数的准确性问题源于这样一个事实，即抽样误差通常会导致 r 统计量出现极值，从而导致极端的研究权重，进而导致平均相关性的不准确估计。在后续研究中，Brannick、Yang、Cafri（2011）在另一项 d 度量的模拟研究中发现，通过样本量进行加权研究，在所有情况下都会得到均值 d 的无偏估计，而反向抽样方差权重会产生轻微（负）偏差。Marin-Martinez 和 Sanchez-Meca（2010）也报告了这种结果。然而，在 Marin-Martinez 和 Sanchez-Meca（1998）另一项关于 d 度量的模拟研究中发现，通过样本量加权的研究在所有条件下都能得到平均 d 值的无偏估计，而抽样方差倒数加权则产生轻微（负）偏估计。与此同时，方差倒数加权的统计效度略高（2.8%）。在 d 度量的情况下，两种加权方法之间的差异似乎非常小，在研究中没有实际意义。

与样本量权重相比，Hedges 程序中使用的随机效应研究权重在各研究中的不同程度更低。因此，该程序相对于更重视基于小样本的研究，可能会导致在广泛使用的方法检测发表偏差时出现问题（见第 13 章）。

Bonett（2008，2009）在使用随机效应元分析模型时，对这两种加权方法都提出了挑战。他认为，随机效应模型基于这样一个假设，即元分析中的研究是已定义研究总体的随机样本，这一假设是不合理的，因为元分析者不能确切地定义或界定这样的总体。由于这个问题，他主张所有的研究都应该得到同等的重视。他的观点是正确的，在 RE 模型中，元分析中的研究被视为一个更大范围的随机样本，这些样本来自现有的或可能进行的研究。Hedges 和 Vevea（1998）指出，这个更大的“宇宙”（样本）在本质上常常定义得模糊不清。然而，Schulze（2004：40-41）指出，这并不是元分析或元分析中的随机效应模型所特有的问题，而是所有初始研究和其他研究中都具有的样本特征。研究中很少对目标对象的总体进行枚举和界定；事实上，经常使用的数据集由一些接近于方便样本的对象组成（有可能获得数据的一组被试者）。从这个角度看，问题似乎并不那么严重。我们可以问，使用相同的研究权重，元分析结果会有什么不同。Brannick 等人（2011）在他们的模拟研究中评估了相同的权重。他们发现样本量加权和方差倒数加权都比相同权重更准确、更有效，但从实际角度来看，差异往往可以忽略不计。然而，这项研究并没有直接针对 Bonett（2008，2009）的反对意见，因为在 Brannick 等人的模拟研究中，实际上存在一个明确定义的研究总体，研究是从该总体中抽取。

9.11 元分析中方差百分比的意义

在第 5 章的第一部分中，我们提出了在任何类型的研究中，方差百分比都是一个有用的统计量。然而，在第 3、4、7 章中，我们经常给出由抽样误差和元分析中的其他人为误差所占的 r 或 d 值的方差百分比。这是因为，我们试图指出元分析结果的一个更有意义的解释：解释的方差百分比的平方根一方面是观察到的 r 或 d 值之间的相关性，另一方面是抽样误差和效应量中的其他人为扰动（perturbations）。例如，如果 81% 的效应量的效度是由人为误差解释的，那么观察的效应量与观察值中人为误差的相关性为 0.90（0.81 的平方根）。如果占比 50%，这个相关性是 0.71（$r=\sqrt{0.50}$）。对读者和研究者来说，相关性比方差百分比更容易理解。相关性（线性关系）存在于现实世界中，而方差并不存在现实世界中；方差是通过对感兴趣的数据点求平方而产生的二次统计量，在这个意义上是人为的。此外，正如第 5 章所指出的，方差百分比统计非常容易被误解，因为当它们的效应量相当大且具有实际意义时，小的方差百分比常常被错误地当作不重要而不予考虑。因此，在元分析中我们建议，将最终的方差百分比转换成相关性。

Borenstein 等人（2009）指出，Hedges 和同事的元分析方法包括一个称为 I^2 的方差百分比指数，这是 Higgins 等人（2003）提出的。这个代表方差百分比的指数不能用抽样误差来解释（抽样误差是该方法所处理的唯一人为误差）。在 Hunter-Schmidt 的基本元分析中，1 减去方差所占百分比等于 I^2。这两个指数都受到元分析中研究的 *Ns* 的影响，因为抽样误差会导致大部分人为方差。若研究的 *Ns* 小，其他因素不变，则解释的方差百分比往往很大，I^2 很小，观察值和人为误差引起的扰动之间的相关性也会很大。当元分析中研究的 *Ns* 值较大时，情况恰恰相反。在解释这两项指标时，应牢记对研究 *Ns* 的依赖。

同样重要的是要记住，当元分析相关性或 d 值的观察方差较小时，解释的方差百分比信息较少。如果不考虑分母的大小而盲目地解释百分比的估计值，可能会产生误导。例如，50% 的方差百分比可以是 0.100 0/0.200 0 或 0.000 10 /0.000 20。后一种情况并不表明存在调节变量（*s*），因为一开始观察的变异量很小，而非人为误差的变异量更小。为了检测调节变量是否存在，研究效应量中真实方差的绝对值（非人为变异）（或者更好的是，其标准差的平方根）可能比人为误差引起的方差的相对百分比更重要。我们建议元分析者同时考虑这两种估计。

9.12 行为元分析中的比值比（OR）

在医学研究中，自变量和因变量通常是真实的二分法，例如，接种疫苗与未接种疫苗（自变量）和感染疾病与未感染疾病（因变量），形成一个 2 × 2 的表格。医学研究中最受欢迎和最广泛使用的比率测量是比值比（Haddock 等，1998）。比值比（OR）是两个概率的比值：

$$\text{OR} = P(I/E)/ P(I'E),$$

其中，P(I/E)（在我们的例子中）是未接种疫苗的那一组患病的概率，P(I'E) 是接种疫苗的那一组患病的概率。这些概率是通过 2 × 2 表格中单元间的比率来估计的。使用比值比统计的初始研究和元分析分析了比值比的自然对数 [ln(OR)]，最终结果被转换为比值比测量。比值比在心理学或行为研究中很少使用，因为这两个变量很少是真正的二分变量。事实上，在很多研究中两个变量都是连续的，这在相关性研究中尤其常见。当然，在实验研究中，自变量通常是二分变量：处理组和对照组。然而，因变量几乎总是连续变量，或者至少不是二分变量。例如，在培训项目中学到的知识、种族态度的改变程度以及减少焦虑的程度等。在行为研究中很少有真实的二分因变量。当然，实际上是，连续因变量可以人为地一分为二，以允许应用比值比，但众所周知，这样做不是一个好的做法，因为它会导致大量的信息丢失（Cohen，1983；Hunter，Schmidt，1990a；MacCallum 等，2002）。Haddock 等人（1998）在解释比值比时给出了一个例子，其中自变量是药物成瘾的心理社会治疗（实验组与对照组），因变量是在减少药物使用方面“成功”还是“不成功”。这是 MacCallum 等人（2002）提出警告的一个例子：一个连续变量被人为地二分。在减少药物使用方面有不同程度的成功。我们认为，这就是 Haddock 等人（1998）在《心理学方法》杂志上倡导将“比值比”用于行为研究 15 年之后，比值比在行为研究中仍很少使用的原因。

避免使用比值比还有一个重要的原因：大多数人发现 OR 的含义很难理解，不仅是门外汉，而且是医生（医学研究的对象），甚至是医学研究者本身。比值比不是一个直观的统计量（Borenstein 等，2009）。事实上，正如 Gigerenzer 及其同事所证明的那样（Gigerenzer，2007；Gigerenzer 等，2007），绝大多数执业医生经常严重误解医学研究中使用的结果统计量的含义。如果病人知道这个事实，他们会很担心的。

假设一些与元分析相关的研究以 ORs 的形式呈现结果。这些研究必须被忽略吗？实际上，它很容易转换成 d 或 r 值。这些转换公式由 Bonett（2007）、Borenstein 等人（2009）和 Chinn（2000）给出。比值比及其抽样误差方差都可以转换。因此，这些研究可以包括在以 r 或 d 值进行的元分析度量中。如果所有相关性的初始研究都使用比值比统计量，那么所有的研究都可以在元分析之前转换为 r 或 d 值测量。这是我们在两种情况下都推荐的程序。

练习 9-1

对具有相同因变量的不同自变量进行二阶元分析

本练习基于第 4 章末尾练习中使用的数据。这项练习要求你对 6 个测试中的每一个都进行单独的基本元分析。这导致对每次测试的抽样误差所占方差百分比的估计。这些是本练习所需的第一组数据。我们希望你保留它们。

如本章所述，这些数据满足二阶元分析的要求。也就是说，6 个元分析在本质上是非常相似的，没有理由相信不同的测试有不同的非人为误差方差来源（即调节变量）。

使用本章描述的方法，对这 6 个测试进行二阶元分析，即对不同因变量进行二阶元分析。

在这 6 个测试中，抽样误差的平均方差百分比是多少？你对这个发现的解释是什么？

在第 4 章末尾的练习中，你还计算了所有人为误差（抽样误差加上其他人为误差）的方差百分比。这不是作为基本元分析的一部分计算的，而是作为完整元分析的一部分，它校正了测量误差和范围限制，以及抽样误差。有两个这样的元分析——一个校正直接范围限制，一个校正间接范围限制。对每组方差百分比进行单独的二阶元分析。

这些值是否不同于先前仅基于抽样误差方差计算的值？为什么这组特定数据的差异不大于实际值呢？你对这些值的理解是什么？

练习 9-2

具有常数自变量和因变量的二阶元分析（1）

Chanchal Tamrakar（2012）分别对①零售业、②旅游业、③电信业的顾客满意度与顾客忠诚度之间的关系进行了独立的元分析。他还根据地区对①亚洲、②欧洲和③北美进行了独立的元分析。在他所有的 6 个元分析中，他都使用了元分析的人为误差分布方法。你在本练习中需要的他的一阶元分析结果显示在下表的前四列中。对他的研究结果进行了两次二阶元分析——一次针对行业类别，另一次针对地理区域。要进行这些分析，你需要使用以下公式：式（9-3）和式（9-3a）至式（9-3f）（共 7 个公式）。第 5 ～ 12 列是你的答案。这些列上的标题是在这里列出的公式文本的讨论中被定义的。它们在表的注释中也有定义。

解释你的结果。

1. 与 Tamrakar 最初报告的值（第 4 列）相比，经二阶抽样误差调整后的平均校正相关性（第 12 列）有多大差异？分别对这两组元分析进行比较。

2. 比较行业类别和地理区域类别的二阶抽样误差解释的平均校正的相关性的方差百分比（第 10 列）。这种差异可能有什么解释？

练习 9-2　顾客满意度和顾客忠诚度之间关系的二阶元分析（Tamrakar，2012，表 1）

预测变量	(1)	(2)	(3)	(4)	(5)	(6)	(7)	(8)	(9)	(10)	(11)	(12)
调节变量	k	$\bar{r}_i$	S_r^2	$\hat{\bar{\rho}}_i$	$S^2_{e_{\hat{\bar{\rho}}_i}}$	$\hat{\bar{\bar{\rho}}}$	$E(S^2_{e_{\hat{\bar{\rho}}_i}})$	$S^2_{\hat{\bar{\rho}}}$	$\sigma^2_{\bar{\rho}}$	ProVar	$r_{\rho\rho}$	$\hat{\bar{\rho}}_{ir}$
行业												
零售业	10	0.55	0.016 05	0.67								
旅游业	14	0.69	0.014 15	0.85								
电信业	7	0.59	0.003 35	0.71								
地区												
亚洲	13	0.59	0.025 03	0.72								
欧洲	12	0.69	0.008 81	0.83								
北美	15	0.61	0.022 11	0.72								

注：列（1）到（4）是从一阶元分析获得的输入值（斜体）；（1）样本数目；（2）样本量加权的平均观察效度；（3）不同效度样本量加权观察方差；（4）一阶元分析平均效度估计；（5）每个一阶元分析平均效度估计的二阶抽样误差方差（见公式 7d 的讨论）；（6）二阶，总均值效度估计（公式 7b）；（7）期望的二阶抽样误差方差（公式 7d）和标准误（在括号内）；（8）在一阶平均操作效度估计中观察方差和标准差（在括号内）（公式 7a、7b 和 7c）；（9）从观察方差中减去预期二阶抽样误差方差后，一阶平均操作效度估计的真实方差和标准值（在括号内）（公式 7），负值设置为 0；（10）由二阶抽样误差方差引起的一阶平均操作效度估计值中观察方差比例（百分比乘以 100），大于 1 的值设置为 1；（11）一阶元分析效度向量的信度，这些值的计算方法是：1 减去第 10 列中的值；（12）根据第 11 列中显示的原始效度向量的信度，对一阶效度估计进行回归。

练习 9-3

具有常数自变量和因变量的二阶元分析（2）

Van Iddekinge、Roth、Putka 和 Lanivich（2011）对工作兴趣与工作离职之间的关系进行了元分析。他们用三种不同类型的兴趣量表来检验这种关系：①关注工作和行业的量表，②关注结构的兴趣量表，③基本兴趣量表。他们还对工作兴趣与三种不同类型的离职之间的关系进行了元分析：①自愿离职，②非自愿离职，③“其他离职”。在所有这些一阶元分析中，他们都使用了人为误差分布元分析方法。下表的前四列显示了你在本练习中需要的一阶元分析结果。对研究结果进行两次二阶元分析，一次为兴趣量表元分析，另一次为离职元分析。要进行这些分析，你需要使用以下公式：式（9-3）和式（9-3a）至（9-3f）（共 7 个公式）。第 5 ～ 12 列是你的答案。这些列的标题由这里列出的公式文本的讨论定义。它们在表的注释中也有定义。

解释你的结果。

1. 与 Iddekinge 等人（2011）最初报告的值（第 4 列）相比，经二阶抽样误差调整后的平均校正相关性（第 12 列）有多大不同？分别比较两组一阶元分析。

2. 比较 Iddekinge 等人用二阶抽样误差解释的兴趣量表类别与离职类别之间的方差百分比（第 10 列）。你认为这些值为什么如此不同？

练习 9-3　顾客满意度和顾客忠诚度之间关系的二阶元分析（Tamrakar，2012，表 1）

预测变量	（1）	（2）	（3）	（4）	（5）	（6）	（7）	（8）	（9）	（10）	（11）	（12）
调节变量	k	$\bar{r}_i$	S_r^2	$\hat{\bar{\rho}}_i$	$S^2_{e_{\hat{\bar{\rho}}_i}}$	$\hat{\bar{\bar{\rho}}}$	$E\left(S^2_{e_{\hat{\bar{\rho}}_i}}\right)$	$S^2_{\hat{\bar{\rho}}}$	$\sigma^2_{\bar{\rho}}$	ProVar	$r_{\rho\rho}$	$\hat{\bar{\rho}}_{ir}$
兴趣量表类型												
关注工作和行业	10	–0.16	0.004 67	–0.17								
关注结构	11	–0.11	0.006 02	–0.12								
基本兴趣量表	6	–0.11	0.002 80	–0.13								
离职性质												
自愿	15	–0.20	0.013 63	–0.22								
非自愿	2	–0.13	0.000 04	–0.15								
其他离职	15	–0.11	0.003 51	–0.11								

注：CFP= 企业财务绩效；CSP= 公司社会 / 环境绩效；（1）样本数目；（2）样本量加权的平均观察的效度；（3）不同观察效度的样本量加权观察方差；（4）一阶元分析平均效度估计；（5）每个一阶元分析平均效度估计的二阶抽样误差方差（见公式 7d 的讨论）；（6）二阶，总平均数效度估计（公式 7b）；（7）期望的二阶抽样误差方差（公式 7d）和标准误（在括号内）；（8）在一阶平均操作效度估计中观察方差和 *SD*（在括号内）（公式 7a、7b 和 7c）；（9）从观察方差中减去预期二阶抽样误差方差后，一阶平均操作效度估计的真实方差和标准差（在括号内）（公式 7），负值设置为 0；（10）由二阶抽样误差方差引起的一阶平均操作效度估计值中观察方差的比例（百分比乘以 100），大于 1 的值设置为 1；（11）一阶元分析效度向量的信度，这些值的计算方法是：1 减去第 10 列中的值；（12）根据第 11 列中显示的原始效度向量的信度，对一阶效度估计进行回归。

第 10 章
CHAPTER 10

研究结果的累积

通常，可以从同一研究中获得多个相关性或效应量的估计。这些估计值是否应该作为独立估计值纳入元分析？还是应该在研究中以某种方式将它们结合起来，这样就只贡献一个值？这些问题没有唯一的答案，因为在研究中可以进行几种不同类型的复现。本章调查最常见的情况。

许多单一的研究复现了对研究中关系的观察。因此，可以在研究内部和跨研究间累积结果。然而，累积方法取决于研究中使用的复现过程的性质。这里将考虑三种复现：完全复现设计、概念复现和亚组分析。

10.1 完全复现的设计：统计独立性

如果一项研究可以被分成概念上等价但统计上独立的部分，那么该研究中就会出现完全复现的设计。例如，如果在几个不同的组织中收集数据，那么可以将组织内计算的统计数据视为跨组织的复现。每个组织结果的测量在统计上是独立的，可以将其视为来自不同研究的值。也就是说，这些数值的累积过程与完全不同研究的累积过程相同。这就是独立性的统计定义：如果统计量（如 *r*s 或 *d* 值）是在不同的样本上计算的，那么它们的抽样误差是不相关的。一些作者进一步指出，即使样本不同，研究也不是独立的，因为这些研究都是由同一名研究者进行的，他们可能存在偏见，影响了所有 3 项研究的结果。这不是通常接受的独立性定义，当然也不是统计独立性的定义。此外，这种独立的概念也可能走向极端，例如，人们可以争辩说，纳入元分析的研究并不是独立的，因为它们都是在一个时期内（如 1980 ～ 2002 年）进行的或者因为它们都是在说英语的国家进行的。也就是说，这个独立性概念的定义是如此模糊，以至于它受到无限扩展的制约。在本章中，我们只关注独立性的统计概念。

10.2 概念复现和缺乏统计独立性

当对每个被试进行多个与给定关系相关的观察时，概念复现就产生了。第一种最常见的例子是复现测量，使用多个指标来评估给定的变量。例如：使用几个量表来评估工作满意度；运用训练成绩、选择测验分数和工作知识来评估工作绩效的认知能力；或者使用同级评价、主管评价和生产记录来评估工作绩效。第二种最常见的例子是在多种情况下的观察。例如，评估中心的参与者可能被要求在任务 A、任务 B 等中展示解决问题的技能。在各种情况下的观察可以看成对解决问题技能的复现测量。

研究中的复现可采用以下两种方法之一：①每个概念复现都可以由不同的结果值表示，而且这些单独的结果值可以取均值并输入元分析，也可以单独输入；②可以将这些测量值组合起来，得到的单个结果测量值可用于评估所讨论的关系。

假设使用三个变量作为工作绩效指标：同事评价、主管评价和工作抽样测量。从概念上来说，任何潜在的测试都可以有三个相关性，这三个相关性都是效度系数：测试和同行评价之间的相关性、测试和主管评价之间的相关性，以及测试和工作抽样测量之间的相关性。这些值通常以两种方式之一输入元分析中：①三个相关性可以作为三个单独的值输入；②三个相关性可以进行平均，并且均值可以作为所代表研究的一个值。

如果将这三种相关性单独输入元分析中，那么本书第二部分和第三部分给出的累积公式就有问题了。假定这些公式所使用的值在统计上是相互独立的。若这些值来自不同的样本，则这是有保证的。但是仅就本例而言，若同级评价、主管评价和工作抽样测量之间的相关性都是 0（作为该研究的总体值），则这是正确的。若这些测量被假设为近似相等的测量，则这是不可能的。若每个研究的相关性的数量或 d 值的数量与总的相关性的数量或 d 值的数量相比很小，则在计算结果时误差很小。然而，根据统计学理论，如果一个小样本贡献了大量的值（相关性或 d 值），那么在元分析中，对抽样误差的校正可能会偏低。

就元分析包含来自同一样本的多组相关性或 d 值而言，第 3、4、7 章中给出的抽样误差公式将低估观察的效应量方差的抽样误差方差分量（S_r^2 或 S_d^2）。这意味着抽样误差校正不足，最终估计的 $S_\rho{}^2$ 或 $S_\delta{}^2$ 会过大。在这个程度上，所得的元分析结果将是保守的，也就是说，它们会低估不同研究间的一致性（或普遍性）。

了解违反统计独立性是如何导致抽样误差方差大于抽样误差方差公式预测的一种方法如下。如果两个独立样本之间的抽样误差不相关（即 $r_{e_1e_2}=0$），那么

$$\text{总抽样方差}=\sum S_{e_i}^2=S_{e_1}^2+S_{e_2}^2 \quad (10\text{-}1)$$

$$\bar{S}_e^2=\frac{\sum S_{e_i}^2}{k} \quad (10\text{-}2)$$

k 是独立样本或研究的数量（这里 $k=2$），$\bar{S}_e^2$ 是元分析中观察的 rs 或 ds 的方差中抽样误差组成的大小（S_r^2 或 S_d^2）。

然而，如果 r 或 d 值是在同一样本上计算的，则在某种程度上，抽样误差是相关的（即 $r_{e_1e_2}>0$），然后有：

$$\text{总抽样方差}=S_{e_1}^2+S_{e_2}^2+2r_{e_1e_2}S_{e_1}S_{e_2} \quad (10\text{-}3)$$

$$\bar{S}_e^2=(S_{e_1}^2+S_{e_2}^2+2r_{e_1e_2}S_{e_1}S_{e_2})/2 \quad (10\text{-}4)$$

用于估计抽样误差方差量 S_r^2 或 S_d^2 的抽样误差方差的标准公式为式（10-1）和式（10-2）。然而，当独立性被破坏时，实际的抽样误差值要大于式（10-3）和式（10-4）的计算值。因此，抽样误差被低估了。请注意，通常不可能估计相关性，因此在进行元分析时，不可能仅使用式（10-4）来避免抽样误差的低估。

在我们早期关于人员甄选的能力测试效度研究中，每当能力（如语言能力）有多种测量标准时，我们都将单个相关性纳入元分析。大多数研究只包含对每种能力的一种测量，因此，对这种能力的元分析只提供了一种相关性。少数研究采用两种测量方法（例如，空间能力的两种测量方法）。因此，这个决策规则对我们估计 SD_ρ 只有轻微的保守偏差。每当一项研究包含多个工作绩效指标时，这些指标就会被组合成一个综合指标，如后面所述；如果这不可能，那么对相关性进行平均，只有平均相关性才进入元分析。这一决策规则确保了相关性在工作绩效方面的完全独立性。

需要注意的是，虽然违反独立性假设会影响（扩大）研究中观察的效应量方差，但这种违反对元分析中的平均 d 值或平均 r 值没有系统性影响。因此，违反独立性不会导致元分析中对均值估计出现偏差。这一理论预期的正确性已经通过模拟研究得到证实（Cheung，Chan，2004；Tracz，et al.，1992）。然而，本书所描述的方法着重于估计研究效应的真实（总体）方差（和 SD）。SD_δ 和 SD_ρ 估计值的准确性很重要，因为这些估计值在通过可信区间解释元分析结果时起着关键作用。违反独立性会在 SD_δ 和 SD_ρ 的估计中产生向上的偏差，因为它们会导致抽样误差的低估。回想一下，抽样误差方差估计值是从 r 值或 d 值的观察方差中减去的。因此，在应用我们的元分析方法时，数据中统计独立性的问题值得关注。

另一种方法是对相同样本的 d 值或 r 值求均值。如果在元分析中加入平均相关性，则不违反独立性假设。但是，我们要用什么来表示平均相关性的样本量呢？如果我们使用进入平均相关性的观察总数（即样本量与平均相关性数目的乘积），那么我们大大低估了抽样误差，因为这个选择假设我们已经平均了独立的相关性。这将导致高估 SD_ρ 或 SD_δ，因为由此产生的抽样误差方差校正不足。另一方面，如果我们使用研究的样本量，那么我们高估了抽样误差，因为平均相关性比单个相关性具有更小的抽样误差。抽样误差方差的过度校正，将导致 SD_ρ 或 SD_δ 被低估。

对应于抽样误差方差正确数量的 N 值处于这两个值之间。Cheung 和 Chan（2004）提出了一个方法来估计这个值。使用这个方法需要对研究间的相关性进行估计，他们提供了一种估计该值的方法。当必须使用 r 或 d 均值时，这个方法将是有用的，因为无法获得或估计计算更理想的组合相关性（稍后描述）所需的信息。然而，这种情况很罕见。

平均相关性还有一个潜在的问题。在极少数存在强的调节变量情况下，即在研究间存在大的、真实的、经校正的标准差的情况下，调节变量可能在研究内部和研究间有所不同。在这种情况下，平均相关性在概念上是模糊的。例如，有强有力的证据表明，能力指标与工作抽样指标之间的真实分数相关性高于与上级评价之间的相关性（Hunter，1983a；Nathan，Alexander，1988）。要在任何元分析中确定这种差异，就不需要将这两种方法结合起来。事实上，这需要对每个因变量进行单独的元分析。诚然，当初始研究样本中报告的不同测量旨在测量不同的构念时，这一点更为正确，后面将进行讨论。

10.3 违反统计独立性的影响研究

到目前为止，在本章中，我们已经讨论了与违反独立性有关的抽象统计原理。所提出的结论是从统计理论上推导出来的。这就是统计学家所关注的。这些结论在统计上是正确的，但它们没有从实证上解决在真实数据中违反独立性所造成的问题有多严重的问题。Taveggia（1974）在教育研究的一个大型研究项目中解决了这个问题。他首先只对独立的统计估计进行元分析，然后通过加入违反独立性假设的数据进行同样的分析。他发现两组结果并无不同。然而，他主要关注的是均值，我们知道，均值不会因违反独立性而产生偏差。Tracz 等人（1992）的模拟研究表明，在现实的数据条件下，违反独立性不仅对均值影响很小，而且对标准差和置信区间也几乎没有影响。这项研究调查了潜在总体相关性为常数的情况。因此，观察的相关性的方差仅为抽样误差方差。随着违反独立性程度的增加，我们期望观察的 *r* 值的方差（S_r^2）会增加，因为相关抽样误差的影响应该是增加抽样误差方差，正如本章前面所论证的。然而，随着每个研究的非独立性（S_r^2）值从 0 增加到 5，以及非独立性结果测量之间的相关性从 0 增加到 0.70，这个值没有明显的增加。该研究的结论是："在相关性元分析中合并非相关性数据的统计不会对研究结果产生不利的影响。"（Tracz，et al.，1992：886）"因此在独立性假设下进行并不像以前认为的那样有风险，因为相关性元分析中的均值、中位数、标准差和置信区间不受非独立性数据的影响。"（Tracz，et al.，1992：886-887）Bijmolt 和 Pieters（2001）也在他们的计算机模拟研究中解决了这个问题。在他们的研究条件下，来自同一样本的多个非独立性测量被纳入元分析，就好像它们在统计上是独立的一样，缺乏独立性被忽视了。在另一种情况下，将一种特殊的统计方法应用于这些相同的数据，该方法根据研究中的嵌套测量（即在统计上不独立）进行调整 [这个过程与 Hedges（2009b）所讨论的过程相似]。他们发现两种方法的真实参数值和估计值之间的相关性非常相似。在复杂的调整过程中，相关性平均仅增加了 0.02（约增加 2%）。两种方法在参数估计上都存在微小的负偏差，对复杂的调整过程来说，这种偏差的绝对值非常小。总之，在大多数情况下，使用复杂调整方法带来的微小改进似乎不足以证明使用该方法是合理的。Bijmolt 和 Pieters（2001）的结论是："将所有测量视为独立的常用方法表现良好。"（Bijmolt，Pieters，2001：157）

因此，违反真实数据的独立性，可能并不像人们普遍认为的那样对准确性构成严重威胁。然而，这一结论仅基于两项研究。我们找不到其他类似的研究，以了解更多的模拟研究是否能证实这些发现将是有用的。

如上所述，当将非独立的 *r*s 或 *d*s 的均值纳入元分析时，使用元分析中的研究 *N* 来计算抽样误差会导致对抽样误差的高估，也会导致对 SD_δ 和 SD_ρ 的低估。这在两个模拟研究中得到了证实（Cheung，Chan，2004；Martinussen，Bjornstad，1999）。这两项研究都表明 Hunter-Schmidt 程序低估了这些 *SD*s（少量的）。然而，他们的结果是通过使用 *N*s 个研究的均值 *r*s 来解释的，事实上，可以从统计原理和 Hunter、Schmidt（1990a，2004）对此的讨论中提前预测出来。使用具有非独立性平均效应量的研究 *N*s 并不是心理测量元分析方法的一部分，我们建议不要使用它。注意，这项研究没有处理违反统计独立性的情况。这些研究没有违反独立性，因为它们在模拟元分析中输入了非独立性的 *r*s 的均值，而不是单个的 *r*s。这两项研究都没有考虑更理想的组合相关性，我们将在下一节讨论。

10.4　概念复现和组合分数

还有第三种方法，它优于分别输入相关效应量和平均效应量。如果在同一样本上计算的不同结果测量值都测量相同的构念（例如，所有这些都是对工作技能的测量），然后可以将它们组合成一个组合测量，计算自变量与这个组合测量的相关性，并将该组合相关性输入元分析中。若 d 值是结果统计量，则可以将 d 值转换为 r 测量，并计算这种组合相关性，然后将其转换回 d 测量。通过验证性因子分析中熟悉的多指标原理，我们知道该组合比单独的测量具有更高的构念效度。这样既解决了样本独立性不足的问题，又解决了样本量输入的问题。该样本只有一个题目，因此没有违反独立性；研究样本量用指数表示正确的抽样误差量，组合相关性与其他独立相关性的抽样误差方差相同。

一个变量与其他变量之和的相关性可以用熟悉的组合变量相关性公式来计算（Nunnally，1978，第 5 章），并且这种组合相关性随后可以针对测量误差和其他人为误差进行校正。任意两个变量 a 和 b 之间 Pearson 相关性的基本公式是：

$$r_{ab}=\frac{\mathrm{Cov}(a,b)}{SD_a SD_b} \tag{10-5}$$

如果一个变量，比如 b，是一个组合变量，那么我们只需要用一个组合变量的标准差表达式替换 SD_b，用一个组合变量的协方差表达式替换 Cov（a, b）。假设我们要计算 r_{xY}，其中 x 是一个单变量，Y 是一个组合变量，它是 y_1，y_2 和 y_3 之和。然后，如果 y_i 的测量值都是 z 分数形式（即如果所有 $y_i s$ 的 $SD = 1$），则该值，即该组合的方差，仅为 y_i 测度的组间关联矩阵中所有值之和。这个和用矩阵代数 $\underline{1}'R_{yy}\underline{1}$ 表示，其中 R_{yy} 是 y_i 测度（包括对角线上的 1.00）之间的相关性矩阵。上面表达式中的向量表示要对 R_{yy} 的值求和。这个值的平方根是 SD_Y，即有（$\underline{1}'R_{yy}\underline{1}$）$^{1/2}=SD_Y$。

组合变量的协方差是该变量与组合变量的每个分量测度的协方差之和。在我们的例子中，这是 Cov（xy_1）+ Cov（xy_2）+ Cov（xy_3）。因为所有的变量都是标准化的，然而，在这里是 $r_{xy_1}+r_{xy_2}+r_{xy_3}$。这在代数矩阵中表示为 $\underline{1}'r_{xy_i}$。因此，我们有：

$$r_{xY}=\frac{\underline{1}'r_{xy_i}}{SD_x\sqrt{\underline{1}'R_{yy}\underline{1}}}=\frac{\sum r_{xy_i}}{(1)\sqrt{n+n(n-1)\bar{r}_{y_iy_j}}} \tag{10-6}$$

其中，$\bar{r}_{y_iy_j}$ 是相关性矩阵 R_{yy} 中的平均非对角相关性。

例如，假设在同一样本中，感知速度（x）的测量值与三个工作绩效测量值相关：主管对工作绩效的评价（$r = 0.20$）、同事评价（$r = 0.30$）及产出记录（$r = 0.25$）。假设报告了工作绩效测量之间的相关性，这些测量的均值是 0.50；也就是说 $\bar{r}_{y_iy_j}=0.50$，然后有：

$$r_{xY}=\frac{0.20+0.30+0.25}{\sqrt{3+3\times2\times0.50}}=0.31$$

如预期的那样，得到的值 0.31 大于均值 r（$\bar{r}_{xy_i}=0.25$）。还有 r_{xY} 抽样误差的方差是已知的，即 $S_e^2=(1-0.31^2)^2/(N-1)$。如果要使用人为误差分布进行元分析（见第 4 章），这个 0.31 的值应该使用 INTNL 程序直接输入元分析中。然而，应使用下面讨论的方法计算工作绩效组合测量的信度，并将其输入人为误差分布的信度中。若元分析是基于对不可靠性进行的分别校正（针对相关性元分析，见第 3 章），则对不可靠性的校正（如果合适的话，还有范围限制），并将 0.31 值用于附录中描述的 VG6 程序中。特别是，对于这个特定的研究，元分析将输入 0.31 的相关性、研究 N、Y 组合变量的信度以及范围限制比 u（如果有范围限制）。在以理论为导向的元分析中，r_{xY} 也会因 x 中的不可靠性而得到校正（使用 r_{xx} 的适当估计值）。

前面给出的公式假设 y_i 的测量值将被平均加权，所有权重都是相等的，所有变量均为标准化分数形式，因此，每个 y_i 测量对最终的 Y 组合值的贡献是相等的。如果元分析者使用方差 – 协方差矩阵而不是相关性矩阵进行计算，y_i 测量将根据其标准差进行加权。如果元分析者使用相关性矩阵进行计算，那么研究者仍可以通过分配不相等的权重而不是相等的权重来对 y_i 测量进行不同的加权。例如，基于构念效度的考虑，你决定在生产记录评价中为上级评价分配 2 倍的权重，为同行评价分配 3 倍的权重。这就得到权重向量 w' =[1 3 2]。自变量 x 与加权组合变量 Y 之间的相关性为：

$$r_x y_2=\frac{\underline{w}'r_{xy_i}}{\sqrt{\underline{w}'R_{yy}\underline{w}}}=\frac{[1\quad 3\quad 2]\begin{bmatrix}0.20\\0.30\\0.25\end{bmatrix}}{\sqrt{[1\quad 3\quad 2]\begin{bmatrix}1.00 & 0.50 & 0.50\\0.50 & 1.00 & 0.50\\0.50 & 0.50 & 1.00\end{bmatrix}\begin{bmatrix}1\\3\\2\end{bmatrix}}}$$

$$=\frac{1\times0.20+3\times0.30+2\times0.25}{\sqrt{[3.5\quad 4.5\quad 4.0]\begin{bmatrix}1\\3\\2\end{bmatrix}}}=\frac{1.6}{5.0}=0.32$$

因此，加权相关性是 0.32，而未加权相关性是 0.31。这是一个经典的结果。当一个组合中的测量值基本正相关时，加权通常对该组合与其他变量的相关性影响很小。然而，若组合中的某些测量具有较高的构念效度，则应考虑差异加权。加权平均相关性为：

$$\bar{r}_w=\frac{1\times0.20+3\times0.30+2\times0.25}{1+3+2}=0.27$$

同样，均值相关性小于复相关性。

有时一个研究样本会有多个自变量和因变量的测量值。若给出了所有测量之间的相关性，则可以计算自变量测量之和（组合变量 X）和因变量测量之和（组合变量 Y）之间的相关性。每个组合内的测量可以同等加权，也可以不同等加权。如果自变量组合中的 k 个测量为 x_1，x_2，…，x_i，…，x_k，因变量组合中的 m 个测量为 y_1，y_2，…，y_i，…，y_m，那么当所有变量权重相等时，两种组合相关性为：

$$r_{XY}=\frac{\underline{1}'R_{xy}\underline{1}}{\sqrt{\underline{1}'R_{xx}\underline{1}}\sqrt{\underline{1}'R_{yy}\underline{1}}} \tag{10-7}$$

注意，分母的第一项是 SD_X，第二项是 SD_Y，这是两种组合值的 SDs。R_{xy} 是 x_i 测量与 y_i 测量之间的交叉相关性矩阵。这些相关性的和是组合变量 X 与组合变量 Y 的协方差，因此，这个公式对应于 Pearson r 的基本公式：

$$r_{XY}=\frac{\mathrm{Cov}(X,Y)}{SD_X SD_Y}$$

每个组合中包含的测量也可以有差别地加权。如前所述，若应用于 y_i（不相等）的权重向量 为 $\underline{w}$，而对 x_i 的权重向量为 $\underline{v}$，则两个加权组合值相关性为：

$$r_{XY}=\frac{\underline{v}'R_{xy}\underline{w}}{\sqrt{\underline{v}'R_{xx}\underline{v}}\sqrt{\underline{w}'R_{yy}\underline{w}}} \tag{10-8}$$

如果一个组合中的测量权重不相等，而另一个组合中的测量权重相等，那么对于测量权重相等的组合，有差别权重可以被 1s 的向量代替。例如，如果 x_is 的权重相等，那么 $\underline{v}$ 应该用 1s 向量替换。

组合变量之间的相关性公式，可以通过概念复现的研究计算出更好的相关性估计。将这些相关性输入元分析中，而不是单独测量的相关性或均值 r，这可以提高元分析的准确性。在我们的著作中反复使用这些公式，经典的有，当人们从研究中读取和编码数据时，可以用手工计算器计算组合相关性。附录中描述的元分析程序包包含一个计算组合相关性的子程序。

组合相关性要求对测量之间的相关性进行估计，或者对这些相关性的均值进行估计。人们有时听到反对意见，认为不同研究结果或测量之间的相关性在研究中往往没有报告。在这种情况下，通常可以从文献中的其他研究中获得这些相关性的估计。许多这样的测量在研究中已经得到了广泛的应用，它们之间的相互关系可以在其他研究、测试手册或其他来源（包括未发表的来源）中找到。McDaniel 等人（1988b）说明了这一过程。即使这样的估计只是近似的，得到的元分析结果也比不使用组合相关性来解决独立性问题的结果更准确。这种情况类似于在人为误差分布元分析（第 4 章）中使用来自各种来源的人为误差分布。在这两种情况下，最终结果都比原来更准确。

这些公式在一般的数据解释中也很有用。例如，假设你正在阅读一份期刊研究报告，该报告使用了三个与组织承诺测量相关的工作满意度测量。很明显，衡量工作满意度的最佳指标是这三项指标的总和。如果研究报告了测量之间的相关性，你可以使用本节中的公式来快速计算工作满意度组合和组织承诺测量之间的相关性，从而提取研究者没有报告的重要信息。如果研究没有报告这些测量值之间的相关性，通常可以从其他研究中得到这些相关性的估计值，并使用这些估计值计算组合相关性。McDaniel 等人（1988b）针对这种情况进行了举例。你也可以检查报告是否有研究误差。如果研究报告了组合变量的相关性，这些 rs 应该与单独测量的 rs 一样大或更大。若不是，则表示报告的结果中有误差。

在计算组合相关性之后，元分析者接下来应该计算组合测量的信度。如果你正在使用元分析过程来逐个校正每个相关性（见第 3 章），那么你应该使用这种信度来校正计算出来的相关性（即将其输入元分析程序中的研究数据集中）。如果你正在使用人为分布元分析（请参阅第 4 章），那么你应该将这个信度输入信度的分布中。

根据组合测量的 $\bar{r}$ 值，可以用 Spearman-Brown 公式计算组合变量的信度。在我们的例子中，这将是：

$$r_{yy}=\frac{n\bar{r}_{yy}}{1+(n-1)\bar{r}_{yy}}=\frac{3\times 0.50}{1+(3-1)\times 0.50}=0.75 \tag{10-9}$$

α 可以得出同样的信度估计（但这两种估计值都有点大，因为它们没有捕捉到瞬态测量误差，如第 3 章所述），然后，校正后的相关性是：

$$r_{xY_T}=\frac{0.31}{\sqrt{0.75}}=0.36$$

在大多数元分析中，人们也会校正 x 测量的不可靠性，这将进一步增大相关性。但这一校正不会在人员甄选元分析中进行。

参见第 3 章对信度的讨论。使用 Spearman-Brown 或 α 信度假设，组合变量中每个分量测量值所测量的特定因素与另一个变量测量的构念无关（在本例中是 x，感知速度的测量），可以被视为随机误差。在我们的例子中，这是一个假设，即主管评价、同事评价和生产记录中的特定因素与感知速度无关（以及彼此是无关的）。它还假定这些具体因素不是真实工作绩效的一部分，也就是说，与工作绩效的构念无关，这一区别 Schmidt 和 Kaplan（1971）有更详细的讨论。如果这两种假设中的任何一种或两种都不可信，那么组合测量中的每项测量都可能测量的是实际或真实工作绩效的某个方面，而不是用其他 y_i 指标所测量。如果这样，那么必须使用另一种信度测量方法，即将特定因素方差视为真实方差，这就是 Mosier 信度（Mosier 信度是通过附录中描述的程序包中的一个辅助程序来计算的）。Mosier（1943）给出了恰当的公式：

$$r_{yy}=\frac{\underline{1}'(R_{yy}-D+D_{rel})\underline{1}}{\underline{1}'R_{yy}\underline{1}} \tag{10-10}$$

如前所述，这个公式的分母是组合的总方差。因为信度总是真方差与总方差之比，所以分子就是真方差。矩阵 D 是一个 $k\times k$ 的对角线矩阵，对角线上是 1s（其他值都是 0）。从 R_{yy} 中减去 D 就得到了 R_{yy} 矩阵对角线上所有的 1s。然后将矩阵 D_{rel}（也就是 $k\times k$）加回去，用每个 y_i 测量的信度替换所有对角值。D_{rel} 是一个仅包含这些信度的对角矩阵。

假设在我们的例子中，y_is 的信度如下：

上级评价：$r_{y_1y_1}=0.70$

同事评价：$r_{y_2y_2}=0.80$

生产记录：$r_{y_3y_3}=0.85$

那么 Mosier 信度是：

$$r_{yy}=\frac{\underline{1}'\left(\begin{bmatrix}1.00 & 0.50 & 0.50\\ 0.50 & 1.00 & 0.50\\ 0.50 & 0.50 & 1.00\end{bmatrix}-\begin{bmatrix}1 & 0 & 0\\ 0 & 1 & 0\\ 0 & 0 & 1\end{bmatrix}+\begin{bmatrix}0.70 & 0 & 0\\ 0 & 0.80 & 0\\ 0 & 0 & 0.85\end{bmatrix}\right)\underline{1}}{\underline{1}'\begin{bmatrix}1.00 & 0.50 & 0.50\\ 0.50 & 1.00 & 0.50\\ 0.50 & 0.50 & 1.00\end{bmatrix}\underline{1}}$$

$$r_{yy}=\frac{0.70+0.80+0.85+6\times 0.50}{3+6\times 0.50}$$

$$r_{yy}=\frac{5.35}{6.00}=0.89$$

由于 Mosier 信度将每个测量中的特定因素方差视为真实方差，所以信度估计比 Spearman-Brown 估计的 0.75 要大。因此，校正后的不可靠相关性较小：

$$r_{xY_T}=\frac{0.31}{\sqrt{0.89}}=0.33$$

这个值比之前的 0.36 小 8%。因此，你应该仔细考虑是否应该将特定因素视为测量误差方差或真实构念方差。一般来说，一个组合中包含的测量数目越多，特定因素方差被视为真实方差的可能性就越小。然而，最终的答案取决于被测量构念的定义和理论，因此不能给出普遍的答案。然而，在许多情况下，理论确实提供了相当清晰的答案。例如，语言能力可以被定义为不同的语言能力测量有什么共同之处，因此意味着不同的语言测量中的特定因素方差是测量误差方差。其他构念，例如工作满意度和角色冲突，通常在理论上以同样的方式进行定义。在我们遇到的大多数情况下，特定因素的方差应被视为测量误差。

10.5 概念复现：第四种方法和总结

到目前为止，我们已经讨论了处理概念复现的三种可能方法。首先，可以在元分析中分别输入非独立性的相关性或 d 值，而忽略独立性的缺失，结果是低估了抽样误差，导致高估了总体参数标准差估计。其次，可以在元分析中输入平均 r 或 d 值。在这种情况下，如果以 N 作为样本量进行研究，结果高估了抽样误差，导致低估总体参数的 SD 值。另一种选择是，可以将研究的样本量 N 乘以相关性的数目或 d 值的数目后输入元分析中，导致低估了抽样误差和高估了总体参数标准差。最后，元分析者可以计算组合相关性或 d 值，其结果是具有更高的结构效度和准确的抽样误差方差的估计。这种方法是我们所提倡的。还有第四种方法，这种方法要求在元分析中分别输入非独立性的相关性或 d 值，同时使用特殊的统计方法来估计非独立性情况下的抽样误差方差（稳健的抽样误差估计方法）。例如，Hedges 等人（2010a，2010b）提出了一种稳健的方差估计方法，该方法对抽样误差方差进行了实证估计。模拟研究表明，该方法是准确的。Gleser 和 Olkin（2009）对处理违反统计独立性的方法进行了详细分析。在本章前面讨论的 Bijmolt 和 Pieters（2001）研究中也使用了类似的方法。这些方法相当复杂，超出了本书的范围。Shah、Barnwell、Bieler（1995）提出允许研究者使用统计独立性数据的软件。如前所述，缺乏独立性导致标准误（SEs）增加。该软件向上调整所有的标准误（和抽样误差方差），以解释独立性的缺乏，从而产生用于置信区间和元分析的正确标准误。调整后的抽样误差方差可用于式（4-3）(第 4 章）中，以计算要输入元分析中的调整后的 Ns。

这些方法与使用组合相关性相比如何？来自相同样本的不同 rs 或 d 值要么测量或反映相同的构念，要么测量或反映不同的构念。如果它们测量不同的构念或潜在变量，那么它们不应该被包括在同一元分析中。它们应该进入不同的元分析，应该对每个不同的构念进行单独的元分析。在这种情况下，显然不应该使用这里描述的统计方法。另外，在概念复现中，不同的测量都测量相同的潜在构念或潜在变量。如果是这种情况，那么如前面所示，将它们组合成单一的组合测量将产生更有效的测量构念，并提供抽样误差方差的准确估计。因此，在概念复现中，使用组合方法优于这些稳健抽样方差估计方法。

10.6　通过亚组分析进行复现

对许多人来说，按种族和性别分别计算相关性已成为惯例，尽管通常没有理由认为这两者都能起到调节作用。这种做法在一定程度上源于叠加（additive）效应和调节效应之间的一种常见的混淆。例如，一些人假设组织技术限制了其管理哲学。大规模生产需要严格的工作协调，因此与下属分享权力的机会更少。这将导致对制造型组织中层级更低的预测。然而，即使这是真的，在这样的组织中，那些将工人纳入决策结构的人会有更高的产量。因此在这些工厂中，即使均值较低，相关性也不一定较低。我们已经看到许多例子，在这些例子中，组间差异导致研究者相信群体成员关系是相关关系的调节变量。这在逻辑上是不合理的。

然而，在那些有充分理由相信人口统计学变量是一个真实和实质性的调节变量的情况下，亚组相关性可以作为独立的结果值进入更大的累积研究中。统计上，非重叠（统计独立）组的结果值与不同研究的结果值具有相同的性质。

亚组和功效损失

亚组分析需要付出代价。考虑一个按种族和性别平均划分为 100 人的例子，然后分为四个亚组：25 名黑人女性、25 名黑人男性、25 名白人女性和 25 名白人男性。样本量为 25 的结果值比样本量为 100 的结果值的抽样误差大得多。事实上，25 的置信区间是 100 的两倍。例如，对于完整的样本，观察的相关性 0.20 的置信区间为 $0.00 \leqslant \rho \leqslant 0.40$。对于每个子样本，置信区间为 $-0.20 \leqslant \rho<0.60$。实际上，基于 25 个样本的例子所观察的相关性中几乎没有什么信息可用（尽管它可以与其他小样本相关性进行累积，并以这种方式做出贡献）。

亚组分析中存在的巨大的统计不确定性和抽样误差，导致了大量的随机扩大化。为了简单起见，假设没有调节效应。若总体相关性为 0，则有 4 次机会而不是 1 次机会产生第 I 类误差，实际的第 I 类误差不是 0.05，而是 0.19。如果总体相关性不是 0，那么有 4 次机会而不是 1 次机会产生第 II 类误差。然而，情况比这更糟。无论样本量如何，第 I 类误差的概率在每个单独的测试中始终为 0.05，但是第 II 类误差的概率随着样本量的减小而急剧增加。例如，如果总体相关性为 0.20，样本量为 100，那么统计显著性和正确推断的概率只有 0.50。若样本容量为 25，则显著性概率下降到 0.16。也就是说，调查者在 84% 的情况下是错误的。此外，所有 4 个亚组正确得出显著性结论的概率为 $0.16^4 = 0.000\ 7$，小于 1‰。也就是说，通过亚组对 0.20 的总体相关性进行分析，将第 II 类误差率从 50% 提高到 99.9%。

亚组和随机扩大化

对许多选择数据进行显著性检验的研究者来说，情况甚至更糟。如果研究中有 10 个变量，那么相关性矩阵将有 45 个题目。如果所有的总体相关性为 0，那么对整个样本的分析将提供对 45 个题目的搜索，以利用抽样误差。至少有 2 个这样的相关性被认为具有随机显著性，而得到 5 个相关性并不令人觉得这是非常的不幸。对于样本量为 100 的情况，机会矩阵中最大的相关性预计为 0.23。然而，对于一个亚组，45 个样本中最大的相关性预计为 0.46。此外，按亚组进行的分析提供了 $4 \times 45 = 180$ 个元素的搜索列表，以便利用抽样误差，从而获得较大的预期误差和 8 个甚至 20 个错误的有效读数（significant readings）。

即使每个相关性的零假设都是假的（在这种情况下，每一次找不到显著性的失败都是第 II 类误差的概率约为 84%），少数被剔除的样本也完全不能代表总体相关性。每个相关性的真值为 0.20，但是在样本量为 25 时，只有 0.40 或更大的相关性才具有显著性（双侧检验，$p \leqslant 0.05$）。因此，只有那些碰巧大于真实总体值的相关性才具有统计显著性。得出这些相关性不为 0 的结论是正确的。也就是说，在这 16% 的情况下，没有第 II 类误差。然而，这些观察的显著相关性将大大高估实际的总体相关性。事实上，观察的显著相关性大约是实际值的两倍。

亚组和分解的偏差

如果调节效应不存在或在大小上微不足道，那么累积的期望相关性就是总组相关性。然而，在实际应用中，进入较大累积的是平均相关性。也就是说，如果没有调节效应，那么更大的累积将最终平均所有题目，因此，隐含地平均每个研究的题目。碰巧的是，在这种情况下，作为总样本相关性的估计，平均相关性可能有很大的偏差。这个偏差总是在平均相关的方向上，其幅度小于总样本相关性。这种偏差是由亚组范围限制造成的。

假设每个亚组中的协方差结构相同，也就是说，假设回归线在所有组中都是相同的，那么亚组中的相关性较小，以至于亚组中的标准差小于总体标准差。设 u 为标准差之比，也就是说，我们把 u 定义为：

$$u=\frac{\sigma_{\text{亚组}}}{\sigma_{\text{总组}}}$$

设 r_t 为总组相关性，r_s 为亚组相关性，然后产生直接范围限制的公式是：

$$r_s=\frac{ur_1}{[(u^2-1)r_t^2+1]^{1/2}}$$

对于小的相关性，这个公式与 $r_s = ur$ 相差不大；也就是说，u 因子降低了亚组相关性。为了表明 u 小于 1，我们注意到：

$$u^2=\frac{\sigma^2_{\text{亚组}}}{\sigma^2_{\text{总组}}}=1-\eta^2 \tag{10-11}$$

其中，η^2 是分组变量和两个相关变量的因果先验变量之间的相关性之比。如果范围限制是间接的，那么，对于相同的 u 值，亚组相关性的向下偏差将更大（见第 3、4、5 章）。

10.7　结论：采用总组相关性

如果要研究人口统计学变量的调节效应，那么，亚组相关性应纳入累积之中。然而，一旦知道人口统计学变量具有很少或没有调节作用，主要的累积性分析就应该在整个总组相关性下进行。

总结

在研究中有三种常见的复现形式：完全复现的设计、概念复现和通过分析独立亚组进行的复现。每种方法都需要不同的元分析策略。

完全复现的设计是这样的一项研究：其中有几个部分是研究设计的独立复制。相同的研究设计可能在三个组织中进行。来自每个组织的结果可以被输入元分析中，就好像结果来自三个独立的研究。如果结果是被平均的，而不是单独输入的，那么应该将均值视为三个组织的样本量之和。

概念复现是在同一个样本中对构念的多重测量。自变量或因变量，或两者都可以用几种工具（量表）或方法来测量。然后，每个这样的量表都会产生它自己的相关性或效应量。理想情况下，这些替代量表应通过使用组合相关性公式进行合并，以产生单一的相关性或效应量。该研究为元分析贡献一个值，该值具有最小测量误差（因为组合变量的信度更高）和已知的抽样误差方差。如果研究没有报告计算组合变量相关性所需的测量之间的相关性，并且这些相关性的估计不能从其他研究中获得（很少有这种情况），那么一种选择是对概念上等价的相关性或效应量进行平均。均值将低估所使用组合相关性或验证性因子分析所产生的值，然而，很难获得均值的抽样误差方差的正确估计。根据统计理论，由此产生的低估或高估的抽样误差方差，在逻辑上导致 SD_ρ 或 SD_δ 估计偏差。另一种选择是忽略缺乏独立性，将相关性测量值纳入元分析中，就好像它们具有独立性一样。根据统计理论，这种选择在逻辑上应该导致对总体参数 SD_s 的高估。然而，最近的研究表明，这种失真几乎可以忽略不计。

第 11 章
CHAPTER 11

不同元分析方法及相关软件

本章介绍并讨论了 11 种不同的整合研究结果的方法。这些方法在从综述性研究中提取所需要的信息时，按大致的功效顺序（从最低到最高）进行了介绍和讨论。本章末尾讨论了应用这些方法的计算机程序。

11.1 传统描述性综述

最古老的方法是描述性综述。描述性综述被描述为文字的、定性的、非定量的和口头的。在这个过程中，评论者从每个研究报告的表面价值来看待结果，并试图找到一个与结果相一致的总体理论。如果需要解释的研究较少，这种整合可能是可行的。然而，如果研究的数量很大（50 ～ 1 000 项），那么这些研究在设计、测量等方面几乎永远不会有精确的可比性，而且研究结果通常会以看似奇怪的方式显得有所不同。因此，信息任务处理对人类大脑来说变得过于繁重。结果往往是三种效果之一。第一，结果可能是平淡无奇的回顾，研究的文字摘要被列在令人眼花缭乱的列表中（Glass，1976 ： 4）。也就是说，评论者甚至可能不会试图整合跨研究的结果。第二，评论者可以通过将他或她的结论仅仅基于研究的一小部分来简化整合任务。评论者通常会拒绝除少数研究之外的所有可用研究，认为它们在设计或分析方面存在缺陷，然后“将一两个可接受的研究作为事实真相提出”（Glass，1976 ： 4）。这种方法浪费了大量的信息，而且可能根据不具代表性的研究得出结论。第三，评论者可能试图在心理上整合所有研究结果，但没有做好充分的工作。Cooper 和 Rosenthal（1980）的研究表明，即使被评论的研究数量只有 7 篇，但使用描述性话语方法的评论者和使用定量方法的评论者得出的结论也不尽相同。

11.2 传统计票法

传统的计票法是为减轻评论者的信息加工负担而开发的第一批技术之一。在其最简单的形式中，它仅仅由显著和不显著的结果列表组成。Light 和 Smith（1971）将这种方法描述如下：

> 所有因变量和感兴趣的特定自变量数据的研究都要进行检测。三个可能的结果被定义：自变量与因变量之间的关系要么是显著正相关，要么是显著负相关，要么两者之间没有显著关系。然后简单地统计这三类研究的数量。如果多个研究属于这三个类别中的任何一个，较少的研究属于其他两个类别，则模型分类是成功的。然后，假定这种模型分类能够对自变量和因变量之间的真实关系的方向给出最佳估计。

有时也使用计票法来确定研究结果的相关性。例如，训练方法 A 优于训练方法 B 的研究比例可以在男性和女性之间进行比较。

基于这种方法的一个例子是 Eagly（1978）的研究。计票法偏向于大样本研究，但可能只显示小的效应量。即使样本量的变异不会造成解释显著性水平的问题，并且计票法得出了存在效应的正确结论，但是关键的效应量问题仍没有解答。然而，计票法存在最大的问题是，它可能而且确实导致错误的结论。举个例子，Pearlman 等人（1980）基于 144 项研究的元分析发现，一般智力与文书工作熟练程度之间的相关性为 0.51；也就是说，如果一项完美的研究使用了所有的求职者总体和一个完全可靠的工作熟练程度的测量，那么测量的智力和绩效之间的相关性将是 0.51。然而，无法获得求职者的熟练程度，只有那些被雇用的人才能衡量他们的绩效。大多数组织雇用的求职者不到一半。假设被雇用的人是那些在智力分布上处于上半部分的人，那么因为范围限制，测试和绩效之间的相关性将只有 0.33，而不是 0.51。获得完美的工作绩效测量量表也是不可能的。一般来说，最好的可行办法是，由一位了解员工工作情况的主管对其进行评价。根据 Viswesvaran 等人（1996）的综述，使用多题目评分表，单个主管的评价者之间的平均信度为 0.50。这意味着测试和绩效之间的相关性将下降到 $(0.50)^{1/2}$（0. 33）= 0.23。由于潜在的总体相关性 ρ_{xy} =0.23，一系列研究中的平均统计功效很容易低于 0.50。假设是 0.45，然后，在预期中，55% 的研究（大多数）没有发现显著性的关系，传统的计票法会错误地得出没有关系的结论，尽管事实上每个研究中的关系都是 ρ_{xy} =0.23。

Hedges 和 Olkin（1980）表明，在平均统计功效小于 0.50 的任何一组研究中，使用计票法得出错误结论的概率随着研究数量的增加而增加。也就是说，检测的数据越多，关于数据含义的错误结论的确定性就越大。因此，传统的计票法在统计和逻辑上都存在致命的缺陷。使用计票法的评论者得出的经典结论是，研究文献方面糟糕透顶。有些研究者得到了结果，其他人则没有。有时一个特定的研究者会得到显著性的结果，有时则不会。这些评论者几乎总是得出结论，需要进行更多的研究，并呼吁更好的研究设计、更好的实验控制、更好的测量等（Glass，1976）。Bushman 和 Wang（2009）对传统计票法的缺陷进行了深入的技术性讨论。

11.3 研究中 *p* 值的累积

该方法试图在研究中累积显著性水平以产生总体 *p* 值（显著性水平）。如果这个值足够小，评论者就会得出结论，该效应已经存在。这些方法是由 Mosteller 和 Bush（1954）从 Stouffer、

Suchman、DeVinney、Star 和 Williams（1949）的早期著作中发展出来的。这种方法的最新倡导者是 Rosenthal 和他的同事（Cooper，Rosenthal，1980；Rosenthal，1978）。如第 13 章所述，在该方法中，每个研究的单尾显著性检验的 p 值被转换为标准化正态偏差，记作 z。这些 z 值要么直接相加，要么用来计算 z 的加权之和。然后计算这些 z 均值，确定 z 均值的显著性水平（p 值）。这是整套研究的 p 值。

该方法的一个重要问题是：它假设了同质性情况（Hunter，Schmidt，2000: 286-287）。也就是说，它假设 $S_\rho^2=0$（或 $S_\delta^2=0$）。这意味着它是一个固定效应模型，因此，正如第 5 章和第 8 章所讨论的，它具有固定效应元分析方法的所有问题。特别是，如果固定效应假设不成立，且 $S_\rho^2>0$（或 $S_\delta^2>0$），那么测试的 α 值就会被夸大。例如，一组研究的组合 p 值可以计算为 $p=0.01$，而实际上它是 0.10。如第 5 章和第 8 章所述，同质性固定效应假设在实际研究中很少得到满足。

这种方法的另一个主要问题是，在大多数研究中，p 值的总和将是显著的，但这一事实并不能说明效应量。显然，一种效应的实际意义和理论意义不仅取决于它的存在，而且至少取决于它的大小。Rosenthal（1978: 192）认识到效应量和 p 值一起进行分析的必要性，在他后来的大量综述中，他结合 p 值和效应量一起进行分析。

这种 p 值的累积和平均效应量（$\bar{r}$ 或 $\bar{d}$）的计算方法被 Bangert-Drowns（1986）称为组合概率法。Bangert-Drowns 指出，组合概率法最好被视为元分析的过渡形式。平均效应量的引入源于 Rosenthal 及其同事的认识（Rosenthal，1978；Rosenthal，Rubin，1982a，1982b），需要一个指标来测量研究结果的重要性；与此同时，该方法并没有提供关于不同研究中效应量的波动信息。因此，缺乏其他形式元分析中的重要组成部分。随着组合概率法的引入，只对 p 值进行累积的方法已经不再是主流。Rosenthal（1984）对跨研究的累积 p 值方法进行了广泛讨论。其他信息可以在 Rosenthal（1983）以及 Rosenthal 和 Rubin（1979a，1983）中找到。在第 13 章中，我们讨论了 Rosenthal 偏好的组合 p 值的具体方法。但由于刚才讨论的问题，我们在本书中没有强调这些方法。其他人也讨论了组合 p 值方法的问题（如：Becker，1987；Becker，Schram，1994；National Research Council，1992）。由于这些问题，National Research Council（1992）的报告建议停止使用 p 值法（p.182）。事实上，这些方法在今天的文献中很少使用。

顺便说一下，我们注意到 Rosenthal 开发的一种技术，这是他在跨研究累积 p 值方面的学术成果。这种技术是为了解决所谓的文件抽屉问题而开发的。假设一位研究者已经证明，所有跨研究中组合 p 值的总和是 0.000 1，并得出结论，存在真实的效应。然后，批评者可能会争辩说，这一发现是由于所综述的研究缺乏代表性，理由是没有显示效应的研究不太可能被评论者找到。也就是说，有负面发现的研究往往被藏在文件抽屉里，而不是传阅或发表。使用 Rosenthal（1979）的技术，研究者可以计算出缺失的研究数量，这些研究表明，为了将组合 p 值降低到 0.05、0.010 或其他任何水平，必须存在零效应量。这个数字通常是非常大的，例如，65 000（Rosenthal，Rubin，1978）。任何主题都不太可能有 65 000 份研究报告丢失。第 13 章给出了这种文件抽屉分析的统计公式和基本原理。然而，文件抽屉技术与组合 p 值的方法一样，是一个固定效应模型，因此，只有当所有研究中的潜在相关性（或 d 值）相同时，才能产生准确的结果。如果 ρ 和 δ 的总体值因研究而异（如第 5 章和第 9 章所述，通常是这种情况），使组合 p 值不显著所需的研究数量远远小于文件抽屉分析提供的数量。不准确的另一个来源是，这组研究最初计算的 p 值也依赖于固定效应模型假设，因此，通常也是不准确的。Begg（1994：406）对 Rosenthal 文件抽屉分析提出了其他重要的批评。这些问题降低了文件抽屉分析的有用性。

11.4　统计上正确的计票程序

虽然传统计票法在统计和逻辑上存在缺陷，但也有一些基于计票法的研究结果在统计上是正确的。这些方法可分为两类：①那些只对研究主体产生统计显著性水平的方法；②那些提供平均效应量定量估计的方法。Bushman 和 Wang（2009）对这些方法进行了详细的、专业性的讨论。我们这里提供了一个不太专业的处理方法。

显著性水平的计票法

如果零假设成立，那么总体相关性或效应量实际上为 0。因此，当研究结果以 p 值的形式给出时，一半应该大于 0.50，一半应该小于 0.50。符号检验可用于检验观察的正向和负向结果的频率是否显著偏离了在无效假设下预期的 50–50 分割（Hedges，Olkin，1980；Rosenthal，1978）。或者，评论者可以使用计数来确定报告支持该理论的统计显著性结果（正向显著性结果）的研究比例，并将该比例与零假设下的期望比例（通常为 0.05 或 0.01）进行对照测试。该检验可采用二项式检验或卡方统计量（Brozek，Tiede，1952；Hedges，Olkin，1980；Rosenthal，1978）。Hedges 和 Olkin（1980）指出，一些评论者认为，如果真实效应量或真实相关性不为零，那么大多数研究应该显示出正向的显著性结果。事实上，这通常不是真的。当真实的效应量或真实的相关性在通常幅度范围内时，由于单个研究的统计功效较低，通常只有少数研究报告了正向显著性结果（National Research Council，1992）。Hedges 和 Olkin（1980）还指出，拒绝零假设所需要的正向的显著性结果的比例通常比认为的要小得多。例如，如果使用 $\alpha = 0.05$ 运行 10 个研究，三个或三个以上的正向显著性结果的概率小于 0.01。也就是说，10 个研究结果中有 3 个正向显著性结果足以拒绝零假设。

然而，这些计票法在零假设为真时最有用，而不是在它为假时。例如，Bartlett、Bobko、Mosier 和 Hannan（1978）以及 Hunter、Schmidt 和 Hunter（1979）表明，黑人和白人就业测试效度显著性差异的频率与零假设和 α 水平下期望的机会频率没有差异。例如，Bartlett 等人在 α =0.05 水平检查了 1 100 多个这样的测试，发现 6.2% 的测试结果是显著的。Coward 和 Sackett（1990）研究了数千种能力 – 绩效关系，发现在 α=0.05 水平上，统计上显著偏离线性的频率约为 5%。当零假设在具有高统计功效的累积研究中没有被拒绝时，该方法确实提供了总体效应量或总体相关性的估计值：0。然而，当零假设为假时（通常），二项式检验或符号检验不提供效应量的估计。这是一个严重的缺点。此外，由于二项式检验和符号检验是统计显著性检验，它们具有显著性检验的所有缺点，我们已经在第 2 章详细讨论过。然而，在不使用显著性检验的情况下，可以使用这些正确的计票法。例如，在 Bartlett 等人（1978）以及 Coward 和 Sackett（1990）的研究中，数值结果使结论应该是什么变得非常明显，而无须使用显著性检验。

效应量估计的计票法

正向结果的概率和正向显著性结果的概率都是总体效应量和研究样本量的函数。如果所有研究的样本量都是已知的，那么一组研究背后的平均效应量可以通过正向结果的比例或正向显著性结果的比例来估计。Hedges 和 Olkin（1980）推导了这两种估计效应量方法的公式。他们还提出了可用于计算平均效应量估计置信区间的范围公式。一般来说，这些置信区间要比分别计算每个研究效应量并取均值时得出的置信区间要宽。在后一种情况下，置信区间是基于均值的标准误。由于根据正向结果（不考虑统计显著性）或正向显著性结果的计数估计的效应量比直接程序使用更少的研究信息，因此 Hedges-Olkin 对平均效应量估计的置信区间更宽。因此，只有当确定单个研究中的效应量所需信息不可用或不可检索时，才使用基于计票法的效应量估计。

大多数研究要么提供 r 值或 d 值，要么提供足够的信息来计算这些值。如果一些研究没有，通常人们会从元分析中剔除这些研究。若整个合并都没有，则必须使用 Hedges 和 Olkin（1980）提出的方法中的其中一种，然而，这是不寻常的。更有可能的情况是，一个研究的亚组（如 10 个研究）没有提供足够的信息来计算 r 值或 d 值。然后，可以使用 Hedges-Olkin 方法对这个亚组的研究估计 $\bar{d}$ 值，从而避免丢失这些研究。此外，如果你正在阅读一篇传统的综述，它只给出统计显著性和每个研究的显著性方向，你可以使用其中一种方法获取综述研究中的 $\bar{d}$ 估计值；实际上，这将是对这些研究的不完整、不太准确但快速、方便的元分析。

计算正向显著性结果

假设有 10 项研究，每个研究中 $N_E = N_C = 12$，假设 10 项研究中的 6 项有正向的显著性结果（$\hat{p}$=6/10=0.6），然后，从 Hedges 和 Olkin（1980）的表 A2 中，我们可以确定被估计的 $\hat{p}$=0.80。研究者还可以使用 Hedges 和 Olkin 给出的 p 值置信区间的公式来估计该方法中 $\hat{\delta}$ 的标准误。$\hat{p}$ 的 90% 置信区间是：

$$\frac{(2m\hat{p}+c_\alpha^2)\pm\sqrt{c_\alpha^4+4mc_\alpha^2\hat{p}(1-\hat{p})}}{2(m+c_\alpha^2)} \tag{11-1}$$

其中，m 是研究的数量（10），$c_\alpha = 1.645$。在我们的例子中，90% 的置信区间是：

$$\frac{\{2(10)(0.60)+1.645^2\}\pm\sqrt{1.645^4+4(10)(1.645)^2(0.60)(1-0.60)}}{2(10+1.645^2)}$$

$$=0.35< \hat{p} <0.81$$

这个置信区间适用于 $\hat{p}$。接下来，我们必须将这个置信区间的端点转换为 $\hat{\delta}$ 值，同样使用 Hedges 和 Olkin（1980）的表 A2。通过线性内插法，对于 $\hat{p}$=0.81，$\hat{\delta}$ 是 1.10；对于 $\hat{p}$=0.35，$\hat{\delta}$ 是 0.53。$\hat{\delta}$ 的近似标准误为：

$$SE_{\hat{\delta}}=\frac{1.10-0.53}{2(1.645)}=0.173\,3$$

$\hat{\delta}$ 的抽样误差方差为（0.173 3）^{2} 或 0.030 03。因此，对于合并的 10 项研究，只有 1 项进入元分析：$\hat{\delta}$=0.80 和 S_e^2=0.030 03。

注意，这里的 SE_δ 是 $\bar{d}$ 的标准误，不是每个研究 ds 的标准误。这个标准误是类似于从一个普通元分析观察的（未校正的）ds 的均值标准误（即 $SE_{\bar{d}}=SD_d/\sqrt{m}$）。（回想一下，$m$ 是 Hedges-Olkin 标记的研究数量。）对于单个 d 值，SE_d 的类似估计是 $\sqrt{m}SE_{\bar{d}}$，在此处 $\sqrt{10}(0.173\,3)=0.548$。这是在仅基于显著性信息的情况下，对 10 项研究中观察的单个 d 值的 SD 估计。这里，我们实际上将这 10 项研究合并为一个“研究”，纳入元分析中。因此，应该使用的抽样误差方差值为 $S^2_{e_{\hat{\delta}}}$，这里是 0.030 03。这个估计，就像 Hedges-Olkin 的计票法一样，是假设 d 在不同的研究中没有变异。如果 δ 确实不同，SE_δ 只是近似的估计。

这一方法使我们能够挽救 10 项研究中潜在的一些信息，但不是全部。我们可以计算出由于无法计算每个研究的 d 值而损失了多少信息。10 项研究的实际总 N 为 $10\times12\times2=240$。在这个分析中，我们可以求解以下公式来确定有效的 N 值：

$$S_e^2=\frac{4}{N}(1+\frac{\bar{d}^2}{8})$$

$$0.030\,03=\frac{4}{N}(1+\frac{0.8^2}{8})$$

$$N=144$$

因此，当只知道显著性时，有效样本量从 240 减少到 144；研究中 40% 的信息丢失了，因为研究者没有提供足够的信息来计算 d 值。

这个例子假设 $N_E=N_C=$ 所有研究中的某个常数。这几乎永远不会成为现实。如果样本量不同，应该使用某种形式的平均样本量。Hedges 和 Olkin（1980）提出几何平均、均方根或简单平均样本量。几何平均为：

$$\mathrm{GM}=\sqrt[\mathrm{m}]{N_1N_2\cdots N_\mathrm{m}} \tag{11-2}$$

平方根是：

$$\mathrm{SMR}=\left[\sum_1^{\mathrm{m}}\left(\frac{\sqrt{N_\mathrm{i}}}{\mathrm{m}}\right)\right]^2 \tag{11-3}$$

如果样本量在不同研究中没有显著变化，那么简单的平均 N 将是相当准确的。读者应该注意到，在 Hedges 和 Olkin 的表 A2 中，n 是对照组或实验组中的数字。总 N 是 $2n$。因此，当样本量不相等时，应同时取 N_E 和 N_C 值的均值。

Hedges 和 Olkin 没有提供单独的相关性表格。然而，若①使用第 7 章中的式（7-9）将表格顶部的 δ 值转换为 r（实际上是 ρ），且②记得在输入表格时使用 N 的一半，则他们的表格 A2 将产生近似正确的 r 值。

计数正向结果

对于一组研究估计 $\bar{r}$ 或 $\bar{d}$，如果没有提供足够信息来计算单个研究中的 r 和 d 值，我们也可以从有利于实验组的结果的数量中得到，无论这些结果是否重要。如果零假设成立，并且实验组和对照组之间没有差异，那么这个期望频率是 50%。这种方法使用偏离预期 50% 来估

计 $\bar{r}$ 或 $\bar{d}$ 值。假设你有 10 项研究，其中 $N_E=N_C=14$，10 个结果中有 9 个是正向的（即不管是否显著，都要支持实验组）。将此信息输入 Hedges 和 Olkin（1980）的表 A1 中，得到 $\hat{\delta}=0.50$。对于正向显著性结果的计数，计算置信区间、SE 和 $\hat{\delta}$ 的 S_e^2 的方法与前面所示相同。

计数正的和负的结果

与前两种方法相比，当你怀疑发表偏差或其他可用性偏差正在扭曲研究样本时，当你认为显著性的结果——正的和负的——正在被发表或定位，而不显著的结果没有被发表或定位时，这种方法更有用。当两种相互竞争的理论做出相反的预测时，就会出现这种情况（见第 13 章经济学中这种情况的例子）。这种情况意味着现有的研究并不代表所有已进行的研究。该方法基于所有显著性结果中正向显著性结果所占的比例：

$$\hat{p}=\frac{\text{正的显著性结果数目}}{\text{正的加负的显著性结果数目}}$$

如果零假设成立，$\hat{p}$ 期望值是 0.50。偏离 0.50 是估计 $\hat{\delta}$ 的基础。例如，假设你有 20 项研究，每项研究的 $N_E=N_C=10$。10 项研究报告了显著性的结果，其中 8 项是正向的显著性结果。因此，$\hat{p}=0.80$。Hedges 和 Olkin（1980）的表 A3 显示 $\hat{\delta}$ 是 0.15。对于正向显著性结果的计数，可以用与前面描述的相同的方法估计置信区间和标准误。只有当①仅怀疑基于显著性（而非方向）的发表偏差，且②研究不允许计算 r 或 d 值时，才应使用该方法。

Hedges 和 Olkin（1980）的基于计票法估计效应量的方法是假设总体效应量（δ）在研究中没有变异。如果 δ 在不同的研究中变异很大，这些方法只能产生均值效应量和方差效应量的近似估计。

11.5 元分析研究

在本书中，我们将元分析这个术语限制在那些关注效应量或相关性累积的方法上，而不是跨研究的显著性水平上。在文献中可以找到许多早期系统性的组合 p 值的著作（如：Fisher，1932，1938；Pearson，1938）。虽然元分析的系统方法是最近才提出和提倡的，但是在过去的几十年里，许多元分析的基本概念已经被单个研究者和研究团队所采用。Thorndike（1933）从 36 项研究中累积了比奈智力测验的重测信度系数，甚至针对抽样误差的影响而校正了这些系数的观察方差。他发现大部分观察方差可以用抽样误差来解释，但不是全部；部分变异是由于测试和复测之间的间隔时间较长而造成的。Ghiselli（1949，1955，1966）从不同类型的测试和不同工作的大量研究中累积了效度系数，以中值的形式给出结果。虽然他没有系统地分析系数的方差，但他累积了大量的信息，他在 1966 年的书中介绍了这些信息，之后又进行了更新（Ghiselli，1973）。尽管 Rosenthal 后来强调研究中显著性水平的累积，但他早在 1961 年就开始计算和发表平均相关性的研究（Rosenthal，1961，1963）。Bloom（1964）对相关系数进行平均，以总结大量关于人类特征和能力的稳定性（和不稳定性）研究。Erlenmeyer-Kimling 和 Jarvik（1963）利用许多研究中智力测试分数的亲缘关系相关性，拼凑出遗传对智力影响的画面。Taveggia（1974）认识到抽样误差以及在文献中低功效显著性检验在产生相互矛盾的结果方面的重要性，倡导并应用一种类似于 Glass（1977）的元分析方法。Fleishman 和 Levine 及其同事通过实验研究累积效应量，以确定酒精摄入量和依赖于不同能力的任务绩效下降之间的关系（Levine，Kramer，Levine，1975），并确定能力分类系统在人类绩效保持警惕方面的效能（Levine, Romashko，Fleishman, 1973）。然而，这些作者都没有提出一套系统的元分析方法，用于解决整合跨研究结果以产生累积知识的普遍问题。直到 20 世纪 70 年代，才引进了系统的定量技术来整合跨研究的结果。Glass（1976）提出了第一套这样的方法。我们当时并不知道 Glass 的著作，于第二年发表了第一篇关于元分析方法的文章（Schmidt，Hunter，1977）。Glass 创造了元分析这个术语来指代分析的分析（研究）。他引入这个术语的一个原因是为了将这种分析与二次分析区分开来。在二次分析中，研究者获得并重新分析早期研究的原始数据（Light，Smith，1971）。元分析是对研究中的效应量和其他描述性统计的定量累积和分析。它不需要获得初始研究数据。

元分析方法分为三大类，如图 11-1 所示。纯描述性方法（Glass 方法和研究效应元分析方法）是对研究文献中的内容进行描述性勾勒，但不试图分析、校正或以其他方式处理任何扭曲研究结果的人为误差。接下来是元分析方法，它只处理抽样误差的人为误差影响。这些方法包括 Hedges 和 Olkin（1985）、Rosenthal 和 Rubin（1982a，1982b）的基于同质性测试的方法，第 3 章描述的基本元分析的方法，以及基于 Cheung 的结构方程模型（SEM）的方法（Cheung，2008，2010，2012a，2012b，在版）。这些方法不解决除抽样误差的人为误差之外的影响。特别是，它们没有解决测量误差。最后，有些元分析方法，不仅解决和校正了抽样误差的影响，还校正了各种扭曲研究结果的其他人为误差的影响。如果所有研究都是以一种方法学上完美无缺的方式进行的话，这些方法估计了会得到的结果。也就是说，它们试图揭示不完美的现实世界研究背后的科学现实。这就是 Rubin（1990）提出的元分析方法应该服务的目的。这些方法被称为心理测量元分析方法，这也是本书的重点。除我们提出的方法之外，从 1977 年开始（Schmidt，Hunter，1977），Callender 和 Osburn（1980）以及 Raju 和他的同事（即 Raju，Drasgow，2003）也做出了重要贡献，在本书的第 3、4、5 章以及其他地方都有提及。

纯描述性元分析方法：Glass 方法及相关方法

Glass 元分析方法与批评

对 Glass 来说，元分析的目的是描述性的，其目标是为特定的研究文献描绘一幅非常普遍、广泛和包容的画面（Glass，1977；Glass 等，1981）。要回答的问题非常笼统，例如，无论何种类型的心理治疗，都对治疗研究者认为重要到足以衡量的结果类型有影响吗，而不管这些结果的性质如何（如自我报告的焦虑、情绪爆发的次数等）？因此，Glass 元分析经常将不同的自变量（如不同的处理方法）和不同的因变量组合起来进行研究。所以，一些人批评这些方法是把苹果和桔子结合起来。Glass 元分析有三个主要特性：

1. **强调效应量而不是显著性水平**。Glass 认为研究整合的目的更多的是描述性的而不是推理性的，而最重要的描述性统计是那些最清楚地表明影响程度的统计。Glass 元分析通常使用 Pearson r 或 d 的估计。Glass 元分析的原始结果是观察的效应量或各研究间的相关性的均值和标准差。

2. **接受效应量在面值上的差异**。Glass 元分析隐含地假设观察的效应量的变异是真实的，应该有一些实质性的解释。没有注意到效应量的抽样误差方差。在研究的不同特征（例如，研究对象的性别或平均年龄、处理时间、发表日期等）中寻求实质性的解释。检查与研究效应相关的研究特征的解释力。Glass 元分析表明，很少有研究特征与研究结果具有显著的相关性。第 2 章和第 9 章讨论了与元分析这一步骤相关的随机扩大化和统计功效低下的问题。

3. **一种强有力的实证方法，用于确定研究的哪些方面应该编码并测试与研究结果的关联性。**Glass（1976，1977）认为，所有这些问题都是实证问题，他没有强调理论在决定哪些变量应该作为研究结果的潜在调节变量进行测试方面的作用（见 Glass，1972）。结果是，大量的研究特征被编码，放大了元回归中变化的扩大化机会问题。

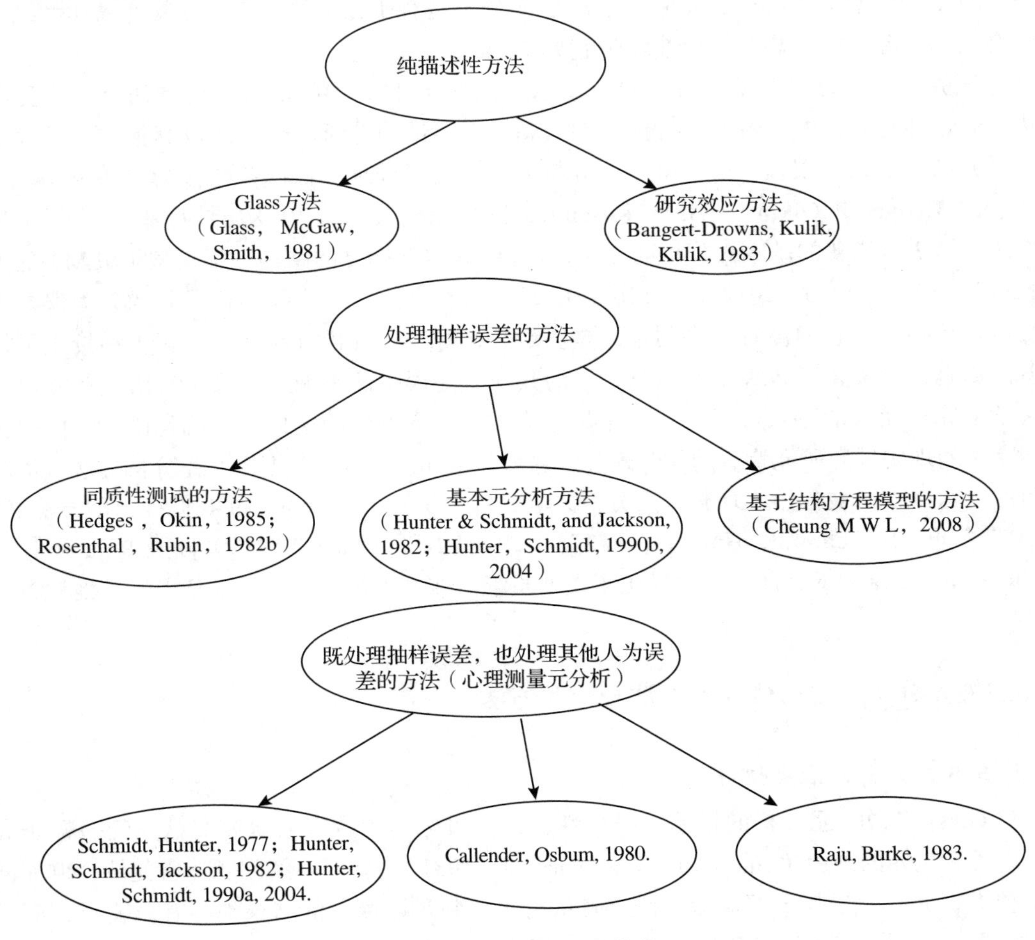

图 11-1　元分析方法说明

在本章后面的章节中，我们认为 Glass 元分析在一些重要方面是不完整的，并且本书中介绍的方法扩展并完善了 Glass 的方法。然而，其他人也对 Glass 的方法提出了批评。由于这些批评，元分析新方法得到了改进，这些方法本质上是 Glass 的方法变体。稍后将讨论这些新方法。对 Glass 方法的主要批评如下：

1. 在 Glass 元分析中，研究效应量估计是分析的单位。基于单个研究样本的研究常常报告几个（有时是很多）效应量的估计，在这种情况下，Glass 和他的同事通常会在元分析中包含所有这些估计，这就违反了统计独立性的假设（见第 10 章）。这样做的结果是对可能应用于元分析的任何推断性统计检验的效度产生怀疑，例如，$\bar{d}$ 值的显著性检验。这种批评在统计学上是正确的，但它忽略了一个重要的事实：对 Glass 元分析来说，研究整合的目的是描述性的，而不是推理性的。虽然通常使用统计测试，但是它们对描述性目的来说是次要的。我们同意在 Glass 元分析中降低显著性检验的重要性。如第 1 章和第 2 章所示，过度依赖心理学和其他社会科学统计显著性检验导致了从研究文献中得出正确结论的极端困难性。而且，在大多数情况下，违反独立性会对元分析结果产生保守的影响；如果所有的研究结果都是独立的，它们会高估观察的研究结果的方差。另一个重要的考虑是，违反独立性可能对 $\bar{r}$ 或 $\bar{d}$ 值没有产生系统性的影响，而 Glass 的方法主要焦点是这两个汇总统计。然而，当一小部分研究贡献了很大比例的效应量时，元分析的信度就受到了质疑。与此问题相关的技术问题已在第 10 章中讨论过。现有证据表明，违反独立性只会对元分析结果造成最小的失真。

2. 第二种批评认为，Glass 错误地将所有的研究都纳入元分析中，而不考虑方法的质量（Bangert-Drowns，1986；Slavin，1986）。例如，Slavin（1986）呼吁用他称之为“最佳证据合成”的方法来取代 Glass 的方法，在这种方法中，除了在方法论上判断为最强的研究，所有其他研究都被剔除在元分析之外。我们将在第 12 章更详细地讨论这个问题。Glass 的立场之一，也是我们的立场，就是对整体方法质量的判断往往是非常主观的，而评价者之间的一致性往往很低。因此，对方法上比较强和弱的研究分别进行元分析，并对结果进行比较，从而得出结论。如果它们不同，应该依靠“强”的研究；如果它们相同，那么应该使用所有的研究。

3. 第三种批评是，Glass 方法在元分析中混合了非常不同的自变量，从而掩盖了不同自变量平均结果的重要差异。例如，Smith 和 Glass（1977）对心理疗法效应的元分析包括 10 种不同的疗法（如理性情绪疗法和行为矫正疗法）。其论点是，如果这些治疗方法中的一些方法比其他方法更有效，这样的元分析将永远不会揭示这一事实。这种批评忽略了这样一个事实，即 Glass 的方法的应用在第二步通常包括对每种自变量类型进行单独的元分析，从而允许出现任何此类处理效应的差异。然而，正如 Glass 坚持认为，这种更准确的元分析是否必要取决于元分析的目的。如果研究的问题是，“什么是不同类型治疗的相对效度？”显然他们是正确的。但如果问题是一般治疗是否有效，那么整体分析可能更合适（Wortman，1983）。Glass 的批评者从理论上和分析上都是有针对性的，因此很难理解为什么有人会提出如此广泛的研究问题。在我们的研究中，我们通常会问更窄的问题，因此，我们的自变量是同质性的。

4. 最后一个主要的批评是，Glass 方法混合了非常不同的因变量测量。例如，在教育干预的研究中，态度、信仰、纪律行为和学术成就的 d 值可能都包含在同一元分析中。批评人士的观点是正确的，他们认为这种元分析的结果很难或不可能解释。例如，开放教室对这些概念上不同的因变量的影响似乎不太可能相同。然而，Glass 的方法中并没有什么固有的东西可以剔除对每个因变量构念进行单独的元分析。问题是，这往往做不到。在我们的研究中，我们将单个元分析中的因变量测量限制为单个构念的测量。例如，在我们的效度概化研究中，因变量一直是测量整体工作绩效的指标。

这些批评大多不是源于 Glass 统计分析方法本质问题。相反，它们是对 Glass 及其同事和其他一些人所使用的这些方法应用的批评。这些批评源于这样一个事实，即 Glass 和他的批评者对元分析的目的有非常不同的定义。对 Glass 来说，元分析的目的是描绘一幅非常普遍的、广泛的和包容的研究文献画面。要回答的问题非常笼统，例如，不管何种类型的心理治疗，不论其构念的性质如何，是否会对临床医学家或研究者产生普遍的影响，这些被他们认为是足够重要的吗（如自我报告的焦虑和情绪爆发的数量）？他的批评者认为，如果元分析要为累积知识与理解以及理论发展做出贡献，它必须回答更狭窄、更具体的问题。实际上，元分析可以用于这两个目的。作为第一步，更全面的定量总结可能是有用的。对于那些认为社会科学研究文献中除了随机性之外没有累积性，甚至没有任何规则的人来说，这种元分析的结果可能是（也很可能已经是）从认识论的绝望中倒退了一步。然而，他们只能是第一步，科学认识的进一步发展确实需要元分析来回答更具体的问题。例如，我们必须单独研究给定的组织干预对工作满意度和工作知识的影响。

作为回应批评的研究效应元分析方法

Glass 的方法的一个变体被 Bangert–Drowns（1986）标记为研究效应元分析。它试图解决一些针对 Glass 方法的批评。这些方法在几个方面与 Glass 的方法不同。首先，每个研究中只有一个效应量包含在元分析中，从而保证了元分析的统计独立性。如果一项研究有多个相关性的测量，那些评估相同构念的测量将被合并（通常取均值），而那些评估不同构念的测量将被分配到不同的元分析中。这些步骤与我们在研究中所遵循的步骤相似。其次，这一过程要求元分析者至少对研究方法的质量做出一些判断，剔除那些被判断为存在严重缺陷、足以扭曲研究结果的研究。

例如，在综述实验研究时，实验处理方法必须至少与研究领域专家认为合适的方法相似，否则将剔除该研究。这一方法旨在确定特定处理对特定结果（构念）的影响，而不是为研究领域描绘一幅广阔的 Glass 画面。Mansfield 和 Busse（1977），Kulik 和他的同事（Bangert-Drowns，Kulik，1983；Kulik，Bangert- Drowns，1983-1984），Landman 和 Dawes（1982），Wortman 和 Bryant（1985）在开发和使用这个方法时发挥了重要作用。

仅关注抽样误差的元分析方法

如前所述，许多人为误差在不同的研究结果中产生了波动的假象。典型地产生比任何其他误差变异性更多的人为误差是抽样误差方差。Glass 元分析和研究效应元分析隐含地接受由抽样误差方差产生的变异性为真实变异性。有三种元分析方法超越了 Glass 方法，它们试图控制抽样误差方差。

基于同质性检验的元分析：Hedges-Olkin 方法和 Rosenthal 方法

第一种方法是基于同质性检验的元分析。这种方法是由 Hedges（1982c；Hedges，Olkin，1985）及 Rosenthal、Rubin（1982a，1982b）提出的。Hedges（1982a）及 Rosenthal、Rubin（1982a，1982b）提出卡方统计检验用于决定研究结果是否比仅从抽样误差中预期的更具波动性。如果这些同质性的卡方检验在统计学上不显著，那么总体相关性或效应量在所有研究中都被认为是恒定的，并且不用寻找调节变量。使用同质性卡方检验来估计一组研究结果是否不同于预期的抽样误差方差，这最初是由 Snedecor（1946）提出的。

同质性的卡方检验通常在检测抽样误差之外的变异时功效较低（Hedges，Pigott，2001；National Research Council，1992）。因此，元分析者往往会得出这样的结论，即被检验的非同质性研究是同质性的；也就是说，元分析者会得出这样的结论，即 ρ_{xy} 或 δ_{xy} 值在元分析的所有研究中都是相同的，然而这些参数在不同的研究中实际上是不同的（Hedges，Pigott，2001）。

一个主要的问题是，在这些情况下，元分析的固定效应模型（见第 5 章和第 8 章）在几乎所有情况下都被使用。与随机效应元分析模型不同，固定效应模型在计算均值 $\bar{r}$ 或 $\bar{d}$ 的标准误或导致低估均值的相关性标准误时，往往假设研究中 ρ_{xy} 或 δ_{xy} 的波动为零。这反过来又会导致 $\bar{r}$ 或 $\bar{d}$ 值的置信区间错误地变窄，有时变窄幅度很大。这造成了一种假象，即元分析的结果比实际要准确得多。这一问题也导致在所有对 $\bar{r}$ 或 $\bar{d}$ 值进行的显著性检验中都存在第 I 类误差，而且这些偏差往往相当大（Hunter，Schmidt，2000；Schmidt, Oh，Hayes，2009）。由于这个问题，National Research Council（1992）关于研究综合和元分析方法的报告建议使用随机效应模型替代固定效应模型，因为随机效应模型不存在这一问题。我们也提出了这一建议（Hunter，Schmidt，2000，2004；Schmidt，Oh，Hayes，2009）。然而，大多数使用 Rosenthal-Rubin 方法和 Hedges-Olkin 方法发表的元分析都使用了它们的固定效应模型。例如，正如第 5 章和第 8 章所指出的，大多数出现在《心理学公报》上的元分析都是固定效应元分析。这些分析大多使用 Hedges-Olkin（1985）的固定效应元分析模型。

Rosenthal 与 Rubin、Hedges 与 Olkin 提出了随机效应元分析模型以及固定效应方法，虽然使用的随机效应模型的趋势似乎始于 2007 年之后，但传统的元分析者很少使用他们的随机效应的方法（Schmidt，Oh，Hayes，2009）。本书介绍的方法都是随机效应方法。

Hedges（1982b）以及 Hedges 和 Olkin（1985）扩展了同质性检验的概念，开发了一种更通用的基于显著性检验的调节变量分析方法。它要求将一个总体上具有统计显著性的卡方统计量分解为组内卡方和组间卡方之和。元分析的原始效应量依次被划分为较小的亚组，直到亚组内的卡方统计量不显著为止，即认为抽样误差可以解释最后一组亚组内的所有变异。通常不可能达到这个结果。这个问题在第 9 章的混合效应（ME）元分析模型一节中讨论过。

基于同质性检验的元分析代表了对实践的回归，这种实践最初导致了从研究文献中明显矛盾的结果中建构意义（making sense）的巨大困难：依赖显著性检验的实践。我们在第 1 章中已经详细讨论了这些问题。如前所述，卡方检验通常具有低功效（Hedges，Pigott，2001；National Research Council，1992）。Hedges 和 Olkin（1985: 2-6）警告在低功效条件下，初始研究依赖显著性检验的风险。这一警告同样适用于元分析中显著性检验的使用。另一个问题是卡方检验有第 I 类误差（Schmidt，Hunter，2003；Schmidt，Oh，Hayes，2009）。在零假设情况下，卡方检验假设研究结果中的所有研究中的方差（如 *rs* 或 *ds*）都是抽样误差方差，但在效应量上，研究间还有其他纯粹人为误差的方差来源。如前所述，这些误差包括计算误差、转录误差和其他数据误差，以及测量信度和范围限制水平研究的差异，因此，即使各个研究的真实研究效应量实际上是相同的，这些人为误差方差的来源也会产生超出抽样误差的方差，有时会导致卡方检验显著，从而错误地表明效应量的异质性。当研究的数量很大时，这种情况更甚，提升了检测少量此类人为误差方差的统计功效。另一个问题是，即使超出抽样误差的方差不是人为的，它的大小也往往很小，没有什么理论或实际意义。Hedges 和 Olkin（1985）认识到这一现象，并警告说，研究者不应该只看显著性水平，而应该评估方差的实际大小，然而，不幸的是，一旦研究者陷入显著性检验，通常的实践是假设如果它在统计上显著，它就是重要的（若不显著，就没有关系）。我们在第 1 章已经看到这种解释是多么的错误。一旦重点放在显著性检验的结果上，通常会忽略效应量。

虽然可能不是最有效的方法，但是基于同质性的元分析方法确实解决了抽样误差。然而，它们不包括测量误差、范围变异、二分法或其他扭曲研究结果的人为误差的校正。一些使用或研究这些方法的研究者对这些方法的人为误差影响进行了校正，如 Aguinis 等人（2008）以及 Hall 和 Brannick（2002）。但是，这些方法的创始人并没有这样做。

Hunter-Schmidt 的基本元分析

元分析的第二种方法是我们前面提到的基本元分析，它试图只控制人为误差中的抽样误差（如第 3、4、7 章）。这种方法可以应用于相关性、*d* 值，或者任何其他已知标准误的效应量统计量。例如，若统计数据是相关性，则首先计算 $\bar{r}$，而后计算相关性的方差，然后计算抽样误差方差的期望值，并从这个观察的方差中减去该期望值。若结果为 0，则所有观察的方差均为抽样误差，*r* 的均值准确地概括了元分析中的所有研究。若结果不为 0，则残差的平方根为剔除抽样误差方差后，在均值 *r* 附近残余的波动指标。第 3、4、7 章给出了一些基本元分析的例子。

因为总是有其他人为误差（譬如测量误差）需要校正，所以我们在文章中一再指出，基本元分析方法是不完整的和不令人满意的。它主要作为向新手解释和教授元分析的第一步。然而，仅基于基本方法的元分析已经发表，这些研究的作者总是声称，除抽样误差之外，他们无法获得校正人为误差所需的信息。根据我们的经验，这种情况很少发生。如前所述，对人为误差值（如量表的信度）的估计通常可以从文献、测试手册或其他来源获得。这些值可用于创建人为误差的分布，以用于基于人为误差分布的元分析（在第 4 章中已描述），或用于校正单个 *rs* 或 *ds*，从而校正除抽样误差之外的测量误差和其他人为误差的偏差效应。

Cheung 的基于结构方程模型的元分析方法

Cheung 开发了一种方法，将元分析作为结构方程模型（SEM）的一种形式（Cheung，2008，2010，2012b，在版；Cheung，Chan，2005）。在 Cheung 看来，回归分析、路径分析、因子分析和元分析都是 SEM 的特例。他将这一立场比作 Jacob Cohen（Cohen，Cohen，West，Aiken，2003）的论证，即方差分析可以被视为回归分析的一个特例。上面引用 Cheung 的文章解释了如何将元分析作为结构方程模型的一种形式来进行，并且 Cheung（2012a）提出了一个用这种方式进行元分析的计算机程序。Cheung（Personal Communication，2013–2–21）表示，他的方法在统计学和数学上与第 9 章讨论的混合效应元回归方法相同。然而，他认为元分析、回归分析、路径分析和因子分析最好有一个统一的框架，而统一的框架是 SEM。这就提出了一个问题，在 SEM 的框架下，将所有这些方法概念化会增加什么价值。在他早期的文章中（如：Cheung，2008；Cheung，Chan，2005），该方法严重依赖于低功效的显著性检验，但是他后来修改了该方法，使其产生所有参数估计的近似置信区间（Cheung，2009）。该方法确实解决了抽样误差问题，但是没有提供抽样误差所占方差的数量或百分比的指标。Cheung 在这一领域的最初著作（Cheung, Chan, 2005）仅限于固定效应元分析模型，但是后来的著作，从 Cheung（2008）开始，扩展了该方法，涵盖随机效应模型。由于这种方法是 SEM 的一种形式，它可以利用许多 SEM 程序中内置的先进技术。这些方法包括处理缺失数据和缺失协变量的方法（在一些初始研究中没有编码潜在的调节变量）、SEM 类型的拟合优度指数和其他数据技术。Cheung（2008；Personal Communication，2013–2–21）认为，这是该方法的一个主要优势，源于将元分析置于 SEM 之下。

然而，这种方法有几个局限性。第一，平均效应量（无论是在 *r* 还是 *d* 测量中）和调节效应都是作为原始分值的（非标准化）回归权重给出。这些权重受回归变量之间测量尺度的影响，因此是不可比较的。这个问题在第 5 章进行了详细讨论，并在第 9 章的元回归一节中也提到过。例如，若在不同的尺度上测量两个调节变量，则无法比较它们的回归权重。这种不可比性导致使用者在比较调节效应时依赖于 p 值。Cheung（Personal Communication，2013–2–21）意识到了这一点，并表示他将尝试修改这个方法，使其产生更具解释性的标准化回归权重。第二，即使没有标准化的测量标准，这些方法对不是 SEM 专家的研究者来说也是复杂和难以理解的。第三，这种方法目前只处理抽样误差（这就是为什么它在我们的分类方案中属于当前类别）。然而，Cheung 说，他计划在未来的著作中，包括测量误差的校正（Cheung，Personal Communication，2013–2–21）。缺乏对测量误差的校正可能令人惊讶，因为 SEM 在路径分析上的主要优势是通过对每个潜在变量的多重测量来校正测量误差。但 SEM 元分析方法缺乏多重测量，在这方面，它本质上是一种路径分析的形式，而不是大多数人认为的 SEM。将范围变异的校正纳入这些方法中可能是困难的。然而，Nye 等人（2012）的大规模元分析采用了一种类似于 Cheung 的方法的混合元回归方法，在元回归之前，他们校正了测量误差和范围限制的所有相关性。

心理测量元分析：多重人为误差的校正

第三种类型的元分析是心理测量元分析。这些方法不仅校正了抽样误差（非系统性的人为误差），而且校正了系统性人为误差，如测量误差、范围限制或增强、测量的二分法等。这些其他人为误差被认为是系统的，除了在不同的研究中产生人为误差的变异，它们也在所有研究的结果中产生系统性的向下偏差。例如，测量误差系统地使所有相关性和 d 值产生向下偏差。心理测量元分析不仅校正了研究中的人为误差变异，而且校正了向下的偏差。心理测量元分析是唯一一种既考虑统计因素又考虑测量因素的元分析方法。前面的第 3、4、7 章描述了这些方法的两种差异。首先，对每个 r 值或 d 值分别进行人为误差校正；其次，使用人为误差效应分布完成校正。Callender 和 Osburn（1980）以及 Raju 和 Burke（1983）也开发了心理测量元分析方法。这些方法在计算细节上略有不同，但是已被证明产生几乎相同的结果（Law，et al.，1994a，1994b）。

每种元分析方法都必须基于数据理论。正是这种理论（或对数据的理解）决定了用于分析数据的元分析方法。一个完整的数据理论包括对抽样误差、测量误差、有偏抽样（范围限制和范围增强）、二分法及其影响、数据误差以及我们在研究中看到的扭曲原始数据的其他因果因素的理解。一旦对这些因素如何影响数据有了理论上的理解，就可能开发出校正这些因素影响的方法。在心理测量中，第一个过程是这些因素（人为误差）影响数据的过程被建模为衰减模型。第二个过程是对这些人为误差影响引起的偏差进行校正的过程，被称为去衰减模型。如果元分析模型的方法所基于的数据理论是不完整的，那么该方法将不能校正部分或全部的人为误差，从而产生有偏差的结果。例如，不能识别测量误差的数据理论将导致不能校正测量误差的元分析方法。这样的方法必然会产生有偏的元分析结果。正如本章所讨论的，目前的一些元分析方法实际上并没有校正测量误差。但是在研究方法论上，压力总是朝向提高准确性，所以这些其他方法最终将不得不结合测量误差的校正，也许还有其他失真的人为误差。这在某种程度上已经发生了，因为使用这些其他方法的人已经将其校正并添加到其中（如：Aguinis，et al.，2008；Hall，Brannick，2002）。

在必须处理的统计和测量人为误差的元分析中，抽样误差和测量误差具有独特的地位：它们总是存在于所有真实数据中。其他人为误差，如范围限制、连续变量的人为误差二分法或数据转录误差，可能在一组接受元分析的特定研究中不存在。然而，抽样误差总是存在的，因为样本量从来就不是无限的。同样，测量误差总是存在的，因为没有完全可靠的测量方法。事实上，正是要求同时处理抽样误差和测量误差，使得即使是相对简单的心理测量元分析也显得更复杂。大多数研究者习惯于分别处理这两种类型的误差。例如，当心理测试教材（如：Lord，Novick，1968; Nunnally，Bernstein，1994）讨论测量误差时，它们假设一个无限大（或非常大）的样本量，这样人们的注意力就可以只关注测量误差，而不需要同时处理抽样误差。当统计学教材讨论抽样误差时，它们隐含地假定了完美的信度（没有测量误差），因此它们和读者可以只关注抽样误差。这两种假设都非常不现实，因为所有实际数据同时包含两种类型的误差。诚然，同时处理这两种类型的误差是复杂的，但这是元分析必须做的，以产生准确的结果（Cook，et al.，1992：315-316, 325–328）。

什么样的数据理论是元分析方法的基础，这个问题与元分析的一般目的密切相关。Glass（1976，1977）指出，其目的仅仅是总结和描述研究文献中报告的研究结果。我们的观点（另一种观点）是，我们的目的是尽可能准确地估计总体中构念层次的关系（如估计总体值或参数），因为这些关系具有科学价值。这是一个完全不同的任务；这个任务是估计如果所有的研究都进行得很完美（即没有方法上的限制），结果会是什么。这样做需要校正抽样误差、测量误差和其他扭曲研究结果的人为误差（如果存在）。在文献中简单地描述研究内容不需要这样的校正，但不允许估计具有科学价值的参数。

Rubin（1990）批评仅基于描述性概念的元分析的目的，并在这本书中提出了另一种观点。他认为，科学家并不真正关心不完美研究的总体本身，因此，对这些研究的准确性描述或总结并不十分重要。相反，他认为元分析的目的是估计真实的效应或关系，“在一个无限大的、设计完美的研究或这类研究的序列中获得的结果”。Rubin 说：

> “在这种观点下，我们真的不在乎从科学上总结（观察的研究）这个有限的总体。我们真正关心的是潜在的科学过程中产生我们碰巧看到的这些结果的潜在过程。我们作为容易犯错的研究者，正试图通过不透明的、不完美的实证研究之窗去窥探这些结果（p.157，原文的重点）。”

这是对我们所见到的元分析目的的一个极好的总结，正如这本书所介绍的方法：心理测量元分析的方法。

11.6　元分析中未解决的问题

在所有形式的元分析中，包括心理测量元分析，都存在一些尚未解决的问题。首先，当效应量估计与多个研究特征相关或回归时（如元回归），随机扩大化可以大量增加那些与研究结果没有实际联系的研究特征的显著联系的数量。因为样本量是研究的数量，而且许多研究属性可能被编码，所以这个问题可能很严重（见第 2 章和第 9 章的讨论）。这个问题可以通过选择研究特征和最终结论来缓解，即不仅基于眼前的统计数据，还基于其他理论相关的发现（可能是其他元分析的结果）和理论考虑。学者们应仔细检查结果的实质意义和理论意义。当

（未知的）相关性或回归权重实际上为 0 或接近 0 时，随机扩大化就是一个威胁。其次，当实际上存在关系时，还有另一个问题：检测关系的统计功效通常很低（见第 2 章和第 9 章的讨论）。因此，在这种情况下，研究结果的真正调节变量在统计上出现显著性的可能性很低。简言之，元分析的这一步经常被小样本研究的问题所困扰。有关这些问题的讨论，参见 Schmidt 等人（1976）以及 Schmidt 和 Hunter（1978）的著作。在其他条件相同的情况下，对研究的亚组进行单独的元分析以确定调节变量，可以避免其中的一些问题，但不是全部，并可能导致调节变量混淆的额外问题（见第 9 章）。简言之，尽管看法相反，识别和校正调节变量（交互作用）的任务是复杂和困难的（Schmidt，Hunter，1978）。

11.7 综合研究方法综述

我们回顾了 11 种不同的方法来整合跨研究的研究结果。这些方法在揭示隐藏的事实方面形成了一个粗略的功效连续体，这些隐藏事实可以通过之前研究的累积权重得到证明。描述性方法是不系统的、随意的，给评论者强加了不可能的信息处理负担。传统的计票法只使用部分可用信息，不提供关于效应量的信息，最糟糕的是，在非常普遍的情况下，逻辑上会导致错误的结论。在逻辑上，跨研究中累积 p 值并不会导致错误的结论，但是具有传统计票法的所有其他缺点。统计上正确的计票法，虽然只产生经审查的研究小组总体统计显著性水平（p 值），但具有在跨研究中累积 p 值的所有缺点。特别是，这些方法没有提供效应量的估计。Hedges 和 Olkin（1980，1985）提出的其他计票方法确实提供了效应量的估计，但这种估计的不确定性是巨大的，因为这些方法仅基于单个研究应该提供的部分信息。这些方法需要假设各个研究的效应量是相同的；如果不满足这个假设，那么这些方法只能得到近似的估计。

Glass 元分析是对这些研究整合方法的巨大改进。它使用了来自各个研究的更多可用信息，并提供了更准确的平均效应量估计，它不需要假设效应量在各个研究中是恒定的，它提供了对观察的效应量方差的估计。它还规定了与研究特征相关的研究效应量，以确定研究结果变异的原因。

对大多数科学研究来说，研究效应元分析是对 Glass 元分析的改进。它允许对特定的自变量和因变量构念之间的关系得出更清晰的结论，允许对科学假设进行更准确的检验。同质性检验的元分析、基本元分析和 Cheung 基于 SEM 的方法在研究结果中具有额外的处理抽样误差的优势。然而，这些方法无法处理或校正除抽样误差之外的任何人为误差的影响。特别是，他们忽略了测量误差造成的偏差，这在所有的研究中都存在。在这方面，它们所根据的数据理论是不完整的，因此如前所述，是错误的。

只有心理分析方法是基于一个完整理论的数据，也就是说对数据的理解，不仅包括抽样误差对数据的影响，还包括测量误差和其他人为误差的影响，如范围限制、二分法、构念效度缺陷，以及本书中讨论的其他问题。心理测量元分析不仅校正了这些人为误差造成的跨研究的人为误差变异，而且校正了由它们造成的平均相关性或平均 d 值的向下偏差。心理测量元分析可以通过分别校正每个 r 值或 d 值来完成，也可以在 r 或 d 的人为误差不可用时使用其分布来完成。心理测量元分析估计，如果有可能进行没有方法缺陷的研究，研究结果会是什么。正如 Rubin（1990）指出的，这是我们作为科学家想要知道的，因此，产生这种估计值应该是元分析的目的。

11.8 用于元分析的计算机程序

在进行元分析时，一些研究者更喜欢编写自己的程序，通常使用电子表格程序。这对于简单的元分析程序是可行的，例如，基本元分析或基于同质性的元分析方法，但是对更复杂的元分析形式来说，它是一个复杂的（可能容易出错的）任务。一些研究者更喜欢使用商用的计算机程序，还有一些人选择使用许多免费软件元分析程序中的一种。今天有许多程序可以用来进行本章讨论的不同类型的元分析。如果你使用 Google 搜索元分析软件，你会得到超过 1 100 万的点击量。虽然没有列出 1 100 万个不同的元分析项目，但这个数字依然庞大。显然，我们不能在这里全部回顾。网上发现的许多免费软件程序都发表在医学杂志上，并面向医学研究的元分析，尤其是对照随机试验。本书中使用的程序出现在我们的 web 搜索中，但是我们无法在网上找到任何其他程序，这些程序可以对测量错误、范围限制或其他人为误差进行校正。然而，这样的程序确实存在，我们将在本节后面讨论其中的一些程序。在本节中，我们简要地讨论了一些商业上可用的计算机程序，以及一些允许对研究人为误差进行校正的免费软件程序。Rothstein 等人（2001）对可用的元分析软件进行了更完整的描述。

GLASS 元分析程序

我们不知道有任何用于 Glass 元分析或研究效应元分析的商业程序。然而，这些方法中的关键统计步骤是效应量的计算。一个名为 ES（effect size）的程序是可用的（Shadish，et al.，1999），它从各种报告的统计数据和研究设计中计算效应量。正如我们在第 8 章中所提到的，这个程序对于计算复现测量设计的效应量、方差因子设计的分析（包括被试间和被试内的设计）以及其他各种研究设计都很有用。该程序还允许从报告有限信息的研究中计算效应量，例如，只报告特定显著性检验的研究。该程序包括 40 多种不同的计算效应量的方法（然而，该程序并没有提供估计抽样误差方差的公式）。该程序的实用性并不局限于 Glass 或研究效应元分析的应用。在为任何类型的元分析准备数据库时，该程序都是一个有用的辅助工具。该程序由 William Shadish（wshadish@ucmerced.edu）免费提供。

基于同质性的元分析程序

有大量的程序可用于基于同质性检验的元分析，比任何其他类型的元分析（程序）都多。这些程序都不允许校正测量误差或其他研究人为误差。其中许多是免费软件，其他则是商业性的。我们知道有 4 个商业程序。一是 D-Stat（Johnson，1989），由 Lawrence Erlbaum 销售。本程序是基于 Hedges-Olkin（1985）的元分析方法。二是高级基本元分析（Mullen，1989），也是由 Lawrence Erlbaum 销售的。这个程序是基于 Rosenthal-Rubin 方法的元分析，虽然它可以用来进行近似的 Hedges-Olkin 元分析。在第 8 章中，我们讨论了这个程序，它可能导致 d 值的误差被大大高估（Dunlap，et al.，1996）。这个程序只在 DOS 中运行。这两个程序都局限于固定效应元分析模型。三是 Meta-Win（Rosenberg，Adams，Gurevitch，1997；www.sinauer.com），这个程序使用 Windows 界面。与 D-Stat 和高级基本元分析不同，该程序允许 Hedges-Olkin 框架中的固定效应和随机效应元分析模型。它还具有许多其他附加功能。四是由 Bio-stat（www.Mate-Analysis.com）推出的综合元分析（CMA，comprehensive meta-analysis）程序。这个程序比这里讨论的其他程序要昂贵得多（截至本文撰写之时，费用为

1 295 美元）。该程序是基于 Hedges-Olkin（1985）同质性检验的元分析（固定、随机和混合效应模型）。除了 r 值和 d 值元分析，它也允许比值比和风险比的元分析。它具有大量方便的功能，诸如数据录入、效应量计算、单个研究结果的置信区间、森林图等来自单个研究的统计数据。数据可以以各种解释和信息化的方式展示，并且具有允许数据库的创建、管理和更新的特征。该程序不允许对相关性或 d 值进行心理测量元分析，因此使用者无法校正由测量误差或其他人为误差造成的偏差的元分析结果。因此，有人可能会对 CMA 标题中的“综合”一词提出质疑。但是在将来，研究人为误差的校正可能会被纳入程序中。

有许多基于同质性元分析的免费程序。其中一个不应该被忽视的软件程序是 RevMan（代表 Review Manager）。这是 Cochrane Collaboration 使用的元分析程序。Cochrane Collaboration 是英国的一个组织，在网上发表许多有关的医学治疗和程序效能的元分析。第 1 章讨论过 Cochrane Collaboration。RevMan 有许多（但不是所有）与综合元分析程序（comprehensive meta-analysis program）相同的功能，并且是免费的。互联网上对 RevMan 的搜索揭示了这个程序的大量信息。统计包 R 是一组越来越受欢迎的灵活程序，它用于许多不同的统计应用（R Development Core Team，2010）。在这些应用中，至少有三个是用于进行基于同质性的元分析：metafor（Viechtbauer，2010）、rmeta（Lumley，2009）及 meta（Schwarzer，2010）。Viechtbauer（2010）比较了这三个程序。所有这些程序都有很多令人印象深刻的特性，尤其是考虑到它们是免费的。还有一些宏可以用于 Stata 包（StataCorp，2007；Sterne，2009）、SPSS（SPSS，Inc.，2006；见 Lipsey，Wilson，2001）及 SAS（SAS Institute，Inc.，2003）的基于同质性的元分析。

心理测量元分析程序

有几个程序可用于心理测量元分析。第一个是为本书编写的软件包（2.0 版）：Hunter-Schmidt 元分析程序（见附录）。这个基于 Windows 的程序包可以从 Huy Le 和 Frank Schmidt 那里买到。它包括 6 个程序来实现本书中介绍的方法。前两个程序分别用于校正相关性（在第 3 章中讨论）。这里的第一个子程序用于直接范围限制的研究，而第二个子程序用于间接范围限制的数据（如果在一组研究中没有范围限制，任何一个程序都可以使用，这些程序将产生相同的输出结果）。接下来的两个程序是基于第 4 章描述的交互式方法，对相关性进行人为误差分布的元分析。这里的第一个子程序是直接范围限制的研究；第二个子程序是间接范围限制的研究（同样，如果在一组研究中没有范围限制，任何一个程序都可以使用）。第 5 个程序是针对 d 值分别校正的，而第 6 个程序是针对 d 值的人为误差分布的元分析。这两个程序都校正了因变量的抽样误差和测量误差。第 7 章讨论了这两种 d 值的元分析方法。程序中包含了第 3、5、7 章中作为例子分析的数据文件，使用者可以运行这些分析来熟悉这些程序。所有这些程序都包括在第 5 章、第 7 章和其他章节中讨论的提高准确性的程序。除了心理测量元分析结果外，所有 6 个程序还报告了基本元分析结果，以便于进行比较。对于所有这些程序，Windows 格式允许在屏幕上或从存储的数据文件中轻松输入数据。最重要的输出会自动显示在屏幕上。然而，使用者通常选择打印输出结果，打印输出结果更加完整和详细。输出结果和数据文件可以保存在程序站点上。该程序包还包括一些用于计算进入元分析的统计数据的实用程序 [例如，一个将点二列相关性转换为二列相关性的程序，以及一个计算总的相关性（组合相关性）和组合信度的程序，如第 10 章所述]。Roth（2008）对这些程序的 1.1 版进行了综述。Morris（2007）和 Oh（2007）对程序中使用的方法（Hunter，Schmidt，2004）进行了综述。

这些程序的当前版本（2.0 版）包含了 Roth（2008）综述时没有进行的相关改进。这些程序现在允许直接从 Excel 等电子表格程序中导入数据文件。除在早期版本（版本 1.1）中提供的可信区间值之外，输出结果现在还包括均值的置信区间。现在，该程序通过对研究进行分组，使调节分析变得更容易。纳入元分析的研究最多已经增加到 1 000 项。这些程序还包括一个用于检测发表偏差的累积元分析程序（见第 13 章）和一个用于森林图的程序。该程序现在以出版所需的表格形式呈现元分析结果，如第 12 章所示。附录中描述了其他改进。

计算机程序 MAIN（Raju，Fleer，1997）是另一个心理测量元分析程序。这个计算机程序仅限于相关性。它分别校正相关性，并对校正后的相关性进行心理测量元分析。Raju 等人（1991）描述的这种程序在信度估计中考虑了抽样误差，在相关性中也考虑了抽样误差。它的设置仅用于直接范围限制，尽管将来可能会进行改进，以处理间接范围限制。此程序进行相关性的人为误差分布元分析，但不执行 d 值的元分析。然而，基于两个泰勒级数（TSA）的近似程序（Raju，Burke，1983）(在第 4 章中讨论)，即相关性人为误差分布的心理测量元分析的非商业程序，可从 Michael Burke 处免费获得。在撰写本文时，这些程序仅限于直接范围限制的研究。对于有直接范围限制的数据，它们非常准确（如 Law，et al.，1994a，1994b）。

另一个进行心理测量元分析的程序是 McDaniel（1986a，1986b）开发的程序。这个计算机程序只接受相关系数。它由一系列 SAS 宏组成，分别执行人为误差分布元分析和校正相关性的元分析。它校正两个变量的测量误差和直接范围限制，但不是间接范围限制。这个人为误差分布程序是基于交互式模型的（在第 4 章中讨论），但不包括第 5 章中讨论的提高准确性的改进。本程序由 Michael McDaniel (mamcdani@vci.edu) 免费提供。

最后，还有 Huffcutt、Arthur、Bennett（1993）创建的心理测量元分析程序。该程序也是基于 SAS。采用 SAS 程序计算其元分析结果。该程序仅限于相关性和人为误差分布元分析。它使用非交互人为误差分布元分析程序（请参阅 Hunter，Schmidt，2004），这是一种较老的方法，它不如第 4 章中详细描述的交互式程序准确。该程序校正了测量误差和直接范围限制。我们发现这个程序在平均效应量的标准误中有一个错误。可信区间被错误地标记为置信区间。该程序由布拉德利大学的 Huffcutt 免费提供。Huffcutt 等人（1993）将他们的程序和 McDaniel 程序的基于人为误差分布元分析的结果进行了比较，发现输出结果差异很小。

关于元分析软件的讨论并不全面。新的元分析程序出现的频率很高，我们无疑错过了一些现有的程序。对更完整的前景感兴趣的读者会发现，互联网搜索会发现更多感兴趣的程序。

第 12 章
CHAPTER 12

定位、评价、选择和编码研究及元分析结果的报告

由于过去 35 年中关于元分析的文献呈爆炸性的增长，今天没有任何一本书可以涵盖元分析的所有方面。本书的主要焦点是：探究元分析中数据分析的统计和心理测量方法，然而，尽管定位、选择、评价和编码研究的定量过程很少，但是依然重要。元分析的报告标准也很重要。我们无法全部详细介绍这些主题，幸运的是，已发表的有关这些主题的优秀论述随处可见。本章的材料是选择性的，而不是综合性的。它旨在补充其他已发表的关于该主题的讨论。在这一章中，我们讨论了在其他已发表的处理方法中缺乏的大部分材料。

12.1 进行广泛的文献检索

本书中没有展开讨论的许多主题在 Cooper（1998，2010）中有更加详细的介绍。为此，我们在元分析的研究生课程中推荐了 Cooper（1998,2010）的书作为本书的补充。在这个方面，我们已经成功地使用过这些书籍。其中，第 3 章以非常详细的内容介绍了如何进行广泛的文献检索，包括讨论以下检索文献的途径：万维网、会议论文、个人期刊、图书馆、电子期刊、研究报告参考清单、研究书目和参考数据库（如 PsycINFO、ERIC、Dissertation Abstracts International 和 Social Sciences Citation Index）。Cooper 还讨论了基于计算机的文献检索的局限性，并给出了相应的方法以评估文献检索的充分性和完整性。其他有用的资料来自：Cook 等人（1992: 28-305）；Reed，Baxter（2009，使用参考数据库）；Rothstein（2012）；Rothstein，Hopewell（2009，定位为“灰色”文献）；White（2009，元分析中的文献检索）。彻底的文献检索对于确保元分析中最具代表性的研究样本以及元分析结果的准确性和无偏性非常重要。尤其是，只限于某些期刊或已发表的文献检索更有可能因发表偏差或来源偏差而出现失真。第 13 章讨论了发表偏差和来源偏差。

在综述性文章中仔细描述文献检索过程有两个重要原因。首先，这可以帮助读者判断综述文献来源的全面性和代表性，从而评估因发表偏差或来源偏差而造成的任何失真风险。其次，在元分析报告中详细描述文献搜索过程，允许未来的主题评论者扩展元分析而不复现它。如果知道综述中包含的大多数文章是在某些索引的、某些年份的某些主题词下列出，或者在指定来源的参考书目中找到的，那么后续评论者很容易扩大或深化对相关来源的搜索，而不会复现先前的工作。

12.2 如何处理方法上存在缺陷的研究

许多研究者希望从他们的分析中删除他们认为方法上有缺陷的研究，这方面的一个例子是 Slavin（1986）。这种做法往往并不像看上去那么合理和可取。“方法缺陷”的断言总是取决于对研究中可能存在的事实的理论假设。这些假设很可能是错误的，并且很少被正确地检验。那些相信这些假设的人通常觉得没有必要去检验它们。也就是说，“方法缺陷”的假设很少得到实证检验。没有研究可以针对所有可能的反假设进行辩护，因此，任何研究都不可能没有“方法缺陷”。然而，方法缺陷并不总是造成有偏差的结果，并且，在对关于该主题的整套研究进行分析之前，很难可靠地确定由于方法上的不足何时导致有偏见的结果，而何时又没有。

一些评论者倾向于使用简单的策略来剔除所有被认为有方法缺陷的研究。这是 Slavin（1986）倡导的方法（见第 1 章中的“完美研究的神话”）。由于大多数研究都有一些不足，最终，这些评论者通常也只是根据极少数的研究来进行元分析报告。如果有很好的先验证据表明被淘汰的研究具有很大的偏差结果，那么这种策略就是有道理的，但这种情况很少发生。

只有在先前的两个假设被拒绝后，才应该检验方法缺陷的假设。首先，人们应该确定所有研究的变异是否可以由抽样误差和其他人为误差（如信度差异）来解释。如果这种变异仅仅是人为误差造成的，那么“方法缺陷”的问题就不会产生任何差异。其次，如果不同研究间存在着实质的变异，那么在理论上应该合理对调节变量进行测试。如果调节变量考虑了所有非人为误差变量，那么“方法缺陷”就不会导致研究间的变异。如果理论上可信的调节变量不能解释这些偏差，那么就有可能存在“方法缺陷”。然后可以对研究的内部和外部效度进行评价，或者对可能产生缺陷的特征进行编码，并将这些特征作为调节变量进行测试。Turner、Spiegelhalter、Smithe、Thompson（2009）介绍了一种用于医学元分析的方法。

全书讨论的两个方法上的缺陷是：测量的低信度和范围限制。但正如第 3 章和第 4 章所述，元分析方法可以校正这些“方法缺陷”产生的影响。因此，这些限制永远不能成为剔除一项研究的理由（尽管它们确实会降低此类研究的比重）。

重要的是要认识到，对研究内外部效度的实际威胁并不完全或主要取决于研究设计。Campbell 和 Stanley（1963）关于实验和准实验设计的专著表明，如果没有任何控制因素之间的交互作用，这些威胁就会受不同研究设计影响。然而，专著并没有说明哪些威胁在某一特定的研究中可能微不足道，也没有说明哪些威胁可以通过其他手段得到合理控制（见第 8 章对这些威胁及其合理性的讨论）。

有人认为，我们的论点有一个反例：研究中构念效度的违背。在不同的研究中使用相同的变量名称并不意味着这些研究是测量相同的变量。我们认为，构念效度是一个潜在的实证问题，也是一个理论问题。理想的情况是，我们可以进行一项实证研究，通过使用替代测量量表或方法来衡量自变量和因变量。然后，可以使用验证性因子分析来确定替代测量的差异是否大于测量误差。也就是说，在校正测量误差后，不同的测量值之间是否有大约 1.00 的相关性。构念无效性假说的测试可以在元分析中进行。如果几个测量量表确实测量不同的东西，那么它们不太可能与元分析中的第二个变量有相同的相关性（或者，在实验的情况下，处理效应在不同的变量上是相同的）。如果元分析显示研究间没有变异，那么这将表明替代测量量表在实质上是等效的。另一方面，如果元分析确实发现了研究间的偏差，则假设变量的非等效性可以作为调节变量进行测试。如果这个调节变量确实解释了不同研究间的差异，那这个结果就是对构念无效性假设的证实。无论如何，我们认为，构念无效性的断言与构念无效性的事实是不一样的。我们认为，方法论假设比实质性假设更不可能是正确的，因为它们通常基于一个较弱的数据库。

如果元分析显示，被评估为方法优越的研究与被评估为方法较差的研究产生不同的结果，那么最终结论可以基于优越的研究。如果结果没有差异，这一发现就推翻了方法论假设。在这种情况下，应保留所有研究，并将其纳入最终的元分析，以提供尽可能大的数据库。

构念效度的问题可能很复杂。有可能具有不同名称的量表以及旨在测量不同构念的量表实际上测量了相同的构念。Le 等人（2010）发现，在对测量误差进行适当校正后，工作满意度的测量和组织承诺的测量两者之间具有 0.92 的相关性，这意味着这两个构念在实证上是冗余的。此外，这两个测量与其他变量的相关模式与抽样误差相同。构念冗余在组织行为和其他心理学领域可能相当普遍。由于这种构念冗余的情况，在元分析中结合最初用于测量不同构念但已被证明测量相同构念的测量是可能的和合适的。除了 Le 等人（2010），也可以参见 Le 等人（2009）讨论的构念冗余涉及的问题，以及本章后面关于在同一元分析中结合不同认知能力测量的讨论。未来对构念冗余的研究可能会发现，许多基于概念或理论基础被认为是不同的构念在实证上是冗余的。

Cooper（1998: 81-84）指出了另一个需要慎重的原因是：为了试图剔除方法上有缺陷的研究。为了做出这样的决定，评价人员必须对每个研究的方法质量进行判断和评价。Cooper 指出，一些评价者会对研究质量进行判断，而探究评价者之间一致性的研究表明，经验丰富的评价者之间的平均相关性最多在 0.50 左右，这说明了方法质量评估的主观性。根据 Spearman-Brown 公式，方法质量的评估需要 6 名评估人员才可产生大约 0.85 的信度。大多数元分析都无法利用 6 位经验丰富的方法学专家的大量时间和精力。只使用较少的评价者通常会造成错误地剔除了太多可接受的研究。

方法缺陷的问题必须与相关和不相关的研究问题分开。相关研究关注那些感兴趣（interest）的关系。例如，如果人们对角色冲突与员工流动之间的关系感兴趣，则应剔除只报告角色冲突测量与组织认同之间相关性的研究，因为它们是无关的（当然如果遇到足够多的此类研究，可以对角色冲突和组织认同之间的关系进行单独的元分析）。不同因变量构念的测量通常不应该合并在同一元分析中（见第 11 章），如果确实需要合并，那也应该对每个不同概念的因变量进行单独的元分析，但可能会非常复杂。正如 Le 等人（2010）所发现的，在概念上，有可能被认为是评估不同构念的量表实际上是评估相同的构念。然而，这一结论需要一定的实证基础（Le，et al.，2009）。Glass 和他的同事们确实组合了不同的因变量构念，但他们也因此受到了严厉的批评 [见第 11 章和 Mansfield、Busse（1977）]。虽然确实难以解释“苹果和橙子混合”的元分析，但只要以后对每个因变量构念进行单独的元分析，就不会造成什么危害。一般来说，不混合不同自变量的元分析更有可能提供有用的信息。然而，这个问题并不简单。例如，在我们对语言能力和工作绩效之间的关系进行元分析时，我们根据其他能力（如数字能力测量）剔除了工作绩效的相关性。就我们的目的而言，这种相关性是不相关的，因为不同的能力代表了不同的构念。然而，我们后来发现，语言能力相关性的均值和标准差与数字能力的均值和标准差非常相似（见 Pearman，et al.，1980）。我们还发现，这两种测量的效度完全源于它们都是衡量一般智力指标的事实（见：Hunter，1986；Schmidt，2002）。虽然我们还没有进行这样的分析，但这些发现为元分析提供一个基本原理，其中包括两种测量：对相同的“G- 载荷”检验和工作绩效之间的关系进行元分析。关键是，从一个理论角度评估不同构念的测量方法可以从另一个理论的角度来评估相同的构念。此外，第二种理论可能代表了理解的进步。因此，在元分析中自变量和因变量的测量有多大变异的问题，比乍看起来更复杂和微妙。答案取决于研究者的具体假设、理论和目的。Glass 指出，如果研究的重点是水果，那么将苹果和橙子混合在一起是不会令人反感的，这一说法与我们的立场一致。然而，Glass 超越了这里提出的基于理论的基本原理，他认为在同一个元分析中包含自变量和因变量可能是合适的，因为它们看起来是不同的构念。具体来说，他认为这种广泛的、混合的元分析在概括研究文献时可能是合理和有用的（见第 11 章）。然而，大多数研究者，包括我们自己，通常不认为这种粗略的研究综合像更集中的元分析那样有更多的可用信息。至少在最初，给定研究领域的元分析可能应该足够狭窄和集中，以符合该领域研究人员认可的主要构念。然后，随着理解的发展，如果在理论上被证明是合适的，那么之后的元分析的范围可能会变得更广泛。

评估元分析研究的其他考虑因素参见第 7 章 Cook 等人（1992），第 4 章 Cooper（1998）、Valentine（2009）和 Wortman（1994）等学者的研究。

12.3 元分析中的编码研究

对初始研究数据进行编码的过程通常是复杂的、烦琐的和耗时的。然而，它是元分析的一个重要组成部分，而且必须准确且适当地完成。Wilson（2009）以及 Orwin 和 Vevea（2009）详细讨论了初始研究中编码信息可能涉及的许多需要考虑的因素、决定和子任务。在第 4 章中，Cooper（1998，2010）对编码中的一些问题进行了简短的讨论。所需编码的复杂性取决于元分析背后的假设和目的，这使得任何对编码问题的一般性讨论都变得困难。如果研究在许多方面存在差异，那么元分析关注的重点就是几个不同的关系，而且有理由相信许多研究特征可能会影响研究结果，同时编码任务通常会相当复杂。另外，在研究内容非常相似的研究文献中，编码可以相对简单，且重点应放在单一的双变量关系上，如果存在调节变量，我们有理由相信这种关系的调节变量会很少。在这种情况下，很少一部分的研究特征需要进行编码，这样就大大缩小了编码任务的范围。这种区分关系到编码的一致性的问题。Whetzel 和 McDaniel（1988）发现，对于后一种类型的研究，编码一致性和编码信度几乎是完美的。他们的研究结论是，对于这样的研究文献，没有必要报告编码一致性和编码信度。即使在更复杂的编码任务中，普遍的发现是，编码一致性和编码信度通常相当不错（Cooper，1998：95-97）。然而，这些发现仅适用于研究更客观方面的编码。如前所述，主观评价，如对研究方法质量整体的评价，会产生较低的一致性。然而，一项研究发现（Miller，Lee，Carlson，1991），编码者可以在阅读研究方法部分的基础上，对研究中的心理中介做出可靠的推理判断。这些判断揭示了在元分析中存在重要的调节变量。

如第 3 章和第 4 章所述，本书在 20 世纪 70 年代和 80 年代提出的方法最初应用于人员甄选领域。具体来说，应用于评估能力测试、结构化面试和人格测试等甄选方法的效度。与后来将这些方法应用于其他研究文献相比，这类研究所需的编码方案通常更接近连续体的末端（见第 1 章）。但是，即便是这些编码方案，也可能有些复杂。为了说明这一点，本章的附录介绍了美国人事管理局用于效度概化元分析的编码方案，以及编码任务的说明和决策规则。尽管这些指令看起来很复杂，但是与当今组织行为和其他领域的元分析中使用的许多编码方案相比，仍要简单得多。没有完美的说明性编码方案，因为每个编码方案都必须根据特定元分析的目的而量身定制。然而，该编码方案为实现构建一个编码方案的任务提供了一些普遍性的指导。

12.4　元分析结果的报告：标准和实践

在所有科学中，被广泛接受的原则是：研究报告应该包括足够的研究信息，以便于读者可以批判性地进行审查，并在需要时复现这项研究。至少，报告应该描述研究设计、抽样、测量、分析和结果。如果研究中存在异常程序，那么最好对其进行较为详细的描述。美国心理学会（2008）公布了研究报告的普遍标准，而且该文件使用一节介绍了元分析报告标准。这一节包括应报告的详细信息清单（该文件中的表 4）。Clarke（2009）以及 Borman 和 Grigg（2009）为适当和有效地构建元分析报告提出了详细的建议。一些读者希望得到有关元分析报告内容的指导，因而我们向这些寻求指导的读者推荐这些资源。

文献中有一些评估元分析报告质量的研究。Aytug 等人（2012）综述了 1995 年至 2008 年期间发表在 11 种组织行为和工业 – 组织心理学顶级期刊上的 198 项元分析，并对 54 项报告进行了评估。他们发现，平均而言，这些元分析研究只报告了复现该项元分析或评估其效度所需信息的 53%。但他们发现这种情况正在改善，即最近的元分析报告了更多需要的信息。Dieckmann 等人（2009）进行了类似的分析，但范围更广。他们随机抽取了 1994 ～ 2004 年发表的心理学和相关领域的 100 份元分析研究。他们也发现，元分析报告的质量（事实上，还有元分析本身的质量）差异很大。与 Aytug 等人一样，他们发现一些迹象表明，随着时间的推移，报告质量（实践）日趋完善。第三项研究，即 Geyskens 等人（2009）的研究，重点关注 1980 ～ 2007 年发表在 14 种管理学期刊（其中没有一种是心理学期刊）上的元分析。与 Aytug 等人和 Dieckmann 等人一样，他们发现已发表的元分析研究，通常达不到理想的报告质量（实践）。例如，他们发现仅有 49% 的元分析在统计上校正了人为误差（有趣的是，有 56% 的人使用了第 4 章中介绍的人为误差分布方法）。这个比例是元分析百分比的突破，因为这些元分析校正了测量误差、范围限制和二分法。与前面所讨论的美国心理学会（2008）的标准一样，它也提供了一份清单，这个清单列出了每项元分析都应报告的信息题目（表 5）。

Geyskens 等人（2009）的研究走得更远，并证明了由于数据分析中使用的不同实践，元分析结果存在差异。他们重新分析了来自 4 个早期元分析的数据，对于每个数据集，他们进行了多次元分析，每次元分析的质量都有不同。第一种是全面的元分析，并对所有研究进行了适当的校正和加权。另一种与之相同，但忽略了测量误差的校正。还有一种是没有进行适当地加权（各研究的权重相等）。研究发现，数据分析实践的质量通常对平均估计相关性有一定程度的影响。他们得出的结论是，不同于某些争论，元分析报告实践和标准确实对研究结论具有重要影响。另一项研究得出了令人惊讶的相反结论，即已发表的元分析中的方法选择和本能判断对最终的元分析结果几乎没有影响（Aguinis，Pierce，Bosco，Dalton，Dalton，2011）。这项研究是基于 1982 ～ 2009 年发表在 5 大工业 – 组织和组织期刊上的 196 项元分析及 5 581 项效应量估计。在 20 个元分析实践中，平均效应量在不同的变量之间没有差异，包括是否存在范围限制或测量误差的校正。对这些发现的解释似乎是，无论是否得到校正，报告的平均效应量是在各种不同的研究领域和关系中得出的，这些研究领域和关系在经典的效应量上有所不同。与 Geyskens 等人（2009）的研究不同，这项研究没有使用更好和更差的元分析实践复现分析相同的数据集。相反，他们在元分析中汇聚了 5 581 个效应量，并在此基础上报告了平均效应量。在这些效应量中，处理的不同类型的关系很可能具有不同的效应量，包括校正的和未校正的。因此，不可能从这项研究中得出相应的结论。

每个初始研究结果的方向和大小或者该组发现的均值或方差都是重要的信息。没有它，读者往往无法对元分析结论的有效性做出可靠的判断，除非他费力地查阅每个研究的原始报告。许多元分析少于 40 或 50 项研究。在这种情况下，往往可以在单页表中提供每个研究的大量数据。该表应包括每个研究的作者和日期、样本量以及 *d* 值或相关性。事实上，这些在当今已发表的元分析中经常出现。若虚假方差（spurious variance）的来源不能说明 *rs* 或 *d* 值的大部分变异，则每个研究的其他特征应包括在表中，例如被试的状态特征、被试对校标的平均预处理分数（如适用）层次和期限或范围条件（如国家区域、被试的职业等），关于内部和外部效度的研究设计的强度以及其他研究特征。若在发表时没有足够的篇幅放置此表，则应提供一个参考资料，指明可以从哪里获取该表。如今，由于篇幅限制而无法收录在已发表文章中的补充信息可以（而且越来越多地）发表在网上，读者可以很容易地访问到这些信息。

除了元分析中包含的单个研究的信息，还应以表格形式提供元分析结果的某些定量信息。根据效应量是分别校正（第 3 章和第 7 章）还是使用人为误差分布方式（第 4 章和第 7 章），所需的定量信息应有所不同。使用相关性作为统计的例证，所需信息如表 12-1 所示。应报告 *d* 值的近似值（表 12-1 中的实际数字仅供参考）。表 12-1 的注释提供了表中给出的每个符号的定义。这些是本书中给出的定义。这是一个需要改进报告实践的领域，因为许多元分析忽略了一些重要的定量结果。它们都是读者充分理解元分析意义所必需的。此外，后续二阶元分析（如第 9 章所述）也需要它们。为确保后续二阶元分析的准确性，所有标准差估计值应报告到小数点后四位；方差估计值应报告到小数点后五位。我们认为，表 12-1 中所示的所有信息应在已发表的文章（和技术报告）中说明，但如果由于期刊或期刊编辑给出的篇幅有限而需要省略其中的一些信息，则至少应将这些信息发布在网上，以便于读者获取。

表 12-1 应在元分析中报告的定量信息

使用单个校正方法时应报告的元分析结果（第 3 章）											
变量	k	N	$\bar{r}$	SD_r	$\hat{\bar{\rho}}$	SD_ρ	CV_{LL}	CV_{UL}	CI_{LL}	CI_{UL}	%*Var*
X，*Y*	6	1 063	−0.53	0.153 1	−0.63	0.147 6	[−0.82	−0.43]	[−0.76	−0.50]	15%

注：k = 独立样本量；N= 样本总量；$\bar{r}$ = 观察的样本量加权平均相关性；SD_r = 观察的样本量相关性的加权标准差（校正抽样误差之前的样本量加权标准差也应在本表或正文中报告）；$\hat{\bar{\rho}}$ = 平均真实分数相关性（校正了两个变量之间的不可靠性）；SD_ρ = 真实分数标准差；CV_{LL} 和 CV_{UL} =80% 的可信区间的下限和上限；CI_{LL} 和 CI_{UL} = 平均真实分数相关性的 95% 置信区间的下限和上限；%*Var* = 由统计人为误差引起的方差百分比。

（续）

使用人为误差分布方式时应报告的元分析结果（第 4 章）													
变量	k	N	$\bar{r}$	SD_r	SD_{pre}	SD_{res}	$\hat{\bar{\rho}}$	SD_ρ	CV_{LL}	CV_{UL}	CI_{LL}	CI_{UL}	%Var
X，Y	12	2 337	0.29	0.125 3	0.084 0	0.093 1	0.33	0.127 8	[0.16	0.50]	[0.25	0.42]	25%

注：k = 独立样本量；N= 样本总量；$\bar{r}$ = 观察的样本量加权平均相关性；SD_r = 观察的样本量相关性的加权标准差；SD_{pre} = 考虑所有人为误差的观察的相关性的标准差；SD_{res} = 剔除所有人为误差引起的偏差后的观察的相关性的标准差；$\hat{\bar{\rho}}$ = 平均真实分数相关性（校正了两个变量之间的不可靠性）；SD_ρ = 真实分数标准差；CV_{LL} 和 CV_{UL} = 80% 的可信区间的下限和上限；CI_{LL} 和 CI_{UL} = 平均真实分数相关性的 95% 置信区间的下限和上限；%Var = 由统计人为误差引起的方差百分比。

在准备元分析最终报告时需要考虑的其他指导和问题在以下出版物中介绍：APA 研究报告标准（美国心理学会，2008），Aytug 等人（2012），Clarke（2009），Cooper（1998，2010，第 6 章），Geyskens 等人（2009），Halvorsen（1994），Light、Singer 和 Willett（1994）。

12.5　初始研究报告所需的信息

进行元分析的前提是从每个初始研究中获取累积性的某些类型数据。不幸的是，在一些正在综述的研究中往往存在部分数据缺失的情况。这使得评论者采取联系作者的方式，以试图从他们那里获取数据。当这种方式也失败时，评论者会尝试使用 Glass 等人（1981）建议的统计近似值来估计数据。丢失的数据会使得研究报告的篇幅延长 1/4 ～ 1/2 页，通常，这些数据将为读者提供有关研究的重要信息，并为有效的元分析提供所需的信息。大型关联矩阵可能难以包含在某些报告中，但是这些主要的数据通常可以在附录中说明或在线提供。至少，它们应该被保存起来，以备日后分析或者在报告中引用。

相关性研究

考虑相关性的研究。若报告的研究结果可用于累积研究，则应公布每个变量的均值、标准差和信度。均值对于范数（norms）的累积、回归线的累积（或用于评估极端范围内可能的非线性）或对非常特殊总体的识别都是必要的。同样的，标准差也非常必要。如果两个变量之间的关系是线性的，那么从一个研究到另一个研究，均值的变异所产生的相关性几乎没有变异。但是，对标准差来说，这是完全不同的。不同研究的变异性差异可能对变量之间的相互关系产生显著影响。如果一项研究是在同质性总体中进行的，其标准差仅为其他研究标准差的一半，那么在该总体中，该变量的相关性将远远小于在其他总体中观察的相关性。同样地，如果只观察给定变量上的高极端组和低极端组而夸大了方差，那么该研究的相关性将大于包含中间范围的总体相关性。这是第 3 章到第 5 章详细讨论的范围限制和范围扩大化问题。由于以下两个原因，需要对测量的信度进行估算。首先，标准差的变异会导致信度的差异。其次，更重要的是，研究中使用的变量可能与已发表的规范研究中使用的变量不同。例如，一项研究可能包括“权威主义”的测量量表，但该量表可能由研究者选择的 8 个题目的子集组成；该子量表的信度可能与规范研究中发表的完整量表的信度大不相同。在新量表的情况下，大样本总体的信度还没有建立，在这种情况下，可以通过累积各研究的信度估计值来建立信度。如第 4 章所述，文献中已报告了这种信度系数的元分析，可以作为元分析的信度信息来源（Vacha-Haase Thompson，2011）。然而，其中一些信度估计值可能需要使用第 3 章和第 4 章中给出的公式来调整标准差的差异。

必须发布所有变量之间的零阶相关性的整个矩阵（均值、标准差和信度可以很容易地附加为该矩阵的额外行或列）。此表中的每个题目可用于完全不相关的元分析。不具有统计显著性的相关性仍应包括在内；不能对一个“—”或一个“*ns*”或者其他情况进行平均。如果只说明显著性的相关性，那么数据的累积必然是有偏差的。对那些不仅被剔除在表格之外，甚至没有被提及的相关性来说，情况更是如此，因为它们在统计上并不显著。

实验研究

用方差分析代替相关性的实验研究怎么样？在独立组设计中，通常计算的 F 值是点二列相关性的准确转换，如第 7 章中所述。点二列相关性的显著性检验与 F 检验是完全等效的。在一个 $2\times2\times2$ 的设计中，方差分析中的每个效应都是两个均值的比较，因此可以用一个点二列相关性来表示。事实上，该点二列相关性的平方是“η^2”，或者说方差的百分比。在具有两个构面的类别设计中，这些类别一般是有序的（实际上，通常是定量的）。在这种情况下，除线性趋势之外，几乎没有其他任何重要的影响。然后，将适当的正负号赋给 η 后，η 的平方根可以表示相应变量之间的相关性。因此，如前面所述的所有内容，包括范围和信度等限制性因素，都适用于实验研究和相关性研究。

使用多重回归的研究

初始研究的多元回归分析是基于预测变量和校标变量的完整零阶相关性（或协方差）矩阵。同样，多元回归分析的累积必须基于累积的零阶相关性矩阵（如第 5 章所示）。然而，许多多元回归的报告没有说明完整相关性矩阵，并且经常忽略了预测变量之间的零阶相关性，有时甚至忽略了各预测变量与校标变量之间的零阶相关性。报告实践有时甚至更糟。一些研究只报告了预测变量的多元回归权重（这些糟糕的报告实践在劳资关系、劳动经济学和其他经济学领域尤为常见）。然而，导致多元回归权重的最优估计的累积，需要预测变量之间的相关性以及预测变量 - 因变量之间的相关性的累积。也就是说，每个多元回归权重的公式都使用了所有预测变量之间的相关性，因此，必须对它们进行累积估计。

即使使用了大样本，但是忽略预测变量相关性的实践也是令人沮丧的。在给定预测变量相关性的情况下，路径分析可用于分析初始研究数据，以用来检验有关直接和间接原因的假设。如果没有给出预测变量之间的相关性，就无法区分没有贡献的预测变量和做出巨大但是间接贡献的预测变量。总之，除非给出预测变量的相关性以及预测变量 - 校标变量的相关性，否则就无法进行期望的路径分析。

最后，应该注意的是，如第 5 章所述，回归权重通常不适合累积。假设 Y 是由 X_1，X_2，…，X_m 预测的。X_1 的 β 权重不仅取决于变量 X_1 和 Y，还取决于同一回归公式中包含的所有其他变量 X_2，X_3，…，X_m。也就是说，β 权重是相对于所考虑的一组预测变量而言的，只有在每个研究中都考虑了确切的一组预测变量时，它才会在研究中重复出现。如果从一项研究到下一项研究增加或减少任何一个预测变量，那么所有变量的 β 权重都可能会发生变化。尽管在一项研究中计算 β 权重可能是值得的，但是以累积为目的来说，将零阶相关性包括在已发表的研究中是至关重要的。在累积了零阶相关性之后，可以使用一组在任何一项研究中可能从未一起出现的预测因子来运行多元回归 [见 Collies 等（2003）的例子]。

例如，假设我们想用 a、b 和 c 三种能力来预测工作绩效。要累积 β 权重，我们必须找到多项研究来计算 a、b 和 c 组合的 β 权重，并且这些研究中不包括其他预测变量。这样的研究可能会很少。另一方面，零阶相关性的累积极大地扩展了研究的合并，这些研究可以提供一个或多个所需相关性的估计。实际上，任何包含这两个变量（a 和 b、a 和 c 或 b 和 c）的任何组合的预测性研究都将包含感兴趣的相关性（correlation of interest）。为了估计 r_{ab} 的值，必须至少有一项同时具有 a 和 b 两个变量的研究；为了估计 r_{ac} 的值，则要求至少有一项同时具有 a 和 c 两个变量的研究；为了估计 r_{bc} 的值，同样必须至少有一项同时具有 b 和 c 两个变量的研究。然而，没有必要开展三个预测因子同时出现的研究。有关此过程的更完整的讨论，请参见第 1 章和第 5 章。

使用因子分析的研究

大概是为了节省期刊篇幅，因子分析通常在发表时省略了零阶相关性矩阵。然而，零阶相关性可以跨研究进行元分析，而因子负荷则不能。首先，在给定的研究中出现的因子不是由出现的单个变量决定的，而是由出现的变量集或变量簇决定的。例如，假设一项研究中包含一个很好的动机测量指标和 10 个认知能力测量指标。那么动机变量的共同性很可能为 0，而且在因子分析中就不会出现动机因子。因子是由冗余测量来确定的，除非至少通过两个冗余指标的测量（最好用三个或三个以上的指标），否则该因子不应出现在研究中。其次，探索性因子分析中的因子（主轴因子主要是通过方差最大旋转进行）并不是相互独立定义的。例如，假设在原始输出中，一组聚类变量定义为 G_1，另一组聚类变量定义为 G_2，而且 G_1 和 G_2 的相关性由 r 表示。那么，如果因子分数被标准化，主轴因子将由以下公式定义：

$$F_1=G_1-\alpha G_2$$

$$F_2=G_2-\alpha G_1$$

其中，

$$\alpha=\frac{1-\sqrt{1-r^2}}{r}$$

因此，每一个正交因子都被定义为自然聚类之间的差异变量，而且因子 F_1 上的 G_1 的因子负荷不仅取决于 G_1 自身合并中的其他指标，还取决于同一研究中出现的其他因素（Hunter，Gerbing，1982）。聚类分析结果和验证性因子分析结果会呈现出不同的情况。若聚类分析或验证性因子分析的模型与数据匹配（Hunter，1980；Hunter，Gerbing，1982），则指标自身的因子负荷是其信度的平方根，并且与其他变量无关，因此会受到累积的影响。所以，验证性因子分析和聚类分析优于探索性因子分析。

使用经典相关性的研究

经典相关性始于一组预测变量和一组因变量，因此在概念上适用于多元回归。然而，在经典相关性中，形成了两个新变量：预测变量的加权组合和因变量的加权组合。这些组合的形成方式使两种加权组合之间的相关性达到最大化。

经典相关性不能进行跨研究累积，经典相关性权重也不能。在多元回归中，每个β权重取决于因变量和一组特定的预测因子。因此，它只适用于使用完全相同的预测变量的其他研究（这种情况确实少见）。然而，每个经典回归权重不仅取决于研究中的一组准确的预测因子，还取决于一组准确的因变量。因此，经典回归的结果（即经典相关性）在不同的研究中具有可比性，因此可以在元分析中累积，但这是非常罕见的。此外，即使存在使用相同的自变量和因变量集合的多个原始经典相关性研究，并且可以进行元分析，但是在概念上很难或不可能对结果进行解释。也就是说，没有办法知道这两个相关的构念是什么，因为每个变量都是由不同构念的加权组合的（选择每组权重只是为了最大化与另一个组合的相关性）。出于同样的原因，在理论上，经典相关性在初始研究以及元分析中都是毫无意义的。另外，来自这些研究的零阶相关性矩阵可以进行跨研究的累积，结果可以被解释为揭示了已知理论构念之间的关系。

使用多元方差分析（MANOVA）的研究

从统计学上看，多元方差分析是一种经典的回归分析，它将对比变量视为自变量，测量变量视为因变量。因此，跨研究的累积所需要的数据是对比变量之间、对比变量和其他测量变量之间以及其他测量变量之间的零阶相关性的合并。这些应该报告的数据实际上很少被报告。因此，多元方差分析中的实验数据很少能够用于元分析研究。

12.6 初始研究中报告的一般性评论

对多元回归分析、因子分析和经典相关性分析来说，零阶相关性矩阵对于跨研究的累积是至关重要的。一旦能够保证这些数据的准确性，评论者就能使用任何适当的统计程序来进行累积的相关性矩阵分析。例如，为多元回归分析收集的数据可以用于路径分析。

如果期刊要求报告置信区间来代替统计显著性水平，那么这样做将带来三个好处。第一，研究人员会注意到，从大多数个体社会科学研究中得出的估计值有多大的不确定性。常见的小样本研究通常具有较宽的置信区间。第二，当关注具有统计显著性的研究比例时，跨研究的结果似乎比通常更一致（Schmidt，1996）。例如，如果有 5 项研究，每个研究的样本量为 50，相关性分别为 0.05、0.13、0.24、0.33 和 0.34，并且这 5 项研究中只有两项在 0.05 水平上具有统计显著性，那么所有 5 项研究相关性 95% 的置信区间将基本重叠。第三，置信区间和样本量的报告是计算标准化效应分数所需要的。

由于测量误差，测量值之间的相关性应进行衰减校正。从测量理论和测量方法可以清楚地看出，由于使用不完美的测量而导致的相关性降低，纯粹是人为误差造成的。测量的信度是可行性和实用性的问题，与测量变量的理论意义和心理学意义毫无关系。因此，在理论上，最重要的是完美测量的变量之间的相关性（Schmidt，Le，Oh，2013）；也就是说，在检验理论时，应在多元回归分析或路径分析中使用校正后的相关性（Cook，et al.，1992，第 7 章；MacMahon，et al.，1990）。如前所述（见第 3 章），校正会增加相关性估计的抽样误差，因此，未校正相关系数的抽样误差导致的方差校正公式不适用于校正衰减的相关性。相反，第 3 章中给出的校正相关性的公式应当用于计算校正后的相关性中的抽样误差。大多数商业回归分析和路径分析程序不包含这些公式，因此在与校正后的相关性一起使用时，这些分析提供了错误的标准误、置信区间和显著性检验水平。

附录

效度编码表逐项说明

1. 研究 ID

研究 ID 是分配给研究报告的 ID 号。参考书目的数据文件也引用了此 ID 号。如果参考书目的数据文件没有录入研究 ID，那么就需要录入。此字段不能为空。根据需要可使用零。

2. 研究样本

“研究样本”编号是研究报告为每个样本分配的一个编号。从数字 1 开始为样本连续编号。如果样本本身和样本的一个或多个种族或性别亚组的效度数据可供使用，那么应当为总样本和报告了效度系数的每个种族或性别亚组填写单独的编码表。种族与性别亚组的“研究样本”的分配编号应与分配给总样本的编号相同。此字段不能为空。这样就使得数据分析人员能够知道哪个种族或性别子样本是哪一个总样本的亚组。

例：已知两个速记员样本的文书测试效度。对于第一个样本，效度系数可用于总样本，并按性别分开。对于第二个样本，只报告总样本的效度系数。

值 1 被指定为第一个样本的三个系数的研究内样本编号。为第二个样本中的系数分配一个值 2。

例：对于一个样本，效度研究有两个标准，并且经判断，最好将这两个标准分开考虑。然后，完成两张编码表，每个标准各一张。每张编码表的研究内样本编号都是 1。

例：对于一个样本，效度研究有两个预测变量，并且经判断，最好将这两个预测变量分别视为单独的预测变量。然后，完成两张编码表，每个预测变量各一张。每张编码表的研究内样本编号都是 1。

3. 种族亚组

如果一个样本的效度系数是针对总样本给出的，并且分别分配给了各种族亚组，那么就在总样本的编码表上将此字段留空，并在种族亚组的编码表上输入 Y（Y 表示“是的，这是一个种族子样本”）。若效度系数仅适用于种族亚组，而并不用于总样本，则将此字段留空。若总样本是由来自相同种族的个体组成，则将此字段留空。

4. 性别亚组

如果一个样本的效度系数是针对总样本给出的，且分别分配给了各性别亚组，那么就在总样本的编码表上将此字段留空，并在种族亚组的编码表上输入 Y（Y 表示“是的，这是一个性别子样本”）。若效度系数仅适用于性别亚组，而并不用于总样本，则将此字段留空。若总样本是由来自相同性别的个体组成，则将此字段留空。

5. 种族

为了完成计算表，将样本或子样本中的种族进行编码。如果未知，请留空。

6. 性别

为了完成计算表，将样本或子样本中的性别进行编码。如果未知，请留空。

7. 样本量

为了完成计算表，输入样本或子样本的样本量，并且是实际的样本量，而不是调整后的样本量。此字段不能为空。如果系数是一个均值或者多个系数的组合，请使用多个样本量的均值。

例：对于一个样本，一项研究包含两个标准。第一个标准是对工作数量的绩效评价，第二个标准是对工作质量的绩效评价，并将这两个绩效评价作为一个标准的子尺度。因此，被报告的 r 值是一个预测变量和两个标准的组合之间的相关性大小。第一个绩效评价的样本量为 100，在这 100 人中，只有 90 人的数据可用于第二个绩效评价。最后，将这两个样本量大小的均值（如 95）进行编码。

8. 职业代码

输入样本的职业代码。使用 DOT 的第四版。此字段不能为空。

9. 效度系数（未校正）

输入未经校正的效度系数。参见“其他注释”下的“变号”。此字段不能为空。

例：系数 0.50 被编码为 *0.50*。

系数 −0.50 被编码为 *−0.50*。

10. 效度系数（校正了范围限制）

仅当在研究中报告该系数时，才对该系数进行编码。不要计算此系数。如果丢失，请留空。

11. 效度系数（针对校标不可靠性进行校正）

仅当在研究中报告该系数时，才对该系数进行编码。不要计算此系数。如果丢失，请留空。

12. 效度系数（校正校标不可靠性和范围限制）

仅当在研究中报告该系数时，才对该系数进行编码。不要计算此系数。如果丢失，请留空。

13. 系数的类型

输入系数的类型。如果系数是一个组合或均值系数，应输入用于计算它的系数的类型。如果没有指定相关系数的类型，则该系数可能是 Pearson 相关系数。请注意，秩系数是 Rho。此字段不能为空。

例：效度系数是一个 Pearson 相关系数。编码为 03。

例：效度系数是四个 Pearson 相关系数的均值。编码为 03。

14. 均值 r 的样本量

如果被报告的效度系数是多个系数的均值，则对这多个系数的样本量之和进行编码。除非第 10 项中编码的效度系数是两个或更多系数的均值，否则将此字段留空。如果有效系数是组合的，也将此字段留空。

例：第 10 项中报告的效度系数是两个系数的均值。当 200 个个体的数据可用于第一个系数时，这 200 个个体中只有 199 个个体的数据可用于第二个系数。均值 r 的样本量就应被报告为 399。

15. 研究类型

有两种类型的预测性研究：①在选择员工时不使用预测变量的预测研究。②在选择员工时使用了预测变量的预测研究。第一种情况编码为 1，第二种情况编码为 2。若研究是预测性的，但是人们不知道在选择员工时是否使用了预测变量，则编码为 3。并行研究编码为 4。

16. 预测数据收集和标准数据收集之间的几个月时间

若研究是预测性的，则应输入预测数据收集和标准数据收集之间相隔的月数。若时间随一个样本中被试的不同而不同，则应报告平均时间或者中值时间。如果丢失，请留空。

17. 预测码

请输入四位数的预测码。

18. 预测信度系数——雇员组

如果给出了基于员工（受限制的）组计算的预测信度数值，请在此对其进行编码。

例：信度 0.95 的编码是 *95*。

若预测值是两个或两个以上测量值的平均数之和，则可能需要用 Spearman-Brown 公式对信度进行相应的调整。

例：预测因素是一场面试。分数预测值是两个独立评估者的评分之和。评估者信度系数是 0.80。这个系数表示一个评估者评分的信度。因为分数预测值是两个独立评估者的评分之和，因此使用 Spearman-Brown 公式来提高信度，以反映这一事实。编码信度为 0.89。

19. 预测均值——雇员组

为员工（受限制的）组的预测均值进行编码。若没有给出，则留空。

20. 预测标准差——雇员组

为员工（受限制的）组的预测标准差进行编码。若丢失，则留空。

21. 预测信度类型——雇员组

对信度的类型进行编码。注意系数 α 是内部一致性信度。

22. 预测信度评估测试之间的时间间隔（以周为单位）——雇员组

对于使用两次评价的信度（例如，重新评价或内部评价），对两次评价之间相隔的周数进行编码。

23. 预测信度系数——求职者组

如果给出了基于求职者（不受限制的）组计算的预测信度数值，请在此对其进行编码。

例：95[㊀]的信度编码为 *95*。如果预测值是两个或两个以上测量值的总和或者均值，那么可能需要用 Spearman-Brown 公式对信度进行一定调整。

例：预测因素是一场面试。分数预测值是两次独立评价的分数之和。评估者信度系数是 0.80。这个系数表示一个评估者评分的信度。因为分数预测值是两个独立评估者的评价之和，因此使用 Spearman-Brown 公式来提高信度，以反映这一事实。编码信度为 0.89。

24. 预测均值——求职者组

为求职者（不受限制的）组的预测均值进行编码。若没有给出，则留空。

25. 预测标准差——求职者组

为求职者（不受限制的）组的预测标准差进行编码。若丢失，则留空。

26. 预测信度类型——求职者组

对信度的类型进行编码。注意，系数 α 是内部一致性信度。

27. 预测信度评估测试之间的时间间隔（以周为单位）——求职者组

对于使用两次评价的信度（例如，重新评价或内部评价），对两次评价之间相隔的周数进行编码。

28. 比率受限制与不受限制的标准差

如果给出预测变量的不受限制的标准差的受限比率，则对其进行编码。不要计算这个统计数字。若没有给出，则留空。

29. 校标内容

对校标内容的类型进行编码。如果校标是工资、晋升与降职或表扬与谴责，都要如此编码，不要将其编码为工作绩效。注：等级不是校标，除非它反映了晋升与降职的决定。

30. 校标测量方法

为用于收集校标数据的测量方法进行编码。通常，只有当校标内容为工作绩效或培训绩效时，此项才具有相关性。若此项与校标无关，则将其留空。

例：若校标内容是工资，则没有一个测量类别是相关的。此项留空。生产数据包括数量计数（如生产的小部件）、错误计数和处理给定数量的产品的时间（完成 10 个小部件的时间）。

31. 校标：管理与研究

若一项校标是专门为效度研究收集的，则应将其编码为“研究”校标。如果该校标是作为常规管理过程的一部分收集的，请将其编码为“管理”过程。

例：作为同时进行的效度研究的一部分，主管要对每个员工进行评价。此校标便被编码为“研究”。

例：每年例行完成的绩效评估在效度研究中被用作了校标。此校标便被编码为“行政性的”。

例：任期或工资标准总是行政性的。

32. 校标信度

若给出了校标信度，则对其进行编码。如果该校标缺失，请将项目 33 至 35 留空。若校标是组合的，并且给出了各组成部分，则应计算该组合的信度。注意，这种信度可能需要提高。有关的详细信息，请参见例子。

例：0.95 的信度编码为 *95*。

例：校标是一次绩效评估。只有一个评估者的评价被用作校标。信度是一种评估者信度。这种信度不必通过 Spearman-Brown 公式来提高。

例：校标是一次绩效评估。校标是两个评估者的评价之和。信度是一种评估者信度。这种信度需通过 Spearman-Brown 公式来得

㊀ 原书为 95，译者认为这里应该是 0.95。

到提高（k=2）。

33. 校标信度的类型

为校标信度的类型进行编码。

34. 信度估计的评估者总数（如果评价或排名）

对每个主题的评估者的数量进行编码。

例：若校标信度适用于两个主管的评价（即每个被评估人由两个评估者进行评估），则项目 34 的编码为 *002*。

例：校标信度是同一主管相隔 1 周的两个评分之间的相关性。这样只有一个评分，因此项目 34 编码为 *001*。

35. 校标评价之间的时间间隔（以周为单位）

如果校标评价使用两个或两个以上的评价（例如，重新评价或内部评价），对在两个评价之间以周为单位的时间间隔进行编码。

36. 包含相同数据的其他研究的 ID（未显示在编码表上）

若在多个报告中报告了特定研究中的数据，则对其他研究的 ID 进行编码。这将防止对数据进行重复编码。

37. 种族和性别预测数据

这些项目要求提供种族和性别亚组的均值和标准差。仅当未报告亚组的效度时，才在此处对这些数据进行编码。若报告了亚组数据，则亚组信息将放置在其自己的编码表中，均值和标准差数据将在项目 19、20、24 和 25 中进行编码。

38. 研究是否报告了预测变量之间的相互关系

若研究报告了两个或多个预测变量之间的相关性，则编码为 1（1= 是）。然后完成相互关联编码表。

39. 其他信息 #1、#2、#3

这个空间是为将来的信息需求而保留的，其内容目前是无法预料到的。

目前，这个空间只在对面试进行编码时使用。有关的其他信息，请参阅单独的说明书。

编码效度研究的决策规则

每个研究中的组合相关性：简介

该编码方案的一个目标是使用整个研究样本为每个预测者与工作组合编码一个效度系数。此外，当效度数据可用时，应为每个种族或性别亚组填写单独的编码表。

当多个预测变量或多个标准有单独的效度系数时，就会出现问题。需要判断多个预测变量是真实独立的预测变量，还是同一预测变量的复现测量。同样，当存在两个或多个校标时，必须确定每个校标是否需要单独的系数，或者是否最好使用一个系数来表示几个效度系数。为了协助做出这些判断，我们提供了一套决策规则。

关于多重预测变量问题的指南和例子，请参阅“多重预测变量决策规则”。关于多校标问题的指南和例子，请参阅“多校标决策规则”。一旦决定将系数组合起来，请参阅“组合系数决策规则”。

多重预测变量决策规则

一般规则：当有疑问时，请考虑将多个预测变量分别看作单独的预测变量，并分别对每个系数进行编码。

将预测变量视为相同预测变量的子量表的例子：

- MT&E（微型培训和经验）的绩效评分和完成时间分数。
- 评估中心的规模。

将预测变量视为单独的预测变量的例子：

- 具有相同项目类型的预测变量（例如，如果研究涉及两个阅读理解测试，则将对两个系数进行编码）。
- 测量不同构念类型的预测变量。
- 针对一个人进行的面试和针对一个小组进行的面试。

多校标决策规则

一般规则：当有疑问时，将不同校标的系数组合起来，只报告一个系数。请注意项目 29 中的校标类别。不要在这些类别之间组合。虽然工资、晋升和表彰可以被视为工作绩效指标，但是它们的信度分布可能与工作绩效评价不同。

若在两个或多个时间点为同一条件和同一样本而报告了多个系数，则分别对这些系数进行编码。如果这些数据在多个时间点上被报告，请注意判断。

例：对于同一样本，报告了两个效度系数。这两个校标是在培训 3 个月和 6 个月时进行的培训评价结果。完成两张编码表。请注意，这些编码表将具有相同研究的样本的代码，并且对于预测数据收集和标准数据收集之间的几个月时间将具有不同时间值。

将校标视为同一标准的子量表的例子：

- 绩效评估表的子量表。如果有一个总体绩效评估是所有子尺度的总和（或综合），请使用总体绩效评估。如果总体绩效评估是一场单独的评估，请将其视为一项子尺度，并与其他子尺度系数进行组合。

将标准视为单独标准的例子：

- 一项绩效测量和一项培训测量。
- 一项绩效等级评估和一项工作模拟练习。

组合系数决策规则

注意，只有将多个预测变量视为同一预测变量的子量表或将多个校标视为同一校标的子量表时，组合系数才是可接受的。当报告单独的效度系数并且决定只报告一个系数时，请选择可用的最佳选择：

第一个选择：使用组合相关性。除非作者对各组件权重的不相等提出了合理的解释，否则组合相关性应基于具有同等权重的组件。若两个或多个组件的权重不相等，且组合组件占有的权重很小，那么请检查该组件。这样将该组件剔除在组合材料之外可能便是合理的。

若要计算组合相关性，请使用 SPSS 软件中或本书附录里描述的计算机程序中的组合相关性程序。如果计算量较小，可以采用手动计算（使用第 10 章介绍的方法）。

第二个选择：缩小复相关性 R。使用 Cattin（1980）描述的公式。

第三个选择：使用一个最能代表总体测试性能和总体工作绩效之间相关性的系数。

第四个选择：计算平均效度。

其他注释

文书测试

被贴上“文书”标签的笔试，通常是由口头、定量和感知速度三个项目组成的。如果确实如此，则将它们编码为一个组合（V+Q+PS）。如果不是，确定测试测量的构念并对其进行相应的编码。

右对齐，前导为零

右对齐，并对于所有不能完整填充该项的代码使用前导零。

例：第 2 项，研究中的样本值为 1。将其编码为 *001*。

变号

你可能需要改变相关性的符号。正相关应代表一个指标的高分与更好的工作绩效有关。

例：标准是误差的一个计数值。相关性被报告为 −0.20，表示预测值分数越高，误差数越少。此系数应编码为 0.20。

谁是员工，什么是工作

为预测员工的工作或培训绩效而应填写编码表。

应该被编码的研究的例子：

- 被试是某个机构的实习生。
- 被试是某个机构的员工。

不应该被编码的研究的例子：

- 被试是学生。
- 被试是精神病患者。
- 衡量标准是工作满意度。

预测变量之间相关性的编码说明表

预测变量之间的相关性应当被记录下来，以便用于后续的数据分析。这些相关性是估计组合选择系统效度所必需的。

1. 预测代码优先的预测变量

输入两个预测变量中的第一个预测变量的预测代码。

2. 信度优先的预测变量

输入第一个预测变量的信度。

3. 预测代码第二的预测变量

输入第二个预测变量的预测代码。

4. 信度第二的预测变量

输入第二个预测变量的信度。

5. 观察的相关性

为两个预测变量之间观察的相关性编码。

6. 校正后的相关性

如果被报告，就为两个预测变量之间校正后的相关性进行编码。不要计算此值，仅在被报告时才对其进行编码。

7. 样本量

为相关系数的样本量进行编码。

8. 研究 ID

为研究 ID 进行编码。

第 13 章
CHAPTER 13

元分析的可用性偏差、来源偏差和发表偏差

与元分析相关的技术性问题在第 5 章相关性元分析、第 8 章 d 值元分析和第 9 章一般元分析中讨论过。本章将探讨元分析中可用性偏差的相关议题。目前，对元分析最常见的批评之一是，认为可供分析的研究通常是所有现有研究的有偏样本。这通常被称为发表偏差，这种偏差之所以产生是因为已发表的研究是现存研究的偏差样本。然而，发表偏差并不是唯一的偏差来源。即使在未发表的研究中，那些可检索到的研究也可能并不能代表所有未发表的研究。因此，我们倾向于使用可用性偏差和来源偏差这两个更通用的术语。但是，为了便于阐述，在这一章我们不对这三个术语进行区分，视其为可互换使用（其他学者也可能使用检索偏差和选择偏差）。在存在发表偏差的情况下，通常认为已发表的研究相比未发表的研究具有更大的统计显著性和效应（如：Begg，Mazumdar，1994；Coursol，Wagner，1986；Dickersin，2005；McNemar，1960）。因此，目前有争议的一点是，由元分析得出的效应量估计可能存在向上偏差。这种批评对于描述性综述（元分析的替代方法）同样适用。描述性综述虽然不是定量的，但是这并不会减轻其研究样本偏差所带来的影响。因此，在某种程度上，来源偏差或可用性偏差是普遍存在的问题，并不限于元分析。事实上，这种问题甚至会存在于研究者或从业者对文献的非正式评估中。然而，鉴于元分析在当今很多领域起到的关键作用，研究者主要关注可用性偏差对元分析结果的影响。

Smith（1980）的研究很好展现了发表偏差的问题。这项元分析主要关注男性和女性心理治疗师和咨询师对女性客户的性别偏见差异。Smith 发现，所有已发表的研究都表明针对女性客户确实存在很大的均值偏差。接下来，她对未发表的硕士、博士论文进行元分析，这次元分析的结果则表明，针对男性客户存在很大的性别偏见。当把已发表和未发表的论文放在一起进行元分析检测时，无论对男性客户还是女性客户，性别偏差均不显著。大多数研究是在 20 世纪 60 年代末和 70 年代进行的，当时流行将妇女视为受害者，并将重点放在对妇女的歧视上。因此，不难理解会存在“女性是治疗师偏见的受害者”的发表偏差。

在元分析中检测并调整可用性偏差是一件比较困难和复杂的事情（Peters，Sutton，Jones，

Abrams，2010；Sutton，2009）。要检测某些研究中是否存在这些偏差是比较困难的。即使发现了这种偏差，一些调整方法也很复杂，不容易使用。此外，这些方法所基于的原始假设也可能存在一些问题。其中一个主要的问题是，在任何指定文献中，导致发表偏差的机制或过程并不能进行准确的识别，并且任何想要降低这种偏差方法的准确性取决于该方法对这种机制的假设与事实有多接近（Sutton，2009）。正如后面我们将会讨论的，对这个问题的一个回应是强调使用多种方法解决发表偏差的三角测量。发表偏差确实是个很重要的议题，已有大量文献对此问题进行探讨，这种热度无疑还将持续下去。这一事实的一个标志是：最近有一本书专门就此问题进行了深入探讨（Rothstein，Suttonh，Borenstein，2005）。

来源偏差的影响：第Ⅰ类误差与效应量膨胀。如果零假设正确，并且变量之间不存在影响或关系，那么元分析中的发表偏差将会带来第Ⅰ类误差：当关系不存在时得出关系存在的错误。但是，正如第2章及本书其他章节所述，很多证据表明，零假设在应用心理学研究的很多领域中很少是正确的。比如，Lipsey和Wilson（1993）认为，仅有少于1%的心理干预（302个中只有2个）是无作用的。Richard等人（2003）则对322个心理学研究进行元分析，发现其中只有8个（2.5%）产生零或接近零的平均效应量。即使允许上述元分析中第Ⅰ类误差的发生，在社会科学文献中零假设依然很少是正确的。因此，通常发表偏差的影响是扩大平均相关性和d值的大小，而不是产生第Ⅰ类误差。因此，受发表偏差及其他可用性偏差影响的元分析结论在质量上是正确的，但是在数量上是不正确的。然而，准确估计效应量是非常重要的，仅仅知道存在效应是远远不够的。而且，在其他研究领域，零假设很少或从来都不是真的。比如，在社会心理学及相关领域的实验室实验中，零假设通常是正确的，关于这一点我们在后面章节中会讲到。在这样的领域中，第Ⅰ类误差很可能会导致这样的结论：当关系不存在时，却判定关系存在。

有证据表明，可用性偏差可能不存在于一些文献中。此外，由来源（如期刊、书籍和未发表的报告）划分的平均效应量的明显差异可能至少部分反映了来源之间测量误差和来源之间的其他人为因素所造成的人为误差的影响。如果是这样，那么改进方法学缺陷（如测量误差）的元分析将会校正这些差异。然而，现在有大量证据表明，在一些研究文献中，一种形式的来源偏差——发表偏差，是一个严重的问题（Dickersin，2005）。现有方法可以帮助检测和控制这些影响。但是，没有哪种方法是十全十美的，其效度主要取决于对产生发表偏差的机制所做的假设，这些偏差可能适用于任何给定的数据，也可能不能适用于给定的数据。当效应量是异质性时，由于存在二元或双元（bimodal）调节变量，某些方法可能会得出不正确的结论。正如后面将会讨论的，目前所有可用方法的主要缺点是不能考虑研究差异，这是由于测量误差和其他失真人为效应造成的偏差，而这种缺陷常常导致有问题的结论。不过，这些方法在某些情况下也是有用的，尤其当使用多种方法来进行三角测量以及当对发表偏差进行敏感性分析的时候，这些方法显得格外有用。

13.1 某些文献的发表偏差很小或不存在

发表偏差假说认为，未发表的研究具有两个重要特性：①它们具有较小的效应量；②它们很少被纳入元分析中。如果第一个假设不成立，那么即使第二个是真的，也不会对元分析的结果产生任何偏差。一些文献用实证方法对未发表的研究的效应量是否较小这一问题进行了解释。

根据 Glass 等人（1981）所提供的数据，Rosenthal（1984：41-45）对来自不同领域的 12 个元分析的效应量进行检验，以探讨平均效应量是否会随来源而波动。基于数百种效应量，他发现在期刊文章和未发表报告之间几乎没有什么差异。未发表报告的平均 *d* 值相对略高于 0.08，而期刊文章的 *d* 值中位数则略高于 0.05。由此可见，*d* 值的均值和中位数指向不同方向，且在统计上都不显著。因此，Rosenthal 得出结论：由期刊文章、未发表报告以及书籍中所得到的效应量“基本没有什么区别”（p.44）。不过，Rosenthal 也发现，硕士和博士论文中平均 *d* 值要比其他来源中平均 *d* 值小 40% 或更多。由于大多数论文可以通过论文摘要被检索出来，因此硕士和博士论文所带来的这种差异可以得到很好的解决。此外，较低的平均 *d* 值可能是硕士和博士论文中的测量信度较低（如下所述）造成的，因此实际（校正的）*d* 值的差异应该会更小甚至不存在。

在就业测试效度的元分析研究中（如第 4 章），为了探讨已发表与未发表研究间的相关性是否存在显著差异，我们对大量文献进行检验。结果表明，它们之间并不存在显著差异。如果拿 Pearlman 等人（1980）的数据与更大数据集做比较，发现这两个数据集非常接近。比如，Pearlman 等人（1980）的数据与 Hunter（1983b）使用的未发表的美国劳工部一般能力倾向测验（GATB）数据集（525 项研究）在效度均值和观察的效度相关性方差（控制了样本量）方面非常相似。当与大样本军事数据集进行比较时，情况也是如此。军事研究者定期报告所有的数据，并且报告的效度均值和方差与其他使用相同校标测量的数据集汇报的均值和方差非常一致。而且，根据数十年来对已发表和未发表研究的仔细收集，我们的数据集中观察的平均效度实际上与 Ghiselli（1966）报告的中位数相同。Hedges（1992b）与 Vevea、Clements、Hedges（1993）将他们的可用性偏差检测方法应用于大型 GATB 数据集，并得出结论：没有证据表明可用性偏差的存在（美国劳工部将此数据集提供给研究者。如果从数据库中删除了结果较弱的研究，则将存在可用性偏差）。

另有其他证据表明在效度概化的数据集中缺乏来源偏差。比如，在 Pearlman 等人（1980）关于工作绩效的数据集中，2 795 个研究中有 349 个观察的效度（12.5%）是 0 或负值；737 个（26.4%）小于或等于 0.10。而 56.1% 的研究在 0.05 水平上是不显著的。这个数字与我们的估计值一致（Schmidt，et al.，1976），即平均校标关联效度研究的统计功效不大于 0.50。如果报告中存在选择性或偏见，那么许多非显著的效度将被忽略，并且显著性百分比将远高于 43.9%。

更令人震惊的是，在 Lent 等人（1971a，1971b）关于已发表研究的综述中，观察的不显著性效度百分比为 57%，这与 Pearlman 等人（1980）根据大多数未发表数据集（68% 的来源未发表）所得百分比 56.1% 十分接近。Pearlman 等人的数据几乎与已发表数据结果完美衔接，这一例子更好地诠释了未发表数据与已发表数据之间并无显著性差异 [注：为了能够与 Lent 等人（1971a）的数据进行更好的比较，Pearlman 等人（1980）所用的数据均为双尾检验。如果使用单尾检验，那么 Pearlman 等人 49.1% 的相关性在 0.05 水平上不显著]。

我们已在人员甄选研究领域检验了数百个未发表的研究，并且没有发现数据被隐藏或遗漏的证据。研究通常报告所有测试的结果（即便使用信度远低于平均水平构念的实验工具）。在典型情况下，该研究是一种探索性研究，旨在确定最佳测试效能。根据各种工作或校标，进行了多效能测试，并报告了针对所有工作的校标效度的完整表格。我们没有发现任何证据表明赞助单位对报告完整的结果（通常包括许多低的和非显著的效度）进行了负面评价，或者是允许或鼓励他们自己的心理学家或外部顾问部分或者完全地隐藏结果。因此，这一证据也表明未发表的研究结果与已发表的研究结果基本相同，表明文献中几乎不存在关于认知能力测量效度的可用性偏差问题。McDaniel、Rothstein 和 Whetzel（2006）使用剪补法（稍后讨论）检验了 4 项测试供应商的测试手册中发现的发表偏差的效度。认知能力的 5 项指标中有 4 项显示很小甚至没有发表偏差的证据。其他测试是人格测试。供应商 A 的人格测试基本上没有显示发表偏差的证据。供应商 B 的人格测试显示，在其三个人格量表中有两个量表存在适度的发表偏差。供应商 C 的 4 项人格测试效度也没有证据表明存在发表偏差。

不过，在不同的研究领域，情况可能有所不同。我们稍后会看到，在某些研究文献中有大量证据表明存在发表偏差，尤其在社会心理学、心理学、普通实验心理学、管理学、市场营销及其他领域的小样本实验（实验室实验）中，以及药理学、医学和生物医学领域相关研究中比较常见。

13.2　方法质量对不同来源平均效应量的影响

如果在某一研究领域，已发表的研究中观察的效应量确实高于未发表的研究，这一事实也不一定表明存在更大效应量的发表偏差。相反，发表偏差可能有利于方法论更强大的研究。期刊编辑通常基于研究者所掌握的方法学专长来挑选评审人员，因此可以预见，他们的评价将主要集中在研究的方法质量上。许多方法上的弱点会人为影响到研究预期效应量。比如，测量的不可靠性会降低相关性研究和实验研究中的效应量。因此，仅基于方法质量的发表决策可能会产生副作用，只考虑无关系的零假设也是错误的。在很多研究中，尤其是应用心理学相关研究领域更是如此（Lipsey，Wilson，1993），这会使已发表和未发表的研究中观察的平均效应量产生差异。即使在已发表和未发表的研究中实际效应量相同，副作用也会产生。

表 13-1 显示了由 Smith 和 Glass（1977）通过对心理治疗效度相关书籍（0.80）、期刊（0.70）、学位论文（0.60）和未发表报告的整理所得出的观察的 d 值的近似均值。d 值的最大和最小均值之差为 0.80 – 0.50 = 0.30，这是一个相当大的差异。然而，假设因变量的平均信度系数如表 13-1 中的第二列数字所示，那么真正的效应量（针对测量误差的衰减效应校正的效应量，这是科学界比较感兴趣的）在所有来源中都是相同的，并且对研究结果的明显“来源效应”将完全被证明是人为的。关键在于，在接受实际研究结果受研究来源影响这一结论之前，应仔细检查方法质量对研究结果的影响。这个例子也清楚地说明了在进行元分析时对测量误差进行适当校正的重要性和必要性。

表 13-1　四种效应量来源的观察和真实效应量的假设例子

来源	观察的均值	因变量信度的均值	真实 d 值的均值
书籍	0.8	0.90	0.84
期刊	0.7	0.70	0.84
论文	0.6	0.51	0.84
未发表	0.5	0.35	0.84

本章后面讨论的所有检测和调整来源偏差或发表偏差方法的一个严重局限在于，这些方法至今无一能从概念上或是在应用中真实解决测量误差或其他人为误差的影响。因此，这些

方法可能会在根本不存在来源偏差或发表偏差的时候，依然认为其存在。这一问题我们稍后会进一步讨论。

13.3　可用性偏差的多个假设和其他考虑因素

Cooper（1998：74）、Schmidt 和 Hunter 等人（1985）曾指出理解可用性偏差的重要考虑因素。大多数研究会对多个假设进行检验，因而有多个显著性检验。在一定程度上，这降低了基于统计显著性的发表偏差出现的概率，因为所有这些测试都显著的概率非常低。同样，所有测试都不显著的概率也很低。因此，在评估者的头脑中，绝大多数研究并非显著的或不显著的，而是混合的（Maxwell，2004），这使得很难根据统计显著性建立发表偏差。如果仅仅发表具有显著性结果的研究，那么将只会发表一小部分研究。同样，如果只限制没有显著性结果的研究发表，那么也只有一小部分研究不会发表。大多数关于发表偏差的讨论，以及用于检验和校正这种偏差的大多数方法似乎忽略了以上这一点。实际上，它们假设每个研究只有一项显著性检验，或者说只有一项重要的显著性检验。然而，并非所有学科的所有研究都会测试多个假设。比如，工业－组织心理学中关于结构化就业面试的研究通常只考察一种关系：结构化面试与工作绩效的相关性。而 Postlethwaite 和 Schmidt（2013）在此类文献中发现了发表偏差存在的证据。

作者可能有动机仅在其报告中包含具有统计显著性假设的结果。如果评论者对所检验的理论非常熟悉，他们将能看到从理论中产生的一些假设的测试被省略了，因而便可能要求作者将其包括在内。但是，我们也无法保证评论者是否每次都会这样做。有证据表明，在医学研究中经常存在发表偏差。也就是说，研究者在随机临床试验中报告的一些但不是全部的结果（Chan，Altman，2005；Chan，Hrobjartsson，Haahr，Gotzsche，Altman，2004）。虽然 Maxwell（2004）推测，在心理学研究中，可能存在选择性报告现象，但是我们并不知道有任何可靠的证据。

在健康科学领域，特别是在医学和药物研究领域，研究经常只检验一个假设，或者只检验一个被认为重要的假设。对医学和药物研究中的随机对照试验（RCT）来说更是如此。在经典的 RCT 研究中，治疗的情况将会与安慰剂或不治疗的情况进行比较，或是将两种治疗相互比较。因此，这类研究基本上只有一个有趣的假设，由多个假设提供的防止发表偏差的保护是不存在的。事实上，关于 RCT 发表偏差的证据十分明显：当单个假设的结果不显著时，它们被提交发表的可能性要小得多，而且如果它们被投稿，也不太可能被接受（如：Dickersin，2005；Dickersin，Min，Meinert，1992；Easterbrook，Berlin，Gopalan，Matthews，1991）。这一证据不是基于对研究者和编辑的态度或陈述的调查，而是基于实际 RCT 研究的经验史。虽然这表明，在研究只检验一个假设的文献中，发表偏差可能是严重的，但是心理学和社会科学文献通常由带有多个假设的研究组成，而且大多数或所有假设都被认为是重要的。

另有一点值得考虑，许多元分析关注的问题并不是原始研究的核心问题。例如，性别差异（人格、能力和态度等）很少成为研究的焦点；相反，它们往往是被偶然报告的，常作为补充分析。因此，这些结果往往不受发表偏差的影响，因为它们与研究的中心假设无关（Cooper，1998：74）。如后文所述，发表偏差的一个衡量指标是样本量（研究准确性的一个指标）与研究效应量的相关性。若存在发表偏差，则相关性应为负，因为较小的样本量将具有较大的效应量（由于大多数具有较小效应量的小样本研究没有达到统计显著性，因此没有发表）。Schmidt、Oh 和 Hayes（2009）研究了 5 种元分析出版物，每种出版物报告了 13 到 14 个独立的元分析研究。在每个出版物中，他们计算了样本量和效应量之间的相关性。他们发现，认知能力的性别差异在 5 个元分析研究中的相关性均值为 $r = 0$，表明总体上不存在发表偏差。此外，这些 r 在元分析中的波动完全可以由抽样误差来解释，表明在任何单个元分析中都不存在发表偏差。这 5 项元分析的重点是心智能力的性别差异，但是在进行这些元分析研究时，这种差异并不是关注的重点。

我们研究了最近的证据，这些证据表明，在广泛的科学和研究领域，人们对科学研究结果存在信任危机。

13.4 当今科学研究存在信任危机吗

我们已经提出证据表明，在一些研究文献中，来源或发表偏差可能不是问题。在其他一些领域，它被视为一个主要问题（Rothstein，2008；Rothstein，et al.，2005）。在我们看相关证据之前，先来揭示一个更广泛的现象。近年来，人们关注的焦点已经超越了发表偏差本身，去研究其产生的发表偏差和其他各种偏差的机制和过程，这些机制和过程在研究文献中产生发表偏差和其他失真，比如报告中意外发现从假设回溯（“harking”）到研究中的彻头彻尾的欺诈现象。这些努力和发现对许多科学领域——物理和生物医学科学以及社会科学和心理学——的研究结果的稳健性和可信性产生了严重的信任危机。大多数这些进步本身并不关注元分析，而是关注单个研究，这些研究可能在最终纳入元分析时导致偏差结果。我们将首先回顾这些发展，然后综述证据以表明它们是如何导致发表偏差以及有没有别的可能影响元分析的因素。

科学欺诈

发表偏差的一种非常严重的形式就是彻头彻尾的研究欺诈，当个人根据他们简单拼凑的数据发表研究时，就会发生这种情况。最近一个非常严重的例子发生在荷兰著名的社会心理学家 Diederik Stapel 身上，他承认，他在很多像《心理科学》这样的顶级期刊上发表的大量研究都是基于编造的数据。甚至他的合作者们也没有意识到这种欺诈行为，因为他总是“自己收集数据”（Carey，2011；Nature，2001，479：15；Stroebe，Postmes，Spears，2012）。通常，只有当有人在小样本研究中注意到一系列极不可能的统计结果时，这种错误才能够被发现。例如，如果在 8 个研究的序列中，每个研究的 N 值为 40 或更小，某一特定测量的 *SDs* 在所有研究中都相同或几乎相同，考虑到抽样误差的现实，这种现象发生的概率是非常低的。正如我们在第 2 章（“统计功效的详细检验”部分）中谈到的，有证据表明，研究者低估了抽样误差产生的变异量（Schmidt，Ocasio，et al.，1985）。因此，如果人们伪造数据，他们可能会产生比实际抽样误差更小的变异量。所以在欺诈性数据中其实可以检测到这种预期的较低的变异量。

宾夕法尼亚大学的 Uri Simonsohn 是一位杰出的“数据侦探”，他负责寻找可疑的研究成果。他曾在社会心理学家 Dirk Smeesters 的出版物中标记了可疑数据，随后，Smeesters 便辞去了他在荷兰伊拉斯姆斯大学的教师职位（Yong，2012）。伊拉斯姆斯大学调查委员会也得出结论，Smeesters 的几篇文章的确应该撤回。在 Simonsohn 对密歇根大学社会心理学家

Lawrence Sanna 的出版物进行类似调查后，Sanna 也辞去了他的职务（Yong，2012）。值得注意的是，在这三个例子中，所讨论的个体都是社会心理学家，他们“采用”小样本实验的方法。John、Loewenstein 和 Prelec（2012）还调查了 2 000 多位心理学家，了解他们对可疑研究实践的使用（稍后讨论）以及这种实践的预防性情况。社会心理学家承认使用这种实践的比率最高（40%），他们对这种实践的防御性评级同样很高。当按研究类型划分时，实验类研究、社会心理学和一般实验心理学领域的使用率和防御率评级是最高的。于是，Stroebe 等人（2012）开始调查社会心理学研究欺诈的比率是否会高于其他学科。他们找到了 41 个经过证实的研究欺诈的例子，其中 33 人（80%）是在生物医学领域（在其中一个例子中，生物医学研究员 Yoshitaka Fujii 被发现在至少 172 篇期刊论文中捏造了数据；Yong，2012），而只有 3 起欺诈案件属于社会心理学。这表明，研究欺诈案件的数量（如果不是欺诈率）在生物科学中比在社会心理学中更大（不过每年发表的生物医学研究数量远远超过社会心理学研究的数量）。然而，这项研究并不是要将社会心理学家与其他领域的心理学家进行比较。Stroebe 等人和 John 等人的研究发表在《心理科学展望》（*Perspectives on Psychological Science*）杂志的一期特刊上，专门讨论可疑的研究实践和心理学文献中的研究文章是否可以复现的问题。

2011 年，据《自然》（*Nature*）杂志报道，在过去十年中，在所有领域中科学文章的撤稿数量增加了十倍，而已发表文章的数量仅增加了 44%（Zimmer，2012b）。有问题的文章主要聚焦于物理和生物医学科学。人们通常以为，撤稿是作者或其他人发现数据或数据分析问题后主动认错的诚实行为。但是，通过对生物医学和生命科学中的 2 047 篇撤稿的文章进行分析发现，被撤回这一行为 75% 的原因可以确定是学术不端（Zimmer，2012a）。另一个引人注目的发现是影响因子较高的期刊的撤稿率往往高于低级期刊（Zimmer，2012b）。撤稿率最高的期刊是《新英格兰医学杂志》（*the New England Journal of Medicine*），这是世界领先的医学期刊之一。这可能是由于顶级期刊要求发表具有吸引人的和新奇发现的论文。根据我们现在对撤稿和研究欺诈的了解，对一些研究者而言，为了获得终身教职、晋升、加薪和研究补助，以及迫于发表论文的压力，他们进行数据捏造。虽然大多数科学家仍认为彻底的研究欺诈是非常罕见的，但是没办法确定实际的比率有多大（Fanelli，2009）。也没人知道那些进行研究欺诈却没有被发现的比率是多大。

除彻底欺诈之外的数据操纵

在一篇引起广泛关注的文章中，Simmons、Nelson 和 Simonsohn（2011）概述了实证心理学家在数据收集、分析和报告中经常使用灵活性来增加得到统计显著性的机会。第一个例子是将被试者依次添加到实验室研究中，直至达到统计显著性为止。第二个例子就是不报告处理失败的实验条件，也就是说，只报告处理产生统计显著性（在期望的方向上）条件的结果。第三个例子是“回溯”(harking)：在结果已知之后进行假设。这些作者强调了这种被广泛接受和使用的实践在文献中产生第 I 类误差的可能性。如前所述，Lipsey 和 Wilson（1993）的研究表明，在应用心理学干预中，第 I 类误差非常罕见，因为零假设很少是正确的。然而，在某些其他领域可能并非如此，特别是在社会心理学的实验中以及在实验营销和实验经济学等相关领域中，情况可能并不相同。在这些领域，检验的假设有时看起来很牵强。例如，假设实验室的被试在看到与年长相关的词语之后会走得更慢，这是“启动效应”（priming effect）的一个例子，但显得十分牵强。在社会心理学文献中有许多描述启动效应的例子。这些启动效应的不可复现性增加了人们对这项研究可信度的质疑。对此，诺贝尔奖得主、认知心理学家 Daniel Kahneman 呼吁，这个领域要进行认真的复现检验以解决这些问题（Yong，2012），不过其努力的结果尚不清楚。社会心理学中另一个可能令人难以置信的启动效应的假设是，白人在一个混乱的环境中会比在整洁的环境中更容易产生刻板印象、歧视黑人（Carey，2011）。Simmons 等人通过一系列模拟研究表明，使不存在的关系产生统计显著性是非常容易的。但是即使零假设是错误的（使得第 I 类误差不可能出现），Simmons 等人（2011）引用的常用实践导致较大的相关性和 d 值，而这会在随后的元分析中带来偏差。Bakker、van Dijk 和 Wicherts（2012）的模拟研究不仅探讨了零假设错误的情况（事实上关系确实存在，因此第 I 类误差不可能存在），还探讨了零假设正确、二者没有关系的情况。在第二种情况中，他们证实了通过采用广泛使用的可疑研究实践（QRPs）来获得统计显著性是多么的容易，这就像 Simmons 等人（2011）所做的那样。此外，他们证实，在实际关系确实存在的情况下，使用 QRPs 也会极大地增大获得的 d 值。更重要的是，他们提出，当真实关系确实存在时，如何使用 QRPs 产生一个统计显著性的比率。鉴于各个研究的（可计算的）统计功效，这是极不可能的。我们稍后会更详细地讨论这种现象。QRPs 在心理学研究者中有多常见呢？John 等人（2012）调查了 2 000 多名心理学研究者，发现大部分研究者承认参与过 QRPs。下面是一些例子。56% 的人承认在查看结果是否显著后决定是否收集更多数据。15% 的人承认早于计划停止了数据收集，因为他们已经找到期望的结果。45% 的受访者承认只选择性地报告“有效”的研究。而 38% 的受访者表示他们曾在考虑剔除数据对结果的影响后，才决定是否真的剔除数据。在鼓励诚实的分组中，以上百分比会稍高。

Fiedler（2011）提出了另一套实践，研究人员经常使用这些实践来左右研究结果，以获得统计显著性。与 Simmons 等人（2011）、Bakker 等人（2012）和 John 等人（2012）所提到的实践不同，这些实践大多数得到的结果是非统计学的，或者至少不那么明显是统计学的。例如，在实验中，预先测试用于实验的自变量刺激，以便能够选择和使用这些刺激对因变量产生最大的效应。同 Simmons 等人（2011）的关注点不同，Fiedler（2011）并没有关注第 I 类误差。他的关注点和 Bakker 等人（2012）有些相似，并且证实了即使我们假设零假设总是错误的，常见的研究实践也会导致效应量的增加。这类文章在逐年增多，并且已经触及一些研究者的神经，特别是在那些小样本实验领域。

Simmons 等人（2011）、Bakker 等人（2012）和 John 等人（2012）使用的大多数有问题的方法都是通过扩大抽样误差的操作而产生的。可以回想一下我们在第 2 章末尾以及第 9 章（使用元回归校正）对抽样误差的相关操作（随机）的讨论。随机扩大化一直盛行的一个研究领域是神经科学研究，该领域的研究试图将功能性磁共振成像（fMRI）模式与行为、特征或情绪联系起来。每个 fMRI 屏幕图像中都有极大数量的像素（或体素），而研究者通常基于 15 ～ 20 人的样本选择这些像素以最大化与因变量（情绪、人格、认知等）的相关性（这本书的第一作者从神经科学博士生的学位论文委员会辞职，因为这是论文中使用的范例）。在一篇题为“情感、人格和社会认知的 fMRI 研究中令人费解的高度相关性”的文章中，Vul、Harris、Winkielman 和 Pashler（2009）尖锐地指出了这个问题。他们指出，这些文献几乎肯定充满了不会复现的关系，因为它们不是真实的，即使它们是真实的，它们也是被高度夸大的。本书引出了“魔咒相关性”（voodoo correlations）这一词汇。另一个同样存在问题的领域是试图将特定基因与特定疾病、行为、人格特质或能力联系起来的研究。被调查的基因数量非常多，但是研究中的人数足够少，以至于事后基因的识别与校标看似相关，其实在很大程度上来源于抽样误差。因此，绝大多数此类被确认的关系未能出现在随后重新检验的研究中（Trikalinos，Ioannidis，2005）。这两个例子都类似于本书第 2 章表 2-4 中描述的被操纵的随机扩大化（capitalization on chance）。

传统上，发表偏差被定义为显示统计显著性的研究比不显示统计显著性的研究更有可能被发表的情况。这个定义不包括有问题的研究实践。在上面引用的文章中讨论的研究实践超出了这个定义，并检验了扭曲研究文献的更广泛的影响。这些研究结果表明，确保纳入元分析的研究没有偏差的问题超出了传统的发表偏差的概念。这些研究实践的广泛性使人们对一些文献中研究结果的真实性和可复现性提出了质疑。John Ioannidis 是生物医学领域研究实践的著名评论家，他发表了一篇被广泛引用的文章，题为《为什么大多数发表的研究结果都是错误的》(Ioannidis, 2005b)。在另一篇文章（Ioannidis, 2005a）中，他探讨了令人不安的现象，即在药学领域，最初报告的处理效应量通常很大，在其随后的复现研究中会逐渐下降，有时甚至为零。在序列元分析中，随着最近的研究被逐渐纳入元分析中，平均效应量逐渐下降。不仅在生物医学研究中，同时也在社会心理学实验中，Lehrer（2011）都描述了这种现象。这些研究结果表明，研究认识论存在严重问题，至少在生物医学和社会心理学领域存在很大问题。如果要使这些领域的元分析研究具有可信度，就必须解决好这些问题。

发表偏差的证据（传统定义）

该领域的大多数研究都集中在一种来源偏差上：发表偏差。在本节中，我们研究了一些证据，其中大部分是最近的证据，这些证据表明发表偏差是一些研究文献中的重要问题。第一种类型的证据提供发表偏差重要性，包括调查研究者、审稿人和编辑对于统计显著性在稿件决策中的作用的信念和态度。在这些调查中，大多数研究者表示，如果结果具有统计显著性，他们更有可能投稿。此外，大多数审稿人表示，如果研究结果显著，他们更有可能会对这项研究进行有利的评估。最后，许多编辑也表示如果结果具有显著性，他们也更有可能会接受这篇论文。报告此类研究结果的还有 Chase 和 Chase（1976）、Coursol 和 Wagner（1986）、Greenwald（1975）以及 John 等人（2012）的研究。这些调查中的问题的措辞是根据显著性与非显著性的结果来调整的。基本上，他们会衡量研究者、审稿人或编辑在以下情况的态度：①该研究仅检验了一个假设（一个罕见的事件）并且结果是显著的或不显著的；②多个假设被检验，要么是所有检验都不显著，要么是所有检验都显著（一个很罕见的事件）。据我们所知，关于发表偏差的研究还没有试图去评估统计显著性在现实研究世界中对于稿件接受决策的影响，比如有些检验是显著的，而另一些不显著。这类调查的证据价值有限，因此不足以说明发表偏差的程度。

第二种证据来自实证研究。Emerson 等人（2010）创建了两个基本相同的人为误差生物医学研究，但不同的是，其中一个主要假设的结果具有统计显著性，而另一个不显著。210 名医学期刊审稿人做出了评论。审稿人更倾向于建议发表具有统计显著性结果的版本（97% 与 80%）。需要指出的是，本研究的重点是审稿人的评估。Olsen 等人（2002）专门探讨了《美国医学会杂志》(JAMA）的编辑在三年半中做出的最终决定。他们发现，未报告具有统计显著性研究结果的研究发表的可能性会略低（19% 与 20%）。而且他们的结论是，至少对于 JAMA

的例子，发表偏差发生在研究者是否向期刊提交研究的决策上，而不是由编辑行为引起的。

支持发表偏差是一个严重问题的还有第三类证据，这类证据主要包括关于已发表文章统计显著性比率异常高的报告。例如，Sterling（1959）、Bozarth 和 Roberts（1972）分别发现 92% ～ 97% 的已发表文章报道了关于其主要假设的显著性结果。在 Sterling（1959）之后超过 35 年的后续研究中，Sterling、Rosenbaum 和 Weinkam（1995）发现他们检验的医学和实验心理学期刊的统计显著比率在 97% 左右。鉴于之前提到的证据（在第 1 章中讨论过），心理学研究中统计功效的平均水平约为 50%，这些百分比似乎表明存在大量的发表偏差。这些发现也可能解释了许多领域的研究中令人费解之处。Cohen（1962，1977，1988）曾在一系列重要的文章和书籍中表明，许多研究文献中统计功效较低（约 50%），并敦促研究者提高统计功效。然而，Sedlmeier 和 Gigerenzer（1989）以及 Maxwell（2004）的研究表明，研究者并没有因为 Cohen 的呼吁而努力增加统计功效。Cohen（1992）对于这次失败的原因表示困惑。其实，由低统计功效产生的问题很大可能是犯了第Ⅱ类错误，即未能检测到关系的存在。然而，在许多文献中，这种失败似乎很少见（即缺失）。这就产生了一种可能的解释，那就是研究者之所以不怎么关心他们研究中的低统计功效，是因为他们发现他们可以采用有问题的研究实践，利用抽样误差来避免大多数不显著的结果，以提高统计显著性的频率，并且伴随着比实际水平更高的统计功效。更可能的解释是，研究者可能根本没有认真去看在他们的研究中，或者在他们的整个研究领域中，被 Cohen 所预测的不显著性结果出现的高概率性，因而他们认为统计功效并不是一个真正的问题。在这种情况下，他们并不知道他们的研究实践利用了抽样误差，尽管统计能力较低，但却产生了很高的统计显著性。这种情况很可能是因为有大量证据表明研究者不了解抽样误差：无论是其大小还是其易被利用的概率（如第 1、2 和 9 章所述）。这也可以解释为什么 John 等人（2012）发现，会有一些研究者为那些利用抽样误差的可疑操作而辩论。

统计功效分析最近被发展为一种方法，用于检测同一作者或作者群在一系列研究中的发表偏差。近年来，一些期刊已经开始关注复现研究结果的必要性，因此他们开始要求在他们发表的每篇文章中进行多项研究（通常是实验），以确保研究结果可以得到复现，进而可以被认为是真实的。在这一系列统计独立研究中，不仅可以计算每个研究的统计功效，还可以计算一系列研究的平均统计功效。例如，若平均统计功效为 0.50，则 5 项研究均显示统计显著性的概率为（0.50）（0.50）（0.50）（0.50）（0.50）=0.03。如果所有 5 项研究都显示出统计显著性，那么这就是某种形式的发表偏差的证据，因为这种结果的统计概率非常小。如果这种结果在特定的文献中反复出现，那么情况就更加可疑了。这是一种与第 I 类误差无关的发表偏差方法，它是基于缺失的第 II 类误差（缺失的非显著性结果）而产生的。也就是说，考虑到研究检测这种关系的功效较低，应该会有相当多的检测失败（即非显著性结果）。但是这些非显著性结果却丢失了。该程序最初由 Ioannidis 和 Trikalilnos（2007）提出，用于生物医学研究，现在已被扩展用于 Francis（2012a，2012b，2013）和 Schimmack（2012）的心理学和社会科学研究中。Francis 和 Schimmack 的应用已经发现了在他们检验的所有复现研究中发表偏差的有力证据，典型地存在于实验室的实验研究中。这种方法尚未被引入元分析研究，用以检测发表偏差，但元分析研究可以借鉴它（如后面所述）。

顶级研究期刊可能比其他期刊更容易受到发表偏差的影响（Fiedler，2011）。因为这些顶级期刊的版面十分有限，因此它们力图支持那些具有新颖性和令人惊奇的发现并具有巨大影响的论文（Kepes，McDaniel，2013）。因此，这些研究也最易受发表偏差的影响，并且无法进行复现检验（Ioannidis，2005a，2005b）。它们也更可能产生第 I 类误差，特别是在典型的小样本实验中，这类错误更易出现。如前所述，至少在生物医学领域，顶级期刊的撤稿率要远高于低级期刊。

经济学中的发表偏差

Doucouliagos 和 Stanley（2011）检验了经济学中的研究文献，并得出结论认为，在被单一理论主导且该理论被广泛接受的领域中，存在着大量的发表偏差。在这种情况下，那些支持该理论的文章会被发表，但是与该理论相矛盾的研究很少发表，因此在文献中也没有出现。在有两种或两种以上相互竞争的理论做出不同且相反的预测的领域，几乎没有发表偏差的证据。作为单一理论主导影响的一个例子，Stanley、Jarrell 和 Doucouliagos（2010）以及 Doucouliagos 和 Stanley（2009）引用经济理论认为，最低工资的增加导致（低工资）工作的数量减少。大多数已发表的研究报告支持这一主导理论。然而，在调整了有利于此类研究的发表偏差（使用剪补法）后，结果表明，提高最低工资对就业其实没有什么影响。Ioannidis 和 Doucouliagos（2013）提出了更广泛的经济研究调查，并得出结论，认为有理由怀疑在很多实证经济学领域都存在这种发表偏差。

工业 – 组织心理学中的发表偏差

Campbell（1990）及其同事试图通过亲自访问许多研究者并检查他们的“文件抽屉”来评估工业 – 组织（I / O）心理学中的发表偏差，寻找未发表的那些不显著的研究。Campbell 等人报告说，他们找不到任何发表偏差的证据。在这本书的最后一版中，第一作者对发表偏差在 I/O 心理学中是否重要持怀疑态度，其依据是有证据表明，在测试效度的研究中缺乏发表偏差。在这一领域和其他 I/O 领域，普遍要求在已发表的研究中测试多个理论推导的假设，并且没有研究只测试一个假设。但是，随后他发现的一项 I/O 文献中，有个研究仅测试了一个假设：结构化就业面试的效度。进行这些研究的研究者可能通常倾向于对结构化面试持积极态度。无论如何，剪补法的应用（Duval，2005）表明了该文献中的发表偏差；明显缺失小样本且效度估计较低的研究。对这种明显的发表偏差的调整导致对面试效度的估计明显偏小（Oh，et al.，2013）。Banks、Kepes 和 McDaniel（2012），Kepes 等人（2012），Kepes 和 McDaniel（2013）提出了一个强有力的例子，即在 I/O 心理学期刊上发表的元分析往往没有包括有意义的检测发表偏差的尝试，这些文章没有证据表明发表偏差是这一心理学领域的问题，但是他们认为也没理由相信那些在其他领域催生发表偏差的刺激因素在 I/O 领域不存在。有鉴于此，他们敦促那些进行 I/O 元分析的人应用多种检测发表偏差的方法，并且他们会为读者详细阐述这些方法。

相比之下，Dalton、Aguinis、Dalton、Bosco 和 Pierce（2012）确实试图提供 I/O 研究文献中关于发表偏差问题的实证证据。这些作者只关注非实验（观察的）研究文章。在一系列关注相关性矩阵的研究中，他们发现在已发表和未发表的相关性矩阵中，非显著相关性的百分比大致相同（各约为 45%）。这一发现并不能令人放心，因为他们没有选择那些与这些研究中的测试假设相关联的相关性。不过，他们还检验了近 7 000 个相关性，用作 51 个已发表 I/O 元分析的输入要素，然后发现其中 44% 是不显著的，与上述已发表和未发表的均值非常接近。这表明 I/O 元分析所用的相关性可能没有受到发表偏差的影响。值得注意的是，这个研究忽略了所有实验研究（通常是小样本实验研究），正如我们之前所预见的，这些被忽视的研究却往往更容易受到可疑研究实践和发表偏差的影响。这些研究在 I/O 文献中只是少数，但是仍应予以考虑。Bedeian、Taylor 和 Miller（2010）对商学院管理系的研究者进行了一项有关可疑研究实践的调查，被调查的研究小组中包括一些 I/O 心理学家。受访者被问及他们是否了解过去一年中参与各种可疑研究实践的教师。研究结果表明，可疑的研究实践是相当普遍的。例如，91% 的人报告了其中一位研究者明明提前做了假设却报告出非预期结果的例子。他们观察到，研究人员隐瞒了与他们之前的研究相矛盾的数据。27% 的人报告了研究结果的捏造知识。这些都是发人深省的发现。最近，Kepes、Banks 和 Oh 的研究（在版中）检验了 4 个已发表的 I/O 元分析研究，并证实在 4 个元分析中有 3 个至少存在某种程度的发表偏差。然而，明显的发表偏差对最终元分析结果的影响通常很小，而且他们所采用的不同的检验发表偏差的方法有时也不同。Renkewitz、Fuchs 和 Fiedler（2011）在一些与 I/O 重叠的研究领域发现了发表偏差的证据，而 Banks、Kepes 和 Banks（2012）也在教育研究中发现了一些发表偏差的证据。

13.5 处理可用性偏差的方法

一些处理可用性偏差的方法可以发现或判断一些误差是否存在，但是并不能量化或调整这些误差的大小。而另外一些方法可以检测和衡量误差的大小并校正这些误差。不同的方法基于对产生可用性偏差过程的不同假设。研究者大都赞同采用多种方法去测量这些误差，并且应用这些方法所得到的结果应被视为敏感性分析。如果多种方法都表明不存在发表偏差或者来源偏差，研究者们便可以有很强的信心得出他们的元分析结果是无偏的。如果多种方法都表明存在来源偏差，元分析不应该“校正”这种偏差，而必须“调整”这种偏差的概率，并应报告原始结果和调整后的结果。

基于 *p* 值的抽屉分析

Rosenthal（1979）的抽屉分析估计了未定位研究的数量，这些研究产生平均（效应）为零的结果（如 $\bar{d}=0$ 或 $\bar{r}=0$）。这些结果会将研究的显著性水平调整到“恰当显著性”水平，也即是 p=0.05。所需的研究数量通常很大，以至于存在的可能性很小，从而支持了这样的结论，即研究结果作为一个整体，确实不太可能是由有偏的研究抽样产生的。应用抽屉分析的第一步是计算所有研究的总体显著性水平等级。这要求研究者首先根据每一个效应量的 p 值，采用普通正态曲线表（如表 13-2 所示）来转换成相应的 z 值。

表 13-2 *p* 值和 *z* 值转换的例子

研究	*p* 值	*z* 值
1	0.05	1.645
2	0.01	2.330
3	0.50	0.000
.	.	.
.	.	.

这一检验是单向检验（单尾），所以研究者必须确定假设差异的方向。例如，如果假设女性比男性拥有更高的感知速度，那么结果应该是男性在 0.05 水平（单尾）的 p 值，即 1.00−0.05=0.95，其 z 值为 −1.645。

当变量之间不相关时，和的方差就是方差之和。如果 z 值来源于 k 个独立的研究，那么每个研究的方差应该是 1.00，k 个研究的 zs 之和的方差为 k。由于 $\sum z_k=k$，$SD=\sqrt{k}$。z_c，即与全部研究的显著性水平相对应的 z 分数是：

$$z_c = \frac{\sum z_k}{\sqrt{k}} = \frac{k\bar{z}_k}{\sqrt{k}} = \sqrt{k}\bar{z}_k$$

例如，如果有 10 个研究（k=10），且 $\bar{z}_k$ =1.35，那么 z_c = $\sqrt{10}$ (1.35)=4.27，且达到十分显著的水平（p = 0.000 009 8）。

在文件抽屉分析中，研究者计算了将 z_c 降到 1.645（或 p = 0.05）所需的额外未定位研究的数量，即平均 z=0。将这些额外的研究数量记为 x。因为这些研究中 $\bar{z}$ =0，所以 $\sum z_{k+x}$ = $\sum z_k$。但是，因为研究的数量将会从 k 增加到 $k+x$，所以 $\sum z_{k+x}$ 的标准差是 $\sqrt{k+x}$。如果我们令 z_c =1.645，那么我们能从下述公式中计算出 x：

$$1.645 = \frac{k\bar{z}_k}{\sqrt{k+x}}$$

将式子变形，得到：

$$x = \frac{k}{2.706}[k(\bar{z}_k)^2 - 2.076] \tag{13-1}$$

这是临界总体显著性水平为 p = 0.05 时的文件抽屉公式。那么对本节最初的例子来说，k=10，$\bar{z}_k$ =1.35 时，我们可以得到：

$$x = \frac{10}{2.706}[10(1.35)^2 - 2.076] = 57$$

因此，必须有未定位的 57 个研究平均（效应）为零的结果，才能使这组研究组合概率水平达到 0.05。在这个例子中，初始研究有 100 个（k=100）而非 10 个，于是 x=6 635。这意味着需要超过 6 000 个研究来让组合的 p 值达到 0.05 的水平。在绝大多数研究领域，拥有超过 6 000 个“被丢失”的研究是不可想象的。

这种方法的一个重要问题是，它假设所有样本之间是同质性的（Hunter，Schmidt，2000：286-287）。也就是，其假定 s_ρ^2 =0（或 s_δ^2 =0）。这意味着它是一个固定效应模型且拥有一切我们在第 5 章和第 9 章中所讨论的固定效应元分析方法所有可能存在的问题。具体来讲，如果固定效应的假设不存在（事实上很少存在），那么用来组合 p 值所需要的缺失研究的数量将会比抽屉分析小很多（Iyengar，Greenhouse，1988）。这种方法有着一个十分讽刺的特征：发表偏差越大，这个方法便越认为没有发表偏差。这也就是说，极大的发表偏差会让组合 p 值变得十分小。这意味着需要很多的缺失研究来将显著水平降低到 p=0.05 水平，也即表明不存在发表偏差。对于 Rosenthal 的抽屉文件分析，Begg（1994：406），Iyengar 和 Greenhouse（1988：111-112）以及 Becker（2005）也提出了一些尖锐的批评，这种作为发表偏差的方法应该停止使用。因此，Rosenthal 的抽屉文件分析不再被广泛使用。

基于抽屉分析的效应量

Rosenthal（1979）的抽屉分析所存在的另一个问题是，即使表面价值（face value）可以接受，其所得出的结论依然很弱。组合研究的结果可能得到一个十分小的效应量，并同时表现出十分高的显著性水平。无论是一般的组合概率方法（见第 11 章）还是具体的抽屉分析都不能提供有关效应量的任何信息。知道有多少个缺失的研究可以将零结果降低到具体的特定水平将是十分有用的。下面给出了 Pearlman（1982）用于计算该数量的公式。之后，我们得知 Orwin（1983）已经独立地导出了同样的公式。这些公式不依赖于固定效应假设，实际上，它们代表了一种随机效应模型。

同样，如果 k 是研究的数量，那么：

$$\bar{d}_k=\frac{\sum d_k}{k}$$

我们想知道有多少“缺失”研究（x）才能将 $\bar{d}_k$ 降到 $\bar{d}_c$，也即对于均值 d（理论上或实际上显著时，最小的均值）的临界值。于是，新的研究总数将是 $k+x$。$\sum d_k$ 依旧没有变化，因为对所有的新的研究来讲，$\sum d=0$。因此，我们令 $\bar{d}_k=\bar{d}_c$，得到：

$$\bar{d}_c=\frac{\sum d_k}{k+x}$$

$$x=\frac{k\bar{d}_k}{\bar{d}_c}-k$$

$$x=k\left(\frac{\bar{d}_k}{\bar{d}_c}-1\right) \tag{13-2a}$$

相应的 $\bar{r}$ 为：

$$x=k\left(\frac{\bar{r}_k}{\bar{r}_c}-1\right) \tag{13-2b}$$

假如 $\bar{d}_k=1.00$，k=10，且 $\bar{d}_c=0.10$，那么

$$x=10\left(\frac{1.00}{0.10}-1\right)$$

$$x=90\text{（个研究）}$$

如果 k=100，其他参数保持不变，那么 x 将会是 900。事实上，元分析所拥有的研究数量远远小于采用这一标准所计算出来的个数。McNatt（2000）在一篇发表的元分析中提供了一个使用这种方法的例子。他发现需要 367 个缺失研究才能将效应量从他所观察的 $\bar{d}=1.13$（较大效应量）减少到 $\bar{d}=0.05$（较小的效应量）。与 Rosenthal 的抽屉分析类似，这一方法也存在一个比较讽刺的特征。发表偏差越大，平均的 d 值和平均的 r 值也将越大，这也意味着需要很多的缺失研究将均值降到一个较小的值，也代表着不存在发表偏差。

已发表研究和未发表研究的亚组分析

一个快速检验发表偏差本身（与其他形式的来源误差相反）是否存在的方法是将已发表和未发表的研究分开分析。针对已发表的元分析，一个较大的平均效应量意味着可能存在发表

偏差。但是这一结论必须结合其他相应的条件才可能具有参考意义。首先，测量误差和其他人为误差必须得到合适的校正。如果在未发表的研究中，测量的信度更低，那么当不存在发表偏差时，观察的（未校正的）平均效应量也会比较低。在未发表的研究中，范围限制的问题也可能更为严重，这也会造成发表偏差存在的假象。在得到正确的校正之后，两类平均效应量应该相等（也即是本章开头的例子）。因此，在比较已发表和未发表的研究时，首先进行适当的人为误差的校正是至关重要的。其次，不等比例的调节效应同样会引起发表偏差存在的假象。如果在已发表的研究中增加效应量的调节变量比在未发表的研究中更常见，平均效应量的差异可能不是发表偏差本身造成的。因此，已发表和未发表的研究应尽可能匹配可能影响研究结果的研究特征。如果在最初的分组中没有出现这种情况，可能需要进一步分组为更小的组。

漏斗图

Light 和 Pillemer（1984）介绍了一种简单的图形方法以判断是否存在发表偏差或其他可能的误差。这一方法的思路是假定不存在任何误差，那么大样本和小样本所得到的平均效应量应该是一样的，但在小样本中的变异会比较大，这是因为小样本有着更大的抽样误差。这种技术会画出效应量（d 值或相关性）和研究样本量（或者研究估计的标准误，也是样本量的倒数）。在没有偏差的情况下，最终的图形应该采用倒漏斗的形式，如图 13-1 所示。请注意，在图 13-1 中，无论研究样本量如何，平均效应量趋近相同。如果基于研究的统计显著性（p 值）存在发表偏差或其他可用性偏差，那么小样本的研究将会报告更小的效应量且分布不均匀。这是因为这些研究没有达到统计显著性。这些是漏斗图左下角的研究。图 13-2 显示了一个漏斗图，表明可用性偏差的存在。此外，图 13-2 中小样本的平均效应量大于大样本的平均效应量。

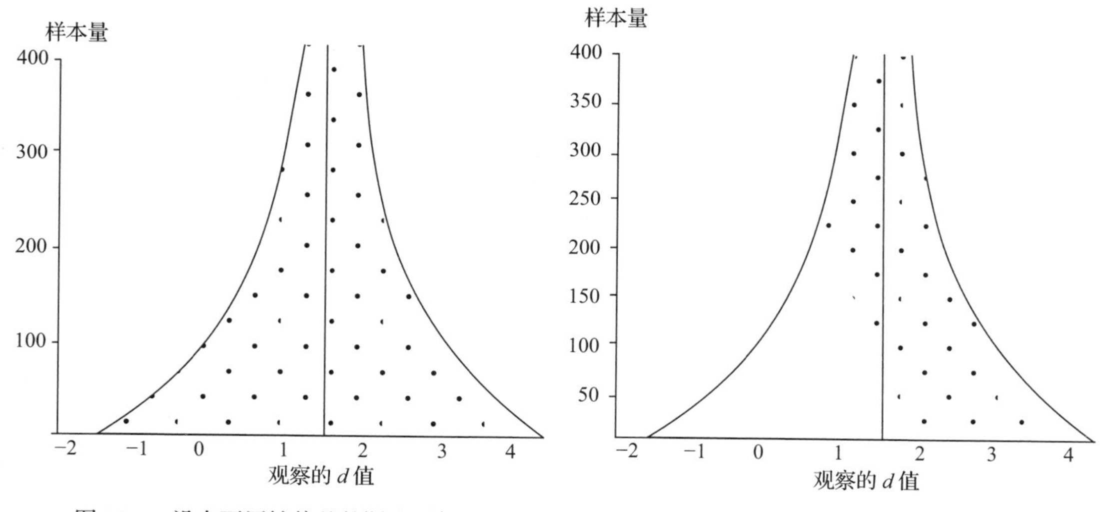

图 13-1　没有可用性偏差的漏斗图例子　　图 13-2　有可用性偏差的漏斗图例子

尽管漏斗图的逻辑是简单而直接的，但是它也存在一定的问题。如果所有不显著的研究由于发表或其他偏差而无法获取，误差的出现将会变得十分容易。但是，如果只是一部分缺失（20% ～ 60%），那么发现这种误差的难度非常大（Greenhouse，Lyengar，1994），尤其是在研究数量不是很多的时候（而这种情况也是最常见的）。缺失所有不显著的研究是一件很难发生的事情。显著性检验可以用来作为评估漏斗图的一种替代方式（Sterne，Egger，2005），但是这些检验依旧存在第 1 章中所讨论的显著性检验问题。具体来讲，就是这些检验缺乏一定的统计功效。因此，我们不推荐这种用法。

当漏斗图表现出可能的误差时，部分学者建议只基于那些大样本的研究来进行元分析（如 Begg，1994），这种方法所暗含的假设是所有或接近所有的研究样本都达到统计显著性（因此被发表），于是这些研究可以提供一个平均效应量的无偏估计。当平均效应量比较大且参数之间没有或有很少的差异时，这样做是可行的（上述两种情况共同促成了较大样本量研究中的高统计功效，有助于确保较大样本研究不会成为有偏的研究样本）。另一个重要的条件是，大样本研究的本身数量也应该比较大，如果样本参数之间存在异质性（通常如此），那么这可能失效。如果只存在很少的大样本研究，那么用来估计参数 ρ 和 δ（如 SD_ρ 和 SD_δ）的数据点将很少。Stanley 等人（2010）提出了仅依赖于大样本研究的极端建议。他们建议，为了避免发表偏差，应该在元分析中只包括样本量最大的 10% 的研究。在大多数情况下，这将是太少的研究，无法准确估计 SD_ρ 和 SD_δ。此外，估计的均值也可能不准确，这是因为小样本会有着无法代替整体抽样中原始值的风险。

值得注意的是，图 13-2 中的误差比实际的元分析中所存在的误差要大，这是因为小样本的研究会在整体的元分析中占据很小的权重。这也是本书中所呈现的随机效应模型的例子。但是，正如第 9 章所讨论的那样，这与 Hedges-Olkin 的随机效应模型中的权重是不同的。为了比较样本量的总体，他们给小样本的研究增加了相对权重。正如我们下面所要讨论的，这种方法对于那些采用 Hedges-Olkin 随机效应元分析模型的人如何应用剪补法有影响。

Palmer、Peters、Sutton 和 Moreno（2008）建议通过添加具有统计显著性的等高线来“增强”漏斗图，用来帮助解释漏斗图。等高线一侧的效应量和样本量的组合在 0.05 水平（至少）总是具有统计显著性；在线的另一侧的效应量和样本量的所有组合将是不显著的。如果研究在不能产生统计显著性的区域缺失，则表明不对称性产生于发表偏差。若研究在具有统计显著性的区域缺失，则其不对称的原因不大可能是发表偏差。这种方法假设缺乏统计显著性是产生发表偏差的唯一原因，事实可能并非如此。该过程使漏斗图的解释更容易，但是它不是必需的。这个方法还可以跟剪补法一起使用，我们将在下面进行讨论。

剪补法

Duval 和 Tweedie（2000）以及 Duval（2005）指出，一些解决发表偏差的方法比较复杂，难以理解，并且尤其依赖计算机运行，因此很少被使用。他们提出了一种相对简单的非参数方法，该方法基于 Wilcoxon 分布的性质并使用漏斗图。在该方法中，首先基于所有研究计算平均效应量。接下来，通常（但不总是）在漏斗图的右下角剪补导致漏斗图不对称的研究，然后根据剩余的研究计算平均效应量。再然后，估计缺失研究的数量，假设来自漏斗图的左下角。该方法提出了缺失研究数量的三种不同的非参数估计，所有这些估计都提供了类似的估计。基于缺失研究数量的估计，这种方法可以提供在不存在误差的情况下对 $\bar{\rho}$ 和 $\bar{\delta}$ 的估计。首先可以根据漏斗图右边的研究来复制到左边缺失的地方，然后根据这些模拟的研究计算 $\bar{\rho}$ 和 $\bar{\delta}$。例如，在图 13-2 中可以看到图形的左下角缺失了一些小样本研究。在图 13-1 中，这些缺失的研究根据图形右边的样子进行了复制。这种方法可以用来调整发表偏差的效应量，但其并不是一种可以检测发表偏差的方法。该方法假定判断误差是否存在必须依靠漏斗图或其他方法。Duval 和 Tweedie（2000）以及 Duval（2005）推荐将这种方法用于敏感性分析。如果没有剪补的均值估计和调整后的均值估计之间的差异非常小或者为 0，那么发表偏差便不存在（理想情况下，剪补后的估计和调整后的估计应该在数值上十分接近）。

该方法是在假设所有研究都估计相同参数（即固定效应假设）的情况下得出的。这种方法的一个问题是，当研究不同时，它能否很好地运行。如果 SD_ρ 和 SD_δ 非零但很小，该方法似乎运行良好。如果这些 *SDs* 较大，但是分布是正态的或形状对称的，该方法仍很有效（Peters 等，2010）。然而，如果存在很大的异质性和较大的调节效应，该方法表明可能不存在发表偏差（Duval，2005；Peters 等，2010；Terrin，Schmid，Lau，Olkin，2002）。这方面的一个例子是在研究数量不相等的两个调节变量的类别中大的二元调节变量。另一个例子是具有不相等模式的双峰分布的连续调节变量。在这种情况下，研究必须在调节变量上被分成相对更同质性的组，然后将剪补分析应用到这些亚组。这可能导致只有少量研究的亚组，使得剪补法的应用存在问题。更一般地说，任何与研究结果和研究样本量相关的因素都有可能扭曲漏斗图的外观并破坏其对称性。剪补法检测并调整漏斗图的不对称性，而不管这种不对称性的原因是什么。

当研究中存在异质性时（通常），研究权重的问题对剪补法来说很重要。正如第 5 章和第 9 章所讨论的，当研究是异质性时，应该使用随机效应元分析模型。如第 9 章所述，与本书介绍的方法中使用的样本量加权相比，Hedges-Olkin 回归模型中使用的研究权重给予小样本研究相对更多的权重。Hedges-Olkin 方法导致研究抽样误差，因此研究权重很少不相等。大样本量研究比小样本量研究增加更大的标准误百分比。小型研究的权重增加扭曲了剪补法的结果（Duval，2005；Sutton，2005；Terrin 等，2002）。因此，大多数使用 Hedges-Olkin 方法的研究者在应用剪补法时使用他们的固定效应模型研究权重，而使用 Hedges-Olkin 随机效应模型进行他们的主要元分析。这种不一致导致一个问题：如果 Hedges-Olkin 在剪补法中对小样本量研究给予了太多的权重（Sutton，2005），他们在总体元分析中是否也给予了这些研究太多的权重？本书中介绍的方法都是可重复使用的方法，但在使用剪补法时，不会遇到这种研究权重不一致的情况。

Duval 和 Tweedie（2000）的一些例子表明，他们的方法得出的结果十分接近更复杂的方法。具体来讲，他们的方法和其他更为复杂的方法都表明，针对发表偏差做出调整后，二手烟（环境中有烟）有害的证据便不复存在 [见 Cordray 和 Morphy（2009）对二手烟领域元分析的详细评论]。Duval（2005）也展示了一些额外的例子来说明剪补法的应用。相比于元分析中其他调整误差的方法，这种方法比较简单。与其他方法类似，如果没有适当地对测量误差和其他人为误差进行校正，那么采用该方法依然会得到错误的结果和结论。很多应用剪补法的文献并没有包含这些校正，因此它们的准确性也值得商榷。正如第 3 章所述，这些校正可能增加 *r* 和 *d* 值的标准误，这些调整后的值应该用于漏斗图的纵坐标上。

累计元分析

对旨在检测发表偏差的累计元分析方法来讲，研究应该按照样本量来排序（或者按照它们的标准误的倒数排序，本质上是相同的）。从样本量最大的研究开始，顺次加入每项研究到元分析中。平均效应量的序列将会揭示是否存在发表偏差。如果存在发表偏差，那么增加小样本后，平均效应量会呈上升趋势（Borenstein 等，2009；McDaniel，1990）。序列元分析通常以移动森林图的形式呈现，使用者能够轻松地将仅基于大样本研究的效应量与基于所有研究的效应量进行比较。这种方法的潜在假设是（Borenstein 等，2009，第 30 章）：如果存在发表偏差，那么其应该集中于小样本的研究上，这种假设与漏斗图和剪补法的假设一样。如果包含所有研究的平均效应量比只包含大样本研究的平均效应量要大，那么发表偏差可能存在。一个针对该误差的解决办法便是剔除那些小样本的研究来进行分析（与此同时，报告包含所有小样本研究产生的结果）。本书附件中所提到的元分析程序便可以应用这种方法来处理发表偏差。与其他应用该方法的程序不同，这个程序会自动校正每个序列元分析中的测量误差和范围限制（如果存在）。

与剪补法类似，该方法也存在不同研究权重会不一致的问题。正如第 5 章和第 9 章所讨论的，随机效应模型是最适合元分析的模型。在 Hedges-Olkin 方法中针对随机效应模型，小样本会被赋予更多的权重。在累计元分析中，Hedges-Olkin 随机效应模型和研究权重更有可能产生一个认为发表偏差可能存在的错误结论，这是因为随机效应模型对于小样本给予更大的权重（Sutton，2005）。最终，许多 Hedges-Olkin 方法的使用者用他们的固定效应模型来进行累计元分析时的权重分配以检验发表偏差，并用随机效应模型作为他们元分析最终结果的基础。这种不一致不会出现在本书的随机效应模型中。

相关性和基于回归的方法

Begg 和 Mazumdar（1994）认为，小样本研究只有在拥有较大的相关性或者 d 值时候（小样本达到统计显著性的需要）才可能发表，而大样本研究无论它们的 r 和 d 值的大小如何都更容易发表（因为它们的结果总是具有统计显著性）。这也是漏斗图的一个潜在假设，图 13-2 说明了这一假设下的预期结果：缺失的研究是那些同时具有小样本量和小的 d 值研究。因此，他们提出了一个简单的测试发表偏差的方法：根据 d（或 r）值和它们标准误的相关性进行排序（Pearson 相关性也可以接受）。如果不存在发表偏差，那么相关性应该为 0。正相关则代表存在发表偏差。该方法可被视为量化漏斗图结果的一种方式，以替代漏斗图的主观解释。McDaniel 和 Nguyen（2002）提供了这种方法的例子。在本章的开头（在“多重假设以及发表偏差的其他考虑”部分），我们也提供了一个应用该方法的例子。Schmidt、Oh 和 Hayes（2009）检验了 5 个已经发表的元分析，其中每个都报告了 13 ～ 14 个独立的元分析。他们发现这 5 个元分析中，认知能力的性别差异平均相关性是 0，这表明存在发表偏差。此外，这 5 个相关性之间的方差被视为抽样误差所引起的，表明这 5 个元分析中的任何一个元分析都不存在发表偏差。

Egger、Smith、Schneider 和 Minder（1997）以及 Sterne 和 Egger（2005）提出了一个类似的方法，虽然该方法理解起来更为困难。在该方法中，精度（研究中标准误的倒数）被用于回归公式来预测所谓的标准化效应——r 或 d 值除以标准误。如果不存在任何发表偏差，该回归线的截距应该为 0（即直线会经过原点）。截距是效应量对其标准误的斜率。斜率为正则代表着小样本拥有更大的效应量，表明存在发表偏差。对大多数研究者来说，这种方法没有 Begg 和 Mazumbar（1994）的方法那么直接。虽然这些方法的低统计功效被很多人诟病，但是其他检测发表偏差的方法同样存在这样的问题。正如我们在本书（尤其是第 1 章）所讨论的，研究者依赖于显著性检验常常会适得其反。另外一个针对这两种方法的批评是：①它们只检验了误差是否存在，但是不能报告误差的大小；②与剪补法和累计元分析方法不同，它们不能提供在没有发表偏差的情况下对元分析结果的估计，也即是它们无法调整误差。

统计功效方法和 p-*hacking* 方法

正如本章前面（见“发表偏差的证据”这一部分）所讨论的那样，每个研究组合或者亚组中统计显著性的频率可能与这些研究的统计功效并不一致。例如，如果一组研究的统计功效是 0.05，那么我们则期望这些研究中的一半会报告出显著性的结果，而另外一半报告出不显著的结果。如果这些研究中的 90% 或者 100% 都报告出显著性的结果，那么表明存在很大的发表偏差：应该有第 II 类误差在这组研究中丢失了。也即是，由于较低的统计功效，应该出现更多的统计上不显著的结果。正如先前所述，这种方法是 Ioannidis 和 Trikalilnos（2007）在生物医学领域的应用，随后被 Francis（2012a，2012b，2013）和 Schimmack（2012）引入心理学研究中。截至本文撰写之时，该方法只被应用于一个作者或一群作者的多个研究中，这些研究大多包含 5 ～ 10 个子研究。这种方法尚未被用于检验元分析的发表偏差，但是这可能成为该问题的一个重要应用。这种方法与其他方法不同，它不需要包含元分析中的所有研究样本，只需要包含一些小样本（低统计功效）的研究。元分析将首先被应用于大样本的研究，以创建一个平均效应量的无偏估计。统计功效分析仅用于那些可能受发表偏差影响的小样本量研究。如果平均效应量是根据小样本量研究计算而来，那么这是一个宽松的发表偏差检验。由于这些效应量存在向上的偏差，从而降低大量显著性结果的概率。如果对每个小样本量研究的效应量分别进行估计，那么用来计算统计功效也与此类似。这一方法的应用十分直接，Francis（2012a，2012b，2013）和 Schimmack（2012）给出了具体的分析步骤。鉴于研究中占主导地位的统计功效，在这些研究中发现具有低统计概率显著性的频率表明存在发表偏差。这种方法只能用于检测误差是否存在，不能调整任何误差。发表偏差的结果会导致有偏研究的元分析被剔除在外。这种方法回答了以下问题：那些小样本（不精确的）研究应该纳入元分析之中吗？

选择模型

选择模型是基于初始研究的 p 值来确定的，即它们假定发表的概率（通过一些权重函数）取决于研究的 p 值。例如，选择模型认为 p=0.01 的研究发表的可能性是 0.50，而一个 p 值为 0.001 的研究发表的可能性是 0.95。该方法并没有考虑其他研究属性影响发表的可能性（如报告的效应量、研究的方法质量、作者的声誉等）。这让该方法看起来有些不切实际（Duval，Tweedie，2000）。另外一个潜在批评则是，这种方法似乎都假定每个研究只有一个假设（或者一个主要的假设），因此只需要考虑一个相关的 p 值。所以，这些方法在对几个假设进行检验的研究中的适用性可能是有问题的，这些研究产生了几个显著性检验和 p 值。正如前文所述，现有研究中存在多个假设是十分常见的事情。除这些广泛的假定问题之外，这些方法还依赖于一系列的统计假设，而这些假设通常与现实的数据也不大匹配（见 Hedges，1992b）。但是，这些假设对于所有的发表偏差方法是十分常见的。研究样本中的异质性会让剪补法和其他方法变得有问题。选择模型对于研究异质性的影响则十分小（Duval，2005；Vevea，Woods，2005）。此外，近些年来，该方法也得到了持续的改进。

毋庸置疑，由于发表偏差可能严重扭曲研究综述（包括元分析）的结论，这些方法已受到相当大的关注，但是迄今为止尚未得到广泛应用。最近有可能对这些方法进行了改进（Hedges，Vevea，2005；Vevea，Woods，2005），将使这些方法在未来的元分析中变得更加重要。早期版本的选择模型要求基于 p 值的选择函数是根据眼前的一组研究进行经验估计。而只有当研究数量很大时，这些估算程序才令人满意。更新版本的选择模型则不需要这种估计程序。这些方法随着时间的推移而发展，在下文中，我们将按其出现的近似时间顺序来介绍这些方法。由于这些方法具有较高的技术性，并且由于版面的限制，我们仅提供关于这些方法的概述和总结。

Hedges-Olkin（1985）的原始方法

Hedges（1984），Hedges 和 Olkin（1985）起初提出的方法是基于这样一个假设：所有显著性研究都发表了（无论显著性的方向如何），并且不显著性的研究都没有发表。也就是说，他们从最简单的"加权函数"开始：所有显著性的研究都加权为 1，所有非显著性研究加权为 0。后来的方法则使用了更复杂且更不现实的假设和加权函数。

如果在给定的研究文献中，只有已发表的研究是可用的，并且只有报告了显著性结果的研究发表了，那么，若零假设是正确的，则在已发表的文献中，统计上显著性的正和负的 d 值或 r 值的数量将大致相等，并且将会有：$\bar{d}$ 和 $\bar{r}$ 值平均为零。且基于二者的估计，发表偏差也不会对二者的估计值产生影响（尽管 S_ρ^2 和 S_δ^2 的估计将向上偏差）。然而，若零假设是假的（如 $\bar{\delta}>0$），则从这些研究计算出的平均效应量将不等于其真值，而是向上偏差。这种偏差的大小取决于潜在的 δ 和研究样本量。

基于最大似然法，Hedges 和 Olkin（1985）估计并列出了不同研究样本量和 g^* 值的 δ 估计值，其中 g^* 是一组研究中 d 的观察值，所有不显著的 d 值均被剔除（被设限）。在这组去掉不显著 d 值的研究中，每个 d 值其实都有一定的偏差。利用 Hedges 和 Olkin 的方法可以将这些有偏差的 d 值（符号 g^*）转换为大致无偏估计的 δ（见表 2: 293-294）。例如，若 $N_E = N_C = 20$ 且 $g^* = 0.90$，则此表显示 $\delta(\hat{\delta})$ 的最大似然估计是 0.631。可以对该组研究中的每个 g^* 值进行从 g^* 到 $\hat{\delta}$ 的转换。该表是基于 $N_E = N_C$ 的假设，但是 Hedges 和 Olkin（p.292）指出，当实验组和对照组样本量不相等时，可以将两者的均值放进表中，这样做准确性损失会很小。一旦对所有观察的 d 值进行校正，以避免因仅报告显著性结果而导致偏差，Hedges 和 Olkin 建议，结果值 $\hat{\delta}$ 应根据研究样本量进行加权，并取均值以估计（几乎）无偏的平均效应量（$\bar{\delta}$）。因此，即使只有报告显著性效应量的研究可用于分析，也有可能获得平均效应量的无偏估计。需要注意的是，此估计值（$\bar{\delta}$）将远远小于观察的平均效应量 $\bar{g}^*$。该方法的公式是基于这样的假设：总体效应量 δ 不随研究而变化（即它是固定效应模型）。若 δ 在不同的研究中变化很大，则该方法仅能得出平均效应量的近似估计（$\bar{\delta}$）。

这些 $\hat{\delta}$ 值的抽样误差方差远大于第 7 章公式中给出的普通 d 值的抽样误差方差。除非实际 δ 小于 0.25 或样本量和 δ 都比较"大"（例如，$N_E = N_C = 50$ 且 $\delta= 1.50$），否则都是正确的。对于元分析中出现的大多数数据集，第 7 章中的抽样误差方差公式会低估实际抽样误差方差约 1/3 ～ 1/2。因此，得到的 SD_δ 估计值会特别大。然而，如前所述，估计值 $\bar{\delta}$ 应该是近似无偏的。

通常，对研究的审查体系并不完整。在显著性的研究中，也会发现一些并不显著的研究。

在这种情况下，Hedges 和 Olkin（1985）建议去掉不显著的研究，然后使用上述方法进行处理。然而，随后开发的方法考虑到了少于总发表偏差的情况。也就是说，它们允许发表一些并不显著的研究，而显著性的研究也未必一定能得到发表。这一实践就剔除了从分析中剔除不显著性研究的需要。

Iyengar-Greenhouse（1988）的方法

Iyengar 和 Greenhouse（1988）扩展了 Hedges-Olkin 的原始方法，允许非显著性研究发表的可能性。他们保留了所有发表的显著性研究的假设，而不考虑显著性的方向如何（即他们的选择模型是双尾的，就像 Hedges-Olkin 模型）。尽管可以给包括不同 p 值的非显著性研究确定不同的发表概率，但是他们的方法假设所有非显著性研究具有相同的非零发表概率。与 Hedges-Olkin 方法类似，该方法使用最大似然（ML）方法来估计在没有发表偏差的情况下可以观察的 $\bar{\rho}$ 或 $\bar{\delta}$ 估计值。可以进行敏感性分析，以确定不同 p 值的不同权重对最终 $\bar{\rho}$ 或 $\bar{\delta}$ 估计值的影响的大小。虽然这个方法比 Hedges-Olkin 的原始方法更现实，但是它和其他方法一样，是一种固定效应模型，因此很少适用于真实数据（正如同一期杂志中几位审稿人所指出的）。此外，在很多情况下，假设双尾发表偏差可能是不现实的。

Copas 选择模型

迄今为止，选择模型都假设发表偏差仅取决于研究的 p 值。Copas（1999；Copas，Shi，2001）的选择模型假设发表偏差是由研究效应量及其标准误驱动的，在这个意义上可能更符合实际。该选择模型有点类似于 Iygenar-Greenhouse 模型和早期的 Hedges-Olkin 模型（Hedges，1984），因为选择函数必须根据眼前的研究进行经验估计。在这个模型中，评估过程比之前讨论的更成问题，尤其是在研究数量较少的情况下。最大似然法通常不会收敛到一个解。Schwarzer、Carpenter 和 Rucker（2010）对 Copas 选择模型进行了清晰的描述。

Hedges 及其同事进一步的工作

Hedges（1992b）将 Iyengar-Greenhouse 的方法推广到包括反映发表概率的研究权重，这些权重基于研究者如何看待 p 值的研究结果。例如，研究者往往认为 0.05 和 0.04 的 p 值之间差异不大，但是认为 0.06 和 0.05 之间的差异非常大。Hedges 使用此信息创建基于 p 值的研究权重的离散阶梯函数。然后再次使用最大似然方法，迭代这些原始权重估计值以改进估计效果，然后使用改进的权重估计值得出在没有发表偏差情况下可以观察的 $\bar{\rho}$ 和 $\bar{\delta}$ 的估计值。这种估计程序似乎只有在研究数量很大时才有效（Hedges，2005）。这是一个随机效应模型，所以 S_ρ^2 和 S_δ^2 的估计值也会生成。根据这些估计值，该方法便可以在没有发表偏差的情况下估计 p 值的分布。然后，可以将该分布与观察的一系列研究中的 p 值分布进行比较。其差异则表明发表偏差的存在。这一方法除可以用于估算研究权重之外，其在随机效应模型中也更为现实。但是，它仍是基于 p 值双尾选择这一假设。

在 Hedges（1992b）和 Vevea 等人（1993）的研究中，该方法已应用于美国劳工部一般能力倾向测验（GATB）的效度研究的 755 个研究数据库。虽然这两个应用程序在细节上略有不同，但两者都表明该数据集中基本没有可用性偏差。这正是测试多个假设时的预期结果。每项 GATB 研究都估计了一组 12 种不同测试的效度，并估算了这 12 种测试的不同组合所测量的 9 种不同能力的效度。几乎没有研究只报告了部分结果。在这些条件下，基于 p 值的可用性偏差极不可能存在。所有 21 个显著性检验都不显著的概率越来越小，所有都显著性的概率也越来越小。几乎所有的研究都必须有显著性和非显著性结果的组合，即使有人故意想要产生这样的偏差，也将使可用性偏差的实现变得困难。因此，我们不期望在这样的文献中看到可用性偏差，这正是 Hedges 偏差检测和校正方法的结论。

Vevea 和 Hedges（1995）进一步完善了前面的方法。他们认识到双尾发表偏差的假设在大多数情况下可能是不现实的，因此，他们修改了方法，只假设单尾发表偏差。然而，主要的改进是提供了可能与研究效应量（因此与研究 p 值）相关的调节变量。例如，一种类型的心理治疗可能特别有效（大效应量），同时通常用小样本量进行研究。这种情况就需要一个运用加权最小二乘法的随机效应模型从研究特征（被编码的调节）方面预测研究结果，以（实际上）部分剔除调节变量对 $\bar{\rho}$ 和 S_ρ^2（或 $\bar{\delta}$ 和 S_δ^2）的偏差校正估计值的影响。也就是说，该方法允许人们对发表偏差和由调节变量对研究结果带来的影响进行区分。Vevea 和 Hedges（1995）通过将其应用于 Glass 的心理治疗研究的亚组来具体说明这种方法。两个调节变量分别是治疗类型（行为与脱敏）和恐惧症的类型（简单与复杂）。即使在控制这些调节变量之后，他们的研究依然检测到发表偏差；偏差校正估计值比原始未校正估计值要小 15% ～ 25%。在这些研究中检测到可用性偏差，而在 GATB 研究中没有检测到可用性偏差，可能是因为大多数心理治疗研究侧重于单个假设（或单个重要假设），而 GATB 研究则侧重多个假设。虽然偏差校正后的平均效应量更小，但是其值仍很大，范围从 0.48 波动到 0.76。

在此分析中，在对 d 的均值进行发表偏差校正后，如果对其再进行测量误差校正，则可以将其值提高到比原始平均观察的 d 值（未校正发表偏差）更高的水平。因此，作为心理治疗实际效应的估计，原始报告值可能相当准确，并且可能比 Vevea 和 Hedges（1995）的偏差校正值更加准确。Vevea 和 Hedges（1995）的方法与解决发表偏差的大多数其他方法一样，没有认识到测量误差作为偏差产生人为误差的重要性。

尽管上述程序似乎剔除了发表偏差的影响，但是代价是平均估计的标准误（*SE*）的增加。在这个应用中，d 的均值的平均标准误增加了一倍以上，从 0.07 增加到 0.15。这与我们在测量误差和范围限制校正所看到的情况类似：校正剔除了偏差，但是增加了均值估计的不确定性。

到目前为止，所有选择模型的主要缺陷是，必须根据眼前的一组研究凭经验估计权重函数。除非研究数量很大，否则这些估计值就不是很准确。最近，Hedges 及其同事提出了一种规避这一问题的方法，这使得将选择模型应用于少量研究的元分析成为可能（Hedges，Vevea，2005；Vevea，Woods，2005）。在这个较新的方法中，研究者预设了一些关于研究 p 值的貌似可信的权重函数（即可能的发表偏差模式），从而剔除了凭经验估计模式的需要。对使用不同权重函数获得的最终效应量估值进行比较则提供了灵敏度分析的结果。如果所有或几乎所有预设权重函数都表明没有发表偏差，那么研究者就有充分的理由证明他的元分析结果的准确性。Vevea 和 Woods（2005）提供了几个具有这种结果的应用实例。如果某些权重模式表明有发表偏差，研究者可以报告在所有选择模型（包括非选择模型）下产生的结果。与先前的选择模型一样，这种修改的方法允许分离出调节变量的效应。如前所述，曾有人批判选择模型计算复杂且难以应用。那么现在这可能不再是一个有效的批评：Vevea 和 Woods（2005）提供了应用此方法的在线软件的链接。鉴于这些发展，很可能选择模型，或至少这种最新的选择模型将会变得更加重要，并且被更广泛地使用。

13.6 人为误差研究和发表偏差分析

这里要再次提醒读者，本章讨论的所有发表偏差方法产生的结果都是由于在应用这些方法之前未能校正测量误差和其他人为误差偏差而失真的。例如，在对已发表和未发表的研究进行分组时，未发表的研究中较低的测量信度将导致观察的效应量小于已发表的研究，从而产生错误的假象，使人们认为已发表的研究提供了对效应量向上的偏差估计。而事实上在未发表和已发表的研究中，效应量的真实幅度是相同的。在应用剪补和漏斗图方法时，使用者应首先校正由测量误差和其他人为误差影响的相关性或 d 值，并在应用这些方法之前适当地向上调整每个研究的标准误以进行校正（如第 3 章中所述）。若在纵轴上使用样本量而不是标准误，则应使用调整后的样本量，如第 4 章中的式（4-3）所述。应用累积元分析时，对测量误差（和范围限制，如果适用的话）进行的适当校正应该被应用于每个连续的元分析中，不然结果可能会失真。例如，如果小样本研究中的测量结果更加可靠但是没有进行测量误差校正，那么就会产生发表偏差存在的假象。这是因为，在小样本研究中观察的（未校正的）效应量平均水平更高，这将会被人们错误地解释为发表偏差。当然，同样的原则适用于调节分析。关于结构化和非结构化就业面试效度的文献提供了一个很好的例子。在对系数进行适当的范围限制校正之前，观察的结构化面试效度远远大于非结构化面试效度。经过适当的范围限制校正后，这种差异消失了（Oh，et al.，2013）。未能考虑到研究中人为误差对研究结果的失真效应，这是关于发表偏差文献中的一个严重缺陷。

13.7 发表偏差分析软件

第 11 章讨论了进行元分析的软件。那里讨论的大多数程序包都包括评估发表偏差的程序。这些程序包括综合元分析（CMA）、Meta–Win、Stata 和 RevMan。Borenstein（2005）提供了与发表偏差分析相关的这些程序的综述。总的来说，CMA 程序包提供了最多的方法，并且使用起来最方便。但是，正如第 11 章所述，它也是最昂贵的。心理测量元分析的程序包（见附录）包括累积元分析方法。这个程序与其他程序不同，它包含了累积元分析中对测量误差（和范围变异，如果存在）的校正。

13.8 防止发表偏差的尝试

在生物医学领域，发表偏差所带来的潜在问题被认为是非常严重的，以至于针对研究注册的运动正在蓬勃兴起，这种趋势现在越来越被医学期刊和一些联邦资助机构所要求（Krakovsky，2004）。根据这一程序，研究者必须在开始研究之前在公共数据库中注册（并描述）他们的研究。这一要求背后的假设是，如果后来进行的研究得出那些不好的（不显著的）结果并未出现在文献中，则该系统可以检测并揭示其发表偏差。当然，他们假设该程序可以减少医学研究中的发表偏差。然而，到目前为止，这种方法只取得了部分成功（Berlin，Ghersi，2005）。Dickersin（1994）曾对研究注册这一要求进行了很好的讨论。该要求主要应用于由联邦政府资助的大型样本的生物医学随机临床试验中。目前，它似乎不太可能用于行为科学和社会科学研究。最近有一个重要的发展，是一些大型制药公司同意发布所有药物试验的详细信息和数据（Thomas，2013）。以前，它们只是发布这些试验的部分信息。建议的另一个程序是两阶段审查。根据这一程序，期刊审稿人和编辑将首先仅根据引言和方法部分对研究进行评价和评级，他们此时无法看到结果。之后，他们会看到整篇论文并做出最终评估。据了解，这一程序将减少审稿人和编辑在做接受决定时过分强调正的、统计显著性的结果的倾向。虽然这个程序已经被提议用于心理学和社会科学期刊，但是据我们所知，它尚未被任何期刊编辑采用。总的来说，我们的印象是，除一般的教育努力之外，防止发表偏差方法的建议很难或不可能实施。

13.9 校正可用性偏差方法的总结

Kepes 等人（2012）提供了本章讨论的大多数方法的清晰描述，以及其中大多数方法的例子应用。如本章开头所述，可用性偏差的处理是元分析中最困难，也是最复杂的领域之一。通常很难确定这种偏见是否存在于一系列研究中，如果存在，许多检测和调整这种偏差的方法既复杂又不容易使用（Sutton，2009）。此外，许多假设所依据的一些前提可能是有问题的。然而，鉴于这个问题的重要性，无疑将继续受到关注。有证据表明，在元分析中使用的一些文献中，可用性偏差可能相对不重要，而在其他文献中则相当重要。关于检测发表偏差或来源偏差方法的选择，我们的判断是，尽管人们建议用两种或两种以上的方法来检测，但累积元分析方法和剪补法是两个提供最多信息的很有用的方法。本书附带的元分析程序（见附录）包括累积元分析方法的程序，该程序考虑了测量误差（以及范围变异，如果存在）。这两种方法不仅可以检测发表偏差，还可以量化并调整这种偏差（如果有的话）。然而，鉴于使用多种方法进行三角测量的潜在价值，使用超出这两种方法的方法去检测可能也是有用的。最近改进的选择方法（Hedges，Vevea，2005；Vevea，Wood，2005）也将是一个不错的选择。研究者可以提出一个强有力的理由，证明他的元分析结果是准确的和无偏的。但是，如果所有或大多数方法都表明存在发表偏差，那么研究者就需要对偏差进行调整了。

第 14 章
CHAPTER 14

心理测量元分析总结

14.1 元分析方法、数据理论和知识理论

每一种元分析方法都必须建立在数据理论的基础之上。正是这种理论（或对数据的理解）决定了产生的元分析方法的性质。完整的数据理论包括对抽样误差、测量误差、有偏抽样（范围限制和范围增强）、二分法及其效应、数据误差以及我们在研究中看到的扭曲原始数据结果的其他因素的理解。一旦对这些因素如何影响数据有了理论上的理解，就有可能开发出校正其效应的方法。这样做的必要性在 Schmidt、Le 和 Oh（2009）的书中都有详细介绍。在心理测量学中，第一个过程：这些因素（人为误差）影响数据的过程，被建模为衰减模型。第二个过程：校正这些人为误差引起的偏差的过程，被称为去衰减模型。如果作为元分析方法基础的数据理论不完整，那么该方法将无法校正部分或所有人为误差，并因此产生有偏的结果。例如，数据理论不能识别测量误差，将导致元分析方法不能校正测量误差。这样的方法必然会产生有偏的元分析结果。事实上，正如第 11 章所指出的，目前大多数元分析方法都不能校正测量误差。但在研究方法论中，重点始终是提高准确性，因此，不能校正扭曲实证结果的人为误差的元分析方法将不得不纳入这些校正。这在某种程度上已经发生了，因为这些方法的一些使用者已经将这些校正“添加”(appended) 到这些方法中（如：Aguinis，et al.，2008；Hall，Brannick，2002）。数据理论也是知识理论或认识论的一部分。认识论关注的是我们获得正确知识的途径。在实证研究中，有效认识论的一个要求是对扭曲实证数据的人为误差进行适当的校正。

在元分析必须处理的统计和测量的人为误差中，抽样误差和测量误差具有独特的地位：它们总是存在于所有真实数据中（Schmidt，2010）。其他人为误差，如范围限制、连续变量的人为二分法或数据转录误差，可能在接受元分析的特定研究组中不存在。然而，抽样误差总是存在的，因为样本量从来就不是无限的。同样，测量误差也总是存在，因为没有完全可靠的测量方法。事实上，正是同时处理抽样误差和测量误差的要求，使得即使相对简单的心理测量元分析对许多人来说也显得复杂。我们大多数人习惯于分别处理这两种类型的误差。例如，当心理测试教材（如：Lord，Novick，1968；Nunnally，Bernstein，1994）讨论测量误差时，他们假设一个无穷大（或非常大）的样本量，这样人们的注意力就可以只关注测量误差，而不需要同时处理抽样误差。当统计教材讨论抽样误差时，它们隐含地假设了完美的信度（没有测量误差），这样它们和读者就可以只关注抽样误差，而忽略测量误差的问题。这两个假设都非常不现实，因为所有真实数据同时包含抽样误差和测量误差。诚然，同时处理这两种类型的误差要复杂得多，但正如本书所阐明的，元分析必须做到这一点才能取得成功。Cook 等人（1992：315-316，325-328）在一份重要声明中也承认这种必要性，Hedges（2009b）也是如此。

能为元分析方法提供基础的完整数据理论的另一个关键组成部分是认识到一个事实：研究总体相关性或效应量很可能因研究而异。假设这些参数在元分析的所有研究中都是相同的，即由所有固定效应元分析模型做出的假设是不现实的，而且通常是错误的，如第 5 章和第 9 章所讨论的。固定效应模型和随机效应模型都是（部分是）关于数据本质的理论。证据和观察推翻了固定效应理论，支持了随机效应理论。固定效应模型会导致元分析结果中的严重错误，而随机效应模型并非如此（Schmidt，Oh，Hayes，2009）。因此，元分析方法背后的数据理论应该包括随机效应模型，而不是固定效应模型。

14.2　元分析最终目的是什么

什么样的数据理论（也就是知识理论）是元分析方法的基础，这个问题与元分析的一般目的密切相关。正如第 11 章所讨论的，Glass（1976，1977）指出，其目的只是简单地概括和描述研究文献中报告的研究结果。在 Hedges-Olkin（1985）和 Rosenthal（1984，1991）的元分析方法中，元分析的目的更具有分析性质：重点是检验特定构念测量之间的关系，或特定处理类型的测量和特定结果的测量之间的关系。然而，其目的仍是总结在特定研究文献中报道的研究结果（Rubin，1990）。我们对元分析目的的看法是不同的：其目的是尽可能准确地估计总体中的构念层次的关系（即估计总体值或参数），因为这些是科学感兴趣的关系（Schmidt 等，2013）。这是一个完全不同的任务；这是一项评估的任务，即如果所有的研究都进行得很完美（也就是没有方法上的限制），这就是一项评估结果的任务。这样做需要校正抽样误差、测量误差和其他扭曲研究结果的人为误差（当存在时）。简单地从数量上总结和描述文献中研究的内容不需要这样的校正，也不需要估计具有科学价值的参数。在本书介绍的方法中，构念层次的关系是通过真实分数关系来估计的。Schmidt 等人（2013）的研究表明，在行为研究中使用的测量标准中，真实分数关系几乎总是非常契合地反映了构念层次的关系。

Rubin（1990：155-166）批评了元分析目的的一般描述性概念，并提出了本书中提供的替代方案。他认为，作为科学家，我们对研究本身不完美的总体并不真正地感兴趣，因此，对这些研究的准确性描述或总结并不十分重要。相反，他认为元分析的目的应该是估计真实的效应或关系，即定义为“在一个无穷大的、设计完美的研究或一系列这样的研究中获得的结果”。根据 Rubin：

> 在这种观点下，我们真的不在乎从科学上总结这个有限的总体（观察的研究）。

> 我们真正关心的是潜在的科学过程，即产生我们碰巧看到这些结果的潜在过程，而作为容易犯错的研究者，正试图透过不透明的不完美的实证研究之窗瞥见这些结果（p.157，原文重点）。

Rubin 指出，在现有研究的有限范围内进行的所有研究，或从这些研究中得出的假设范围内进行的所有研究，都存在不同方面的缺陷。因此，为了了解潜在的科学现实，我们的目的不应该是总结他们的典型报告的效应量或相关性，而是使用有缺陷的研究结果和其他可用信息来估计构念之间潜在的、未观察的关系。正如我们所看到的，这是元分析目的的一个极好的陈述，也体现在本书所介绍的方法中。Chan 和 Arvey（2012）已经记录了这样一个事实，即这种元分析方法实际上已经在广泛的研究领域达成了这一目标。

14.3 心理测量元分析：概述

任何领域的研究目的都是对该领域中许多研究成果进行综合陈述。这意味着是对许多事实如何结合在一起的分析，即理论的发展。然而，这种广泛的理论整合只有在对文献进行了较窄范围的整合之后才能有一个良好的基础。在整合这些事实之前，我们必须首先建立关于关系的基本事实。元分析的目的是在构念层次上校正这些基本关系，即其目的是估计在完美进行的研究中会发现什么样的关系。

考虑一个理论问题，比如“工作满意度是否会增加组织认同感?”。在回答这个问题之前，我们必须考虑一个更普通的问题，“满意度和组织认同之间有关联吗?”这个问题不能在任何一项实证研究中得到解答。为了剔除抽样误差，研究结果必须汇总在一起，并且必须对测量误差进行校正。此外，满意度和认同感之间的关系可能会因研究而异。也就是说，我们必须比较不同环境下的总体相关性。如果在不同的环境下存在足够大的差异，以至于理论上很重要，那么我们应该确定产生这种差异的调节变量。为了比较不同环境之间的相关性，我们必须校正其他人为误差的相关性，比如测量误差和范围变异（如果存在）。

考虑测量误差。工作满意度可以用很多方法来测量。这些不同的方法可能无法测量完全相同的构念，或者它们可能在测量误差的程度上有所不同。测量误差的差异可以通过适当的信度系数差异来评估。如果在每个研究中都知道每个测量的信度，那么通过校正衰减相关性，并对校正后的相关性进行心理测量元分析，就可以从每个研究中剔除测量误差的影响。如果知道研究中信度系数的分布，那么就可以利用心理测量元分析人为误差分布的方法来剔除随机测量误差的影响。

相同名称的测量量表之间的系统性差异需要检验不同方法的构念效度。如果测量量表之间存在较大的系统差异，那么必须在多重测量研究中使用验证性因子分析或路径分析等技术对这些差异进行评估。这些研究需要在研究内部和研究间复现结果，并需要特殊处理。

自变量的范围变异在相关性和效应量统计上产生人为误差的差异。即使研究中变量之间的基本关系是相同的，自变量方差大小的变异也会导致与因变量之间的相关性发生变异。自变量的方差越大，相关性越高。范围变异（或范围限制）可以是直接的，也可以是间接的。间接范围限制是目前所有文献中较为常见的一种类型，它比直接范围限制产生更严重的数据失真。在实验研究中，范围变异是由于处理强度的不同而产生的。若每个研究的范围大小已知

（即如果公布了标准差，或测量了处理强度），那么所有的相关性或效应量都可以校正为相同的标准值，从而剔除研究中范围变异的影响。然后，可以对这些校正后的相关性或 d 值进行心理测量元分析。如果只知道范围变异的分布，那么使用基于人为误差分布的元分析方法可以剔除这种影响。

元分析始于研究者能找到的所有研究，这些研究提供了与某些特定事实相关的实证证据，例如工作满意度与组织认同之间的关系。每个研究的关键结果都用一个共同的统计数据来表达，比如认同和满意度之间的相关性，或者 d 统计量，它衡量了实验组和对照组在处理方面的差异。每个这样的统计数据都可以通过研究来检验。在研究中，统计数据的均值是对研究中均值衰减总体值的一个很好的估计。然而，不同研究的方差被抽样误差夸大了。因此，基于人为误差分布的元分析的首要任务是校正各个研究之间观察的方差，剔除抽样误差的影响。然后根据测量误差和范围变异的影响，对总体值的均值和方差进行校正。因此，该均值和标准差已针对研究间的人为误差变异的三个来源——抽样误差、测量误差和范围变异进行了校正。未校正的最大变异来源通常是报告误差，比如计算误差、排版误差和未能反向计分等。然而，人为误差变异还有许多其他潜在的来源。

在许多元分析中，我们一旦发现人为误差被剔除，研究结果中很少有或没有残差（如 Schmidt，et al.，1993）。在这种情况下，理论者会得到一个非常直接的事实来编织成整个理论画面。在这种情况下，揭示理论含义的一种方法是回顾所有被引用的原因，这些原因解释了不同研究中明显但实际上是人为的差异。大多数这样的解释都是基于更一般的理论观点或命题。因此，解释的不一致导致解释背后更一般的理论命题的不一致。例如，元分析表明，在给定工作或具有相同心理复杂性水平的不同工作的环境中，认知能力因素和工作绩效之间的相关性基本上没有变异。这意味着，在人员甄选中，由于元分析已经推翻了特定任务差异导致的效度差异理论，因此，对不同组织的工作岗位进行详细的工作分析，将不同组织的工作岗位等同于这些工作岗位所执行的具体任务，是不必要的和浪费的。

如果不同研究之间存在差异，那么它可能还不够大，不足以保证立即搜寻调节变量。例如，假设元分析显示人际关系技能培训对主管绩效的影响均值 $\bar{\delta}$ 为 0.50，标准差为 0.05。那么对雇主来说，明智的做法是立即制订一个培训计划，而不是等着看哪个计划效果最好。另外，如果平均效应量 $\bar{\delta}$ 为 0.10，标准差为 0.10，那么任意选择计划可能会招致损失。有 16% 的概率表明该计划将适得其反，另有 34% 的概率表明该计划将带来积极的，但是几乎微不足道的改善。

元分析提供了一种建立潜在调节变量相关的方法。调节变量用于将研究分成亚组，然后对每个亚组分别进行元分析。如果存在调节变量，就会出现均值差异。如果亚组均值有较大的差异，那么在各个研究中亚组内的差异将相应减少。然后，元分析可以显示有多少残差是人为误差造成的。

变异的大小在一定程度上是研究综述范围内的问题。如果我们从心理治疗的所有研究开始，就会发现调节效应。但是，如果我们只考虑对简单的恐惧症进行脱敏处理的研究，那么我们预期可能不会发现任何变异。然而，这是一个实证问题。由所有固定效应元分析方法得出的没有差异的先验假设实际上是不合理的（Schmidt，Oh，Hayes，2009）。对于元分析，范围（scope）是一个实证问题。如果我们拥有大范围的资源，那么元分析可以用来评估广泛的结果。如果元分析显示在非常广泛的研究中只有很小的差异，那么这一结果表明：许多调节变量假设是不重要的。如果大范围的研究显示出很大的差异，那么元分析可以应用于范围较小的研究亚组。然后，元分析显示范围的哪些方面（即哪些潜在的调节变量）是真实的、重要的，哪些只是被错误地认为是重要的。元分析研究的普遍发现是，不同研究的真实差异比研究者认为的要小得多。这些信念在很大程度上源于抽样误差的累积心理效应，即重复小样本研究观察结果中巨大而虚假的差异。

元分析的范围限制应以理论为基础，而不是以方法为基础。最具误导性的综述是那些作者仅引用基于作者对方法质量的判断而选择的“关键”研究的评论。首先，选择性地忽略具有相反结果的研究综述可能错误地表明不存在调节变量。其次，即使研究间没有真实的变异，由于抽样误差和其他人为误差，仍存在虚假的变异。之所以选择这些研究，是因为它们有特别“强烈”的结果，而这些研究很可能利用了研究间的变异。元分析显示，这种变异主要是抽样误差和其他人为误差造成的。特别是，只考虑具有统计显著性结果的研究，会导致在估计相关性或效应量方面存在很大偏差。

许多作者以未被考虑的研究中存在的“方法缺陷”为依据，对有选择性的综述进行了辩护。然而，对“缺陷”的断言通常是建立在自我理论的基础上，而自我理论本身并没有经过实证的检验。研究者之间对总体方法质量的共识通常相当低。两名评论者可以在方法质量的基础上，从同一篇文献中选择相互排斥的最佳研究集。元分析提供了一个实证程序，若存在任何方法上的缺陷，则对其进行识别。第一，应该收集一套全面的研究。第二，应该找出那些被认为是“在方法上有缺陷的”研究。第三，应该将元分析应用于所有的研究。如果研究间没有非人为误差的变异，那么“缺陷”研究和“合格”研究间就没有区别。第四，如果所有研究都存在变异，那么这种变异可以通过对“缺陷”研究和“非缺陷”研究的单独元分析来解释，也可以不通过单独元分析来解释，然后进行下一步的分析。

我们的经验是，除抽样误差之外，许多真正的方法学问题都被“测量误差”和“范围变异”这两个标题抓住了。特别地，尽管有些研究的测量结果可能比其他研究差得多，但测量误差是普遍存在的。解决这些方法问题的办法是对不足之处进行测量和校正，而不是丢弃数据。

附录

APPENDIX

基于 Windows 的元分析软件包（2.0 版）

Hunter-Schmidt 元分析程序包包括 6 个程序，能够实现 Hunter-Schmidt 所有基本类型的心理元分析。在附录末尾提供了关于如何获得此程序包的相关信息。第 4 节“分析类型”中提供了这 6 个程序简单说明。第 11 节“单个程序输出结果的完整描述”给出了每个程序输出结果的完整描述。这些程序旨在与这本书（以下称为“正文”）一起使用。

针对使用者的反馈，我们对程序进行了一些改进，形成了当前版本（2.0 版）。2.0 版的很多程序在以前版本（1.0 版或 1.1 版）中不能使用。其中包含以下内容：

（1）这些程序现在允许从 Excel 导入数据文件。

（2）当前的程序会产生森林图。森林图对于先前的元分析是有用的。

（3）除基本元分析方法外，所有的均值都提供置信区间（除可信区间之外）。

（4）校正 r 值和 d 值的输出结果现在以表格形式以及更详细的输出形式呈现。表格输出结果包括在提交发表论文的元分析结果表中报告的值（表格不提供基本元分析结果）。

（5）当前的程序可以对潜在的调节变量进行分析，对调节变量进行亚组研究分析更加方便。

（6）当前的程序包括检验发表偏差的方法，即累积的元分析方法（见第 13 章对这个程序的讨论）。

（7）当前程序输出结果包括观察的 r 值和 d 值的相关性以及人为误差对这些值的影响。

（8）元分析最大研究数量已经从 200 项提高到 1 000 项。

（9）现在只需单击文件名就可以选择保存的数据文件进行分析（在旧版本中，必须键入文件名）。

（10）使用者更容易访问附加程序，例如计算组合相关性以及转换点二列相关性到二列相关性，这些程序不再受密码保护。现在可以通过点击相应的图标来访问它们。

（11）这些程序可以从互联网上下载，或者也可以提供 CD 程序包。

（12）做出了三项小的技术调整。第一，在先前的版本中，如果 r 值或 d 值是 0，程序将不会运行。这已经得到校正。第二，观察的 rs 小偏差的校正也已添加在程序中。第三，该程

序在计算 d 值的抽样误差的方差时，使用式（7-23a）代替式（7-23）(该公式在第 7 章)。在此例子中，尤其是对于小的总体，当群组的样本更少或者不相等时，使用式（7-23a）会更准确。

这些程序由 CD 程序包或者互联网提供，并与微软 Windows 系统兼容（Windows 95，98，98SE，ME，2 000，XP 和 Windows7）。程序界面逻辑直观地排列，使那些基本熟悉 Windows 应用程序的人可以很容易地学会使用程序功能。通过单击适当的按钮或图标，可以浏览程序的不同步骤（页面）。在所有步骤（页面）中，都有滚动弹出窗口形式的内置帮助功能（例如，当光标滚动到某些预定区域时出现的帮助语句)，解释选项并指导使用者如何执行他想要的任务。

1. 下载或 CD 程序包里有什么

除了核心的元分析程序外，程序包还包括：①安装文件（Setup Meta Program.exe）；② Readme.doc 文件（你正在读取的文件）；③微软 Excel 模板形式的三个实用程序（Composites.xls 和 Point-Biserial.xls，这些程序的详情载于“辅助”部分）。这些辅助程序中有两个帮助使用者在将主要研究输入元分析程序之前，将初始研究中的相关性转换成适当的形式。第三个辅助程序在元分析中生成研究的森林图。

2. 安装

如果你有早期版本的程序包（1.0 版或 1.1 版)，你应该在安装新版本之前卸载它。卸载很容易通过移除 Windows 任务栏上的 Hunter-Schmidt 元分析程序选项进行。

安装过程从双击 CD 上的安装文件或按照你通过电子邮件收到的下载指令开始。你将被要求提供一个连续的序列号。主要程序和所有支持文件将被复制到你的硬盘驱动器上的“C:\Meta Analysis Programs”文件夹中（除非指定不同的驱动盘)。

3. 启动程序

可以通过在 Windows 程序任务栏中选择“Hunter-Schmidt 元分析程序”来激活程序，或者你也可以通过在桌面上使用图标“Hunter-Schmidt MA”来启动程序。你将看到起始页，你可以通过单击页面右上角的图书图标访问 Readme 文件。还有一些链接允许你访问额外的程序来计算组合相关性或点二列相关性以创建森林图。想要移动到下一页，选择你想要运行的元分析类型，请单击页面右下角的红色箭头图标。将出现“分析类型”页面，为你提供 4 种分析选项（在下面描述)。

4. 分析类型

这个程序包执行以下类型的元分析。

（1）针对人为误差分别校正相关性的元分析（这两个程序在正文中统称为 VG6）。这些程序在下列情况下使用：①使用者希望估计变量之间的相关性；②在所有（或大多数）初始研究中可以获得关于统计和测量人为误差（即范围限制、两个变量的信度）的信息时，使用这些程序。这些程序在正文第 3 章中有说明。

在这种类型的元分析中有两个子程序：

A. 校正直接范围限制的程序：当范围限制是直接的时候（例如，选择发生在相关的两个变量中的一个)(这个程序在正文中称为 VG6-D，见第 3 章)。

B. 校正间接范围限制的程序：当范围限制是间接的时候（例如，选择发生在与感兴趣的两个变量都相关的第三个变量)(这个程序在正文中称为 VG6-I，见第 3 章)。

[注：两个程序都询问使用者是否有范围限制。若答案是否定的，则范围限制统计（*u* 值）的数据输入字段不会出现。当没有范围的限制时，子程序 1A 和 1B 所提供的结果是相同的。]

（2）使用人为误差分布的相关性元分析。这些程序是在下列情况下使用：①使用者希望估计变量之间的相关性；②在大多数初始研究中没有统计和测量人为误差信息（即范围限制和两个变量的信度），使用这些程序（这两个程序在正文中统称为 INTNL，见第 4 章）。

在这种类型元分析中有两个子程序：

A. 校正直接范围限制的程序：当范围限制是直接的时候（例如，选择发生在相关的两个变量中的一个）（这个程序在正文中统称为 INTNL-D，见第 4 章）。

B. 校正间接范围限制的程序：当范围限制是间接的时候（例如，选择发生在与感兴趣的两个变量都相关的第三个变量）（这个程序在正文中统称为 INTNL-I，见第 4 章）。

[注：两个程序都询问使用者是否有范围限制。若答案是否定的，则范围限制统计（*u* 值）的数据输入字段不会出现。当没有范围的限制时，子程序 2A 和 2B 所提供的结果是相同的。]

（3）针对测量误差分别校正 *d* 值的元分析。这些程序是在下列情况下使用：①元分析是基于效应量（*d* 值；组间标准差）；②因变量信度信息可在所有（或大部分）初始研究中获取（这个程序在正文中统称为 D-VALUE，见第 7 章）。

（4）使用人为误差分布的相关性的元分析。这些程序是在下列情况下使用：①元分析是基于效应量（*d* 值；组间标准差）；②因变量测量信度不能在所有（或大部分）初始研究中获取（这个程序在正文中统称为 D-VALUE1，见第 7 章）。

程序的“分析类型”页面显示 4 种类型的元分析（上面列出的 1 ～ 4 种），使用者可以选择最合适的分析类型。如果使用者选择选项 1 或 2，子程序（1A、1B、2A、2B）在后续页面（分析部分）上，以便进一步选择使用恰当的程序（取决于范围限制是直接的或间接的）。如前所述，使用者也能够指示没有范围限制。

5. 数据管理

在选择适当的分析类型之后，使用者将看到“设置数据”的页面。在这里，使用者可以选择输入（进入）新数据，加载现有的（以前保存的）数据文件，或从 Excel 导入数据文件（在选择此选项时，将为使用者提供用于输入数据的 Excel 模板）。在所有程序中，使用者可以选择潜在的调节变量进行编码，以便于后续的亚组分析。这是紧跟着程序中的指令完成的（见第 9 项，“调节分析”）。使用者还可以根据本书第 13 章所描述的累积元分析方法进行分析，以检查发表偏差。

A. 输入数据

对于元分析类型 1（即相关性的元分析，其统计和测量人为误差的信息可在大部分初始研究中获取；VG6 程序），使用者只需将数据输入一个通用数据文件中。此数据文件可以从 Excel 导入，也可以用程序创建。“从初始研究输入数据”的页面有一个类似于电子表格的设计，有 6 个字段（空格），以便输入每个研究的相关信息 [例如，调节效应分析编码（在第 9 节“调节分析”中解释）、相关性、样本量、变量 *X* 的信度（自变量的信度，R_{xx}）、变量 *Y* 的信度（因变量的信度，R_{yy}）、范围限制（*u*）]。每个研究的数据可以依次输入。当需要校正时，使用者可以单击每个数据框前面的“修改”按钮。所有数据必须填写。当某一项研究没有范围限制时，应在范围限制（*u*）单元格中输入“1”。类似地，当一个变量被假定为完美测量（非常罕见的情况）时，应在相应的信度单元格中输入“1”。在某项研究中，人为误差的信息（R_{xx}、R_{yy} 或 u）不可用时，使用者可以在相应的单元格中简单地输入“99”。然后程序将自动使用其他研究中所提供的所有相关人为误差值的均值来替换缺失值。

每个页面可以输入 8 项研究数据。输入每页数据后，使用者单击“继续”按钮进入下一页。“后退”和“继续”两个按钮可用于浏览页面以修改或输入数据。研究的最大数量是 1 000。完成数据输入后，使用者可以按“已完成”按钮退出上一页并开始分析（或选择其他选项，如打印、保存或修改数据，如下文所述）。

对于元分析类型 2（即相关性的元分析，其统计和测量人为误差的信息不能在大部分初始研究中获取；INTNL 程序），使用者只需将数据输入一个通用数据文件中。使用者将数据分别输入几个数据文件：第一个数据文件是对初始研究中调节变量、相关性和相应的样本量（r 和 N）进行编码。第二个数据文件包含自变量信度系数的分布（R_{xx} 和每个 R_{xx} 的频次）。第三个数据文件包含因变量信度系数的分布（R_{yy} 和每个 R_{yy} 的频次）。第四个数据文件包含范围限制的分布（u 和每个 u 的频次）。这些数据文件也可以从 Excel 中导入。如果没有用于人为误差分布（没有范围限制时）的信息（或人为误差不适用）时，程序将假定这些人为误差的值都固定在 1，并自动将 1 放置在相应文件中。这意味着不会对这些人为误差进行校正。

针对元分析类型 3（即效应量 d 值的元分析，其统计和测量人为误差的信息可在大部分初始研究中获取；D-VALUE 程序），该程序类似于前面描述的元分析类型 1。使用者只需输入因变量信度的信息（R_{yy}）；自变量的信度（R_{xx}）和范围限制的信息（u）是不需要的。这些数据文件也可以从 Excel 中导入。

针对元分析类型 4（即效应量 d 值的元分析，其统计和测量人为误差的信息不能在大部分初始研究中获取；D-VALUE1 程序），该程序类似于前面描述的元分析类型 2。使用者只需输入因变量信度的信息（R_{yy} 和频次）；自变量的信度（R_{xx}）和范围限制的信息（u）是不需要的。因此，只有两个数据文件，而不是元分析类型 2 中所需的 4 个数据文件。这些数据文件也可以从 Excel 中导入。

B. 保存数据

在完成数据输入（通过单击“完成”按钮）之后，使用者将返回到上一页，其中显示了几个选项：“保存”“打印”“分析”“退出”。选择“保存”选项允许使用者保存他刚刚输入的数据文件。此时，程序将要求使用者提供数据集的名称，以便在需要时可以方便地检索。数据将被保存在以下位置：C:\ Meta Analysis Programs\Data *i*\“数据集名”，*i* 是与元分析的类型相对应的数字。

或者，使用者可以简单地开始分析数据。在元分析结果被呈现之后，使用者将有另一个保存当前数据集的机会。

C. 加载先前保存的数据

要加载以前保存的数据，请在“设置数据”页面中选择“加载”选项。将显示使用者先前保存的所有数据集的名称。通过单击该数据文件的名称，他可以选择适当的数据集加载到程序中。

D. 查看、修改保存的数据

加载、输入数据后，使用者可以通过选择“进入、修改”选项来查看数据。数据将显示在设计的电子表格中。修改（校正）可以通过单击每个研究前面的图标来实现。

E. 打印数据

使用者可以“打印”当前的数据（即刚从 Excel 输入、加载或导入的数据），选择“打印”选项便于审核。

F. 进行发表偏差分析

选择链接“发表偏差分析”将打开新页面（指令将由程序给出），允许使用者根据本书第 13 章中描述的累积元分析方法进行发表偏差分析。

6. 分析数据

在输入、加载、修改数据后，使用者可以通过单击“分析数据”按钮开始分析数据。对相关性的元分析（即类型 1 和 2；VG6 和 INTNL 程序），如果使用者此前已经表明有范围限制，使用者会被要求在其数据中显示范围限制存在的性质 [即直接的或间接的，这意味着在类型 1A（VG6-D 程序）或 1B（VG6-I 程序）之间进行选择或在 2A（INTNL-D 程序）或 2B（INTNL-I 程序）之间进行选择]。

直接范围限制的两个程序（VG6-D 和 INTNL-D）自动假设自变量信度（R_{xx}）来自不受限制的样本，而因变量信度（R_{yy}）来自受限制的样本。这些假设与研究和实践中获取的数据性质相一致（参见正文第 3、4、5 章的更为详细的讨论）。

两种间接范围限制的程序（VG6-I 和 INTNL-I）都要求使用者指定：①自变量的信度（R_{xx}）来自受限制或不受限制的样本；②范围限制比率是针对真实分数（u_T）或观察分数（u_X）。在所有情况下，程序假定因变量的信度来自受限制样本（参见正文第 3、4、5 章的详细讨论）。

在没有范围限制的情况下，使用者选择哪种类型的分析（A 或 B）并不重要；这些程序将提供相同的结果。

使用者将被要求提供分析的标题（例如，“面试和工作表现——元分析 1”）以及将被保存的结果的输出文件名称。

7. 报告结果

分析结果以三种不同的方式呈现：①屏幕上（部分结果）；②硬盘上（在 C: \Meta Analysis Programs\Output\“文件名”，“文件名”是使用者为当前分析提供的名称）；③打印输出结果（可选项，可以通过点击“打印机”选项激活）。如前所述，打印输出结果是以表格形式（一些输出结果）和更传统的输出格式（完整输出结果）存在的。由于空间限制，屏幕上只显示部分输出结果。完整的输出结果保存到磁盘，并使用“打印”选项打印。

稍后给出每个程序的完整清单和输出结果说明。以下是作为分析结果而提供的一些选项：

（1）相关性（*d* 值）数目和总样本量。

（2）平均真实相关性（平均校正的 *d* 值）、相应标准差（真实相关性的 SD_ρ 或真实效应量的 SD_δ）和相应的方差。这些值针对元分析中的所有人为误差的偏差效应进行校正。这些值是平均构念层次关系的估计值。此外，还提供了可信区间和置信区间。

（3）加权平均相关性（或 *d* 值）、观察方差和观察标准差（仅仅对其进行抽样方差的校正）。这是基本元分析的输出结果。

（4）抽样误差方差、由于抽样误差方差引起的观察方差的百分比、所有人为误差组合的方差，以及所有人为误差组合所观察方差百分比。

（5）观察值和人为误差效应之间的相关性。这是所有人为误差组合所占的方差比例的平方根。

（6）对于类型 1 和类型 2（即相关性的元分析），提供了与就业或教育甄选研究有关的某些输出结果。VG6 和 INTNL 程序提供了平均真实效度和标准差，也提供了可信区间和置信区间。真实效度（也称为操作效度）是除测量误差在预测变量 X 中衰减效应之外，校正了人为误差后，预测变量（X）与校标（Y）之间的相关性。这个值代表了预测变量测量与校标之间的平均相关性（与此相反，真实分数的相关性表示自变量和因变量之间的平均构念水平的相关性）。

8. 解释实例

这些程序包括第 3 章、第 4 章和第 7 章中用作例子的几个数据集。有代表前面讨论的所有 6 种元分析的例子。使用者可以根据这些数据集进行分析，以熟悉程序。

9. 调节分析

这些程序允许使用者分别对每个调节变量的值、类别进行分析。结果将呈现每个调节变量的值、类别。如果要指定调节效应分析，使用者可以在输入数据时，在标记为“调节变量值”的字段中输入感兴趣的调节变量的值。对每个研究来说，应使用从 1 到 k 的数字（k 是调节变量分类的个数）输入调节变量的值。如果不需要进行调节分析，使用者可以不填“调节变量值”空白字段。

10. 附加（辅助程序）

在将数据输入元分析程序之前，有三个微软 Excel 模板形式的实用程序帮助检查和处理数据。使用者必须使用微软 Excel 来处理这些程序。在安装（元分析）主程序的过程中，这三个实用程序将被自动复制到你硬盘上的以下位置：C:\Meta Analysis Programs\Extras。第一个程序（Composite.xls）合并了研究中的相关性；它计算自变量或因变量和其他变量之间的组合相关性。该程序还计算组合信度（这两个程序都在正文第 10 章中描述）。第二个程序（Formula to compute biserial r.xls）计算二列相关性，该数据由初始研究的点二列相关性提供。仅当在初始研究中的连续（正态分布的）变量被人为地划分为二分变量时（如正文第 4、6 和 7 章），进行这种转换。第三个程序允许使用者创建森林图以检验他们的数据。如前所述，当第一次启动程序包时，使用者可以在启动页面访问这些程序。

11. 单个程序输出结果的完整描述

标准程序输出结果分为三部分：①主要元分析输出结果，报告所有人为误差校正结果；②基本元分析输出结果，仅报告抽样误差校正结果；③效度概化输出结果，报告与就业和教育甄选中使用的测试和其他程序有关的效度结果。第 3 节仅提供相关性的元分析 [即类型 1 元分析（基于 VG6 的程序）和类型 2 元分析（基于 INTNL 的程序）]。它没有提供 d 值的元分析 [即类型 3 元分析（基于 D-VALUE 的程序）和类型 4 元分析（基于 D-VALUE1 的程序）]。程序输出结果的部分总是以相同的顺序出现：首先报告主要结果输出，其次是基本结果输出，然后是效度概化结果输出（如果适用）。基本输出等同于 VG6 和 INTNL 程序输出结果。因此，为了避免重复，我们在下面先介绍一下：

A. VG6（类型 1 元分析）和 INTNL（类型 2 元分析）程序的基本输出结果

①样本量加权平均观察的相关性。

②剔除抽样误差方差后相关性的方差。

③剔除抽样误差方差后相关性的标准差（*SD*)(这是选项 2 的平方根)。

④观察的相关性样本量加权方差。

⑤观察的相关性样本量加权标准差（*SD*)(这是选项 4 的平方根)。

⑥抽样误差方差引起的方差。

⑦仅从抽样误差预测的标准差（*SD*)(这是选项 6 的平方根)。

⑧由抽样误差方差引起的观察的相关性方差的百分比。

⑨ *r* 观察值与其抽样误差的相关性（这是抽样误差占方差百分比的平方根，见选项 8）。

B. VG6 程序主要输出结果（类型 1 元分析）

①元分析中相关性的数目。

②总样本量（所有研究样本数之和）。

③平均真实相关性（$\bar{\rho}$）。

④真实相关性的方差（S_{ρ}^2）。

⑤真实相关性的标准差（SD_{ρ})(这是选项 4 的平方根)。

注：在很多情况下，关键输出结果是选项 3 和选项 5。

⑥ 80% 真实相关性分布的可信区间（见第 5 章)。

⑦ 95% 平均真实相关性的置信区间（见第 5 章)。

⑧校正相关性观察方差（$S_{r_c}^2$）（每一个相关性都是首先对测量误差和其他人为误差进行校正，然后是对校正相关性的方差进行计算。这是在剔除抽样误差方差前被校正相关性的方差。正如第 3 章所描述，在剔除系统向下偏差的同时，人为误差的校正增加了抽样误差)。

⑨校正相关性的标准差（SD_{r_c})(这是选项 8 的平方根)。

⑩由抽样误差导致的校正相关性的方差 [注意：这一数字比抽样误差方差中未校正（观察）相关性的方差大，该方差在基本输出部分报告。这是因为人为误差的校正在剔除系统的向下偏差的同时，增加了抽样误差方差。另外注意：因为已经校正了这些人为误差的影响，所以这个方差中包含了其他人为误差的方差]。

⑪ 从抽样误差预测校正相关性的标准差（*SD*)(这是选项 10 的平方根)。

⑫ 由抽样误差和其他人为误差引起的校正相关性方差百分比。

⑬ 校正后的 *rs* 与其抽样误差之间的相关性（这是所有人为误差占校正相关性的方差比例的平方根，见选项 12）。

C. VG6 程序的效度概化输出结果（类型 1 元分析）

①平均真实效度（除了在自变量中测量误差的衰减效应没有校正外，其他与平均真实相关性相同，见第 3 章)。

②所有真实效度的方差。

③真实效度的标准差（*SD*)(这是选项 2 的平方根)。

④ 80% 真实效度分布的可信区间（见第 5 章)。

⑤ 95% 平均真实相关性的置信区间（见第 5 章)。

⑥校正效度的观察方差（每个效度首先针对因变量测量误差和范围限制进行校正，然后计算校正效度的方差。这是在减去抽样误差前被校正效度的方差。正如第 3 章所描述，在剔除

系统向下偏差的同时，对人为误差的校正增加了抽样误差）。

⑦校正效度的标准差（*SD*）(这是选项 6 的平方根）。

⑧由抽样误差导致的校正效度的方差 [注意：这一数字比抽样误差方差中未校正（观察）效度的方差大，该方差在基本输出部分报告。在剔除系统向下偏差的同时，对人为误差的校正增加了抽样误差。另外注意：因为已经校正了其他人为误差的影响，所以这个方差中包含了其他人为误差的方差]。

⑨从抽样误差和其他人为误差预测校正的效度标准差（*SD*）(这是选项 8 的平方根）。

⑩抽样误差占方差的百分比（注意：因为已经校正了这些人为误差的影响，所以这个方差中包含了其他人为误差的方差）。

⑪ 校正的 *rs* 与人为误差之间的相关性（这是校正了所有人为误差的相关性方差百分比的平方根，见选项 10）。

D. INTNL 程序主要输出结果（类型 2 元分析）

①元分析中相关性的数目。

②总样本量（所有研究样本量之和）。

③平均真实相关性（ $\bar{\rho}$ ）。

④真实相关性的方差（ S_ρ^2 ）。

⑤真实相关性的标准差（ SD_ρ)(这是选项 4 的平方根）。

注：在很多情况下，关键输出结果是选项 3 和选项 5。

⑥ 80% 真实相关性分布的可信区间（见第 5 章）。

⑦ 95% 平均真实相关性的置信区间（见第 5 章）。

⑧由所有人为误差组合而引起的观察的相关性方差。

⑨由所有人为误差预测观察的相关性标准差（*SD*）(这是选项 8 的平方根）。

⑩剔除所有人为误差的方差后观察的相关性方差 [残差（SD_{res}），见第 4 章]。

⑪ 由所有人为误差导致的观察的相关性方差百分比。

⑫ 校正的 *rs* 与人为误差之间的相关性（这是校正了所有人为误差的相关性方差百分比的平方根，见选项 11[⊖]）。

E. INTNL 程序的效度概化输出结果（类型 2 元分析）

①平均真实效度（除了自变量测量误差的衰减效应没有校正外，其他与平均真实相关性相同）。

②所有真实效度的方差。

③真实效度的标准差（*SD*）(这是选项 2 的平方根）。

④ 80% 真实效度分布的可信区间（见第 5 章）。

⑤ 95% 平均真实相关性的置信区间（见第 5 章）。

⑥由所有人为误差的合并而产生的观察效度的方差。

⑦由所有人为误差预测观察效度的标准差（*SD*）(这是选项 6 的平方根）。

⑧剔除所有人为误差的方差后观察效度的方差 [残差（SD_{res}），见第 4 章]。

⑨由所有人为误差导致的观察效度的方差百分比。

⊖ 原文为 10。——译者注

⑩校正的观察效度与人为误差之间的相关性（这是校正了所有人为误差的观察效度方差百分比的平方根，见选项 9）。

F. D-VALUE 和 D-VALUE1 程序的基本输出结果（类型 3 和类型 4 元分析；基本输出结果等同于这两种类型的元分析）

①样本量加权平均效应量（平均 d 值）。

②剔除抽样误差方差后 d 值的方差。

③剔除抽样误差方差后 d 值的标准差（SD）(这是选项 2 的平方根)。

④观察的 d 值样本量的加权方差。

⑤观察的 d 值样本量的加权标准差（SD）(这是选项 4 的平方根)。

⑥由抽样误差方差导致的观察的 d 值的方差。

⑦由抽样误差预测的标准差（SD）(这是选项 6 的平方根)。

⑧由抽样误差方差导致的观察的 d 值的方差的百分比。

⑨观察的 d 值与抽样误差之间的相关性（这是抽样误差方差百分比的平方根，见选项 8）。

G. D-VALUE 程序主要输出结果（类型 3 元分析）

①元分析中效应量（d 值）的数目。

②总样本量（所有研究样本数之和）。

③平均真实效应量（$\bar{\delta}$）。

④真实效应量的方差（S_{δ}^2）。

⑤真实效应量（delta）的标准差（SD_{δ}）(这是选项 4 的平方根)。

注：在很多情况下，关键输出结果是选项 3 和选项 5。

⑥ 80% 的效应量（delta）分布的可信区间（见第 8 章）。

⑦ 95% 平均真实效应量（delta）的置信区间（见第 8 章）。

⑧校正 d 值的观察方差（$S_{d_c}^2$）（每个 d 值都是首先对因变量测量误差进行校正，然后计算校正 d 值的方差。这是在剔除抽样误差方差前被校正的 d 值的方差。正如第 7 章所描述，在剔除系统向下偏差的同时，测量误差的校正增加了抽样误差方差）。

⑨校正 d 值的标准差（SD_{d_c}）(这是选项 8 的平方根)。

⑩由抽样误差导致的校正的 d 值的方差。[注意：这一数字比抽样误差方差中未校正（观察）的 d 值的方差大，这在基本输出结果部分中有报告。这是因为测量误差的校正，同时剔除系统的向下偏差，增加了抽样误差方差。另外注意：由于已经校正了这些测量误差的影响，所以这个方差中包含了测量误差差异造成的方差]。

⑪ 从抽样误差方差预测校正 d 值的标准差（SD）(这是选项 10 的平方根)。

⑫ 由抽样误差引起的校正 d 值的方差的百分比（注意：此人为误差的影响已在之前进行了校正，因此测量误差差异造成的方差包含在此值中）。

⑬ 校正的 d 值与其抽样误差之间的相关性（这是考虑了抽样误差方差百分比的平方根，见选项 12）。

H. D-VALUE1 程序主要输出结果（类型 4 元分析）

①元分析效应量的数目（d 值）。

②总样本量（所有研究样本量之和）。

③平均真实效应量（$\bar{\delta}$）。

④真实效应量的方差（S_{δ}^{2}）。

⑤真实效应量（delta）的标准差（SD_{δ}）(这是选项 4 的平方根)。

注：在很多情况下，关键输出结果是选项 3 和选项 5。

⑥ 80% 效应量（delta）分布的可信区间（见第 8 章）。

⑦ 95% 平均真实效应量（delta）的置信区间（见第 8 章）。

⑧由于研究间抽样误差和测量误差的差异而产生的观察的 d 值的方差（见第 7 章）。

⑨从研究间抽样误差和测量误差方差的差异预测观察的 d 值的标准差（SD）（这是选项 8 的平方根）。

⑩剔除研究间抽样误差和测量误差的差异后观察的 d 值的方差 [残差（SD_{res}），见第 7 章]。

⑪ 由抽样误差和测量误差的差异导致的观察的 d 值的方差的百分比。

⑫ 观察的 d 值与抽样误差及测量误差差异之间合并效应的相关性（这是考虑了所有人为误差方差百分比的平方根，见选项 11）。

参考文献

AERA-APA-NCME. (1985). *Standards for educational and psychological testing* (4th ed.). Washington, DC: American Educational Research Association.

AERA-APA-NCME. (1999). *Standards for educational and psychological testing* (5th ed.). Washington, DC: American Educational Research Association.

Aguinis, H. (2001). Estimation of sampling variance of correlations in meta-analysis. *Personnel Psychology, 54,* 569–590.

Aguinis, H., & Gottfredson, R. K. (2010). Best practice recommendations for estimating interaction effects using moderated multiple regression. *Journal of Organizational Behavior, 31,* 776–786.

Aguinis, H., & Pierce, C. A. (1998). Testing moderator variable hypotheses meta-analytically. *Journal of Management, 24,* 577–592.

Aguinis, H., Pierce, C. A., Bosco, F. A., Dalton, D. R., & Dalton, C. M. (2011). Debunking myths and urban legends about meta-analysis. *Organizational Research Methods, 14,* 306–331.

Aguinis, H., Sturman, M. C., & Pierce, C. A. (2008). Comparison of three meta-analytic procedures for estimating moderating effects of categorical variables. *Organizational Research Methods, 11,* 9–34.

Aguinis, H., & Whitehead, R. (1997). Sampling variance in the correlation coefficient under indirect range restriction: Implications for validity generalization. *Journal of Applied Psychology, 82,* 528–538.

Albright, L. E., Glennon, J. R., & Smith, W. J. (1963). *The use of psychological tests in industry.* Cleveland, OH: Howard Allen.

Alexander, R. A., Carson, K. P., Alliger, G. M., & Carr, L. (1987). Correcting doubly truncated correlations: An improved approximation for correcting the bivariate normal correlation when truncation has occurred on both variables. *Educational and Psychological Measurement, 47,* 309–315.

Alexander, R. A., Carson, K. P., Alliger, G. M., & Cronshaw, S. F. (1989). Empirical distributions of range restricted SDx in validity studies. *Journal of Applied Psychology, 74,* 253–258.

Allen, M., Hunter, J. E., & Donahue, W. A. (1988). *Meta-analysis of self report data on the effectiveness of communication apprehension treatment techniques.* Unpublished manuscript, Department of Communication, Wake Forest University.

Allen, M., Hunter, J. E., & Donahue, W. A. (1989). Meta-analysis of self-report data on the effectiveness of public speaking anxiety treatment techniques. *Communication Education, 38,* 54–76.

Alliger, G. M., Tannenbaum, S. I., Bennett, W., Traver, H., & Shotland, A. (1997). A meta-analysis of the relations among training criteria. *Personnel Psychology, 50*(2), 341–358.

Aloe, A. M., Becker, B. J., & Pigott, T. D. (2010). An alternative to *R*-squared for assessing linear models of effect sizes. *Research Synthesis Methods, 1,* 272–283.

American Psychological Association. (2001). *Publication manual of the American Psychological Association* (5th ed.). Washington, DC: Author.

American Psychological Association. (2008). Reporting standards for research in psychology. *American Psychologist, 63,* 839–851.

American Psychological Association. (2009). *Publication manual of the American Psychological Association* (6th ed.). Washington, DC: Author.

Antman, E. M., Lau, J., Kupelnick, B., Mosteller, F., & Chalmers, T. C. (1992). A comparison of results of meta-analyses of randomized control trials and recommendations of clinical experts. *Journal of the American Medical Association, 268,* 240–248.

Aronson, E., Ellsworth, P., Carlsmith, J., & Gonzales, M. (1990). *Methods of research in social psychology* (2nd ed.). New York: McGraw-Hill.

Arthur, W., Bennett, W., Edens P. S., & Bell, S. T. (2003). Effectiveness of training in organizations: A meta-analysis of design and evaluation features. *Journal of Applied Psychology, 88*(2), 234–243.

Arvey, R. D., Cole, D. A., Hazucha, J., & Hartanto, F. (1985). Statistical power of training evaluation designs. *Personnel Psychology, 38,* 493–507.

Aytug, Z. G., Rothstein, H. R., Zhou, W., & Kern, M. C. (2012). Revealed or concealed? Transparency of procedures, decisions, and judgment calls in meta-analysis. *Organizational Research Methods, 15,* 103–133.

Baker, R., & Jackson, D. (2008). A new approach to outliers in meta-analysis. *Health Care Management Science, 23,* 151–162.

Bakker, M., van Dijk, A., & Wicherts, J. M. (2012). The rules of the game called psychological science. *Perspectives on Psychological Science, 7,* 543–554.

Bangert-Drowns, R. L. (1986). Review of developments in meta-analysis method. *Psychological Bulletin, 99,* 388–399.

Bangert-Drowns, R. L., Kulik, J. A., & Kulik, C.-L. C. (1983). Effects of coaching programs on achievement test performance. *Review of Educational Research, 53,* 571–585.

Banks, G. C., Kepes, S., & Banks, K. P. (2012). Publication bias: The antagonist of meta-analytic reviews and effective policy making. *Educational Evaluation and Policy Analysis, 34,* 259–277.

Banks, G. C., Kepes, S., & McDaniel, M. A. (2012). Publication bias: A call for improved meta-analytic practice in the organizational sciences. *International Journal of Selection and Assessment, 20,* 182–196.

Barnett, V., & Lewis, T. (1978). *Outliers in statistical data.* New York: John Wiley.

Barrick, M. R., & Mount, M. K. (1991). The Big Five personality dimensions and job performance: A meta-analysis. *Personnel Psychology, 44,* 1–26.

Bartlett, C. J., Bobko, P., Mosier, S. B., & Hannan, R. (1978). Testing for fairness with a moderated multiple regression strategy: An alternative to differential analysis. *Personnel Psychology, 31,* 233–241.

Beal, D. J., Corey, D. M., & Dunlap, W. P. (2002). On the bias of Huffcutt and Arthur's (1995) procedure for identifying outliers in the meta-analysis of correlations. *Journal of Applied Psychology, 87,* 583–589.

Becker, B. J. (1987). Applying tests of combined significance in meta-analysis. *Psychological Bulletin, 102,* 164–171.

Becker, B. J. (1988). Synthesizing standardized mean-change measures. *British Journal of Mathematical and Statistical Psychology, 41,* 257–278.

Becker, B. J. (1989, March). *Model-driven meta-analysis: Possibilities and limitations.* Paper presented at the annual meeting of the American Educational Research Association, San Francisco.

Becker, B. J. (1992). Models of science achievement: Forces affecting male and female performance in school science. In T. D. Cook, H. Cooper, D. S. Cordray, H. Hartmann, L. V. Hedges, et al. (Eds.), *Meta-analysis for explanation: A casebook* (pp. 209–282). New York: Russell Sage.

Becker, B. J. (1996). The generalizability of empirical research results. In C. P. Benbow & D. Lubinski (Eds.), *Intellectual talent: Psychological and social issues* (pp. 363–383). Baltimore: Johns Hopkins University Press.

Becker, B. J. (2005). Failsafe *N* or file drawer number. In H. R. Rothstein, A. J. Sutton, & M. Borenstein (Eds.), *Publication bias in meta-analysis: Prevention, assessment, and adjustments.* Chichester, UK: John Wiley.

Becker, B. J. (2009). Model based meta-analysis. In H. Cooper, L. V. Hedges, & J. C. Valentine (Eds.), *Handbook of research synthesis and meta-analysis* (2nd ed., pp. 377–396). New York: Russell Sage.

Becker, B. J., & Schram, C. M. (1994). Examining explanatory models through research synthesis. In H. Cooper & L. V. Hedges (Eds.), *The handbook of research synthesis* (pp. 357–382). New York: Russell Sage.

Bedeian, A. G., Taylor, S. G., & Miller, A. N. (2010). Management science on the credibility bubble: Cardinal sins and various misdemeanors. *Academy of Management Learning & Education, 9,* 715–725.

Begg, C. B. (1994). Publication bias. In H. Cooper & L. V. Hedges (Eds.), *The handbook of research synthesis* (pp. 399–409). New York: Russell Sage.

Begg, C. B., & Mazumdar, M. (1994). Operating characteristics of a rank order correlation for publication bias. *Biometrics, 50,* 1088–1101.

Berlin, J. A., & Ghersi, D. (2005). Preventing publication bias: Registries and prospective meta-analyses. In H. R. Rothstein, A. J. Sutton, & M. Borenstein (Eds.), *Publication bias is meta-analysis: Prevention, assessment, and adjustments* (pp. 35–48). West Sussex, UK: Wiley.

Bettencourt, B. A., Talley, A., Benjamin, A. J., & Valentine, J. (2006). Personality and aggressive behavior under provoking and neutral conditions: A meta-analytic review. *Psychological Bulletin, 132,* 751–777.

Bijmolt, T. H. A., & Pieters, R. G. M. (2001). Meta-analysis in marketing when studies contain multiple measurements. *Marketing Letters, 12,* 157–169.

Billings, R., & Wroten, S. (1978). Use of path analysis in industrial/organizational psychology: Criticisms and suggestions. *Journal of Applied Psychology, 63,* 677–688.

Bloom, B. S. (1964). *Stability and change in human characteristics.* New York: John Wiley.

Bobko, P. (1983). An analysis of correlations corrected for attenuation and range restriction. *Journal of Applied Psychology, 68,* 584–589.

Bobko, P., & Reick, A. (1980). Large sample estimators for standard errors of functions of correlation coefficients. *Applied Psychological Measurement, 4,* 385–398.

Bobko, P., Roth, P. L., & Bobko, C. (2001). Correcting the effect size of *d* for range restriction and unreliability. *Organizational Research Methods, 4,* 46–61.

Bobko, P., & Stone-Romero, E. F. (1998). Meta-analysis may be another useful research tool but it is not a panacea. In G. R. Ferris (Ed.), *Research in personnel and human resources management* (Vol. 16, pp. 359–397). Greenwich, CT: JAI Press.

Bonett, D. G. (2007). Transforming odds ratios into correlations for meta-analytic research. *American Psychologist, 62,* 254–255.

Bonett, D. G. (2008). Meta-analytic interval estimation for bivariate correlations. *Psychological Methods, 13,* 173–189.

Bonett, D. G. (2009). Meta-analytic interval estimation for standardized and unstandardized mean differences. *Psychological Methods, 14,* 225–238.

Bono, J. E., & Judge, T. A. (2004). Personality and transformational and transac tional leadership: A meta-analysis. *Journal of Applied Psychology, 89*(5), 901–910.

Borenstein, M. (1994). The case for confidence intervals in controlled clinical tri - als. *Controlled Clinical Trials, 15,* 411–428.

Borenstein, M. (2005). Software for publication bias. In H. R. Rothstein, A. J. Sutton, & M. Borenstein (Eds.), *Publication bias in meta-analysis: Prevention, assessment, and adjustments* (pp. 193–220). West Sussex, UK: Wiley.

Borenstein, M., Hedges, L. V., Higgins, J. T., & Rothstein, H. R. (2009). *Introduction to meta-analysis.* London: Wiley.

Borman, G. D., & Grigg, J. A. (2009). Visual and narrative interpretation. In H. Cooper, L. V. Hedges, & J. C. Valentine (Eds.), *Handbook of research synthesis and meta-analysis* (pp. 497–520). New York: Russell Sage.

Bozarth, J. D., & Roberts, R. R. (1972). Signifying significant significance. *American Psychologist, 27,* 774–775.

Brannick, M. T. (2006, August). *Comparison of sample size and inverse variance weights for the effect size* r. Paper presented at the first annual meeting of the Society for Research Synthesis Methodology, Cambridge, UK.

Brannick, M. T., Yang, L.-Q., & Cafri, G. (2011). Comparison of weights for meta-analysis of *r* and *d* under realistic conditions. *Organizational Research Methods, 14,* 587–607.

Brennan, R. L. (1983). *Elements of generalizability theory.* Iowa City, IA: ACT Publications.

Brogden, H. E. (1968). *Restriction in range.* Unpublished manuscript, Department of Psychology, Purdue University, Lafayette, IN.

Brown, S. H. (1981). Validity generalization and situational moderation in the life insurance industry. *Journal of Applied Psychology, 66,* 664–670.

Brozek, J., & Tiede, K. (1952). Reliable and questionable significance in a series of statistical tests. *Psychological Bulletin, 49,* 339–344.

Bryant, N. D., & Gokhale, S. (1972). Correcting correlations for restrictions in range due to selection on an unmeasured variable. *Educational and Psychological Measurement, 32,* 305–310.

Burke, M. J., & Day, R. (1986). A cumulative study of the effectiveness of management training. *Journal of Applied Psychology, 71*(2), 232–245.

Burke, M. J., & Landis, R. S. (2003). Methodological and conceptual challenges in conducting and interpreting meta-analyses. In K. Murphy (Ed.), *Validity generalization: A critical review* (pp. 287–310). Mahwah, NJ: Lawrence Erlbaum.

Bushman, B. J., & Wang, M. D. (2009). Vote counting procedures in meta-analysis. In H. Cooper, L. V. Hedges, & J. C. Valentine (Eds.), *Handbook of research synthesis and meta-analysis* (pp. 207–220). New York: Russell Sage.

Callender, J. C. (1983, March). *Conducting validity generalization research based on correlations, regression slopes, and covariances.* Paper presented at the I/O and OB Graduate Student Convention, Chicago.

Callender, J. C., & Osburn, H. G. (1980). Development and test of a new model for validity generalization. *Journal of Applied Psychology, 65,* 543–558.

Callender, J. C., & Osburn, H. G. (1981). Testing the constancy of validity with computer generated sampling distributions of the multiplicative model variance estimate: Results for petroleum industry validation research. *Journal of Applied Psychology, 66,* 274–281.

Callender, J. C., & Osburn, H. G. (1988). Unbiased estimation of the sampling variance of correlations. *Journal of Applied Psychology, 73,* 312–315.

Campbell, D. T., & Stanley, J. C. (1963). *Experimental and quasi-experimental designs for research.* Chicago: Rand McNally.

Campbell, J. P. (1990). The role of theory in industrial and organizational psychology. In M. D. Dunnette & L. M. Hough (Eds.), *Handbook of industrial and organizational psychology* (2nd ed., Vol. 1, pp. 39–73). Palo Alto, CA: Consulting Psychologists Press.

Carey, B. (2011, November 2). Fraud case seen as red flag for psychology research. *New York Times.*

Carlson, K. D., & Ji, F. X. (2011). Citing and building on meta-analytic findings: A review and recommendations. *Organizational Research Methods, 14,* 696–717.

Carlson, K. D., & Schmidt, F. L. (1999). Impact of experimental design on effect size: Findings from the research literature on training. *Journal of Applied Psychology, 84,* 851–862.

Carlson, K. D., Scullen, S. E., Schmidt, F. L., Rothstein, H. R., & Erwin, F. W. (1999). Generalizable biographical data validity: Is multi-organizational development and keying necessary? *Personnel Psychology, 52,* 731–756.

Carver, R. P. (1978). The case against statistical significance testing. *Harvard Educational Review, 48,* 378–399.

Cattin, P. (1980). The estimation of the predictive power of a regression model. *Journal of Applied Psychology, 65,* 407–414.

Chan, A. W., & Altman, D. G. (2005). Outcome reporting bias in randomized trials on PubMed: Review of publications and survey of authors. *British Medical Journal, 330,* 753.

Chan, A. W., Hrobjartsson, A., Haahr, M. T., Gotzsche, P. C., & Altman, D. G. (2004). Empirical evidence for selective reporting of outcomes in randomized trials: Comparison of protocols to published articles. *Journal of the American Medical Association, 291,* 2457–2465.

Chan, M. E., & Arvey, R. D. (2012). Meta-analysis and the development of knowledge. *Perspectives on Psychological Science, 7,* 79–92.

Chase, L. J., & Chase, R. B. (1976). Statistical power analysis of applied psychological research. *Journal of Applied Psychology, 61,* 234–237.

Chelimsky, E. (1994, October). *Use of meta-analysis in the General Accounting Office.* Paper presented at the Science and Public Policy Seminars, Federation of Behavioral, Psychological and Cognitive Sciences, Washington, DC.

Cheung, M. W. L. (2008). A model for integrating fixed-, random-, and mixed-effects meta-analyses into structural equation modeling. *Psychological Methods, 13,* 182–202.

Cheung, M. W. L. (2009). Constructing approximate confidence intervals for parameters with structural equation models. *Structural Equation Modeling, 16,* 267–294.

Cheung, M. W. L. (2010). Fixed-effects meta-analyses as multiple-group structural equation models. *Structural Equation Modeling, 17,* 481–509.

Cheung, M. W. L. (2012a). *MetaSEM: An R package for meta-analysis using structural equation modeling.* Manuscript under review.

Cheung, M. W. L. (2012b). *Three-level meta-analyses as structural equation models.* Manuscript under review.

Cheung, M. W. L. (in press). Multivariate meta-analysis as structural equation modeling. *Structural Equation Modeling.*

Cheung, M. W. L., & Chan, W. (2005). Meta-analytic structural equation modeling: a two-stage approach. *Psychological Methods, 10,* 40–64.

Cheung, S. F., & Change, D. K. (2004). Dependent effects sizes in meta-analysis: Incorporating the degree of interdependence. *Journal of Applied Psychology, 89,* 780–791.

Chinn, S. (2000). A simple method for converting an odds ratio to effect size for use in meta-analysis. *Statistics in Medicine, 19,* 3127–3131.

Clarke, M. (2009). Reporting format. In H. Cooper, L. V. Hedges, & J. C. Valentine (Eds.), *Handbook of research synthesis and meta-analysis* (pp. 521–534). New York: Russell Sage.

Coffman, D. L., & MacCallum, R. C. (2005). Using parcels to convert path analysis models into latent variable models. *Multivariate Behavioral Research, 40,* 235–259.

Coggin, T. D., & Hunter, J. E. (1987). A meta-analysis of pricing of "risk" factors in APT. *Journal of Portfolio Management, 14,* 35–38.

Cohen, J. (1962). The statistical power of abnormal-social psychological research: A review. *Journal of Abnormal and Social Psychology, 65,* 145–153.

Cohen, J. (1977). *Statistical power analysis for the behavior sciences* (Rev. ed.). New York: Academic Press.

Cohen, J. (1983). The cost of dichotomization. *Applied Psychological Measurement, 7,* 249–253.

Cohen, J. (1988). *Statistical power analysis for the behavioral sciences* (2nd ed.). Hillsdale, NJ: Lawrence Erlbaum.

Cohen, J. (1990). Things I learned (so far). *American Psychologist, 45,* 1304–1312.

Cohen, J. (1992). Statistical power analysis. *Current Directions in Psychological Science, 1,* 98–101.

Cohen, J. (1994). The earth is round (P < .05). *American Psychologist, 49,* 997–1003.

Cohen, J., Cohen, P., West, S. G., & Aiken, L. S. (2003). *Applied multiple regression/correlation analysis for the behavioral sciences* (3rd ed.). Mahwah, NJ: Lawrence Erlbaum.

Coleman, J. S. (1966). *Equality of educational opportunity.* Washington, DC: Government Printing Office.

Collins, D. B., & Holton, E. F. (2004). The effectiveness of managerial leadership development programs: a meta-analysis of studies from 1982 to 2001. *Human Resource Development Quarterly, 15,* (2), 217-248.

Collins, J. M., Schmidt, F. L., Sanchez-Ku, M., Thomas, L., McDaniel, M. A., & Le, H. (2003). Can individual differences shed light on the construct meaning of assessment centers? *International Journal of Selection and Assessment, 11,* 17–29.

Colquitt, J. A., LePine, J. A., & Noe, R. A. (2000). Toward an integrative theory of training motivation: A meta-analytic path analysis of 20 years of research. *Journal of Applied Psychology, 85,* 678–707.

Cook, T., & Campbell, D. T. (1976). The design and conduct of quasi-experiments and true experiments in field settings. In M. Dunnette (Ed.), *Handbook of industrial and organizational psychology* (pp. 223–236). Chicago: Rand McNally.

Cook, T., & Campbell, D. T. (1979). *Quasi-experiments and true experimentation: Design and analysis for field settings.* Chicago: Rand McNally.

Cook, T. D., Cooper, H., Cordray, D. S., Hartmann, H., Hedges, L. V., Light, R. J., et al. (1992). *Meta-analysis for explanation: A casebook.* New York: Russell Sage.

Cooper, H. (1997). Some finer points in meta-analysis. In M. Hunt (Ed.), *How science takes stock: The story of meta-analysis* (pp. 169–181). New York: Russell Sage.

Cooper, H. (1998). *Synthesizing research: A guide for literature reviews.* Thousand Oaks, CA: Sage.

Cooper, H. (2003). Editorial. *Psychological Bulletin, 129,* 3–9.

Cooper, H. (2010). *Research synthesis and meta-analysis: A step-by-step approach* (4th ed.). Los Angeles: Sage.

Cooper, H., & Koenka, A. C. (2012). The overviews of overviews: Unique challenges and opportunities when research syntheses are the principal elements of new integrative scholarship. *American Psychologist, 67,* 446–462.

Cooper, H. M., & Rosenthal, R. (1980). Statistical versus traditional procedures for summarizing research findings. *Psychological Bulletin, 87,* 442–449.

Copas, J. B. (1999). What works? Selectivity models and meta-analysis. *Journal of the Royal Statistical Society, Series A, 162,* 95–109.

Copas, J. B., & Shi, J. Q. (2001). A sensitivity analysis for publication bias in systematic reviews. *Statistical Methods in Medical Research, 10,* 251–265.

Cordray, D. S., & Morphy, P. (2009). Research synthesis and public policy. In H. Cooper, L. V. Hedges, & J. C. Valentine (Eds.), *Handbook of research synthesis and meta-analysis* (pp. 473–494). New York: Russell Sage.

Coursol, A., & Wagner, E. E. (1986). Effect of positive findings on submission and acceptance rates: A note on meta-analysis bias. *Professional Psychology, 17,* 136–137.

Coward, W. M., & Sackett, P. R. (1990). Linearity of ability-performance relationships: A reconfirmation. *Journal of Applied Psychology, 75,* 297–300.

Cronbach, L. J. (1947). Test "reliability": Its meaning and determination. *Psychometrika, 12,* 1–16.

Cronbach, L. J. (1975). Beyond the two disciplines of scientific psychology revisited. *American Psychologist, 30,* 116–127.

Cronbach, L. J., Gleser, G. C., Nanda, H., & Rajaratnam, N. (1972). *The dependability of behavioral measurements: Theory of generalizability for scores and profiles.* New York: John Wiley.

Cumming, G. (2012). *Understanding the new statistics: Effect sizes, confidence intervals, and meta-analysis.* New York: Routledge.

Cureton, E. E. (1936). On certain estimated correlation functions and their standard errors. *Journal of Experimental Education, 4,* 252–264.

Cuts raise new social science query: Does anyone appreciate social science? (1981, March 27). *Wall Street Journal,* p. 54.

Dalton, D. R., Aguinis, H., Dalton, C. M., Bosco, F. A., & Pierce, C. A. (2012). Revisiting the file drawer problem in meta-analysis: An assessment of published and nonpublished correlation matrices. *Personnel Psychology, 65,* 221–249.

Dean, M. A., Roth, P. L., & Bobko, P. (2008). Ethic and gender subgroup differences in assessment center ratings: a meta-analysis. *Journal of Applied Psychology, 93*(3), 685–691.

DeGeest, D. S., & Schmidt, F. L. (2011). The impact of research synthesis methods on industrial-organizational psychology: The road from pessimism to optimism about cumulative knowledge. *Research Synthesis Methods, 1,* 185–197.

Dickersin, K. (1994). Research registers. In H. Cooper & L. V. Hedges (Eds.), *The handbook of research synthesis* (pp. 71–84). New York: Russell Sage.

Dickersin, K. (2005). Publication bias: Recognizing the problem, understanding its origins and scope, and preventing harm. In H. Rothstein, A. J. Sutton, & M. Borenstein (Eds.), *Publication bias in meta-analysis: Prevention, assessment, and adjustments* (pp. 11–34). Chichester, UK: Wiley.

Dickersin, K., Min, Y., & Meinert, C. (1992). Factors influencing the publication of research results: Follow-up of applications submitted to two institutional review boards. *Journal of the American Medical Association, 267,* 374–378.

Dieckmann, N. F., Malle, B. F., & Bodner, T. E. (2009). An empirical assessment of meta-analytic practice. *Review of General Psychology, 13,* 101–115.

Doucouliagos, C., & Stanley, T. D. (2009). Publication selection bias in minimum-wage research? A meta-regression analysis. *British Journal of Industrial Relations, 47,* 406–428.

Doucouliagos, C., & Stanley, T. D. (2011). Are all economic facts greatly exaggerated? Theory competition and selectivity. *Journal of Economic Surveys, 10,* 1–29.

Dunlap, W. P., Cortina, J. M., Vaslow, J. B., & Burke, M. J. (1996). Meta-analysis of experiments with matched groups or repeated measures designs. *Psychological Methods, 1,* 170–177.

Dunnette, M. D., Houston, J. S., Hough, L. M., Touquam, J., Lamnstein, S., King, K., et al. (1982). *Development and validation of an industry-wide electric power plant operator selection system.* Minneapolis, MN: Personnel Decisions Research Institute.

Duval, S. (2005). The trim and fill method. In H. R. Rothstein, A. J. Sutton, & M. Borenstein (Eds.), *Publication bias in meta-analysis: Prevention, assessment, and adjustments* (pp. 127–144). New York: John Wiley.

Duval, S., & Tweedie, R. (2000). Trim and fill: A simple funnel plot based method of testing and adjusting for publication bias in meta-analysis. *Biometrics, 56,* 276–284.

Dye, D. (1982). *Validity generalization analysis for data from 16 studies participating in a consortium study.* Unpublished manuscript, Department of Psychology, George Washington University, Washington, DC.

Dye, D., Reck, M., & Murphy, M. A. (1993). The validity of job knowledge measures. *International Journal of Selection and Assessment, 1,* 153–157.

Eagly, A. H. (1978). Sex differences in influenceability. *Psychological Bulletin, 85,* 86–116.

Eagly, A. H., Johannsen-Schmidt, M. C., & van Engen, M. L. (2003). Transformational, transactional, and laissez-faire leadership styles: A meta-analysis comparing women and men. *Psychological Bulletin, 129,* 569–591.

Eagly, A. H., Karau, S. J., & Makhijani, M. G. (1995). Gender and the effectiveness of leaders: A meta-analysis. *Psychological Bulletin, 117,* 125–145.

Easterbrook, P. J., Berlin, J. A., Gopalan, R., & Matthews, D. R. (1991). Publication bias in clinical research. *Lancet, 337,* 867–872.

Egger, M., Smith, G., Schneider, M., & Minder, C. (1997). Bias in meta-analysis detected by a simple, graphical test. *British Medical Journal, 315,* 629–634.

Emerson, G. B., Warme, W. J., Wolf, F. M., Heckman, J. D., Brand, R. A., & Leopold, S. S. (2010). Testing for the presence of positive-outcome bias in peer review: A randomized controlled trial. *Archives of Internal Medicine, 170,* 1934–1939.

Erlenmeyer-Kimling, L., & Jarvik, L. F. (1963). Genetics and intelligence: A review. *Science, 142,* 1477–1479.

Fanelli, D. (2009). How many scientists fabricate and falsify research? A systematic review and meta-analysis of survey data. *PLoS ONE, 4,* 1–11.

Fiedler, K. (2011). Voodoo correlations are everywhere—not just in neuroscience. *Perspectives on Psychological Science, 6,* 163–171.

Field, A. P. (2001). Meta-analysis of correlation coefficients: A Monte Carlo comparison of fixed- and random-effects methods. *Psychological Methods, 6,* 161–180.

Field, A. P. (2005). Is the meta-analysis of correlations accurate when population correlations vary. *Psychological Methods, 10,* 444–467.

Fisher, R. A. (1932). *Statistical methods for research workers* (4th ed.). London: Oliver & Boyd.

Fisher, R. A. (1935). *The design of experiments.* London: Oliver & Boyd.

Fisher, R. A. (1938). *Statistical methods for research workers* (7th ed.). London: Oliver & Boyd.

Forsyth, R. A., & Feldt, L. S. (1969). An investigation of empirical sampling distributions of correlation coefficients corrected for attenuation. *Educational and Psychological Measurement, 29,* 61–71.

Fountoulakis, K. N., Conda, X., Vieta, E., & Schmidt, F. L. (2009). Treatment of psychotic symptoms in bipolar disorder with aripiprazole monotherapy. *Annuals of General Psychiatry, 8,* 27. Available at www.annals-general-psychiatry.com/contents/8/1/27

Francis, G. (2012a). The psychology of replication and replication in psychology. *Perspectives on Psychological Science, 7,* 585–594.

Francis, G. (2012b). Too good to be true: Publication bias in two prominent studies from experimental psychology. *Psychonomic Bulletin & Review, 19,* 151–156.

Francis, G. (2013). Publication bias in "Red, Rank, and Romance in Women Viewing Men" by Elliot et al. (2010). *Journal of Experimental Psychology: General, 142,* 292–296.

Freund, P. A., & Kasten, N. (2012). How smart do you think you are? A meta-analysis on the validity of self-estimates of cognitive ability. *Psychological Bulletin, 138,* 96–321.

Gardner, S., Frantz, R. A., & Schmidt, F. L. (1999). The effect of electrical stimulation on chronic wound healing: A meta-analysis. *Nursing Research, 7,* 495–403.

Gaugler, B. B., Rosenthal, D. B., Thornton, G. C., & Bentson, C. (1987). Meta-analysis of assessment center validity. *Journal of Applied Psychology, 72,* 493–511.

Gendreau, P., & Smith, P. (2007). Influencing the people who count: Some perspectives on reporting of meta-analysis results for prediction and treatment of outcomes with offenders. *Criminal Justice and Behavior, 34,* 1536–1559.

Gergen, K. J. (1982). *Toward transformation in social knowledge.* New York: Springer-Verlag.

Geyskens, I., Krishnan, R., Steenkamp, J. E. M., & Cunha, P. V. (2009). A review and evaluation of meta-analysis practices in management research. *Journal of Management, 35,* 393–419.

Ghiselli, E. E. (1949). The validity of commonly employed occupational tests. *University of California Publications in Psychology, 5,* 253–288.

Ghiselli, E. E. (1955). The measurement of occupational aptitude. *University of California Publications in Psychology, 8,* 101–216.

Ghiselli, E. E. (1966). *The validity of occupational aptitude tests.* New York: John Wiley.

Ghiselli, E. E. (1973). The validity of aptitude tests in personnel selection. *Personnel Psychology, 26,* 461–477.

Gigerenzer, G. (2007). Helping physicians understand screening tests will improve health care. *Association for Psychological Science Observer, 20,* 37–38.

Gigerenzer, G., Gaissmaier, W., Kurz-Milcke, E., Schwartz, L. M., & Woloshin, S. (2007). Helping doctors and patients make sense of health statistics. *Psychological Science in the Public Interest, 8,* 53–96.

Glass, G. V. (1972). The wisdom of scientific inquiry on education. *Journal of Research in Science Teaching, 9,* 3–18.

Glass, G. V. (1976). Primary, secondary and meta-analysis of research. *Educational Researcher, 5,* 3–8.

Glass, G. V. (1977). Integrating findings: The meta-analysis of research. *Review of Research in Education, 5,* 351–379.

Glass, G. V., McGaw, B., & Smith, M. L. (1981). *Meta-analysis in social research.* Beverly Hills, CA: Sage.

Glass, G. V., Peckham, P. D., & Sanders, J. R. (1972). Consequences of failure to meet assumptions underlying fixed effects analysis of variance and covariance. *Review of Educational Research, 42,* 237–288.

Gleser, L. J., & Olkin, O. (2009). Stochastically dependent effect sizes. In H. Cooper, L. V. Hedges, & J. C. Valentine (Eds.), *Handbook of research synthesis and meta-analysis* (pp. 357–376). New York: Russell Sage.

Gottfredson, L. S. (1985). Education as a valid but fallible signal of worker quality. *Research in Sociology of Education and Socialization, 5,* 123–169.

Green, B. F., & Hall, J. A. (1984). Quantitative methods for literature reviews. *Annual Review of Psychology, 35,* 37–53.

Greenhouse, J. B., & Iyengar, S. (1994). Sensitivity analysis and diagnostics. In L. V. Hedges & H. Cooper (Eds.), *Handbook of research synthesis* (pp. 383–398). New York: Russell Sage Foundation.

Greenwald, A. G. (1975). Consequences of prejudice against the null hypothesis. *Psychological Bulletin, 82,* 1–20.

Grissom, R. J., & Kim, J. J. (2012). *Effect sizes for research* (2nd ed.). New York: Routledge.

Gross, A. L., & McGanney, M. L. (1987). The range restriction problem and non-ignorable selection processes. *Journal of Applied Psychology, 72,* 604–610.

Grubbs, F. E. (1969). Procedures for detecting outliers. *Technometrics, 11,* 1–21.

Gulliksen, H. (1986). The increasing importance of mathematics in psychological research (Part 3). *The Score, 9,* 1–5.

Guttman, L. (1985). The illogic of statistical inference for cumulative science. *Applied Stochastic Models and Data Analysis, 1,* 3–10.

Guzzo, R. A., Jackson, S. E., & Katzell, R. A. (1986). Meta-analysis analysis. In L. L. Cummings & B. M. Staw (Eds.), *Research in organizational behavior* (Vol. 9). Greenwich, CT: JAI Press.

Hackman, J. R., & Oldham, G. R. (1975). Development of the Job Diagnostic Survey. *Journal of Applied Psychology, 60,* 159–170.

Haddock, C., Rindskopf, D., & Shadish, W. (1998). Using odds ratios as effect sizes for meta-analysis of dichotomous data: A primer on methods and issues. *Psychological Methods, 3,* 339–353.

Hafdahl, A. R. (2009). Improved Fisher's *z* estimators for univariate random-effects meta-analysis of Correlations. *British Journal of Mathematical and Statistical Psychology, 62,* 233–261.

Hafdahl, A. R. (2010). Random-effects meta-analysis of correlations: Evaluation of mean estimates. *British Journal of Mathematical and Statistical Psychology, 63,* 227–254.

Hafdahl, A. R. (2012). Article alerts: Items from 2011. *Research Synthesis Methods, 3,* 325–331.

Hafdahl, A. R., & Williams, M. A. (2009). Meta-analysis of correlations revisited: Attempted replication and extension of Field's (2001) simulation studies. *Psychological Methods, 14,* 24–42.

Hall, S. M., & Brannick, M. T. (2002). Comparison of two random effects methods of meta-analysis. *Journal of Applied Psychology, 87,* 377–389.

Halvorsen, K. T. (1994). The reporting format. In H. Cooper & L. V. Hedges (Eds.), *Handbook of research synthesis* (pp. 425–438). New York: Russell Sage.

Hamilton, M. A., & Hunter, J. E. (1987, August). *Two accounts of language intensity effects.* Paper presented at the International Communication Association Convention, New Orleans, LA.

Harmon, C., Oosterbeek, H., & Walker, I. (2000). *The returns to education: A review of evidence, issues and deficiencies in the literature* (Discussion Paper No. 5). London: Center for the Economics of Educations (CEE), London School of Economics.

Harter, J. K., Schmidt, F. L., Asplund, J., & Killham, E. A. (2010). Casual impact of employee work perceptions on the bottom line of organizations. *Perspectives on Psychological Science, 5,* 378–389.

Harter, J. K., Schmidt, F. L., & Hayes, T. L. (2002). Business unit level relationships between employee satisfaction/engagement and business outcomes: A meta-analysis. *Journal of Applied Psychology, 87,* 268–279.

Hartigan, J. A., & Wigdor, A. K. (Eds.). (1989). *Fairness in employment testing: Validity generalization, minority issues, and the General Aptitude Test Battery.* Washington, DC: National Academies Press.

Hedges, L. V. (1981). Distribution theory for Glass's estimator of effect size and related estimators. *Journal of Educational Statistics, 6,* 107–128.

Hedges, L. V. (1982a). Estimation of effect size from a series of independent experiments. *Psychological Bulletin, 92,* 490–499.

Hedges, L. V. (1982b). Fitting categorical models to effect sizes from a series of experiments. *Journal of Educational Statistics, 7,* 119–137.

Hedges, L. V. (1982c). Fitting continuous models to effect size data. *Journal of Educational Statistics, 7,* 245–270.

Hedges, L. V. (1983a). Combining independent estimators in research synthesis. *British Journal of Mathematical and Statistical Psychology, 36*(1), 123–131.

Hedges, L. V. (1983b). A random effects model for effect sizes. *Psychological Bulletin, 93,* 388–395.

Hedges, L. V. (1984). Estimation of effect size under non-random sampling: The effects of censoring studies yielding statistically mean differences. *Journal of Educational Statistics, 9,* 61–85.

Hedges, L. V. (1987). How hard is hard science, how soft is soft science: The empirical cumulativeness of research. *American Psychologist, 42,* 443–455.

Hedges, L. V. (1989). An unbiased correction for sampling error in validity generalization studies. *Journal of Applied Psychology, 74,* 469–477.

Hedges, L. V. (1992b). Modeling publication selection effects in meta-analysis. *Statistical Science, 7,* 246–255.

Hedges, L. V. (1995, February 14). Letter to Professor Herman Aguinis explaining sampling error variance of corrected correlations.

Hedges, L. V. (2009a). Effect sizes in nested designs. In H. Cooper, L. V. Hedges, & J. C. Valentine (Eds.), *Handbook of research synthesis and meta-analysis* (2nd ed., pp. 337–356). New York: Russell Sage.

Hedges, L. V. (2009b). Statistical considerations. In H. Cooper, L. V. Hedges, & J. C. Valentine (Eds.), *Handbook of research synthesis and meta-analysis* (2nd ed., pp. 37–48). New York: Russell Sage.

Hedges, L. V., & Olkin, I. (1980). Vote counting methods in research synthesis. *Psychological Bulletin, 88,* 359–369.

Hedges, L. V., & Olkin, I. (1985). *Statistical methods for meta-analysis.* Orlando, FL: Academic Press.

Hedges, L. V., & Pigott, T. D. (2001). The power of statistical tests in meta-analysis. *Psychological Methods, 6,* 203–217.

Hedges, L. V., & Pigott, T. D. (2004). The power of statistical tests for moderators in meta-analysis. *Psychological Methods, 9,* 426–425.

Hedges, L. V., & Stock, W. (1983). The effects of class size: An examination of rival hypotheses. *American Educational Research Journal, 20,* 63–85.

Hedges, L. V., Tipton, E., & Johnson, M. C. (2010a). Erratum: Robust variance estimation in meta-regression with dependent effect size estimates. *Research Synthesis Methods, 1,* 164–165.

Hedges, L. V., Tipton, E., & Johnson, M. C. (2010b). Robust variance estimation in meta-regression with dependent effect size estimates. *Research Synthesis Methods, 1,* 39–65.

Hedges, L. V., & Vevea, J. L. (1998). Fixed- and random-effects models in meta-analysis. *Psychological Methods, 3,* 486–504.

Hedges, L. V., & Vevea, J. (2005). Selection method approaches. In H. R. Rothstein, A. J. Sutton, & M. Borenstein (Eds.), *Publication bias in meta-analysis: Prevention, assessment, and adjustments.* Chichester, UK: John Wiley.

Heinsman, D. T., & Shadish, W. R. (1996). Assignment methods in experimentation: When do nonrandomized experiments approximate the answers from randomized experiments? *Psychological Methods, 1,* 154–169.

Higgins, J. P. T., & Thompson, S. G. (2001, October). *Presenting random effects meta-analyses: Where are we going wrong?* Paper presented at the 9th International Cochrane Colloquium, Lyon, France.

Higgins, J. P. T., Thompson, S. G., Deeks, J. J., & Altman, D. G. (2003). Measuring inconsistency in meta-analysis. *British Medical Journal, 327,* 557–560.

Higgins, J. P. T., Thompson, S. G., & Spiegelhalter, D. J. (2009). A re-evaluation of random-effects meta-analysis. *Journal of the Royal Statistical Society, 172*(Pt. 1), 137–159.

Hill, T. E. (1980, September). Development of a clerical program in Sears. In V. J. Benz (Chair), *Methodological implications of large scale validity studies of clerical occupations.* Symposium conducted at the meeting of the American Psychological Association, Montreal, Canada.

Hirsh, H. R., Northrop, L. C., & Schmidt, F. L. (1986). Validity generalization results for law enforcement occupations. *Personnel Psychology, 39,* 399–420.

Hoffert, S. P. (1997). Meta-analysis is gaining status in science and policymaking. *The Scientist, 11*(18), 1–6.

Hofstede, G. (1980). *Culture's consequences: International differences in work-related values.* Beverly Hills: Sage.

Hotelling, H. (1953). New light on the correlation coefficient and its transforms. *Journal of the Royal Statistical Society, B, 15,* 193–225.

Hoyt, W. T. (2000). Rater bias in psychological research: When it is a problem and what we can do about it? *Psychological Methods, 5,* 64–86.

Huber, P. J. (1980). *Robust statistics.* New York: John Wiley.

Huffcutt, A. I., & Arthur, W. A. (1995). Development of a new outlier statistic for meta-analytic data. *Journal of Applied Psychology, 80,* 327–334.

Huffcutt, A. I., Arthur, W. A., & Bennett, W. (1993). Conducting meta-analysis using the Proc Means procedure in SAS. *Educational and Psychological Measurement, 53,* 119–131.

Hunt, M. (1997). *How science takes stock.* New York: Russell Sage.

Hunter, J. E. (1980). Factor analysis. In P. Monge (Ed.), *Multivariate techniques in human communication research.* New York: Academic Press.

Hunter, J. E. (1983a). A causal analysis of cognitive ability, job knowledge, job performance, and supervisory ratings. In F. Landy, S. Zedeck, & J. Cleveland (Eds.), *Performance measurement and theory* (pp. 257–266). Hillsdale, NJ: Lawrence Erlbaum.

Hunter, J. E. (1983b). *Test validation for 12,000 jobs: An application of job classification and validity generalization analysis to the general aptitude test battery (GATB)* (Test Research Rep. No. 45). Washington, DC: U.S. Department of Labor, U.S. Employment Service.

Hunter, J. E. (1986, November). *Multiple dependent variables in experimental design.* Monograph presented at a workshop at the University of Iowa, Iowa City.

Hunter, J. E. (1987). Multiple dependent variables in program evaluation. In M. M. Mark & R. L. Shotland (Eds.), *Multiple methods in program evaluation.* San Francisco: Jossey-Bass.

Hunter, J. E. (1988). *A path analytic approach to analysis of covariance.* Unpublished manuscript, Department of Psychology, Michigan State University, East Lansing.

Hunter, J. E. (1995). PACKAGE: Software for data analysis in the social sciences. Unpublished suite of computer programs. (Available from Frank Schmidt, University of Iowa.)

Hunter, J. E. (1997). Needed: A ban on the significance test. *Psychological Science, 8,* 3–7.

Hunter, J. E., & Gerbing, D. W. (1982). Unidimensional measurement, second order factor analysis and causal models. In B. M. Staw & L. L. Cummings (Eds.), *Research in organizational behavior* (Vol. 4). Greenwich, CT: JAI Press.

Hunter, J. E., & Hirsh, H. R. (1987). Applications of meta-analysis. In C. L. Cooper & I. T. Robertson (Eds.), *International review of industrial and organizational psychology 1987.* London: Wiley.

Hunter, J. E., & Hunter, R. F. (1984). Validity and utility of alternate predictors of job performance. *Psychological Bulletin, 96,* 72–98.

Hunter, J. E., & Schmidt, F. L. (1977). A critical analysis of the statistical and ethical implications of various definitions of test fairness. *Psychological Bulletin, 83,* 1053–1071.

Hunter, J. E., & Schmidt, F. L. (1987a). *Error in the meta-analysis of correlations: The mean correlation.* Unpublished manuscript, Department of Psychology, Michigan State University, East Lansing.

Hunter, J. E., & Schmidt, F. L. (1987b). *Error in the meta-analysis of correlations: The standard deviation.* Unpublished manuscript, Department of Psychology, Michigan State University, East Lansing.

Hunter, J. E., & Schmidt, F. L. (1990a). Dichotomizing continuous variables: The implications for meta-analysis. *Journal of Applied Psychology, 75,* 334–349.

Hunter, J. E., & Schmidt, F. L. (1990b). *Methods of meta-analysis: Correcting error and bias in research findings.* Newbury Park, CA: Sage.

Hunter, J. E., & Schmidt, F. L. (1994). The estimation of sampling error variance in meta-analysis of correlations: The homogeneous case. *Journal of Applied Psychology, 79,* 171–177.

Hunter, J. E., & Schmidt, F. L. (1996). Cumulative research knowledge and social policy formulation: The critical role of meta-analysis. *Psychology, Public Policy, and Law, 2,* 324–347.

Hunter, J. E., & Schmidt, F. L. (2000). Fixed effects vs. random effects meta-analysis models: Implications for cumulative knowledge in psychology. *International Journal of Selection and Assessment, 8,* 275–292.

Hunter, J. E., & Schmidt, F. L. (2004). *Methods of meta-analysis: Correcting error and bias in research findings* (2nd ed.). Thousand Oaks, CA: Sage.

Hunter, J. E., Schmidt, F. L., & Coggin, T. D. (1996). *Meta-analysis of correlations: Bias in the correlation coefficient and the Fisher z transformation.* Unpublished manuscript, University of Iowa, Iowa City.

Hunter, J. E., Schmidt, F. L., & Hunter, R. (1979). Differential validity of employment tests by race: A comprehensive review and analysis. *Psychological Bulletin, 31,* 215–232.

Hunter, J. E., Schmidt, F. L., & Jackson, G. B. (1982). *Meta-analysis: Cumulating research findings across studies.* Beverly Hills, CA: Sage.

Hunter, J. E., Schmidt, F. L., & Le, H. (2006). Implications of direct and indirect range restriction for meta-analysis methods and findings. *Journal of Applied Psychology, 91,* 594–612.

Ioannidis, J. P. (2005a). Contradicted and initially stronger effects in highly cited clinical research. *Journal of the American Medical Association, 294,* 218–226.

Ioannidis, J. P. (2005b). Why most published research findings are false. *PLoS Medicine, 2*(8), 696–701.

Ioannidis, J. P., & Doucouliagos, C. (2013). What's to know about the credibility of empirical economics? *Journal of Economic Surveys, 13,* 1–8.

Ioannidis J. P., & Trikalinos, T. A. (2007). An exploratory test for an excess of significant findings. *Clinical Trials, 4,* 245–253.

Iyengar, S., & Greenhouse, J. (1988). Selection models and the file drawer problem. *Statistical Science, 3,* 109–135.

James, L. R., Demaree, R. G., & Mulaik, S. A. (1986). A note on validity generalization procedures. *Journal of Applied Psychology, 71,* 440–450.

Jensen, A. R. (1980). *Bias in mental testing.* New York: Free Press.

John, L. K., Loewenstein, G., & Prelec, D. (2012). Measuring the prevalence of questionable research practices with incentives for truth telling. *Psychological Science, 23,* 524–532.

Johnson, B. T. (1989). *D-Stat: Software for the meta-analytic review of research literatures.* Hillsdale, NJ: Lawrence Erlbaum.

Judge, T. A., & Bono, J. E. (2001). Relationship of core self-evaluations traits—self-esteem, generalized self-efficacy, locus of control, and emotional stability—with job satisfaction and job performance: A meta-analysis. *Journal of Applied Psychology, 86,* 80–92.

Judge, T. A., Bono, J. E., Ilies, R., & Gerhardt, M. W. (2002). Personality and leadership: A qualitative and quantitative review. *Journal of Applied Psychology, 87*(4), 765–780.

Judge, T. A., Colbert, A.E., & Ilies, R. (2004). Intelligence and leadership: a quantitative review and test of theoretical propositions. *Journal of Applied Psychology, 89*(3), 542–552.

Judge, T. A., Piccolo, R. F., & Kosalka, T. (2009). The bright and dark sides of leader traits: A review theoretical extension of the leader trait paradigm. *Leadership Quarterly, 20*(6), 855–875.

Judge, T. A., Thorensen, C. J., Bono, J. E., & Patton, G. K. (2001). The job satisfaction–job performance relationship: A qualitative and quantitative review. *Psychological Bulletin, 127,* 376–401.

Kelly, T. L. (1947). *Fundamentals of statistics.* Cambridge, MA: Harvard University Press.

Kemery, E. R., Dunlap, W. P., & Griffeth, R. W. (1988). Correction for unequal proportions in point biserial correlations. *Journal of Applied Psychology, 73,* 688–691.

Kemery, E. R., Mossholder, K. W., & Roth, L. (1987). The power of the Schmidt and Hunter additive model of validity generalization. *Journal of Applied Psychology, 72,* 30–37.

Kepes, S., Banks, G. C., & Oh, I.-S. (in press). Avoiding bias in publication bias research: The value of "null" findings. *Journal of Business and Psychology.*

Kepes, S., Banks, G. C., McDaniel, M. A., & Whetzel, D. L. (2012). Publication bias in the organizational sciences. *Organizational Research Methods, 15,* 624–662.

Kepes, S., & McDaniel, M. A. (2013). How trustworthy is the scientific literature in I-O psychology? *Industrial and Organizational Psychology: Perspectives on Science and Practice, 6*(3), 252–268.

Killeen, P. R. (2005a). An alternative to null hypothesis significance tests. *Psychological Science, 16,* 345–353.

Killeen, P. R. (2005b). Replicability, confidence, and priors. *Psychological Science, 16,* 1009–2012.

King, L. M., Hunter, J. E., & Schmidt, F. L. (1980). Halo in multidimensional forced choice performance evaluation scale. *Journal of Applied Psychology, 65,* 507–516.

Kirk, R. E. (1995). *Experimental design: Procedures for the behavioral sciences.* New York: Brooks/Cole.

Kirk, R. E. (2001). Promoting good statistical practices: Some suggestions. *Educational and Psychological Measurement, 61,* 213–218.

Kirkpatrick, D. L. (2000). Evaluating training programs: the four levels. In G. M. Piskurich, P. Beckschi, & B. Hall (Eds.), *The ASTD handbook of training design and delivery* (pp. 133–146). New York: McGraw-Hill.

Kisamore, J. L. (2003). *Validity generalization and transportability: An investigation of distributional assumptions of random-effects meta-analytic methods.* Unpublished doctoral dissertation, Department of Psychology, University of South Florida, Tampa.

Kisamore, J. L., & Brannick, M. T. (2008). An illustration of the consequences of meta-analysis model choice. *Organizational Research Methods, 11,* 35–53.

Kline, R. B. (2004). *Beyond significant testing: Reforming data analysis methods in behavioral research.* Washington, DC: American Psychology Association.

Kotov, R., Gamez, W., Schmidt, F. L., & Watson, D. (2010). Linking "Big" personality traits to anxiety, depressive, and substance use disorders: A meta-analysis. *Psychological Bulletin, 136,* 768–821.

Krakovsky, M. (2004). Register or perish. *Scientific American, 291,* 18–20.

Kulik, J. A., & Bangert-Drowns, R. L. (1983–1984). Effectiveness of technology in precollege mathematics and science teaching. *Journal of Educational Technology Systems, 12,* 137–158.

Kulinskaya, E., Morgenthaler, S., & Staudte, R. G. (2010). Combining the evidence using stable weights. *Research Synthesis Methods, 1,* 284–296.

Laczo, R. M., Sackett, P. R., Bobko, P., & Cortina, J. M. (2005). A comment on sampling error in *d* with unequal *N*s: Avoiding potential errors in meta-analytic and primary research. *Journal of Applied Psychology, 90,* 758–764.

Landis, R. S. (2013). Successfully combining meta-analysis and structural equation modeling: Recommendations and strategies. *Journal of Business and Psychology, 28,* 251–261.

Landman, J. T., & Dawes, R. M. (1982). Psychotherapy outcome: Smith and Glass' conclusions stand up under scrutiny. *American Psychologist, 37,* 504–516.

Law, K. S. (1995). The use of Fisher's *Z* in Schmidt-Hunter type meta-analysis. *Journal of Educational and Behavioral Statistics, 20,* 287–306.

Law, K. S., Schmidt, F. L., & Hunter, J. E. (1994a). Nonlinearity of range corrections in meta-analysis: A test of an improved procedure. *Journal of Applied Psychology, 79,* 425–438.

Law, K. S., Schmidt, F. L., & Hunter, J. E. (1994b). A test of two refinements in meta-analysis procedures. *Journal of Applied Psychology, 79,* 978–986.

Lawshe, C. H. (1948). *Principles of personnel selection.* New York: McGraw-Hill.

Le, H. (2003). *Correcting for indirect range restriction in meta-analysis: Testing a new meta-analysis method.* Unpublished doctoral dissertation, University of Iowa, Iowa City.

Le, H., & Schmidt, F. L. (2006). Correcting for indirect range restriction in meta-analysis: Testing a new meta-analysis procedure. *Psychological Methods, 11,* 416–438.

Le, H., Schmidt, F. L., Harter, J. K., & Lauver, K. (2010). The problem of empirical redundancy of constructs in organizational research: An empirical investigation. *Organizational Behavior and Human Decision Processes, 112,* 112–123.

Le, H., Schmidt, F. L., & Oh, I.-S. (2013). *Correction for range restriction in meta-analysis revisited: Improvements and implications for organizational research.* Manuscript under review.

Le, H., Schmidt, F. L., & Putka, D. J. (2009). The multi-faceted nature of measurement error and its implications for measurement error corrections. *Organizational Research Methods, 12,* 165–200.

Lehrer, J. (2011, December 13). The truth wears off: Is there something wrong with the scientific method? *New Yorker Magazine,* pp. 52–56.

Lent, R. H., Auerbach, H. A., & Levin, L. S. (1971a). Predictors, criteria and significant results. *Personnel Psychology, 24,* 519–533.

Lent, R. H., Auerbach, H. A., & Levin, L. S. (1971b). Research design and validity assessment. *Personnel Psychology, 24,* 247–274.

Leone, F. C., & Nelson, L. S. (1966). Sampling distributions of variance components: I. Empirical studies of balanced nested designs. *Technometrics, 8,* 457–468.

LePine, J. A., Piccolo, R. F., Jackson, C. L., Mathieu, J. E., & Saul, J. R. (2008). A meta-analysis of teamwork processes: Tests of a multidimensional model and relationships with team effectiveness criteria. *Personnel Psychology, 61*(2), 273–307.

Levine, J. M., Kramer, G. G., & Levine, E. N. (1975). Effects of alcohol on human performance: An integration of research findings based on an abilities classification. *Journal of Applied Psychology, 60,* 285–293.

Levine, J. M., Romashko, T., & Fleishman, E. A. (1973). Evaluation of an abilities classification system for integration and generalizing human performance research findings: An application to vigilance tasks. *Journal of Applied Psychology, 58,* 149–157.

Li, J. C., Chan, W., & Cui, Y. (2010) Bootstrap standard error and confidence intervals for correlations corrected for indirect range restriction. *British Journal of Mathematical and Statistical Psychology, 64,* 367–387.

Light, R. J., & Pillemer, D. B. (1984). *Summing up: The science of reviewing research.* Cambridge, MA: Harvard University Press.

Light, R. J., Singer, J. D., & Willett, J. B. (1994). The visual presentation and interpretation of meta-analyses. In H. Cooper & L. V. Hedges (Eds.), *The handbook of research synthesis* (pp. 439–453). New York: Russell Sage.

Light, R. J., & Smith, P. V. (1971). Accumulating evidence: Procedures for resolving contradictions among different research studies. *Harvard Educational Review, 41,* 429–471.

Linn, R. L., Harnisch, D. L., & Dunbar, S. B. (1981a). Corrections for range restriction: An empirical investigation of conditions resulting in conservative corrections. *Journal of Applied Psychology, 66,* 655–663.

Linn, R. L., Harnisch, D. L., & Dunbar, S. B. (1981b). Validity generalization and situational specificity: An analysis of the prediction of first year grades in law school. *Applied Psychological Measurement, 5,* 281–289.

Lipsey, M. W., & Wilson, D. B. (1993). The efficacy of psychological, educational, and behavioral treatment: Confirmation from meta-analysis. *American Psychologist, 48,* 1181–1209.

Lipsey, M. W., & Wilson, D. B. (2001). *Practical meta-analysis.* Thousand Oaks, CA: Sage.

Lockhart, R. S. (1998). *Statistics and data analysis for the behavioral sciences.* New York: W. H. Freeman.

Lord, F., & Novick, M. (1968). *Statistical theories of mental test scores.* New York: Knopf.

Lumley, T. (2009). Rmeta meta-analysis. R package version 2.16. http://CRAN.R-project.org/package=rmeta

Mabe, P. A., III, & West, S. G. (1982). Validity of self evaluations of ability: A review and meta-analysis. *Journal of Applied Psychology, 67,* 280–296.

MacCallum, R. C., Zhang, S., Preacher, K. J., & Rucker, D. D. (2002). On the practice of dichotomization of quantitative variables. *Psychological Methods, 7,* 19–40.

MacMahon, S., Peto, R., Cutler, J., Collins, R., Sorlie, P., Neaton, J., et al. (1990). Blood pressure, stroke, and coronary heart disease: Part 1: Prolonged differences in blood pressure: Prospective observational studies corrected for the regression dilution bias. *Lancet, 335,* 763–774.

Magnusson, D. (1966). *Test theory.* New York: Addison-Wesley.

Maloley et al. v. Department of National Revenue, Canadian Civil Service Appeals Board, Ottawa (1986, February).

Mann, C. (1990, August 3). Meta-analysis in the breech. *Science, 249,* 476–480.

Mansfield, R. S., & Busse, T. V. (1977). Meta-analysis of research: A rejoinder to Glass. *Educational Researcher, 6,* 3.

Marin-Martinez, F., & Sanchez-Meca, J. (2010). Weighting by inverse variance or by sample size in random effects meta-analysis. *Educational and Psychological Measurement, 70,* 56–73.

Martinussen, M., & Bjornstad, J. F. (1999). Meta-analysis calculations based on independent and nonindependent cases. *Educationa and Psychological Measurement, 59,* 928–950.

Matt, G. E., & Cook, T. D. (2009). Threats to the validity of generalized inferences. In H. Cooper, L. V. Hedges, & J. C. Valentine (Eds.), *Handbook of research synthesis and meta-analysis* (2nd ed., pp. 537–560). New York: Russell Sage.

Maxwell, S. E. (2004). The persistence of underpowered studies in psychological research: Causes, consequences, and remedies. *Psychological Methods, 9,* 147–163.

McDaniel, M. A. (1986a). Computer programs for calculating meta-analysis statistics. *Educational and Psychological Measurement, 64,* 175–177.

McDaniel, M. A. (1986b). *MAME: Meta-analysis made easy. Computer program and manual. Ver. 2.1.* Bethesda, MD: Author.

McDaniel, M. A. (1990, April 14). *Cumulative meta-analysis as a publication bias method.* Paper presented at the annual meeting of the Society for Industrial and Organizational Psychology, New Orleans, LA.

McDaniel, M. A., & Nguyen, N. T. (2002, December 5). *A meta-analysis of the relationship between in vivo brain volume and intelligence.* Paper presented at the Third Annual Conference of the International Society for Intelligence Research, Nashville, TN.

McDaniel, M. A., Rothstein, H. R., & Whetzel, D. I. (2006). Publication bias: A case study of four test vendors. *Personnel Psychology, 59,* 927–953.

McDaniel, M. A., Schmidt, F. L., & Hunter, J. E. (1988a). Job experience correlates of job performance. *Journal of Applied Psychology, 73,* 327–330.

McDaniel, M. A., Schmidt, F. L., & Hunter, J. E. (1988b). A meta-analysis of the validity of training and experience ratings in personnel selection. *Personnel Psychology, 41,* 283–314.

McDaniel, M. A., Whetzel, D. L., Schmidt, F. L., & Maurer, S. D. (1994). The validity of employment interviews: A comprehensive review and meta-analysis. *Journal of Applied Psychology, 79,* 599–616.

McNatt, D. B. (2000). Ancient Pygmalion joins contemporary management: A meta-analysis of the result. *Journal of Applied Psychology, 85,* 314–322.

McNemar, Q. (1960). At random: Sense and nonsense. *American Psychologist, 15,* 295–300.

Meehl, P. E. (1978). Theoretical risks and tabular asterisks: Sir Karl, Sir Ronald and the slow progress of soft psychology. *Journal of Consulting and Clinical Psychology, 46,* 806–834.

Mendoza, J. L., & Mumford, M. (1987). Correction for attenuation and range restriction on the predictor. *Journal of Educational Statistics, 12,* 282–293.

Mendoza, J. L., & Reinhardt, R. N. (1991). Validity generalization procedures using sample-based estimates: A comparison of six procedures. *Psychological Bulletin, 110,* 596–610.

Mendoza, J. L., Stafford, K. L., & Stauffer, J. M. (2000). Large sample confidence intervals for validity and reliability coefficients. *Psychological Methods, 5,* 356–369.

Miller, N., Lee, S., & Carlson, M. (1991). The validity of inferential judgments when used in theory-testing meta-analysis. *Personality and Social Psychology Bulletin, 17,* 335–343.

Millsap, R. (1988). Sampling variance in attenuated correlation coefficients: A Monte Carlo study. *Journal of Applied Psychology, 73,* 316–319.

Millsap, R. (1989). The sampling variance in the correlation under range restriction: A Monte Carlo study. *Journal of Applied Psychology, 74,* 456–461.

Moher, D., & Olkin, I. (1995). Meta-analysis of randomized controlled trials: A concern for standards. *Journal of the American Medical Association, 274,* 1962–1964.

Morris, S. B. (2007). [Review of the book *Methods of meta-analysis: Correcting error and bias in research findings* (2nd ed.).] *Organizational Research Methods, 11,* 184–187.

Morris, S. B. (2008). Estimating effect sizes from pretest-posttest-control group designs. *Organizational Research Methods, 11,* 364–386.

Morris, S. B., & DeShon, R. P. (1997). Correcting effect sizes computed from factorial analysis of variance for use in meta-analysis. *Psychological Methods, 2,* 192–199.

Morris, S. B., & DeShon, R. P. (2002). Combining effect size estimates in meta-analysis with repeated measures and independent groups designs. *Psychological Methods, 7,* 105–125.

Mosier, C. I. (1943). On the reliability of a weighted composite. *Psychometrika, 8,* 161–168.

Mosteller, F., & Bush, R. R. (1954). Selected quantitative techniques. In G. Lindzey (Ed.), *Handbook of social psychology: Vol. I. Theory and method.* Cambridge, MA: Addison-Wesley.

Mosteller, F., & Colditz, G. A. (1996). Understanding research synthesis (meta-analysis). *Annual Review of Public Health, 17,* 1–17.

Mosteller, F., & Moynihan, D. (1972). *On equality of educational opportunity.* New York: Vintage.

Mount, M. K., & Barrick, M. R. (1995). The Big Five personality dimensions: Implications for research and practice in human resources management. In G. R. Ferris (Ed.), *Research in personnel and human resources management* (Vol. 13, pp. 153–200). Greenwich, CT: JAI Press.

Mullen, B. (1989). *Advanced BASIC meta-analysis.* Hillsdale, NJ: Lawrence Erlbaum.

Mullen, B., & Rosenthal, R. (1985). *BASIC meta-analysis: Procedures and programs.* Hillsdale, NJ: Lawrence Erlbaum.

Murphy, K. R. (1997). Meta-analysis and validity generalization. In N. Anderson & P. Herriott (Eds.), *International handbook of selection and assessment* (pp. 323–342). Chichester, UK: Wiley.

Murphy, K. R. (Ed.). (2003). *Validity generalization: A critical review.* Mahwah, NJ: Lawrence Erlbaum.

Murphy, K. R., & DeShon, R. (2000). Interrater correlations do not estimate the reliability of job performance ratings. *Personnel Psychology, 53,* 873–900.

Myers, D. G. (1991). Union is strength: A consumer's view of meta-analysis. *Personality and Social Psychology Bulletin, 17,* 265–266.

Nancy-Universite. (2008, October). International workshop on meta-analysis in economics and business, Nancy, France.

Nathan, B. R., & Alexander, R. A. (1988). A comparison of criteria for test validation: A meta-analytic investigation. *Personnel Psychology, 41,* 517–535.

National Research Council. (1992). *Combining information: Statistical issues and opportunities for research.* Washington, DC: National Academy of Sciences Press.

Nicol, T. S., & Hunter, J. E. (1973, August). *Mathematical models of the reliability of the semantic differential.* Paper presented at the Psychometric Society, Chicago.

Nouri, H., & Greenberg, R. H. (1995). Meta-analytic procedures for estimation of effect sizes in experiments using complex analysis of variance. *Journal of Management, 21,* 801–812.

Nunnally, J. (1978). *Psychometric theory.* New York: McGraw-Hill.

Nunnally, J. C., & Bernstein, I. H. (1994). *Psychometric theory* (3rd ed.). New York: McGraw-Hill.

Nye, C. D., Su, R., Rounds, J., & Drasgow, F. (2012). Vocational interests and performance: A quantitative summary of over 60 years of research. *Perspectives on Psychological Science, 7,* 384–403.

Oakes, M. (1986). *Statistical inference: A commentary for the social and behavioral sciences.* New York: John Wiley.

Oh, I. S. (2007). In search of ideal methods of research synthesis over 30 years (1977–2006): Comparison of Hunter-Schmidt meta-analysis methods with other methods and recent improvements. *International Journal of Testing, 7,* 89–93.

Oh, I. S. (2009). *The Five-Factor Model of personality and job performance in East Asia: a cross-cultural validity generalization study.* Unpublished doctoral dissertation, University of Iowa, Iowa City.

Oh, I. S., Postlethwaite, B. E., & Schmidt, F. L. (2013). Rethinking the validity of interviews for employment decision making: Implications of recent developments in meta-analysis. In D. J. Svyantek & K. Mahoney (Eds.), *Received wisdom, kernels of truth, and boundary conditions in organizational studies* (pp. 297–329). New York: Information Age Publishing.

Olson, C. M., Rennie, D., Cook, D., Dickersin, K., Flanagin, A., Hogan, J. W., et al. (2002). Publication bias in editorial decision making. *Journal of the American Medical Association, 287,* 2825–2828.

Ones, D. S., & Viswesvaran, C. (2003). Job-specific applicant pools and national norms for personality scales: Implications for range restriction corrections in validation research. *Journal of Applied Psychology, 88,* 570–577.

Ones, D. S., Viswesvaran, C., & Schmidt, F. L. (1993). Comprehensive meta-analysis of integrity test validities: Findings and implications for personnel selection and theories of job performance. *Journal of Applied Psychology Monograph, 78,* 679–703.

Ones, D. S., Viswesvaran, C., & Schmidt, F. L. (2012). Integrity tests predict counterproductive work behaviors and job performance well: Comment on Van Iddekinge, Roth, Raymark, and Odle-Dusseau (2012). *Journal of Applied Psychology, 97,* 537–542.

Orlitzky, M. (2011). How can significance tests be deinstitutionalized? *Organizational Research Methods, 20,* 1–30.

Orwin, R. G. (1983). A fail-safe *N* for effect size. *Journal of Educational Statistics, 8,* 147–159.

Orwin, R. G., & Cordray, D. S. (1985). Effects of deficient reporting on meta-analysis: A conceptual framework and reanalysis. *Psychological Bulletin, 97,* 134–147.

Orwin, R. G., & Vevea, J. L. (2009). Evaluating coding decisions. In H. Cooper, L. V. Hedges, & J. C. Valentine (Eds.), *Handbook of research synthesis and meta-analysis* (pp. 177–206). New York: Russell Sage.

Osburn, H. G. (1978). Optimal sampling strategies for validation studies. *Journal of Applied Psychology, 63,* 602–608.

Osburn, H. G., & Callender, J. C. (1990). Accuracy of the validity generalization sampling variance estimate: A reply to Hoben Thomas. *Journal of Applied Psychology, 75,* 328–333.

Osburn, H. G., & Callender, J. (1992). A note on the sampling variance of the mean uncorrected correlation in meta-analysis and validity generalization. *Journal of Applied Psychology, 77,* 115–122.

Osburn, H. G., Callender, J. C., Greener, J. M., & Ashworth, S. (1983). Statistical power of tests of the situational specificity hypothesis in validity generalization studies: A cautionary note. *Journal of Applied Psychology, 68,* 115–122.

Overton, R. C. (1998). A comparison of fixed effects and mixed (random effects) models for meta-analysis tests of moderator variable effects. *Psychological Methods, 3,* 354–379.

Ozer, D. J. (1985). Correlation and the coefficient of determination. *Psychological Bulletin, 97,* 307–315.

Palmer, T. M., Peters, J. L., Sutton, A. J., & Moreno, S. G. (2008). Contour-enhanced funnel plots for meta-analysis. *The Stata Journal, 8,* 242–254.

Payne, S. C., Youngcourt, S. S., & Beaubien, J. M. (2007). A meta-analytic examination of the goal orientation nomological net. *Journal of Applied Psychology, 92*(1), 128–150.

Pearlman, K. (1982). *The Bayesian approach to validity generalization: A systematic examination of the robustness of procedures and conclusions.* Unpublished doctoral dissertation, Department of Psychology, George Washington University, Washington, DC.

Pearlman, K., Schmidt, F. L., & Hunter, J. E. (1980). Validity generalization results for tests used to predict job proficiency and training success in clerical occupations. *Journal of Applied Psychology, 65,* 373–406.

Pearson, E. S. (1938). The probability integral transformation for testing goodness of fit and combining tests of significance. *Biometrika, 30,* 134–148.

Peters, J. L., Sutton, A. J., Jones, D. R., & Abrams, K. R. (2010). Assessing publication bias in meta-analysis in the presence of between-study heterogeneity. *Journal of the Royal Statistical Society, 173*(Pt. 3), 575–591.

Peters, L. H., Harthe, D., & Pohlman, J. (1985). Fiedler's contingency theory of leadership: An application of the meta-analysis procedures of Schmidt and Hunter. *Psychological Bulletin, 97,* 274–285.

Peterson, N. G. (1982, October). *Investigation of validity generalization in clerical and technical/professional occupations in the insurance industry.* Paper presented at the Conference on Validity Generalization, Personnel Testing Council of Southern California, Newport Beach.

Peto, R. (1987). Why do we need systematic overviews of randomized trials? *Statistics in Medicine, 6,* 233–240.

Pinello, D. R. (1999). Linking party to judicial ideology in American courts: A meta-analysis. *The Justice System Journal, 20,* 219–254.

Powell, K. S., & Yalcin, S. (2010). Managerial training effectiveness: a meta-analysis 1952-2002. *Personnel Review, 39*(2), 227–241.

Premack, S., & Wanous, J. P. (1985). Meta-analysis of realistic job preview experiments. *Journal of Applied Psychology, 70,* 706–719.

Pritchard, R. D., Harrell, M. M., DiazGranadaos, D., & Guzman, M. J. (2008). The productivity measurement and enhancement system: a meta-analysis. *Journal of Applied Psychology, 93*(3), 540–567.

Raju, N. S., Anselmi, T. V., Goodman, J. S., & Thomas, A. (1998). The effects of correlated artifacts and true validity on the accuracy of parameter estimation in validity generalization. *Personnel Psychology, 51,* 453–465.

Raju, N. S., & Brand, P. A. (2003). Determining the significance of correlations corrected for unreliability and range restriction. *Applied Psychological Measurement, 27,* 52–72.

Raju, N. S., & Burke, M. J. (1983). Two new procedures for studying validity generalization. *Journal of Applied Psychology, 68,* 382–395.

Raju, N. S., Burke, M. J., & Normand, J. (1983). *The asymptotic sampling distribution of correlations corrected for attenuation and range restriction.* Unpublished manuscript, Department of Psychology, Illinois Institute of Technology, Chicago.

Raju, N. S., Burke, M. J., Normand, J., & Langlois, G. M. (1991). A new meta-analysis approach. *Journal of Applied Psychology, 76,* 432–446.

Raju, N. S., & Drasgow, F. (2003). Maximum likelihood estimation in validity generalization. In K. R. Murphy (Ed.), *Validity generalization: A critical review.* Hillsdale, NJ: Lawrence Erlbaum.

Raju, N. S., & Fleer, P. G. (1997). *MAIN: A computer program for meta-analysis.* Chicago: Illinois Institute of Technology.

Raju, N. S., Fralicx, R., & Steinhaus, S. D. (1986). Covariance and regression slope models for studying validity generalization. *Applied Psychological Measurement, 10,* 195–211.

Raudenbush, S. W. (1994). Random effects models. In H. Cooper & L. V. Hedges (Eds.), *The handbook of research synthesis* (pp. 301–322). New York: Russell Sage.

Raudenbush, S. W. (2009). Analyzing effect sizes: Random effects models. In H. Cooper, L. V. Hedges, & J. C. Valentine (Eds.), *Handbook of research synthesis and meta-analysis* (pp. 295–315). New York: Russell Sage.

Raudenbush, S. W., & Bryk, A. S. (2002). *Hierarchical linear models: Application and data analysis methods.* Thousand Oaks, CA: Sage.

R Development Core Team. (2010). *R: A language and environment for statistical computing.* Vienna, Austria: R Foundation for Statistical Computing. http://www.R-project.org/

Reed, J. G., & Baxter, P. M. (2009). Using reference databases. In H. Cooper, L. V. Hedges, & J. C. Valentine (Eds.), *Handbook of research synthesis and meta-analysis* (pp. 73–102). New York: Russell Sage.

Renkewitz, F., Fuchs, H. M., & Fiedler, S. (2011). Is there evidence of publication bias in JDM research? *Judgment and Decision Making, 6,* 870–881.

Richard, F. D., Bond, C. F., Jr., & Stokes-Zoota, J. J. (2003). One hundred years of social psychology quantitatively described. *Review of General Psychology, 7,* 331–363.

Riketta, M. (2008). The causal relation between job attitudes and job performance: A meta-analysis of panel studies. *Journal of Applied Psychology, 93*(2), 472–481.

Rodgers, R. C., & Hunter, J. E. (1986). *The impact of management by objectives on organizational productivity.* Unpublished manuscript, Management Department, University of Texas at Austin.

Rosenberg, M. S., Adams, D. C., & Gurevitch, J. (1997). *MetaWin: Statistical software for meta-analysis with resampling tests.* Sunderland, MA: Sinauer Associates.

Rosenthal, R. (1961, September). On the social psychology of the psychological experiment: With particular reference to experimenter bias. In H. W. Riecken (Chair), *On the social psychology of the psychological experiment.* Symposium conducted at the meeting of the American Psychological Association, New York.

Rosenthal, R. (1963). On the social psychology of the psychological experiment: The experimenter's hypothesis as unintended determinant of experimental results. *American Scientist, 51,* 268–283.

Rosenthal, R. (1978). Combining results of independent studies. *Psychological Bulletin, 85,* 185–193.

Rosenthal, R. (1979). The "file drawer problem" and tolerance for null results. *Psychological Bulletin, 86,* 638–641.

Rosenthal, R. (1983). Assessing the statistical and social importance of the effects of psychotherapy. *Journal of Consulting and Clinical Psychology, 51,* 4–13.

Rosenthal, R. (1984). *Meta-analysis procedures for social research.* Beverly Hills, CA: Sage.

Rosenthal, R. (1991). *Meta-analytic procedures for social research* (2nd ed.). Newbury Park, CA: Sage.

Rosenthal, R., & Rubin, D. B. (1978). Interpersonal expectancy effects: The first 345 studies. *The Behavioral and Brain Sciences, 3,* 377–386.

Rosenthal, R., & Rubin, D. B. (1979a). Comparing significance levels of independent studies. *Psychological Bulletin, 86,* 1165–1168.

Rosenthal, R., & Rubin, D. B. (1979b). A note on percent variance explained as a measure of the importance of effects. *Journal of Applied Psychology, 64,* 395–396.

Rosenthal, R., & Rubin, D. B. (1982a). Comparing effect sizes of independent studies. *Psychological Bulletin, 92,* 500–504.

Rosenthal, R., & Rubin, D. B. (1982b). Further meta-analytic procedures for assessing cognitive gender differences. *Journal of Educational Psychology, 74,* 708–712.

Rosenthal, R., & Rubin, D. B. (1982c). A simple, general purpose display of magnitude of experiment effect. *Journal of Educational Psychology, 74,* 166–169.

Rosenthal, R., & Rubin, D. B. (1983). Ensemble-adjusted *p* values. *Psychological Bulletin, 94,* 540–541.

Roth, P. L. (2008). Software review: Hunter-Schmidt Meta-Analysis Programs 1.1. *Organizational Research Methods, 11,* 192–196.

Roth, P. L., BeVier, C. A., Bobko, P., Switzer, F. S., III, & Tyler, P. (2001). Ethnic group differences in cognitive ability in employment and educational settings: A meta-analysis. *Personnel Psychology, 54,* 297–330.

Roth, P. L., BeVier, C. A., Switzer, F. S., & Shippmann, J. S. (1996). Meta-analyzing the relationship between grades and job performance. *Journal of Applied Psychology, 81,* 548–556.

Roth, P. L., Bobko, P., Switzer, F. S., & Dean, M. A. (2001). Prior selection causes biased estimates of standardized ethnic group differences: Simulation and analysis. *Personnel Psychology, 54,* 297–330.

Rothstein, H. R. (1990). Interrater reliability of job performance ratings: Growth to asymptote level with increasing opportunity to observe. *Journal of Applied Psychology, 75,* 322–327.

Rothstein, H. R. (2003). Progress is our most important product: Contributions of validity generalization and meta-analysis to the development and communication of knowledge in I/O psychology. In K. R. Murphy (Ed.), *Validity generalization: A critical review* (pp. 115–154). Mahwah, NJ: Lawrence Erlbaum.

Rothstein, H. R. (2008). Publication bias is a threat to the validity of meta-analytic results. *Journal of Experimental Criminology, 4,* 61–81.

Rothstein, H. R. (2012). Accessing relevant literature. In H. Cooper (Ed.), *APA Research Methods in Psychology: Vol. 1. Foundations, planning, measures, and psychometrics.* Washington, DC: American Psychological Association.

Rothstein, H. R., & Hopewell, S. (2009). Grey literature. In H. Cooper, L. V. Hedges, & J. C. Valentine (Eds.), *Handbook of research synthesis and meta-analysis* (pp. 103–126). New York: Russell Sage.

Rothstein, H. R., McDaniel, M. A., & Borenstein, M. (2001). Meta-analysis: A review of quantitative cumulation methods. In N. Schmitt & F. Drasgow (Eds.), *Advances in measurement and data analysis.* San Francisco: Jossey-Bass.

Rothstein, H. R., Schmidt, F. L., Erwin, F. W., Owens, W. A., & Sparks, C. P. (1990). Biographical data in employment selection: Can validities be made generalizable? *Journal of Applied Psychology, 75,* 175–184.

Rothstein, H. R., Sutton, A., & Borenstein, M. (Eds.). (2005). *Publication bias in meta-analysis: Prevention, assessment, and adjustments.* London: Wiley.

Rubin, D. B. (1990). A new perspective on meta-analysis. In K. W. Wachter & M. L. Straf (Eds.), *The future of meta-analysis.* New York: Russell Sage.

Rubin, D. B. (1992). Meta-analysis: Literature synthesis or effect size surface estimation? *Journal of Educational Statistics, 17,* 363–374.

Sackett, P. R., Harris, M. M., & Orr, J. M. (1986). On seeking moderator variables in the meta-analysis of correlational data: A Monte Carlo investigation of statistical power and resistance to Type I error. *Journal of Applied Psychology, 71,* 302–310.

Sackett, P. R., Laczo, R. M., & Arvey, R. D. (2002). The effects of range restriction on estimates of criterion interrater reliability: Implications for validation research. *Personnel Psychology, 55,* 807–825.

Sanchez-Meca, J., Lopez-Lopez, J. A., & Lopez-Pina, J. A. (in press). Some recommended statistical analytic practices when reliability generalization studies are conducted. *British Journal of Mathematical and Statistical Psychology.*

Sanchez-Meca, J., & Marin-Martinez, F. (1998). Weighting by inverse variance or by sample size in meta-analysis: A simulation study. *Educational and Psychological Measurement, 58,* 211–220.

SAS Institute, Inc. (2003). SAS/STAT software, Version 9.1. Cary, NC: Author. http://www.sas.com/

Schimmack, U. (2012). The ironic effect of significant results on the credibility of multiple study articles. *Psychological Methods, 17,* 551–566.

Schmidt, F. L. (1971). The relative efficiency of regression and simple unit predictor weights in applied differential psychology. *Educational and Psychological Measurement, 31,* 699–714.

Schmidt, F. L. (1972). The reliability of differences between linear regression weights in applied differential psychology. *Educational and Psychological Measurement, 32,* 879–886.

Schmidt, F. L. (1988). Validity generalization and the future of criterion-related validity. In H. Wainer & H. Braun (Eds.), *Test validity* (pp. 173–189). Hillsdale, NJ: Lawrence Erlbaum.

Schmidt, F. L. (1992). What do data really mean? Research findings, meta-analysis, and cumulative knowledge in psychology. *American Psychologist, 47,* 1173–1181.

Schmidt, F. L. (1996). Statistical significance testing and cumulative knowledge in psychology: Implications for the training of researchers. *Psychological Methods, 1,* 115–129.

Schmidt, F. L. (2002). The role of general cognitive ability in job performance: Why there cannot be a debate. *Human Performance, 15,* 187–210.

Schmidt, F. L. (2003). John E. Hunter, 1939–2002. *American Psychologist, 58,* 238.

Schmidt, F. L. (2008). Meta-analysis: A constantly evolving research tool. *Organizational Research Methods, 11,* 96–113.

Schmidt, F. L. (2010). Detecting and correcting the lies that data tell. *Perspectives on Psychological Science, 5,* 233–242.

Schmidt, F. L. (in press). History of the development of the Schmidt-Hunter meta-analysis methods. *Research Synthesis Methods.*

Schmidt, F. L., Gast-Rosenberg, I., & Hunter, J. E. (1980). Validity generalization results for computer programmers. *Journal of Applied Psychology, 65,* 643–661.

Schmidt, F. L., & Hunter, J. E. (1977). Development of a general solution to the problem of validity generalization. *Journal of Applied Psychology, 62,* 529–540.

Schmidt, F. L., & Hunter, J. E. (1978). Moderator research and the law of small numbers. *Personnel Psychology, 31,* 215–232.

Schmidt, F. L., & Hunter, J. E. (1981). Employment testing: Old theories and new research findings. *American Psychologist, 36,* 1128–1137.

Schmidt, F. L., & Hunter, J. E. (1984). A within setting test of the situational specificity hypothesis in personnel selection. *Personnel Psychology, 37,* 317–326.

Schmidt, F. L., & Hunter, J. E. (1992). Development of causal models of job performance. *Current Directions in Psychological Science, 1,* 89–92.

Schmidt, F. L., & Hunter, J. E. (1996). Measurement error in psychological research: Lessons from 26 research scenarios. *Psychological Methods, 1,* 199–223.

Schmidt, F. L., & Hunter, J. E. (1997). Eight common but false objections to the discontinuation of significance testing in the analysis of research data. In L. Harlow, S. Muliak, & J. Steiger (Eds.), *What if there were no significance tests?* (pp. 37–64). Mahwah, NJ: Lawrence Erlbaum.

Schmidt, F. L., & Hunter, J. E. (1998). The validity and utility of selection methods in personnel psychology: Practical and theoretical implications of 85 years of research findings. *Psychological Bulletin, 124,* 262–274.

Schmidt, F. L., & Hunter, J. E. (1999a). Comparison of three meta-analysis methods revisited: An analysis of Johnson, Mullen, and Salas (1995). *Journal of Applied Psychology, 84,* 114–148.

Schmidt, F. L., & Hunter, J. E. (1999b). Theory testing and measurement error. *Intelligence, 27,* 183–198.

Schmidt, F. L., & Hunter, J. E. (2003). History, development, evolution, and impact of validity generalization and meta-analysis methods, 1975–2001. In K. R. Murphy (Ed.), *Validity generalization: A critical review* (pp. 31–66). Mahwah, NJ: Lawrence Erlbaum.

Schmidt, F. L., Hunter, J. E., & Caplan, J. R. (1981a). *Selection procedure validity generalization (transportability) results for three job groups in the petroleum industry.* Washington, DC: American Petroleum Institute.

Schmidt, F. L., Hunter, J. E., & Caplan, J. R. (1981b). Validity generalization results for two job groups in the petroleum industry. *Journal of Applied Psychology, 66,* 261–273.

Schmidt, F. L., Hunter, J. E., McKenzie, R. C., & Muldrow, T. W. (1979). The impact of valid selection procedures on work-force productivity. *Journal of Applied Psychology, 64,* 609–626.

Schmidt, F. L., Hunter, J. E., & Outerbridge, A. N. (1986). Impact of job experience and ability on job knowledge, work sample performance, and supervisory ratings of job performance. *Journal of Applied Psychology, 71,* 432–439.

Schmidt, F. L., Hunter, J. E., Outerbridge, A. N., & Goff, S. (1988). Joint relation of experience and ability with job performance: Test of three hypotheses. *Journal of Applied Psychology, 73,* 46–57.

Schmidt, F. L., Hunter, J. E., Outerbridge, A. M., & Trattner, M. H. (1986). The economic impact of job selection methods on the size, productivity, and payroll costs of the federal workforce: An empirical demonstration. *Personnel Psychology, 39,* 1–29.

Schmidt, F. L., Hunter, J. E., & Pearlman, K. (1981). Task differences and validity of aptitude tests in selection: A red herring. *Journal of Applied Psychology, 66,* 166–185.

Schmidt, F. L., Hunter, J. E., & Pearlman, K. (1982). Progress in validity generalization: Comments on Callender and Osburn and further developments. *Journal of Applied Psychology, 67,* 835–845.

Schmidt, F. L., Hunter, J. E., Pearlman, K., & Caplan, J. R. (1981). *Validity generalization results for three occupations in Sears, Roebuck and Company.* Chicago: Sears, Roebuck and Company.

Schmidt, F. L., Hunter, J. E., Pearlman, K., & Hirsh, H. R. (1985). Forty questions about validity generalization and meta-analysis. *Personnel Psychology, 38,* 697–798.

Schmidt, F. L., Hunter, J. E., Pearlman, K., & Shane, G. S. (1979). Further tests of the Schmidt-Hunter Bayesian validity generalization procedure. *Personnel Psychology, 32,* 257–381.

Schmidt, F. L., Hunter, J. E., & Raju, N. S. (1988). Validity generalization and situational specificity: A second look at the 75% rule and the Fisher's *z* transformation. *Journal of Applied Psychology, 73,* 665–672.

Schmidt, F. L., Hunter, J. E., & Urry, V. E. (1976). Statistical power in criterion-related validation studies. *Journal of Applied Psychology, 61,* 473–485.

Schmidt, F. L., & Kaplan, L. B. (1971). Composite vs. multiple criteria: A review and resolution of the controversy. *Personnel Psychology, 24,* 419–434.

Schmidt, F. L., Law, K. S., Hunter, J. E., Rothstein, H. R., Pearlman, K., & McDaniel, M. (1989). *Refinements in validity generalization methods (including outlier analysis).* Unpublished paper, Department of Management and Organization, University of Iowa, Iowa City.

Schmidt, F. L., Law, K. S., Hunter, J. E., Rothstein, H. R., Pearlman, K., & McDaniel, M. (1993). Refinements in validity generalization methods: Implications for the situational specificity hypothesis. *Journal of Applied Psychology, 78,* 3–13.

Schmidt, F. L., & Le, H. (2004). Software for the Hunter-Schmidt meta-analysis methods (versions 1.0 and 1.1). Iowa City: University of Iowa, Department of Management & Organizations.

Schmidt, F. L., & Le, H. (2014). Software for the Hunter-Schmidt meta-analysis methods (version 1.2). Iowa City: University of Iowa Department of Management & Organizations.

Schmidt, F. L., Le, H., & Ilies, R. (2003). Beyond Alpha: An empirical examination of the effects of different sources of measurement error on reliability estimates for measures of individual differences constructs. *Psychological Methods, 8,* 206–234.

Schmidt, F. L., Le, H., & Oh, I.-S. (2009). Correcting for the distorting effects of study artifacts in meta-analysis. In H. Cooper, L. V. Hedges, & J. C. Valentine (Eds.), *Handbook of research synthesis and meta-analysis* (pp. 317–334). New York: Russell Sage.

Schmidt, F. L., Le, H., & Oh, I.-S. (in press). Are true scores and construct scores the same? A critical examination of their substitutability and the implications for research results. *International Journal of Selection and Assessment.*

Schmidt, F. L., Ocasio, B. P., Hillery, J. M., & Hunter, J. E. (1985). Further within-setting empirical tests of the situational specificity hypothesis in personnel selection. *Personnel Psychology, 38,* 509–524.

Schmidt, F. L., & Oh, I.-S. (2013). Methods for second order meta-analysis and illustrative applications. *Organizational Behavior and Human Decision Making, 121,* 204–218.

Schmidt, F. L., Oh, I.-S., & Hayes, T. L. (2009). Fixed vs. random models in meta-analysis: Model properties and comparison of differences in results. *British Journal of Mathematical and Statistical Psychology, 62,* 97–128.

Schmidt, F. L., Oh, I.-S., & Le, H. (2006). Increasing the accuracy of corrections for range restriction: Implications for selection procedure validities and other research results. *Personnel Psychology, 59,* 281–305.

Schmidt, F. L., Pearlman, K., & Hunter, J. E. (1980). The validity and fairness of employment and educational tests for Hispanic Americans: A review and analysis. *Personnel Psychology, 33,* 705–724.

Schmidt, F. L., & Raju, N. S. (2007). Updating meta-analysis research findings: Bayesian approaches versus the medical model. *Journal of Applied Psychology, 92,* 297–308.

Schmidt, F. L., & Rothstein, H. R. (1994). Application of validity generalization methods of meta-analysis to biographical data scores in employment selection. In G. S. Stokes, M. D. Mumford, & W. A. Owens (Eds.), *The biodata handbook: Theory, research, and applications* (pp. 237–260). Chicago: Consulting Psychologists Press.

Schmidt, F. L., Shaffer, J. A., & Oh, I.-S. (2008). Increased accuracy for range restriction corrections: Implications for the role of personality and general mental ability in job and training performance. *Personnel Psychology, 61,* 827–868.

Schmidt, F. L., Viswesvaran, C., & Ones, D. S. (2000). Reliability is not validity and validity is not reliability. *Personnel Psychology, 53,* 901–912.

Schmidt, F. L., & Zimmerman, R. (2004). A counter-intuitive hypothesis about interview validity and some supporting evidence. *Journal of Applied Psychology, 89,* 553–561.

Schmitt, N., Gooding, R. Z., Noe, R. A., & Kirsch, M. (1984). Meta-analysis of validity studies published between 1964 and 1982 and the investigation of study characteristics. *Personnel Psychology, 37,* 407–422.

Schulze, R. (2004). *Meta-analysis: A comparison of approaches.* Cambridge, MA: Hogrefe and Huber.

Schulze, R. (2007). Current methods for meta-analysis: Approaches, issues, and developments. *Journal of Psychology, 215,* 90–103.

Schwab, D. P., Olian-Gottlieb, J. D., & Heneman, H. G., III. (1979). Between subject's expectancy theory research: A statistical review of studies predicting effort and performance. *Psychological Bulletin, 86,* 139–147.

Schwarzer, G. (2010). Meta: Meta-analysis with R (R package version 1.6-0). http://CRAN.R-project.org/package=meta

Schwarzer, G., Carpenter, J., & Rucker, G. (2010). Empirical evaluation suggests Copas selection model is preferable to trim-and-fill method for selection bias in meta-analysis. *Journal of Clinical Epidemiology, 63,* 282–288.

Sedlmeier, P., & Gigerenzer, G. (1989). Do studies of statistical power have an effect on the power of studies? *Psychological Bulletin, 105,* 309–316.

Shadish, W. R. (1996). Meta-analysis and the exploration of causal mediating processes: A primer of examples, methods, and issues. *Psychological Methods, 1,* 47–65.

Shadish, W. R., Cook, T. D., & Campbell, D. T. (2002). *Experimental and quasi-experimental designs for generalized causal inference.* Boston: Houghton Mifflin.

Shadish, W. R., Matt, G. E., Navarro, A. M., & Phillips, G. (2000). The effects of psychological therapies under clinically representative conditions: A meta-analysis. *Psychological Bulletin, 126,* 512–529.

Shadish, W. R., & Ragsdale, K. (1996). Random versus nonrandom assignment in psychotherapy experiments: Do you get the same answer? *Journal of Consulting and Clinical Psychology, 64,* 1290–1305.

Shadish, W. R., Robinson, L., & Lu, C. (1999). *ES: A computer program and manual for effect size calculation.* St. Paul, MN: Assessment Systems Corporation.

Shah, B. V., Barnwell, B. G., & Bieler, G. S. (1995). *SUDAAN user's manual: Software for analysis of correlated data.* Research Triangle Park, NC: Research Triangle Institute.

Sharf, J. (1987). Validity generalization: Round two. *The Industrial-Organizational Psychologist, 25,* 49–52.

Simmons, J. P., Nelson, L. D., & Simonsohn, U. (2011). False-positive psychology: Undisclosed flexibility in data collection and analysis allows presenting anything as significant. *Psychological Science, 22,* 1359–1366.

Simonsohn, U., Nelson, L. D., & Simmons, J. P. (in press). *P*-curve: A key to the file drawer. *Journal of Experimental Psychology: General.*

Sitzmann, T., Brown, K. G., Casper, W. J., Ely, K., & Zimmerman, R. D. (2008). A review and meta-analysis of the nomological network of trainee reactions. *Journal of Applied Psychology, 93*(2), 280–295.

Slavin, R. E. (1986). Best-evidence synthesis: An alternative to meta-analytic and traditional reviews. *The Educational Researcher, 15,* 5–11.

Smith, M., & Glass, G. (1980). Meta-analysis of research on class size and its relationship to attitudes and instruction. *American Educational Research Journal, 17,* 419–433.

Smith, M. L. (1980). Sex bias in counseling and psychotherapy. *Psychological Bulletin, 87,* 392–407.

Smith, M. L., & Glass, G. V. (1977). Meta-analysis of psychotherapy outcome studies. *American Psychologist, 32,* 752–760.

Smithson, M. (2000). *Statistics with confidence.* London: Sage.

Smithson, M. (2001). Correct confidence intervals for various regression effect sizes and parameters: The importance of noncentral distributions in computing intervals. *Educational and Psychological Measurement, 61,* 605–632.

Snedecor, G. W. (1946). *Statistical methods* (4th ed.). Ames: Iowa State College Press.

Society for Industrial and Organizational Psychology. (2003). *Principles for the validation and use of personnel selection procedures* (4th ed.). Bowling Green, OH: Author.

Spector, P. E., & Levine, E. L. (1987). Meta-analysis for integrating study outcomes: A Monte Carlo study of its susceptibility to Type I and Type II errors. *Journal of Applied Psychology, 72,* 3–9.

SPSS, Inc. (2006). SPSS for Windows, Release 15. Chicago: Author. http://www.spss.com

Stanley, J. C. (1971). Reliability. In R. L. Thorndike (Ed.), *Educational measurement* (2nd ed., pp. 356–442). Washington, DC: American Council on Education.

Stanley, T. D. (1998). New wine in old bottles: A meta-analysis of Ricardian equivalence. *Southern Economic Journal, 64,* 713–727.

Stanley, T. D. (2001). Wheat from chaff: Meta-analysis as quantitative literature review. *Journal of Economic Perspectives, 15,* 131–150.

Stanley, T. D., & Jarrell, S. B. (1989). Meta-regression analysis: A quantitative method of literature surveys. *Journal of Economic Surveys, 3,* 161–169.

Stanley, T. D., & Jarrell, S. D. (1998). Gender wage discrimination bias? A meta-regression analysis. *Journal of Human Resources, 33,* 947–973.

Stanley, T. D., Jarrell, S. D., & Doucouliagos, H. (2010). Could it be better to discard 90% of the data? A statistical paradox. *American Statistician, 64,* 70–77.

StataCorp. (2007). *Stada statistical software: Release 9.2.* College Station, TX: Author. http://www.stata.com

Steel, P. D., & Kammeyer-Mueller, J. D. (2002). Comparing meta-analytic moderator estimation techniques under realistic conditions. *Journal of Applied Psychology, 87,* 96–111.

Sterling, T. C. (1959). Publication decisions and their possible effects on inferences drawn from tests of significance or vice versa. *Journal of the American Statistical Association, 54,* 30–34.

Sterling, T. C., Rosenbaum, W., & Weinkam, J. (1995). Publication decisions revisited: The effect of the outcome of statistical tests on the decision to publish and vice versa. *American Statistician, 49,* 108–112.

Sterne, J. A. C. (Ed.). (2009). *Meta-analysis in Stata: An updated collection from the* Stata Journal. College Station, TX: Stata Press.

Sterne, J. A. C., & Egger, M. (2005). Regression methods to detect publication and other bias in meta-analysis. In H. R. Rothstein, A. J. Sutton, & M. Borenstein (Eds.), *Publication bias in meta-analysis: Prevention, assessment and adjustments* (pp. 99–110). New York: John Wiley.

Stevens, J. P. (1984). Outliner and influential data points in regression analysis. *Psychological Bulletin, 95,* 334–344.

Stouffer, S. A., Suchman, E. A., DeVinney, L. C., Star, S. A., & Williams, R. M., Jr. (1949). *The American soldier: Adjustment during Army life* (Vol. 1). Princeton, NJ: Princeton University Press.

Stroebe, W., Postmes, T., & Spears, R. (2012). Scientific misconduct and the myth of self-correction in science. *Perspectives on Psychological Science, 7,* 670–688.

Strube, M. J. (1988). Averaging correlation coefficients: Influence of heterogeneity and set size. *Journal of Applied Psychology, 73,* 559–568.

Sutton, A. J. (2005). Evidence concerning the consequences of publication and related biases. In H. R. Rothstein, A. J. Sutton, & M. Borenstein (Eds.), *Publication bias in meta-analysis: Prevention, assessment, and adjustments* (pp. 175–192). West Sussex, UK: Wiley.

Sutton, A. J. (2009). Publication bias. In H. Cooper, L. V. Hedges, & J. C Valentine (Eds.), *Handbook of research synthesis and meta-analysis* (2nd ed., pp. 435–452). New York: Russell Sage.

Tamrakar, C. (2012). *Relationship of satisfaction and loyalty across industry and geographical regions: A meta-analysis.* Unpublished paper, Marketing Department, University of Iowa, Iowa City.

Taras, V., Kirkman, B. L., & Steel, P. (2010). Examining the impact of *Culture's Consequences:* A three-decade, multilevel, meta-analytic review of Hofstedes's cultural value dimensions. *Journal of Applied Psychology, 95*(3), 405–439.

Taveggia, T. (1974). Resolving research controversy through empirical cumulation. *Sociological Methods and Research, 2,* 395–407.

Taylor, P. J., Russ-Eft, D. F., & Taylor, H. (2009). Transfer of management training from alternative perspectives. *Journal of Applied Psychology, 94*(1), 104–121.

Terborg, J. R., & Lee, T. W. (1982). Extension of the Schmidt-Hunter validity generalization procedure to the prediction of absenteeism behavior from knowledge of job satisfaction and organizational commitment. *Journal of Applied Psychology, 67,* 280–296.

Terrin, N., Schmid, C. H., Lau, J., & Olkin, I. (2002, May 10). *Adjusting for publication bias in the presence of heterogeneity.* Paper presented at the Meta-Analysis Symposium, Mathematical Research Institute, University of California, Berkeley.

Thomas, H. (1988). What is the interpretation of the validity generalization estimate $S_p^2 = S_r^2 - S_c^2$? *Journal of Applied Psychology, 73,* 679–682.

Thomas, K. (2013, June 29). Breaking the seal on drug research. *New York Times.*

Thompson, B. (2002, April). What future quantitative social science research could look like: Confidence intervals for effect sizes. *Educational Researcher,* pp. 25–32.

Thompson, W. A. (1962). The problem of negative estimates of variance components. *Annals of Mathematical Statistics, 33,* 273–289.

Thorndike, R. L. (1933). The effect of the interval between test and retest on the constancy of the IQ. *Journal of Educational Psychology, 25,* 543–549.

Thorndike, R. L. (1949). *Personnel selection.* New York: John Wiley.

Thorndike, R. L. (1951). Reliability. In E. F. Lindquist (Ed.), *Educational measurement* (pp. 560–620). Washington, DC: American Council on Education.

Tracz, S. M., Elmore, P. B., & Pohlmann, J. T. (1992). Correlational meta-analysis: Independent and nonindependent cases. *Educational and Psychological Measurement, 52,* 879–888.

Trafimow, D., MacDonald, J. A., Rice, S., & Clason, D. L. (2010). How often is *p-rep* close to the true replication probability? *Psychological Methods, 15,* 300–307.

Trikalinos, T. A., & Ioannidis, J. P. (2005). Assessing the evolution of effect sizes over time. In H. R. Rothstein, J. A. Sutton, & M. Borenstein (Eds.), *Publication bias in meta-analysis: Prevention, assessment, and adjustments* (pp. 241–260). New York: John Wiley.

Tukey, J. W. (1960). A survey of sampling from contaminated distributions. In I. Olkin, J. G. Ghurye, W. Hoeffding, W. G. Madoo, & H. Mann (Eds.), *Contributions to probability and statistics.* Stanford, CA: Stanford University Press.

Turner, R. M., Spiegelhalter, D. J., Smithe, G. C. S., & Thompson, S. G. (2009). Bias modeling in evidence synthesis. *Journal of the Royal Statistical Society, 172*(Pt. 1), 21–47.

United States v. City of Torrance, 163F.R.D. 590 (C.D. Cal., 1995).

Vacha-Haase, T., & Thompson, B. (2011). Score reliability: A retrospective look back at 12 years of reliability generalization studies. *Measurement and Evaluation in Counseling and Development, 44,* 159–168.

Valentine, J. C. (2009). Judging the quality of primary research. In H. Cooper, L. V. Hedges, & J. C. Valentine (Eds.), *Handbook of research synthesis and meta-analysis* (pp. 129–146). New York: Russell Sage.

Van Iddekinge, C. H., Roth, P. L., Putka, D. J., & Lanivich, S. E. (2011). Are you interested? A meta-analysis of relations between vocational interests and employee performance and turnover. *Journal of Applied Psychology, 96,* 1167–1194.

Vevea, J. L., & Citkowicz, M. (2008, July). *Inference and estimation using conditionally random models: A Monte Carlo.* Paper presented at the third annual conference of the Society for Research Synthesis Methods, Corfu, Greece.

Vevea, J. L., Clements, N. C., & Hedges, L. V. (1993). Assessing the effects of selection bias on validity data for the General Aptitude Test Battery. *Journal of Applied Psychology, 78,* 981–987.

Vevea, J. L., & Hedges, L. V. (1995). A general linear model for estimating effect size in the presence of publication bias. *Psychometrika, 60,* 419–435.

Vevea, J. L., & Woods, C. M. (2005). Publication bias in research synthesis: Sensitivity analysis using a priori weight functions. *Psychological Methods, 10,* 428–443.

Viechtbauer, W. (2010). Conducting meta-analysis in R with the metafor package. *Journal of Statistical Software, 36,* 1–42.

Viswesvaran, C., & Ones, D. S. (1995). Theory testing: Combining psychometric meta-analysis and structural equation modeling. *Personnel Psychology, 48,* 865–885.

Viswesvaran, C., Ones, D. S., & Schmidt, F. L. (1996). Comparative analysis of the reliability of job performance ratings. *Journal of Applied Psychology, 81,* 557–560.

Viswesvaran, C., Schmidt, F. L., & Ones, D. S. (2002). The moderating influence of job performance dimensions on convergence of supervisory and peer ratings of job performance. *Journal of Applied Psychology, 87,* 345–354.

Viswesvaran, C., Schmidt, F. L., & Ones, D. S. (2005). Is there a general factor in job performance ratings? A meta-analytic framework for disentangling substantive and error influences. *Journal of Applied Psychology, 90,* 108–131.

Vul, E., Harris, C., Winkielman, P., & Pashler, H. (2009). Puzzlingly high correlations in fMRI studies of emotion, personality, and social cognition. *Perspectives on Psychological Science, 4,* 274–290.

Wachter, K. W., & Straf, M. L. (Eds.). (1990). *The future of meta-analysis.* New York: Russell Sage.

Whetzel, D. L., & McDaniel, M. A. (1988). Reliability of validity generalization data bases. *Psychological Reports, 63,* 131–134.

White, H. D. (2009). Scientific communication and literature retrieval. In H. Cooper, L. V. Hedges, & J. C. Valentine (Eds.), *Handbook of research synthesis and meta-analysis* (pp. 51–74). New York: Russell Sage.

Whitener, E. M. (1990). Confusion of confidence intervals and credibility intervals in meta-analysis. *Journal of Applied Psychology, 75,* 315–321.

Whitman, D. S., Van Rooy, D. L., & Viswesvaran, C. (2010). Satisfaction, citizenship behaviors, and performance in work units: A meta-analysis of collective construct relations. *Personnel Psychology, 63,* 41–81.

Wilkinson, L., & The APA Task Force on Statistical Inference. (1999). Statistical methods in psychology journals: Guidelines and explanations. *American Psychologist, 54,* 594–604. (Reprint available through the APA home page: http://www.apa.org/journals/amp/amp548594.html)

Wilson, D. B. (2009). Systematic coding. In H. Cooper, L. V. Hedges, & J. C. Valentine (Eds.), *Handbook of research synthesis and meta-analysis* (pp. 159–176). New York: Russell Sage.

Wolins, L. (1962). Responsibility for raw data. *American Psychologist, 17,* 657–658.

Wortman, P. M. (1983). Evaluation research: A methodological perspective. *Annotated Review of Psychology, 34,* 223–260.

Wortman, P. M. (1994). Judging research quality. In H. Cooper & L. V. Hedges (Eds.), *Handbook of research synthesis* (pp. 97–110). New York: Russell Sage.

Wortman, P. M., & Bryant, F. B. (1985). School desegregation and black achievement: An integrative review. *Sociological Methods and Research, 13,* 289–324.

Yong, E. (2012, July 12). Uncertainty shrouds psychologist's resignation: Lawrence Sanna departed University of Michigan amid questions over his work from 'data detective' Uri Simonsohn. *Nature/News,* pp. 2–4.

Zimmer, C. (2012a, October 1). Misconduct widespread in retracted science papers, study finds. *New York Times.*

Zimmer, C. (2012b, April 16). A sharp rise in retractions prompts calls for reform. *New York Times.*

Zimmerman, R.D. (2008). Understanding the impact of personality traits on individuals' turnover decisions: a meta-analytic path model. *Personnel Psychology, 61*(2), 309–348.

推荐阅读

中文书名	作者	书号	定价
公司理财（原书第11版）	斯蒂芬 A. 罗斯（Stephen A. Ross）等	978-7-111-57415-6	119.00
财务管理（原书第14版）	尤金 F. 布里格姆（Eugene F. Brigham）等	978-7-111-58891-7	139.00
财务报表分析与证券估值（原书第5版）	斯蒂芬·佩因曼（Stephen Penman）等	978-7-111-55288-8	129.00
会计学：企业决策的基础（财务会计分册）（原书第17版）	简 R. 威廉姆斯（Jan R. Williams）等	978-7-111-56867-4	75.00
会计学：企业决策的基础（管理会计分册）（原书第17版）	简 R. 威廉姆斯（Jan R. Williams）等	978-7-111-57040-0	59.00
营销管理（原书第2版）	格雷格 W. 马歇尔（Greg W. Marshall）等	978-7-111-56906-0	89.00
市场营销学（原书第12版）	加里·阿姆斯特朗（Gary Armstrong），菲利普·科特勒（Philip Kotler）等	978-7-111-53640-6	79.00
运营管理（原书第12版）	威廉·史蒂文森（William J. Stevens）等	978-7-111-51636-1	69.00
运营管理（原书第14版）	理查德 B. 蔡斯（Richard B. Chase）等	978-7-111-49299-3	90.00
管理经济学（原书第12版）	S. 查尔斯·莫瑞斯（S. Charles Maurice）等	978-7-111-58696-8	89.00
战略管理：竞争与全球化（原书第12版）	迈克尔 A. 希特（Michael A. Hitt）等	978-7-111-61134-9	79.00
战略管理：概念与案例（原书第10版）	查尔斯 W. L. 希尔（Charles W. L. Hill）等	978-7-111-56580-2	79.00
组织行为学（原书第7版）	史蒂文 L. 麦克沙恩（Steven L. McShane）等	978-7-111-58271-7	65.00
组织行为学精要（原书第13版）	斯蒂芬 P. 罗宾斯（Stephen P. Robbins）等	978-7-111-55359-5	50.00
人力资源管理（原书第12版）（中国版）	约翰 M. 伊万切维奇（John M. Ivancevich）等	978-7-111-52023-8	55.00
人力资源管理（亚洲版·原书第2版）	加里·德斯勒（Gary Dessler）等	978-7-111-40189-6	65.00
数据、模型与决策（原书第14版）	戴维 R. 安德森（David R. Anderson）等	978-7-111-59356-0	109.00
数据、模型与决策：基于电子表格的建模和案例研究方法（原书第5版）	弗雷德里克 S. 希利尔（Frederick S. Hillier）等	978-7-111-49612-0	99.00
管理信息系统（原书第15版）	肯尼斯 C. 劳顿（Kenneth C. Laudon）等	978-7-111-60835-6	79.00
信息时代的管理信息系统（原书第9版）	斯蒂芬·哈格（Stephen Haag）等	978-7-111-55438-7	69.00
创业管理：成功创建新企业（原书第5版）	布鲁斯 R. 巴林格（Bruce R. Barringer）等	978-7-111-57109-4	79.00
创业学（原书第9版）	罗伯特 D. 赫里斯（Robert D. Hisrich）等	978-7-111-55405-9	59.00
领导学：在实践中提升领导力（原书第8版）	理查德·哈格斯（Richard L. Hughes）等	978-7-111-52837-1	69.00
企业伦理学（中国版）（原书第3版）	劳拉 P. 哈特曼（Laura P. Hartman）等	978-7-111-51101-4	45.00
公司治理	马克·格尔根（Marc Goergen）	978-7-111-45431-1	49.00
国际企业管理：文化、战略与行为（原书第8版）	弗雷德·卢森斯（Fred Luthans）等	978-7-111-48684-8	75.00
商务与管理沟通（原书第10版）	基蒂 O. 洛克（Kitty O. Locker）等	978-7-111-43944-8	75.00
管理学（原书第2版）	兰杰·古拉蒂（Ranjay Gulati）等	978-7-111-59524-3	79.00
管理学：原理与实践（原书第9版）	斯蒂芬 P. 罗宾斯（Stephen P. Robbins）等	978-7-111-50388-0	59.00
管理学原理（原书第10版）	理查德 L. 达夫特（Richard L. Daft）等	978-7-111-59992-0	79.00

推荐阅读

中文书名	作者	书号	定价
组织行为学（第3版）	陈春花等	978-7-111-52580-6	39.00
组织行为学：互联时代的视角	陈春花等	978-7-111-54329-9	39.00
组织行为学（第2版）	李爱梅等	978-7-111-51461-9	35.00
组织行为学（第2版）	肖余春等	978-7-111-51911-9	39.00
组织行为学（第2版）	王晶晶等	978-7-111-46172-2	35.00
组织行为学（原书第7版）	史蒂文 L. 麦克沙恩（Steven L. McShane）等	978-7-111-58271-7	65.00
组织行为学（英文版·原书第7版）	史蒂文 L. 麦克沙恩（Steven L. McShane）等	978-7-111-59763-6	79.00
组织行为学精要（原书第13版）	斯蒂芬 P. 罗宾斯（Stephen P. Robbins）等	978-7-111-55359-5	50.00
人力资源管理（原书第12版）（中国版）	约翰 M. 伊万切维奇（John M. Ivancevich）等	978-7-111-52023-8	55.00
人力资源管理（英文版·原书第11版）	约翰 M. 伊万切维奇（John M. Ivancevich）等	978-7-111-32926-8	69.00
人力资源管理（亚洲版·原书第2版）	加里·德斯勒（Gary Dessler）等	978-7-111-40189-6	65.00
人力资源管理（英文版·原书第2版）	加里·德斯勒（Gary Dessler）等	978-7-111-38854-8	69.00
人力资源管理	刘善仕等	978-7-111-52193-8	39.00
人力资源管理（第3版）	张小兵	978-7-111-56841-4	35.00
战略人力资源管理	唐贵瑶等	978-7-111-60595-9	45.00
员工招聘与录用	孔凡柱	978-7-111-58694-4	39.00
绩效管理	李浩	978-7-111-56098-2	35.00
薪酬管理：理论与实务（第2版）	刘爱军	978-7-111-44129-8	39.00
领导学：在实践中提升领导力（原书第8版）	理查德·哈格斯（Richard L. Hughes）等	978-7-111-52837-1	69.00
领导学：方法与艺术（第2版）	仵凤清	978-7-111-47932-1	39.00
企业文化（第3版）（“十二五”普通高等教育本科国家级规划教材）	陈春花等	978-7-111-58713-2	45.00
管理伦理学	苏勇	978-7-111-56437-9	35.00
企业伦理学（中国版）（原书第3版）	劳拉 P. 哈特曼（Laura P. Hartman）等	978-7-111-51101-4	45.00
商业伦理学	刘爱军	978-7-111-53556-0	39.00
管理沟通：成功管理的基石（第3版）	魏江等	978-7-111-46992-6	39.00
管理沟通：理念、方法与技能	张振刚等	978-7-111-48351-9	39.00
商务与管理沟通（原书第10版）	基蒂 O. 洛克（Kitty O. Locker）等	978-7-111-43944-8	75.00
商务与管理沟通（英文版·原书第10版）	基蒂 O. 洛克（Kitty O. Locker）等	978-7-111-43763-5	79.00
国际企业管理	乐国林等	978-7-111-56562-8	45.00
国际企业管理：文化、战略与行为（原书第8版）	弗雷德·卢森斯（Fred Luthans）等	978-7-111-48684-8	75.00
国际企业管理：文化、战略与行为（英文版·原书第8版）	弗雷德·卢森斯（Fred Luthans）等	978-7-111-49571-0	85.00
组织理论与设计	武立东	978-7-111-48263-5	39.00
人力资源管理专业英语（第2版）	张子源	978-7-111-47027-4	25.00
卓有成效的团队管理（原书第3版）	迈克尔 A. 韦斯特（Michael A. West）	978-7-111-59884-8	59.00